퍼스트맨

KB053538

Denstory

『퍼스트맨』에 쏟아진 찬사

"암스트롱을 이해하는 일은 우리 시대의 중요한 부분을 이해하는 일이다. 저자는 굉장히 세세한 내용까지 능수능란하게 다루고 있다. 달에 착륙하기 위해 우주를 비행하는 장면을 그는 명쾌하고 극적이면서 과학적으로도 정확하게 그려내고 있다. 그는 놀랍게도 우주비행사 세 명의 탐험을 전 세계가 홀리듯 지켜보면서 그다음에 어떻게 될지 몰라 긴장하던 그 며칠 동안으로 우리를 데려간다. 핸슨의 아폴로 이야기는 NASA의 업적에 대해 경이감을 느끼면서 새로운 눈으로 바라보게 한다. NASA의 우주비행사 닐 암스트롱을 흥미진진하고 섬세하게 그려낸 초상화다."

제임스 토빈, 『시카고 트리뷴』

"『퍼스트맨』은 달 계획에 대한 확실한 참고서다. 닐 암스트롱은 해군 조종사, 시험비행 조종사, 우주비행사, 미국인의 영웅, 전설적인 우상으로서 자신의 삶이 한 인간의 작은 발걸음이지만, 우리 모두에게 위대한 도약이라고 생각했을 것이다."

미국 해군 대령 윌리엄 레디,
『에비에이션 위크 앤드 스페이스 테크놀로지(항공우주산업 전문 잡지)』

"우주비행사들 책 대부분은 모험을 다룬다. 제임스 핸슨이 꼼꼼하게 조사하고 자료를 정리한 책 역시 모험에 관한 책이다. 『퍼스트맨』은 현대의 콜럼버스인 닐을 탐험가로 이끈 개인적인 특징들을 흥미진진한 이야기로 정말 잘 이해하게 해준다. 달 착륙을 앞두고 연료가 떨어지고 있는 상황에서도 암스트롱이 침착하게 깊고 복합적으로 생각하는 사람이었기에 미국과 세계를 달로 안내할 수 있었다."

유진 크란츠, 『실패할 수 없다 Failure Is Not an Option**』 저자**

"하루하루의 삶에서 결단력과 투지를 보여준 한 남자를 집요하고 강렬하게 파헤친 전기! 우주비행사와 역사에 관심이 있는 사람이라면 꼭 읽어야 할 책이다."

『퍼블리셔스 위클리』, 특별 서평란

"위대한 책!"

『캔자스시티 스타』

"1969년 아폴로 11호의 '인류를 위한 위대한 도약' 이후 세계는 닐 암스트롱이 실제로 어떤 사람인지 관심을 가졌다. 제임스 핸슨이 이제 드디어 암스트롱을 둘러싼 신화와 수수께끼를 벗기고 그 남자와 일대일로 만나게 한다. 이 책은 암스트롱의 삶, 그리고 그가 재능이 뛰어난 데다 운까지 좋아서 핵심적인 역할을 맡았던 기념비적인 탐험의 시대에 대해 새롭고 매혹적인 내용들을 보여준다."

앤드루 체이킨, 『달에 선 인간A Man on the Moon』 저자

"여러 자료들을 놀랍도록 잘 정리해 매력적으로 기록한 이 전기는 오래도록 힘을 발휘할 것이다."

존 에드워즈, 『라이브러리 저널』

"핸슨은 암스트롱의 어린 시절, 그리고 항공 분야에서 이루어낸 뛰어난 업적들을 멋지게 이야기해준다. NASA 시절을 다룬 책들은 많지만, 이 책은 암스트롱의 관점에서 보여준다는 점이 신선하다. 핸슨은 암스트롱이 역사적인 사명을 어떻게 이루어냈는지 알려주면서 그가 정말 적임자였다는 사실을 다시 한 번 증명한다."

브라이언 힉스, 『더 포스트 앤드 쿠리어The Post and Courier』

"능수능란하게 기록하고, 기술적인 내용이 정확하고, 학술적이면서도 읽기 쉽다. 임무를 완수했고, 완벽하게 착륙했다."

레너드 데이비드, 『애드 아스트라(국립우주협회 잡지)』

이 책은 그 이름만으로도 흥분되는, 인류 역사상 최초로 달에 다녀온 매우 특별한 우주비행사의 위대하고 가슴 뭉클한 인생 여정을 다룬 진실한 이야기다. 인류의 우주비행 역사와 그동안 거의 알려지지 않았던 개인적인 이야기의 기막힌 혼합을 통해, 우리 자신이 마치 우주 개발의 최전선에 서 있는 것 같은 흥분과 지금 이 순간 우주를 탐험하고 있는 듯한 최고의 경험을 선사한다.

황정아(한국천문연구원 우주물리학자)

초등학교 3학년 때다. TV가 있는 친구 집에 갔다. 인간이 달에 착륙하는 걸 보기 위해서다. 닐 암스트롱. 그가 사다리에서 내려와 달에 첫발을 딛는 순간, 나도 모르게 환호성이 나왔다. 와~. 그 위대한 걸음이라니. 잊지 못한다. 평생의 한 장면이다. 그를 이제 다시 그의 전기를 통해 만났다. 인류사에 영원히 남은 그 사람, 닐.

최준석 (『주간조선』 선임기자이자 '대덕의 과학자들' 취재)

아폴로 11호의 달 착륙은 "인간에게는 작은 발걸음이지만 인류에게는 위대한 도약"이라는 말로 기억된다. 그 큰 걸음 이면에 어떤 오랜 준비와 시행착오, 용기와 의심, 인내와 희생이 있었던가. 이제 그 중심에 있었던 과묵한 인물의 일대기로 세세히 접하게 됐다. 섣부른 우상화나 신화화가 아니어서 좋다. 인간의 달 거주 가능성을 묻는 질문에 "여기 지구에서 우리가 함께 잘 살 수 있을까 자문해봐야 한다"라고 답했던 사람. 끝내 겸허했던 거인의 명암에 충실한 모범적 전기다.

전병근(북클럽 오리진 지식큐레이터)

각주는 독자의 이해를 위해 옮긴이가 더했습니다.

인류 최초가 된 사람 : 닐 암스트롱의 위대한 여정

퍼스트맨

NEIL A. ARMSTRONG

FIRSTMAN

제임스 R. 핸슨 지음 · 이선주 옮김

Denstory

CONTENTS

'인류 최초의 달 착륙' 50주년을 앞두고

아폴로 11호의 달 착륙 50주년을 앞두고 개정판을 내면서 '닐 암스트롱이 지금 살아 있다면 어떻게 서문을 써주기 바랄까' 고민했다. 내가 질문한다면 그는 분명 이렇게 대답할 것이다. "짐, 그 책은 당신 책이에요. 내가 아니라 당신이 저자라고요. 당신이 가장 적당하다고 생각하는 방식대로 써야지요." 닐 암스트롱은 그런 사람이었다. 그는 내가 1999년부터 2002년까지 거의 3년 동안 설득한 다음에야 자신의 전기를 쓰도록 협조하겠다고 허락했다. 하지만 일단 동의한 다음에는 자신의 의사와 상관없이 객관적이면서 학구적인 전기가 되기를 원했다. 그는 45시간에 걸친 인터뷰에 응했고, 내가 쓴 초안을 하나하나 읽고 평해주겠다고 했다. 그러나 한 번도 내가 해석하고 분석한 내용을 바꾸려고 하거나 영향을 미치려고 하지 않았다. "내 책이 아니라 짐의 책이야"라고 말하면서 자신의 전기에 사인해달라는 부탁도 거절했다. 어느 날 내 아이들을 위해 사인해줄 수 있느냐고 물어보았더니, 그는 생각해보겠다고 했다. 나는 그 후 두 번 다시 묻지 않았고, 그도 그 이야기를 다시 꺼내지 않았다. 이유는 간단하다. 자신의 책이 아니어서 사인할 수 없다는 것이다. 암스트롱은 정말 그런 사람이었다. 그렇다면 아폴로 11호의 달 착륙 50주년을 맞아 나오는 이 책을 어떻게 시작해야 할까?

'인류 최초의 달 착륙' 50주년을 앞두고 있는 지금, 암스트롱이 중요하게 여길 만한 이야기로 이 책을 시작하고 싶다. 첫 번째 달 착륙뿐만 아니라 이제는 전설적인 이름이 된 아폴로 우주 계획을 기념하는 행사가 2018년부터 2022년까지 세계 곳곳에서 열릴 것이다.

엄청난 노력을 들인 아폴로 우주 계획은 놀랄 만한 속도로 성공적으로 추진되었다. 1968년 12월, 아폴로 8호가 달 주위를 한 바퀴 비행했던 때부터 1972년 12월, 아폴로 17호의 용감한 우주비행사들이 달 표면에서 마지막 임무를 수행한 때까지 전 세계는 미국의 우주비행사들이 40만 킬로미터 정도 떨어진 달에 발을 디디기 위해 지구를 출발해 모험을 떠나는 장면을 지켜보았다. 그중 가장 인상적인 장면은 1969년 7월 20일, 아폴로 11호의 사령선 조종사 마이클 콜린스Michael Collins, 달착륙선 조종사 버즈 올드린Buzz Aldrin, 선장 닐 암스트롱이 인류 최초로 역사적인 유인(有人) 달 착륙을 하던 순간이었다.

이 책을 어떻게 시작할지 오랫동안 고민하다 아폴로 11호의 달 착륙 40주년인 2009년에 암스트롱과 나누었던 대화를 떠올렸다. 우리는 닐 암스트롱과 버즈 올드린이 달에 착륙한 후 의도적으로 남겨두고 왔던 물건에 관해 이야기했다. 전 세계 73개국 지도자들에게 받은 '친선 메시지'를 조그맣게 새겨 넣은 50센트 크기의 작은 실리콘 디스크였다.

그 디스크에는 미국항공우주국NASA의 전임 국장과 부국장들을 포함한 임원진, NASA 관련 법을 담당한 상·하원 4개 위원회의 의원들, 그리고 의회 지도자들의 이름도 적혀 있었다. 또한 리처드 닉슨 당시 미국 대통령과 린든 존슨 전임 대통령의 발언부터 1958년 드와이트 아이젠하워 대통령이 서명한 NASA 관련 법률 구절, 1961년 5월 25일 존 F. 케네디 대통령이 달 착륙 계획을 선언한 의회 연설도 새겨져 있었다.

당시 NASA의 국장이었던 토머스 페인은 세계 지도자들과 주고받은 편지를 사진으로 촬영한 후, 200분의 1 크기로 줄여 실리콘에 새겨 넣었다. 아폴로 11호가 가져간 이 디스크는 특수 알루미늄 상자에 담긴 채 지금도 달에 있는 '고요의 바다'에 놓여 있다.

암스트롱과 이 대화를 나누기 한 해 전인 2008년, 열정적으로 우주 역사를 탐구하던 캔자스시티의 의사 타히르 라만이 실리콘 디스크에 관한 멋진 책을 펴냈다. 그 책의 제목『우리는 모든 인류를 위해 평화롭게 왔다We Came in

Peace for All Mankind』는 달착륙선 '이글'의 사다리에 붙은 명판에 적혀 있던 아름다운 글귀다. 하지만 '아폴로 11호 실리콘 디스크에 대한 알려지지 않은 이야기'라는 부제가 그 책의 진짜 주제다. 고맙게도 암스트롱과 나 모두 저자에게 책을 선물받아 실리콘 디스크와 친선 메시지에 관한 이야기를 나눌 수 있었다.

암스트롱은 많은 일들을 놀랍도록 잘 기억했다. 반면 별로 관심을 갖지 않는 일들은 자연스럽게 잊어버렸다. 타히르의 책 이야기를 하면서 나는 암스트롱에게 어떤 친선 메시지가 기억나고, 어떤 메시지가 가장 인상적이었는지 물었다. 그는 특별히 세 가지 메시지를 언급하면서 각각의 내용을 요약해 들려주었다. 어떤 부분은 상당히 정확하게 옮기기까지 했다. 나는 그리 정확하게 기억할 수 없어서 암스트롱의 관심사를 중심으로 메시지의 몇몇 단어들만 메모지에 적었다. 그는 아이보리코스트(코트디부아르의 영어 이름), 벨기에와 코스타리카 지도자들에게 받은 메시지들을 떠올렸다. 집에 돌아온 후 서가에서 타히르의 책을 꺼내 암스트롱이 언급한 메시지들을 70개의 다른 메시지들과 함께 꼼꼼히 읽어보았다. 실제로 암스트롱이 선택한 세 개의 메시지가 최고였다.

다음 구절들은 1969년 아폴로 11호가 달 표면에 두고 온 실리콘 디스크에 새겨져 있는 세 가지 친선 메시지들이다. 2019년 7월 20일이면 달에 두고 온 지 50년이 된다. 그대로 둔다면 영원히 우리 달에서 간직될 메시지들이다. 서문에서 그 메시지들을 소개하면 닐 암스트롱도 기뻐하리라고 믿는다.

아이보리코스트 대통령 펠릭스 우푸에부아니의 메시지
인간의 오랜 꿈이 현실로 이루어지는 순간, 달에 첫발을 디디는 인간을 통해 아이보리코스트의 이야기를 전할 수 있도록 해준 미국항공우주국의 애정 어린 관심에 감사드립니다.
이 우주여행자가 달의 땅에 인간의 발자국을 찍을 때 우리도 이 위대한 일을 이루어낸 세대에 속하게 되어 얼마나 자랑스러워하는지 느끼면 좋겠습니다.

또 달이 아이보리코스트의 밤을 밝힐 때 얼마나 아름다운지 우주여행자가 달에게 말해주면 좋겠습니다.

특별히, 그곳에서 바라볼 때 인간을 괴롭히는 문제들이 얼마나 하잘것없는지 지구를 향해 외쳐주기를 바랍니다. 인류애와 평화를 꽃피우는 게 얼마나 아름다운지에 대해 인간을 설득할 만한 힘과 광명을 하늘에서 내려오며 우주에서 발견하기를 바랍니다.

벨기에 국왕 보두앵의 메시지

사상 최초로 인간이 달에 착륙하게 되니 우리는 이 기념비적인 사건을 경탄과 경이로 바라봅니다.

이 일에 협력한 모든 사람들, 특별히 우리 모두의 희망을 안고 달에 간 세 명의 용감한 사람들과 그들보다 앞서 우주 탐사에 나섰던 사람들 혹은 그들의 뒤를 이을 사람들에게도 존경과 신뢰를 보냅니다.

경외심을 가지고 그들이 위탁받은 권한, 그리고 그들이 맡은 임무를 생각합니다.

옷깃을 여미며 우주에서 우리에게 주어질 과제뿐 아니라 이 지구에서 우리가 아직 이루지 못한 과제들, 인류가 좀 더 정의롭고 행복해져야 하는 일에 대해 깊이 깨닫게 됩니다.

세계사의 이 새로운 발걸음을 내디딜 때 나라와 나라가 좀 더 잘 이해하고 인간과 인간이 인류애로 더 가까워지도록 하나님이 도와주시기를 기도합니다.

코스타리카 대통령 호세 호아킨 트레호스 페르난데스의 메시지

인간이 우주 정복을 하려고 분투하면서 얻어낸 과학적·기술적 진보를 보여준다는 점에서, 이 우주선에 탄 사람들이 인간의 용기와 의지, 모험심과 창의성을 드러낸다는 점에서 아폴로 11호의 역사적인 위업이 성공하기를 모든 코스타리카 사람들과 함께 기원합니다.

인간을 처음으로 달에 보내기 위해 쏟아부은 어마어마한 과학적·기술적 노력이 인류의 복지를 증진하는 데 새롭게 기여할 수 있다는 점에서 세계인 모두 마땅히 감사해야 합니다.

이 성공적인 시도와 더불어 새롭게 결단한다면 인류 모두에게 좋은 날이 오리라고 믿음을 가지고 소망합니다. 우주에서 우리 보금자리로 쓰이는 이 행성이 얼마나 작은지 좀 더 분명하고 또렷하게 인식하면서 생긴 인도주의 정신으로 인간 한 사람 한 사람을 존중하면서 정의와 자유를 위해, 이웃 사랑을 널리 퍼뜨리기 위해 더욱 노력하게 되리라고 기대합니다.

코스타리카 국민의 대표로서 아폴로 11호의 영웅들과 이 역사적인 위업을 함께 이루어낸 모든 사람들에게 축하 인사를 드립니다.

닐 암스트롱이 원하든 원하지 않든 (아마 원하지 않겠지만) 그의 발언을 이 책 서문에 넣어야겠다. 아폴로 11호가 발사되기 한 달 전쯤, 암스트롱은 『라이프Life』 잡지의 요청으로 달 착륙의 의미에 관해 곰곰 생각하는 글을 썼는데, 분명 그가 아주 공들여 쓴 글 중 하나일 것이다.

역사가 이 임무를 어떻게 정의할지 한마디로 압축하기란 내게 주제넘은 일입니다. 하지만 이 일로 인해 우리 인류가 늘 봐오던 하늘보다 훨씬 광대한 우주의 중요한 일부라는 사실을 모두 깨닫고 이해하게 되리라고 말하고 싶습니다. 이 일이 인류 전체의 다양한 노력을 올바른 관점으로 바라보는 데 도움을 주었으면 좋겠습니다. 달에 갔다 돌아오는 일 자체는 그리 중요하지 않을 수도 있습니다. 그렇지만 사람들이 새로운 차원에서 생각할 수 있고, 일종의 깨달음을 얻을 수 있다는 면에서는 충분히 큰 발걸음입니다.

사실 지구 자체가 일종의 우주선입니다. 안쪽이 아니라 바깥쪽에 사람들을 태우기 때문에 상당히 독특한 우주선입니다. 그 우주선은 꽤 작고, 태양 주위를 비행합니다. 태양 또한 은하 중심의 주위를 어마어마한 속도로 공전하고 있지만 어떤 궤도로 어떤 방향과 속도로 공전하는지는 아직 명확하게 밝혀지지 않았습니다.

우리는 우주에서 무슨 일이 벌어지는지 멀리 떨어져서 관찰할 수가 없습니다. 군중 가운데 있으면 어느 방향으로든 사람들이 빽빽하게 들어차 있는 듯 보입니다. 여러분이 어느 자리에 있는지 알려면 그곳에서 벗어나 워싱턴 기념탑처럼 높은 곳에서 내려다보아야 합니다. 그곳에서 내려다보는 전체 그림은 사람들 속에 있을 때와 굉장히 다릅니다. 지구가 어디에 있으며 어디로 가고 있는지, 앞으로의 궤도는 어떨지, 지구에 있는 우리가 관찰하기란 어렵습니다. 바라건대 이 일을 통해 실제로든 상징적으로든 한발 물러나 우주를 조망하게 되었으면 좋겠습니다. 우주선에 탄 비행사가 되었다고 생각하면서 한발 물러나 바라보며 우주에서 자신의 사명이 무엇인지 다시 생각할 수 있으면 좋겠습니다. 우주선을 운항하려면 자원을 어떻게 사용할지, 사람들을 어떻게 활용할지, 우주선을 어떻게 다룰지에 대해 매우 신중해집니다.

원컨대 앞으로 수십 년간 이루어질 우주여행이 우리 눈을 조금 열어주면 좋겠습니다. 달에서 지구를 바라보면 지구의 공기가 보이지 않습니다. 대기층이 너무 얇아 전혀 감지할 수가 없습니다. 이 사실을 모두 깊이 생각해야 합니다. 지구의 공기는 얼마 되지 않는 귀중한 자원입니다. 어떻게 하면 그 자원을 현명하게 보존하면서 사용할지 배워야만 합니다. 여기 지구에서 사람들 사이에 있을 때는 공기가 충분하다고 느껴 그리 걱정하지 않습니다. 하지만 다른 시점에서 보면 우리가 왜 걱정해야 하는지 이해할 수 있게 됩니다.

닐 암스트롱이 심오한 생각이나 의미심장한 말을 하지 못하는, 그저 세상 물정 모르는 엔지니어나 비행기 조종사라고 잘못 믿었던 사람들은 이 글을 음미하면서 그가 얼마나 빛나는 지성을 지녔는지 깨달아야 한다.

암스트롱이 사망한 지 이제 6년이 지났다. 그를 가까이에서 알고 지낸 사람들은 그가 얼마나 드문 인간이었는지, 그의 성격이나 업적이 얼마나 비범했는지, 그리고 우리가 그를 얼마나 그리워하는지 시간이 지날수록 더욱 뚜렷하게 느낀다.

이 전기에서는 그의 삶 전체뿐만 아니라 그가 남긴 유산까지 되살리고, 되새기고, 재평가하고, 경의를 표하려고 한다.

암스트롱은 평생 무슨 일을 하든 최고의 인격체가 갖추어야 할 자질과 핵심적인 가치를 보여주었다. 헌신과 신실함, 지식욕, 자신감, 강인함, 단호함, 솔직함, 혁신 정신, 신의, 긍정적인 태도, 자존감, 타인에 대한 존중, 진실성, 자립심, 신중함, 분별력 등 모두 열거하기도 어렵다. 우주비행사 중 누구도 암스트롱만큼 최고의 인간성을 보여준 이는 없었다. 갑자기 세계적인 명성을 얻으면서 우상이 된 상황에 암스트롱보다 잘 대처한 사람도 없었다. 암스트롱은 자신의 온화하고 겸손한 성격대로 매스컴의 관심을 피해 스스로 선택한 엔지니어 관련 일을 계속했다. 그는 자신의 명성을 이용해 부당한 이익을 추구할 만한 사람이 전혀 아니었다.

아폴로 11호 이후 내내 조용하게 살면서 대중의 관심과 매스컴을 피했던 삶을 들여다보다 보면, 그의 특별한 감수성과 마주하게 된다. 1969년 여름, 암스트롱의 도움으로 미국이 이루어냈던 위업(서사시와 같은 인간의 첫 번째 달 착륙과 지구로의 안전한 귀환)이 현대 사회의 노골적인 상업주의와 지나친 호기심, 모든 공허한 말들 속에 여지없이 사그라지리라는 사실을 그는 알았던 것 같다. 달에 발을 디디던 순간, 암스트롱은 자신에게 다가온 영광뿐아니라 전 세계와 우리 모두에게 다가온 영광도 내면 깊이 깨닫고 느꼈다.

닐 암스트롱은 인류 최초로 달 착륙을 성공시킨 팀의 얼굴과 같은 인물이었다. 그는 피라미드의 꼭대기에 있었지만, 40만 명 미국인의 팀워크 덕분에 아폴로가 성공했다고 언제나 강조했다. 자신이 처음으로 달에 착륙한 아폴로 11호의 선장이 되거나 처음으로 달 표면을 밟게 된 것은 원래 정해졌던 일이 아니었다고, 그 일은 우연히 주어진 행운에 가깝다고 항상 설명했다.

하지만 그 일을 이루기 위해서는 얼마나 큰 희생과 어마어마한 헌신, 놀라운 창의력이 필요한지를 잘 이해했고, 그 일을 해냈다. 그는 첫 번째 달 착륙에서 자신이 해낸 역할에 대해 엄청나게 자랑스러워했지만, 그것을 떠벌리거나 돈벌이 수단으로 삼지는 않았다. 암스트롱은 자신의 삶에서 그 특별했던 순간을 역사에 맡기기로 했다. 그것은 미국의 골프 선수 보비 존스가 그랜드 슬램을 달성한 다음에는 한 번도 골프 대회에 참가하지 않은 것이나 자니 카슨이 「투나이트 쇼」를 그만둔 후 다시는 방송에 출연하지 않은 것과 같다. 그렇다고 암스트롱이 아폴로 11호 이후 은둔생활을 했다는 이야기는 아니다. 그것은 그와 인터뷰하지 못해 절망한 기자들이 만들어낸 신화다. 달에 다녀온 후에도 그는 굉장히 활동적으로 살면서 강의와 연구, 비즈니스, 탐험 등 다양한 분야에서 더욱더 많은 일들을 해냈다. 암스트롱은 그 모든 일들을 훌륭하고 진정성 있게 했다.

이 책에 실을 첫 어록으로 미국의 신화학자 조지프 캠벨Joseph Campbell이 쓴 책 『삶의 기술에 관한 고찰Reflections on the Art of Living』에서 심오하다고 생각하는 문장을 골랐다. '여러분 자신으로 사는 게 여러분이 평생 누려야 할 특권이다'라는 문장이다. 닐 암스트롱은 자기답게 살았다. 우리 모두 그렇게 살아간다면 기쁨을 누릴 수 있을 것이다.

제임스 R. 핸슨James R. Hansen

2018년 3월

'여러분 자신으로 사는 게 여러분이 평생 누려야 할 특권이다.'

조지프 캠벨,『삶의 기술에 관한 고찰』

START

발사

버즈 올드린은 닐 암스트롱과 함께 달에서의 임무를 마치고 지구로 돌아온 후 이렇게 말했다. "암스트롱, 우리는 역사적인 장면을 놓쳤어."

1969년 7월 16일 수요일까지 75만 명에서 100만 명에 이르는 사람들이 우주선 발사를 지켜보려고 플로리다의 케이프케네디로 모여들었다. 1000명 가까운 경찰과 순찰대원들은 35만 대로 추산되는 자동차와 배가 도로와 수로에서 막힘없이 움직이게 하려고 전날 밤 내내 씨름했다. 장삿속 밝은 한 자동차 검사관은 길가에 있는 오렌지 재배 농부의 땅 3.2킬로미터 정도를 빌린 후 사람들에게 2달러씩 자릿세를 받았다. 어떤 장사꾼은 모조 양피지에 고대영어 글자체로 써넣은 참석증명서를 장당 1.5달러에 팔았다. 2.95달러를 더 내면 우주 펜을 흉내 낸 펜도 살 수 있었다.

처음으로 인간을 달에 보내기 위한 우주선 발사를 앞두고 열린 여름 축제는 어떤 미식축구 파티보다 성대했다. 참석자들은 바비큐용 그릴에 불을 붙이고, 아이스박스를 열고, 쌍안경과 망원경을 들여다보고, 카메라 각도와 렌즈를 점검했다. 해변 모래

사장, 부두, 방파제 모두 사람들로 메워졌다.

아침나절부터 32도까지 올라가는 폭염에 시달리고, 모기에 뜯기고, 교통 체증과 치솟은 물가에 짜증을 내면서도 엄청나게 많은 사람들이 거대한 새턴 5호 로켓이 달을 향해 아폴로 11호를 쏘아 올리기를 참을성 있게 기다렸다. 발사 시설에서 남쪽으로 8킬로미터 정도 떨어진 바나나강에서는 각종 배들이 수로를 메우고 있었다.

아폴로 11호 선장의 아내인 재닛 암스트롱과 두 아들인 열두 살 릭, 여섯 살 마크는 아폴로의 사령선을 제작한 노스아메리칸사 소유의 커다란 모터보트 위에 서서 초조하게 발사를 기다리고 있었다. 1966년 닐 암스트롱과 함께 제미니Gemini 8호를 타고 우주를 비행했던 동료 비행사 데이비드 스콧이 재닛이 '최고의 자리'라고 불렀던 장소를 준비했다. 이 보트에는 재닛의 친구 둘과 NASA의 몇몇 홍보 담당자들, 『라이프』 잡지에 아폴로 11호의 인간적인 측면을 독점 보도한 도디 햄블린 기자도 타고 있었다.

특별히 초대된 손님들은 헬리콥터를 타고 발사대에서 5킬로미터 정도 떨어진 관람대의 예약 좌석으로 갔다. 미국의 주지사 19명과 시장 40명, 미국 경제계와 산업계 지도자 수백 명, 각국 외무부 장관과 과학부 장관, 군 관계자, 항공 관계자 수백 명 등 2만 명 가까운 특별 초청 명단 중 거의 3분의 1이 실제로 참석했다.

상·하원 의원 절반이 참석했고, 대법관 두 명도 왔다. NASA의 초청 명단에는 베트남전쟁을 지휘했던 미국의 육군 참모총장 윌리엄 웨스트모얼랜드, NBC 「투나이트 쇼」의 스타 자니 카슨부터 정육점근로자연합의 리안 샥터 회장까지 있었다.

스피로 애그뉴 부통령은 관람석에 앉아 있었지만, 리처드 닉슨 대통령은 대통령 집무실에서 텔레비전으로 지켜보고 있었다. 대통령은 원래 이륙 전날 밤 아폴로 11호 우주비행사들과 만찬을 할 계획이었지만, 우주비행사 담당의 찰스 베리 박사가 대통령이 감기 바이러스에 감염되어 있을지도 모른다고 경고한 말이 언론에 보도된 후 계획이 바뀌었다. 암스트롱과 올드린, 콜린스는 대통령이 감기 바이러스를 가지고 있어서 그들이 감염될지도 모른다는 우려가 터무니없다고 생각했다. 정작 그들은 매일 비서, 우주복 기술자, 모의실험 기술자 등 20~30명의 외부인을 만나고 있었기 때문이다.

2000명의 기자들은 케네디우주센터의 보도 구역에서 발사를 지켜보았다. 아폴로 11호의 발사를 보기 위해 외국 기자 812명이 왔고, 일본에서 온 기자만 111명이었다. 옛 소련에서도 10여 명이 왔다.

달 착륙은 정치를 초월한 지구촌 전체의 사건이었다. 영국 신문들은 발사 소식을 대서특필했다. 미국의 외교 정책에 대해 비판적이었던 스페인의 한 신문도 대회 입상자 25명에게 케이프 케네디로 공짜 여행을 갈 수 있는 특혜를 주었다. 네덜란드의 한 논객은 자신의 나라가 '달에 미쳤다'고 표현했다. 체코의 한 사회 평론가는 "이게 우리가 정말 좋아하는 미국이다. 베트남에서 전쟁을 벌이는 미국과는 완전히 다르다"고 발언했다. 독일의 인기 신문 『빌트 차이퉁 Bild Zeitung』은 아폴로의 관리자 57명 중 7명이 독일계라는 사실에 주목했다. 그 신문은 '달 착륙의 성과 중 12퍼센트는 독일산'이라고 애국적인 결론을 내렸다.

프랑스에서조차 아폴로 11호를 '인류 역사에서 가장 위대한 모험'이라고 평가했다. 프랑스 일간지 『프랑스 수아르 France-Soir』가 제작한 22쪽짜리 달 착륙 관련 부록은 150만 부나 팔렸다. 한 프랑스 언론인은 "국민들이 세계정세와 정치 문제에 염증을 느껴 오직 휴가와 섹스 말고는 관심이 없다고 비난받는 나라에서 달 착륙에 대해 이렇게 많은 관심을 보이다니 놀라울 따름"이라고 했다. 모스크바 방송은 발사 소식으로 보도를 시작했다. 소련의 일간지 『프라우다Pravda』는 케이프케네디의 장면을 1면 뉴스로 다루면서 아폴로 11호 우주비행사들의 사진에 '이 용감한 세 명의 남자들'이라는 설명을 붙였다.

하지만 호의적이지 않은 언론도 있었다. 홍콩에서 발행되는 3종의 공산주의 신문들은 달 착륙이 미국의 베트남전쟁 실패를 은폐하면서 '제국주의를 우주까지 확장하기 위한' 시도라고 비난했다. 미국 우주 계획의 물질주의가 전설에 싸여 있던 달의 신비하고 아름답고 경이로운 특징을 영원히 망가뜨릴 것이라고 비난하는 여론도 있었다. 탐험가가 자신의 발자국과 파헤치는 도구로 달을 이리저리 훼손하고 나면 "당신 달에는 무엇이 있어서 내 마음을 이리도 강렬하게 흔들어놓나요?"라고 질문한 존 키츠의 시에서 누가 다시 낭만을 느낄 수 있겠느냐고 했다.

1960년대에 발사한 통신위성의 기적적인 기술 덕분에 서울에서는 5만 명에 이르는 사람들이 주한미국대사관이 설치한 초대형 텔레비전 화면 앞에서 발사 장면을 지켜보았다. 바르샤바에서도 수많은 폴란드 사람들이 미국대사관의 강당을 꽉 채웠다. 대서양 위를 날던 인텔샛 3호 위성이 문제를 일으키는 바람에 브라질에서는 생중계가 어려워져(남미, 중미, 카리브해의 여러 지역도 생중계가 어려웠다) 브라질 사람들은 라디오로 설명을 듣고 신문 부록을 챙겼다. 전 세계로 생중계된 발사 장면은 인텔샛 위성과 전송 등의 문제로 2초 정도의 시차가 생겼다.

CBS 뉴스의 에릭 세버라이드 해설위원은 아폴로 11호의 이륙 직전, 월터 크롱카이트 앵커에게 이렇게 말했다. "월터, 우리가 오늘 여기에 앉아 있으니 언어가 바뀌고 있다는 생각이 듭니다. '하늘만큼 높다'나 '하늘 높은 줄 모른다'는 말을 이제 어떻게 해야 하죠? 그게 무슨 뜻이 될까요?"

지구촌 전체에서 미국만큼 흥분한 곳도 없었다. 테네시주 동쪽의 담배 재배 농부들은 역사적인 순간에 참여하기 위해 소형 트랜지스터라디오 주위로 모여들었다. 미시시피주 빌럭시 항구에서는 새우잡이 어부들이 부두에 모여 아폴로 11호의 이륙 소식을 기다렸다. 콜로라도스프링스의 공군사관학교에서는 아침 7시 30분 수업이 연기되었고, 생도 50명이 작은 텔레비전 주위를 서성였다. 라스베이거스 시저스 팰리스 호텔의 24시간 카지노에서도 도박하던 사람들이 여섯 대의 텔레비전 앞에서 넋을 잃은 바람에 블랙잭과 룰렛 테이블이 텅 비어 있었다.

플로리다주에서는 케이프케네디부터 메리트섬, 타이터스빌강, 인디언강, 코코아강, 새틀라이트 해변, 멜버른, 브러바드 카운티와 오세올라 카운티 전역과 데이토나 해변, 올랜도에 이르기까지 수많은 사람들이 구름 떼처럼 모여 인간 역사에서 가장 놀라운 광경을 지켜보려고 준비하고 있었다.

플로리다주의 항구 도시 잭슨빌의 목소리를 대변하는, 증권 중개인의 아내인 존 야우 부인은 몸을 떨면서 이렇게 입을 뗐다. "떨리고 눈물이 나요. 인간 삶에서 새로운 시대가 시작됩니다." 암스트롱이 다녔던 퍼듀대학의 학생 찰스 워커는 타이터스빌의 작은 만에 자리 잡은 캠핑장에서 기자에게 "인류가 불을 새로 발견하는 것과 같은 일이에요"라고 말했다. 발사 시설에서 가장 가까운 VIP 관람석에 있던 주불미국대사 사전트 슈라이버는 "얼마나 아름다워요! 붉은 화염과 파란 하늘, 하얀 연기, 저 색깔을 보세요! 저 우주선을 타고 믿기지 않는 여행을 떠나는 사람들을 생각해보세요. 말도 안 돼요!"라고 외쳤다. 그는 달 착륙 계획을 시작한 고(故) 존 F. 케네디 대통령의 여동생인 유니스 케네디의 남편이었다.

무례한 스포츠 보도로 유명했던 CBS의 헤이우드 헤일 브룬 해설위원은 발사대에서 남쪽으로 8킬로미터 정도 떨어진 코코아 해변에서 수천 명의 사람들과 함께 이륙을 지켜보았다. 그는 CBS 뉴스의 수천만 시청자들에게 이렇게 외쳤다. "테니스 경기를 볼 때는 시선이 좌우로 움직입니다. 로켓이 발사되면서 시선은 계속 위로 올라가고, 우리 희망도 치솟습니다. 한 덩어리가 되어 수많은 눈이 달린 게처럼 보이는 군중은 계속해서 위를 올려다보면서 모두 숨을 죽입니다. 로켓이 처음 올라갈 때 '아' 하고 조그맣게 탄식한 다음 그저 시선을 위로 올려 응시합니다. 그들의 마음은 로켓과 함께 하늘로 올라갔고, 말로 표현하지는 않았지만 숨죽인 몸짓으로 일종의 '희망의 시'를 보여주었습니다."

우주선 발사를 반대하기 위해 온 사람들조차 깊이 감동할 수밖에 없었다. 마틴 루서 킹 목사의 뒤를 이어 남부기독교지도자회의 의장이 되고, 미국시민권운동의 실질적인 지도자로 활약하던 랠프 애버내시는 '굶주림 퇴치를 위한 빈민운동Poor People's Campaign for Hunger'의 회원 150여 명과 함께 가능한 한 우주선 기지와 가장 가까운 곳에서 행진하고 있었다.

남부기독교지도자회의의 정치 교육 책임자인 호세아 윌리엄스는 달에 가기 위해 퍼부은 돈으로 3100만 명의 굶주림을 해결할 수 있다고 주장하면서 "우선순위를 제대로 선택하지 못하는 미국의 무능에 항의하고 있다"고 했다. 그럼에도 불구하고 윌리엄스는 '우주비행사들에게 감탄해' 멍하니 서 있었고, 랠프 애버내시도 경외심을 불러일으키는 발사 장면에 탄복해서 "이 땅에 서 있으니 미국인으로서 무한한 자부심을 느낍니다. 이 땅은 정말 성지(聖地)입니다. 하지만 세상의 굶주림과 질병, 가난을 퇴치하기 위해 아직 우리가 해야 할 일이 너무나 많습니다"라고 언명했다.

린든 존슨 전임 대통령은 아내인 레이디 버드와 함께 관람석에서 발사를 지켜본 직후 CBS 뉴스 앵커에게 "우리가 우주 탐사에 사용했던 이 엄청난 능력으로 세계의 온갖 문제를 해결해야 합니다. 이 능력을 최대 다수의 최대 행복을 위해 활용해야 합니다"라고 힘주어 말했다.

발사 10분 전 방송에서 세버라이드는 크롱카이트에게 "방금 우주비행사들을 태운 승합차가 이 앞을 지나갈 때 사람들은 숨을 죽였습니다. 사람들이 우주비행사들을 그저 뛰어난 인물이 아니라 자신들과 다른 존재로 생각한다는 느낌이 들었습니다. 우리는 절대 완벽하게 이해할 수 없고 그들도 제대로 설명할 수 없는 비밀을 간직한, 다른 세계의 사람처럼 생각했습니다"라고 말했다.

플로리다의 관람대에서 1600킬로미터 정도 떨어져 있는 오하이오주 오글레이즈 카운티의 작은 도시 와파코네타는 암스트롱의 고향이어서 더욱더 많은 주민이 발사를 손꼽아 기다리고 있었다. 거리는 텅 비었고, 6700명 주민 대부분이 텔레비전 앞에 붙어 있었다. 특히 닐 암스트롱 드라이브 912번가에 사람들이 바글바글 모여 있었다. 닐 암스트롱의 부모인 비올라와 스티븐 암스트롱 부부가 1년 전에 이사한 단층집이 그곳에 있었다. 암스트롱의 부모는 1966년, 닐을 태운 제미니 8호가 발사될 때 현장에 갔었다. 1969년 5월, 아폴로 10호가 이륙할 때도 암스트롱은 부모님이 현장에서 지켜보실 수 있도록 했다.

하지만 이번에는 달랐다. 케이프케네디에 오면 '너무 스트레스를 많이 받으실 것'이라면서 집에 계시라고 권했다. 발사 몇 달 전부터 닐 암스트롱의 어머니와 아버지는 영국, 노르웨이, 프랑스, 독일과 일본에서 온 '각종 매체의 기자들에게 포위되어' 있었다. 비올라는 "'닐은 어릴 때 어떤 소년이었나요?' '그의 가정생활은 어떠했나요?' '발사할 때 당신은 어디에서 무엇을 할 거예요?' 등등의 캐묻는 질문들 때문에 끊임없이 기운을 빼앗기고 신경이 예민해졌습니다. 오직 하나님의 은총으로 살아남았죠. 닐은 분명 계속 내 걱정이 되었을 거예요"라고 회고했다.

와파코네타에서 순조롭게 아폴로 11호 관련 방송을 하기 위해 텔레비전 방송사 세 곳이 공동으로 암스트롱 부모님의 집 앞 진입로에 26미터 높이의 송전탑을 세웠다. 차고는 접을 수 있는 야외 탁자들 위에 전화선이 어지럽게 얽혀 있는 기자실로 변했고, NASA의 의전 담당관이 파견돼 암스트롱의 부모가 기자들을 상대할 수 있도록 도와주었다. 닐 암스트롱의 부모 집에는 그때까지 흑백텔레비전밖에 없었기 때문에 텔레비전 방송사들은 발사 장면을 똑똑히 볼 수 있도록 대형 화면의 컬러텔레비전을 선물했다. 그 지역의 한 레스토랑은 매일 파이를 보내왔다. 리마 근처의 한 과일 회사는 바나나를 잔뜩 배달해주었다. 델포스의 유제품 회사는 아이스크림을 보냈고, 와파코네타에서 제일 큰 회사인 피셔치즈사는 특별 제작한 '달 치즈'를 제공했다. 한 음료 회사는 '달 소스'란 이름의 바닐라크림 소다수를 여러 상자 보냈다.

자부심에 가득 찬 와파코네타 시장은 발사하는 날 아침부터 우주비행사들이 안전하게 돌아오는 순간까지 집이나 모든 상업 시설에 성조기(가능하면 오하이오주의 깃발까지)를 게양하자고 했다.

언론의 관심이 과열되면서 몇몇 지역에서는 사람들이 말을 꾸며내기도 했다. 누구는 우주비행사와 특별한 관계라고 과장해서 말하고, 누구는 명백한 거짓말까지 했다. 아이들조차 "들어봐, 우리 아빠가 닐 암스트롱의 이발사라고!" 혹은 "닐의 첫 키스 상대가 바로 우리 엄마야!"라고 했으며 누군가는 "이봐, 내가 닐 암스트롱의 벚나무를 베었어" 같은 말을 만들어내기 시작했다.

오글레이즈 카운티의 전화번호는 모두 공개되어 있었기 때문에 톰 앤드루스는 닐 부모님 집의 다용도실과 부엌에 사람들이 모르는 전화를 따로 설치했다. 발사 전날 정오쯤 닐은 케이프케네디에서 부모님께 전화했다. "아들의 목소리는 활기찼어요. 다음 날 아침 이륙할 준비를 마쳤다고 생각했죠. 우리는 하나님께 그 아이를 보살펴달라고 기도했어요."라고 비올라는 회고했다.

닐 암스트롱의 여동생과 남동생은 발사 현장에 있었다. 여동생 준은 남편인 잭 호프먼 박사, 일곱 명의 아이들과 함께 위스콘신주 메노모니폴스 집에서 플로리다로 날아왔다. 남동생 딘 암스트롱은 아내 메릴린, 세 명의 아이들과 함께 인디애나주 앤더슨에서 플로리다로 차를 몰고 왔다. 비올라는 이 특별한 날의 아침에 대한 기억을 죽는 날까지 생생하게 기억했다. "손님, 이웃, 낯선 사람들까지 그 장면을 보기 위해 모여 있었어요. 제 어머니 캐럴라인, 사촌 로즈, 웨버 목사님, 남편과 저는 행운을 빌기 위해 닐이 우리에게 준 제미니 8호 배지를 달고 있었죠. 그 아이가 태어난 순간부터, 더 거슬러 올라가면 수백 년 전 남편의 집안과 나의 집안이 유럽에 뿌리내리던 때부터 어쩐지 우리 아들이 이 일을 하도록 약속되어 있었던 것 같았어요."

FIRST MAN

어린 시절

ONE

"라이트 형제의 고향인 오하이오주 데이턴Dayton에서 북쪽으로 97킬로미터 정도 떨어진 곳에서 태어나 어린 시절을 보냈어요. 아주 어릴 때부터 라이트 형제가 해낸 일과 비행기 발명에 관한 이야기를 들었죠. 원래 비행이 아니라 비행기 제작에 더 관심이 많았어요. 비행기를 잘 만들지 않으면 잘 날 수 없으니까요."

닐 암스트롱과의 인터뷰, 2012년 8월 13일

PART ONE

미국인의 창세기

닐 암스트롱은 자신이나 누군가의 인생 이야기가 태어날 때부터 시작되는 게 아니라는 사실을 잘 알고 있었다. 한 사람의 이야기는 집안이 시작되었던 때, 인간의 기억이나 기록이 남아 있는 시절로 거슬러 올라간다. 부모, 조부모, 증조부모, 고조부모와 그 위 조상들의 생애, 경험, 도전과 업적, 사랑과 열정을 언급하지 않으면서, 한 집안의 오랜 역사를 외면하면서 누군가의 인생 이야기를 제대로 쓸 수는 없다. 암스트롱은 자신의 이야기에 조상 이야기가 들어가야 한다고 주장했다.

수많은 미국인 가정처럼, 암스트롱은 자신의 집안에도 새로운 땅으로 용기 있게 건너온 이민자의 역사가 있다는 사실에 깊이 감사했다. 그것이 바로 '미국인의 창세기'라고 말한 적도 있다.

암스트롱은 아메리카와 그 역사를 사랑했다. '아메리카'는 1775년부터 1783년까지 영국에 맞서 독립전쟁을 벌이기 전부터 존재했던 이름이라 사랑했다. 암스트롱에게 아메리카는 기회를 의미했다. 아메리카는 그렇게 시작되었다. 초기 정착민들은 양심에 따라 예배드릴 기회를 찾아, 자신의 의지와 노력만으로 새로운 미래를 건설하기 위해 신세계로 왔다. 그들은 자유롭게 각자의 목표를 이루어낼 수 있는 새로운 삶을 찾았다.

닐 암스트롱의 경우 확실하게 파악할 수 있는 가문의 계보는 300여 년 전인 17세기 말로 거슬러 올라간다. 아버지 쪽 가계는 중세 말, 스코틀랜드와 잉글랜드의 국경 지역에서 번창했던 암스트롱 씨족에서 시작되었다. 후손 중 용감무쌍한 사람들이 미국 독립전쟁이 일어나기 40년 전, 대서양을 넘어 아메리카로 건너왔다. 그들의 후손은 미국의 용감한 개척자들과 애팔래치아산맥을 넘어 꾸준히 서쪽으로 이동했다. 마침내 전쟁 직후인 1812년, 오하이오 북서쪽의 비옥한 농토에 자리 잡았다.

암스트롱이란 이름 자체가 영웅 이야기에서 비롯되었다. 전설에 따르면 페어베언Fairbairn이라는 영웅적인 조상에서 시작된 이름이다. 암스트롱의 어원은 '강한 팔'이라는 뜻이다. 닐 암스트롱의 어머니 비올라 암스트롱은 내려오는 이야기 중 하나를 들려주었다. "전쟁 중 스코틀랜드 왕을 태운 말이 쓰러졌을 때 페어베언이라는 사람이 왕을 구했다. 왕은 보답으로 그에게 스코틀랜드와 잉글랜드 사이 국경 지역의 넓은 땅을 주었고, 그때부터 페어베언은 암스트롱으로 불렸다." 또 다른 전설에 따르면 시워드 비온Siward Beorn 혹은 스워드 스트롱 암sword strong arm으로 알려진 검을 든 전사가 페어베언을 뒤따랐다고 한다.

암스트롱 씨족은 1400년대 국경 지역에서 힘 있는 세력으로 떠올랐다. 16세기에는 마적과 강도질로 이름을 떨치는 집안이 되었다. 스코틀랜드 교회 52곳을 불태웠다고 소문날 정도로 수십 년간 팽창하면서 결국 왕실을 자극했다. 1529년, 스코틀랜드의 국왕 제임스 5세는 스코틀랜드 인구의 거의 3퍼센트인 1만 2000

명에서 1만 5000명에 달하는 골칫거리 암스트롱 집안을 길들이기 위해 8000명의 군사를 모았다.

1530년, 제임스 5세는 길노키^{Gilnockie}의 조니 암스트롱을 찾아내기 위해 남쪽으로 군대를 보냈다. 영국의 작가 월터 스콧 경은 윌리엄 암스트롱이 조니 암스트롱의 직계 자손이라고 밝혔다. 역사학자들은 윌리엄 암스트롱이 조니 암스트롱의 맏아들인 크리스토퍼 암스트롱의 맏아들이라고 추측한다.

닐 암스트롱 집안의 족보는 1638년 국경 지역에서 태어나 1696년 그곳에서 사망한 애덤 암스트롱에서 시작된다. 그 후 10세대를 거쳐 '닐 암스트롱'이 태어났다. 닐 암스트롱의 조상은 국경 지역에서 계속 살다 1736년에서 1743년 사이쯤 아메리카로 곧장 건너왔다.

애덤 암스트롱의 두 아들 중 한 아이의 이름도 애덤 암스트롱이었다. 1685년 영국 컴브리아에서 태어난 애덤 암스트롱 2세는 스무 살 때 메리 포스터와 결혼했다. 그의 아들인 애덤 에이브러햄 암스트롱 3세는 스무 살 때 아버지와 함께 대서양을 건넜다. 그들이 맨 처음 미국으로 이민한 조상이다.

그들은 펜실베이니아주 코노코치그^{Conococheague} 지역에 자리 잡은 초창기 정착민 중 한 명이었다. 아버지인 애덤 암스트롱 2세는 1749년 펜실베이니아에서 사망했다. 애덤 에이브러햄 암스트롱은 1779년 사망할 때까지 지금은 컴벌랜드^{Cumberland} 카운티로 불리는 땅에서 농사를 지었다.

맏아들 존은 스물네 살 때 코노코치그에서 서쪽으로 260킬로미터 정도 떨어진 머디크리크 강어귀로 옮겨 갔다. 그는 그곳에서 아내 메리와 아홉 명의 아이들을 길렀는데, 그중 둘째 아들

존이 닐의 조상이다.

미국독립전쟁 후 영토가 서쪽으로 확장되는 과정에서 수천 명이 오하이오 카운티로 몰려와 정착했다. 닐의 조상도 그들 중 하나였다. 1799년 3월, 스물다섯 살이던 존 암스트롱은 아내 리베카, 아들 데이비드와 살던 곳을 떠났다. 남동생 가족인 토머스 암스트롱과 그의 아내 앨리스 크로퍼드, 아기 윌리엄도 함께였다. 두 가족은 배를 타고 강줄기를 따라 피츠버그까지 내려갔다. 그다음 오하이오강으로 방향을 튼 후 웨스트버지니아주 파커즈버그 서쪽 호킹포트Hockingport까지 400킬로미터 정도 내려갔다. 그다음에는 호킹강을 따라 오하이오주 알렉산더타운십까지 올라갔다.

토머스와 앨리스 암스트롱 부부는 이제 아테네타운으로 불리는 곳의 외곽에 자리 잡고 여섯 아이들을 키웠다. 존과 리베카 암스트롱 부부는 계속 이동하여 결국 오하이오주의 서쪽 끝 포트그린빌에 정착했다. 그들은 오하이오주의 수많은 인디언 부족들이 세인트메리스 조약을 협상하기 위해 마지막으로 집결한 장면을 지켜보았다.

존 암스트롱 가족은 1818년 세인트메리스강의 서쪽 강둑에 자리 잡아 처음 수확해서 번 돈으로 0.6제곱킬로미터 정도의 땅을 샀다. 그 땅은 오글레이즈 카운티에서 가장 오래된 농장인 '암스트롱 농장'이 되었다.

존 암스트롱의 맏아들인 데이비드 암스트롱과 마거릿 밴 누이스가 닐의 고조부모다. 두 사람은 결혼 전에 아들 스티븐을 낳았다. 그 후 데이비드는 세인트메리스의 초기 정착민 중 한 명인 토머스 스콧의 딸 엘리너 스콧과, 마거릿은 캘립 메이저와 각각 결혼했다.

스티븐은 일곱 살 때인 1831년 3월, 함께 살던 엄마가 젊은 나이에 사망하자 외조부모 집으로 갔다. 외할머니 레이철 하월과 외할아버지 저코버스 누이스가 외손자를 키웠다. 스티븐의 아버지 데이비드는 1833년에 사망했다. 외할아버지도 1836년에 사망했다.

1846년, 스티븐 암스트롱이 스물한 살이 되었을 때 200달러 정도의 현금을 물려받았다. 스티븐은 몇 년간 다른 농장에서 일하며 번 돈으로 0.8제곱킬로미터의 땅을 샀고, 후에 0.9제곱킬로미터를 더 사들였다.

스티븐 암스트롱이 남북전쟁 때 어떻게 살았는지는 알려진 사실이 없다. 스티븐은 조지 배즐리와 사별한 마사 왓킨스 배즐리와 결혼해 네 아이의 아빠가 되었다. 마사는 1867년 1월 16일, 스티븐의 아들인 윌리스 암스트롱을 낳았다.

1884년, 스티븐 암스트롱은 마흔여덟 살에 세상을 떠나면서 1.6제곱킬로미터가 넘는 땅을 남겼다. 당시 가치로는 3만 달러, 지금 가치로는 70만 달러가 넘는다. 스티븐의 유일한 아들인 윌리스가 그 땅의 대부분을 상속받았다. 3년 후 윌리스는 같은 지역에 살던 릴리언 브루어와 결혼했다. 부부는 네 아이를 낳아 기르며 리버로드 근처 농가에서 살았다. 1901년 릴리는 다섯째 아이를 낳다 죽었다.

아내와 사별한 윌리스는 시간제로 우편배달을 시작했다. 코니그 형제의 법률사무소로 우편배달을 다니다 그곳에서 비서로 일하던 그들의 여동생 로라를 만났다. 1903년 말, 윌리스는 로라에게 구애하기 시작했다. 두 사람은 1905년 6월에 결혼해 윌리스가 세인트메리스에 장만한 집에서 살다가 웨스트스프링가 모퉁이의 멋진 빅토리아식 주택으로 옮겼다.

이곳에서 닐 암스트롱의 아버지인 '스티븐 암스트롱'이 어린 시절을 보냈다. 윌리스와 로라 사이에는 아들 둘이 있었고, 그중 첫째인 스티븐이 1907년 8월 26일에 태어났다. 이복누나 버니스와 그레이스, 이복형 가이와 레이도 새로 태어난 동생을 반겼다.

스티븐의 어린 시절에는 가정의 재정적인 불운이 이어졌다. 아버지는 외삼촌의 권유로 농장까지 저당 잡혀 철도 투자 계획에 돈을 부었다. 불행히도 투자는 계획대로 진행되지 않았고, 돈 문제로 결혼생활과 가족관계도 틀어졌다. 1912년에는 이복형이 죽었고, 1914년에는 집에 불이 났다. 여섯 살이었던 스티븐은 겨우 옷만 걸친 채 도망쳤다.

마흔아홉 살이 된 윌리스는 빚에 시달리다 우편배달을 그만두고 캔자스의 유전으로 떠났다. 1919년 초, 오하이오로 돌아온 윌리스는 가족들을 이끌고 갚아야 할 융자금이 상당히 남아 있는 리버로드의 농장으로 돌아갔다. 윌리스는 얼마 지나지 않아 만성 관절염으로 다리를 절었으나 아들 스티븐의 도움을 받아 농사일을 했다.

스티븐의 어머니는 아들이 학교를 마쳐야 한다고 우겼다. 스티븐은 1925년 고등학교를 졸업하기 전부터 농사일을 계속하지 않겠다고 결심했다. 곧 비올라 엥겔이란 상냥한 여성과 사랑에 빠졌다.

스티븐 암스트롱 집안이 아메리카에 정착한 지 100여 년이 지난 1864년 10월, 독일에서 태어난 비올라의 할아버지 프레더릭 쾨터가 볼티모어 항구에 도착했다. 프레더릭 쾨터의 아버지는 베스트팔렌주 라드베르겐 마을 외곽에 자리 잡은 자신의 농장 일부를 팔아 아들의 미국행 배표를 샀다. 열여덟 살 아들이 프러시아 군대의 강제 징집을 피하게 하고 싶었다.

프레더릭은 오하이오주의 작은 도시인 뉴녹스빌까지 찾아갔다. 독일 이민자가 20만 명 넘게 사는 오하이오주는 독일 출신인 그에게 확실히 매력적인 곳이었다.

첫 아내는 일찍 죽었다. 프레더릭은 1870년대 초, 0.32제곱킬로미터의 땅을 사들인 후 1세대 독일계 미국인인 마리아 카터하인리히와 재혼했다. 카터하인리히 가족은 성을 미국식인 캐터로 바꾸었다. 두 사람은 6남 1녀를 낳았고, 외동딸인 캐럴라인은 1888년에 태어났다. 19년 후인 1907년 5월 7일, 캐럴라인은 외동딸 비올라를 낳았다. 비올라 가족은 마르틴 루터의 교리를 따르는 성 바울 교회에 다녔다. 비올라는 독실한 신자로서 일생 동안 신앙을 지켰다.

1909년 5월 4일, 캐럴라인의 남편 마르틴 엥겔이 아내와 어린 딸을 남겨두고 29세에 폐결핵으로 사망했다. 비올라의 두 번째 생일에 엘름그로브 묘지에 묻혔다. 남편과 사별한 캐럴라인이 매클레인 집안의 요리사로 일하는 동안 외조부모가 손녀 비올라를 돌보았다. 1911년에는 비올라의 외할머니 마리아, 1916년에는 외할아버지 프레더릭이 사망했다.

캐럴라인은 세인트메리스의 개신교회에서 만난 그 지역 농부 윌리엄 코스피터와 사랑을 꽃피우면서 상실감을 행복으로 바꿀 수 있었다. 그들은 1916년에 결혼했다. 비올라는 와파코네타의 블룸고등학교에 입학했다. 겸손하고 호리호리한 소녀였던 비올라는 항상 우등생이었다. 여덟 살 때부터 피아노를 배웠는데, 음악에 대한 애정은 유명했다. 비올라는 이런 자질과 독창성, 집중력, 준비성, 인내심을 아들 닐 암스트롱에게 물려주었다.

비올라는 선교사가 되어 일생 그리스도에게 헌신하고 싶다고 간절히 열망했지만, 부모가 반대했다. 대신 백화점 직원으로 일하면서 시간당 20센트씩 받았다. 갓 고등학교를 졸업한 스티븐 암스트롱을 만나기 시작한 게 그 무렵이었다. 두 사람은 성 바울 교회의 청년 모임에서 처음 이야기를 나누면서 사귀기 시작했고, 청춘의 열정에 눈이 어두워 서로 얼마나 다른 사람인지 알아차리지 못했다. 해가 지날수록 두 사람의 차이는 점점 더 뚜렷해졌고, 노년이 되었을 때 비올라는 이렇게 세속적인 사람과 결혼한 게 옳았는지 의문마저 들었다.

두 사람은 몇 년을 사귀면서 장래를 약속하는 사이가 되었다. 1928년 크리스마스 때 비올라와 스티븐은 약혼반지를 주고받았고, 1929년 10월 8일 비올라의 새아버지 집 거실에서 결혼식을 올렸다. 신혼부부는 새아버지 코스피터의 차를 타고 97킬로미터 정도 떨어진 데이턴으로 신혼여행을 떠났다.

2주 후 월스트리트의 주식 시장은 폭락했고, 대공황이 시작되었다. 스티븐은 비올라와 리버로드의 농가로 들어갔다. 비올라는 그곳에서 시어머니를 도와 집안일을 했다. 스티븐은 콜럼버스로 가서 공무원 시험을 본 후 컬럼비아나 카운티의 수석 감사역을 보조하는 일을 맡았다. 그는 농장을 경매로 처분한 후 부모님을 모시고 세인트메리스의 작은 집으로 이사했다. 1930년 5월 중순, 임신 6개월이었던 비올라와 스티븐은 370킬로미터를 운전해 펜실베이니아주와 가까운 리즈번으로 갔다. 그들은 전기와 냉·온수가 나오는, 가구 딸린 방 두 개짜리 아파트에 살게 되어 말할 수 없이 감격했다.

출산 예정일 2주 전인 1930년 8월 4일, 비올라는 부모님 집에서 출산 준비를 하고 있었다. 스티븐은 리즈번에 남아 있었다. 1930년 8월 5일, 사내아이가 태어났다. 아이의 얼굴형은 아버지와 비슷했지만 코와 눈은 비올라를 빼닮았다.

비올라와 스티븐은 아들에게 '닐 올던'이라는 이름을 붙였다. 비올라는 '올던 암스트롱'이라는 발음도, 올던이 헨리 롱펠로^{Henry Longfellow}의 고전적인 시 「마일스 스탠디시의 구애」에 등장하는 인물이라는 점도 좋았다. 양쪽 집안 중 누구도 '닐'이라는 세례명을 받은 이가 없었다. '닐'이 '구름'이란 뜻의 게일어 '네알'을 스코틀랜드식으로 바꾼 이름이라는 사실을 알았기 때문일 것이다. 현대에 와서는 '챔피언'을 의미한다.

닐 암스트롱의 할아버지
윌리스 암스트롱.

할머니 로라 코니그.

닐 암스트롱의 외할아버지
마르틴 아우구스트 엥겔. 암스트롱의
어머니 비올라가 두 돌 때 사망했다.

외할머니
캐럴라인 캐터 엥겔 코스피터.

닐 암스트롱의 어머니 비올라 암스트롱이
교회에 다니기 시작한 여섯 살 때<왼쪽>와 10대 초반 시절.

1929년 10월 8일, 닐 암스트롱의 부모님 스티븐<맨 왼쪽>과
비올라<앉은 사람>의 결혼사진. 신부 들러리였던 스티븐의 여동생 메리 바버라와
신랑 들러리 가이 브리그스.

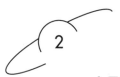

2

소도시에서 키운 큰 꿈

닐 암스트롱을 출산한 지 열흘 후 비올라는 침대에서 일어나 아기를 돌보았다. 의사의 만류로 시아버지 윌리스의 장례식에는 참석하지 못했지만, 닐이 집에서 유아세례를 받을 수 있도록 남편과 함께 준비했다. 결혼식 주례를 보았던 버킷 목사가 닐에게 세례를 주었다. 그 후 암스트롱 가족은 스티븐의 일 때문에 곧장 오하이오주 워런으로 이사해야 했다. 오하이오 오디세이처럼 14년 동안 열여섯 번을 이사한 끝에 1944년 와파코네타에 정착했다.

비올라가 보기에 아들 닐은 차분하고 조용하면서 숫기 없는 아이였다. 그녀는 닐에게 끊임없이 책을 읽어주면서 자신의 책 사랑을 아들에게 전해주었다. 아들은 놀라울 정도로 일찍 글을 깨쳐 세 살이 되자 거리의 간판을 읽게 되었다. 닐은 워런에서 초등학교에 입학한 후 1년 동안 100권 이상의 책을 읽었다. 2학년 때는 몰턴의 시골 통합학교에 다니다 세인트메리스의 학교로 옮겼다. 그곳 선생님은 닐이 4학년 수준의 책을 읽고 있다는 사실을 알고 놀라 3학년으로 월반시켰다. 닐은 여덟 살 때 4학년이 되어 자신보다 나이 많은 학생들 사이에서 1등을 했다. 가족이 어디로 이사하든 닐은 잘 적응했고, 쉽게 친구를 사귀었다. 동생들하고도 사이좋게 지냈다.

닐이 세 돌이 되어가던 1933년 7월 6일, 여동생 준 루이즈 June Louise가 태어났다. 1935년 2월 22일에는 남동생 딘 앨런Dean Alan이 태어났다.

준과 딘은 부모님의 사랑과 보살핌을 듬뿍 받았지만, 엄마가 특별히 닐을 아낀다는 사실을 알았다. "조부모님 농장에서 감자를 캘 때 오빠는 보이지 않았어요. 집의 한쪽 구석에서 책을 읽고 있었죠. 오빠는 나쁜 짓을 한 적이 없어요. 그야말로 모범생이었죠. 그게 천성이었어요."

준은 "오빠는 어른같이 행동했기 때문에 어렵게 느껴졌습니다. 남동생 딘은 오빠보다 다섯 살이나 어리니까 더 불편했겠죠. 우리는 오빠 공간을 함부로 침범한 적이 없어요. 허락받고 들어 갔습니다"라고 했다. 형제는 같은 보이스카우트 대대에서 활동했지만, 닐이 딘보다 먼저 배지를 획득하고 선배들과 더 잘 어울렸다. 닐과 딘은 둘 다 음악을 좋아했지만, 딘은 닐과 달리 스포츠를 즐겨 농구 선수로 뛸 정도였다. 닐은 엄마를 닮아 배움에 대한 갈망이 큰 반면, 딘은 아빠를 닮아 즐거움과 재미를 추구하는 편이었다. 닐은 믿기지 않을 정도로 침착하고 자제력이 강하며 정직했다. 엄마가 보기에도 특별한 아이였다.

비올라는 1969년 여름, 『라이프』잡지의 도디 햄블린 기자와 인터뷰하면서 이렇게 이야기했다. "그 아이는 자신에게 진실했어요. 언제든 바르고 진실하고, 그렇지 않은 일에는 관여하지 말아야 한다고 생각했어요. 그 아이가 누군가를 안 좋게 말하는 것을 들어본 적이 없어요. 한 번도 없어요."

닐은 아버지 이야기가 나올 때마다 "아버지는 일 때문에 거의 집에 계시지 않았어요. 그래서 가깝게 지내지 못했다고 생각해요. 누구와 특별히 더 가까워 보인 적이 없었거든요" 하면서 말을 아꼈다. 준에게 닐과 아버지가 친했는지 물었더니 "아니요. 엄마는 자식들을 잘 안아주셨는데, 아버지는 그러지 않으셨어요. 아버지는 한 번도 닐을 포옹한 적이 없을 거예요. 닐도 마찬가지고요."라고 했다.

닐은 대학생 시절, 집에 보내는 편지봉투에 'S. K. 암스트롱 부인'이라고 적곤 했다. 그의 편지는 '어머니와 가족들에게'로 시작되었다. 1943년, 할머니 발목이 부러져 부모님은 할머니를 집으로 모셔 왔다. 할머니는 1956년에 돌아가실 때까지 그들과 함께 살았다. 비올라는 종교와 술 문제로 남편과 언쟁을 해온 데다 시어머니까지 모시게 되어 그들의 결혼생활에 긴장감이 돌았다.

그런데 이 책의 집필을 위해 인터뷰하면서 닐은 흥미롭게도 고등학생 시절 내내 할머니 로라 암스트롱과 함께 살았다는 사실을 기억해내지 못했다. "제가 퍼듀대학으로 떠나고 나서도 할머니가 우리 집에 와서 지내지는 않으셨는데요"라고 했다.

닐 암스트롱의 기억이 틀렸다. 고등학생 시절 내내 그는 할머니와 함께 살았다. 13년이나 같이 살았던 할머니를 기억해내지 못한다는 사실은 그가 고등학생 시절의 친구, 책과 공부, 스카우트 활동, 아르바이트처럼 중요하게 생각했던 일상, 정말 좋아했던 비행기와 비행에 얼마나 집중했는지 보여준다. 닐은 관심 없는 일에 대해서는 전혀 신경을 쓰지 않았다고 여동생은 회고했다. "오빠는 어릴 때부터 책을 많이 읽었고, 그게 그의 도피처였어요. 다른 곳이 아니라 상상의 세계로 도피했죠. 어릴 적부터 그는 도피라는 모험을 해도 안전하다고 느꼈어요. 편안한 곳으로 되돌아올 수 있으니까요."

닐 암스트롱에게 오하이오의 시골은 사생활이 보호되고, 인간의 가치가 지켜지는 곳이었다. 1971년 NASA°를 떠날 때 암스트롱은 오하이오주로 돌아가 작은 농장에서 평범하게 살고 싶어 했다. 그는 아이들을 가급적 평범한 환경에서 키우기로 마음먹었다고 했다.

암스트롱의 착실한 생각은 소년 시절에 뿌리를 두고 있다. 그 시절에 만화가 제리 시걸이 슈퍼맨이라는 '스몰빌Smallville' 출신 영웅을 창조해냈다. 스몰빌은 '진리, 정의, 미국적인 방식'을 구현하는 미국 중부의 소도시였다. 닐이 꿈꾸었던 곳은 가상의 스몰빌이 아니라 진짜 소도시였다. 1930년대와 1940년대 미국의 소도시들은 대부분 인구 5000명을 넘지 않았다. 젊은이들은 진짜 스몰빌 같은 소도시에서 가족과 공동체의 지원을 받으며 큰 꿈을 키우면서 성장했다.

닐 암스트롱 말고도 미국 최초 유인우주선 발사 계획인 '머큐리 계획'의 우주비행사 일곱 명도 모두 비슷한 사고방식을 가지고 있었다. 뉴햄프셔주 이스트데리에서 어린 시절을 보낸 앨런 셰퍼드, 인디애나주 미첼의 거스 그리섬, 오하이오주 뉴콩코드의 존 글렌, 뉴저지주 오라델의 월터 시라, 오클라호마주 쇼니의 고든 쿠퍼, 위스콘신주 스파타의 디크 슬레이턴도 소도시에서 성장했다. 스콧 카펜터의 고향인 콜로라도주 볼더Boulder도 인구 1만 명이 겨우 넘는 소도시였다.

그들 일곱 명은 소도시라는 교육 환경에서 우주비행사로서 필요한 자질을 배웠다고 했다. 미국인 최초로 지구궤도를 비행한 존 글렌은 "소도시에서 어린 시절을 보내는 것은 뭔가 특별한 일이다. 그곳에서는 아이들이 자신의 일을 스스로 결정한다. 우

° 미국항공우주국(National Aeronautics and Space Administration)

주 계획에 참여한 사람 중 소도시 출신이 많다는 사실은 우연이 아니다"라면서 동의했다. 사실 미국의 우주 계획 역사를 보면 오하이오주 출신의 우주비행사가 유독 많다. "어린 시절에 살았던 소도시들은 서서히 대공황에서 벗어났어요. 우리 집이 궁핍하지는 않지만 풍족했던 적도 없었습니다. 그런 점에서 다른 집들보다 못할 것도 나을 것도 없었습니다"라고 닐 암스트롱은 회고했다. 어떤 친구들에게는 닐의 아버지가 직장에 다닌다는 사실만으로도 닐이 부자처럼 보였다.

닐 암스트롱은 열 살 때, 몸무게가 겨우 32킬로그램 될까 말까 할 때 처음 일을 시작했다. 시간당 10센트를 받고 묘지에서 풀을 깎는 일이었다. 그 후 어퍼샌더스키의 빵집에서 빵을 진열하고, 하룻밤에 도넛을 110박스씩 만드는 일을 도왔다. 커다란 반죽기계에 붙은 밀가루 반죽을 긁어내기도 했다. "내가 몸이 작아서 그 일자리를 얻었을 거예요. 밤이면 아예 커다란 반죽 통에 들어가 그 통을 말끔히 씻어낼 수 있었으니까요. 아이스크림과 수제 초콜릿을 얻어먹을 수 있다는 게 가장 큰 혜택이었죠."

1944년, 와파코네타로 이사한 다음에는 식료품점과 철물점에서 점원으로 일했다. 약국에서 시간당 40센트씩 받으면서 일한 적도 있다. 아르바이트로 번 돈은 모두 챙겼지만, 부모님은 그가 대학 학비를 위해 대부분 저축할 것이라고 기대했다.

1959년부터 2003년까지 우주비행사로 선발된 294명 중 200여 명이 스카우트 활동을 했다. 여기에는 걸스카우트로 활동했던 21명의 여성도 포함된다. 40명의 우주비행사는 최고 단계인 이글스카우트까지 올라간 보이스카우트였다. 달에 갔던 20명 중에서 닐 암스트롱과 버즈 올드린을 포함해 12명이 스카우트 대원이었다.

1941년, 3000명 정도 사는 어퍼샌더스키로 이사했을 때 아직 그 지역에는 스카우트 대대가 없었다.

1941년 12월 7일, 일본이 진주만을 공격하면서 상황이 바뀌었다. 앞마당에서 놀고 있던 닐은 아버지가 불러 집 안으로 들어가 라디오로 그 소식을 듣게 되었다. 미국 의회는 다음 날 바로 전쟁을 선포했고, 미국의 보이스카우트도 나라를 위해 총동원됐다. 닐 암스트롱은 "신문이나 라디오가 계속 전쟁 소식을 전했습니다. 자식을 전쟁터에 보낸 집의 창문에는 별이 잔뜩 붙어 있었어요"라고 그때를 떠올렸다.

그곳에도 목사님이 이끄는 보이스카우트 25대대가 생겨 매달 모임을 가졌다. 닐은 그중 늑대 순찰대라고 부르는 조직에 들어갔다. 순찰대의 대장은 버드 블랙포드, 부대장은 코초 솔라코프였다. 닐 암스트롱은 서기가 되었다.

25대대와 늑대 순찰대는 전시 상황에 몰입해 있었다. 스카우트 활동 중 비행기 식별은 닐 암스트롱에게 딱 맞는 일이었다. 그와 친구들이 만든 비행기 모형을 스카우트 리더가 군대와 민방위 본부에 보내 적군과 아군 비행기를 쉽게 구별하도록 했다. 보이스카우트 담당 목수가 다른 지역으로 떠나자 덜 엄격한 에드 노스가 그 대대를 맡았고, 닐 암스트롱의 아버지가 도왔다. 늑대 순찰대에서 닐과 버드, 코초는 선의의 경쟁을 벌이면서 잊지 못할 우정을 쌓았다.

코초는 화학 실험실에서 했던 장난을 떠올렸다. "내가 '이봐 닐, $C_{12}H_{22}O_{11}$ 좀 먹어봐'라고 했더니 닐이 한 움큼 집어 입에 넣는 거예요. 놀라 자빠지면서 '뱉어, 독이야!'라고 소리쳤더니 '$C_{12}H_{22}O_{11}$은 설탕이야'라고 하더군요. '나도 알아. 네가 모르는 줄 알았지'라고 했죠. 그다음부터는 내가 닐보다 아는 게 많다는 생각을 해본 적이 없어요."

한동안 와파코네타가 닐 암스트롱의 고향으로 알려졌지만, 닐은 어퍼샌더스키에서 보낸 3년을 가장 소중하게 여겼다. 열한 살에서 열네 살이 될 때까지, 온 가족이 노스샌더스키 446번가에서 즐겁게 생활하다 와파코네타의 집으로 이사했다. 서른여섯 살이었지만 군대에 징집될지도 모른다고 생각한 아버지 때문에 이사했다고, 닐이 말했다. 와파코네타는 아버지 직장이 있는 어퍼샌더스키에서 남서쪽으로 80여 킬로미터 떨어져 있었지만, 외조부모님 집과 가까워 아버지가 군대에 가면 도움을 받을 수 있는 곳이었다.

암스트롱 가족은 웨스트벤턴 601번가 모퉁이에 있는 2층짜리 큰 집을 사서 이사했다. 닐은 집에서 멀지 않은 블룸고등학교에 다녔다. 늘 그렇듯 닐은 새로운 환경에 잘 적응해 곧장 보이스카우트 14대대에서 활동했다. 성적표를 보면 수학, 과학, 영어 성적이 항상 높았다. 어떤 과목에서도 낮은 성적을 받은 적이 없었다.

음악을 즐겼던 닐은 학교 오케스트라와 소년 합창단, 밴드 활동에도 참여했다. 몸집이 작으면서도 아주 큰 악기 중 하나인 바리톤과 호른을 연주했다. 다른 아이들과 달리 그 악기의 독특한 음색을 좋아했다. 금요일이나 토요일 밤, 재즈밴드에서 호른을 연주해 받은 돈을 친구들과 나누기도 했다.

닐은 고등학생 때 학생 단체인 하이-Y Hi-Y에 가입해 연극 무대에 서기도 했다. 고등학교 2학년 때와 3학년 때는 학생회 임원으로 뽑혔고, 졸업반 때는 부회장을 맡았다. 고등학교 때 친구들은 닐이 수줍어하기보다 조용한 편이었다고 기억한다.

여자 친구를 사귀어본 적이 없는 닐이 졸업 무도회에 참가하게 되자 아버지는 새로 산 올즈모빌 자동차를 빌려주었다. 닐의 파트너였던 앨마 쿠프너는 "우리는 더들리 슐러와 그의 여자친구 패티 콜과 동행했습니다. 새벽 3시쯤 인디언호에서 돌아오는 길에 불행히도 닐이 졸음운전을 해서 차가 배수로에 빠졌어요. 일하러 가던 한 남자가 겨우 우리를 끌어내주었죠. 다음 날 아침, 옆면이 온통 긁혀 있는 차를 닐의 아버지가 보게 되었습니다"라고 기억했다.

1946년 5월, 열여섯 살밖에 되지 않은 닐은 블룸고등학교를 졸업했다. 그의 성적은 78명 학생 중 18등이었다. 졸업 앨범에 실린 닐 암스트롱의 사진 옆에는 '그는 생각한다, 그는 행동한다, 그리고 해냈다'라고 적혀 있다. 그는 훗날 수많은 운송 수단을 성공적으로 운전하면서 아버지 차를 배수로에 빠뜨린 오명에서 벗어났다.

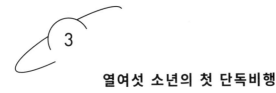

열여섯 소년의 첫 단독비행

와파코네타에는 마법사 아저씨 같은 제이컵 진트라는 사람이 살았다. 그는 노총각 형제 둘과 괴상하게 보이는 3층짜리 집에서 살았다. 펄가(街)와 오글레이즈가가 만나는 모퉁이에 있는 그 집은 닐 암스트롱 집에서 멀지 않았다. 진트는 리마에 있는 웨스팅하우스 회사에서 공학 제도공으로 일했다. 과학에 관심이 많았던 진트는 차고 위에 360도 회전하는 지름 3미터의 반구형 천문대를 설치했다. 20.3센티미터 반사망원경이 행성과 별들을 향해 있었다. 진트의 망원경으로 보면 40만 킬로미터 정도 떨어져 있는 달과의 거리가 1600킬로미터도 안 되어 보였다. 진트의 우상인 16세기의 괴짜 천문학자 튀코 브라헤Tycho Brahe도 좋아할 만한 천문대였다.

닐 암스트롱과의 인연을 주장하지 않았다면 제이컵 진트는 그저 무명의 그 지역 괴짜로 남았을 것이다. 닐은 열여섯 살 때인 1946년, 친구 밥 거스타프슨과 보이스카우트 몇몇 대원들과 진트의 집을 방문했다. 천문학 관련 메리트배지merit badge를 얻기 위해서였다. 서른다섯 살이었던 진트는 사람들이 함부로 집에 들어오는 게 싫었지만, 보이스카우트 단장이었던 매클린톡 씨가 어렵게 약속을 받아냈다.

진트의 생각에는 그 순간이 어린 닐 암스트롱 삶에서의 전환점이었다. "닐은 주로 달에 관심이 많았어요. 달을 맹목적으로 좋아했어요. 다른 행성에 생명체가 있는지에 대해서도 특별한 관심을 보였습니다. 우리는 그 문제를 토론하다 달에는 생명체가 없지만, 화성에는 생명체가 있을지도 모른다고 결론을 내렸습니다"라고 진트는 말했다.

천문대와 진트를 좋아하게 된 닐은 퍼듀대학으로 떠난 다음에도 자신을 계속 찾아왔다고 했다. 아폴로 11호를 발사하기 전날 밤, 진트는 기자에게 "'달에 도착하자마자 달이 정말 생치즈로 만들어져 있는지 알아보겠다'고 닐이 내게 우스갯소리를 했다"고 주장했다. '닐은 일찍이 달 착륙을 꿈꾸었다', '아마추어 천문가 제이컵 진트는 닐 암스트롱이 처음으로 달을 가깝게 볼 수 있도록 해주었다', '닐 암스트롱 : 처음부터 그는 달에 가고 싶었다', '청소년기의 꿈을 이룬 우주비행사', '수줍어하던 닐의 꿈은 달이었다', '와파코네타의 아마추어 천문가 제이컵 진트는 '닐 암스트롱의 꿈이 이루어졌다'고 말한다' 같은 제목으로 암스트롱과 진트의 인연을 조명한 특집 기사가 1969년 6월과 7월에 계속 나왔다. 닐 암스트롱이 처음으로 달을 가깝게 보았을 망원경 앞에서 진트가 당당하게 팔짱을 낀 채 웃고 있는 사진도 실렸다.

닐 암스트롱이 달의 '고요의 바다'에 착륙하던 위대한 순간은 와파코네타에 있던 진트에게도 절정의 순간이었다. '7월 21일 새벽 2시 17분, 제이컵 진트는 고요의 바다 남서쪽을 보려고 망원경의 방향을 맞추었다. 날씨가 괜찮다면 23년 전, 닐 암스트롱이라는 작은 금발 소년이 진트 씨의 렌즈를 통해 처음으로 달을 엿보면서 시작된 시공간의 오디세이가 그날의 달 관측으로 완성될 것이다'라고 언론은 그 순간을 묘사했다. 그 역사적인 순간에 진트가 무슨 생각을 했는지 모두 궁금했다. 그는 잔뜩 관심을 보이는 기자들에게 "'달에 가면 어떨까' 닐과 대화를 나누었던 이야기가 이렇게 현실로 이루어지다니 믿을 수가 없어요"라고 말했다.

그러나 이제는 고인이 된 제이컵 진트가 주장하는 암스트롱과의 인연은 난처하게도 사실과 거리가 멀다. 그런데도 그의 망원경과 해체해서 옮긴 반구형 천문대는 오랫동안 와파코네타 오글레이즈 카운티 박물관에서 좋은 자리를 차지하고 있었다. 박물관은 2005년 『퍼스트맨』 초판이 출간된 다음에야 그 전시물들을 치웠다.

암스트롱은 2004년, 이 아마추어 천문가의 명성에 지나친 의문을 제기하지 않으려고 마지못해 머뭇거리면서 "내가 기억하는 바로는 제이컵 진트의 천문대에 한 번밖에 가지 않았어요. 진트의 망원경으로 하늘을 관찰하거나 달과 우주에 관해 개인적으로 대화를 나눈 적은 없어요. 진트 씨 이야기는 내가 유명해진 후 만들어진 거예요. 그의 이야기는 모두 거짓말 같아요"라고 진술했다. 그러면서도 암스트롱은 그 이야기들을 굳이 바로잡으려고 하거나 진트에게 그런 말을 그만하라고 요구하지 않았다.

닐 암스트롱이 달에 갔던 1969년에는 진트와 관련된 이야기가 워낙 여러 신문에 실렸기 때문에 사람들이 모두 믿었다. 1969년 한 기자가 썼듯 암스트롱의 '운명'에 관한 진트의 예언적인 이야기는 '너무 그럴듯해서 믿을 수밖에 없었다'.

닐이 좋아했던 과학 선생님 존 크리츠도 진트처럼 닐이 일찍이 하늘을 좋아했다고 부풀려 말했다. 1969년 그는 기자들에게 "가을날 보름달을 보면서 장래 계획을 물었더니 닐이 보름달을 가리키면서 언젠가 저 달에 있는 사람을 만나고 싶다고 대답했습니다. 그때가 1946년이었어요. 달에 간다는 생각을 아무도 하지 못할 때죠"라고 말했다. 닐 암스트롱은 인터뷰하면서 "그것은 지어낸 이야기예요. 그때는 비행기에 온통 정신을 빼앗겨 있었거든요. 우주를 비행하는 건 생각지도 않았던 때죠"라고 딱 잘라 말했다.

1969년, 아버지인 스티븐 암스트롱은 "닐은 두세 살 때 10센트 가게에서 작은 장난감 비행기를 사달라고 엄마를 졸랐어요. 엄마가 10센트와 20센트짜리 중 고민하다 20센트짜리 비행기를 사줬죠. 닐은 그때부터 비행기를 좋아해서 집에서나 바깥에서나 늘 들고 다녔어요"라고 기억했다.

닐은 여섯 살 생일 직전, 워런에서 처음으로 비행기를 탔다. 그는 "이 일에 관해서는 여러 이야기가 있지만 뭐가 진짜인지 모르겠어요. 싼 가격(25센트)에 비행기를 타고 우리 도시 주위를 한 바퀴 비행했던 것 같아요"라고 했다.

그의 아버지는 이렇게 기억했다. "아내는 주일학교에 간다고 생각했겠지만, 우리는 비행기를 타러 갔어요. 낮에는 치솟는 비행깃값이 아침에는 쌌거든요. 그래서 주일학교를 빼먹고 아침 일찍 비행기를 탔죠."

그들은 소형비행기 포드 트리모터Ford Trimotor를 탔다. 그 쇠붙이 거위처럼 생긴 비행기는 1928년부터 라탄 의자에 승객을 12명까지 태우고 시속 193킬로미터 정도로 비행했다.

닐 암스트롱은 청소년기의 어느 때인가부터 계속 같은 꿈을 꾸기 시작했다. "꿈속에서 숨을 참으면 공중에 떠서 빙빙 돌 수 있었어요. 그렇다고 대단한 일이 일어나지는 않았어요. 꿈에서 나는 하늘 위로 날아오르지도, 땅으로 떨어지지도 않았어요. 그저 빙빙 돌기만 했어요. 어정쩡해서 좀 답답했죠. 꿈에는 어떤 결말도 없었어요." 그는 농담조로 "잠에서 깬 후 그대로 해보려고 했지만 안 되던걸요"라고 했다.

"책을 읽고, 항공기를 보고, 모형비행기를 만들면서 흥미가 생겨 여덟 살이나 아홉 살 때쯤부터 항공기에 관심을 집중하기 시작했어요"라고 암스트롱은 전했다. 어느 날 이웃에 살던 사촌 형이 발삼나무와 얇은 종이로 모형비행기를 만드는 모습을 보고 단숨에 빠져들었다.

닐 암스트롱은 자신이 처음 만든 모형비행기가 경비행기 테일러 컵Taylor Cub과 비슷했다고 기억했다. "엔진이 달린 모형비행기는 살 수 있다는 생각조차 못 했어요." 모터를 장만하려면 돈이 더 들었고, 기름도 필요했다. 그러나 제2차 세계대전 때라 돈과 기름 모두 모자랐다. 대신 고무줄을 이용해 비행기를 날렸다.

닐이 만든 모형비행기는 그의 침실과 지하실 구석구석을 채웠다. 남동생 딘은 형이 비행기를 워낙 많이 만들다 보니 싫증이 난 비행기는 2층 창문에서 날려 보내거나 불태우기도 했다고 회고했다. 여동생 준은 "오빠는 모형비행기를 최소한 대여섯 개씩 모아두고 있었어요. 오빠가 뛰어서 현관으로 나가 동네 진입로 끝까지 달려가면, 우리는 2층 창문 밖으로 몸을 내밀어 오빠의 비행기를 날렸습니다. 엄마는 질색하셨어요"라고 기억했다.

하지만 닐은 "보통은 모형비행기에 실을 매서 천장에 매달아놓았어요. 만드는 데 너무 공을 들여 망가뜨리고 싶지 않았거든요. 비행기를 날리기는 했지만, 자주 그러지는 않았어요"라고 그 시절을 떠올렸다.

"초등학교에 다닐 때부터 비행기 설계사가 되고 싶었어요.

좋은 설계사가 되려면 비행기 조종도 알아야겠다고 생각해서 나중엔 조종도 배웠습니다. 『비행과 하늘길Flight and Air Trails』, 『모형비행기 뉴스Model Airplane News』 등 손에 넣을 수 있는 항공 잡지는 뭐든 구해서 읽었어요."라고 했다.

퍼듀대학의 모형비행기 제작 클럽에 들어간 다음에는 여러 대회에 참가해 1·2등을 했다. 닐은 자신이 조종한 가솔린엔진 모형비행기가 시속 160킬로미터보다 더 빨리 비행했다고 기억했다. "대학 때는 새로운 지식을 잔뜩 받아들이면서 사람들도 많이 만났습니다. 비행기 조종법에 대해 엄청난 경험과 직관을 갖춘 제2차 세계대전 참전 용사들도 만났죠."

닐 암스트롱은 열다섯 살 때부터 시간당 9달러(2016년 달러 가치로는 약 123달러)인 비행 훈련 비용을 모으기 시작했다. 학교 수업이 끝난 후에 약국에서 시간당 40센트씩 받으면서 일했으니, 1시간 훈련을 받기 위해 22시간 30분을 일한 셈이다.

닐은 토요일 아침 일찍 차를 얻어 타거나 자전거를 타고, 와파코네타 외곽의 작은 잔디밭 비행장으로 갔다. 그곳에 있는 비행기들은 대부분 낡은 육군 비행기나 훈련용 비행기였다. 벌티가 제조한 BT-13, 페어차일드의 PT-19 등이 있었다. 최신 비행기로는 오하이오주 해밀턴 근처에서 제조한 홑날개 경비행기인 에어론카 치프Aeronca Chief가 있었다. 좌석이 좌우로 배치되고, 조종 스틱이 아니라 조종 핸들을 사용하는 게 특징이었다.

닐 암스트롱은 와파코네타에 있던 챔프 비행기 세 대 중 한 대를 타고 비행을 배웠다. 퇴역한 육군 조종사 세 명이 닐 암스트롱의 비행 훈련을 맡았다. 암스트롱과 함께 고등학교에 다녔던 남학생 세 명이 1946년 여름에 비행을 배웠고, 같은 시기에 단독 비행을 했다. 그래서 암스트롱은 그 시절에 비행 훈련을 받는 게 그렇게 특별한 일은 아니었다고 늘 이야기했다.

하지만 운전면허증보다 조종사 면허증을 먼저 받는 일은 흔치 않다. 닐 암스트롱은 열여섯 살 때 학생 조종사 면허증을 받고 비행기를 조종할 수 있었다. 암스트롱은 여자 친구를 사귄 적이 없어서 비행장에 가는 일 외에는 차가 필요 없었다고 아버지는 설명했다. 암스트롱은 "열네 살이면 글라이더로 단독비행을 할 수 있었어요. 그러나 동력비행기를 조종하려면 열여섯 살이 될 때까지 기다려야 했습니다"라고 했다.

1946년 8월 5일, 암스트롱은 열여섯 번째 생일에 '학생 비행기 조종사 면허증'을 받았다. 그리고 1~2주 후에 처음으로 단독비행을 했다.

가족이나 친구들이 그리 걱정하지 않았기 때문에 단독비행을 할 수 있었다. 비행장의 잔디 깎기를 도왔던 딘은 형이 비행하는 모습을 지켜보기 위해 현장에 와 있었다. "교관이 형의 안전벨트를 매는 소리가 들리고, 형은 나를 보고 알은척하면서 자신 있게 내 어깨에 손을 올려놓았어요. 그때 '오오, 출발이구나'라고 생각했어요." 비올라는 아들의 비행을 지켜보는 게 불안했지만 한 번도 말리지 않았다. 여동생 준은 닐이 비행에 관한 이야기를 하면서 두려워하는 기색을 보인 적이 없었기 때문이라고 했다.

닐 암스트롱은 교관의 허락을 받아 첫 단독비행을 한 날을 어렴풋이 기억했다. 그는 "어떤 비행기든 처음 조종하는 날은 특별하게 느껴집니다. 그러니 처음으로 단독비행한 날은 더더욱 특별하죠. 첫 비행을 할 때 정말 흥분했어요. 두 번의 이륙과 착륙을 성공적으로 해낸 다음에 아무 사고 없이 비행기를 다시 넣었습니다"라고 설명했다. 단독비행을 하면서 돈도 아낄 수 있었다. 교관의 도움 없이 비행기를 탈 수 있으니 시간당 9달러가 아니라 7달러만 내면 되었다. 그러나 하늘 위에서 더 머물고 싶어 비행시간을 늘리다 보니 재정적으로 그리 도움이 되지는 않았다.

잔디밭 비행장에서 조종 기술을 연마하다 보니 암스트롱은 착륙 때 비행기를 상당히 가파르게 하강시켜 활주로 앞쪽에 내리는 버릇이 생겼다. 활주로에서 미끄러지다 멈추기까지 시간이 꽤 걸렸다.

비행이 얼마나 위험한 일인지 목격하기도 했다. 1947년 7월 26일 오후, 비행을 배우던 스무 살 학생과 제2차 세계대전에 참전했던 퇴역 해군 칼 레인지가 탄 경비행기 챔프가 목초지의 송전선에 부딪쳐 추락했다. 레인지는 그 자리에서 두개 골절로 사망했고, 학생은 살아남았다. 닐은 보이스카우트 캠프에서 돌아오는 길이었다. "우리는 비행기가 추락하는 장면을 목격했어요. 아버지는 차를 세웠고, 우리 모두 그곳으로 달려가 응급처치를 하려고 했죠"라고 남동생 딘은 기억했다. 지역 언론 『리마 뉴스 The Lima News』에 따르면 닐은 울타리를 뛰어넘어 비행기 사고를 당한 사람들에게 달려갔다. 그 신문은 레인지가 닐의 품 안에서 숨을 거두었다고 보도했지만, 닐은 레인지가 언제 사망했는지 정확하게 알지 못한다고 했다.

비올라는 1969년 기독교 잡지 『가이드포스트Guideposts』와의 인터뷰에서 닐이 레인지의 죽음으로 깊은 충격을 받았다고 했다. '닐 암스트롱의 소년 시절 위기'라는 제목의 기사에 따르면 닐은 이틀 동안 꼬박 자신의 방에 틀어박혀 예수님에 관한 책을 읽으면서 비행을 계속해야 할지 곰곰 생각했다고 한다. 하지만 닐은 그 일을 잘 기억하지 못했다. 준도 오빠가 그 일로 영향을 받았다고 느낀 적이 없고, 비행에 대한 오빠의 열망은 꺾이지 않았다고 했다.

레인지가 사망했을 즈음, 암스트롱은 단독으로 두 차례 장거리 비행을 했다. 먼저 에어론카 비행기를 빌려 신시내티의 렁큰 공항까지 날아갔다. 해군 장학금 자격시험을 위한 왕복 346킬로미터 비행이었다. 그 비행 후, 퍼듀대학에 예비 등록을 하기 위해 484킬로미터를 날아 인디애나주 웨스트라피엣West Lafayette까지 갔다. 비행기에서 열여섯 살짜리 소년이 내리더니 비행기에 기름을 넣어달라고 요청했다. 그러고는 대학 캠퍼스를 향해 걸어가는 모습을 본 공항 직원이 얼마나 놀랐을지 상상할 수 있다.

4

공학에서 직업 정체성을 찾다

암스트롱이 퍼듀대학에 입학한 지 한 달 후인 1947년 10월 14일, 공군 대위인 척 예거Chuck Yeager가 음속의 벽을 깨고 시험비행했다. 로켓엔진을 달고 마하 1(음속과 같은 속도)을 뛰어넘은 혁명적인 비행기의 이름은 '벨 X-1'이었다. 미군이 그 연구 계획을 비밀에 부치기 전, X-1의 성능에 관한 이야기들이 『로스앤젤레스 타임스Los Angeles Times』와 『항공 주간Aviation Week』에 실렸다. 미국 전역의 항공학 교수와 학생들이 '음속의 벽을 깬다'는 것이 무슨 의미인지 토론했다.

그 무렵 닐 암스트롱은 비행 역사에서 새롭게 시작된 시대가 쓸쓸하게 느껴졌다. "드디어 조종사가 되었지만 상황이 바뀌었어요. 소년 시절에 내가 그렇게 동경했던 위대한 비행기들은 사라져갔습니다. 어린 시절에는 제1차 세계대전의 조종사들을 기사단처럼 생각하면서 흠모했습니다. 제2차 세계대전에서는 하늘의 기사단을 보기 어려워졌습니다. 공중전은 굉장히 무자비해졌습니다. 존 올콕, 아서 브라운, 해럴드 개티, 찰스 린드버그, 아멜리아 에어하트, 지미 매턴 등이 대양을 건너고, 북극 위를 날고,

지구 구석구석을 다니면서 기념비적인 비행을 모두 성공시켰습니다. 나는 그게 억울했어요. 비행에 매료되고 빠져든 사람으로서 비행 역사의 흐름에서 한 세대 뒤처졌다는 사실에 맥이 빠졌습니다. 그 위대한 모험들을 모두 놓쳤으니까요."

암스트롱이 대학에 입학하던 시기, NASA의 전신인 미국항공자문위원회^NACA와 새로 창설된 미국 공군은 음속, 초음속, 극초음속을 집중 연구할 연구소 설립을 의욕적으로 추진했다.

암스트롱은 1947년 9월부터 1955년 1월까지 3년간의 군 복무를 포함해 7년 반 동안 퍼듀대학에서 항공공학을 공부했다. 세계 항공 발전사에서 완전히 새로운 시대가 시작된 시절이었다. 벨 X-1이 역사적인 비행을 한 지 석 달 후인 1948년 1월, NACA는 극초음속 풍동°을 가동했다. 얼마 후 베른헤르 폰 브라운 박사가 이끄는 육군 로켓 팀이 뉴멕시코주의 화이트샌즈에서 V-2 미사일을 고도 113킬로미터까지 쏘아 올렸다.

암스트롱이 대학 1학년일 때 획기적인 삼각날개의 첫 번째 콘베어 XF-92 비행기가 나오고, 허버트 후버가 민간인으로서는 처음으로 마하 1 속도로 시험비행을 했다. 그리고 꼬리날개가 없는 X-4 비행기가 첫 시험비행을 했으며, 비행 시 문제를 해결하는 데 꼭 필요한 공기역학 이론이 발표되었다.

1949년 봄 학기를 앞두고 암스트롱은 군대에 들어갔다. 그 시기, 미국 육군은 처음으로 지대공(지상에서 공중으로 향함) 탄도탄요격 미사일 체계의 조건을 확립했다. 트루먼 대통령은 유도 미사일을 시험할 땅을 제공하는 법안에 서명했고, 뒤이어 플로리다주 케이프커내버럴에 기지가 만들어졌다. 그리고 소련의 단식로켓이 122.5킬로그램 정도의 탑재 장비를 싣고, 고도 109.4킬로미터까지 날아갔다.

° 빠르고 강한 공기의 흐름을 만들어내는 장치.

암스트롱이 펜서콜라에서 비행 훈련을 받던 1949년 여름, 미국은 V-2 로켓에 살아 있는 원숭이를 태워 고도 133.6킬로미터까지 올려 보냈다. 한 미군 조종사는 처음으로 기압 차이 극복을 위한 특수 복장(부분여압복)을 입고 고도 21.3킬로미터까지 비행했다. 또 다른 미군 조종사는 비상시에 비행기에서 튕겨 나오도록 고안된 좌석(사출좌석)을 처음으로 활용해 500노트의 속력으로 비행하던 F2H-1 밴시 제트전투기에서 탈출했다.

1952년 9월, 학교로 돌아왔을 때 암스트롱은 항공학의 세계가 '항공우주공학'의 세계로 바뀌고 있다는 사실을 깨달았다. 1950년, 케이프커내버럴에서 역사상 가장 빠른 마하 9 속도의 미사일이 처음 발사되었다. 1951년, 미국 공군은 첫 ICBM(대륙간탄도미사일) 계획을 수립했다. 1952년에는 펜실베이니아주 존스빌의 해군 항공의학연구소에 인간이 얼마나 중력 변화를 견뎌낼 수 있는지 실험할 수 있는 기구가 설치되었다.

같은 해 NACA의 연구원인 줄리언 앨런은 미사일이나 우주선의 앞부분을 뾰족한 모양에서 뭉툭한 모양으로 바꾸면 대기권 재진입 때 가열되는 문제를 해결할 수 있다고 밝혔다. 머큐리 우주선부터 닐 암스트롱이 탔던 제미니 8호와 아폴로 11호까지 우주선은 모두 그 원리에 따라 만들어졌다.

1953년 11월, NACA의 시험비행 조종사 스콧 크로스필드가 더글러스 D-558-2를 타고 인간으로서는 처음으로 마하 2의 속도로 날았다. 1955년 1월 대학을 졸업할 즈음, 닐 암스트롱은 우주 시대라는 새로운 세계에 빠져들어, 졸업하자마자 NACA에 들어갔다. 캘리포니아에 있는 NACA의 고속비행기지에서 시험비행 조종사로 일하면서 일곱 번에 걸쳐 극초음속 실험 비행기(X-5)를 조종했다.

1940년대 초에는 고등학교를 졸업한 미국인이 네 명 중 한 명도 되지 않았다. 대학을 다닌 미국인은 5퍼센트도 되지 않았다. 농촌 지역에서는 중학교까지 다니는 게 보통이었다. 1944년 GI 법안이 통과된 후 대학 입학자가 많아지기 시작해 1950년대 초에는 25퍼센트로 증가했다.

닐은 그의 집안에서 두 번째로 대학을 졸업한 인물이었다. 첫 번째는 그의 종조부였다. 닐은 MIT(매사추세츠공과대학)에서도 입학 허가를 받았지만, 와파코네타에서 354킬로미터 정도 떨어진 인디애나주 웨스트라피엣에 있는 퍼듀대학에 다니기로 결정했다.

대학 입학을 준비하면서 미국 해군의 전액 장학금 제도에 대해 알게 되었다. 그 과정을 마치려면 7년 이상 걸렸다. 2년간 해군이 인정하는 대학에서 공부한 후 3년 동안 군 복무를 하고, 다시 대학으로 돌아가 남은 2년을 마치는 과정이었다. 건강진단 기록을 보면 당시 암스트롱의 키는 181센티미터, 몸무게는 65.3킬로그램이었다. 의사는 그가 자세가 좋으며 건강해 보이고, 체격은 보통이라고 진단했다. 처음 기록된 심장박동 수는 서 있을 때 분당 88회, 운동 후에는 분당 116회였는데, 시험비행 조종사와 우주비행사로 활동할 때 기록을 보면 조금 더 빨라졌다.

건강진단서에는 지난 열두 달 동안 20시간 단독비행을 했다는 사실도 기록되어 있다. 암스트롱은 시간당 7달러, 총 140달러 (2018년 달러 가치로는 약 1830달러)를 들여 비행했다. 그는 해군 장학금 시험을 보러 신시내티의 렁큰 공항에서 시내 시험장까지 가느라 택시비로 7달러나 썼다면서 "7달러면 1시간 동안 비행할 수 있기 때문에 천문학적인 비용으로 느껴졌습니다. 하지만 그 시험에 합격해 장학금을 받게 되어 뛸 듯이 기뻤죠. 정말 괜찮은 거래였습니다"라고 했다.

해군 위촉장에 1947년 5월 14일 날짜로 적힌 닐의 성적은 SAT 592점, 상위 25퍼센트에 해당했다. 해군에서 합격 통지를 받기 한 달 전, 퍼듀대학에서 입학 허가를 받았다. "공학을 공부하게 된 것만으로도 더없이 행복했어요." 퍼듀대학의 항공학과는 MIT와 비교하면 이론보다 실습을 중시했다. 항공학과 학생들은 첫 학기에 용접, 기계 다루기, 금속 열처리를 배웠다. 1주일에 6일, 아침마다 3시간씩 수업을 듣고, 오후에는 3시간씩 실험실에서 지냈다.

닐은 해군 ROTC 대신, 군악대 역할을 하는 대학밴드에서 활동하면서 해군 장학생의 요건을 갖췄다. 첫 학기에는 라피엣의 기숙사에서 지내다가 대학 캠퍼스에서 가까운 곳에 방을 빌려 생활했다. 1학년 때 닐의 평균학점은 4.65로, B⁻ 정도였다. 얼마 남아 있지 않은 편지 중 암스트롱이 2학기 말에 가족에게 보낸 편지를 보면 그의 대학생활을 엿볼 수 있다.

일요일 오후.
엄마와 가족들에게

세탁물과 편지, 걸스카우트 쿠키를 보내주셔서 고마워요. 쿠키는 다른 애들이 먹는 바람에 거의 다 없어졌어요. 이번 여름, 내 일자리는 신경 쓰지 않아도 돼요. 여름 학기 수업을 들을 거예요. 들어야 해요. 수업 시간표도 모두 짜놓았어요. 보세요.

미분학 : 월요일 화요일 수요일 목요일 금요일 아침 8~10시.
물리학 : 월요일 화요일 수요일 목요일 금요일 아침 10시~낮 12시.
물리학 실험 : 화요일 목요일 오후 1~3시.

이게 전부지만 부담이 돼요. 실험은 오후에만 두 번 수업이 있고, 토요일에는 수업이 없어요. 주말에 집에 가기가 훨씬 쉬워질 거예요. 여름학기에 수업은 많지 않지만, 숙제는 많을 거예요.

오늘은 모형비행기 대회가 열리는 인디애나폴리스로 갔어요. 첫 비행에서 내 조종 장치가 망가지는 바람에 우승은 꿈도 못 꾸었죠.

최근에는 공부가 더 잘되는 것 같아요. 해석학이 재미있고, 지금 공부하고 있는 화학도 이해가 잘돼요.

빨랫감을 보내니 담요는 다시 보내주세요. 학기가 아직 6주 남아 있어요. 6월 중순까지는 학교를 떠나지 못할 거예요.

오늘 밤, 오랜만에 최고의 영화를 보았어요. 클리프턴 웨브, 모린 오하라, 로버트 영이 출연한 「시팅 프리티$^{Sitting\ Pretty}$」예요. 코미디 영화인데, 엄마와 아빠한테 특별히 추천해요. 이제 남은 공간이 없어서 그만 쓸게요.

사랑해요, 닐.

1948년 가을, 닐은 입대가 앞당겨진다는 통지를 받았다. 1949년 여름, 4학기까지 마친 후 해군 실전 훈련을 받으러 떠날 때 그의 나이는 고작 만 19세가 되기 직전이었다. 1952년 9월, 만 22세가 되자마자 대학으로 돌아왔다. "그때는 나이가 많이 들었다고 느꼈어요. 대학에 돌아오니 아이들이 너무 어려 보였거든요!"라고 닐은 웃으면서 그때를 떠올렸다.

암스트롱은 작전비행을 하고 고성능 제트기를 조종하면서, 비행기 설계와 조종사 일을 접목할 수 있는 분야를 찾을 수도 있겠다는 생각을 했다. 1954년 여름, 메릴랜드주 패턱센트^{Patuxent}의 해군 비행시험센터에서 인턴을 하면서 진로에 대한 목표가 더욱 확고해졌다. 대학에서도 이제 세부 전공으로 들어가 공학 수업에서는 6점 만점에 모두 5점 이상을 받았다. 1953년 가을 학기에는 일반 공학, 항공기 설계 과목 일부를 가르치기까지 했다.

군대에서 돌아온 후, 그는 학업에서 두각을 나타냈을 뿐 아니라 사회생활도 잘했다. 남학생 클럽인 파이 델타 세타$^{Phi\ Delta\ Theta}$에 가입해 클럽하우스에서 살 정도였다. 학교 축제에서 파이 델타가 공연한 뮤지컬 무대에 올라 노래도 불렀다. 1954년 여름에는 클럽의 음악감독이 되었다. 닐은 학교 축제를 앞두고 '백설 공주와 일곱 난쟁이', 'Egelloc(college의 철자를 거꾸로 배열)의 땅' 등 짧막한 뮤지컬 두 편의 각본을 쓰고, 공동 연출도 맡았다. 결국 성적이 떨어져 몇 과목에서 C 학점을 받고, 핵물리학 입문 과목은 수강 철회를 했다.

물론 닐의 첫사랑인 열여덟 살 재닛 시어런 때문에도 학업에서 멀어졌다. 재닛이 소속된 여학생 클럽과 닐의 남학생 클럽이 공동 주최한 파티에서, 닐은 가정학을 공부하던 재닛과 처음 만났다. 그리고 어느 날 아침 일찍, 닐은 학교 신문을 배달하고 재닛은 공부하러 가던 길에 다시 만났다. 닐은 토마토를 트럭에 싣고 통조림 공장으로 배달하거나, 여름방학 때는 집집마다 다니면서 부엌칼을 팔기도 했다.

대학생이자 미국 해군 예비역 장교이기도 했던 닐 암스트롱은 F9F-6 제트기를 타러 가는 퍼듀대학의 해군 친구들을 일리노이주 시카고 북쪽의 해군 비행장까지 차로 태워주기도 했다. 퍼듀 항공비행클럽에 들어가 퇴역한 전투기 조종사 친구들과 민간인 복장으로 비행하기도 했다. 퍼듀대학에서 가까운 라피엣 아레츠 공항에는 그 클럽의 경비행기인 에어론카 한 대와 파이퍼 두 대가 있었다. 1953년 가을부터 1년 동안, 항공비행클럽의 회장을 맡았다.

1954년 어느 주말, 암스트롱은 오하이오의 비행대회에 참가하여 작은 사고를 냈다. 클럽의 에어론카 비행기를 타고 와파코네타에 가려고 했지만, 밭에 잘못 착륙하는 바람에 귀환비행이 어려울 정도로 비행기가 손상되었다. 날개를 떼어 해체한 비행기를 할아버지 트레일러에 싣고 웨스트라피엣까지 가서 돌려주었다.

암스트롱은 1955년 1월 초, 마지막 학기를 마쳤다. 졸업식에 참석하지 않고 와파코네타 집으로 돌아가 NACA에서 일할 준비를 했다. 퍼듀대학은 그의 항공공학 학사 학위 졸업장을 우편으로 보내주었다. 최종 평균학점은 6점 만점에 4.8점이었다. 상당히 부담이 큰 분야에서 7년 넘게 분투하면서 거둔 훌륭한 성과였다. 해군에서 제대한 후 평균학점은 5.0으로, 34개 과목 중 26개 과목에서 A나 B를 받았다.

암스트롱은 일생 동안 자신의 직업 정체성을 '공학'에서 찾았다. 시험비행 조종사나 우주비행사로 활동하던 시기에도 암스트롱은 자신이 다른 무엇보다 항공 엔지니어라고 생각했다. 공학 교과서를 쓰겠다는 포부까지 있어 다른 비행사들 사이에서 두드러졌다. "나는 세상 물정 모르는 엔지니어고, 앞으로도 그럴 거예요. 나는 열역학 제2법칙 아래 태어났고, 증기표에 푹 빠지고, 자유물체도를 사랑합니다. 프랑스의 수학자이자 천문학자인 라플라스에 의해 변화되고, 압축 흐름에 의해 나아갔습니다. 엔지니어로서 내가 속한 분야가 이루어낸 일들에 대해 무한한 자부심을 느낍니다."

사실 달 착륙을 이루어낸 것은 과학이라기보다 '공학'이었고, 달에 처음 발을 디딘 사람은 '엔지니어'였다.

1930년 9월, 오하이오주 워런에서
태어난 지 6주가 된 닐 암스트롱이
어머니 품에 안겨 있다.

1936년, 닐 암스트롱<가운데>과
남동생 딘<왼쪽>, 여동생 준.

1931년 8월 5일, 첫 번째 생일을 맞은 닐 암스트롱.

1943년 10월, 어퍼샌더스키의 늑대 순찰대(오하이오의 보이스카우트 25대대).
왼쪽 위부터 짐 크라우스, 진 블루, 딕 터커, 잭 스테처, 닐 암스트롱.
왼쪽 아래부터 코초 솔라코프와 잭 스트래서.

닐 암스트롱이 활동했던 학교 오케스트라 미시시피 문샤이너스.
왼쪽부터 트롬본 제어 맥슨, 바리톤 닐 암스트롱, 트롬본 밥 거스타프슨, 클라리넷 짐 무게이.

1950년 봄, 장교 후보생이었던
닐 암스트롱이 오하이오를 떠나기 전
외할머니와 함께 있다.

해군 소위였던 20세 때,
북한으로 날아가 전투하기 위해
팬서 제트기로 올라가고 있다.

FIRST MAN

해군 조종사

TWO

"비행과 관련된 이야기라면 그는 어느 때고 이야기할 준비가 되어 있었어요. 하지만 결코 이야기를 남발하거나 과장하지는 않았죠. 그는 그야말로 차분하고 지적인 남자였어요. 내가 아는 매우 훌륭한 조종사 중 한 명이었습니다."

펜서콜라의 해군항공기지에서 암스트롱과 함께 항공 훈련을 받았던 피터 카노스키

PART TWO

5

해군 전투기 조종사가 되다

닐 암스트롱은 해군 조종사가 되지 않았다면, 달에 처음 착륙한 사람이 될 수 없었을 것이다. 미국 최초의 우주비행사인 앨런 셰퍼드는 미국 해군 조종사였다. 아폴로 계획 최초의 유인우주선인 아폴로 7호의 월터 시라 선장 역시 그랬다. 달에 착륙한 열두 명 중 일곱 명이 황금날개 휘장을 단 해군 조종사거나 해군 조종사 출신이었다. 놀랍게도 달 착륙 우주선의 선장으로 뽑힌 일곱 명 중 여섯 명이 해군 조종사 출신이었다.

처음으로 달에 착륙한 아폴로 11호의 선장 닐 암스트롱뿐 아니라, 마지막으로 달에서 이륙한 아폴로 17호의 선장 유진 서넌도 해군 조종사 출신이었다. 달 착륙에 성공한 찰스 콘래드(아폴로 12호), 앨런 셰퍼드(아폴로 14호), 존 영(아폴로 16호)도 마찬가지였다. 사고로 달에 착륙하지 못하고 달을 선회하다 지구로 돌아온 아폴로 13호의 선장 제임스 러벌도 해군 조종사였다. 달 착륙 우주선 선장 중 데이비드 스콧(아폴로 15호)만이 미국 공군 전투기 조종사였다.

1955년 아이젠하워 정부는 해군의 뱅가드 로켓을 첫 번째 인공위성 발사체로 정했다. 해군은 일찍이 1946년부터 인공위성을 통해 전 세계의 미국 함대를 지휘할 수 있을지 연구해왔다. 해군 연구소의 바이킹 로켓은 최고 고도 기록을 계속 깨면서, 1949년 5월에는 고도 82.9킬로미터에 다다랐다.

하지만 1957년 10월, 소련이 세계 최초의 인공위성 스푸트니크를 발사하면서 미국국립과학원과 합작한 뱅가드 로켓은 뒤처지게 되었다. 1949년 12월, 인공위성을 실은 뱅가드 로켓이 발사되자마자 폭발하는 모습이 전국으로 방영되는 굴욕을 겪은 후였다. 이 사고로 사망한 사람은 없었지만, 아이젠하워 대통령은 해군이 아닌 폰 브라운이 이끄는 미국 육군의 위성 계획을 승인하기로 했다. 폰 브라운 팀은 1958년 1월 31일, 미국 최초의 위성인 익스플로러 1호를 발사했다. 3월까지는 뱅가드 로켓 개발도 계속 이어졌다.

미국 우주 계획의 상당 부분이 해군 기준으로 이루어졌다. 1960년 4월에 발사한 트랜싯 위성은 항해에 도움을 주면서 인공위성의 효율성을 입증했다. 머큐리 계획의 우주비행사 일곱 명 중 세 명(셰퍼드, 카펜터와 시라)이 해군 조종사였고, 글렌 한 사람만 해병대 출신이었다. 두 번째로 선발된 우주비행사 중 다섯 명(암스트롱, 콘래드, 러벌, 스태퍼드와 영)도 해군 조종사 출신이었고, 그 후에 뽑힌 우주비행사들도 마찬가지였다.

해군 조종사 훈련의 정점은 항공모함의 갑판에 비행기를 착륙시키는 일이었다. 암스트롱은 1949년 2월에 플로리다주 펜서콜라에 있는 해군항공기지에서 비행 훈련을 시작했다. 스무 살 생일 2주 후인 1950년 8월, 해군의 황금날개 휘장을 받기 전까지 모든 테스트를 통과했다. 1949년 1월 26일, 닐 암스트롱은 퍼듀대학 동기들과 함께 비행 훈련을 시작하라는 명령을 받았다.

1949년 2월 24일, 그들은 해군 비행장에서 건강진단을 통과한 지 8일 후에 미국 해군의 장교 후보생이 되었다. 암스트롱(군번 C505129)과 여섯 친구들은 5-49반으로 배정받은 후, 펜서콜라의 해군항공기지에서 비행 전 교육을 받기 시작했다. 2주에 한 반씩 훈련을 시작해 한 해에 총 2000명 정도가 훈련을 받았다. 하지만 제2차 세계대전 중에는 매달 1100명의 장교 후보생이 교육을 받았다. 1945년 한 해에만도 8880명이 미국 해군에서 비행 훈련을 마쳤다.

5-49반에는 해군의 비행 훈련을 위해 선발된 40명의 장교 후보생이 소속되어 있었다. '비행 전' 기초학교는 넉 달 과정이었다. 암스트롱과 동료들은 16주 동안 교실에서 항공술, 통신, 엔지니어링, 기상학과 비행 원리를 집중적으로 배웠다. 항공역학과 항공기 엔진의 원리를 공부하고, 모스 부호 보내는 법과 일기 예보의 기본 원리도 배웠다. 해군은 87시간의 신체 훈련과 13시간의 사격 훈련도 실시했다. 해병대가 암스트롱과 동료들을 훈련하고, 비행 기초를 가르쳤다.

훈련 중에는 기지 수영장에서 1.6킬로미터 수영하기, 고문과도 같은 비상착수 훈련도 포함되어 있었다. 완전히 군장한 장교 후보생들은 낙하산을 장착한 후, 모의조종석에 몸이 묶인 채 수영장에 빠졌다. 장비를 벗고 조종석 덮개를 젖힌 후에 가라앉는 비행기에서 수영해 빠져나오는 것이 과제였다. 스스로 빠져나오지 못해 잠수부가 구해내야 하는 훈련생도 많았지만, 암스트롱은 쉽게 해냈다. 1949년 6월 18일, 5-49반은 16주의 교육을 마쳤다. 암스트롱은 4.0 만점에 3.27점을 받아 그 반에서 상위 10퍼센트 성적 안에 들었다.

비행 전 교육을 마치고 6일 후, A단계 비행 훈련을 위해 화이팅 주둔지로 옮겨 갔다. 1.6킬로미터 거리를 두고 북쪽과 남쪽에 비행장이 있고, 각 비행장마다 네 개의 활주로가 있는 곳이었다. 암스트롱을 가르친 치퍼 리버스는 권위적이지만 재미있고, 굉장히 좋은 교관이었다.

A단계에서는 스무 번에 걸쳐 짧은 비행을 했다. 열아홉 번째 비행에서 단독으로 할 수 있는지 점검한 후, 스무 번째 비행에서는 노스아메리칸의 SNJ를 타고 첫 단독비행을 했다. 암스트롱은 "에어론카와 루스콤비 경비행기를 타던 내게 SNJ는 큰 발전이었습니다"라고 했다. 제2차 세계대전 때 가장 유명했던 연습용 비행기인 SNJ 비행기는 제2차 세계대전에서 명성을 떨쳤던 해군 전투기인 F6F 헬켓을 떠올리게 할 정도로 잘 날았다.

1949년 7월 6일, 암스트롱은 처음으로 SNJ를 타고 비행했다. 몇 차례 훈련을 거치는 동안 착륙과 같은 자신의 비행 결점을 개선하기 위해 노력했다. 열다섯 번째 비행 후에는 전체적으로 '만족스럽지 않다'는 평가를 받았다. 고도와 속도 조정, 착륙에 계속 문제가 있었다. 그러나 리버스 교관은 '평균 이하'보다는 '평균' 점수를 더 많이 주었다. 열여덟 번째 비행 후에는 암스트롱이 '단독으로 비행할 수 있다'고 평가했다.

9월 7일 수요일, 암스트롱은 리버스 교관과 비행하면서 단독비행을 할 수 있는지 점검했다. 이제 암스트롱은 해군 입대 이래 처음으로 단독비행을 하게 되었다. 그러자 동료 두세 명이 해군 전통에 따라 암스트롱이 매고 있던 타이의 아랫부분을 잘랐다. 암스트롱은 리버스 교관에게 위스키 한 병을 선물했다. 바로 다음 날부터 B단계 기초 훈련이 시작되었다. 암스트롱은 19일 동안 열일곱 번의 비행을 했다.

1949년 9월 27일, 암스트롱의 교관이 B단계 최종 평가를 했다. "후보생은 비행에 필요한 모든 직무를 잘 파악하고 있고, 대부분 평균 이상으로 비행할 수 있다. 마지막 단계가 되자 예민해지면서 비행에도 불안한 측면이 있었다. 하지만 꾸준한 훈련을 통해 훌륭한 조종사가 될 수 있다."

코리 비행장 근처에서 C단계인 곡예비행 훈련이 시작되었다. 암스트롱은 처음부터 '평균 이상'의 실력을 보였다. D단계에서는 지상에서 비행 연습을 할 수 있는 장치로 훈련했다. 1920년대 말에 만들어진 그 장치는 일반적인 계기판 외에도 단발엔진 전투기의 조종간, 조절판, 방향키 페달 등을 갖추고 있었다. 교관이 자세와 방향 지시계를 끄면 오직 계기판에만 의존해서 비행하는 훈련도 했다. 암스트롱은 이때 익힌 기술을 훗날 우주의 진공 상태에서 우주선을 조종할 때 활용했다. 암스트롱의 D단계 평가는 좋지 않았지만, 열 번에 걸친 계기비행에서는 모두 높은 평가를 받았다. 다섯 번의 모의비행에서 교관들은 암스트롱의 고도 조정에 문제가 있다고 계속 지적했다. E단계의 두 차례 야간비행에서는 모두 좋은 평가를 받았다.

1949년 추수감사절, 기초 훈련 중 다섯 단계를 모두 마쳤다. 훈련 기간 중 교관과 함께 40차례 39.6시간을 비행했고, 단독비행은 19.4시간을 기록했다. 그 후 펜서콜라 북서쪽의 외딴 비행장에서 편대비행(F단계), 전투비행(H단계), 장거리 조종(I단계) 훈련을 받았다. 비행하면서 목표물을 기관총으로 사격하기는 어려운 훈련이었지만, 암스트롱의 사격술은 뛰어났다.

장교 후보생들은 항공모함 훈련을 시작하면서 진정한 해군으로 거듭나기 위해 혹독한 훈련을 받았다. 1950년 2월 말, 암스트롱은 코리 비행장에서 마지막 기초 훈련을 시작했다. 펜서콜라에서 서쪽으로 37킬로미터 떨어진 외딴 비행장에 그려놓은 활주로에서 착륙 연습을 했다. 제2차 세계대전 때 사고가 많이 생겨 '피의 바린Barin'이라고 불린 곳이었다.

10명이었던 암스트롱 반은 3주 동안 장교의 착륙 지시를 그대로 따르면서 훈련했다. "장교는 양손에 들고 있는 패들paddle을 움직이면서 비행기가 조금 높게 나는지 낮게 나는지, 조금 빠른지 아니면 조금 더 회전해야 하는지를 알려주었습니다. 안전하게 착륙하기 어렵다고 판단하면 장교가 돌아가라고 패들을 흔들었습니다. 그러면 장교 후보생들은 비행기를 힘껏 돌린 후 다시 착륙 시도를 했습니다." 마지막 점검비행 후 암스트롱은 자격을 인정받아 처음으로 항공모함의 갑판에 착륙할 준비를 했다.

1950년 3월 2일, 암스트롱은 멕시코만으로 향했다. 미국 해군의 경항공모함인 캐벗 위로 여섯 차례 착륙하는 L단계 훈련을 위해서였다. "SNJ는 비교적 저속으로 날아가는 비행기였습니다. 갑판 위를 30노트 속도로만 날아가도 비행기 발사기 없이 이륙할 수 있었습니다." 물론 착륙이 더 중요했다. '항공모함 갑판 위에 착륙하고 살아서 걸어 나오면 잘한 착륙이고, 그 비행기로 다시 비행할 수 있다면 위대한 착륙이다'라는 말이 해군에 전해져 내려올 정도였다.

암스트롱은 고향 와파코네타에서 처음 단독비행을 했던 때와 항공모함 위에 첫 번째로 착륙했던 때를 자신의 비행 인생에서 '가장 감동적인 순간'으로 꼽았다. "항공모함 착륙은 대단히 정교한 비행입니다. 좁은 갑판에 성공적으로 착륙하려면 굉장히 능수능란하게 조종해야 합니다." 암스트롱은 갑판 위로 순조롭게 착륙할 수 있었다고 했다. 성적은 '평균'이 아홉 번, '평균 이하'가 두 번이었다. 한 번은 너무 빨리 출발해서, 또 한 번은 최종 진입을 잘못해서 '평균 이하'를 받았다. 이것으로 기초 훈련을 끝내고 고등 훈련 단계로 넘어갔다.

"나는 전투기 조종사를 지원했고, 운 좋게도 코퍼스크리스티 해군항공기지의 전투기 조종사로 배치되었습니다. 전투기 조종사들은 최고의 남자만 전투기 조종사가 된다고 늘 이야기해요. 해군에서 받는 훈련 때문에 그 말이 나온 것 같습니다. 고등 훈련 때는 F8F-1 베어캣을 타게 되었습니다. 고성능 비행기라서 기뻤습니다." 군용기 제작업체 그러먼이 해군을 위해 제작한 마지막 프로펠러 전투기였다. 이 비행기를 제2차 세계대전 말 미국 해군 최고의 프로펠러 전투기로 꼽는 사람들도 많다. 작지만 힘이 좋아 속도가 빠르고 날쌘 비행기였다. 베어캣은 암스트롱이 그동안 탔던 어떤 비행기와 비교해도 환상적인 가속도와 상승력을 갖추었다.

1950년 3월 28일, 암스트롱은 코퍼스크리스티의 보조기지에서 고등 훈련의 두 번째 단계를 시작했다. 6월 21일, 석 달 과정의 훈련이 끝날 때까지 그는 39차례 70시간 이상 비행했다. 1시간을 제외하고는 모두 단독비행이었다. 그는 마지막 다섯 차례의 비행에서 상당한 발전을 보여주었다. 암스트롱은 1950년 7월 중순에 펜서콜라 해군항공기지로 돌아와 F8F 베어캣을 조종하면서 착륙하는 연습을 했다.

1950년 8월 10일, 열다섯 번째 야전 수송기 착륙 연습으로 그 과정을 마쳤다. 다음 날 멕시코만에 떠 있는 해군의 경항공모함인 라이트Wright로 향했다. 암스트롱은 그곳에서 여느 때보다 멋진 나날을 보냈다. '평균 이하'는 없는 좋은 성적을 받았다. "베어캣은 아주 짧은 거리에서도 이륙할 수 있었어요. 그래도 상급 장교들이 서 있는 곳에서 멀어질 때까지 활주로를 내려간 다음 이륙해야 했어요. 이륙하자마자 비행기가 바람에 이리저리 휩쓸리면서 상급 장교들한테 돌진할 수도 있었으니까요"라고 암스트롱은 웃음을 참으면서 그때 상황을 전했다.

좋은 성적으로 훈련 과정을 통과한 지 닷새 후인 1950년 8월 16일, 암스트롱은 펜서콜라 해군항공기지의 해군항공훈련 지휘 본부에서 보낸 '해군 조종사가 되기 위해 필요한 전 과정을 성공적으로 마쳤으므로 해군 조종사로 임명한다'는 편지를 받았다. 8월 23일, 어머니와 여동생은 1328킬로미터를 운전해 닐의 졸업식에 참석하러 왔다. 아버지는 재판에서 증언하는 일이 있어 참석하지 못했다.

닐 암스트롱은 짧은 휴가를 보내고 태평양 해군 항공대에서 복무하게 되었다. "보통 최근에 받은 훈련과 비슷한 임무에 지원합니다. 제 경우 전투기 훈련을 가장 최근에 받았기 때문에 전투비행대대에 지원했습니다. 동쪽 해안에서 근무할지 서쪽 해안에서 근무할지 선택할 수 있었죠. 서쪽 해안에는 가본 적이 없어서 그곳에서 복무하면 좋겠다고 생각했습니다."

1950년 9월 초, 캘리포니아로 간 암스트롱은 샌디에이고 해군기지의 항공기 정비-수리부대에서 10주간 일했다. 그 후 10월 27일부터 11월 4일까지, 합동기지와 해병대가 운영하던 근접항공지원학교에서 훈련받았다. F8F-2를 조종하면서 적의 방어망을 무너뜨리기 위해 표적을 찾아내 공격하는 훈련도 했다.

1950년 11월 27일, 태평양 해군 항공대는 닐 암스트롱과 허버트 그레이엄에게 제51전투비행대대의 지휘를 받으라고 명령했다. 암스트롱은 미국 해군 최초의 제트기 부대인 제51전투비행대대에서 제트기를 조종하고 싶었다. 허버트 그레이엄은 "1950년에는 제트기도, 제트기 훈련을 받은 조종사도 많지 않았습니다. 제51전투비행대대는 유일한 제트기 부대로 F9F-2를 조종했습니다. 닐은 젊고 탁월한 기량을 갖춘 조종사였기 때문에 그곳에 딱 맞았어요. 꿈의 부대였죠"라고 말했다.

제51전투비행대대의 지휘관은 어니스트 보샴 소령이었다. 펜서콜라 해군항공기지에서 전투기 교관을 지낸 보샴은 제2차 세계대전에서 F9F 헬캣을 조종하면서 필리핀에서의 승리에 결정적인 역할을 했다. 1944년, 보샴이 이끄는 대대는 해군 항공모함 벙커 힐Bunker Hill을 타고 6개월 동안 일본 비행기 156대를 추락시켰다. 공중전에서 적군 비행기를 다섯 대 이상 파괴한 최우수 조종사도 13명이나 배출했다. 어니스트 보샴은 전투기 조종사로서만 탁월한 게 아니었다. 그는 전술에서도 뛰어났다. 1945년 봄, 그는 미드웨이 항공모함을 타고 제1전투비행대대를 지휘할 계획이었지만, 그 대대가 배치되기도 전에 태평양전쟁이 끝났다.

보샴은 제2차 세계대전이 끝난 다음에도 해군에 남아 대대를 지휘하다 워싱턴에서 해군성 해군항공작전본부 부본부장을 지냈다. 보샴 소령은 한국전쟁이 발발한 1950년 6월 25일, 사무실을 떠나 제51전투비행대대의 지휘를 맡았다. 그는 한동안 노스아일랜드 해군기지에 머물면서 제트기 부대의 조종사를 뽑았다. 조종사를 엄선하기 위해 수많은 조종사들의 기록뿐 아니라 비행 장면도 직접 지켜보았다. "당시 제51전투비행대대 조종사 중 겨우 두세 명 정도만 쓸 만했다"고 보샴은 설명했다. 보샴은 먼저 제2차 세계대전에 참전했던 조종사 네 명을 겨우 확보했다. 아직 조종사가 부족했다. 보샴은 윌리엄 매키 대위의 추천을 받아 화이팅 주둔지에서 조종사 네 명을 더 뽑았다. 그리고 그 장교들에게 조종사 열한 명을 더 찾아보라고 했다. 그들은 순전히 이름의 알파벳 순서로 제51전투비행대대 조종사 후보를 정했다.

그중 암스트롱도 포함되었다.

하지만 이들이 진짜 제51전투비행대대의 조종사가 되려면 선발 과정을 거쳐야 했다. 그 비행대대에 배치되던 1950년 11월 말까지 제트기를 타본 적이 없다는 사실이 암스트롱의 약점이었다. 프로펠러 비행기를 조종하다 제트기를 조종하는 것은 '힘 좋은 경주용 자동차를 4단 변속기로 운전하다 더 빠른 경주용 자동차를 자동변속기로 운전하는 것과 같다'는 말도 있었다.

1951년 1월 5일 금요일, 암스트롱은 처음으로 F9F-2B 팬서 Panther를 타고 비행했다. 1시간여 걸린 그 극적인 비행은 닐 암스트롱의 비행 경력에서 '마법과 같은 순간' 중 하나였다. 암스트롱은 최첨단 제트기를 타니 정말 흥분되었다고 했다.

동료 조종사들은 갓 스무 살 넘은 암스트롱을 높이 평가했다. 윌리엄 매키 대위는 닐 암스트롱에 대해 "굉장히 진지하고 헌신적이었습니다. 어리지만 멋진 조종사, 정말 건실하고 믿음직한 조종사였습니다"라고 평했다.

조종사를 최종 선택할 보샴 소령도 누구보다 암스트롱을 좋게 평가했다. 비행대대에는 제트기가 많지 않았기 때문에 (조종사 24명에 제트기 여섯 대) 1951년 2월 중순까지는 조종사들이 1주일에 세 번 정도밖에 비행할 수 없었다. 겨울 안개가 걷히고 3월 중순이 되자 제51전투비행대대의 비행기가 모두 갖추어지면서 조종사들이 1주일에 5~7차례 비행할 수 있었다. 그 외의 시간에는 낡은 연습용 비행기로 비행하면서 기량을 닦았다.

비행대대가 훈련하는 동안, 미그-15라는 무시무시한 적이 나타났다. "우리는 소련의 제트전투기인 미그-15를 어떻게 상대해야 할지 난감했어요. 미그-15의 최고 속도가 우리 비행기보다 빨랐어요. 우리가 급강하하는 속도보다 더 빠른 속도로 상승할 수 있었죠. 제2차 세계대전이 시작될 때 해군의 F4F 와일드캣 전투기가 훨씬 성능이 좋은 일본의 0식 함상전투기를 상대해야 했던 상황과 비슷했어요"라고 허버트 그레이엄은 설명했다. 보샘은 1950년 말에 팬서가 훨씬 성능이 좋은 미그-15와 교전한 전투기록을 읽은 후, "미그-15에 탄 조종사들이 우리 조종사들처럼 저돌적이며 훈련을 잘 받았다면, 우리 비행기와 조종사들의 피해가 커질 수 있다"고 깊이 우려했다.

"그때 우리는 얼마나 공격적으로 폭탄을 떨어뜨리거나 저공 비행을 하면서 사격할지, 중국이나 소련 비행기에 맞서 어느 정도로 공중전을 벌여야 하고, 지상의 목표물을 공격해야 할지 몰랐습니다. 정말 어리고 풋내기였으니까요"라고 암스트롱은 말했다.

미혼 조종사들은 노스아일랜드의 독신 장교 숙소에서 함께 생활하며 위협적인 소련 비행기를 떠올리다가도 혹독한 훈련에 집중하려고 애썼다. 그곳에서 암스트롱은 어린 나이나 용모 때문이 아니라 취미 때문에 주목받았다. 그는 그곳에서도 열심히 책을 읽었고, 모형비행기를 만들었다.

드디어 팬서를 타고 2만 7100톤의 에식스 항공모함에 이착륙하는 훈련을 했다. 암스트롱은 이전에 항공모함에 착륙하는 훈련을 한 적이 있다. 나이 많은 조종사들은 프로펠러 비행기로 항공모함에 착륙한 경험이 암스트롱보다 풍부했지만, 제트기로 착륙한 경험은 많지 않았다. "제트기를 타면 속도가 좀 빨라졌습니다. 우리는 보통 100노트보다 조금 빠르게 비행했습니다. 베어캣을 탈 때보다 20노트 정도 빨랐을 거예요. 나는 주간 전투기 조종사가 되었습니다. 내가 타는 항공모함에는 야간 조종사도 있었는데, 그들이 굉장하다고 생각했어요"라고 암스트롱은 말했다.

암스트롱은 스물한 살 생일을 앞두고 소위로 진급한 지 이틀 만에 마지막 훈련 과정에 들어갔다. 처음 착륙 훈련에서는 장교의 착륙 신호에만 너무 집중한 나머지 최종 진입할 때 속력을 갑자기 줄였다. 제트기는 에식스 항공모함의 착륙장 바로 위에서 급강하했지만, 다행히도 비행기 뒤에 장착한 갈고리가 활주로의 쇠줄에 걸려 무사히 착륙했다. 암스트롱의 F9F 팬서는 방어벽을 겨우 45.7미터 남겨두고 정지했다. 105노트 정도의 속도에서 이가 흔들릴 정도로 급정지했다. 착륙 신호를 주는 장교 코앞에서 정지한 것이다.

암스트롱은 여덟 차례의 항공모함 착륙에 성공한 다음, 비행기 발사기를 이용해 H8 캐터펄트를 타고 이륙하는 훈련에 들어갔다. 이 시점에 보샴 소령은 암스트롱을 에식스 항공모함에 태울 제51전투비행대대의 장교로 최종 선택했다. 한 달 전부터 보샴은 암스트롱에게 그 대대의 교육과 항공 정보 관련 일을 시켰다. 보샴의 평가를 바탕으로 에식스의 오스틴 휠락 함장은 1951년 6월 30일 암스트롱의 인사고과표에 이렇게 기록했다. '암스트롱 소위는 지적이고 정중하며 군인답다. 그는 해군 조종사로서 평균에서 평균 이상의 기량을 보여주며 꾸준히 발전하고 있다. 기한이 되면 승진하는 게 좋겠다.' 암스트롱은 해군에 들어온 이후 총 505시간 비행을 기록했다.

1951년 6월 25일, 제51전투비행대대에 명령이 떨어졌다. 그리고 사흘 후인 6월 28일 오후 2시 30분, 에식스 항공모함은 출항했다. 7월 3일, 하와이섬에 접근하면서 그 항공모함의 비행기들은 오아후섬의 남서쪽 끝으로 날아갔다. 제51전투비행대대의 비행기들은 바버스 포인트 해군기지에서 처음으로 폭탄 부착 장치를 갖추었다. 케니스 크레이머는 "우리는 소련의 미그기와 격전을 치르리라 예상해 다른 어떤 대대보다 공중전 전술 훈련을 많이 했습니다. 그런데 지상 공격 대대가 되어 해군 조종사로서 크게 실망했죠"라고 기억했다. 하지만 F9F 팬서에 폭탄 부착 장치를 설치한 해군의 결정은 타당했다. FJ-1 제트기는 폭탄을 실어 나르기에 적당하지 않기 때문이다. 한국의 동쪽에는 미그기가 잘 나타나지 않았기 때문에 제51전투비행대대는 공중전보다는 주로 지상의 군사 시설이나 기반 시설을 폭탄으로 공격하는 전투 폭격기 부대가 되었다.

암스트롱은 7월 4일부터 31일까지 하와이에서 훈련을 받았다. 그리고 1951년 8월 23일, 에식스 항공모함은 진주만을 떠난 지 15일 만에 원산만 근처, 한국의 북동 해변에서 112.7킬로미터 떨어진 바다에 자리를 잡았다. 그 항공모함에는 제51전투비행대대 외에 여러 파견부대가 타고 있었다. 진주만에서 갑자기 제52전투비행대대(F9F-2)가 밴시 대대로 교체된 것이 팬서 조종사들로서는 반갑지 않았다. 그들이 밴시 부대의 보조 역할을 해야 할 것 같아서였는데, 다행히 걱정할 일이 아니었다.

6

6·25 전쟁에 참전하다

　제51전투비행대대의 조종사들은 전투를 앞두고 두려워하기보다 흥분했다. 그들 인생에서 대단한 모험에 뛰어들고 있다고 느꼈다. 앞날에 대한 나쁜 징조처럼 태풍 마지 때문에 이틀 내내 에식스 항공모함이 뒤집힐 정도로 흔들렸다. 1951년 8월 23일, 에식스는 원산에서 112.7킬로미터 정도 떨어진 바다에서 제77기동함대에 합류했다. 암스트롱은 미국의 항공모함 전투단을 바라보았다. 본험 리처드 항공모함, 뉴저지 전함, 헬레나 순양함과 톨레도 순양함이 있었다. 24척의 전함 중 구축함이 15~20척에 달했다. 몇 달 만에 항공모함도 4척, 순양함도 3척이 되었다.

　제5항공모함비행단은 1951년 8월 24일에 첫 전투 작전을 시작해 76차례 출격했다. 첫날에는 암스트롱의 차례가 아니었다. 소련 국경 근처 나진의 기차역에 대규모 공습을 했던, 스물다섯 번째 출격에도 참가하지 않았다. 공군 폭격기가 적지로 들어갈 때 해군 전투기가 호위하기는 이때가 처음이었다. 암스트롱은 "비행기 네 대가 함께 행동했다"고 전했다. 네 대 중에서 다시 두 대씩 짝을 지어 움직였다.

보샴 소령은 24명의 조종사들을 여섯 부대로 나눠 거의 같은 횟수로 비행하게 했다. 여섯 번째 부대의 책임자는 존 카펜터였다. 하급 장교들은 주로 다른 비행기를 따라다니며 보호하기 위한 비행을 맡았는데, 암스트롱은 처음에 카펜터의 비행기를 호위 비행했다. 그다음에는 주로 윌리엄 매키의 비행기를 호위했다. 적의 형세를 살피면서 사진 촬영을 하는 사진정찰기를 호위하면서 비행하기도 했다.

마셜 비비 항공모함비행단장은 언제나 대대에서 가장 어린 조종사가 자신의 비행기를 호위하도록 했다. 비비의 저돌적인 전투비행 방식은 호위하는 조종사들을 위험에 빠뜨리곤 했다. 제2차 세계대전에서 적군 비행기 14대를 격추했던 비비는 두려움 자체를 모르는 것 같았다. 그는 적을 겨냥하느라 최대한 오랫동안 하늘에 머무르기로 유명했다. 그래서 언제나 항공모함으로 돌아가는 데 필요한 연료가 간당간당했다. 비비는 한반도 맨 위쪽까지 날아가면서 소련의 미그기와 맞서느라 연료를 너무 많이 소모했다. 항공모함으로 안전하게 돌아갈 수 있는 연료가 충분히 남아 있지 않을 때가 많았다. 암스트롱은 "비비를 호위비행한 후에 항공모함으로 돌아가 착륙할 때는 연료가 90킬로그램 이상만 남아도 다행이라고 생각했습니다"라고 기억했다.

1951년 8월 29일, 암스트롱은 처음으로 작전에 나섰다. 북위 40도 성진항 위에서 사진 촬영을 하는 정찰기를 호위했다. 그다음 나흘 중 사흘은 북한의 원산, 북청, 성진으로 날아가 비행하면서 적의 형세를 살폈다. 제51전투비행대대는 8월 29일에 비행기 몇 대가 소규모 공격을 받긴 했지만, 9월 2일까지는 대공포(對空砲)° 공격을 받지는 않았다. 북한군과 중국군을 실어 나르는 운송 수단을 파괴하는 게 그 대대의 주요 목표였다. "우리는 기차

° 지상이나 해상에서 공중 목표를 겨냥하여 쏘는 포.

와 다리, 탱크를 폭파했어요. 그런데 대공포 공격을 받으면서 완전히 반대 입장이 되었죠"라고 암스트롱은 설명했다. 작전을 시작한 후 열흘 동안 제5항공모함비행단에서 사망자와 부상자가 잇따라 나왔다. 9월 2일 일요일, 그 항공모함의 전투 기록을 보면 '적어도 하루에 한 대 이상은 대공 사격을 받았다'면서 한 주 동안의 전투를 정리하고 있다. 그다음 주 닐 암스트롱은 구사일생의 위기를 넘겼다.

1951년 9월 3일, 암스트롱은 일곱 번째 전투 임무를 수행하기 위해 복장을 갖추었다. 비행기에서 탈출할 때를 대비해 만든 해군 조종사복을 입으면 몸이 자유롭지 않았다. 비행기 담당자는 암스트롱이 도착하기도 전에 제트기의 시동을 켜고 조종석에 올라가 어깨와 무릎 벨트를 연결하고 낙하산 띠를 정리했다. 그다음 암스트롱은 산소마스크와 구명보트, 무선통신 장치의 상태를 점검한 후 이륙할 준비를 했다. 해군 정보 팀이 '그린 식스Green Six'라고 부르던 위험 지역에서 적의 형세를 살피면서 공격하는 게 암스트롱의 임무였다. 그린 식스는 원산 서쪽의 계곡 사이, 남한으로 이어지는 좁은 길을 부르던 암호였다.

1951년 9월 3일의 주요 목표물은 기차와 다리였다. 그날 매키를 호위비행했던 릭 리클턴은 "우리는 그날 정말 엄청나게 집중적으로 대공포의 공격을 받았어요"라고 말했다. 프랭크 시스트렁크는 다리를 폭격하다 대공포 공격을 받았다. 그가 탄 AD 스카이레이더 전투기는 추락했고, 시스트렁크는 제5항공모함비행단의 네 번째 사상자가 되었다.

존 카펜터를 호위비행했던 암스트롱도 그날 수차례 공격에 나섰다. 한번은 폭격하려다 북한이 저공비행하는 적군 비행기를 떨어뜨리기 위해 설치해놓은 쇠사슬에 걸렸다. 비행기 오른쪽 날개가 1.8미터 정도 떨어졌다. 암스트롱은 겨우겨우 아군 진영으로 날아왔지만, 비행기에서 탈출해야 살아남을 수 있었다. 그는 미국 해병대가 포항 근처에서 관리하던 K-3 비행장 가까이에서 탈출을 시도할 생각이었다. 팬서 전투기에는 비상시 좌석이 비행기 밖으로 튕겨 나가면서 낙하산이 자동으로 펴지는 사출좌석이 설치되어 있었다. 암스트롱은 제51전투비행대대에서 처음으로 사출좌석을 이용해 탈출했다. 낙하산으로 뛰어내린 사람도 암스트롱이 처음이었다.

암스트롱은 바다로 내려가려고 했지만, 바람 방향을 잘못 판단하는 바람에 논에 착륙했다. 암스트롱은 꼬리뼈에 금이 좀 갔을 뿐 멀쩡했다. 땅에서 몸을 일으키자 K-3에서 보낸 지프차가 금방 도착했다. 비행 훈련을 받을 때 룸메이트였던 구델 워런이 지프차 안에 앉아 있는 것을 보고 암스트롱은 자신의 눈을 의심했다. 워런은 당시 포항 근처 비행장에서 해병대 중위로 복무하고 있었다. 워런은 해안선에서 들리는 요란한 소리가 북한이 물속에 설치한 폭탄이 터지면서 나는 소리라고 설명했다. 암스트롱의 낙하산이 계획대로 떨어졌다면 폭탄이 잔뜩 설치되어 있는 바다로 떨어졌을 가능성이 컸다.

9월 4일 늦은 오후, 암스트롱은 운송선을 타고 항공모함으로 돌아갔다. 제51전투비행대대의 정보 장교였던 켄 대넌버그는 "우리는 너무 기뻐서 닐을 좀 두들겨 팼죠. 닐이 낙하산을 타고 내려올 때 헬멧이 벗겨져 떨어졌고, 땅에 닿으면서 부서졌다고 했어요. 닐은 그 부서진 헬멧을 손에 들고 웃었습니다"라고 그때를 떠올렸다. 허버트 그레이엄은 그렇게 위험한 상황에서도 냉정하게 대처한 닐 암스트롱을 칭찬하는 사람이 많았다고 기억했다.

암스트롱은 집에 편지할 때 전투 이야기를 거의 하지 않았다. 그날 일에 대해서도 한마디도 하지 않았다. 그저 1951년 9월 3일 항공일지에만 '포항 근처에서 낙하산을 타고 탈출했다'라고 기록했다. 그 기록 옆에 펼쳐진 낙하산에 매달려 있는 사람 모습을 그려 넣었다. 암스트롱이 탔던 비행기가 추락하면서 제51전투비행대대는 팬서 전투기를 처음 잃었다.

그 당시 항공모함은 암스트롱의 무사 귀환을 떠들썩하게 축하할 만한 분위기가 아니었다. 9월 4일에 그 대대의 동료였던 제임스 애시퍼드와 로스 브램웰이 작전 중 사망했기 때문이었다. 24세였던 브램웰이 탄 비행기는 대공포의 공격을 받은 후 균형을 잃었다. 암스트롱이 하루 전날 사고를 당하지 않았다면 25세인 애시퍼드와 9월 4일에 함께 군사 작전을 나갔을 것이다. 애시퍼드가 탄 제트기는 무기를 잔뜩 싣고 원산 북서쪽 지역에서 정찰 임무를 수행하고 있었다. 그 비행기는 트럭에 로켓탄을 발사하다 빠져나오지 못하고 땅으로 떨어져 폭발했다. 대원들은 모두 "그따위 트럭 한 대 부수느라 이렇게 값비싼 대가를 치르다니!"라면서 마음 아파했다.

비비 항공모함비행단장의 전투 보고서에 따르면 '우리 항공모함비행단은 1951년 9월 4일까지 7개의 다리와 90량의 열차, 25대의 트럭, 25대의 소달구지, 250개 부대를 파괴했다. 그 대가로 조종사 다섯 명과 항공요원 한 명이 사망했고, 비행기 10대를 잃었다'라고 되어 있다.

9월 5일, 부대 전체가 하루 쉬면서 재충전을 했다. 각자 자신을 돌아볼 기회였다. "적군은 공격 기회를 놓치는 법이 없었습니다. 우리는 온갖 종류와 크기의 총과 대포를 보았습니다. 그 무기들은 레이더를 사용하기도 하고, 사용하지 않기도 했습니다. 언제나 공격당할까 봐 노심초사했죠. 내가 조종한 비행기들에도 총알 자국이 가득했습니다"라고 닐 암스트롱은 그때 상황을 들려주었다. 암스트롱은 9일 동안 네 번의 전투비행과 한 번의 사진 정찰비행, 네 번의 무장 정찰비행을 했다.

에식스 항공모함의 가장 큰 재앙은 항공모함 갑판에서 벌어졌다. 1951년 9월 16일, 제172전투비행대대의 F2H 밴시 전투기가 비상착륙하기 위해 다가왔다. 존 켈러 중위는 공중 충돌했던 밴시 전투기를 몰고 오느라 안간힘을 다하고 있었다. 바로 그때 팬서 부대의 보샴 소령도 막 착륙하려고 했다. 보샴 소령이 최종 진입하려고 바람 방향에 맞춰 비행기를 돌리고 있을 때 켈러 중위가 "직진"이라고 외쳤다. 보샴은 바퀴를 들어 올리고 다시 날아올랐다. 보샴 부대의 다른 비행기 세 대도 그 뒤를 따랐다.

실수가 이어지면서 대참사가 일어났다. 존 켈러는 안전하게 착륙하는 데 필요한 갈고리인 테일훅 tailhook을 내리지 않았지만 갑판에 있던 담당 장교는 내렸다고 착각했다. 두 사람의 실수 때문에 8톤의 밴시 전투기가 거의 130노트의 속도로 갑판에 충돌했다. 방어벽을 넘어 비행기들이 줄줄이 세워져 있는 곳으로 곤두박질쳤다. 귀환하는 비행기에 자리를 내주려고 여러 비행기들이 막 자리를 옮겼을 때였다. 아직 비행기 안에 남아 있는 조종사와 비행기 담당자들도 있었다. 밴시 전투기에 부딪힌 비행기들은 무서운 기세로 연달아 폭발했다. 연료를 잔뜩 채워 넣은 비행기들이 폭발하면서 갑판 앞쪽이 불덩이가 되었다. 착륙하려던 보샴 부대의 조종사들은 다른 항공모함으로 날아가 하룻밤을 지낼 수밖에 없었다.

충돌 사고의 결과는 끔찍했다. 네 명은 그 자리에서 불타 죽었다. 다섯 명은 불길에 휩싸인 채 21.3미터 아래 바다로 뛰어들었다. 하지만 바다 위에서도 항공용 휘발유가 불타고 있었다.

트랙터가 죽은 조종사를 그대로 태우고 있던 밴시 전투기를 배 밖으로 밀어냈다. 불타는 다른 비행기들도 밀어냈다. 몇 시간 후 불이 완전히 꺼질 때까지 일곱 명이 사망했다. 열여섯 명은 중상을 입었다. 제트기 여덟 대는 재로 변했다. 다행히 연료와 함께 2268킬로그램의 폭탄을 싣고 있던 스카이레이더 전투기들은 반대쪽 갑판에 있어서 안전했다.

암스트롱은 그날 대대 당직 장교로 근무하고 있었다. 규칙에 따라 조종사 대기실을 떠나지 말아야 했다. 그래서 화재 현장을 보지 못했고, 불 끄는 데 참여하지도 않았다. 에식스 항공모함에 탄 사람들은 사흘 동안 애도하는 시간을 가졌다. 제51전투비행대대에서 팬서 전투기 네 대가 또다시 심하게 파괴되었고, 사망자와 중상자가 발생했다. 이제 쓸 만한 비행기는 16대에서 9대로, 조종사는 24명에서 11명으로 줄어들었고, 사기도 꺾였다.

9월 20일, 에식스에 탄 사람들은 요코스카로 가는 배 안에서 추도회를 하려고 모였다. 제5항공모함비행단이 출범한 후에 사망한 13명을 추도하기 위한 모임이었다. 암스트롱은 자신이 운이 좋다고 생각했다. 9월 3일 전투에서 그는 가까스로 살아남았다. 밴시 전투기의 충돌 사고가 일어나던 날 당직 장교가 아니었다면, 암스트롱은 그때 갑판에서 팬서 전투기를 움직이고 있었을 가능성이 높았다.

9월 21일 이른 저녁, 닐 암스트롱은 요코스카에 도착해 처음으로 해외에서 휴식을 취했다. 미국 해군은 일본의 몇몇 리조트 호텔을 인수해 아름답고 호사스러운 '휴양캠프'를 만들었다. 웅장한 후지산 아래 자리 잡은 곳이었다. 암스트롱은 굉장히 저렴한 비용으로 이곳에서 멋진 음식과 음료 서비스를 즐겼다. 암스트롱은 리조트의 골프 코스에 참여해보기로 마음먹었다. 나중에는 골프에 푹 빠지게 된다. 에식스는 열흘 동안 항구에 머물렀다. 1951년 10월 1일, 항공모함은 한국의 북동 해안으로 향했다. 그리고 제77기동함대와 다시 만났다.

암스트롱은 두 번째 전투 기간 중 열 차례에 걸쳐 비행하면서 임무를 수행했다. 1951년 10월 중순, 팬서 전투기를 타고 새벽 전투비행을 하고 있을 때였다. 무장하지 않은 북한 군인들이 막사 밖에서 줄지어 아침체조를 하고 있는 모습이 보였다. 기관총 사격으로 그들을 모두 죽일 수도 있었지만, 방아쇠를 당기지 않고 계속 비행하기로 결정했다.

그 일에 대해 오랫동안 침묵했던 암스트롱은 한참 세월이 흘러 2005년 『퍼스트맨』 초판이 발간되고 나서야 내게 "그들은 겨우 시간을 내서 아침운동을 하는 것처럼 보였습니다"라고 그때 일을 들려주었다. 암스트롱이 말한 적이 없어서 그의 전우들 중에서도 이 이야기를 아는 사람이 없었다. 2012년에 닐 암스트롱이 사망한 후에야 사실을 알려주자 그들은 서슴없이 "닐이라면 그럴 만하다"고 했다. 그들 자신이라면 당연히 기관총으로 쏘았겠지만 "닐은 선한 성품이어서 스스로를 보호할 수 없는 사람들을 죽이지 못했을 것"이라고 인정했다.

그런 일이 아니라면 암스트롱은 용감하게 전투에 참가했고, 언제나 명령을 잘 수행했다. 1951년 10월 22일, 닐 암스트롱의 부대는 열차 두 량을 발견해 파괴했고, 몇몇 보급소를 공격했다. 10월 26일에는 북청 지역에서 다리와 철도를 공격했다. 암스트롱은 10월 29일, 미그기가 다니는 신안주 지역까지 서쪽으로 날아가서 소탕 작전에 참여했다. 10월 30일에는 북위 40도 위쪽까지 날아가 공격했다.

두 번째 전투 기간 중에는 제51전투비행대대에서 사상자가 한 명도 나오지 않았다. 항공모함비행단 전체에서 조종사 세 명만 사망하고, 비행기도 세 대만 잃었다. 첫 번째 전투 기간에 비해 엄청난 발전이었다. 10월 한 달 동안 제51전투비행대대는 구경 20밀리미터의 탄알 4만 9299발을 쏘고, 45.4킬로그램의 폭탄 631개를 떨어뜨렸다. 암스트롱의 경우 두 달 반의 전투 기간 동안 7000발 정도의 탄알을 쏘고, 48개의 폭탄을 떨어뜨리고, 30발의 로켓탄을 발사했다. 스물여섯 번의 비행 중 아홉 번은 전투비행이었고, 총 비행시간은 41시간 30분이었다.

항공모함비행단은 1951년 10월 31일부터 11월 12일까지 요코스카에서 다시 재충전을 한 다음 원산만으로 돌아왔다. 겨울이 시작되면서 동해에서의 전투는 끔찍했다. 1951년 11월과 12월에는 61.5킬로그램의 폭탄을 떨어뜨렸다. 여전히 기총소사가 가장 효율적이어서 제51전투비행대대는 총 4만 3087발, 조종사 한 명당 평균 2051발씩 쏘았다. 1951년 12월 13일, 다시 요코스카로 재충전하러 가기 전까지 암스트롱은 여덟 차례에 걸쳐 비행했다.

12월 2일, 높은 고도로 바다 위를 비행할 때 암스트롱이 탄 팬서 전투기의 엔진이 고장 났다. 가스터빈 엔진에 심각한 문제를 일으키는 연소 정지 때문이었다. 소금 부식으로 연료 조정 장치에 문제가 생겼고, 전투비행을 위해 고도를 높이는 과정에서 너무 많은 연료가 주입되면서 엔진의 연소가 중단되었다. 구사일생으로 엔진을 다시 점화하면서 암스트롱은 나머지 비행을 무사히 마칠 수 있었다.

동해에서의 세 번째 전투 기간 동안 제51전투비행대대는 위기일발의 순간을 몇 번 겪었지만, 사상자는 생기지 않았다. 에식스는 1951년 12월 14일 요코스카에 도착해 크리스마스 휴가를 즐겼다. 크리스마스가 지나 전투를 다시 시작하려고 한국으로 향했다. 네 번째 전투 기간은 제일 힘들고 끔찍하고 길었다. 1952년 2월 1일까지 38일 동안 제5항공모함비행단의 조종사들은 총 2070번 출격했다. 암스트롱은 23차례 군사 작전을 하면서 총 35시간 이상의 비행을 기록했다. 한 달 동안 항공모함에서 스물세 번 이륙하고 착륙했다. 암스트롱과 전우들은 뼛속까지 추운 비행기 안에서 얼어붙은 기관총으로 훌륭하게 임무를 수행했다.

1952년 1월 4일, 네 번째 전투 기간이 시작된 지 1주 만에 제5항공모함비행단 사람들은 기쁜 소식을 들었다. 1월 말에 요코스카 항구에서 2주를 보내고 나서 미국으로 돌아간다는 소식이었다. 하지만 그 전투 기간 중 릭 리클턴 소위의 팬서 전투기가 대공포의 공격을 받고 추락해 폭발했다. 같은 부대의 전우였던 밥 캡스는 그날 밤 일기에 '왜 이런 아비규환이 벌어지는지 하나님은 아시겠지. 나는 알 수가 없다. 이런 일이 계속 이어지는 데는 이유가 있겠지만, 나는 이해할 수가 없다'라고 적었다.

리클턴 소위가 사망하자 윌리엄 매키 부대에 호위 조종사가 다시 필요했다. 그 역할을 닐 암스트롱이 맡았다. 암스트롱은 주로 윌리엄 매키, 레너드 체셔, 켄 크레이머를 호위하면서 비행했다. 매키가 기억하기로는 리클턴 소위가 사망하고 이틀 후에 단장이 사관실로 내려와 "나쁜 소식이 있어. 이런저런 군함들에 문제가 생겨서 쉽게 전쟁터를 벗어나지 못할 것 같아. 우리가 다시 한 번 전투하러 와야 할 것 같아"라고 말했다고 한다.

네 번째 전투 기간에도 북한 한복판으로 날아가 다리를 파괴하는 게 주요 목표였다. 전투가 시작되자마자 군사 작전의 주요 목표물은 다리였다. 미국 국방부의 공식 통계에 따르면 미군이 파괴한 북한 다리는 총 2832개였는데, 그중 해군 비행기가 파괴한 다리가 2005개였다.

해군은 그동안 비싼 대가를 치러가며 효율적인 다리 공습의 비결을 터득했다. 프로펠러 비행기와 제트기가 연합해서 시의적절하게 공격하는 방법이었다. 1951년 후반에 제5항공모함비행단의 마셜 비비 단장과 대대장들이 모여 기본 계획을 세웠다. 제트기는 목표물을 향해 급강하했다 재빨리 빠져나가면서 다리의 방어망을 뚫는 데 탁월한 능력을 보였다. 하지만 실제로 다리를 파괴하기에 적절한 비행기는 아니었다. 제트기는 다리 파괴에 필요한 900킬로그램 폭탄을 실을 수가 없었다. 대공포의 공격을 받지 않도록 방어하는 게 제트기의 역할이었다. 그다음 코세어 전투기가 날아와 대공포 진영에 폭탄을 떨어뜨리고 기관총을 쏘았다. 마지막으로 스카이레이더 전투기가 강력한 포를 쏘았다. 주요 다리를 공격하는 데 제트기 8대, 코세어 8대, 스카이레이더 8대 등 최소 24대의 전투기가 동원됐다. 제77기동함대 전체가 이 새로운 전술을 즉각 받아들였다.

새로운 전술로 사상자가 줄어들긴 했지만, 사망자는 계속 생겼다. 리클턴 소위가 사망한 후에도 제5항공모함비행단의 조종사 세 명이 사망했다. 1952년 1월 26일, 제51전투비행대대의 레너드 체셔 중위가 사망하면서 암스트롱이나 같은 대대의 대원들은 깊은 충격을 받았다. 체셔의 비행기는 원산만 근처에 서 있던 열차를 공습하려고 출격했다가 치명적인 대공포 공격을 받았다.

리클턴처럼 체셔 중위도 뉴멕시코주 앨버커키 출신이었다. 체셔는 결혼 직후 한국전쟁에 참전했고, 전쟁 후에는 교사가 될 계획이었다. 암스트롱과 체셔는 바로 맞은편 침대에서 잠을 자며 가까운 친구가 된 사이였다. 그날 저녁, 담당 목사는 언제나 그랬듯 목숨을 잃은 장병들을 위해 기도했다. 항공모함이 하와이에서 한국으로 향한 후 28차례에 걸쳐 그런 기도를 드렸다.

1952년 2월 1일, 오후 1시 30분, 에식스 항공모함은 지긋지긋하고 길었던 네 번째 전투를 끝내고 요코스카로 향했다. 제5항공모함비행단은 네 번째 전투 기간 동안 2000번 넘게 출격하면서 40만 발 가까운 탄환을 쏘고, 1만 개 가까운 폭탄을 떨어뜨리고, 거의 750발의 로켓탄을 쏘고, 1360킬로그램 정도의 네이팜탄으로 공격했다. 그 결과 수많은 군사 시설을 파괴하고 전쟁 물자에 피해를 입히면서 1374군데의 철로를 끊고, 34개의 다리를 파괴하고, 47개의 다리에 피해를 입혔다. 그 과정에서 장병 다섯명(제51전투비행대대 장병 두 명)과 12대 이상의 비행기를 잃었다.

1952년 2월 8일, 다섯 번째이자 마지막 전투 기간이 시작되었다. 다행히도 이번에는 2주밖에 걸리지 않았다. 암스트롱은 열세 차례 비행하면서 거의 매일 전투를 했다. 2월 25일 아침에는 기관차와 40량의 열차를 파괴했다. 3월 5일, 닐 암스트롱은 한국전쟁에서 마지막 비행을 했다. 그날 제5항공모함비행단의 조종사들은 비행기를 밸리 포지 항공모함으로 옮겼다. 암스트롱은 제51전투비행대의 F9F 전투기 대부분을 최소한 한 번 이상 조종했다. 그는 한국전쟁에서 총 78번의 임무를 수행하면서 121시간 이상의 비행을 기록했다.

1952년 3월 11일, 에식스는 하와이를 향해 떠났다. 3월 25일, 드디어 불빛이 반짝이는 캘리포니아 해변에 도착했다. 동료 조종사들과 마찬가지로 암스트롱은 참전훈장을 잔뜩 안고 집으로 돌아왔다. 암스트롱은 "주일학교에서 금색 별을 주듯 훈장을 나눠주었어요"라고 말하며 자신이 전투에서 쌓은 공을 깎아내리곤 했다. 닐 암스트롱은 비행의 공을 인정받아 항공훈장과 금성훈장을 받았다. 전우들과 함께 한국전쟁 참전훈장도 받았다.

암스트롱의 가죽 비행재킷에는
제51전투비행대대의 상징인
'날카로운 소리로 우는 독수리'가
붙어 있었다.

암스트롱은 에식스 항공모함에서 100차례 이상 출격한 제51전투비행대대의 조종사 열네 명 중
한 명이었다. 앞줄 왼쪽부터 빌 보어스, 밥 캡스, 닐 암스트롱, 와일리 스콧,
빌 매키, 대니 마셜, 밥 로스틴. 뒷줄 왼쪽부터 톰 헤이워드, 스키퍼 어니 보샴,
베니 세빌라, 돈 맥노트, 어니 러셀, 프랭크 존스와 허셜 고트.

항공모함 조종사 대기실에서 비행단장인 마셜 비비<왼쪽에서 두 번째>와
닐과 빌 매키, 켄 크레이머가 출격하기 위해 준비하고 있다.

암스트롱이 제51전투비행대대의
동료 조종사 허셜 고트와 함께
즐거운 시간을 보내고 있다.

1951년 9월 16일 일요일 저녁, 밴시 제트기가 항공모함에
세워둔 비행기들과 충돌하는 끔찍한 사고가 일어났을 때
암스트롱은 갑판 밑에서 근무하고 있었다.

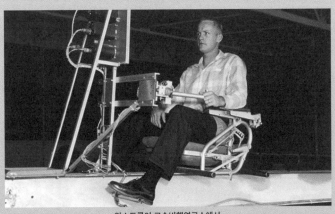

암스트롱이 고속비행연구소에서
'철 십자가'라는 별명이 붙은 혁신적인 모의비행 장치를 조종하고 있다.

FIRST MAN

연구 조종사

THREE

"시험비행 결과의 정확성은 결국 조심스럽고 끈질기게 임하는 조종사들에 의해 결정된다. 당신이 신뢰할 수 있는 현명하고 신중한 조종사들을 확보했다면 임무를 수행하기가 훨씬 쉽다. 부주의한 조종사들밖에 없다면 임무 수행은 불가능하다."

헨리 티저드 영국육군항공대 시험비행중대 대위, 1917년

PART THREE

7

NACA 연구소의 시험비행 조종사

엄밀히 따지면 해군 복무 기간이 끝나는 순간, 암스트롱은 자유롭게 대학으로 돌아갈 수 있었다. 하지만 제51전투비행대대가 계속 전투 중이라 "복무 기간을 늘리지 않으면 헤엄쳐서 집으로 돌아갈 수밖에 없는 상황이어서 복무 기간을 늘렸습니다"라고 말했다. 1952년 2월 1일, 그는 에식스 항공모함에서 그동안의 임무를 마치고 해군 예비역 소위로 다시 임명되었다.

1952년 3월 25일, 전우들과 함께 미국으로 돌아온 닐 암스트롱은 그 후로도 다섯 달 동안 제32항공수송대대에서 복무했다. 샌디에이고 해군항공기지를 오가며 항공기를 수송했다. 8월 23일, 스물두 살이 되자마자 해군을 떠났다. 마지막 비행으로 샌프란시스코만 지역까지 날아갔다.

1953년 5월, 암스트롱은 중위로 진급했고, 1960년까지 해군 예비역 장교를 지냈다. 퍼듀대학으로 돌아온 다음에도 제727해군예비역비행대대와 시카고 외곽의 글렌뷰 해군 비행장에서 정기적으로 비행했다. 로스앤젤레스 북동쪽 에드워즈 공군기지에서 미국항공자문위원회NACA 시험비행 조종사로 일할 때도 제773

대대 예비역 장교로서 비행했다.

암스트롱은 1955년 퍼듀대학을 졸업하면서 몇 가지 직업 중 하나를 선택할 수 있었다. 해군에 남아 있을 수도 있었다. 트랜스월드 항공사나 더글러스 에어크래프트에서 일할 수도 있었다. 그는 항공공학 석사 과정에 진학할까 잠시 고민했다. 더글러스가 제안한 일자리를 받아들였다면, 암스트롱은 새로운 비행기가 나올 때마다 시험비행을 했을 것이다. 뛰어난 성능의 항공기를 개발할 수 있도록 돕는 실험용 시험비행 조종사가 되는 길도 있었다.

결국 닐 암스트롱은 시험비행 조종사가 되었다. 특히 '연구 조종사'가 되고 싶다는 포부가 있었다. 실험용 시험비행 조종사 중 최고 등급인 연구 조종사는 광범위한 영역에서 비행의 과학적 · 기술적 발전에 이바지할 수 있었다. 연구 조종사가 되려면 민간 연구소나 NACA에서 일해야 했다. 암스트롱은 소년 시절부터 『항공 주간』이나 다른 항공 잡지들을 보면서 NACA가 계속 내놓는 연구 결과들을 챙겨 보았다. 퍼듀대학 항공공학 수업에서도 NACA 보고서를 활용했다.

암스트롱은 대학의 마지막 학기를 앞두고 NACA에 지원했다. 특히 에드워즈 공군기지에 있는 고속비행연구소에 지원했다. X 비행기들이 초음속을 기록하면서 전설적인 비행을 하던 곳이었다. 그때 에드워즈에는 빈자리가 없었기 때문에, NACA는 암스트롱의 지원서를 다른 지역의 모든 연구소에 돌렸다.

그러자 오하이오주 클리블랜드에 있는 루이스비행추진연구소의 엔지니어인 어빙 핀켈이 연구소에서 보자고 연락했다. 핀켈은 루이스연구소에서 물리학 분야를 맡고 있었다. 그의 형제 벤저민은 열역학 연구를 담당하고 있었다. 1954년 가을 어느 날,

핀켈은 암스트롱을 만났다. 핀켈은 연봉을 많이 주지는 못하지만, 흥미진진한 항공 연구를 할 수 있다고 약속했다.

닐 암스트롱은 루이스연구소의 자리를 받아들였다. 캠퍼스 커플이었던 재닛 시어런과 결혼하고 싶던 시기여서 오하이오주에서 사는 것도 나쁘지 않다고 생각했다. 암스트롱은 연구소의 자유비행추진 부서에 배치되었고, 공식 직책은 항공 연구 조종사였다. 연구용 항공기와 운송용 항공기를 조종하고, 자유비행 로켓미사일 분야의 엔지니어로 일하는 게 그의 임무였다. 1955년 3월 1일, 루이스연구소에서 첫 비행을 했다. NACA는 암스트롱을 '연구 과학자'로 분류했다. NACA 직원들과 함께 법률이 정한 NACA의 사명인 '비행 문제를 실질적으로 해결하기 위해 과학적인 연구'를 하는 게 그의 일이었다.

루이스연구소의 수석 시험비행 조종사인 윌리엄 고프도 공학 학사로, 제2차 세계대전 때 해군 조종사가 되어 소령까지 진급했다. 고프는 전쟁이 끝나자 NACA의 시험비행 조종사가 되었다. 그의 형인 멜 고프는 1943년부터 NACA 랭글리비행연구소를 책임지고 있었다. 랭글리연구소에는 존 리더, 로버트 챔파인, 존 엘리엇, 존 하퍼와 제임스 휘튼처럼 엔지니어와 조종사를 아우르는 인재가 대여섯 명이 있었다. 암스트롱은 그중에서 존 리더를 '내가 아는 시험비행 조종사 중 최고'라고 여겼다.

1955년 2월, 닐 암스트롱은 NACA 루이스연구소에 들어갔다. 그곳 연구 조종사들은 대부분 잘 훈련된 엔지니어들이었다. 하지만 랭글리비행연구소나 에드워즈고속비행연구소 혹은 북부 캘리포니아의 에임스항공연구소에서 NACA 비행 연구의 대부분이 이루어지고 있었다. 암스트롱은 윌리엄 고프, 윌리엄 스완, 그리고 훗날 휴스턴 유인우주선센터의 항공기 운항 책임자가 된 조지프 앨그랜티와 루이스연구소에서 네 명의 시험비행 조종사 중 한 명이 되었다.

암스트롱은 루이스연구소에서 다섯 달 가까이 새로운 항공기용 얼음 방지 장치를 연구했다. 극초음속에서의 열전달을 연구하면서 처음으로 우주 관련 비행 프로그램도 담당했다. 1953년 3월 17일, 루이스연구소의 시험비행 조종사가 공중 발사한 T40 로켓이 극초음속인 마하 5.18에 도달했다. NACA가 마하 5 이상의 비행에 성공한 것은 이때가 '처음'이었다.

1955년 5월 6일, 암스트롱과 앨그랜티는 이 연구의 45번째 시험비행을 했다. 두 조종사는 노스아메리칸의 P-82 트윈 무스탕 Twin Mustang을 조종해서 대서양 위를 날았다. P-82의 아랫부분에는 고체로켓인 ERM-5가 달려 있었다. ERM-5는 패서디나Pasadena의 제트기추진연구소가 개발한 T-40RKT 로켓엔진을 갖추고 있었다. P-82가 알맞은 고도에 이르자 앨그랜티는 ERM-5를 발사했다. ERM-5의 속도는 극초음속인 마하 5.02에 이르렀다.

"수많은 자료들을 분석하면서 새로운 로켓들의 부품을 설계했습니다. 계산을 하면서 설계했죠." NACA의 엔지니어 겸 시험비행 조종사의 선구자적인 성격이 암스트롱과 완벽하게 맞아떨어졌다. 대학을 졸업하고 취직할 수 있었던 곳 중 NACA의 연봉이 가장 낮았지만, 암스트롱은 언제나 그곳이 '딱 맞는 자리'라고 느꼈다. "NACA에서 한 일을 연구 보고서나 논문으로 작성했습니다. 보고서나 논문을 내려면 기술적인 문제와 문법을 꼼꼼히 따져야 했어요. 굉장히 까다롭고 부담스러운 과정이었습니다"라고 암스트롱은 설명했다.

1955년 6월 30일, 암스트롱은 루이스연구소에서 마지막 시험비행을 했다. 1주 전쯤 루이스연구소의 에이브 실버스타인 부

소장이 전화를 했다. "그의 사무실로 찾아갔더니 '에드워즈고속
비행연구소에서 편지가 왔다'면서 '아직도 그곳에서 일할 생각
이 있느냐?'고 물었습니다"라고 암스트롱은 기억했다. 루이스연
구소의 일도 흥미진진했지만, 에드워즈는 시험비행 조종사들이
모두 꿈꾸는 곳이었다. 1947년 10월, 초음속 비행을 시작했고,
실험적이고 혁명적인 최신 항공기가 마하 2 이상의 속도로 비행
하는 곳이었다.

　　1955년 7월 초, 암스트롱은 와파코네타의 집에 잠시 들렀다
남부 캘리포니아로 향했다. 암스트롱은 집을 떠나기 전에 아버
지와 같은 차인 1952년식 올즈모빌을 생애 첫 자동차로 2000달
러에 구입했다. 닐 암스트롱이 한국에서 돌아와 캘리포니아에 있
을 때, 남동생 딘이 찾아와 함께 여행한 적이 있었다. 형제는 멕
시코에서 캐나다까지의 종단 여행 후, 집으로 향했다. 1955년 7
월, 암스트롱은 새 자동차를 타고 에드워즈의 새 직장으로 가면
서 국토 횡단 여행을 했다. 여행 중 여자 친구인 재닛의 집을 찾
아가는 게 중요한 계획 가운데 하나였다.

　　닐 암스트롱은 한국에서 돌아온 해에 퍼듀대학에서 재닛을
만났다. 닐은 22세의 3학년생이었고, 재닛은 18세의 신입생이었
다. 닐은 재닛의 명석함과 미모, 활발한 성격에 매력을 느꼈다.
1934년 3월 23일에 태어난 재닛 엘리자베스 시어런Janet Elizabeth Shearon
은 클래런스 시어런 박사와 루이즈 부부의 딸이었다. 시어런 박
사는 세인트루크스병원의 수술실장을 지내면서, 일리노이주 에
번스턴에 있는 노스웨스턴대학 의대에서 학생들을 가르쳤다.
　　시어런 가족은 시카고 근교 부자 동네에 살면서 중상위층의
풍요로운 삶을 누렸다. 흥미롭게도 시어런 박사는 경비행기 파이

퍼 컵Piper Cub을 보유하고 있어서 종종 비행을 했다. 1945년 11월, 재닛이 열한 살 때 시어런 박사는 갑자기 심장마비로 사망했다. 그는 일 때문에 집에서 지내는 시간이 많지 않았으나, 재닛은 아버지를 정말 사랑했다.

재닛은 10대에 들어서자마자 아버지를 잃으면서 괴로운 시간을 보냈다. 재닛이나 어머니는 둘 다 황소고집이라서 서로 사이가 좋지 않았다. 재닛은 아버지에게 더 마음이 기울었다. 재닛의 영웅이었던 아버지는 딸을 높이 평가했다. 딸이 수영을 잘한다고 아낌없이 칭찬하기도 했다. 재닛은 1952년 고등학교를 졸업한 후, 퍼듀대학에 진학해 가정학을 전공했다. 바쁜 대학생활 중에도 학교의 여성 싱크로나이즈드 스위밍 팀에 들어갔다. 알파 카이 오메가Alpha Chi Omega 여학생 클럽에도 들어갔다. 재닛이 대학 시절에 만난 친구 중 한 명이 아폴로 17호의 선장으로 달에 갔던 유진 서넌이었다. 재닛의 고등학교 동창인 윌리엄 스미스가 남학생 클럽에서 만난 유진 서넌을 재닛에게 소개했다.

그러나 닐과 재닛은 유진 서넌이나 윌리엄 스미스를 통해 만난 게 아니었다. 닐은 어느 날 대학 캠퍼스를 걸어가다, 클럽 모임에서 본 적 있는 재닛을 우연히 만나 이야기를 나누었다. 닐은 그리 사교적이거나 데이트에 적극적이지 않았다. "닐은 알고 지낸 지 3년이 지나서야 데이트 신청을 했어요. 닐이 나를 처음 본 날 룸메이트에게 '그 여자와 결혼할 거야'라고 말했다는 사실을 결혼 후에야 닐의 룸메이트가 알려줘서 알았어요"라고 재닛은 회고했다. 닐과 달리 재닛은 자신만만하고 활달한 성격이었다. 닐의 남동생 딘은 닐보다 자신이 먼저 재닛과 알고 지냈다면서 "재닛은 톡 쏘는 성격이었어요. 상대방을 똑바로 쳐다보았고, 몸동작도 큰 편이었어요. 팔짱을 낀 채 '그런데 그게 무슨 말이야?'라고 이야기하곤 했죠"라고 떠올렸다.

닐은 1955년 대학 졸업 후 클리블랜드 루이스연구소에서 일하고, 재닛은 대학 3학년 재학 중일 때 두 사람은 약혼했다. 제대로 연애도 못 했을 때였다. 약혼은 했지만 사실상 서로에 대해 아는 것이 별로 없었다. "우리는 제대로 된 데이트를 해본 적이 없었어요. '괜찮아. 몇 년 동안 서로 알아가면 되지'라는 생각이었죠. 닐은 굉장히 변함없는 사람 같았거든요. 잘생겼고, 유머러스하면서 함께 있으면 재미있었어요. 게다가 성숙했어요. 내가 데이트했던 남자아이들에 비해 어른 같은 느낌이었어요. 나는 대학에서 남자를 많이 사귀었거든요"라고 재닛은 설명했다.

딘 암스트롱은 "닐이 재닛에 대해 진지하게 생각하는 줄 몰랐기 때문에 두 사람이 약혼한다는 말을 듣고 충격을 받았어요. 서로 정반대라서 끌렸을 거예요"라고 말했다.

유진 서넌은 "닐과 재닛은 서로 뭔가 공통점을 발견했을 거예요. 재닛은 멋진 여성이었어요. 닐이 자신에게 별로 관심을 보이지 않는 남자여서 더 호감을 가졌을 수도 있을 거예요. 그의 관심을 끌어내야 하니까요"라고 했다.

두 사람은 1956년 1월 28일, 일리노이주 윌멧의 교회에서 결혼식을 올렸다. 닐의 남동생 딘이 신랑 들러리, 여동생 준이 신부 들러리를 섰다. 신혼부부는 멕시코의 휴양지 아카풀코로 신혼여행을 떠났다. 로스앤젤레스 웨스트우드에 아파트를 얻었기 때문에 재닛은 UCLA에서 대학 수업을 들을 수 있었다. 닐은 에드워즈의 독신자 숙소에서 지내면서 주말마다 웨스트우드로 갔다. 왕복 290킬로미터 거리였다. 닐은 "한 학기만 그렇게 지냈어요. 그다음 우리는 앤털로프밸리로 이사해 자주개자리 밭에 집을 얻었습니다"라고 했다. 1957년 말, 그들은 주니퍼힐스에서 산비탈에 있는 작은 집을 구입했다. 재닛은 결혼생활 때문에 대학 과정을 끝낼 수 없었는데, 그 점에 대해 내내 후회했다.

앤털로프밸리를 바라보는 55.7제곱미터짜리 집은 소박했다. 바닥에는 원목이 깔려 있었다. 따로 침실은 없었고, 그저 방에 침대 네 개를 들여놓았다. 그 작은 집에는 자그마한 화장실과 부엌, 기본적인 급배수 시설은 있지만, 전기는 들어오지 않았다. 닐이 전선을 설치한 다음에도 재닛은 가스버너로 요리했다. 그들은 온수도 욕조도 사용하지 않았다. 닐은 샤워를 할 수 있도록 나뭇가지에 호스를 걸쳐놓았다. 1957년 6월 30일에 큰아들 리키가 태어나자 재닛은 집 바깥에서 플라스틱 통에 넣어 씻겼다. 그 오두막은 천천히 여기저기 손본 다음에야 살 만해졌다. 하지만 샌게이브리얼San Gabriel산맥 속의 자연은 정말 멋졌다. 무엇에도 얽매이지 않고 완전한 휴식을 취할 수 있는 곳이었다. 1959년 4월 13일에는 딸 캐런 앤Karen Anne이 태어났다.

1962년 가을 그곳에서 휴스턴으로 이사하고, 1963년 4월 8일에 막내아들 마크 스티븐Mark Stephen이 세상에 나왔다. 주니퍼힐스의 작은 집은 에드워즈에 있는 닐의 직장과 80.5킬로미터 정도 떨어져 있었다. 닐은 가까운 곳에 살던 고속비행연구소 동료들과 함께 자동차를 타고 출퇴근했다. 고속비행연구소의 '인간 컴퓨터' 중 한 명으로 일하던 베티 러브는 "닐의 운전은 그리 믿음직하지 않았어요"라며 그때 기억을 떠올렸다. 베티는 모든 비행 정보를 활용할 만한 공학 단위로 수치화하는 작업을 하고 있었다.

암스트롱은 자동차를 좋아해 하나둘 모았다. 캘리포니아로 이사하자마자 1952년식 올즈모빌을 유럽에서 수입한 산뜻한 신형 자동차인 힐먼 컨버터블로 바꾸었다. "그다음 고속비행연구소 동료의 자동차였던 '47 도지Dodge'를 구입했습니다. 출근길에 고장이 났던 차를 50달러에 사들였죠. 그 차를 간신히 집까지 끌고 와서 엔진을 수리했습니다"라고 닐은 설명했다.

"닐이 비행기를 조종하듯 운전했는지 아니면 운전하듯 비행기를 조종했는지 저도 잘 몰라요. 운전하는 모습만 보았으니까요. 자동차 운전석에서는 언제나 왼쪽 다리를 오른쪽 무릎 위에 포개 올리고 안락의자에 앉아 있듯 했죠"라고 베티 러브는 그때 기억을 떠올렸다. 운전하면서 샌게이브리얼산맥의 적설량을 어떻게 수학적으로 계산할지 고민하다 중앙선을 넘어 차를 배수로에 빠뜨린 적도 있었다. "마침 그곳에 공군 헌병대가 있었습니다. 닐이 신분증을 보여주자 헌병대는 주의를 주는 대신 거수경례를 하면서 출발하라고 했어요"라고 베티 러브는 웃으면서 이야기했다. 닐이 자동차를 운전하는 방식은 에드워즈에서 두고두고 이야깃거리가 되었다. "아무도 닐이 운전하는 차를 타려고 하지 않았다"는 이야기도 전해 내려온다. 아내인 재닛조차 닐이 운전하는 차를 타는 게 불안했다. 땅에서 자동차를 운전할 때는 하늘에서 비행기를 조종할 때만큼 집중하지 않았던 것 같다.

암스트롱은 1955년 7월 11일부터 에드워즈의 고속비행연구소에서 일하기 시작했다. 그의 공식 직책은 항공 연구 과학자(조종사)였다. 제2차 세계대전 동안 미국의 공군력이 경이적으로 증가하면서 무룩Muroc 필드에 있는 비행장의 규모와 역할이 급속히 강화되었다. 1947년 그곳에서 벨 X-1 비행기가 초음속으로 비행했다. 같은 해 창설된 미국 공군이 그곳을 인수하면서 에드워즈 공군기지로 이름이 바뀌었다. 1953년 5월, 세계 최초 초음속 전투기인 노스아메리칸의 YF-100A가 그곳에서 첫 비행을 했다. 에드워즈 공군기지와 NACA의 고속비행연구소는 별개의 조직이지만, 대부분 사람들은 두 곳을 모두 '에드워즈'라고 불렀다.

처음 무록의 NACA 조직에는 27명밖에 근무하지 않았고, 남쪽 기지의 좁은 땅에서 모든 일을 했다. 1951년에는 미국 의회의 발의로 400만 달러 예산과 0.5제곱킬로미터의 땅을 더 확보했다. 1954년 6월에는 이중 격납고°가 설치되면서 고속비행연구소의 비행기들이 길이 4572미터, 너비 91.4미터의 거대한 활주로에 접근할 수 있었다.

고속비행연구소의 월터 윌리엄스 소장은 처음에 NACA 랭글리연구소의 직원들을 이끌고 플로리다주 파인캐슬로 갔다. 그 다음 X-1을 시험하기 위해 1946년 무록으로 옮겨 왔다. 그는 1959년 9월에 유인우주선 계획을 담당하는 NASA의 우주 계획 팀으로 옮겨 가기 전까지 이곳에서 비행 연구를 진두지휘했다. 윌리엄스는 미국 최초의 유인우주선 발사 계획인 머큐리 계획에 참여해 1961년과 1962년 비행에서 운항 관리를 책임졌다.

암스트롱이 에드워즈로 갔을 때 에드워즈 공군기지의 인원은 거의 9000명에 이르렀다. 이 중 고속비행연구소의 인력은 275명이었다. 암스트롱은 고속비행연구소의 운항 관리 부서에서 일했다. 부서장은 연구 조종사 출신인 조지프 벤슬이었다. 벤슬은 항공기 유지와 점검, 운항 기술을 책임졌다. 연구용 항공기에 새로운 날개, 꼬리나 부속물들이 필요할 때가 많아 벤슬은 항공기 설계에 대해서도 파악하고 있어야 했다. 사무실에서 그의 옆자리에는 시험비행 조종사들이 앉아 있었다.

수석 시험비행 조종사인 조지프 워커가 닐 암스트롱의 직속 상사였다. 워커는 1942년 물리학 학사 학위를 받은 후 육군 항공대에 들어갔다. 제2차 세계대전 중 북아프리카에서 P-38 전투기를 조종하면서 공을 세워 공군수훈십자훈장, 항공훈장을 받았다. 1945년 3월, 워커는 클리블랜드에 있는 NACA 연구소의 시험

° 비행기를 넣어두고 정비·점검할 수 있는 공간.

비행 조종사가 되어 항공기 착빙° 연구에 기여했다. 워커는 1951년 에드워즈로 옮겨 암스트롱이 오기 불과 몇 달 전에 수석 시험비행 조종사로 승진했다. 워커와 암스트롱, 두 사람의 아내까지도 서로 가까운 사이가 되었다.

22세 암스트롱은 다시 가장 어린 조종사가 되었다. 10년간 연구 주종사로 일했던 주지프 워커는 에드워즈에서 250번 정도 비행했다. 그중 100번 넘게 벨 X-1, 더글러스 D-558-1, D-558-2, 더글러스 X-3과 노스럽 X-4 같은 실험적인 항공기를 탔다. 미국 최초의 고성능 가변날개 항공기인 벨 X-5를 타고 78차례 시험비행을 했다.

고속비행연구소 시험비행 조종사인 스콧 크로스필드는 조지프 워커보다 경험이 더 풍부했다. 암스트롱은 "크로스필드와 거의 1년 동안 사무실에서 나란히 앉아 있었어요. 그는 자신이 X-15 계획의 조종사가 될 거라고 했습니다"라며 그때 기억을 떠올렸다.

1955년에 34세였던 크로스필드는 이미 전설적인 인물이었다. 워싱턴대학에서 항공공학을 전공한 크로스필드는 암스트롱처럼 해군 장학생으로 대학생활을 하면서 해군 조종사가 되었다. 1950년에 NACA의 연구 조종사가 되어 연구용 비행기와 로켓비행기를 수백 번 조종했다. 1953년 11월, 크로스필드는 D-558-2 스카이로켓을 타고 인간으로서는 처음으로 마하 2(시속 2448킬로미터)의 속도로 비행했다.

고속비행연구소의 시험비행 조종사 동료로 스탠리 버차트와 존 매케이도 있었다. 두 사람 모두 해군 조종사로 제2차 세계대전에 참전했다. 버차트는 훗날 미국 대통령이 되는 조지 허버트 부시와 같은 비행대(VT-51)에서 복무했다. 버차트와 매케이

° 공기 중 냉각된 물방울이 얼음이 되어 항공기의 날개나 프로펠러 등에 달라붙는 현상.

는 각각 워싱턴대학과 버지니아공대에서 항공공학을 전공했다. 버차트는 1951년 5월, 고속비행연구소의 연구 조종사가 되었다. 매케이는 1952년 7월에 연구 조종사가 된 것으로 추정된다. 두 사람은 D-558과 X-5 등 다양한 연구용 비행기를 조종했다. 버차트는 에드워즈연구소의 다발비행기° 책임 조종사가 되었다. 연구용 비행기를 공중 발사하기 위해 B-29를 타고 9.15킬로미터 이상 고도까지 수백 번 비행했다.

스탠리 버차트는 1955년 3월, NACA 랭글리연구소에서 루이스연구소 고프의 소개로 암스트롱과 처음 이야기를 나누었다. 암스트롱은 그때까지도 낡은 해군 비행재킷을 입고 있었는데, 버차트는 '세상에, 이 아이는 아직 고등학교도 졸업하지 않은 것 같아! 너무 어려 보여'라고 생각했다. 고프는 버차트에게 "암스트롱이 정말 에드워즈에서 일하고 싶어 한다"고 전했다. 버차트는 암스트롱의 이력서를 본 후 금방 데려가야겠다고 생각했다. 에드워즈고속비행연구소의 워커와 벤슨은 스콧 크로스필드가 하던 일을 암스트롱에게 맡기기로 했다. 암스트롱은 에드워즈에 온 첫날 미국에서 아주 중요하고 사랑받던 군용 비행기 중 하나인 P-51을 타고 비행을 시작했다. "그동안 조종했던 F8F 팬서 제트기만 한 성능은 아니었지만, 굉장히 우아한 비행기였어요"라고 했다.

"처음 몇 주는 배우는 기간이었습니다. F-51이나 더글러스 DC-3을 군용으로 개조한 NACA의 R4D를 타고 거의 매일 비행했어요. 경험을 쌓으면서 능력을 인정받자 더 많은 일을 맡았죠"라고 암스트롱은 회고했다. 1955년 8월 3일, 암스트롱은 F-51을 타고 추적비행을 하면서 크로스필드가 조종하는 D-558-2 스카이로켓의 안정성과 구조하중을 조사했다. 암스트롱은 그달 말 리퍼블릭 에이비에이션이 개발한 제트전투기 YRF-84F를 비행해 성

° 두 개 이상의 엔진을 장치한 비행기.

능을 조사하고, 처음으로 B-29도 탔다.

"보통 왼쪽 자리에 앉은 사람이 연구용 비행기의 발사를 책임지고, 오른쪽 자리에 앉은 사람이 비행기를 조종했죠. 나는 몇 년 동안 양쪽에 번갈아 앉아 비행했어요"라고 암스트롱은 설명했다. 비행은 말할 것도 없이 힘들고 까다로웠다. "B-29 밑에 연구용 비행기를 매달고 비행해야 하니 항상 비행기 성능의 한계를 시험해야 했어요. 연구용 비행기를 발사하려면 되도록 높이 올라가야 했거든요. 보통 1시간 30분 이상 비행하고, 고도 9~11 킬로미터에서 발사했어요. 자리를 잘 잡는 게 중요했거든요."

공중 발사에는 언제나 예상치 못한 위험이 도사리고 있었다. 1955년 8월 8일, 조 워커가 탄 X-1A가 발사되기 직전, X-1A의 로켓엔진이 폭발하면서 X-1A를 매달고 있던 B-29가 흔들렸다. "처음에는 다른 비행기와 부딪친 줄 알았어요. 하지만 그 당시에는 그렇게 높이 올라오는 비행기가 없었어요"라고 B-29를 조종했던 버차트는 기억을 떠올렸다. 폭발 소리에 놀란 워커는 X-1A에서 빠져나와 B-29로 몸을 피했다. B-29는 X-1A를 계속 밑에 매달고 착륙하는 위험을 감당할 수가 없었다. 너무 위험했다. 버차트는 그 연구용 비행기를 사막에 버릴 수밖에 없었다. X-1A는 사막에 떨어지면서 폭발했고, X-1A 계획도 끝났다.

암스트롱은 그 장면을 모두 지켜보았다. "암스트롱은 F-51을 타고 우리 옆에서 날고 있었어요. 어떤 일이 벌어지는지 우리가 잘 가르쳐준 셈이죠"라고 버차트는 말했다. 추진제°가 들어 있는 관의 가죽마개 때문에 생긴 사고였다. 가죽이 너무 불안정해서 추진제의 액화수소가 꽉 찼을 때 조금만 충격을 주어도 마개가 벗겨졌다. 불행히도 여러 번 사고가 난 다음에야 엔지니어가 원인을 찾아내 고쳐놓았다.

° 로켓비행기를 날게 하는 연료와 산화제.

에드워즈에 온 지 8개월 후 암스트롱도 구사일생으로 살아 남았다. 1956년 3월 22일, 암스트롱은 B-29를 개조한 P2B-1S의 오른쪽 좌석에 앉아 비행하고 있었다. 연구용 비행기인 두 번째 D-558-2 스카이로켓을 고도 9.2킬로미터 이상까지 매달고 올라가 떨어뜨리는 게 그들의 역할이었다. 그러면 매케이가 D-559-2를 조종하면서 수직날개의 성능을 조사할 계획이었다.

고도 9킬로미터 정도에 이르자 P2B-1S의 엔진 중 하나가 멈췄다. 버차트는 암스트롱에게 조종을 맡기고 몸을 돌려 항공기관사와 의논했다. 작동이 멈춘 네 번째 엔진의 프로펠러 날개깃이 기류에 따라 풍차처럼 돌았다.

버차트는 그 일에 대해 별로 걱정하지 않았다. 제어반에는 프로펠러를 멈추거나 3회까지만 회전시킬 수 있는 버튼이 있었다. 버튼을 누르면 오른쪽 맨 끝 엔진의 프로펠러가 멈출 줄 알았다. 하지만 멈추려던 프로펠러가 다시 돌기 시작했다. 암스트롱이 비행기를 조종하는 동안 그 프로펠러가 다시 최고 속도로 돌면서 다른 프로펠러의 분당 회전수를 뛰어넘었다. 암스트롱과 버차트는 목숨을 건 선택을 해야 했다. 속도를 늦춰 그 프로펠러의 분당 회전수가 조절되기를 바라든가, 속도를 높여 밑에 매달린 로켓비행기를 분리해야 했다.

스탠리 버차트는 프로펠러를 멈추려고 버튼을 두어 번 다시 눌렀지만 소용없었다. 그동안 스카이로켓 조종석에 있던 존 매케이가 "스탠리, 내 비행기를 떨어뜨리지 마! 그로버 로더 밸브Grover loader valve가 방금 고장 났어"라고 통신을 했다. 버차트는 "존, 네 비행기를 분리할 수밖에 없어!"라고 알렸다.

버차트는 암스트롱에게 P2B-1S의 머리를 내려 하강하라고 지시했다. 시속 338킬로미터 이하로 비행하면서 발사하면 스카이 로켓이 날아가지 못하고 추락할 수도 있었다. 하지만 프로펠러가 더 빨리, 제멋대로 돌면서 풀려버릴 것 같았다. 버차트는 비상 발사 레버를 당겼다. 그러나 아무 일도 일어나지 않았다. 그는 두세 번 다시 당겼다. 변화가 없었다.

그다음 버차트는 손을 위로 뻗어 두 개의 스위치를 눌렀다. 보통 폭탄을 떨어뜨릴 때 사용하는 스위치로, 연구용 비행기 투하를 위해서 활용할 수도 있었다. 스위치를 누르자 스카이로켓은 P2B-1S에서 갑자기 분리되었고, 프로펠러도 떨어져 나갔다. 프로펠러의 날개깃은 사방으로 날아갔다. 그중 하나가 방금 전까지 매케이가 앉아 있었던 곳을 관통해 반대쪽의 두 번째 엔진에 부딪쳤다.

착륙하는 것도 쉬운 일이 아니었다. 작동 중이던 오른쪽의 세 번째 엔진도 계기 판독을 할 수 없어 정지시켜야 했다. 첫 번째 엔진은 망가지지는 않았지만, 회전력 때문에 정지시켜야 했다. 버차트와 암스트롱은 엔진 하나만 가지고 고도 9킬로미터에서 비행기를 하강시켜야 했다. 버차트가 암스트롱 대신 조종하려고 했지만 그의 자리에서는 조종하기가 어려웠다. 그는 암스트롱에게 "닐, 네가 조종할 수 있겠어?"라고 물은 후, 조종을 맡겼다.

"천천히 선회비행을 하면서 내려갔습니다. 커다란 둑이 있는 방향으로 가지 않으려고 애썼어요. 다행히 말라 있는 호수(건호) 바닥으로 직진해서 착륙할 수 있었습니다"라고 암스트롱은 기억했다. 버차트는 "하강하는 동안 닐은 계속 '랜딩기어를 내릴게요!'라고 말했고, 나는 '잠깐만 기다려. 저 호수에 착륙할 수 있는지 확인해야 돼!'라고 했죠. 비행기 방향을 돌릴 수도 없고, 하나 남은 엔진도 제대로 쓸 수 없었습니다. 착륙할 때 굉장히 긴장되었죠"라고 말했다. 암스트롱은 특유의 절제된 표현으로 "험한 일을 당할 수도 있었는데 우리는 정말 운이 좋았어요"라고 그 경험을 한마디로 정리했다. 매케이가 탄 스카이로켓도 무사히 착륙했다.

암스트롱은 당시 에드워즈에서 연구하던 모든 종류의 NACA/NASA° 비행기를 발사하거나 추적비행했다. 에드워즈에 합류한 1955년 7월부터 우주비행사가 되어 떠난 1962년 9월 말까지 7년여 동안, 총 900회 이상 비행했다. 한 달에 평균 10회 이상 비행한 셈이다. 연구용 비행기를 발사하는 비행기의 조종사나 부조종사로도 100회 이상 비행했다.

운항 관리 부서의 항공일지에 따르면 암스트롱은 미국에서 가장 최첨단이면서 위험하고 실험적인 비행기를 총 2600시간 정도 조종했다. 대부분 제트기를 탔고, 이름 높은 센추리 시리즈 전투기를 타고 350차례 이상 비행했다. 초음속을 유지하면서 수평비행을 할 수 있는 세계 최초의 전투기인 노스아메리칸 F-100 슈퍼세이버, 맥도널McDonnell F-101 부두, 록히드 F-104 스타파이터, 리퍼블릭 F-105 선더치프, 콘베어 F-106 델타 다트 등으로 비행했다.

1955년 10월, 암스트롱은 처음으로 초음속 비행을 했다. F-100A를 타고 다양한 비행기 날개 장치들의 안정성과 제어 특성을 조사했다.

1956년 6월, 암스트롱은 새로운 초음속 전투기인 F-102를 타기 시작했다. NACA의 공기역학자 리처드 휘트컴이 제안한 '면적 법칙'에 따라 만든 비행기였다. 항공기 날개와 동체의 공기 저항이 상호작용하기 때문에 동체의 단면적을 줄이고 날개의 단면적을 늘려야 초음속을 돌파할 수 있다는 이론이었다. "처음

° 1958년 NACA가 NASA로 개편되었다.

에는 F-102의 초기 형태인 YF-102를 조종했어요. 일종의 실패작이어서 비행하기에 그리 좋지 않았습니다. 그 비행기로는 초음속에 이를 수 있다고 생각하지 않았습니다"라고 암스트롱은 떠올렸다.

동체의 허리 부분을 잘록하게 만들자 속도와 전체적인 성능이 개선되었다. 암스트롱은 "그 당시 우리만큼 로켓비행기를 많이 타면서 동력을 사용하지 않고 착륙하는 사람도 없었습니다"라고 말했다. 암스트롱은 F-102뿐 아니라 F-104로 비행하면서도 무동력 착륙을 했다.

암스트롱이 조종한 900여 회의 비행 중 3분의 1 정도가 진정한 '연구를 위한' 비행이었다. 나머지 3분의 2는 추적비행, 공중 발사를 위한 비행, 항공 운송처럼 익숙한 비행을 했다. 1957~1958년 2년 동안의 기록을 보면 암스트롱이 얼마나 다양한 비행기들을 조종했는지 알 수 있다. F-51 무스탕과 센추리 시리즈 전투기 외에도 오래된 비행기인 T-33, 노스아메리칸의 F-86E 세이버, 맥도널의 F4H 팬텀, 더글러스의 F5D-1 스카이랜서, 보잉의 KC-135 스트래토탱커를 탔다. 벨의 X-1B와 X-5를 타고 마하 2 이상의 속도로 비행했고, 노스아메리칸의 X-15를 타고 극초음속으로 비행했다. 패러세브Paresev라는 이름을 가진 독특하고 실험적인 비행기도 조종했다.

연구용 비행기의 비행시간은 평균 1시간 이하였다. 2시간 이상의 비행은 1년에 열 번도 되지 않았고, 3시간 이상의 비행은 네댓 번 정도였다. 항공 운송을 위해 R4D/DC-3을 타고 NACA 연구소나 항공기 제조업체 혹은 군사기지에 갈 때, B-29를 타고 높은 고도로 올라간 후 연구용 비행기를 발사할 때에는 장시간 비행을 했다.

"공학 기술과 관련된 일이 우리의 주요 역할이었어요. 비행의 문제를 찾아내 프로그램 개발을 했습니다. 그런 일을 하는 게 굉장히 만족스러웠고, 해결책을 찾아낼 때 더욱 만족감을 느꼈습니다. 멋진 시절이었죠"라고 암스트롱은 설명했다.

암스트롱을 조종사로 여기는 사람들 대부분이 그의 공학적인 재능과 지식이 조종 기술에 영향을 끼쳤다고 생각했다. 연구소 동료였던 밀트 톰프슨은 '암스트롱이 초기 X-15 조종사 중 가장 기술적으로 뛰어났다'고 기록했다. NASA의 연구 조종사로 정말 중요한 항공 프로그램에 참여해 비행했던 윌리엄 데이나는 암스트롱이 자신이 조종하는 항공기에 대해 얼마나 속속들이 파악하고 있었는지 강조했다. "그는 비행 조건에 영향을 미치는 요소들을 잘 알고 있었어요. 스펀지처럼 모든 것을 흡수했고, 사진처럼 기억해내는 기억력을 가지고 있었어요."

엔지니어 조종사들뿐 아니라 비행을 하지 않는 항공 엔지니어들도 암스트롱의 능력에 대해 깊은 인상을 받았다. 암스트롱은 에드워즈연구소에서 매트랜거와 협력해야 할 때가 많았다. 매트랜거는 1954년에 루이지애나주립대학 기계공학과를 졸업한 엔지니어였다. "암스트롱은 수많은 시험비행 조종사들 중에서 특히 공학 지식이 뛰어났습니다. 다른 조종사들은 원리를 잘 모르면서 직감적으로 조종할 때도 있었습니다. 하지만 암스트롱은 언제나 원리를 잘 파악하고 있었어요. 비행을 하지 않는 사람들의 말을 잘 듣지 않으려는 다른 조종사들과는 달리 되겠다는 확신만 들면 누구 말이든 받아들였습니다. 암스트롱에게는 그런 편견이 없었어요"라고 매트랜거는 분명히 말했다.

암스트롱이 뛰어난 엔지니어였기 때문에 비행을 더 잘할 수 있었다는 사실에 대해서는 의심의 여지가 없다. 암스트롱을 우주비행사로 뽑은 사람들도 엔지니어로서의 자질을 높이 평가했다. NACA의 비행 연구자이며 미국 우주 계획의 창립자 중 한 명인 크리스토퍼 크래프트가 암스트롱에게 우주비행사 선발에 지원하라고 제안했다. "암스트롱은 나 같은 항공 엔지니어들과 매일 접촉했기 때문에 다른 조종사들보다 탁월한 역량을 갖추고 있었어요"라고 크래프트는 이야기했다.

크래프트에 따르면 우주비행사 선발위원회의 핵심 인물들이 암스트롱을 지지했다. NACA의 노련한 전문가들인 로버트 길루스, 월터 윌리엄스, 딕 데이 등이 암스트롱을 열렬히 지지했고, 그중 윌리엄스와 데이는 특히 암스트롱을 좋아했다. 그들은 모두 NACA에서 연구했던 엔지니어들이었다. 두 사람은 NASA의 유인우주선센터에 오기 전 에드워즈의 NACA/NASA 연구소에서 몇 년 동안 연구했는데, 그곳에서 젊은 암스트롱을 만나 높이 평가하게 되었다. "시험비행 조종사로서의 성과와 실력을 따져보아도 그만큼 훌륭한 후보가 없었습니다."

닐 암스트롱이 우주비행사가 되고 싶어 하는지가 유일한 문제였다. 암스트롱이 대규모의 첨단비행 계획에 적극적으로 깊숙이 관여하고 있던 시기여서 우주비행사가 된다는 선택을 하는 게 쉽지 않았다. 그가 관여하고 있던 X-15와 다이너-소어Dyna-Soar 계획은 초음속으로 비행할 뿐 아니라, 대기권을 넘어 우주까지 오가는 게 목표였다.

우주의 언저리까지 올라가다

암스트롱이 날렵한 제트기를 타고 급상승한 곳은 공기가 희박해 지구보다는 화성의 환경과 비슷했다. 고도 13.7킬로미터까지 올라가니 인간이 우주복 없이는 견딜 수 없는 곳이었다. 수직에 가깝게 치솟아 고도 27.4킬로미터에 이르자 기압이 6밀리바로 떨어졌다. 해수면 기압의 1퍼센트 정도였다. 조종실 바깥 온도는 영하 60도로 떨어졌다.

탄환이 날아가듯 포물선을 그리는 비행기를 제어하려면 뉴턴의 '작용 반작용의 법칙'에 따라 증기를 내뿜는 수밖에 없었다. 진공에 가까운 공간에 있던 조종사는 기우뚱해서 고꾸라지고 구르며 비행기를 조종해야 했다. 훗날 우주선을 탔을 때와 비슷했다. 급상승한 암스트롱의 제트기는 수직 상태에서 거의 정지했다. 약 30초간 무중력 상태를 경험했다. 고도 21.3킬로미터 정도에서 엔진 과열을 막으려고 엔진을 껐다. 조종석에 있는 장치를 이용해 압축가스를 뿜어냈다.

포물선의 꼭대기에서 엔진을 정지하는 것이 정말 중요했다. 엔진을 끄지 않았다면 기우뚱해지는 항공기를 제어하기 어려웠을 것이다. 급강하할 때 공기 분자가 제트기 흡입관으로 충분히 들어오면서 암스트롱은 마하 1.8 정도의 속도에서 엔진을 재가동할 수 있었다. 다행히 그 시점부터 활주로에 착륙할 때까지는 평상시처럼 비행할 수 있었다. 암스트롱이 엔진을 재가동하지 않았다면 무동력 착륙을 할 수도 있었다. 필요하면 착륙하면서 낙하산을 펼쳐서 속도를 늦출 수도 있었다.

닐 암스트롱과 에드워즈연구소의 시험비행 조종사들은 이런 식으로 '사람이 탄 미사일'이라는 별명이 붙은, 길고 뾰족한 제트기를 조종해 우주 언저리까지 여행했다. 그들은 앨런 셰퍼드가 미국 최초의 우주비행사가 되기 반년 전부터 연구 목적으로 비행하고 있었다.

톰 울프가 1979년에 펴낸 베스트셀러이자 1983년 할리우드 영화로도 나온 「필사의 도전The Right Stuff」 때문에 미국 공군의 시험비행 조종사였던 척 예거가 처음으로 우주를 비행했다고 믿는 사람들이 많다. 하지만 1963년 12월 비행에 관해 쓴 내용 중 많은 부분이 사실상 정확하지 않다. 무엇보다 예거나 에드워즈의 공군 시험비행조종사학교의 목적은 '우주 공간에서 조종할 수 있는 기술을 처음으로 개발'하는 것이 아니었다. 사실은 NACA/NASA가 X-1B와 F-104로 새로운 '우주 시대'에 필요한 결정적인 기술을 선보였다. 예거는 상부 성층권으로 제일 먼저 진입한 조종사도 아니었다. NASA의 시험비행 조종사들이 1960년 가을에 이미 고도 27.4킬로미터까지 올라가기 시작했다. 공군 조종사들도 예거보다 먼저 로켓엔진이 추가된 NF-104A를 타고 상부 성층권에 진입했다.

게다가 1963년 12월 이전에 F-104보다 훨씬 놀랍고 역사적으로도 중요한 X-15가 이제까지 비행기 성능의 한계를 뛰어넘었다. 예거는 가장 높이 가장 빠르게 날아가는 그 비행기를 한 번도 탄 적이 없었다. NACA가 1950년대 초에 계획하고, 노스아메리칸이 공군, 해군, NACA의 지원을 받아 제작한 X-15의 목적은 마하 5 이상의 극초음속 비행 체계를 개척할 뿐 아니라, 대기권 밖으로 비행할 수 있는지 가능성을 연구하는 것이었다. 1959년 6월부터 비행하기 시작한 로켓비행기인 X-15는 진정한 '우주비행기'였다. 케네디 대통령이 국민에게 달 착륙을 약속한 해인 1961년 말, 마하 6(시속 7344킬로미터) 이상, 고도 61킬로미터까지 비행할 수 있는 기본 설계를 마쳤다.

1962년, 미국 최초 우주비행 계획인 머큐리 계획에 참여한 글렌, 카펜터, 시라와 공군 조종사 로버트 화이트가 머큐리 우주복과 비슷한 여압복을 입은 채 X-15를 타고 고도 80.5킬로미터 이상 올라갔다. 미국 공군이 만든 기준으로는 '우주비행'으로 인정할 수 있는 고도였다. 공군 기준에 따라 '우주비행사' 휘장을 받은 X-15 조종사는 총 여덟 명이었다. 머큐리 계획의 우주비행사는 일곱 명이었지만 실제로 우주비행을 한 사람은 이 중 여섯 명이었다. 나머지 한 명인 디크 슬레이턴은 1975년이 되어서야 아폴로-소유스 시험 계획의 일원으로 우주에 갔다.

닐 암스트롱은 1962년 9월, 미국의 우주비행사가 되기 전까지 F-104를 타고 30여 차례, X-15를 타고 일곱 차례 비행했다. 1962년 4월 20일에는 다섯 번째 X-15 비행을 하면서 고도 63.2킬로미터까지 올라갔다.

돌이켜보면 음속보다 느렸던 항공기는 음속과 비슷한 속도로 빨라지고, 초음속과 극초음속으로 발전하는 과정을 밟아야만 했다. 새로운 냉전 시대는 미국과 소련 사이의 핵 대결로 구체화

되었다. 그래서 핵탄두를 탑재하고 초음속으로 날아가는 대륙간 탄도미사일^{ICBM} 개발에 관심이 집중되었다. 하지만 미사일이 아니라 비행기에 열광한 사람들은 사람과 화물을 싣고 대륙 사이를 빠르게 오갈 뿐 아니라, 우주까지 날아가는 로켓비행기를 설계하려는 포부를 가지고 있었다.

로켓을 단 실험적인 연구용 비행기들이 하늘로 솟았다. 1957년 8월 15일, 암스트롱은 개조된 X-1B를 처음 조종하면서 고도 18.3킬로미터까지 올랐다. 암스트롱의 비행 경력에서 가장 높이 올라간 것은 아니었지만, 반작용 제어 장치˚를 시험하기에는 충분한 높이였다.

그런데 비행기가 착륙할 때 앞쪽의 랜딩기어가 작동하지 않았다. 암스트롱의 공식 보고서에 따르면 '실제로는 랜딩기어가 작동하지 않았다기보다 무심코 170노트 속도로 착륙하다 랜딩기어를 망가뜨렸다'고 기록되어 있다. "마른 호수의 바닥으로 착륙하고 있었어요. 상당히 정상적이었죠. 하지만 비행기가 바닥에 닿자 심하게 요동치기 시작했어요. 그렇게 몇 바퀴 회전한 후 앞쪽 랜딩기어가 부서졌습니다. 비행기는 심하게 흔들렸어요. 열세 차례 정도 돈 후 좀 나아졌습니다"라고 그 사실을 인정했다.

1958년 1월 16일, X-1B를 타고 두 번째 비행을 하려던 계획은 시스템 문제로 무산되었다. 1월 23일, 매케이가 X-1B를 타고 고도 16.8킬로미터까지 올라갔다. 하지만 속도가 너무 빨라 반작용 제어를 확인하기 어려웠다. 10년 된 X-1B의 마지막 비행이었다. 매케이가 비행한 직후 정비공들은 로켓엔진의 액화산소통에서 심한 균열을 발견했고, X-1B의 전체 계획은 그것으로 끝났다.

초음속 제트기는 중심 부분과 날개 모양이 이전 비행기와 달랐다. 기하학적 구조가 달라지면서 예기치 않게 심각한 공기역

˚ 작은 엔진들을 연소시켜 우주선의 방향을 바꾸는 장치.

학적인 문제가 생겼다. 1955년 여름, 암스트롱이 고속비행연구소에서 근무하기 시작했을 때부터 주목받던 문제였다. F-100을 위험에 빠뜨리는 문제일 뿐 아니라 NACA의 최신 연구용 비행기인 더글러스 X-3까지 위협하고 있었다. 화살 모양의 길고 날씬한 X-3 스틸레토는 공기역학적 문제로 제대로 조종하기 어려웠다. 마하 2로 비행하려고 만든 X-3은 마하 1.2까지밖에 비행하지 못했다. 1956년 5월, NACA는 겨우 스무 번 비행한 X-3을 퇴장시켰다.

그러자 모든 관심이 F-100으로 쏠렸다. 바로 해결책을 찾아 꼬리를 훨씬 크게 만들었다. NACA는 그다음 개조한 F-100C로 비행하면서 그 문제를 좀 더 전반적으로 해결하기 위해 새로운 자동제어 기술을 시험했다. 암스트롱은 1955년 10월 7일에 F-100C를 시험비행하기 시작했다. 그 후 2년 동안 문제를 해결하기 위해 수없이 그 비행기에 올랐다.

암스트롱은 F-100의 부분적인 자동비행 제어 장치 개발에도 도움을 주었다. 그는 1960년 4월부터 미니애폴리스-허니웰 엔지니어들과 이 기술에 대해 논의했다. 허니웰은 1961년 초 F-101 부두에 부분적인 자동비행 제어 장치인 MH-96의 견본을 설치했고, 암스트롱은 F-101을 조종해서 미네소타까지 날아갔다.

NASA는 암스트롱이 호의적으로 기록한 보고서를 바탕으로 X-15-3에도 MH-96을 설치하기로 결정했다. 그리고 1961년 말에 처음으로 시험비행하기로 계획했다. NASA는 MH-96 개발에서 암스트롱이 한 역할을 고려해 그에게 첫 비행을 맡겼다. 에드워즈에서처럼 미니애폴리스에서도 "수학자가 컴퓨터를 사용하듯 우리는 항공역학의 답을 찾기 위한 도구로 비행기를 활용했습니다"라고 암스트롱은 설명했다.

NACA의 고속비행연구소는 연구 목적을 위해 모의비행 장치를 사실상 발명해냈다. 암스트롱이 에드워즈에 왔던 1955년, 모의비행 장치가 X-1B, X-2 등 몇몇 연구 계획에 많은 기여를 하고 있었다. NACA는 공군이 X-2 시험비행을 끝내면 넘겨받기로 했다. 불행히도 비극이 벌어져 그 계획은 중단되었다. X-2를 처음 조종하던 공군 시험비행 조종사 멜번 앱트는 그 비행기를 제어할 수가 없었다. 이리저리 기우는 비행기를 필사적으로 다시 제어하려고 했지만 소용없었다. 탈출용 캡슐을 이용해 비행기에서 탈출할 수밖에 없었다. 캡슐의 보조 낙하산은 펴졌지만 더 큰 낙하산은 펴지지 않았다. 그 캡슐은 땅으로 돌진했고, X-2는 8킬로미터 정도 떨어진 곳에 추락했다. X-2는 3회 이상 음속으로 비행한 가장 빠른 비행기였지만, 멜번 앱트의 죽음으로 주목받지 못했다. 비행기 사고와 조종사 죽음의 원인에 관심이 집중됐다. X-2 조종석에 설치한 스톱모션 카메라가 훗날 X-15를 조종한 조종사들의 모습을 모두 담았다고 암스트롱은 기억했다. 새 비행기를 보려고 조종사들이 모여들었기 때문이다.

앱트의 비극적인 사건 후 NACA는 모의비행 장치 개발에 더욱 전념했다. 암스트롱은 어떤 조종사보다 모의비행 장치에서 많은 시간을 보내며 경험을 쌓아나갔다. 끊임없이 새로운 정보와 기술을 습득했다. 훗날 암스트롱은 컴퓨터 프로그램을 짤 때 실수를 유발할 수 있는 요인들이 많다는 사실을 알게 되었다. "컴퓨터가 비행기의 움직임을 정확하게 보여주지 못할 때가 많았습니다. 휴스턴에서 이 사실을 알게 되어 새로운 모의비행 장치를 사용할 때마다 반응이 얼마나 정확한지 시간을 들여 확인했습니다."

또한 암스트롱은 고문과도 같은 원심가속기 실험을 견뎌낸 첫 번째 NACA/NASA 시험비행 조종사들 중 한 명이 되었다. NASA는 아이젠하워 대통령이 1958년 7월 29일에 서명한 국가항공우주법에 따라 1958년 10월 1일에 창설됐다. 이로써 NACA는 사라지게 되었지만, 실제로는 새로운 NASA에서 핵심 역할을 했다. "로켓비행기 안에서 중력 변화를 겪으면서도 비행에 필요한 작업을 얼마나 정확하게 해낼 수 있는지 확인하기 위해 그 원심가속기에 들어갔습니다. 우리는 항공기를 조종해서 지구궤도까지 갈 준비를 하고 있었습니다. 수직으로 발사된 로켓으로 지구궤도까지 날아갈 수 있다고 생각했죠"라고 암스트롱은 연구 목적을 설명했다.

NASA 비행연구센터에서 온 암스트롱, 버차트, 포레스트 피터슨과 NASA 랭글리연구소와 에임스연구소에서 온 두 명의 조종사, 그리고 두 명의 공군 조종사 등 일곱 명의 조종사들이 그 실험에 참여했다. 그들은 여압복을 입고, 자신의 몸에 꼭 맞는 의자에 묶인 채 원심가속기 안에서 빙글빙글 돌았다. 가속도가 붙으면서 돌아가는 원심가속기 안에서 정신이 몽롱해져도 온 힘을 다해 버텼다. 최고 속도와 각도에서 그들은 중력가속도 15g를 경험했다. 일곱 명의 조종사 중 두 명만이 그렇게 높은 중력가속도를 견뎌낼 수 있었는데, 그중 한 명이 암스트롱이었다.

이 장면을 지켜본 기술자 중 한 명인 진 월트먼은 중력가속도 15g에서 암스트롱이 "모의조종석의 계기판밖에 보이지 않았다"고 말했다고 기억했다. 암스트롱은 "우리는 그렇게 높은 중력가속도에서도 발사용 로켓이나 항공기를 조작할 수 있다는 사실을 확신하게 되었습니다"라고 회고했다. 암스트롱은 놀라운 결과를 알리는 NASA 보고서를 엔지니어인 에드 홀먼, 빌 앤드루스와 공동 집필했다. 중력가속도 8g 정도까지는 조종사의 조종 능

력에 사실상 별로 영향을 주지 않는다는 결론에 대해 항공우주
계의 많은 사람들이 의문을 제기했다. 하지만 X-15나 머큐리 계
획에 참여한 조종사들이 그 가설이 맞는다는 사실을 증명했다.

극초음속 로켓비행기인 X-15의 비행을 준비할 때 모의비행
장치가 정말 중요했다. 실제로 비행하기 전에 모의비행을 하면서
문제점을 파악해 위험을 줄일 수 있었다. X-15의 주요 모의비행
장치는 두 곳에 설치되었다. 노스아메리칸은 지금은 로스앤젤레
스 국제공항 남쪽이 된 회사 땅에 'XD'라고 불리는 모의비행 장
치를 설치했다. 암스트롱은 그 모의비행 장치를 다각도로 경험하
기 위해 여러 번 방문했다. NASA는 에드워즈에 X-15의 조종석
과 똑같은 X-15 모의비행 장치를 만들었다. 암스트롱에 따르면
그때까지 만들어진 모의비행 장치 중 정확성이나 신뢰성에 있어
서 최고였다. 암스트롱은 일곱 차례에 걸쳐 X-15로 비행할 때마
다 먼저 모의비행 장치에서 50~60시간을 보냈다.

"X-15의 실제 비행은 10분밖에 되지 않았어요. 모의비행 장
치에서는 보통 착륙하는 과정이 생략되기 때문에 모의비행에 몇
분밖에 걸리지 않았습니다. 우리는 조종사, 연구 엔지니어, 컴퓨
터 전문가 등을 모아 작은 팀을 만들었습니다. 제가 문제를 제기
하면 각자 가진 자료를 가지고 연구하기 시작했습니다."

X-15 계획은 빠르게 진행되었다. 1957년 9월에 제조하기 시
작해서 거의 1년 만에 첫 번째 X-15 비행기가 공장에서 나왔다.
6개월 후 첫 번째 계류비행°, 3개월 후에는 첫 번째 활공비행°°
을 했다. 1959년 9월 17일, 그 계획을 시작한 지 4년이 되지 않
아 스콧 크로스필드가 처음으로 X-15를 타고 동력비행°°°을 했
다. X-15는 로켓연료를 모두 소진한 후 빠르고 가파르게 내려온
다. 일반적인 무동력 착륙은 적절하지 않았다. 암스트롱은 1958

° 일정한 곳에서 벗어나지 않고 고도만 높이는 비행.
°° 엔진을 끈 채 날개로 인해 생기는 부력과 중력만으로 하강하는 비행.
°°° 엔진을 이용해서 날아가는 비행.

년 여름부터 1961년까지 감속할 때 활용하는 보조날개와 상하로 움직이는 날개를 다양하게 활용하는 시험을 하면서 모의비행을 했다.

X-15 계획에 관련된 모든 사람이 가장 좋은 착륙 방법에 대해 저마다 의견을 가지고 있는 듯했다. 암스트롱과 NASA 조종사들도 가장 부드럽게 착륙할 수 있다고 믿는 방안을 제시했다. 그 계획에 참여한 엔지니어 진 매트랜거는 "착륙하고 싶은 활주로 바로 위, 고도 12.2킬로미터 정도 상공에서부터 360도 나선형을 그리면서 하강하는 기술이었습니다"라고 말했다. X-15가 180도를 돌아 고도 6킬로미터 정도까지 내려오면 활주로와 반대 방향이 된다. 그다음 다시 180도를 돌면서 활주로에 내려오는 방법이다. 나선형 하강을 시작한 지점부터 착륙하려고 직진하는 지점까지 평균 3분 정도 걸린다.

암스트롱과 워커는 명확하지는 않지만 직감에 따라 어디에서 나선형 하강을 시작할지 결정해야 했다. 매트랜거는 "우리는 시작 지점을 결정하기 위해 수학적 모형을 만들어보려고 했지만, 만들어지지 않았습니다. 조종사들은 굉장히 다양한 이런저런 비행을 해보았기 때문에 경험을 통해 직감적으로 알 수 있었습니다"라고 했다. 크로스필드의 비행기가 거칠게 착륙하면서 부서지자 노스아메리칸은 암스트롱과 동료들이 고안한 나선형 기술을 받아들였다. NASA가 발전시킨 그 기술은 이후 표준이 되었다. NASA의 비행연구센터에서 개발한 그 기초적인 기술은 훗날 우주 공간과 대기권에서 모두 비행할 수 있는 항공 겸용 우주선이나 우주왕복선에도 활용되었다. 암스트롱은 다양한 주제의 과학 기술 논문을 쓰면서 착륙 연구에 관한 두 가지 논문도 공동 집필했다.

노스아메리칸이 X-15를 NASA와 공군과 해군에 넘기기 전, 크로스필드는 그 비행기를 타고 열세 차례 비행했다. 암스트롱은 크로스필드의 비행을 가능한 한 자주 지켜보았다. 1960년 11월 30일, 암스트롱은 처음으로 X-15를 타고 비행했다. X-15를 두 번 추적비행한 후였다. 보통은 에드워즈 중앙 관제소, 조종사와 연결된 마이크 앞에 앉아 전파탐지기와 원격 측정을 모니터할 때가 많았다. 1962년 6월 29일, 암스트롱이 에드워즈에서 마지막 추적비행을 할 때 동료인 매케이는 X-15를 두 번째 타면서 거의 마하 5에 이르는 속도로 비행했다.

1960년 11월 30일, 암스트롱은 처음으로 X-15-1 조종석에 앉아 초조하게 발사되기를 기다리고 있었다. 그의 비행기를 발사할 B-52는 로버트 콜 소령과 피츠휴 풀턴 소령이 조종하고 있었다. 그리고 조 워커와 포레스트 피터슨 소령, 윌리엄 루니 대령이 닐 암스트롱이 탄 비행기를 추적비행하고 있었다. NASA 조종사의 일곱 번째 비행이었다.

비행번호 1-18-31, 암스트롱이 처음으로 X-15 조종석에 앉은 그 비행은 순전히 조종사 훈련이 목적이었다. 하지만 X-15를 조종하는 게 그저 간단한 일일 수는 없었다. 암스트롱은 비행 전 X-15 모의비행 장치에서 수백 시간 준비했지만, 실제 비행은 굉장히 달랐다. "여압복을 입고 비행기 출입문을 닫으면 굉장히 제한된 공간에 갇히게 됩니다. 창이 옆에 바짝 붙어 있어서 조종석 안에서는 바깥을 내다보기가 정말 어렵습니다. 다른 사람들도 이 비행기를 탄 경험이 있다는 사실을 알면서도 그 상황에서는 몹시 긴장되지요. 다른 사람들도 모두 해냈으니 나도 해낼 수 있어야 했습니다."

B-52를 탄 채 X-15를 발사하려던 피츠휴는 고도 13.7킬로미터에서 초읽기를 시작했다. 훗날 우주선이 발사될 때와 같았다. "10초 전, 준비. 5, 4, 3, 2, 1, 발사." 암스트롱은 X-1B를 타고 발사된 경험이 있었지만, 이번에는 달랐다. X-15는 철커덕 소리를 내면서 훨씬 극적으로 분리되었다. 그리고 곧장 로켓엔진의 시동을 걸어야 했다.

암스트롱이 탄 X-15의 엔진은 리액션 모터스가 제작한 XLR-11이었다. XLR-11은 위와 아래 두 개의 로켓엔진으로 이루어져 있었다. 각 엔진에는 네 개의 연소실이 있었고, 각 연소실마다 0.68톤, 총 5.44톤의 추진력°을 만들어냈다. 하지만 세 번째 연소실이 작동하지 않아 추진력이 4.76톤으로 줄어들었다. 곧장 착륙 준비를 해야 했다. 중앙 관제소에 있던 시험비행 조종사 동료 매케이는 암스트롱에게 원래 비행 계획대로 계속 전진하라고 말했다.

암스트롱의 첫 번째 X-15 비행은 세 번째 연소실이 작동하지 않은 것 말고는 별 사고 없이 끝났다. 비행기가 고도 11.4킬로미터 정도까지 내려오자 암스트롱은 고도 14.9킬로미터까지 다시 올라간 후, 아래로 방향을 틀어 내려왔다. 최고 속도는 마하 1.75밖에 되지 않았다. 하지만 워커와 다른 사람들은 그날 암스트롱의 비행에 만족했다.

1960년 12월 9일, 암스트롱은 두 번째로 X-15-1을 조종했다. 이번에는 연구 목적의 비행이었다. 비행번호 1-19-32로, X-15에 새롭게 설치한 볼 노즈ball nose를 시험하기 위한 것이었다. 그때까지 X-15 같은 연구용 비행기 앞쪽에는 대기속도와 고도, 받음각°°, 횡전각(橫轉角)°°° 등 비행 정보를 측정하는 감지기들이 들어 있는 기다란 관이 달려 있었다. 하지만 X-15는 높은 고도에서 너

° 물체를 밀어 앞으로 내보내는 힘.
°° 비행기의 날개와 공기의 흐름이 이루는 각도.
°°° 비행기 전후 축 주위의 회전운동이 나타내는 각도.

무 빠른 속도로 비행하기 때문에 관이 녹아 측정 자료가 파괴될 수 있었다.

그래서 감지기들이 들어 있는 관을 막대 모양 대신 공 모양으로 설계해서 비행기 앞쪽에 붙이자는 기발한 해결책이 나왔다. 그렇게 만들면 뜨거워졌다가도 내부의 액체질소에 의해 냉각될 수 있었다. B-52가 고도 13.7킬로미터에서 암스트롱이 타고 있던 X-15를 분리했고, X-15는 마하 1.8 속도로 고도 15.3킬로미터까지 올라갔다. 암스트롱은 로켓연료가 소진되기 직전 비행기의 스피드 브레이크를 폈다. 볼 노즈는 역할을 정말 잘해내 X-15 계획에서 내내 활용되었다. 암스트롱도 다시 한 번 역할을 잘해냈다.

그 후 암스트롱은 1년여 동안 X-15로 비행하지 않았다. 1961년 한 해 내내 X-15-3의 새로운 자동비행 제어 장치 관련 일을 했다. 1961년 12월이 되어서야 X-15를 다시 타기 시작했다. 1961년에는 시험비행을 거의 하지 않는 대신, 미니애폴리스-허니웰과 시애틀을 자주 찾았다. 그곳에서 '다이너-소어'로 알려진 공군의 새로운 X-20 우주비행기 계획에 참여했다.

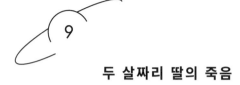

두 살짜리 딸의 죽음

　1961년 늦은 봄, 암스트롱 가족은 잠시 시애틀에서 지냈다. 닐이 다이너-소어 계획의 도급업체°인 보잉에서 일했기 때문이다. 다이너-소어는 X-20 유인우주선 개발을 위한 NASA와 공군의 합동 계획이었다. 그 계획이 머큐리 계획을 앞서리라고 생각하는 사람들도 있었다. 1961년 5월 5일, 머큐리 계획의 앨런 셰퍼드가 미국 최초로 우주비행을 하면서 그 꿈은 깨어졌지만, 다이너-소어 계획은 계속 이어졌다.

　시애틀에서 지내는 동안 암스트롱 가족은 주말마다 워싱턴 호수의 공원으로 소풍을 갔다. 네 살에 가깝던 아들 리키와 두 살짜리 딸 캐런은 그곳에서 그네 타기를 즐겼다. 6월 4일, 공원을 떠나려고 할 때 캐런이 발을 헛디뎌 넘어졌다. 결국 캐런의 머리에 혹이 생기고 코피가 흘렀다. 밤이 되자 눈도 이상해졌다. 양쪽 눈이 보는 방향이 달랐다. 닐과 재닛은 '머피'라는 애칭으로 부르던 딸이 뇌진탕을 일으킨 게 아닐까 걱정했다.

　암스트롱 가족은 그 주가 끝날 때 캘리포니아로 돌아갈 계획이었다. 시애틀의 소아과 의사는 캘리포니아로 돌아가면 꼼꼼하

° 일정한 기간 안에 끝내야 할 일을 맡은 업체.

게 진찰을 받게 하라고 재닛에게 충고했다. 캘리포니아로 온 후 캐런이 정기적으로 다니던 소아과 병원 의사를 찾았더니 안과 의사에게 가라고 했다. 안과 의사는 집에서 캐런의 행동을 관찰하다 1주 후에 다시 오라고 했다. 재닛이 알고 지내던 한 간호사는 캐런의 상태가 점점 나빠지는 것을 보고 깜짝 놀랐다. 캐런은 계속 발을 헛디뎠고, 눈 상태도 이상했다. 간호사는 캐런이 입원해서 정밀 검사를 받아야 한다고 말했다.

널 암스트롱은 시애틀에서 돌아오자마자 미니애폴리스-허니웰로 일하러 떠나야 해서 재닛이 병원 예약을 했다. "널은 아무것도 몰랐어요. 결국 그에게 전화해서 딸을 입원시켰다고 이야기했죠." 입원한 날 캐런의 상태는 더욱 나빠져, 제대로 말도 하지 못하게 되었다. 잉글우드의 대니얼 프리먼 기념병원에서 캐런은 수많은 검사를 받아야 했다. 척추에 바늘을 찔러 뇌척수액을 뽑아낸 후 대신 공기를 채워 엑스선으로 촬영하는 공기뇌실 촬영까지 했다.

그 결과 캐런의 뇌교에 신경교종이 생겼다는 사실을 알게 되었다. 뇌간의 중간 부분에 악성 종양이 자라고 있었다. (지금도 뇌간 신경교종의 경과는 좋지 않아 대부분 아이들이 진단받은 지 1년 안에 사망한다.)

"의사들은 종양 크기를 줄여보려고 곧장 엑스선 치료를 시작했어요. 그 과정에서 아이는 완전히 균형을 잃어 걷지도 서지도 못했죠. 그런데도 불평하는 법이 없는 정말 사랑스러운 아이였어요."라고 재닛은 회고했다. "병원에서 종일 딸 옆에 붙어 있었어요. 아니면 널이 옆에 있었죠. 널은 1주일 휴가를 냈고, 우리는 병원 근처 모텔에서 생활했습니다. 우리 둘 중 한 사람은 병원에서 지내고, 한 사람은 모텔에서 리키를 돌봤어요."

처음 1주 동안은 입원 치료를 받은 후, 6주 동안 통원 치료를 받았다. "병원에 있는 동안 딸아이는 기는 법부터 새로 익혀 결국 다시 걸을 수 있게 되었습니다. 그래서 주말에 집으로 데려올 수 있었죠. 집에서 1주 내내 보낼 수 있었습니다." 7주가 넘는 기간 동안 병원은 캐런에게 최고 2300뢴트겐의 엑스선을 쏘았다. 한 달 반 동안, 캐런의 상태는 좋아졌다. 일시적이지만 엑스선의 효과가 나타났다.

하지만 오래지 않아 증세가 다시 시작되었다. 걷거나 몸을 움직이는 것이 어려워지고, 사물이 겹으로 보이면서 눈이 이상해졌다. 분명하게 말을 하지 못했고, 얼굴 한쪽이 축 늘어졌다. 다시 잉글우드의 병원을 찾은 닐과 재닛은 뇌에 더 깊이 방사선을 쪼이는 감마선 치료를 해보기로 결정했다. 암세포뿐만 아니라 건강한 조직마저 파괴할 수 있지만, 의사들은 그 방법밖에는 없다고 했다. 그러나 약해진 캐런의 몸이 그 치료를 받아들일 수 없었다.

프리먼 기념병원의 의사들은 굉장히 솔직했다. 캐런이 남은 시간을 병원에서 보내기보다는 집에서 보내는 게 더 행복할 것이라고 충고했다. 암스트롱 가족은 오하이오로 여행을 떠났다. "아이는 크리스마스 때까지 버텨냈어요. 걷지는 못했지만, 기어 다닐 수는 있었죠. 가족이 함께 크리스마스를 즐길 수 있었어요. 그러나 크리스마스가 지나자 급속하게 쇠약해졌습니다."

암스트롱 부부, 특히 재닛은 어린 딸이 죽기 몇 주 전부터 친구인 조 워커와 그레이스 부부에게 많이 의지했다. "재닛이 캐런을 우리 집에 몇 번 데리고 왔어요. 우리는 아이를 높은 의자에 앉혀놓고 젤리나 푸딩을 먹이려고 했지요. 아이는 그것을 먹다 토하곤 했어요"라고 그레이스는 기억을 떠올렸다.

널도 딸을 데리고 간 적이 있었다. "닐이 캐런을 데리고 일요일에 잠깐 방문했습니다. 석 달 전에 태어난 제 딸을 캐런에게 보여주려고 왔어요. 나는 뭔가 해주고 싶어서 캐런에게 손을 올려놓고 기도했습니다. 하지만 닐이 그 기도를 받아들이는 것 같지는 않았어요. 왠지 캐런에게 용기를 불어넣으면서 희망의 끈을 붙잡고 싶어서 온 것 같았어요. 닐이 어린 딸을 얼마나 깊이 사랑하는지 느낄 수 있었어요."

1962년 1월 28일, 6개월간 뇌종양과 씨름하던 캐런은 주니퍼 힐스 산비탈에 있는 집에서 세상을 떠났다. 캐런이 사망하기 직전에도 닐 암스트롱은 출장으로 집을 비워 재닛 혼자 딸을 돌보느라 힘들었다. 캐런은 닐과 재닛의 여섯 번째 결혼기념일에 사망했다.

1월 31일 수요일에 캐런의 장례식을 했다. 아이는 랭커스터의 조슈아 묘지에 묻혔다. 캐런의 장례식 날, NASA의 비행연구센터에서는 애도하는 마음으로 아무도 시험비행을 하지 않았다. 무척 슬퍼했던 재닛과 달리 닐은 극도로 자제하면서 감정을 내비치지 않았다고 그레이스 워커는 기억했다. 그레이스는 닐을 안아주려다 그만두었다. "닐은 포옹이 점잖지 못한 행동이라고 느끼는 것 같았어요. 감정을 굉장히 억눌렀죠." 닐과 가까웠던 사람들은 닐이 딸의 병이나 죽음에 대한 이야기를 한 번도 꺼낸 적이 없다고 말했다. 사실 닐과 매우 친했던 동료들 중 몇몇은 닐에게 딸이 있었다는 사실조차 몰랐다.

닐은 2월 5일에 다시 출근하고, 다음 날에는 비행을 했다. 5월 중순에 오하이오로 가족여행을 갈 때까지 암스트롱은 한 번도 휴가를 내지 않았다. 2월 26일부터 3월 20일까지 한 달 동안은 다이너-소어 계획에 참여하느라 시애틀에서 지냈다. "닐이 바로 일에 빠져드는 바람에 재닛은 상처를 많이 받았어요. 재닛은 굉장히 자립적이고 안정적인 사람이지만, 그때는 남편의 도움이 절실하게 필요했거든요. 닐은 슬픔을 잊으려고 일을 도피처로 삼았을 거예요. 그는 가급적 자신의 감정을 외면하려고 했어요. 닐이 딸의 죽음으로 얼마나 고통스러워했을지 짐작할 수 있어요. 일에 파묻혀 감정을 느끼지 않으려는 게 그가 고통에 대처하는 방식이었죠. 재닛은 정말 오랫동안 화가 나 있었어요. 하나님에 대해 화가 났고, 닐에 대해서도요. 닐은 힘든 대화를 피하면서 재닛을 그대로 내버려두었어요"라고 그레이스 워커는 회고했다.

딸의 죽음이 닐의 마음을 속속들이 뒤흔든 것은 의심의 여지가 없다. 닐의 여동생 준은 "끔찍한 시간이었어요. 오빠 마음은 부서졌을 거예요. 오빠는 '내 몸의 어떤 나쁜 유전자를 물려주었기에 그 아이에게 병이 생겼을까?'라는 생각으로 딸의 죽음에 대해 죄책감을 느꼈어요"라고 했다.

준은 인상적인 한 장면을 떠올렸다. 캐런이 죽은 후 닐이 짧은 휴가를 내어 아내, 아들과 와파코네타의 가족들을 만나러 왔을 때였다. "코스피터의 농장에서 새끼 양이 죽었어요. 남자들은 죽은 새끼 양을 처리하려고 외양간으로 갔습니다. 남편인 폴의 말로는 닐은 외양간에 들어가지도 못하더래요. 다른 사람들이 그 동물을 처리하는 동안 닐은 바깥에서 기다렸다고 해요." 닐은 극심한 슬픔과 상실감을 느끼면서도 딸의 묘지를 꼬박꼬박 찾아갔다.

훗날 닐 암스트롱이 달에 다녀온 후 세계적으로 유명해졌을 때 캐런을 떠올리게 하는 일이 있었다. 아폴로 11호의 우주비행사들이 달에 다녀온 후 1969년 10월, 영국 런던을 방문했을 때였다. 언론에 '닐이 두 살짜리 여자아이에게 뽀뽀하다'라는 제목으로 실린 이야기는 '닐 암스트롱과 버즈 올드린, 마이클 콜린스는 엘리자베스 여왕과 필립 공을 만나기 위해 버킹엄궁전으로 막 출발하려고 했다'는 글로 시작된다. 우주비행사를 보러 왔다가 장애물에 가로막힌 작은 여자아이가 달에 처음 발을 디딘 암스트롱의 마음을 사로잡았다. 경찰관이 미국대사관 앞 방어벽에 막혀 있는 두 살짜리 웬디 스미스를 들어 올렸다. 암스트롱은 그 여자아이와 눈을 맞추더니 재빨리 나아가 뽀뽀했고, 그를 둘러싼 300여 명의 군중이 환호했다.

1962년 1월 캐런의 죽음과 바로 몇 달 후 우주비행사 선발에 지원한 닐의 결정 사이에는 무의식적이지만 강한 인과관계가 있지 않을까? 닐의 여동생 준은 "오빠에게는 한 번도 물어본 적이 없어요. 물어볼 수가 없었어요"라고 고백했다. 준은 닐이 우주비행사가 되면서 최소한 자기 자신을 위해서는 완전히 새로운 삶을 살았다고 확신했다. "어린 딸의 죽음으로 인해 오빠는 더욱 생산적인 일에 자신의 에너지를 쏟으려 했던 것 같아요. 그때부터 우주 계획에 몸담기 시작했죠."

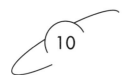

우주비행사가 되기 위한 선택

암스트롱은 우주비행사가 되기로 한 결심과 딸의 죽음을 연결해 말한 적이 없다. "정말 좋아하던 일을 중단하고 휴스턴으로 떠나는 결심을 하는 게 쉽지 않았습니다. 하지만 1962년에 이미 머큐리 계획이 잘 진행되고 있었습니다. 앞으로의 계획도 잘 준비되고 있어 달 착륙이 실현되려고 할 때였습니다. 대기권을 벗어나 우주로 나아가는 일에 몸담고 싶다면 결국 가야 할 길이라고 결심했습니다."

1957년 10월 4일, 소련은 세계 최초의 인공위성인 스푸트니크 1호를 지구궤도로 발사했다. 소련의 놀라운 기술 발전으로 미국의 항공우주계는 위기감을 느꼈고, NACA를 폐지하고 NASA로 개편했다. NASA는 머큐리 계획을 통해 인간을 우주로 보내는 일에 주력했다.

공군 출신인 고든 쿠퍼, 거스 그리섬, 디크 슬레이턴, 해군 출신인 스콧 카펜터, 월터 시라, 앨런 셰퍼드, 해병대 출신인 존 글렌은 조종사에서 우주비행사가 되었다. 암스트롱은 그들 중 시라만 잘 알고 있었다. 암스트롱은 해군이 훗날 F4가 된 맥도널

XF-4H를 사전 평가할 때, 시라와 함께 일했다. 1961년 머큐리 계획의 우주비행사가 최초로 우주비행을 한 다음에도 암스트롱은 '우리가 머큐리 사람들보다 훨씬 더 우주비행 연구와 관련된 일을 하고 있다'고 생각했다.

"머큐리 계획의 우주 관련 일이 에드워즈에서 했던 시험비행보다 위험하지 않을 것이라고 항상 생각했어요. 에드워즈에서 시험비행을 할 때는 항상 최첨단 비행기를 타고 비행기 성능의 한계를 시험해야 했으니까요. 우주 계획은 위험하지 않다는 이야기가 아니에요. 시험비행을 할 때처럼 한계를 시험할 일이 많지 않은 데다 기술 지원을 충분히 받았기 때문에 훨씬 더 편안했습니다."

시험비행 조종사들의 높은 사망률이 암스트롱의 주장을 뒷받침한다. 1986년 우주왕복선 챌린저Challenger 호에 탔던 사람 일곱 명이 사망하는 사고가 발생하기 전까지는 우주비행 중 사망한 미국인 우주비행사가 한 명도 없었다. 반면 1948년에 에드워즈 한 곳에서만 13명의 시험비행 조종사가 사망했다. 1952년에는 에드워즈에서 36주 동안 62명의 조종사가 사망했다.

그러나 암스트롱이 시험비행이라는 이 위험한 세계에 남겠다고 선택하는 게 당연할 수도 있었다. 1962년 7월 26일, 그는 마지막으로 X-15를 타고 비행했다. 하지만 X-15 시험비행은 다이너-소어 계획이 끝난 1968년 10월까지, 6년 동안 135차례나 더 이루어졌다.

1960년 11월, NASA는 암스트롱을 다이너-소어 계획을 조언해줄 '조종사 컨설턴트'로 임명했다. X-20 다이너-소어 계획의 원래 목적은 연구였다. 훗날 우주왕복선처럼 대기권으로 재진입할 때 정해진 활주로에 좀 더 정확하게 착륙하는 기술을 찾아내는 게 목적이었다. X-20 다이너-소어 계획은 다양한 영역의 기술을 급속도로 발전시켜 미래 항공우주산업 연구 개발의 광범위한 분야에서 관심의 초점이 되고 있었다.

드라이든연구소의 NASA 엔지니어들은 X-20을 공중 발사하는 방법을 생각했지만, NASA와 공군은 타이탄 로켓 위에 올려서 지구궤도로 발사하기로 결정했다. 로켓에 올려 발사할 경우 발사대에서 비상사태가 생겼을 때 X-20과 그 비행기에 탄 사람을 어떻게 구하느냐가 문제였다. 1965년 12월, 제미니 6-A호에 탔던 월터 시라가 사출좌석의 링을 잘못 잡아당겨서 이런 일이 실제로 벌어질 뻔했다. X-20은 날아갈 수 있는 비행물체이기 때문에 타이탄 로켓에서 떨어져 나올 수 있다면 조종사가 조종해서 활주로에 안전하게 착륙할 수 있었다. 앞쪽에 작은 탈출용 로켓을 설치해 비상사태가 생겼을 때 X-20을 타이탄 로켓에서 분리해 멀리 날아가게 하자는 생각이었다. 암스트롱은 이러한 탈출 개념을 시험해볼 수 있는 방법에 대해 생각했다. 구체적 방법을 실험할 비행기를 찾기 시작했다.

F5D 스카이랜서는 더글러스가 제조한 실험용 비행기지만 해군은 더 이상 사용하지 않기로 결정했다. 그래서 네 대밖에 제조되지 않았고, 그중 두 대를 NASA가 보유하고 있었다. 암스트롱은 1960년 9월 26일, NASA 에임스연구소를 방문할 때 F5D를 타고 비행한 적이 있었다. F5D의 날개 모양이 X-20의 날개와 잘 맞아 X-20의 비상탈출 방법을 연구하기에 적당하다는 사실을 금방 깨달았다. 300노트(시속 555.6킬로미터) 이상의 높은 속도에서도 랜딩기어가 안전하게 잘 펴지는 F5D 같은 비행기가 필요했다.

암스트롱은 1961년 7월, 딸이 심각한 병에 걸렸다는 사실을 알게 된 직후에 F5D의 시험비행을 시작했다. 어린 딸이 첫 번째 엑스선 치료를 받기 시작할 때 암스트롱은 X-20이 로켓에서 분리된 후 어떤 비행경로로 날아가다 어떻게 착륙해야 안전한지 파악하는 문제에 사로잡혀 있었다.

1961년 7월 7일부터 11월 11일 사이, 암스트롱은 F5D를 타고 최소한 열 번 이상 비행했다. 10월 초, 암스트롱은 비상시에 X-20을 안전하게 조작하는 방법을 개발해냈다. 탈출용 로켓으로 발사된 후에 고도 2.13킬로미터까지 수직으로 올라가는 모의실험을 했다. 그 지점에서 조종 핸들을 힘껏 잡아당겨 수직으로 올라가던 X-20이 수평으로 비행하도록 했다. 그리고 로저스 건호 중 지정된 곳으로 착륙하기 시작했다. 케이프커내버럴의 가설 활주로를 본뜬 곳이었다.

1961년 늦은 여름, NASA는 그 과정을 촬영하기 위해 F5D 앞부분에 시네라마 카메라를 설치했다. 10월 3일, 암스트롱은 에드워즈에 특별 방문한 린든 존슨 부통령 앞에서 X-20의 탈출 과정을 보여주었다. 암스트롱은 뇌종양 진단을 받은 딸 때문에 힘들었던 시기에 이 시험비행을 해냈다.

1962년 3월 15일, 딸이 죽은 지 6주 후에 공군과 NASA는 암스트롱을 X-20의 '조종사-엔지니어' 여섯 명 중 한 명으로 임명했다. NASA에서는 암스트롱과 밀트 톰프슨 두 사람만 임명되었기 때문에 대단한 명예였다. 다른 네 명은 공군에서 임명되었다. 서른한 살이었던 암스트롱은 여섯 명 중 제일 어렸다. 조종사 여섯 명이 결정되자 1964년으로 계획된 첫 비행을 그들 중 누가 맡을지를 두고 경쟁하게 되었다.

딸이 죽은 후 암스트롱은 세 가지 진로 중 하나를 선택해야 했다. "계속 X-15를 타고 비행할 수도 있었습니다. X-20 다이너-소어 관련 일도 하고 있었죠. 아직은 계획 중인 비행기였지만 가능성이 많았습니다. 그리고 휴스턴에 또 다른 계획이 있었어요. 아폴로 계획이었죠. 아폴로 계획은 정말 흥미진진해서 그 일에 참여하기 위해 다른 기회들을 포기하기로 마음먹었습니다."

암스트롱은 떠들썩하게 관심을 모으던 머큐리 계획을 보면서 그런 결심을 했다는 사실을 부인하지 않았다. 딸의 장례식 3주 후인 1962년 2월 20일, 머큐리 계획의 우주비행사 존 글렌이 프렌드십Friendship 7호를 타고 지구궤도를 세 바퀴 돌았다. 암스트롱의 영웅인 찰스 린드버그가 1927년 무착륙 대서양 횡단 비행을 한 이래 이렇게 국민적 관심이 쏟아졌던 적이 없었다. 존 글렌은 1962년 초부터 여름까지 『라이프』 잡지를 포함해 셀 수 없이 많은 신문과 잡지의 1면과 표지에 등장했다. 우주비행사 선발에 지원할지에 대해 암스트롱은 여러 달 심사숙고했다. 딸의 죽음을 애통해하면서도 비행을 계속하던 시기였다.

암스트롱은 딸의 죽음이 특별히 일에 지장을 주지는 않았다고 주장했지만, 딸이 죽은 직후 수개월 동안은 작은 비행 사고를 몇 번 냈다. 그는 딸이 병과 싸우는 동안 X-15를 두 차례 조종했다. 총 일곱 차례의 X-15 비행 중 세 번째, 네 번째 비행이었다. 두 번의 비행 모두 별 사고 없이 끝났다.

X-15의 비행 준비는 참여하는 사람들 모두를 잔뜩 긴장하게 만들었지만, 조종사만큼 압박감을 느끼는 사람도 없었다. 게다가 암스트롱은 X-15-3의 첫 비행을 맡았다. X-15-3 비행기에는 새로 개발한 강력한 로켓엔진 XLR-99가 들어갔는데, 1960년 6월 시험대에서 폭발했다. 조사관들은 얼어붙은 조절 장치, 불완전한 안전밸브, 배압(背壓)의 급격한 상승 등이 원인일 것이라고 진단했다. 가압 장치와 압력 해제 장치를 샅샅이 분석해 다시 설계하여 시험하기 전까지는 아무도 X-15의 조종석에 오를 수 없

었다. 400만 달러의 비용을 들이면서 X-15-3의 첫 비행을 6개월 후로 연기했다. 마침내 그 비행기의 조종석에 오른 사람이 암스트롱이었다.

새로운 엔진의 지상 시험이 끝나자 암스트롱은 X-15-3 문제가 해결되었다고 확신했다. 암스트롱이 미니애폴리스-허니웰을 도와서 개발한 MH-96 '자동비행 제어 장치'와 최신 연구 장비도 갖출 수 있었다. 1961년 12월 20일, X-15-3 시험비행의 주요 목적은 혁신적인 자동비행 제어 장치의 시험이었다. 원래 비행 계획은 12월 19일이었지만, X-15의 볼 노즈 관련 장치에 문제가 생겨 다음 날로 연기되었다. 비행을 하면서도 문제가 생겼다. B-52에서 발사되자마자 MH-96의 안정 보강 장치에 문제가 생겨 비행기가 흔들렸다. 그렇지만 암스트롱은 크게 걱정하지 않았다고 회고했다. "어느 정도 고장이 나도 오랫동안 비행할 수 있다는 게 MH-96의 특징 중 하나였습니다. 중간 속도로 계속 비행할 수 있었지요. 그런데도 이제까지 비행보다 더 빠르다고 느꼈습니다. 마하 3.76(시속 4602킬로미터) 속도로 날아갔으니까요."

암스트롱은 10분 30초도 안 되어 착륙했다. 242.9킬로미터 거리를 비행하면서 최고 고도 24.7킬로미터까지 올라갔다. 그다음 X-15-3을 로저스 건호에 조심조심 착륙시켰다. 1962년 1월 17일, 딸이 사망하기 11일 전에 암스트롱은 X-15-3으로 두 번째 비행을 했다. 이번 비행도 MH-96을 평가하는 게 목적이었는데, 암스트롱은 처음으로 마하 5 이상의 속도로 날았다. 마하 5.51 속도로 고도 40.7킬로미터까지 올라가면서 자신의 최고 속도, 최고 고도를 모두 경신했다. B-52에서 발사된 X-15-3은 약 11분 동안 359.7킬로미터를 비행하고는 안전하게 착륙했다.

닐 암스트롱은 1962년 1월 17일 비행 이후 한동안 비행을 하지 않다가 딸의 장례식 1주일 후인 2월 6일에 F5D를 타고 에드워즈 상공을 날았다. 암스트롱은 2월 중에는 세 차례밖에 비행하지 않았다. 2월 26일부터 3월 20일까지는 시애틀에서 X-20 다이너-소어 관련 일을 했다.

3월 23일 월요일, 에드워즈로 돌아온 암스트롱은 곧장 다음 X-15 비행을 준비했다. F-104를 타고 활주로에 착륙했다 지체 없이 바로 이륙하면서 X-15 착륙 훈련을 했다. X-15-3은 문제가 많아서 한동안 탈 수가 없었다.

4월 5일, 데스밸리의 북쪽 상공에서 암스트롱이 탄 X-15-3이 발사되었다. 그런데 로켓엔진이 점화되지 않았다. 다시 점화할 시간은 한 번밖에 없었다. 착륙 전까지는 연료와 산화제 분출을 끝내야 했다. 암스트롱은 "다시 점화할 시간이 충분하다고 확신했습니다"라고 회고했다. 암스트롱은 마하 4.12 속도로 고도 54.9킬로미터까지 올라갔다. MH-96의 반동 제어 장치를 완전히 시험할 정도로 높이 올라가기는 그때가 처음이었다. 하지만 암스트롱이 설계에 참여한 MH-96의 중력가속도 제한을 시험할 정도의 고도는 아니었다. 암스트롱은 "MH-96의 기능을 속속들이 보여주어야 할 의무감을 느꼈습니다"라고 했다.

이런 의무감 때문에 X-15 비행 중 최대 실수라고 여길 만한 실수를 했다. 1962년 4월 20일, 3-4-8 비행에서 암스트롱은 최고 고도 63.2킬로미터를 기록했다. 제미니 8호로 우주를 비행하기 전까지는 암스트롱의 비행 중 가장 높이 올라간 기록이었다. "밖을 내다보니 장관이었어요. MH-96은 그 높은 곳에서도 잘 작동했습니다. 반동 제어 장치도 성공적으로 작동했고요. 자세방위 기준 장치도 잘 유지되었죠. 모든 게 잘 돌아갔어요. 공기가 희박한 곳이라 완전히 반동 제어 장치만으로 날고 있었어요. 진공 상태에서 비행하는 것처럼 공기역학적인 제어는 전혀 효과가 없었으니까요." 최고 고도에서 내려오면서 중력가속도 제한을 확인하는 게 그날 비행 계획 중 하나였다. "중력가속도가 충분히 높다고 생각했지만 표시가 되지 않았습니다. 그 장치를 확인하고 싶었습니다"라고 암스트롱은 설명했다.

암스트롱은 42.7킬로미터 정도까지 다시 올라갔다. "그곳에서 비행기 날개가 다시 수평이 되었습니다. 받음각 15~16도, 중력가속도 4g였죠. 받음각을 그대로 유지하면서 중력가속도 제한이 작동하는 것을 보고 싶었습니다. 모의비행을 할 때 4g 정도에서 중력가속도 제한이 표시되는 것을 보았으니까요. 그래서 그렇게 중력가속도 제한 표시가 나타나기를 기대하면서 상당히 오랫동안 4g 상태를 유지했습니다. 그런데도 표시되지 않고, 비행기가 위로 떠오르는 현상만 생겼습니다."

'NASA 1'은 암스트롱에게 무전으로 "비행기가 방향을 돌리지 못하고 떠다니고 있잖아. 왼쪽으로 방향을 돌려, 닐!"이라고 분명하게 이야기했다. "물론 돌리려고 했어요. 하지만 안 됐어요. 가파른 경사각으로 바꾸어서 내려오려고 했지만 공기역학이 전혀 작용하지 않았습니다. 비행기는 제멋대로 갔어요. 계속 궤도를 그리면서 내려가지 않았어요. 하지만 벌룬 현상이 문제를 일으킬 것이라고 생각하지는 않았어요. 수없이 모의비행을 하는 동안 그런 현상으로 문제가 생긴 적이 없었거든요."

결국 암스트롱이 방향을 돌릴 수 있게 되면서 X-15는 다시 아래로 향했다. 그렇지만 비행기가 마하 3의 속도로 즐겁게 떠다니고 난 후였다. 암스트롱은 그때부터 북동쪽으로 방향을 돌려 에드워즈로 향하기 시작했다. 그러나 비행기는 패서디나로 가고 있었다. 암스트롱의 비행기는 에드워즈에서 남쪽으로 72.4킬로미터 떨어진 곳의 상공, 고도 30.5킬로미터에서 날고 있었다. 아래가 잘 보이지 않았기 때문에 암스트롱은 얼마나 남쪽으로 와 있는지 몰랐다.

"방향을 돌리면서도 에드워즈로 돌아갈 수 있을지 확신할 수가 없었어요. 하지만 다른 건호에 착륙할 수 있었기 때문에 크게 걱정되지는 않았습니다. 엘미라지 호수에 착륙하는 게 가장 쉬운 방법이었습니다. 쉽게 갈 수 있었으니까요. 팜데일 지역 공항에 착륙할 수도 있었지만, 그쪽으로 가고 싶지는 않았어요." 그래서 암스트롱은 에드워즈로 돌아가려고 애썼다. "에드워즈를 향해 북쪽으로 가면서 직진해야 했어요."

1962년 4월 20일, 암스트롱의 X-15 비행은 최장 시간(12:28:07), 최장 거리(563.3킬로미터)를 기록했다. 에드워즈에서 전해지는 이야기에 따르면 암스트롱은 조슈아 나무 사이를 뚫고 내려와, 로저스 건호의 남쪽 끝에 착륙했다고 한다. NASA의 시험비행 조종사 브루스 피터슨이 북쪽 호수에서 암스트롱을 기다리고 있었다. "닐은 북쪽 호수 바닥의 18 활주로에 내리기로 되어 있었어요. 그런데 그가 남쪽 호수로 가고 있다고 무전으로 들었어요. 차에 올라 그곳까지 시속 161킬로미터로 달려가야 했습니다. 내려오는 것을 지켜보면서 호수 끝부분에 착륙한다는 것을 알았죠."

그날 에드워즈에 있지 않았던 사람들조차 암스트롱이 구사일생으로 귀환했다는 사실을 알게 되었다. 그날 F-104를 타고 뉴멕시코주 앨버커키에 갔던 NASA의 조종사 빌 데이나는 "돌아오자마자 암스트롱 소식을 들었어요!"라고 회고했다. 공군의 시험비행 조종사인 피터 나이트는 암스트롱이 비행하는 것을 본 적이 없지만, 동료 조종사들이 "장거리 비행 기록을 세웠다"면서 농담하는 이야기를 듣고 그 소식을 알게 되었다고 했다.

그때는 공기가 희박한 곳으로 다시 올라가는 바람에 비행기 방향을 돌릴 수 없었다는 사실이 웃긴다고 생각했다고 말했다. F-100을 타고 암스트롱의 비행기를 추적비행했던 밥 화이트 소령은 "조금 킥킥거리긴 했지만, 더 이상 이야기하지는 않았어요. 닐이 난처해할 수 있었으니까요."라고 했다.

그 비행 보고서가 워싱턴에 전달되었을 때 유인 우주비행을 담당하던 브레이너드 홈스 등 NASA 임원들이 암스트롱을 모자라게 보았을 수도 있었다. "홈스가 무슨 문제인지 정확하게 이해하지 못했기 때문에 저를 이상하게는 보지 않았다고 생각했어요. 그에게는 관련 기술에 대한 지식이 없었거든요."라고 암스트롱은 진단했다. 암스트롱은 나중에 "제가 현명했다면 '좋아, 중력가속도 제한이 표시되지는 않지만 계속 밀어붙이지는 않겠어. 다음 비행 때 다시 시도해보겠어'라고 생각했을 거예요."라고 설명했다. 늘 그렇듯 암스트롱은 오명을 뒤집어쓰게 된 비행을 배움의 기회로 삼았다.

그 비행 나흘 후 암스트롱은 또다시 비행 사고를 냈다. 딸의 죽음이 그 사고에 어느 정도 영향을 끼쳤을 수도 있다. 4월 24일, 암스트롱과 척 예거는 처음이자 마지막으로 함께 비행했다. X-15로 비행하려면 비행경로에 따라 비상착륙장을 모두 마련해놓아야 했다. 가장 멀리 떨어진 비상착륙장 중 하나는 에드워즈에서 북쪽으로 611.6킬로미터 정도 떨어진 스미스랜치 건호였다.

특히 비가 많이 오는 겨울철에는 건호 바닥의 상태를 꼼꼼히 확인해야 했다. 조사관들이 호수 바닥에서 걸으며 납으로 만든 지름 15.2센티미터의 공을 1.5미터 높이에서 떨어뜨려보았다. 납으로 만든 공 때문에 움푹 파이는 구멍의 지름을 재었다. 그러고 나서 단단한 호수 바닥에 떨어뜨려 파이는 구멍의 지름과 비교하면서 그 땅이 무게 15톤의 비행기를 지탱할 수 있을지 판단했다.

1962년 겨울에는 미국 서부 사막에 특히 비가 많이 왔다. 에드워즈로 오가는 길들이 폐쇄되고, 비행도 거의 하지 않았다. 4월 23일 월요일, NASA의 조 워커는 F-104를 타고 스미스랜치 건호까지 비행했다. 머드레이크에서 출발할 X-15-1 비행을 앞두고 스미스랜치에 비상착륙할 수 있는지 확인하기 위해서였다. 같은 날 존 매케이와 브루스 피터슨도 비행한 후에 스미스랜치 건호가 충분히 말라 있어서 착륙할 수 있다고 보고했다.

비행연구센터의 책임자인 폴 바이클은 워커의 비행을 앞두고 스미스랜치 건호의 상태를 확실히 확인하고 싶었다. 4월 24일, 바이클은 척 예거 대령에게 전화를 걸었다. 척 예거는 에드워즈 항공우주연구조종사학교의 새로운 지휘관으로서, 마침 그날 아침 B-52의 부조종사로 비행했다. 예거는 호수 바닥이 너무 축축하지만, 암스트롱이 조종한다면 함께 비행하겠다고 바이클에게 이야기했다. 두 사람은 T-33 비행기에 올라 암스트롱은 앞자리, 예거는 뒷자리에 앉았다. 햇볕이 쨍쨍하고 따뜻한 날이라 두 사람 모두 비행복만 입고 탔다.

"비행기를 타고 올라가서 살펴보니 왼쪽은 축축하고, 오른쪽은 훨씬 마른 땅으로 보였습니다. 그래서 척 예거 대령에게 '착륙하자마자 바로 이륙하면서 어떻게 되는지 살펴보겠습니다'라고 했습니다. 착륙하면서 바퀴를 땅 위에 살짝 굴리다가 바로 엔진 추진력을 높여 이륙했더니 아무 문제가 없었습니다. '돌아가서 다시 한 번 시도해보자. 이번에는 좀 더 천천히 해보자'라는 예거 대령의 제의를 따르면서 문제가 생겼습니다"라고 암스트롱은 회고했다.

"좋아요. 그렇게 해요"라고 암스트롱은 동의했다. "그래서 두 번째 착륙할 때는 속도를 조금 늦추었습니다. 그러자 바퀴 밑의 부드러운 흙이 느껴지기 시작했어요. 결국 비행기가 완전히 멈춰 서더니 땅으로 가라앉기 시작했습니다. 척 예거 대령은 웃음을 참지 못하더니 결국 배를 그러안고 웃어댔어요."

암스트롱과 예거가 T-33에서 나오자 공군 픽업트럭이 바로 그들 앞으로 왔다. "운전사가 쇠사슬을 가지고 내렸어요. 우리는 비행기 앞바퀴에 쇠사슬을 두른 후 트럭과 연결해 비행기를 진흙에서 끌어내리려고 했지만 뜻대로 되지 않았습니다. 어쩔 수가 없어서 그저 비행기 날개 위에 앉아 있었죠."

오후 3시 30분 정도에 그 작은 사고가 일어났는데, 해가 지면서 온도가 급격하게 떨어졌다. 두 사람은 얇은 비행복만 입고 있어서 금방 추위를 느꼈다. "어떻게 해야 하지?"라고 묻자 암스트롱이 모른다면서 고개를 세차게 저었다고 예거는 주장했다. 오후 4시가 지난 어느 때쯤 그들은 비행기가 다가오는 소리를 들었다. T-33과의 무선통신이 끊기자 NASA는 매케이와 데이나에게 스미스랜치로 날아가서 둘러보라고 했다. 빌 데이나는 "그들을 만났을 때 예거가 암스트롱을 놀렸지만, 암스트롱은 말려들지 않았습니다"라고 기억했다. 데이나와 매케이뿐 아니라 암스트롱이 보기에도 예거는 자신을 놀리면서 재미있어하는 것 같았다.

자서전이나 인터뷰에서 예거는 암스트롱에 대해 "닐 암스트롱은 달에 간 최초의 인간이지만, 에드워즈에서 나 같은 군인 조종사의 충고를 들은 최후의 인간이었다"라고 이야기했다. 암스트롱은 그 말에 그저 씁쓸하게 웃으면서 "스미스랜치에서 내가 그의 충고를 받아들이기는 했죠!"라고 반응했다.

그 후로도 암스트롱은 계속 운이 나빴던 것 같다. 1962년 5

월 21일 월요일, 암스트롱이 오하이오로 휴가를 갔다 돌아온 때였다. 조지프 벤슬은 암스트롱에게 라스베이거스에서 북쪽으로 144.8킬로미터 정도 떨어져 있는 델라마 호수로 날아가 점검하라고 했다. 암스트롱은 F-104를 타고 30분 비행한 후, 엔진을 끄고 착륙하는 훈련을 했다. "늘 하듯이 훈련했어요. X-15처럼 가파르게 내려가서 잠시 착륙한 다음 엔진을 켜고 다시 이륙했습니다. 이렇게 하려면 해를 정면으로 보아야 하고, 햇살 때문에 굉장히 눈이 부셨습니다."

사막에서 비행한 경험이 많은 조종사라면 건호에 착륙하려고 높이를 가늠하는 것이 투명한 물 위에서 높이를 가늠하는 일만큼 어렵다는 사실을 알았다. 암스트롱은 두 가지 요인 때문에 사고를 냈다. 그는 자신이 타고 있는 비행기의 높이를 정확하게 판단하지 못했다. 그리고 랜딩기어를 펼 때 그 기어가 완전히 펴지지 않아 제자리에 고정되지 않았다는 사실을 깨닫지 못했다. 결국 비행기가 호수 바닥에 처박혔다. "남은 연료로는 에드워즈에 돌아갈 수 없었습니다. 그보다 훨씬 가까운 라스베이거스 근처 넬리스 공군기지에 가기로 마음먹었습니다."

무선안테나가 망가지는 바람에 통신을 할 수도 없었다. "무선통신 장치도 없이 비행해야 했어요. 무선교신도 하지 않고 날아오는 비행기를 보고 관제탑에 있던 사람들은 깜짝 놀랐죠." 암스트롱은 사고로 비행기의 비상용 걸잡이 갈고리가 내려왔다는 사실을 몰랐다. 그 사실을 알았다면 넬리스 공군기지에 문제없이 착륙할 수 있었다. 해군 조종사 시절에 비상용 갈고리인 테일훅을 이용해 착륙한 경험이 많았기 때문이다. 넬리스 공군기지에는 쇠줄로 된 제동 장치가 있었다.

"비행기가 쇠줄에 부딪치면서 심하게 덜커덩거렸어요. 비행기 상태를 정확하게 볼 수 없어서 갈고리가 내려와 있다는 사실은 생각도 못 했기 때문에 전혀 예상하지 않았던 일이었습니다." F-104는 이리저리 요동치며 활주로를 내려가다가 완전히 멈추었다.

암스트롱의 비행기가 쇠줄을 끊어놓는 바람에 공군이 활주로를 정리하는 데 30분이 걸렸다. 임시 제동 장치를 설치하는 데 시간이 더 걸렸다. 암스트롱은 공군기지의 관리 장교가 근무하는 곳으로 가서 당황한 그 장교에게 무슨 일인지 설명했다. NASA에도 직접 전화해서 자신의 사고를 알렸다. NASA의 담당자들은 암스트롱과의 교신이 끊기자 최악의 상황을 걱정하고 있었다. 암스트롱은 문제가 생겼지만 넬리스 공군기지에 안전하게 착륙했다고 전했다.

잠시 후 NASA의 시험비행 조종사 밀트 톰프슨이 좌석 두 개짜리 비행기 F-104B를 몰고 암스트롱을 데리러 왔다. 하지만 착륙할 때 비행기 진로의 직각에서 강한 바람이 불어오면서 비행기가 주저앉았고, 왼쪽 타이어가 날아갔다. 톰프슨이 활주로를 비워주기 위해 주저앉은 비행기를 옮기는 동안 소방차와 그 기지의 관리용 차량도 달려왔다. 암스트롱은 그 기지의 관리 장교가 또다시 활주로를 폐쇄하는 것을 보고 톰프슨보다 더 맥이 빠졌다.

이제 NASA 조종사 두 명의 발이 묶였다. NASA는 넬리스 기지에 세 번째 비행기를 보낼 수밖에 없었다. 불행히도 좌석이 두 개밖에 없는 T-33 말고는 보낼 수 있는 비행기가 없었다. 이번에는 빌 데이나가 날아왔지만, 그가 탄 비행기가 활주로를 벗어날 것처럼 보였다. "맙소사, 또 이래!"라면서 그 기지의 관리 장교는 탄식했다. 암스트롱은 팔로 머리를 감싸고, 톰프슨은 경악하면서 지켜보았다.

다행히 빌 데이나는 제때 비행기를 멈췄다. "제발 NASA 비행기를 또 보내지는 마세요! 여러분 중 한 명이 에드워즈로 돌아갈 교통편은 내가 개인적으로 알아볼게요"라고 그 공군기지 장교는 사정했다. 그의 말대로 넬리스를 거쳐서 로스앤젤레스로 가던 공군의 C-47이 톰프슨을 데려갈 수 있었다. 넬리스 공군기지의 관리 장교는 몇 년 동안 "잘나가는 NASA의 시험비행 조종사 세 명이 활주로를 망쳐놓았다"고 여러 사람에게 이야기했다.

그런 낭패를 본 다음 날, 암스트롱은 시애틀로 출장을 가서 2주 후인 6월 4일에 돌아왔다. 그리고 6월 7일, 빌 데이나와 함께 F-104를 조종했다. 그즈음 암스트롱은 우주비행사 선발에 지원하기로 결심했다.

1962년 4월 19일, NASA는 우주비행사를 새로 모집한다고 공식 발표했다. 하지만 4월 27일까지는 닐 암스트롱이 NASA의 발표를 모르고 있었을 가능성이 높다. 4월 27일, 비행연구센터의 내부 소식지에 'NASA가 우주비행사를 더 뽑을 예정'이라는 제목의 글이 실렸다. 5~10명 정도 더 뽑을 예정이라는 구체적인 설명도 있었다. 새로 뽑힌 우주비행사들은 머큐리 계획을 지원한 다음, 머큐리 계획의 우주비행사와 함께 2인용 제미니 우주선을 조종한다는 내용이었다.

선발 조건은 암스트롱과 더할 나위 없이 잘 맞았다. 대학에서 자연과학이나 생물학, 공학을 전공했고, 35세 이하의 미국 시민이며 키가 183센티미터 이하여야 했다. 지원자는 제트기 시험비행 조종사로서 경험이 많아야 했다. 현재 고성능 비행기를 조종하는 사람이라면 더욱 환영이었다. 군대나 항공기 산업 혹은 NASA에서 시험비행을 한 경력이 있어야 했다. 암스트롱이 근무하고 있는 NASA 비행연구센터의 추천서도 필요했다.

휴스턴의 유인우주선센터 로버트 길루스 소장이 1962년 6월 1일까지 지원서를 받고, 7월에는 자격을 갖춘 조종사들을 인터뷰하기로 되어 있었다. 공학과 과학 지식을 묻는 필기시험을 통과한 지원자들은 정밀 건강검진을 받게 된다. 엔지니어들과 협력하고, 모의비행도 한다. 원심가속기 훈련과 과학 교육을 받은 후, 고성능 항공기로 비행 훈련을 하는 것이 새로 뽑힌 우주비행사들이 거쳐야 할 교육 과정이었다. 사실상 암스트롱은 모두 거친 과정이었다.

암스트롱은 우주의 평화적 이용에 관한 두 번째 연례회의에 참석하기 위해 1962년 5월 9일부터 11일까지 시애틀에 있었다. 우주과학 기술의 국제 출원 가능성을 모색하기 위해 NASA와 몇몇 항공우주산업 단체가 공동 주최한 행사였다. 'X-15 비행 계획'에 대해 닐 암스트롱, 조 워커, 포레스트 피터슨과 밥 화이트 등이 발표했다. 제임스 웨브 NASA 국장, 린든 존슨 부통령 등 유명 인사들이 연사로 참석했다. 그 회의와 시애틀 세계박람회 참석이 암스트롱에게 깊은 인상을 주었다. 시애틀 세계박람회 둘째 날의 스타는 단연 머큐리 계획으로 궤도비행을 하고 돌아온 '존 글렌'이었다. 그를 먼발치에서라도 보려는 사람들로 시애틀 거리가 메워졌다.

비행연구센터 모의비행 전문가로 암스트롱과 가까이에서 일했던 딕 데이가 우주비행사 선발위원 중 한 명이었다. 1962년 2월, 그는 에드워즈에서 휴스턴으로 옮겨 유인우주선센터의 비행요원 관리 부서의 부책임자가 되었다. 데이는 모든 우주비행사 훈련 과정을 관리하면서 우주비행사 선발위원회의 임시 총무도 맡았다.

데이에 따르면 암스트롱은 6월 1일 마감까지 우주비행사 선발을 위한 지원서를 제출하지 못했다. "에드워즈에서 휴스턴으로 옮겨 온 사람이 몇 명 있었습니다. 암스트롱의 상관이었던 월터 윌리엄스도 그중 한 사람이었죠. 월터는 휴스턴에서 우주 계획 팀의 관리 책임자가 되었습니다. 그나 나나 암스트롱이 지원하기를 바랐어요. 암스트롱의 지원서는 1주 정도 늦게 도착했습니다. 하지만 암스트롱이 에드워즈에서 워낙 많은 일들을 잘해냈기 때문에 탐이 났죠. 그는 누구보다 적임자였습니다. 그보다 먼저 우주비행사가 된 사람들과 비교해도 단연 탁월했죠. 우리는 그가 들어오기를 바랐어요."

암스트롱의 지원서가 도착하자 데이는 선발위원회의 1차 회의가 열리기 전, 다른 지원자들의 지원서 더미 사이로 슬쩍 집어넣었다. 사실 에드워즈에 있는 사람들은 모두 암스트롱이 우주비행사로서 최고 적임자라고 생각했다. 1962년 6월 초, 암스트롱이 명망 높은 옥타브 샤누트Octave Chanute 상 수상자라는 사실이 발표되면서 더욱 그랬다. 옥타브 샤누트 상은 항공우주과학협회가 한 해 동안 항공우주공학에 가장 많은 기여를 했다고 판단하는 조종사에게 수여하는 상이었다.

딕 데이에 따르면, 에드워즈 비행연구센터 책임자인 폴 바이클은 암스트롱에 대해 그리 긍정적으로 생각하지 않았다. 사고를 냈던 암스트롱의 직전 비행 기록을 볼 때 능력이 의심스럽다고 생각하면서 암스트롱을 우주비행사로 추천하지 않기로 했다. 바이클은 1962년 5월 말, 닐 암스트롱이 영국의 제조 회사가 개발한 초음속 HP-115 비행기로 영국에서 시험비행하기로 했던 계획까지 중단시켰다. 딕 데이도 그 사실을 알고 있었다.

휴스턴 유인우주선센터의 또 다른 핵심 인물은 크리스토퍼 크래프트였다. 그는 NASA의 유인 우주비행 관리를 책임지고 있었다. 크래프트는 1944년 버지니아공대 항공공학과를 졸업한 후, NACA 랭글리연구소에서 조종 안정성 관련 일을 했다. 그는 그곳에서 로버트 길루스, 찰스 돈랜, 월터 윌리엄스같이 재능 넘치는 비행시험 엔지니어들과 어울렸다. 소련이 스푸트니크를 발사한 후인 1958년 여름, 크래프트와 그 비행시험 엔지니어들은 우주 계획 팀에 들어가 머큐리 계획을 준비하고 관리했다.

그들처럼 시험비행 조종사나 우주비행사의 사고방식에 대해 잘 이해하는 사람들도 드물었다. 크래프트는 선발위원회에 들어가지는 않았지만, 선발 기준을 정하는 데 많은 역할을 했다. "찰스 돈랜이 우주비행사 선발을 담당하고 있었어요. 내가 그전에 선발된 일곱 명의 우주비행사들과 좋은 관계를 유지한다는 사실을 높게 평가한 그는 선발 문제에 대해 나와 의논했죠. 나는 지원자를 잘 아는 사람들, 그들의 성격이나 능력을 잘 파악하는 사람들과 이야기해봐야 한다고 강조했습니다. 길루스, 윌리엄스, 나 같은 사람들은 탁월한 시험비행 조종사를 찾고 있었어요."

크래프트는 암스트롱에 대해 거의 아는 바가 없었다. "암스트롱의 딸이 죽었다는 사실도 몰랐어요. 그가 사고를 몇 번 냈다는 사실은 알았지만, 그 일을 심리적인 문제와 연결 지어서 생각해본 적은 없었어요. 월터 윌리엄스가 암스트롱을 최고로 생각한다는 사실만 알았죠. 길루스나 나나 모든 사람들이 암스트롱을 만나보고 똑같이 느꼈어요. 그가 훌륭한 우주비행사가 될 것이라고 생각했습니다."

NASA 우주비행사로 선발되다

　1962년 9월 초, 에드워즈의 사무실에서 일하고 있던 닐 암스트롱은 유인우주선센터 우주비행사 팀 책임자인 디크 슬레이턴의 전화를 받았다. 그 당시 유인우주선센터는 휴스턴 남동쪽 클리어 호수 근처에서 계속 공사 중이었다.

　디크 슬레이턴은 곧바로 요점을 이야기했다.

　"안녕하세요? 암스트롱 씨. 유인우주선센터의 디크 슬레이턴입니다. 아직 우주비행사가 될 생각이 있습니까?"

　"네, 그렇습니다"라고 암스트롱은 대답했다.

　"좋습니다. 그럼 일합시다. 우리는 곧장 시작할 계획입니다. 일정을 조절해서 16일까지 이곳으로 오세요."

　아내에게는 이야기해도 되지만 그 외 사람에게는 당분간 비밀을 지키라고 슬레이턴은 당부했다.

　암스트롱의 부모는 그 주 주말, NASA 홍보 담당자의 전화를 받고서야 아들이 우주비행사가 되었다는 사실을 알았다. 홍보 담당자의 설득으로 부모는 월요일 저녁에 방영하는 CBS「비밀이 있어요」프로그램에 출연했다. 출연자 베치 파머가 암스트롱이 방금 우주비행사로 선발되었다는 비밀을 알아맞히자 진행자인 개리 무어가 "물론 아직은 아무도 모르는 일이지만 당신 아들이 인류 최초로 달에 착륙한다면 기분이 어떨 것 같나요?"라고 앞으로의 일을 알기라도 하듯 물었다.

그 질문에 비올라 암스트롱은 "글쎄요. 그저 하나님이 축복하시기를, 그리고 아들에게 행운이 있기를 바라겠지요"라고 대답했다.

암스트롱은 슬레이턴의 전화를 받고 기뻤다고 이야기했다. 하지만 그렇게 놀라운 소식은 아니었다. 신문들은 1962년 여름부터 암스트롱이 '첫 민간인 우주비행사'로 선발될 것이라 보도했다. NASA 임원들은 암스트롱이 예비 심사를 통과한 253명 중에서 가려 뽑은 32명의 명단에는 분명 들어 있지만, 최종 선발된 상태는 아니었다면서 잘못된 보도였다고 말했다.

선발 과정 내내 암스트롱이 NACA/NASA에서 일한 경력이 유리하게 작용했다. 암스트롱은 자신이 우주비행사로 선발될 가능성이 높다고 생각했지만, 확신할 수는 없었다. "전투 경험이 있는 데다 제가 받아온 교육으로 보아도 경쟁력이 있다고 생각했어요. 로켓비행기같이 다양한 최첨단 비행기를 타고 시험비행을 해왔기 때문에 경험도 풍부한 편이었죠. 하지만 신체적, 정서적, 심리적인 면에서 다른 사람들과 비교하면 어떨지 알 수가 없었어요. 다른 사람들이 나를 어떻게 평가할지도 몰랐습니다. 그런 부분에서는 내가 어떤 점수를 받을지 몰랐어요. 선발위원 중 누구라도 나를 거부할 수 있었으니까요."

우주비행사 지원서를 낸 1962년 6월 초부터 9월 슬레이턴의 전화를 받은 날까지, 암스트롱은 너무 바빠서 자신이 우주비행사가 될 수 있을지에 대한 걱정에 빠져 있을 수가 없었다. 6월 둘째 주는 뉴멕시코주 앨버커키의 러브레이스병원에서 보냈다. 표면상으로는 매년 실시하는 NASA 시험비행 조종사의 건강검진이었지만, 자신도 모르는 사이에 유인우주선센터로 전달된 진단 결과도 있었다. 우주비행사 선발 과정에 반영하기 위해서였다. 그 후로도 암스트롱은 에드워즈에서 여러 차례 비행을 하면서 당시 개발 중이던 새턴 로켓을 시험했다. 로스앤젤레스에 가서 샤누트 상을 받기도 했다.

1962년 7월 5일, 프랑스에서 열린 AGARD(Advisory Group for Aerospace Research and Development, 항공우주산업 연구와 개발을 위한 자문단) 회의에 참석해 에드 홀먼과 함께 쓴 논문 '유인우주선에 적당한 모의비행'을 발표했다. 암스트롱은 프랑스에서 돌아오자 자신의 마지막 X-15 비행 준비에 몰두했다. 그 비행에서 암스트롱은 X-15 계획 중 최고 속도인 마하 5.74(시속 7025.8킬로미터)를 기록했다.

암스트롱은 그날 비행에 관한 보고서를 쓰자마자 샌안토니오의 브룩스 공군기지로 떠나야 했다. 브룩스에서 1주 동안 지긋지긋한 건강검사와 심리검사를 받았다. 우주비행사 선발을 마무리하기 위한 과정이었다.

암스트롱은 "조금 고통스러운 경험이었습니다. 진단이 아니라 의학 연구를 위해 내 감각을 검사하는 것 같았거든요"라고 그때 기억을 떠올렸다. 특별히 진저리가 나는 검사도 있었다. "주사기로 귀에 얼음물을 계속 집어넣으면서 한쪽 발은 얼음물 속에 담그게 했습니다. 그렇게 이상한 검사들이 많았어요."

암스트롱이 기억하는 심리검사 중 격리검사도 있었다. "감각을 느낄 수 있는 요소들을 모두 없애버린 캄캄한 방에 들어갔습니다. 소리도 빛도 냄새도 없었습니다. 그 방에 있다가 2시간이 지났다고 생각될 때 나오라고 했습니다."

암스트롱은 공학 원리를 적용했다. "어느 정도가 지나야 2시간이 되는지 알아차리기 위한 계산 방법을 찾아내려고 했습니다. 그래서 '기숙사 침대 위에 있는 열다섯 명의 남자'라는 노래를 이용했습니다. 시계 같은 것은 없었지만, 그 노래를 부르면서 시간을 어림짐작했죠. 2시간이 지났다고 생각될 때 문을 두드리면서 '이곳에서 내보내줘'라고 소리쳤습니다."

8월 13일, 암스트롱은 마지막으로 건강검사와 심리검사를 하려고 휴스턴의 엘링턴 공군기지로 갔다. 그곳에서 암스트롱은 디크 슬레이턴, 워런 노스, 월터 윌리엄스, 딕 데이 등 NASA의 우주비행사 선발위원들과 처음으로 인터뷰했다. 존 글렌이나 월터 시라는 그 방을 들락거렸다. "특별히 어렵거나 압박감을 느끼지는 않았습니다. 그 당시 내가 관심을 가지고 있던 일들에 대해 자연스럽게 이야기를 나누었습니다."

마지막까지 남은 32명의 지원자들(해군 13명, 공군 10명, 해병대 3명, 민간인 6명)은 어느 날 저녁, 유인우주선센터의 몇몇 임원들과 저녁을 먹으려고 모였다. "아는 사람이 많지 않았어요. XF4H-1 때문에 시라는 조금 알았고, 에드워즈에서 비행했던 거스 그리섬 등 몇몇 사람을 아는 정도였습니다"라고 암스트롱은 기억했다.

존 글렌과 앨런 셰퍼드는 시험비행을 하면서 가끔 만난 사이였다. 머큐리 계획의 우주비행사 스콧 카펜터는 그때까지 한 번도 만난 적이 없었다. 32명 중에는 로켓비행기로 비행해보았거나 옥타브 샤누트 상을 수상한 조종사는 한 명도 없었다. 에드워즈로 돌아온 후 암스트롱은 일상적인 업무에 조용히 집중했다. 디크 슬레이턴의 전화를 받기 전까지 3주 동안 근무일에는 거의 매일 비행을 했다.

1962년 9월 15일 일요일 저녁, 암스트롱은 휴스턴의 호비 공항에 도착했다. "정말 조용했습니다. 아무도 우리가 온 줄 몰랐어요." NASA가 지시한 대로 '맥스 펙'이라는 가명으로 라이스 호텔에 투숙했다. 새로 선발된 우주비행사 아홉 명 모두 '펙'이라는 가명을 사용했다. 다음 날 아침, 새로 선발된 NASA의 우주비행사들은 슬레이턴의 지휘 아래 엘링턴에서 처음 모였다.

비행 관리 책임자인 월터 윌리엄스가 그들에게 직무를 설명했다. 로버트 길루스 유인우주선센터 소장은 열한 차례로 계획되어 있는 제미니 유인우주선의 비행, 최소한 네 차례로 계획된 새턴 1호로 발사할 1단계 아폴로 계획, 그리고 몇 차례가 될지 아직 결정하지 않았지만 인간이 최초로 달 착륙을 하게 될 2단계 아폴로 계획에 대해 설명하면서 "여러분 모두가 해야 할 일이 정말 많다"고 했다.

또한 슬레이턴은 그들에게 닥칠 새로운 압박감과 유혹에 대해 경고하기도 했다. 그는 특히 NASA와 관련된 회사들로부터 뇌물을 받지 않기 위해 조심해야 한다고 충고했다. NASA의 홍보 담당자에게 곧 있을 기자회견에 대해 간단한 설명을 들은 후, 아홉 명의 새내기 우주비행사들은 처음으로 단체 촬영을 했다. 앞으로 끊임없이 이어질 사진 촬영이었다.

새로 선발된 우주비행사 발표를 앞두고 휴스턴대학의 1800석짜리 강당이 꽉 찼다. 주요 텔레비전 방송국과 라디오 방송, 통신사, 수많은 국내외 신문과 잡지의 기자와 촬영진이 모여들어 새로운 우주비행사들이 어떤 인물인지 보기 위해 기다리고 있었다.

1959년 4월 2일, NASA가 미국 최초의 우주비행사 일곱 명을 발표할 때도 대중의 관심이 뜨거웠다. 이번에는 좀 더 노련해진

NASA가 대대적인 홍보를 위해 훨씬 치밀하게 준비했다. 우주비행사들도 준비가 더 잘되어 있었다.

닐 암스트롱, 공군 소령 프랭크 보먼, 해군 대위 찰스 콘래드, 해군 소령 제임스 러벌, 공군 대위 제임스 맥디빗과 엘리엇 시, 공군 대위 토머스 스태퍼드, 공군 대위 에드워드 화이트와 해군 소령 존 영 등 아홉 명의 새로운 우주비행사들은 정말 탁월한 인물들이었다. 당시 미국 유인우주선 계획의 핵심 인물들이 볼 때도 의심할 여지가 없이 최고의 우주비행사들이 모였다. 그들의 교육 수준은 머큐리 계획의 우주비행사 일곱 명보다 훨씬 높았다.

NASA의 우주비행사 선발위원회는 지원자가 얼마나 공학적인 능력을 갖추고 있는지 꼼꼼히 따졌다. 선발된 우주비행사 중 많은 수가 공학 학사 학위를 가지고 있었고, 석사 학위가 있는 우주비행사도 있었다. 암스트롱은 서던캘리포니아대학 항공우주공학 석사 과정을 마치고 논문만 남겨두고 있었다.

그들의 조종사 경험과 시험비행 기록도 놀랄 만했다. 대부분이 총 2000시간 넘는 비행 기록이 있었다. 암스트롱은 총 2400시간을 비행했고, 그중 900시간 정도는 제트기를 타고 비행했다. 로켓비행기로 비행한 경험이 있는 사람은 아홉 명 중 암스트롱밖에 없었다.

우주비행사들의 평균 나이는 32세 6개월, 평균 키는 177.8센티미터, 평균 몸무게는 74.8킬로그램이었다. 암스트롱은 그들 사이에서 조금 큰 편이었다. 모두 결혼을 했으며 자녀도 있었다. 이혼한 사람은 한 명도 없었다.

암스트롱은 "기자회견에서 나온 질문들은 너무 흔해빠지고 단순했습니다"라고 기억했다. 암스트롱의 이 발언으로 그가 왜 언론에 대한 태도 때문에 오해받게 됐는지 알 수 있었다.

NASA는 새로 선발된 우주비행사들에게 머큐리 계획의 시라가 탄 우주선이 발사될 때 모두 케이프커내버럴에서 지켜보라고 했다. 10월 3일에 발사될 예정이었다. 암스트롱은 텍사스로 이사할 준비를 대부분 재닛 손에 맡기고 곧장 에드워즈로 가서 일했다. 9월 말까지 근무일마다 매일 비행했다.

1962년 9월 28일, 암스트롱은 F5D를 타고 에드워즈에서의 마지막 비행을 했다. 주말이 되자 민간 항공기를 타고 로스앤젤레스에서 올랜도Orlando로 간 다음, 가까이에 있는 케이프커내버럴까지 자동차로 움직였다. 그곳에서 암스트롱과 다른 우주비행사들은 시라가 탄 시그마Sigma 7호가 아무 문제 없이 발사되는 장면을 지켜보았다.

다음 날 암스트롱은 에드워즈로 돌아갔다. 10월 11일에서 13일 사이에 비행연구센터에서 유인우주선센터로 소속을 옮겨야 했기 때문이다.

로스앤젤레스에 있던 엘리엇 시와 이틀 동안 2575킬로미터를 운전해서 텍사스주 휴스턴으로 갔다. 호비 공항과 정말 가까운 곳에 있는 가구 딸린 아파트를 빌렸다. 그다음 전국에 있는 유인우주선 계획 도급업체들의 시설을 둘러보기 위해 동료 우주비행사들과 함께 떠났다.

11월 3일에 로스앤젤레스를 거쳐 주니퍼힐스로 돌아간 후, 암스트롱은 중고차 두 대를 모두 팔고 중고 스테이션왜건을 사들였다. 가족들의 옷과 가구는 이미 휴스턴의 창고로 보낸 후였다. 암스트롱은 아들 릭을 새로 산 차에 태워 휴스턴으로 갔고, 재닛은 이틀 후 비행기로 왔다.

암스트롱 가족은 몇 달 동안 가구 딸린 아파트에서 살다 유인우주선센터 근처의 엘라고^{El Lago} 지역에 새로 지은 집이 완성되자 이사했다.

인우주선센터 근처의 엘라고El Lago 지역에 새로 지은 집이 완성되자 이사했다.

암스트롱은 '센추리 시리즈'의 네 가지 비행기를 모두 조종했다.
노스아메리칸 F-100 슈퍼세이버<아래쪽 중앙>, 맥도널 F-101 부두<위쪽 중앙>,
콘베어 F-102 부두<오른쪽>와 록히드 F-104 스타파이터<왼쪽>.

B-52가 고도 13.7킬로미터로 올라간 후
밑에 매달고 있던 X-15를 발사하고 있다.

1961년 12월,
X-15-1 조종석에 있는
암스트롱.

1961년, 캘리포니아주 주니퍼힐스의 작은 집 부엌에서
일하고 있는 27세의 재닛 시어런 암스트롱.

1959년, 닐 암스트롱이 가족소풍 중 딸 캐런을 안고 있다<왼쪽>.
사망하기 몇 주 전인 1961년 크리스마스 때의 캐런.

FIRST MAN

우주비행사

FOUR

"'어떤 사람도 섬이 아니다'라는 말이 있지만 글쎄, 닐은 일종의 섬이에요…….
그는 다른 사람들이 그에 대해 어떻게 생각하느냐보다 자신이 무슨 생각을 하
고 있는지, 자신의 속마음에 더 관심이 많았어요. 자신만의 작은 오두막에서 지
내는 게 정말 행복한데, 왜 그 섬에서 물살을 헤치고 나와 누군가와 악수를 나누
려고 하겠어요?"

마이클 콜린스, 제미니 10호와 아폴로 11호의 우주비행사

PART FOUR

12

달을 향한 훈련, 훈련, 훈련

1962년 9월, NASA가 새로운 우주비행사들을 선발했을 무렵 유인우주선 달 착륙 계획은 급물살을 타고 있었다. 1961년 초에 취임하자마자 몇몇 굵직한 사건들에 휘말려 완전히 체면을 구긴 존 F. 케네디 대통령은 상황을 뒤집기 위해 유인우주선 달 착륙 계획에 놀라울 정도로 전념했다.

1961년 4월 12일, 케네디 대통령의 임기가 시작된 지 석 달도 되지 않아 소련은 세계를 또다시 깜짝 놀라게 했다. 1957년 세계 최초의 인공위성 스푸트니크를 발사했던 때처럼 유리 가가린이 인류 최초로 우주비행을 하면서 소련은 미국에 선수를 쳤다. 며칠 후 쿠바에 침공해 피델 카스트로의 공산 정권을 무너뜨리려고 했던 미국의 계획은 피그만에서 무참하게 실패했다.

케네디 대통령은 피그만 침공 사건으로 국제적인 비난을 받자 미국의 위신을 회복하기 위해 뭔가 극적인 반전이 필요하다고 깨달았다. 바로 유인우주선 계획으로 관심을 돌렸다. 대통령은 NASA와 우주비행사들을 정치적 목적을 위한 수단으로 보았다. "미국이 우주 개발을 확실히 선도하기 위해, 이 새롭고 위대한 계획을 위해 이제 큰 발걸음을 내디뎌야 할 때입니다. 여러 측면에서 이 일이 미국의 미래에 핵심적인 역할을 할 것입니다." 1961년 5월 25일, 케네디 대통령은 의회에서 역사적인 발언을 하면서 도전장을 내밀었다. "1960년대가 끝나기 전에 인간을 달에 착륙시킨 후 무사히 지구로 돌아오게 하는 목표를 이루기 위해 이 나라가 온 힘을 다해야 한다고 믿습니다."

새로 선발된 우주비행사들은 NASA가 아폴로 계획을 밀어붙이기 위해 추진하는 일들을 하나하나 지켜보았다. 1962년 10월 3일, 그들은 머큐리 계획 중 세 번째로 월터 시라가 탄 유인우주선이 궤도비행을 위해 발사되는 현장에 있었다. 그들 대부분은 처음으로 로켓이 발사되는 장면을 보았다. 시라가 탄 시그마 7호는 9시간 동안 지구궤도를 여섯 바퀴 돈 후에 미국의 항공모함 키어사지^{Kearsarge}가 대기하고 있는 태평양으로 내려왔다.

그로부터 3주 후, 우주비행사들은 플로리다주 웨스트팜비치에 있는 NASA의 도급업체인 프랫 앤드 휘트니의 엔진 시설을 둘러보았다. 아폴로 우주선의 연료전지를 개발하는 곳이었다. 그다음으로 제미니 계획을 위해 타이탄 2호 로켓을 조립하고 있는 볼티모어의 마틴사 공장, ICBM용 타이탄 2호를 만들고 있는 덴버의 마틴사 공장을 찾았다. 그리고 아폴로 우주선의 기계선 추진기관을 만드는 새크라멘토의 에어로젯-제너럴사를 견학한 후 샌프란시스코 남쪽의 NASA 에임스연구센터에 들렀다. 마지막으로 로스앤젤레스의 록히드 항공기 제조 회사를 찾아갔다. 아폴로의 비상탈출 장치를 만든 록히드는 아폴로의 달착륙선도 제조하기 위해 입찰에 참가했지만, 결국 그러먼이 그 계약을 따냈다. 빡빡하고 고된 일정이었다.

긴 출장 끝에 휴스턴으로 돌아왔을 때도 유인우주선센터는 아직 공사 중이었다. 우주비행사들은 몇 달 동안 휴스턴 시내에 빌린 사무실에서 일해야 했다. 그들은 매주 월요일마다 슬레이턴 주도로 회의를 하면서 그 주에 해야 할 일들을 정했다.

새로 뽑힌 우주비행사들은 출장을 많이 다녔다. 아폴로 우주선을 발사할 로켓(달 탐사를 위해 개발한 새턴 5호)에 익숙해지기 위해 앨라배마주 헌츠빌의 NASA 마셜우주비행센터를 방문했다. 로켓 전문가 베른헤르 폰 브라운 박사도 처음 만났다. 폰 브라운 박사는 몇 달 전에 성공적으로 달 착륙을 하려면 사령선과 달착륙선이 지구궤도에서 랑데부˚할 게 아니라, 달궤도에서 랑데부 하는 게 더 적당하다고 주장해 사람들을 놀라게 했다. 임무를 마친 달착륙선이 달궤도로 올라온 후에 사령선과 다시 만나서 돌아온다는 아이디어였다.

폰 브라운 박사와 헤어진 우주비행사들은 이틀 동안 세인트루이스의 맥도널항공 회사에서 지냈다. 그곳에서 그들은 머큐리 우주선을 어떻게 제조하는지, 새로운 제미니 우주선을 어떻게 계획해 설계하고 제조하는지 지켜보았다.

그리고 캘리포니아주 다우니에 있는 노스아메리칸을 찾아가 아폴로 우주선에 대한 기술적인 설명을 들었다. 노스아메리칸은 아폴로 우주선의 사령선과 기계선을 만드는 업체였다. 헌팅턴 해변의 더글러스항공 회사에서는 새턴 IB 로켓과 새턴 5호 로켓이 어떻게 만들어지는지 살펴보았다.

그들은 1963년과 1964년, 집중적으로 기초 훈련을 받았다. "아무도 경험이 없어서 어떻게 해야 하는지 알려줄 사람이 없었어요. 우주선과 관련된 다양한 분야의 전문가들이 자신이 아는 내용을 가르쳐줄 수밖에 없었습니다. 그들은 관성유도 장치나 컴퓨터 혹은 엔진밸브를 어떻게 조작하는지, 작동이 잘되지 않을

˚ 두 개의 우주선이 우주 공간에서 만나 나란히 비행하는 일.

때 어떻게 대처하는지 설명해줄 수 있었죠. 우주비행사의 초반 훈련 과정은 해군의 비행 훈련과 비슷했습니다. NASA는 새로 선발된 우주비행사들이 궤도역학이나 비행기와 우주선의 차이 등에 대한 지식과 경험이 부족하다고 판단해 속성 교육을 해야 한다고 생각했어요. 교육 과정 중 어떤 과목은 상당히 친숙하게 느껴졌습니다. 예를 들어 궤도역학은 내가 이미 공부했던 내용이었죠. 전체적으로 너무 어려워서 부담이 되는 공부는 없었습니다."

암스트롱과 동료들은 이론 교육 외에도 몇몇 정규 교육 과정을 거쳐야 했다. 발사 시설들을 모두 둘러보고 케이프케네디와 휴스턴의 새 우주비행관제센터에서 발사 준비 과정을 꼼꼼하게 살펴보았다. 우주비행에 대비해 가속, 진동, 무중력 상태와 소음, 달과 같은 중력을 경험하고 우주복도 입어보았다. 사막과 정글에서 살아남는 훈련도 했다. 사출좌석과 낙하산 사용법도 배웠다. 우주선과 발사체의 개발과 설계에 대한 공학적인 설명도 들었다.

조종사로서의 능력과 예리한 판단력을 계속 유지하기 위해 항공기로 비행 훈련도 계속 받았다. 그들은 엘링턴 공군기지에서 T-33, F-102, T-38을 타고 정기적으로 비행했다. 포물선을 그리는 비행으로 무중력 상태를 만들어 견뎌내는 훈련도 했다. 개조한 KC-135 비행기는 한 번에 30초 정도 무중력 상태를 만들어낼 수 있었다. 암스트롱은 시험비행 조종사 시절 F-104A 스타파이터를 타고 급상승했다 하강하면서 무중력 상태를 경험한 적도 있지만, 포물선으로 떨어지면서 급격한 중력 변화를 겪어야 하는 NASA 훈련처럼 메스꺼움을 느끼지는 않았다. 1963년 4월 마지막 주에는 라이트-패터슨Wright-Patterson 공군기지에서 나흘 동안 무중력 훈련을 하면서 무중력에 가까운 상태에서 둥둥 떠다니고, 굴러떨어지고, 회전하고, 벽을 밀치면서 솟아오르고, 먹고 마시고, 도구를 사용하는 방법도 배웠다.

1963년 9월 말, 아홉 명의 우주비행사들은 펜서콜라의 비행 전 학교에서 물에 빠졌을 때 생존하는 훈련을 했다. 해군 조종사였던 암스트롱, 러벌, 콘래드와 영은 이미 오래전에 받았던 훈련도 있었다. 하지만 부피가 큰 우주복을 입은 채 물에 둥둥 떠 있다가 헬리콥터에 의해 구조되는 훈련은 모두가 처음이었다. (머큐리 계획의 거스 그리섬이 탄 우주선이 1961년 7월 21일 바다에 떨어졌을 때 바다에서 구조되는 게 얼마나 위험할 수 있는지 보여주었다.)

아홉 명의 우주비행사 중 암스트롱만큼 원심가속기를 많이 경험해본 사람도 없었다. 원심가속기를 본 적조차 없는 사람도 많았다. NASA의 공기역학 전문가이자 우주선 설계자인 막심 파게가 머큐리 계획 우주비행사들에게 "중력가속도 20g에서도 똑바로 서 있을 수 있는 사람은 내 삶의 영웅이 될 거야"라고 말할 정도로 혹독한 훈련이었다. 암스트롱은 1959년에 일찍이 중력가속도 15g를 견뎌냈다.

새로 선발된 우주비행사들은 1963년 7월 말, 존스빌에서 나흘 동안 그 끔찍한 훈련을 받았다. 암스트롱은 원심가속기에 여덟 번 들어갔고, 총 5시간을 견디어냈다. 아홉 명의 우주비행사들은 엘링턴 공군기지에서 낙하산으로 땅이나 물에 뛰어내리는 훈련도 했다. 그들은 91.4미터 높이에서 뛰어내렸다. 헬리콥터로 비행하면서 달 착륙 훈련도 했다. 암스트롱은 11월의 마지막 2주 동안 다양한 헬리콥터를 타고 총 3시간의 단독비행을 기록했다.

1963년 11월 22일, 암스트롱과 러벌은 비행기를 조종해 펜서콜라에서 휴스턴으로 돌아왔다. 바로 그날 케네디 대통령이 암살되었다. 암스트롱은 케네디 대통령의 장례식에 참석하지 않았지만, 존 글렌이 우주비행사들을 대표해서 참석했다.

필수 훈련인 모의비행에 있어서는 암스트롱이 다른 모든 우주비행사들보다 압도적으로 경험이 많았다. 1963년 초, 디크 슬레이턴은 우주비행사마다 각자 전문 영역을 정해주면서 닐 암스트롱에게는 모의비행을 맡겼다. 우주비행사들이 제미니 계획이나 아폴로 계획의 우주선을 조종하려면 이제까지 한 번도 경험해보지 못한 복잡하고 중요한 조작을 해야 했다. 인간이 지구궤도까지 갔다가 돌아오는 게 주요 목적이었던 머큐리 계획에서는 모의비행이 별로 중요하지 않았다.

반면 머큐리 계획과 아폴로 계획의 중간 단계인 제미니 계획에서는 우주선들이 지구궤도에서 랑데부와 도킹°을 해야 했다. 랑데부나 도킹을 위한 조작은 그냥 궤도로 올라갈 때보다 훨씬 더 복잡하고 위험했다. 우주에서 다른 비행물체를 추적해서 연결해야 하는 중요한 요소들이 많았다. 제미니 계획의 주요 목적은 무엇보다 우주선끼리 랑데부하고 도킹하는 방법을 익히는 일이었다. 얼마나 장시간 비행했는지, 어떤 선외활동°°을 했는지도 제미니 계획에서 많은 관심을 모았지만, 아폴로 계획을 준비하기 위해서는 랑데부나 도킹이 제일 중요했다.

제미니 계획과 아폴로 계획을 위한 모의비행 장치 개발에 암스트롱만큼 핵심적인 역할을 한 우주비행사는 없었다. 암스트롱은 모의비행 장치가 실제 우주선이 비행할 때처럼 움직이지 않을 때가 많다는 사실을 발견했다. "모의비행 장치를 설계하는 사람들이 운동방정식을 제대로 만들어냈는지 확인하는 게 제가 해야 할 일 중 하나였습니다. 모의비행을 직접 해보면서 수학적인 오류 때문에 모의비행 장치가 잘못 움직이지는 않는지 확인했습니다. 그런데 모의비행 장치가 잘못 설계되었다는 사실을 발견할 때가 너무 많았습니다. 에드워즈에서도 같은 일을 했기 때문

° 인공위성이나 우주선이 우주 공간에서 서로 결합하는 일.
°° 우주선 밖으로 나가 우주 공간에서 하는 활동.

에 자연스럽게 내가 할 일이라고 느꼈습니다."

암스트롱은 에드워즈에 있었을 때와 마찬가지로 조종사로서의 통찰력으로 모의비행 장치의 발전에 결정적인 역할을 했다. "업체들은 조종사의 입장은 전혀 고려하지 않고 모의비행 장치를 만들 때가 많았습니다. 그들은 비행물체를 수직으로 세운 후 90도 회전시켰다가, 땅으로 내려갈 때 조종사가 어떻게 느낄지 상상할 수가 없으니까요"라고 암스트롱은 설명했다. 그는 유인 우주선센터의 우주비행사들을 위한 훈련소 안에 비상탈출 훈련 장치를 만드는 데도 큰 기여를 했다. 제미니 계획의 발사에 문제가 생겼을 때 탈출 모의훈련을 할 수 있는 장치였다.

슬레이턴은 우주 계획에서 많은 일들이 너무 빠른 속도로 진행되기 때문에 각자 전문 분야를 맡고 있는 우주비행사들이 기술 전체를 이해하기가 어렵다는 사실을 깨달았다. 그는 우주비행사들이 서로의 지식과 경험을 자유롭게 나눌 수 있어야 한다고 생각했다. 우주비행에 열광하는 사람들과 언론 앞에서 NASA가 하는 일을 홍보하는 것은 우주비행사 모두의 책임이었다. 우주비행사들은 교대로 그 일을 맡기로 했다. 보통 1주일씩 돌아가면서 대중 앞에 나서는 일을 해야 했다.

암스트롱은 7월 6일부터 1주일간 처음으로 NASA 홍보에 나섰다. 버지니아, 워싱턴 DC, 뉴욕 세계박람회를 찾았다. 아이오와에서는 과학 단체들 앞에서 하루에 다섯 차례나 발표를 했다. 수많은 환영 행사에 녹초가 된 암스트롱은 다음 날 아침 휴스턴으로 돌아왔다. 우주비행사로서 피할 수 없는 삶의 일부였다.

암스트롱은 시험비행 조종사에서 우주비행사로 직업을 바꾼 일에 대해 유명세만 빼면 편안하게 느꼈다. 우주비행사 훈련을 받는 동안 동료들은 조종사, 엔지니어, 우주비행사로서 암스트롱의 능력을 높이 평가했다. 그의 지성과 독특한 개성에 감탄하면서 놀라워했다.

"조용한 사람이라는 게 닐의 첫인상이었어요. 정말 조용하고 생각이 깊은 닐이 뭔가 이야기를 시작하면 귀를 기울일 수밖에 없었어요. 우리는 일단 일을 해치우고 보자는 기능 중심의 사람들이었습니다. 닐도 기능을 중시했지만, 원리를 정확하게 이해하는 데 좀 더 관심이 많았습니다. 우리 대부분은 같은 틀에서 나온 듯 비슷한 유형의 사람들이었어요. 하지만 닐은 달랐습니다"라고 프랭크 보먼은 말했다.

"닐은 굉장히 내성적인 사람이었습니다. 그가 일반적인 시험비행 조종사보다 사려 깊다고 생각했어요. 인간을 생각하는 사람과 행동하는 사람으로 나눈다면 시험비행 조종사는 행동하는 사람일 가능성이 높지만, 닐은 생각하는 사람에 가까웠습니다"라고 마이클 콜린스는 기억했다.

"닐은 활달한 성격이 아니었어요. 완벽히 전문적이었고, 지나치게 따뜻하지도 차지도 않은 성격이었습니다. 그와는 '애들은 어떻게 지내?' 같은 가벼운 대화를 나누면서 빈둥거렸던 기억이 없어요. 닐은 술자리도 좋아하지 않았습니다. 하지만 중요하다고 여기는 일이면 무엇이든 최선을 다했습니다. 제가 봤을 때 닐 암스트롱은 동료 중 누구보다 진실한 사람이었어요"라고 윌리엄 앤더스는 자신의 생각을 말했다.

"닐은 정말 친절했어요. 나와 마찬가지로 소도시 출신이라 그런지 느긋하면서 친절하고, 괜찮은 남자였습니다. 우리 둘 다 잘난 척하지 않았다고 생각해요"라고 존 글렌은 말했다. 글렌과 암스트롱은 1963년 6월 초, 정글 생존 훈련을 할 때 짝이었다. 파나마 운하지대의 앨브룩 공군기지 열대생존학교에서 그 훈련을 받았다.

글렌처럼 닐과 가깝게 지낸 경험이 있는 사람들은 닐의 익살맞은 유머 감각에 놀라곤 했다. 존 글렌은 "닐이 운동에 관한 이론을 주장할 때마다 박수를 치면서 웃었어요"라고 기억했다. 암스트롱은 친구들에게 운동이 인간의 소중한 심장박동을 낭비시킨다고 농담하곤 했다. 암스트롱과 함께 제미니 8호를 탔던 데이비드 스콧은 유인우주선센터 체력단련실에서 역기를 들고 고정자전거를 타면서 땀 흘리며 운동하고 있을 때, 암스트롱이 나타나 고정 자전거의 바퀴를 가장 낮은 강도로 맞춰놓고는 웃으면서 "잘했어, 데이비드! 파이팅!"이라 했다고 기억했다.

데이비드 스콧은 "닐은 함께 일하기 정말 좋은 친구였어요. 굉장히 똑똑했으니까요. 문제를 정말 신속하게 분석해낼 수 있었습니다. 위기에 처했을 때도 아주 냉철하게 대처하는 친구였어요"라고 말했다.

닐 암스트롱과 함께 달에 착륙했던 버즈 올드린은 "닐은 찰스 콘래드처럼 떠들썩하지도 않고, 프랭크 보먼처럼 권위적이지도 않았습니다. 닐은 무엇인가를 결정하기까지 오랜 시간이 걸렸어요. 그동안 그가 무슨 생각을 하는지 짐작하기 어려울 때가 많았죠. 그는 파악하기 어려운 사람이었습니다. 하지만 그런 특징조차 그가 훌륭한 선장이 되는 데 도움이 되었습니다"라고 했다.

13

우주선 선장으로 임명되다

새로 뽑힌 우주비행사들 중 가장 먼저 비행 계획이 확정된 사람은 토머스 스태퍼드와 프랭크 보먼이었다. 1964년 2월, 슬레이턴은 미국 최초의 우주비행사 앨런 셰퍼드와 토머스 스태퍼드를 제미니 계획 중 첫 번째 유인우주선인 '제미니 3호'에 태우기로 결정했다. 거스 그리섬과 프랭크 보먼은 제미니 3호의 예비 조종사로 지명됐다. 누가 맨 먼저 비행하게 될지 초조하게 결정을 기다리긴 했지만, 암스트롱은 실망감을 드러내지 않았다. "내가 되리라고 기대하지 않았어요. 계속 이어지는 우주 계획에 참여할 수 있다는 사실만으로도 너무 기뻤습니다. 우주 계획은 미국뿐 아니라 인류 전체의 중요한 목표라고 생각했습니다. 그 계획에 참여해서 무슨 일이든 할 수 있다는 게 행복했습니다."

하지만 비행 준비에 들어가기도 전에 제미니 3호의 조종사가 바뀌었다. 앨런 셰퍼드가 귀에 생긴 문제 때문에 계속 현기증을 느꼈기 때문이다. 거스 그리섬이 제미니 3호를 지휘하게 되었고, 거스는 존 영과 비행하겠다고 했다. 머큐리 계획에서 우주비행을 했던 월터 시라와 토머스 스태퍼드가 제미니 3호의 예비 조종사가 되었다.

"디크 슬레이턴이 어떻게 조종사를 결정했는지 짐작할 수는 있지만, 설명하기는 쉽지 않아요. 간단히 사람을 이리저리 교체하는 문제가 아니라고 생각합니다. 각 비행마다 능력 있고 훌륭한 선장을 먼저 배치한다는 게 슬레이턴의 첫 번째 원칙이었습니다. 그다음 나머지 우주비행사들을 각각의 자리에 배치해 비행 준비와 훈련을 통해 경험을 쌓게 합니다. 경험이 쌓인 우주비행사들은 다음번에 더 중요한 자리를 맡게 되지요"라고 암스트롱은 설명했다.

"평상시 우주비행사들은 각자 전문 분야가 따로 있어서 서로 책임을 나누었습니다. 하지만 비행기든 우주선이든 비행을 책임지게 되면 역할이 달라집니다. 모든 일을 스스로 판단하고 책임져야 하니까요."

"적절한 경험을 갖춘 사람이 우주선을 지휘하는 선장이 되어 자신감을 가지고 그 역할을 준비해야 한다는 게 디크 슬레이턴의 핵심적인 생각이었습니다. 디크는 모든 우주비행사가 그 과정을 거치면서 비행을 책임질 수 있는 자격과 능력을 갖추고, 어떤 역할이든 해낼 수 있어야 한다고 언제나 말했습니다. 나도 전적으로 그 생각이 옳다고 생각했습니다."

"자신의 자서전에서도 이야기했듯 디크는 우주비행사들을 각각 가장 잘 어울리는 자리에 배치하려고 했습니다. 그러면서도 머큐리 계획에 함께 참여했던 동료들에 대해 일종의 의무감을 느꼈습니다. 디크는 언제나 거스 그리섬과 앨런 셰퍼드, 월터 시라를 가장 먼저 배치했는데, 그의 판단이 옳았다고 생각합니다. 그들 모두 최고의 우주비행사였으니까요. 철저히 검증받은 사람들이기 때문에 가장 먼저 선택받는 게 당연했습니다"라고 암스트롱이 덧붙였다.

슬레이턴은 선장을 먼저 정해놓고 그에게 누구와 함께 비행하면 좋겠냐고 물었다. 그런 식으로 우주비행사를 배치하면서 한 가지 원칙이 있었다고 암스트롱은 말했다. "우주비행사가 한 번에 두 가지 비행을 준비하지 않게 했어요. 광범위하게 비행 준비를 해야 하기 때문에 조종사나 예비 조종사가 오랫동안 그 일에만 전념할 수 있게 했습니다. 세 번의 비행을 위해 12명에서 18명 정도까지 조종사와 예비 조종사를 배치하고 나면 남는 사람이 많지 않았습니다. 그래서 디크 슬레이턴은 미리 계획을 잘 세워두려고 했습니다. 그는 모든 비행이 중요하지만 특별히 제미니 계획과 아폴로 계획의 초반 비행이 중요하다고 생각했습니다. 초반에 실패하면 계획 전체가 위태로워질 수도 있기 때문에 실수하지 않는 게 정말 중요했습니다."

새로 선발된 우주비행사 중 닐 암스트롱만 유일하게 우주비행사 사무실에서 관리 책임을 맡았다. 그 사무실에서 조지프 앨그랜티가 항공기 운항을, 워런 노스가 비행요원을 관리했다. 그리고 슬레이턴은 우주비행사 활동을 조정했다. 앨런 셰퍼드는 어지러움 때문에 우주비행을 할 수 없게 되자 우주비행사들의 감독 역할을 하면서 디크 슬레이턴을 도왔다. 앨런 셰퍼드 아래에서 거스 그리섬이 제미니 계획을, 고든 쿠퍼가 아폴로 계획을 담당했다.

암스트롱은 운영과 훈련이라 불리는 세 번째 팀의 책임을 맡았다. 몇몇 동료 비행사들이 암스트롱 밑에서 그를 도왔다. "디크는 어느 시점에 얼마나 많은 우주비행사들이 필요한지 계획을 짜보라고 했습니다. 나는 굉장히 간단한 방법으로 계산했습니다. 일단 제미니 계획과 아폴로 계획의 발사 날짜를 잡아보았습니다. 아폴로 계획에는 다양한 임무가 있었습니다. 그래서 발사 날짜만 가지고 '됐어. 그 날짜대로 발사된다면 조종사가 얼마나 필요하지?'라고 생각했습니다. 그다음 그 조종사들이 준비하는 데 걸리는 시간을 따져보았습니다. 조종사가 누구인지는 구체적으로 정하지 않고 A, B, C, D라고만 해두었죠. 모든 비행 계획을 날짜에 따라 정리한 후 얼마나 많은 우주비행사가 필요한지 도표를 만들었습니다. 맨 밑에는 각 달마다 몇 명의 우주비행사가 비행 중이고, 몇 명이 비행을 할 수 있는지 정리해놓았습니다."

암스트롱이 만든 도표 덕분에 슬레이턴은 언제 새로운 우주비행사를 충원해야 하는지 결정할 수 있었다. 1963년 6월, NASA는 10명에서 15명 정도 새로 우주비행사를 선발할 계획이라고 발표했다. 이제 시험비행 조종사 경력이 없어도 지원할 수 있었다. 새로 뽑힌 조종사들은 아폴로의 달 착륙에 필요한 광범위한 과학 기술 관련 일을 할 예정이었다. 1963년 10월에 새로 뽑힌 우주비행사 14명 중 8명이 시험비행 조종사였다.

그중 돈 아이셀, 찰스 배싯, 마이클 콜린스, 시어도어 프리먼과 데이비드 스콧은 공군, 앨런 빈과 리처드 고든은 해군이었다. 클리프턴 윌리엄스는 해병대였다. 나머지 6명은 다양한 전공과 비행 경험을 가진 조종사들이었다. 전투기 조종사 출신으로 MIT에서 우주비행 관련 연구로 박사 학위를 받은 버즈 올드린, 공군 전투기 조종사였던 윌리엄 앤더스, 해군 조종사였던 유진 서넌과 로저 채피, 해병대 조종사 출신의 월터 커닝햄, 공군 조종사였던 러셀 슈바이카르트였다.

암스트롱은 세 번째로 뽑힌 이 뛰어난 우주비행사들과 우주여행을 함께했다. 제미니 8호로 우주비행을 할 때는 데이비드 스콧, 아폴로 11호로 달 착륙을 할 때는 버즈 올드린, 마이클 콜린스와 비행했다.

1965년 2월 8일, 암스트롱은 제미니 5호의 예비 선장이 되었다. 제미니 5호의 선장 고든 쿠퍼에게 문제가 생겼을 때 대신 임무를 맡는 것이다. 우주비행 중 다른 비행물체와 만나 랑데부하는 게 제미니 5호의 주된 목적이었지만, 우주에서 8일 동안 머무르는 실험도 해야 했다. 제임스 맥디빗과 에드워드 화이트가 비행할 제미니 4호가 우주에서 머무는 시간의 두 배였다.

엘리엇 시가 암스트롱과 함께 제미니 5호의 예비 조종사가 되었다. 시는 제미니 5호에서 쿠퍼 오른쪽에 앉을 찰스 콘래드에게 문제가 생겼을 때 대신하는 역할이었다. "1960년대 말까지는 달에 착륙해서 소련을 앞지르는 게 목적이었기 때문에 일정이 무엇보다 중요했습니다"라고 암스트롱은 말했다. "배치를 받아 너무 기뻤고, 고든 쿠퍼의 예비 선장이라는 위치에 정말 만족했습니다." 암스트롱은 제미니 5호의 예비 선장이 된 후에도 일반적인 훈련을 계속 받았지만, 훈련은 그가 해야 했던 일 중 3분의 1 정도였다. 그다음 3분의 1은 어떻게 하면 우주선이 제일 좋은 궤도로 비행하면서 임무를 수행할 수 있을지 기술과 방법을 찾아내고 계획하는 일이었다. 나머지는 테스트와 관련된 일이었다. "온갖 장치들에 익숙해지면서 제대로 작동하는지 확인하기 위해 우주선과 실험실에서 정말 오랜 시간을 보냈습니다. 새벽 2시에 테스트할 때도 많았어요. 고든 쿠퍼와 찰스 콘래드, 엘리엇 시와 나, 우리 네 명은 정말 긴 시간 함께 일했습니다. 농담이나 잡담을 전혀 하지 않았다고 말할 수는 없지만, 해야 할 일에 항상 98퍼센트 이상 집중했습니다"라고 암스트롱이 회고했다.

암스트롱은 제미니 5호의 예비 선장으로 비행 준비를 하면서 거스 그리섬과 존 영이 탈 제미니 3호 '몰리 브라운' 우주선을 지원하는 역할도 했다. 제미니 3호는 제미니 계획에서 첫 번째 유인우주선이었다. 암스트롱은 제미니 3호를 위해 하와이 카우아이섬에 있는 전 세계 위성망의 추적 관제소에서 1주일 동안 준비 작업을 했다. 하와이의 북쪽 끝에 있는 카우아이 관제소는 궤도를 돌고 있는 제미니 우주선에 음성 지시를 전달할 주요 관제소였다. 그랜드바하마섬에 있는 카리브해 관제소같이 보조 관제소들은 레이더와 원격 측정 정보만 다룰 수 있었다.

NASA에는 슬레이턴이 우주비행사들에게 어느 정도 재충전할 시간을 주려고 이런 일을 시킨다고 보는 사람들도 있었다. 암스트롱은 제미니 3호가 발사되기 1주 전에 하와이 관제소에서 우주선의 추적과 통신을 모의실험했다. 우주선의 비행궤도를 타원에서 원으로 바꾸는 실험이 제미니 3호의 주요 목표였다. 달에 착륙하려면 궤도를 바꾸어 다른 우주선과 만나는 기술이 필요했다. 제미니 3호는 로켓엔진을 세 차례에 걸쳐 주도면밀하게 연소하면서 효율적으로 움직이는 능력을 보여줄 계획이었다.

하지만 비행 마지막에 진짜 문제가 나타났다. 우주선이 계획했던 지점보다 84킬로미터 정도 못 미쳐 착륙하면서 낙하산이 갑자기 펼쳐지는 바람에 우주비행사들이 계기판에 부딪쳤다. 그리섬의 우주복에서 얼굴 보호용 아크릴판이 깨졌다. 암스트롱은 제미니 3호 발사와 제미니 5호의 발사 사이 21주 중 26일을 세인트루이스의 맥도널 공장에서 지냈다. 제미니 5호 우주선을 테스트하면서 비행 준비를 하는 곳이었다. 그리고 20여 일은 플로리다주의 케네디우주센터에서 보냈다. 그 사이 캘리포니아, 노스캐롤라이나, 버지니아, 매사추세츠, 콜로라도, 텍사스 등지로 다녔다.

제미니 5호의 조종사 두 명과 예비 조종사 두 명은 다섯 달 동안 9만 6561킬로미터를 넘게 이동했다. 민간 항공기를 타고 이동할 때도 있었지만, 비행기를 직접 조종해서 이동한 경우가 많았다. 조종사로서의 능력을 유지하기 위해서였다.

맨 처음 선발되었던 우주비행사 일곱 명은 노스캐롤라이나주 채플힐에 있는 모어헤드Morehead 천문관에서 천문항법°을 많이 배웠다. 토니 젠자노 천문관 관장은 우주선에서 보듯이 모의비행을 할 수 있도록 뛰어난 비행 훈련 장치를 만들어냈다. 합판과천, 발포고무, 종이로 만든 모의우주선 안의 의자에 앉아 별을 보면서 이리저리 움직이는 우주선을 조종할 수 있었다. 로켓이 발사될 때처럼 살짝 기울어진 의자가 오른쪽 왼쪽으로 움직였다.

암스트롱은 모어헤드 천문관을 여러 번 찾았다. 마지막으로찾은 때는 1969년 2월 21일, 아폴로 11호가 발사되기 다섯 달 전이었다. 머큐리 계획, 제미니 계획, 아폴로 계획의 우주비행사 중암스트롱만큼 모어헤드 천문관을 자주 찾은 사람도 없었다. 모어헤드에서 보낸 시간이 별들과 별자리를 파악하는 데 많은 도움을 주었다고 암스트롱은 이야기했다. 아폴로 계획의 조종사들은NASA의 천문항법 체계에서 활용하는 36개의 별들을 잘 파악하면서 비행해야 한다고 생각했다.

암스트롱과 스콧은 1966년 3월 제미니 8호의 우주비행을 준비하기 위해 함께 T-38을 타고 장거리 비행을 하면서 정기적으로 별에 대한 지식을 서로 시험하곤 했다. "우리는 고도 12.2킬로미터에서 비행하면서 조종석의 조명을 완전히 끄곤 했어요. 밤하늘에 빛나는 별을 보면서 연습하기에 정말 좋았죠"라고 암스트롱은 기억했다. 스콧은 그때 훈련 덕분에 1969년 3월, 아폴로9호로 우주를 비행할 때 별들을 잘 파악해 항법용 컴퓨터°°를 제대로 조작할 수 있었다.

° 태양이나 달, 특정 항성을 기준으로 측정한 방위 정보를 활용해 비행하는 항법.
°° 안전하고 정확하게 이동하도록 방향을 알려주는 컴퓨터.

제미니 5호의 쿠퍼, 콘래드, 암스트롱, 시, 그리고 제미니 8호의 암스트롱, 스콧, 콘래드, 고든은 긴밀한 유대관계를 맺었다. 제미니 5호는 1965년 8월 21일에 발사되었다. 타이탄 2호 로켓은 미국 동부 표준시로 아침 9시 2초 전, 19번 발사대에서 제미니 5호를 발사했다. 케이프케네디의 날씨와 연료를 싣는 문제로 발사가 이틀 연기된 후였다. "즉석에서 전기를 만들어내는 연료전지로 우주에 간 우주선은 우리가 처음이었어요. 우주선이 발전하면서 필요한 전기량이 많아져 이전 우주선처럼 배터리에 의존했다면 배터리가 너무 크고 무거워졌을 거예요. 예를 들어 제미니 5호는 처음으로 레이더와 컴퓨터를 싣고 우주에 갔는데, 둘 다 전기를 많이 소모하죠. 연료전지로 비행할 수 있다는 사실을 증명해낸 것은 대단한 일이었어요"라고 고든 쿠퍼는 기억했다.

닐 암스트롱과 엘리엇 시는 케이프케네디에서 제미니 5호의 발사 장면을 지켜본 후 유인우주선센터로 돌아왔다. 궤도를 세 번째 돌면서 콘래드는 연료전지의 산소 압력이 떨어진 것을 발견했다. "한 번도 시도한 적 없는 우주에서의 랑데부를 실험하기 위해 막 준비하고 있을 때였습니다." 연료전지의 산소 압력은 결국 회복되었지만, 랑데부를 보여줄 기회는 이미 지나간 다음이었다. 제미니 5호는 8일에서 1시간 5분 모자라는 우주비행 시간을 기록한 후 구조 선박에서 144.8킬로미터 떨어진 바다로 내려왔다. 지상의 누군가가 우주선 컴퓨터에 선박 위치를 잘못 알렸기 때문이다. 그 우주비행으로 무중력 상태가 신체에 어떤 영향을 미치는지에 대한 중요한 자료를 확보할 수 있었지만 (쿠퍼와 콘래드의 심혈관계가 회복되기까지 이틀 정도 걸렸다) 대부분은 랑데부가 실패한 사실에만 관심을 집중했다.

1965년 9월 20일, 제미니 5호가 지구로 돌아온 지 3주 후

NASA는 제미니 8호의 우주비행사들을 공식 발표했다. 암스트롱이 제미니 8호의 선장, 데이비드 스콧이 함께 비행할 조종사였다. 데이비드 스콧은 세 번째 선발한 우주비행사 중 제일 먼저 우주선을 타게 되었다. 방금 제미니 5호 비행을 마치고 돌아온 콘래드가 비상시 암스트롱을 대신할 예비 선장, 고든이 예비 조종사였다.

1965년 9월, 암스트롱이 제미니 8호의 선장으로 임명되면서 그의 우주비행사 경력 중 첫 번째 장이 마무리되었다. 그 후 제미니 8호가 발사될 때까지 6개월 동안 암스트롱과 스콧은 우주비행을 위해 거의 쉬지 않고 훈련했다. 지금까지의 우주비행 중 가장 복잡하며 거의 목숨을 걸어야 할 만큼 위험한 비행이었다.

14

제미니 8호를 지휘하다

1966년 3월 16일 수요일, 미국 동부 표준시 아침 9시 41분, 플로리다주 케이프 케네디. 제미니 발사 관제센터. 제미니 8호는 19번 발사대에서 발사 114분 전, 그리고 아틀라스/아제나는 14번 발사대에서 발사 19분 전. 제미니 8호를 조종할 우주비행사 닐 암스트롱과 데이비드 스콧은 38분에 우주선에 들어갔다. 그들은 지금 우주선 안에 자리 잡고 있다.

3년 반 동안 우주비행사 경력을 쌓은 35세의 닐 암스트롱은 드디어 타이탄 2호 로켓 위의 우주선으로 들어가 우주로 발사되기를 기다렸다. 미국에서 열네 번째로 유인 우주비행을 할 제미니 8호는 중요한 임무를 띠고 있었다. 미국은 불과 넉 달 전 우주에서의 랑데부를 성공시켰다. 소련은 해내지 못한 일이었다.
1965년 12월, 월터 시라와 토머스 스태퍼드가 타고 있던 제미니 6호는 궤도를 수정하면서 프랭크 보먼과 제임스 러벌이 타고 있던 제미니 7호에 바짝 다가갔다. 이제 랑데부에 그치지 않고 우주에서 처음으로 도킹을 하는 게 제미니 8호의 임무였다. 특별 제작한 아제나와 도킹할 계획이었다.

33세 우주비행사인 데이비드 스콧은 제미니 4호의 에드워드 화이트가 1965년 6월, 미국 최초로 우주선 밖 우주 공간으로 나가 활동했던 때보다 훨씬 더 복잡한 선외활동을 해야 했다. 게다가 70시간 동안 궤도를 55차례나 돌면서 비행하는 우주선 안에서 개구리 알 키우기, 지구의 지형 촬영, 빛의 세기를 측정하는 장치를 이용한 대기 구름 촬영 등을 실험해야 했다. "제미니는 그리스 신화에 나오는 쌍둥이 형제인 카스토르Castor와 폴룩스Pollux 이야기가 담긴 별자리입니다"라고 암스트롱은 설명했다. 암스트롱과 스콧은 제미니 8호를 위해 카스토르와 폴룩스에서 나온 빛이 프리즘을 통해 퍼지는 그림이 들어간 패치를 디자인했다.

달 착륙을 준비하는 게 제미니 8호의 기본 목표였다. 1962년 여름, NASA는 1960년대 말까지 달에 가려면 달궤도에서 랑데부하는 것이 유일한 방법이라고 결정했다. 이에 따라 다른 우주선과 랑데부하고 도킹하는 방법을 익히는 게 더욱 중요해졌다. 제미니 8호를 지휘하는 암스트롱이 처음으로 그 중대한 일을 해내야 했다.

아제나는 원래 록히드가 미국 공군을 위해 개발한 2단계 로켓이었다. NASA의 우주 계획 담당자들은 1961년부터 일찍이 아제나를 랑데부 실험의 표적기로 사용하는 방안을 고려했고, 제미니 계획에서 그 생각을 실천에 옮겼다. 아제나의 목적을 바꾸면서 데이터 통신 장치, 레이더 응답기와 추적 장치, 자세 안정화 장치, 도킹 장치를 추가해야 했다. 가장 복잡하게는 도킹된 우주선을 어느 방향으로든 조종할 수 있도록 우주에서 적어도 다섯 번 이상 켰다 껐다 할 수 있는 엔진이 필요했다. 개조한 아제나는 제미니 8호가 발사되기 불과 11일 전에 발사 허가를 받았다.

발사 전에 우주선에서 사소한 문제를 발견하면서 이미 우주로 날아간 아제나를 뒤쫓을 기회를 놓칠 뻔했다. "데이비드와 내가 미끄러지듯이 우주선 안으로 들어가 각자 자리에 앉았을 때 비행 준비를 하던 사람들 중 한 명이 데이비드의 장비에 접착제가 붙어 있는 것을 발견했어요. 우리는 자리에서 꼼짝할 수가 없어서 예비 선장 콘래드와 발사 준비 책임자 귄터 벤트가 땀을 좀 흘리면서 떼어냈죠."

재닛은 휴스턴의 집에서 어린 두 아들과 함께 텔레비전으로 발사 장면을 초조하게 지켜보았다. 암스트롱은 부모님을 위해 모텔을 예약했고, 부모님은 다른 귀빈들과 함께 NASA 버스를 타고 케이프케네디 관람대로 왔다. 여동생 준 부부와 남동생 딘 부부도 참석했다. 암스트롱의 마음은 불안하기도 하고 기대가 되기도 했다. "비행기는 보통 별문제 없이 타게 됩니다. 하지만 우주선을 탈 때는 발사대에서 그냥 몇 시간씩 기다리다가 나와야 할 때가 많습니다. 우주선이 진짜 발사되면 오히려 놀랄 정도죠. 로켓의 움직임을 느끼기 전까지는 진짜 발사될지 모르거든요."

"아제나와 우리 우주선을 계획했던 시간에 맞춰 발사했다는 사실은 정말 좋은 징조였습니다. 우리가 연습해온 대로 랑데부 시간을 맞출 수 있으니까요."

"제미니 8호는 상당히 부드럽게 날아갔습니다. 아폴로 11호가 처음 날아갈 때보다 훨씬 매끄러웠습니다. 우주선이 발사되는 순간, 제대로 가고 있다는 사실을 알 수 있습니다. 제미니 8호가 발사되자 중력가속도가 상당히 높아져 7g 정도 되었습니다. 처음에는 푸른 하늘이 보이다가 몸이 뒤집히고 창문을 통해 지평선이 보였습니다. 카리브해 지역 위를 날아갈 때여서 상당히 장관이었죠. 푸른색과 녹색, 점점이 떠 있는 섬들이 보였습니다. 엔진이 계속 작동할지 걱정이 되어서 풍경을 제대로 즐기기는 어려웠습니다."

제미니 8호는 지구 위에서 동쪽 방향으로 돌면서 한 번에 몇 분씩 간간이 음성통신을 했다. 제미니 8호의 조종석은 우주선을 추적하는 전 세계 관제소들을 통해 휴스턴 우주비행관제센터와 연결되어 있었다. 남대서양의 영국령인 작은 섬들, 아프리카 동쪽 마다가스카르의 안타나나리보, 오스트레일리아 서부의 카나번, 하와이 최북단 섬인 카우아이, 멕시코의 과이마스 등에 관제소가 있었다. 암스트롱과 스콧은 하와이 위를 날 때부터 바깥 구경을 시작했다. 하와이의 몰로카이섬, 마우이섬과 빅아일랜드를 알아볼 수 있었다. 미국의 하늘 위를 날 때는 두 사람 모두 휴스턴 집이 어디에 있는지 찾아보았다.

하지만 제미니 8호와 1980킬로미터 정도 거리를 두고 좀 더 높은 궤도에서 움직이고 있는 아제나를 뒤쫓기 위해 암스트롱은 우주선의 관성 측정 장치를 조정해야 했다. 관성 측정 장치는 방향을 측정하거나 유지하기 위해 고안된 회전의(자이로스코프, gyroscope)와 가속도계로 이루어졌다. 관성 측정 장치는 우주선의 상하좌우 각도에 대한 정보를 우주선 컴퓨터에 제공했다. 회전의에 따라 우주선은 자세를 잡고, 가속도계는 엔진 연소를 할 때 우주선의 반응을 측정했다. 제미니 8호는 그 임무를 시작한 지 1시간 34분 만에 결정적인 순간을 맞았다. 속도를 늦춰 아제나와 같은 궤도경사로 들어서야 했다.

"표적기와 같은 궤도면으로 들어가는 게 랑데부의 기본 조건이었습니다. 몇 도라도 어긋나면 연료가 부족해서 랑데부할 비행물체에 다가가지 못합니다. 랑데부가 제대로 이루어지려면 우주선이 정확한 시간에 발사되어야 했습니다"라고 암스트롱은 설명했다. 둘 다 정확한 시간에 발사되었다 해도 두 우주선이 그리는 궤도의 경사각은 약간 달라질 수 있었다. 제미니 8호와 아제나도 그 문제를 해결해야 했다.

아무리 좋은 조건이라도 우주에서 표적기를 뒤쫓으려면 굉장히 능수능란하게 우주선을 조종할 수 있어야 했다. 충분한 시간을 들여 모의비행을 하면서 준비하지 않았다면 어떤 우주비행사도 우주 랑데부를 해낼 수가 없었다. 두 우주선의 위치를 계산해서 표적기의 궤도면으로 어떻게 들어갈지 결정하고, 랑데부 마지막 단계에서 필요한 정밀한 수학 문제들을 풀어내려면 유도컴퓨터가 필요했다. 제미니 유도컴퓨터는 우주선을 실시간으로 조종하고 제어하는 데 도움을 주기 위해 IBM이 NASA를 위해 만든 컴퓨터로, 세계 최초로 디지털과 전자공학을 활용했다. 길이 48.3센티미터, 무게 22.7킬로그램의 컴퓨터는 우주선 정면 벽에 삽입되어 있었다. 그 컴퓨터 안에 들어 있는 기억 장치인 도넛 모양의 자석은 2만 바이트°에 조금 못 미치는 15만 9744비트 정보를 저장했다. 테이프 드라이브를 이용해 다른 프로그램들을 컴퓨터에 입력할 수도 있었다. 제미니 8호가 그 테이프 드라이브를 활용한 최초의 우주선이었다. 당시로서는 최첨단 컴퓨터 기술을 이용했지만, 랑데부 준비 과정은 복잡했다.

제미니 8호의 비행 계획을 세운 담당자들은 수학적 모형과 모의실험, 제미니 비행 경험을 토대로 두 우주선의 고도 차이는 24.1킬로미터가 가장 적당하다고 결정했다. 그리고 제미니 우주선이 아제나가 돌고 있는 더 높은 궤도로 이동하기 위한 각도는 130도가 이상적이라고 판단했다. "하늘 중앙에 커다란 별이 나타났을 때 아제나로 다가갈 계획이었습니다. 그렇게 하면 배경을 보면서 표적기에 다가가기가 훨씬 쉬워집니다. 별을 기준으로 우리가 제대로 가고 있는지 알 수 있으니까요. 속도 조절도 할 수

° 1바이트=8비트

있고요." 또 태양이 제미니 우주선의 뒤에 있을 때 랑데부를 마치는 게 가장 좋았다. 이 조건에 맞춰 발사 시간을 거꾸로 계산했고, 도킹으로 이어질 랑데부의 최종 단계에서 가장 알맞은 상태를 만들어줄 수 있는 궤도의 매개변수 등을 결정했다.

우주선의 엔진을 처음 연소시킬 때부터 랑데부의 최종 단계를 시작하기까지는 2시간 50분 정도 예상되었다. 암스트롱과 스콧은 그 사이에 밥을 먹기로 했다. '1일/식사 B'라는 딱지가 붙어 있는 음식 꾸러미 안에는 냉동건조 닭고기와 그레이비소스의 찜 요리가 들어 있었다.

바로 그때 휴스턴의 교신 담당자인 제임스 러벌이 영국령 서인도제도의 앤티가 관제소를 통해 연락했다. 러벌은 다음 연소를 준비하라고 했다. 암스트롱과 스콧은 연소를 끝낼 때까지 음식 꾸러미를 우주선 천장에 붙여놓았다. 30분 후에 다시 먹으려고 보니 음식이 군데군데 말라 있었다. 암스트롱은 디저트로 브라우니를 먹었는데, 빵 부스러기가 우주선 안에서 둥둥 떠다녔다.

2시간 45분 50초가 지나 두 번째 궤도비행을 마치기 직전, 태평양 위를 날면서 궤도면을 바꾸기 위해 엔진을 연소시켰다. 암스트롱은 엔진을 연소시키면서 수평속도를 초당 8미터로 바꾸었다. 제미니 8호의 머리가 밑으로 향했다.

02:46:27 암스트롱 : 우리가 속도를 너무 줄인 것 같아.

우주선이 멕시코 위를 지나면서 암스트롱의 직감이 옳았다는 사실이 확인되었다. 러벌은 다시 아주 잠깐 엔진을 연소시키면서 초당 속도를 0.6미터 높이라고 했다. 제미니 8호는 아제나와 같은 궤도에 들어서더니 아제나를 따라잡았다. 아제나의 궤도로 들어갈 때 암스트롱과 스콧은 컴퓨터와 도표, 지상 관제소의 도움을 받아 거리와 속도를 계산했다. 몇 차례 조정을 거친 후 그들은 마지막에는 속도를 줄이고, 최소한의 연료만 소모하면서 원하던 대로 목표물에 접근할 수 있었다.

제미니 8호는 아제나를 레이더로 확실히 추적하기 전까지는 마지막 단계에 들어갈 수가 없었다. 암스트롱은 목표물에 너무 빨리 접근하지 않으려고 마음속으로 거리와 속도를 끊임없이 되새겼다. 3시간 8분 48초가 지나 암스트롱은 "간간이 레이더로 추적하고 있다"며 보고했다.

35분 후, 우주선이 아프리카 위에서 날고 있을 때 레이더가 잘 잡힌다고 보고했다. 그다음 암스트롱은 다시 한 번 엔진을 연소시켜야 했다. 제미니 8호가 아제나를 따라잡기 위해 2시간 동안 움직인 궤도는 타원형이었다. 암스트롱은 우주선의 머리를 내리고 엔진을 연소시켰다. 제미니 8호의 속도는 초당 18미터가 되었고, 궤도는 타원형에서 원형으로 바뀌면서 아제나의 궤도와 좀 더 가까워졌다.

시간이 좀 지나 우주비행사들은 목표물을 눈으로 확인할 수 있었다. "어느 시점에서인가 아제나가 보인다는 사실을 알게 되었습니다. 하지만 훨씬 더 가까워져야 했습니다. 어둠 속에서 130도, 적어도 125도 정도의 아치를 그리며 이동할 계획이었으니까요. 그런데 얼마 후 아제나가 햇빛 속으로 들어갔고, 크리스마스트리처럼 반짝였습니다. 어두운 하늘을 배경으로 서 있는 거대한 신호등처럼 잘 볼 수 있었습니다. 우리 우주선이 궤도를 잘 돌고 있는 데다 아제나도 잘 보여서 원래 계획대로 별을 확인하는 게 별로 중요하지 않았습니다"라고 암스트롱은 설명했다.

스콧이 122.3킬로미터 떨어져 있는 한 물체가 햇빛을 받아

빛나는 게 보인다고 곧장 무전을 보냈다. 목표물이 제미니 8호보다 10도 위에 있어서 암스트롱은 마지막으로 자리를 옮기기 위해 관성 측정 장치를 다시 한 번 활용해야 했다. 암스트롱은 우주선의 머리를 30도 정도 올린 후 왼쪽으로 17도 정도 기울였다. 그 과정을 성공적으로 끝낸 후 다시 한 번 아제나를 바라보았다.

몇 분 후 아제나는 여명 속으로 들어가며 시야에서 사라졌다가 제미니 8호가 포착등을 켜자 금방 다시 나타났다. "우주선이 아제나와 같은 위치, 같은 속도로 비행하기 위해 마지막으로 조정해야 했습니다. 그러자 우리 우주선과 아제나가 나란히 짝을 지어 비행하게 되었죠. 그때부터 45.7미터 정도 거리를 유지하면서 비행했습니다. 계속 아제나 가까이에서 비행하면서 절대 멀어지지 않았어요. 조금만 벗어나도 실수가 커지기 때문에 아제나와 같은 궤도를 유지해야 했습니다. 꼭 짝을 지어 비행해야 했어요"라고 암스트롱은 설명했다.

카리브해 지역 앤티가 위에서 제미니 8호의 우주비행사는 우주선의 속도를 늦추기 위해 준비했다. 아제나에 너무 빨리 다가가지 않기 위해서였다. 암스트롱은 띄엄띄엄 굉장히 짧게 엔진을 연소시키면서 조심조심 우주선 속도를 늦추었고, 데이비드 스콧은 제미니 8호의 거리와 속도를 외쳤다. 2분 20초 후 아제나의 불빛이 다가왔다. 제미니 8호는 초당 1.5미터 속도로 천천히 아제나에 접근했다. 암스트롱은 눈에 띄게 흥분했다.

05:53:08 암스트롱 : 믿을 수가 없어!

05:53:10 스콧 : 응, 나도 믿어지지가 않아. 정말 잘했어. 선장!

05:53:13 암스트롱 : 잘했어, 파트너!

05:53:16 스콧 : 당신이 해냈잖아, 대단해! 잘했어!

05:53:17 암스트롱 : 우리 둘이 해낸 일이야.

암스트롱과 스콧을 방해할까 봐 결정적인 순간에는 침묵했던 교신 담당자 러벌이 2분 후 랑데부가 어떻게 되었는지 물었다.

05:56:23 암스트롱 : 여기는 제미니 8호다. 우리는 아제나와 45.7미터 정도 거리를 두고 날고 있다.

두 우주선이 같은 속도로 비행하면서 짧은 우주 개발 역사상 두 번째 랑데부가 이루어졌다.

암스트롱은 나란히 비행하는 게 특별히 어렵게 느껴지지 않았다. "아제나와 가까이에서 비행하는 게 전혀 어렵지 않았어요. 우리는 아제나 옆에서 비행하면서 여러 방향으로 아제나를 촬영했습니다."

암스트롱은 비행이나 우주비행 이야기를 할 때마다 '우리'라는 단어를 사용했다. 하지만 도킹 전까지는 제미니 8호를 조종하는 일이 너무 복잡하고 까다로워서 스콧에게 맡길 수가 없었다. 도킹을 끝내거나 스콧이 우주선 밖 활동(선외활동)을 한 다음 어느 때쯤, 스콧에게 우주선 조종을 맡길 계획이었다. 암스트롱과 스콧은 그날 '낮' 거의 내내 랑데부 상태를 유지했다. 그들이 돌고 있는 궤도에서는 45분 정도 '낮'이 지속되면서 햇빛이 비쳤다.

하와이 서쪽에서 랑데부를 시작한 제미니 8호가 남미 북동 해안, 우주선을 추적하는 미국 해군의 선박 근처로 왔을 때였다. 바로 그 순간 암스트롱은 초당 7.6센티미터의 정말 느린 속도로 조심스레 도킹했다.

06:33:40 교신 담당 : 오케이, 제미니 8호. 여기 지상에서는 괜찮아 보여. 모든 조건이 도킹하기 알맞아 보여.

06:33:52 암스트롱 : 관제센터, 우리는 도킹했다! 맞아. 정말 매끄럽게 도킹했다.

우주비행관제센터에서 환호가 터졌다. 교신 담당자는 우주비행사들에게 축하한다고 말하면서 아제나 상태가 안정적이고 진동이 없다고 전했다.

도킹 후 1분 동안, 우주비행사나 항공관제사는 아제나의 움직임에만 집중했다. 휴스턴의 우주비행관제센터는 무인우주선 아제나가 지구에서 보내는 통신 내용을 받아 저장할 수 있는지 확인하기 어려웠다. 아제나의 속도계가 왜 작동하지 않는지도 알 수 없었다. 이 두 가지 문제로 아제나의 자세 제어 장치가 제대로 작동하지 않을 수 있었다. 교신 담당자는 암스트롱에게 자세 제어 장치가 제멋대로이면 그것을 끄고 우주선을 제어하라고 말했다. 경고 6분 후, 우주선이 통신이 되지 않는 곳으로 이동하면서 우주선을 추적하던 관제소가 신호를 놓쳤다. 그 후 21분 동안 지구와 제미니 8호의 통신이 끊겼다. 그다음 제미니 8호는 오싹한 소식을 전했다.

07:7:15 스콧 : 이곳에 심각한 문제가 있다. 우리…… 우리는 여기에서 빙글빙글 돌고 있다. 우리는 도킹을 풀고 아제나를 분리했다.

암스트롱은 비상사태로 이어진 사건들을 회고했다. 미국 우주 계획 중 최초의 치명적인 위기였다. "도킹을 하자마자 '밤'으로 접어들었어요. 빛이 없어서 잘 보이지 않았죠. 위아래로 별이 보이고 도시의 불빛이나 번개 치는 곳은 보였지만, 다른 것은 잘 보이지 않았습니다. 데이비드는 경사계를 확인한 후 내게 주의하라고 했어요. 수평으로 비행해야 하는데, 30도 정도 기울어져 있었습니다."

우주선이 '밤' 환경으로 이동하면서 우주비행사들은 조종석의 조명을 최대한 밝혔지만, 계기판을 보지 않으면 지평선을 거의 확인할 수 없었다. "궤도 조정 장치로 경사각을 줄이려고 노력했습니다. 하지만 다시 옆으로 기울기 시작해서 데이비드에게 아제나의 제어 장치를 멈추라고 했습니다. 데이비드가 자기 자리에서 아제나를 모두 조종하고 있었으니까요."

데이비드 스콧은 아제나의 자세 제어 장치를 끄려고 했지만 소용이 없었다. 그는 다시 자세 제어 장치의 스위치를 켰다 끄고, 아제나의 제어반 전체 전원을 켰다 껐다. "우리가 해왔던 모의비행을 바탕으로 도킹에는 정말 아무 문제가 없다고 믿었습니다. 하지만 아무도 제미니와 아제나가 연결된 후 그렇게 이상한 움직임을 보일지 예측하면서 모의비행 장치를 만들지는 않았습니다"라고 암스트롱은 설명했다. 암스트롱은 '이런 상황을 연습할 수 있었다면 훨씬 빨리 문제를 파악할 수 있을 텐데'라고 느꼈다. "제미니 계획의 비행을 지켜봐왔기 때문에 문제가 생겼다면 아제나 때문이라고 자연스럽게 의심했습니다. 아제나는 개발 과정에서부터 꽤 문제가 많았거든요."

조금이라도 문제가 있는 것 같으면 바로 아제나를 떼어내고 우주선을 제어하라고 했던 도킹 직전 제임스 러벌의 경고 때문에 더욱더 아제나의 문제라고 생각했다. 암스트롱은 옆에 있던 스콧에게 도킹을 풀어야겠다고만 간단히 이야기했고, 스콧도 바로 동의했다.

"우리는 성공적으로 도킹을 풀었습니다. 하지만 분리한 아제나와 충돌할까 봐 조금 걱정이 되었습니다. 그래서 두 우주선이 서로 가까워지지 않도록 거리를 벌려놓으려고 재빨리 밀어냈습니다. 생각대로 잘되었습니다. 그다음 우리는 곧장 우주선을 제어하려고 애썼지만, 제대로 제어되지 않았어요. 아제나의 문제가 아니라는 사실이 분명해졌어요. 우리 우주선의 문제였습니다."

제미니 8호의 궤도 조정 장치 엔진이 문제였다. 특히 우주선을 회전할 때 사용하는 10.4킬로그램 무게의 작은 로켓엔진 8번이 문제였다. 암스트롱이 서로 연결된 제미니-아제나 우주선을 조종하기 위해 궤도 조정 장치를 사용하는 동안 합선 때문에 엔진에 문제가 생겼다.

"그 당시에는 몰랐어요. 엔진을 연소시킬 때만 소리가 들렸지, 계속 연소되고 있을 때는 소리가 들리지 않았거든요."

제미니 8호는 위험하게도 통제 불능 상태에서 빙빙 돌았다. "회전속도는 점점 더 빨라져 최대 속도로 회전했습니다. 회전속도계로 초당 20도까지 잴 수 있었는데, 모두 끝까지 올라가 있어서 초당 20도 이상의 속도로 돌고 있다는 사실을 알 수 있었습니다. 초당 360도를 뛰어넘는 속도로 돌면 앞이 제대로 보이지 않을까 봐 굉장히 걱정이 되었습니다. 로켓엔진 제어 장치를 올려다보는데 흐릿하게 보였습니다. 고개를 일정한 각도로 기울이면 제어 장치에 초점을 맞출 수 있다고 생각했습니다. 하지만 앞이 보이지 않거나 의식을 잃기 전에 뭐든 시도해야 한다는 사실을 알았습니다."

암스트롱은 한 가지 선택밖에 없다는 사실을 깨달았다. 다시 우주선을 제어해서 안정시키려면 우주선의 다른 제어 장치를 활용하는 방법밖에는 없었다. 우주선 앞쪽에 재진입 제어 장치가 있었다. 제어 장치의 추진제 탱크들은 보통 사용 직전까지 압력이 가해진 상태가 아니었다. 버튼스위치를 누르면 밸브가 작동하면서 고압가스가 추진제 탱크에 압력을 가했다. "재진입 제어 장치에는 두 개의 칸이 있었습니다. 탱크가 가압되고 나면 스위치를 이용해 각 칸을 따로따로 작동할 수 있었습니다. 스퀴브 밸브를 열고 난 후, 우리는 우주선을 제어하기 위해 두 칸을 모두 사용했습니다. 그다음 재진입 단계를 위해 연료와 산화제를 아끼려고 둘 중 하나를 차단했습니다. 스퀴브 밸브를 열고 나면 착륙을 해야 했습니다."

"우리는 뒤쪽 끝에 있는 다른 제어 장치들을 끄고 앞쪽 끝의 제어 장치만으로 우주선을 안정시켰습니다. 우주선을 안정시키는 데 재진입 제어용 연료를 대단히 많이 사용하지는 않았고, 그 정도로 충분했습니다."

재진입 제어 장치 엔진을 연소시켜 우주선을 안정시키면서 암스트롱은 엔진 하나하나를 연소시켜보았다. 8번 엔진을 연소시키기 위해 스위치를 누르자 제미니 8호는 갑자기 다시 회전하기 시작했다. 8번 엔진이 문제였다. 결국 원인을 찾아냈다. 하지만 그때는 뒤쪽 끝의 제어 장치에 연료가 충분히 남아 있지 않은 상태였다.

"나쁜 일은 항상 최악의 순간에 벌어진다는 머피의 법칙대로였습니다"라고 훗날 암스트롱은 이야기했다. "이때 우리는 우리를 추적하는 관제소가 하나도 없는 궤도에서 돌고 있었습니다. 무선통신이 거의 끊겼고, 바다에 떠 있는 선박과 잠깐잠깐 통신할 수 있을 뿐이었습니다. 그 선박조차 우주비행관제센터에 연락을 취하거나 자료를 보낼 능력이 없었습니다. 겨우겨우 한두 관제소와 연결이 되어 우리 문제가 무엇인지 전달하고, 우주비행관제센터도 우리에게 무슨 일이 생겼는지 알게 되었지만, 그때는 우리를 도와줄 수 있는 방법이 없었습니다." 정신없이 회전하던 우주선을 멈춘 후 암스트롱은 처음으로 우주비행관제센터에 무슨 일이 벌어졌는지 설명했고, 스콧은 도킹을 푼 후 아제나를 보지 못했다고 말했다.

암스트롱은 재진입 제어 장치를 활용해 우주선을 안정시키려고 했던 자신의 결정에 대해 다시 생각해보았다. "우리 우주비행의 규칙에 대해 알고 있었어요. 일단 재진입 제어 장치를 가동하고 나면 기회를 봐서 바로 착륙해야 했습니다. '우주선을 구하고, 우주선에 탄 사람을 구하고, 집으로 돌아가라. 실망이 되기는 하지만 너의 목표 중 일부는 이루지 못한 채 남겨두어야 한다'라는 본능적인 판단대로 행동해야 했습니다."

우주비행관제센터는 그들에게 비행을 끝내고 서태평양으로 내려오라고 말했다. 6시간 정도 거리에 있는 구축함이 그쪽으로 향하고 있었다. 망망대해에서는 언제나 신속하게 구조되기 어렵다는 사실을 암스트롱과 스콧은 잘 알고 있었다. 땅에 착륙하면서 현대 통신의 도움을 받더라도 작은 우주 캡슐을 발견하기란 쉽지 않다. 낙하산으로 카자흐스탄이나 시베리아 같은 곳에 착륙한 우주비행사들을 찾는 데 48시간이나 걸렸다는 이야기가 NASA 사람들의 입에 오르내렸다.

비상 재진입과 바다로 내려갈 준비를 위해 두 우주비행사는 해야 할 일이 많았다.

"데이비드와 나는 준비할 시간이 몇 시간밖에 남지 않았다는 사실을 알았습니다. 휴스턴의 우주비행관제센터는 우리가 역추

진로켓을 점화할 위치와 시간을 알려주었습니다. 아프리카 위, 지구 시간으로는 밤일 때였습니다. 우리는 점화 준비를 했습니다. 나이지리아의 카노 관제소 위를 날아가고 있을 때 휴스턴은 점화 시간을 위해 카운트다운을 시작했습니다. 하지만 카운트다운 중간에 통신이 끊겨 점화가 됐는지 안 됐는지 그들은 알 수가 없었어요. 우리는 안정적으로 점화한 후에 내려가고 싶은 지점에 맞춰 속도를 줄여나갔습니다. 유도 장치가 제대로 작동하는 것 같아서 오키나와로 방향을 잡았습니다."

"제미니 8호가 '낮'으로 접어들었을 때 우리는 무서운 속도로 내려가고 있는 듯했습니다. 히말라야산맥이 우리 쪽으로 다가오는 것처럼 느껴질 정도였으니까요"라고 암스트롱은 회고했다. 우주선에 부착된 낙하산이 제시간에 펼쳐지면서 그들의 시선은 위로 향했다. "우리가 사용하는 비행용 작은 거울이 있었어요. 그 거울을 통해 옆을 내려다볼 수 있었는데, 감사하게도 우리는 바다 위에 있었습니다. 해군 출신으로서 중국이 아니라 바다로 내려가는 게 훨씬 좋았죠"라고 암스트롱은 웃으면서 그때 기억을 떠올렸다.

낙하산으로 내려오면서 암스트롱은 근처에서 비행하고 있는 프로펠러 비행기 소리를 맨 먼저 들었다. "우리 편 비행기라고 생각했습니다." 바다로 내려갈 때의 상황은 그리 나쁘지 않았다고 암스트롱은 말했다. AC-54 구조용 비행기가 신속하게 도착하더니 해군 잠수부들이 거친 바다로 뛰어내렸다. 그들은 우주선이 떠 있을 수 있도록 주위에 둥그런 부양 장치를 붙였다. 이제 구축함 레너드 메이슨을 기다리는 수밖에 없었다. 기다림은 진저리가 나는 시련이었다.

"제미니는 배로서는 형편없었습니다. 우주선으로서는 훌륭했지만 좋은 배는 아니었죠"라고 암스트롱은 말했다. 암스트롱이나 스콧이나 멀미 방지 약을 먹지 않은 점에 대해 심하게 후회했다. 모두 멀미 때문에 고생했다.

2시간여 후 제미니 8호의 방열판에서 풍기는 악취에 괴로워하던 잠수부들이 우주선의 출입구를 열었고, 우주비행사들이 올라왔다. 스콧이 손을 내밀자 암스트롱은 쭈뼛거리면서 악수를 했다. "그때 상당히 의기소침했어요. 하고 싶었던 일들을 모두 끝마치지 못했으니까요. 데이비드가 선외활동과 함께 하려고 했던 그 멋진 일들도 흐지부지되었습니다. 우리는 어마어마하게 많은 세금을 쓰고도 그만한 값어치의 일을 해내지 못했어요. 그래서 마음이 아팠습니다. 데이비드 역시 슬펐을 거예요"라고 암스트롱은 전했다. 구축함을 타고 오키나와로 가기까지 14시간이 걸렸다.

암스트롱과 스콧은 오키나와에서 푹 자고 난 후 하와이로 날아갔다. 그리고 3월 19일, 케이프케네디에서 발사된 지 사흘 만에 케네디우주센터로 돌아왔다. 3월 25일이 되어서야 암스트롱과 스콧은 휴스턴의 집으로 돌아갔다. 3월 26일, NASA는 처음으로 비행 후 기자회견을 열었다. 동료들과 기술적인 문제에 대해 며칠 동안 이야기를 나누었지만, 마음은 가벼워지지 않았다.

세계 언론은 우주비행에서 전례 없는 시련을 겪었던 제미니 8호에 많은 관심을 보였다. 미국의 모든 방송국은 긴급 뉴스 속보로 정규 저녁 프로그램을 시작했다. ABC는 엄청나게 인기를 끌면서 황금 시간대에 방영하던 「배트맨」 시리즈를 중단하고 뉴스를 내보냈다가 1000명이 넘는 시청자들에게 항의 전화를 받았다.

다음 날 아침, 『뉴욕 데일리 뉴스New York Daily News』는 '우주에서의 악몽!'이라는 제목으로 1면 머리기사를 실었다. 진지한『라이프』잡지조차 우주비행사들의 개인적인 이야기를 독점 게재하기로 계약하고 그 사건을 신파극처럼 보도했다.『라이프』는 '우주에서의 난폭한 질주, 암스트롱과 스콧'이라는 제목으로 보도할 계획이었지만 암스트롱이 중단시켰다. 암스트롱은 휴스턴에 파견된『라이프』기자 행크 사이덤에게 전화를 걸었고, 그 기자는 편집장인 에드워드 톰프슨에게 전보를 보냈다.

방금 암스트롱이 전화했는데, '우주에서의 난폭한 질주'라는 이번 주 잡지의 사전 광고를 보고 굉장히 화를 냈어요. 편집장님이 그들 이야기 중 비상사태에만 초점을 맞춰 너무 요란해 보이는 제목을 달았다고 항의했습니다. 저는 일단 의견을 주셔서 감사하다고 하면서 그 이야기의 본질을 압축하고 있는 제목을 사용해야 한다고 설명했습니다. 사전 광고에 나온 제목을 쓰지 않고, 그들이 한 말에서 인용해 제목을 붙이겠다고 약속했습니다.

『라이프』편집장은 어느 정도 약속을 지켰다. '우주비행사들을 짓누른 긴장감'으로 제목을 바꾸고, 두 우주비행사의 이름도 뺐다.『라이프』는 그 후로도 2주 연속해서 제미니 8호에 관한 기사를 실었다. '하늘에서 미쳐 날뛰었던 난폭한 회전'이라는 두 번째 기사 제목도 암스트롱이 화를 냈던 제목과 비슷했다. 세 번째 기사에서는 우주비행사들이 한 말을 너무 심하게 편집해서 암스트롱이 다시 항의했다. 암스트롱은 특히 자신의 마지막 말이 삭제되어서 화가 났다. "우리 두 사람이 거의 똑같이 느낀다고 생각하기 때문에 내가 대표해서 이야기하겠습니다. 우리는 임무를 완수하지 못해 낙담했습니다. 하지만 우리가 일부 이루어낸 일들, 우리가 한 경험은 무엇과도 바꿀 수 없습니다"라는 말이었다.

언론의 과장 광고보다 동료 우주비행사들의 비난이 더 나빴다. 유진 서넌은 "오래지 않아 우주비행사 동료들이 암스트롱이 한 일을 비난하기 시작했습니다. '알다시피 그는 민간인 조종사 출신이잖아. 그래서 예리함을 잃었을 거야. 아제나와 도킹 상태를 유지했다면 그렇게 회전하지 않았을 거야'라고 했죠. 엄청나게 경쟁이 심한 우주비행사들 사이에서 실패는 용납되지 않았습니다. 한번 실패하면 오랜 시간이 걸려야 만회가 됩니다. 그런 비난이 슬레이턴의 귀에 들어가 우주선을 탈 사람을 정할 때 영향을 미칠지도 모르잖아요? 비난으로 덕을 보는 사람도 생기죠. 아무도 비난하지 않으면 덕을 볼 사람도 없으니까요"라고 말했다.

당시 제미니 10호의 예비 조종사였던 앨런 빈은 "모두 서로에 대해 혹평했어요. 정말 경쟁이 심했으니까요. 다른 동료의 성과에서 뭔가 흠을 찾아내야 한다고 거의 의무감을 느꼈죠. 그것도 우리 일의 일부였습니다"라고 회고했다.

당시 제미니 9호의 예비 조종사였던 버즈 올드린은 누구든 암스트롱처럼 비상사태를 겪었다면 쉽게 비판하지 못했을 것이라고 말했다. 올드린은 그러면서 이런 추측을 했다. "재진입 장치의 한 칸을 작동하지 않기란 어려웠을 거라고 생각해요."

암스트롱과 스콧이 구조된 후 월터 시라와 함께 오키나와에서 그들을 맞이해 하와이까지 동행했던 프랭크 보먼은 "암스트롱을 비난하는 말을 들어본 적이 없어요"라고 부인했다. "비난하는 사람이 있었다 해도 나는 그런 말도 되지 않는 비난에 동의하지 않았을 거예요. 암스트롱과 스콧은 맡은 임무를 잘해냈어요. 얼마나 끔찍한 재앙이 벌어질 뻔했는지 제대로 아는 사람이 없는 것 같아요. 돌이켜보면 아폴로 13호 때만큼이나 위험했어요. 우주선의 회전을 멈추는 과정에서 반작용 제어 연료가 바닥났다면 그들은 죽었을 거예요." 시라도 비슷하게 느꼈다. "암스트롱과 스콧이 했던 결정은 모두 옳았어요."

유진 크란츠는 스콧이 무선으로 긴급 보고를 하던 순간, 우주비행관제센터에서 존 하지로부터 비행 감독 업무를 넘겨받고 있었다. 크란츠는 그 순간을 떠올리면서 "굉장히 긴박한 상황에서 엔진 하나에 문제가 있다는 사실을 알아내기란 어려웠을 거예요. 하지만 암스트롱이라면 해낼 수도 있었지요"라고 말했다.

크란츠는 비행 실패에 대해 조종사들을 전혀 비난하지 않고, 휴스턴에서 비행을 계획하고 감독한 사람들과 자신에게 책임을 돌렸다. "사실상 모든 사람이 그 계획과 관련이 있긴 했지만, 나는 비상시 침착하게 대처한 암스트롱에 대해 완전히 감명받았습니다." 제미니 8호의 우주비행 후 비행을 지휘한 사람들에게 보고하면서 크란츠는 이렇게 주장했다. "우주비행사들은 훈련받은 대로 행동했습니다. 그들이 잘못한 게 있다면 우리가 훈련을 잘못했기 때문입니다. 우리는 두 우주선이 도킹했을 때 하나의 우주선, 하나로 통합된 전력 장치, 하나의 구조로 다루어야 한다는 사실을 깨닫지 못했습니다. 우주선과 우주비행사들이 무사해서 다행입니다. 정말 다행입니다. 여기에서 배운 교훈을 우리는 잊지 말아야 합니다."

크란츠의 판단으로는 도킹된 우주선을 하나로 다루어야 한다는 깨달음이야말로 제미니 계획 전체에서 얻은 매우 중요한 교훈 중 하나였다. "이후 성공적으로 우주비행을 하는 데 지대한 영향을 미쳤습니다." 1970년 아폴로 13호에 치명적인 비상사태가 발생했을 때 그 교훈의 소중한 가치가 증명되었다.

크리스 크래프트는 크란츠의 의견에 대체로 동의하면서 "우리는 그런 면에서 그들을 속였어요. 암스트롱과 스콧은 내가 시킨 대로 완벽하게 해냈다고 생각합니다. 시킨 대로 했다고 그들을 비난할 수 있나요? '내가 더 잘할 수 있어'라고 말할 수 있는 우주비행사는 많지 않으리라고 생각해요. 그렇게 말한다면 스스로를 속이는 일이지요"라고 주장했다.

암스트롱의 조종 능력에 대해 암스트롱 자신보다 가차 없이 비판한 사람은 없었다. "'내가 좀 더 똑똑했더라면, 제대로 진단하면서 조금 더 신속하게 해결 방법을 찾아내지 않았을까'라고 항상 느꼈습니다. 하지만 나는 그러지 못했어요. 그렇게 해야만 한다고 판단한 대로 했고, 그 결과를 받아들여야 했죠. 우리는 누구나 자신의 능력만큼 최선을 다할 수 있습니다."

휴스턴에 돌아온 후 그는 발사 하루 이틀 전부터 우주선의 환경 제어 장치에 문제가 있었다는 사실을 알게 되었다. 기술자들이 한두 부분을 교체하려고 환경 제어 장치를 빼내면서 그 사실이 밝혀졌다. 놀랍게도 손상된 제어 장치의 전선이 문제를 일으킨 로켓엔진의 전선과 연결되어 있었다. "기술자들이 작업을 하다가 전선에 칼자국을 내서 합선이 된 것 같아요. 내 지식으로는 그 문제로 끝나지 않았을 거예요. 물론 우주선 뒷부분이 분리되는 바람에 우리와 함께 지구로 돌아오지 못했습니다. 제미니 8호의 뒷부분에 뭔가 문제가 있었다 해도 검사해볼 수가 없었죠."

데이비드 스콧은 더욱 강력하게 자신과 암스트롱이 우주에서 했던 판단이 옳았다고 주장했다. "나는 한 치 의심도 없이 우리가 모두 제대로 했다고 생각합니다. 그렇지 않았다면 살아남지 못했을 거예요."

암스트롱은 "제미니 8호가 비극을 당했다면 우리에게 무슨 일이 일어났는지 아무도 몰랐을 거예요"라고 추측했다.

스콧도 "우리가 지구에 알리지 못해 무슨 일이 일어났는지 아무도 몰랐을 겁니다. 상황이 너무 급하게 돌아가서 알 수가 없었을 거예요. 원인도 알지 못하는 비극이 생겼다면 제미니 계획에서 커다란 걸림돌이 됐을 거예요. 원인을 파악하는 데 정말 오랜 시간이 걸렸을 겁니다"라고 동의했다. 그들이 사고로 사망했고 원인을 알아낼 수 없었다면 아폴로 계획을 추진하기가 굉장히 어려워졌을 것이다.

10개월 후, 아폴로 1호 안에서 총연습을 하던 우주비행사 세 명이 사망하는 사고가 벌어졌다. 제미니 8호가 비극을 당한 후 다시 이런 일이 벌어졌다면, 유인우주선 계획에 대한 국민적인 지지가 사그라지고 달 착륙도 어려워졌을 것이다. "만약 그때 우리가 회전을 멈추지 못했다면 우주 계획이 멈췄을 거예요"라는 데이비드 스콧의 말대로다.

암스트롱이나 스콧 모두 제미니 8호의 비행으로 입장이 난처해지지는 않았다. "두 사람 모두 우리가 예전에 예상했던 대로 비행 임무를 계속 맡았습니다. 제미니 8호의 비행이 다음 비행을 맡는 데 영향을 주지는 않았습니다. 전혀 영향이 없었죠. 만약 그들이 큰일을 망쳐놓았다면 영향이 있었을 거예요"라고 마이클 콜린스는 설명했다.

1968년 12월, 아폴로 8호를 타고 역사상 최초로 달 주위를 돌면서 비행했던 우주비행사 윌리엄 앤더스는 "닐은 두뇌 회전이 빨랐을 뿐 아니라 자신에게 불리하게 작용할 수 있는 일도 꺼리지 않고 했어요"라고 말했다. 크리스토퍼 크래프트는 비상사태가 생겼을 때 암스트롱이 대처한 방식을 보고 "NASA가 암스트롱의 능력에 대해 더욱더 신뢰하게 되었다"고 했다.

2주 후, 제미니 8호의 우주비행 평가 팀은 비상사태의 원인 중 조종사의 실수는 없었다는 결론을 내렸다. 팀이 내린 결론을 공개하면서 로버트 길루스는 "사실 조종사는 놀라운 조종 기술을 보여주면서 엄청나게 심각한 문제를 극복하고 우주선을 안전하게 착륙시켰다"고 평했다.

암스트롱은 의심의 여지 없이 다시 우주선 선장을 맡을 수 있었다. NASA는 두 사람 모두에게 공로훈장을 수여했다. 공군 소속이었던 스콧은 공군수훈십자훈장도 받았다. 스콧은 중령으로 진급했고, 암스트롱은 연봉이 678달러 인상되어 2만 1653달러가 되었다. 12년간 공무원으로 일한 덕분에 우주비행사 중 최고 연봉이었다.

1966년 3월 21일, 제미니 8호 비행에서 돌아온 지 이틀 후 NASA는 암스트롱을 제미니 11호의 예비 선장으로 지명했다. 윌리엄 앤더스가 예비 조종사였다. 찰스 콘래드와 리처드 고든은 제미니 11호로 비행하면서 랑데부와 도킹을 해냈다.

제미니 11호 예비 선장이 닐 암스트롱이 아폴로 계획 전에 맡은 마지막 임무였다.

15

우주비행사의 아내로 산다는 것

와파코네타에 사는 7000명 주민에게 암스트롱은 그들이 배출한 '우주 영웅'이었다. 주민들이 텔레비전 주위에 둘러앉아 암스트롱이 지구로 귀환했다는 소식을 초조하게 기다린 지 3주 후인 1966년 4월 13일, 오하이오주의 그 소도시는 닐 암스트롱을 환영하기 위해 1만 5000명을 초청해서 경축 행사를 벌였다.

암스트롱은 축하받을 기분이 아니었지만, 와파코네타시가 요청하고 NASA가 승인하면서 행사가 진행되었다. 암스트롱은 옛 친구와 이웃들을 위해 환한 표정을 지었다. 아직은 쌀쌀한 봄날이었지만, 닐과 재닛은 오픈카를 탄 채 미소를 짓고 손을 흔들면서 공항에서 행사장까지 이동했다.

짧막한 기자회견을 한 후, 깃발로 장식한 와파코네타 시내 상업지구와 암스트롱이 졸업한 블룸고등학교를 지나면서 자동차 퍼레이드를 했다. 모든 사람이 "당신이 와파코네타 출신이어서 정말 자랑스러워요"라고 말하자 암스트롱은 감격했다. 닐은 환영 행사에 대해 큰 영광이라면서 사람들에게 "과분하다"고 되풀이해 말했다. 제임스 로즈 주지사는 오하이오주가 오글레이즈 카운티와 함께 닐 암스트롱의 이름으로 공항을 건설할 계획이라고 발표했다. 닐의 부모는 아들이 끔찍한 비극이 벌어질 수도 있었던 우주비행을 무사히 마치고 집으로 돌아왔다는 사실에 안심하면서 자랑스럽게 웃었다.

우주비행사의 아내는 발사 현장에 오지 않는 게 좋다는 NASA의 불문율이 없었더라면 재닛 암스트롱도 제미니 8호가 발사되던 날 플로리다에 있었을 것이다. 재닛은 그때 휴스턴의 집에서 두 아들을 돌보면서 자매와 몇몇 손님들과 함께 있었다. (막내아들 마크 스티븐이 1963년 4월 8일에 태어났다.) NASA는 우주비행사의 아내가 발사 현장에서 멀리 있어야 그들을 보호할 수 있다고 생각했다. 발사대에서 비극이 벌어졌을 경우 그녀들이 시청자들에게 그대로 노출되지 않게 하려는 배려였다.

우주비행사가 아내를 플로리다에 데려오지 않는 데는 또 다른 이유가 있었다. 디크 슬레이턴이 우주비행사의 아내가 케이프케네디에 찾아오는 것을 좋아하지 않았다. 초조하게 발사를 준비하고 있을 때 아내가 옆에 있으면 집중력만 떨어질 뿐이라고 생각했기 때문이다. 어떤 우주비행사도 디크 슬레이턴의 화를 돋우고 싶지 않아 아내를 데려오지 않았다. 그래서 남편이 바람을 피운다고 의심하는 아내도 있었고, 남편의 불륜을 확신하는 아내도 있었다. NASA를 취재하던 기자들은 몇 가지 사건을 알고 있었지만, 1960년대 미국에서는 그런 내용을 보도하지 않았다. 재닛은 남편의 불륜에 대해 그리 걱정하지 않았다. 집에서 혼자 지내는 일도 전혀 불편하지 않았다. "비행을 준비할 때 닐은 거의 집을 비웠어요. 주말이 되어야 집에 오는데, 집에 와서도 해야 할일이 있죠. 잠시 지내다 다음 날 다시 떠나기 전에 인사라도 할 시간이 있으면 다행이죠. 그때는 8시간이라도 함께 지낼 수 있다면 특권이에요"라고 재닛은 1969년 3월, 『라이프』의 도디 햄블린 기자와 인터뷰하면서 말했다.

남편 일의 위험성에 대해서는 "그가 하는 일이 위험하다는 사실을 분명히 알아요. 항상 위험이 도사리고 있기 때문에 비극에 대비하려고 오랫동안 노력해왔습니다. 하지만 우주 계획을 굉장히 신뢰합니다. 닐이 신뢰하고 있다는 사실을 알기에 나도 신뢰해요"라고 말했다.

하지만 1966년 3월, 암스트롱이 처음으로 우주비행을 할 때는 심한 압박감을 느꼈다. 제미니 8호가 발사될 때 텔레비전 카메라는 재닛의 집에 들어올 수 없었다. 재닛이 밖으로 나오면 언제든지 촬영하려고 집 주위에서 대기하고 있었다. 거실에는 『라이프』 잡지의 사진기자가 앉아 있었다. 재닛은 제미니 8호의 우주비행이 끝날 때까지는 다른 우주비행사 아내들이 그랬듯, 자신도 대중에게 끊임없이 노출되리라는 사실을 깨달았다.

우주에서 암스트롱과 스콧에게 문제가 생기자마자 재닛은 당장 우주비행관제센터로 달려갔다. 재닛 옆을 지키던 NASA 홍보 담당자와 함께였다. 제미니 8호에 문제가 생겼다는 사실을 알자마자 NASA는 우주비행사 가족들에게 나누어주었던 스피커를 껐다. 우주에서 무슨 일이 생겼는지 알 수 있도록 재닛과 데이비드 스콧의 아내인 러턴 스콧 집에 놓아둔 스피커였다. 스피커가 꺼지자 문제가 생겼다고 직감한 재닛은 NASA 홍보 담당자가 운전하는 차를 타고 유인우주선센터로 갔지만, 출입 금지를 당했다. 우주비행사의 아내가 우주비행관제센터에 들어가 무슨 일이 벌어지고 있는지 확인할 수 없다는 사실에 재닛은 몹시 화가 났다.

"다시는 이러지 마세요. 문제가 생겼다면 내가 우주비행관제센터에 있어야 해요. 못 들어가게 하면 이 사실을 세상에 퍼뜨릴 거예요!" 스피커를 끈 일에 대해 재닛은 이렇게 이해했다. "누가 우리 집에서 그 스피커를 듣고 있는지 NASA는 파악할 수 없었습니다. 사람들에게 비상사태에 대한 정보를 유출하고 싶지 않아서 스피커를 껐다고 생각했습니다. 보안 문제이기 때문에 충분히 이해할 수 있었습니다." 그러나 재닛은 왜 우주비행사 아내가 우주비행관제센터에서 벌어지는 일을 파악할 수 없는지 이해할 수 없었다. "맞아요. 우리 남편에게 뭔가 끔찍한 일이 벌어진다면 그곳에서 근무하던 사람들의 마음도 몹시 불편해질 거예요. 그곳에 우리가 있다면 보기 힘들 거예요. 하지만 아내들 마음은 어떻겠냐고 디크 슬레이턴에게 이야기했죠."

재닛에 대해 보도한 『라이프』 기사는 NASA만큼이나 암스트롱을 격분시켰다. 그 잡지는 재닛이 거실 텔레비전에 몸을 기댄채 무릎을 꿇고 '귀 기울이고 있는' 멜로드라마 같은 사진을 실었다. 우주비행사들이 건강하게 돌아올 수 있도록 기도했다는 사진 설명도 있었다. "나는 그냥 그들이 해낼 거라고 믿었어요. 하지만 한편으로는 운명에 맡기기도 했어요. 스피커가 거기 있었기 때문에 듣고 있었는데, 그 모습이 잡지에 실린 거예요. (집에 있던 스피커가 꺼지기 전에 촬영한 사진이었다.) 무슨 말을 하는지 집중해서 들으려고 무릎을 꿇고 눈을 감고 있었는데, 내가 기도하면서 어쩌고저쩌고했다고 보도했어요. 사실이 아니었죠."

제미니 8호가 발사되기 바로 며칠 전 사망한 엘리엇 시, 찰스 배싯을 생각할 때 NASA는 우주비행사의 아내를 훨씬 더 세심하게 배려해야 했다. 1962년 NASA가 선발한 두 명의 민간인 우주비행사였던 엘리엇 시와 닐 암스트롱은 제미니 5호의 예비 조종사로 함께 일하면서 굉장히 가까워졌다. 그 일을 하면서 많은 시간을 함께 보냈고, 재닛과 엘리엇 시의 아내 메릴린도 친해졌다. 한국전쟁에서 사망한 레너드 체셔 이후 암스트롱이 누군가와 그렇게 가깝게 지낸 적은 없었다. "엘리엇은 열심히 일하고 성실했어요. 제미니 5호 일을 정말 열심히 했죠. 아이디어가 많았고, 그것을 표현할 줄도 알았어요. 다른 우주비행사들과 똑같은 성격은 아닐 수도 있었지만, 조금 다른 성격이 나쁘지는 않잖아요. 그의 조종 기술이 좋지 않다고 생각하는 사람들도 있었어요. 그와 비행을 많이 해보았지만 특별히 문제가 있다고 느낀 기억은 없어요."

엘리엇 시와 찰스 배싯은 1966년 2월 28일, T-38 비행기를 타고 세인트루이스 램버트 비행장에 착륙을 시도하다가 사고로 사망했다. 두 사람은 휴스턴에서 세인트루이스 램버트 비행장으로 가고 있었고, 토머스 스태퍼드와 유진 서넌도 T-38 비행기를 타고 그들과 함께 이동하고 있었다. 네 사람은 그곳에서 맥도널이 만든 모의비행 장치로 랑데부 연습을 할 계획이었다. 궂은 날씨에 비행장으로 다가가다 두 비행기 모두 활주로를 벗어났다. 스태퍼드가 조종하는 비행기는 안개를 뚫고 다시 하늘로 올라가 선회한 후 무사히 착륙했다. 엘리엇 시는 비행기를 왼쪽으로 기울이면서 비행장이 보이기를 바랐지만 구름만 보였다. 그가 조종하는 T-38은 너무 낮게 비행하다 101 건물과 부딪쳤다. 맥도널의 기술자들이 제미니 9호 우주선을 위해 일하던 곳이었다. 시와 배싯은 그 자리에서 사망했다. 그 외의 사망자는 없었다.

1966년 3월 2일, 제미니 8호가 발사되기 2주 전에 닐과 재닛은 수많은 조문객들과 함께 죽은 동료의 장례식에 참석했다. 다음 날 모든 우주비행사가 참석한 가운데 두 명의 우주비행사는 워싱턴 DC 외곽의 알링턴 국립묘지에 묻혔다.

1964년, 시어도어 프리먼이 T-38 연습기를 타고 거위 떼 속으로 날아가다 추락사하면서 미국 우주비행사 중 처음으로 사망했다. 휴스턴의 한 신문기자가 그 끔찍한 뉴스를 처음 보도했다. 남편이 사망했다는 소식을 듣고 페이스 프리먼은 슬픔을 가눌 수 없었다. 메릴린 시와 지니 배싯에 대한 언론의 태도 역시 별로 정중하지 않았다. NASA는 그들에게 참혹한 사고 현장을 상세하게 전하지 않았다. 다른 우주비행사의 아내들이 하루 24시간 돌아가면서 그들을 돌보았지만, 지니 배싯은 시사 주간지 『타임Time』의 보도를 보고 자신의 남편이 건물에 충돌하면서 목이 잘렸다는 참혹한 사실을 알게 되었다.

프리먼이 비극을 당하기 6개월 전인 1964년 4월 24일 새벽 3시, 재닛은 연기 냄새에 잠을 깼다. 재닛은 닐을 깨웠고, 닐은 벌떡 일어나 무슨 일인지 파악하려고 했다. 몇 초 후 닐이 집에 불이 났다고 소리쳤다. 전화교환원이나 비상 전화번호로 연락할 수가 없어서 재닛은 마당으로 뛰어나가 옆집에 사는 이웃이자 친구인 에드워드와 팻 화이트 부부를 불렀다.

암스트롱과 화이트 부부는 1962년 우주비행사로 선발된 후 함께 휴스턴에 도착했다. 그 동네에는 다른 우주비행사들과 몇몇 NASA 관리자들도 살고 있었다. 보먼, 영, 프리먼과 스태퍼드 가족도 엘라고 지역에서 암스트롱과 화이트 가족이 있는 근처에 집을 지었다. 시, 카펜터, 글렌, 그리섬, 시라 가족도 가까이 살았다. 암스트롱과 화이트 가족은 그들과 함께 우주비행사 마을을 이루었다.

닐과 재닛은 옆집인 화이트 가족과 무척 친하게 지냈다. 두 집의 마당은 1.8미터 높이의 나무 울타리로 나뉘어 있었다. 에드워드와 팻 화이트 부부는 침실 창문을 통해 재닛의 외침을 들었다. 다행히 두 집 모두 창문을 열어두고 있었다. "따뜻한 밤이라서 난방을 하지 않고 창문을 열어두었기 때문에 아이들이 질식하지 않았습니다"라고 재닛은 설명했다.

재닛은 허들 선수 출신인 에드워드 화이트가 1.8미터 높이 울타리를 뛰어넘던 모습을 생생하게 기억했다. 에드워드는 물을 뿌릴 수 있는 호스를 들고 구조하려고 뛰어왔다. 닐은 생후 10개월인 마크를 급히 안고 나왔고, 팻은 어렵게 긴급 전화를 했다. 거실 벽은 벌겋게 불타고 유리창에 금이 갔다. 에드워드는 재닛에게 호스를 넘겨준 다음 닐이 안고 있던 마크를 받아서 울타리 너머에 있던 팻에게 건네고 다른 호스를 집었다. 이제 열기가 너무 뜨거워져 재닛은 맨발로 서 있으려고만 해도 호스로 바닥에 물을 뿌려야 했다. 차고에 주차되어 있던 닐의 새 차인 콜벳의 몸체가 녹기 시작했다.

닐은 릭을 구하기 위해 다시 불 속으로 뛰어들었다. 당장 집 밖으로 나가자고 깨웠을 때 릭은 침실에서 웅크리고 있었다. "처음에는 계속 숨을 참았어요. 그다음에는 몸을 숙이고 얼굴에 젖은 수건을 덮었습니다. 계속 숨을 참아보려고 했지만, 완전히 참을 수는 없었어요. 심한 연기를 들이마실 때마다 정말 끔찍했습니다." 릭을 구하기 위해 7.6미터 정도 걸어갔던 길이 삶에서 가장 긴 여정이었다고 닐은 훗날 재닛에게 이야기했다. 릭이 어떤 상태일지 몰라 두려웠기 때문이다. 다행히 여섯 살짜리 릭은 무사했다. 닐은 자신의 얼굴에서 젖은 수건을 떼서 아들 얼굴에 덮었다. 아들을 팔에 안고 뒷마당으로 서둘러 나왔다. 그다음 에드워드와 함께 호스를 들고 불을 껐다. 암스트롱 가족의 강아지 '슈퍼'도 안전하게 살아 있었다.

팻 화이트가 전화한 지 8분 정도 후, 자원소방관들이 도착하기 시작해 불을 껐다. 암스트롱 가족은 며칠 동안 화이트 가족의 집에서 지내다 가까운 곳에서 집을 빌린 후, 값나가는 물건들은 모두 옮겼다. 암스트롱 가족은 화재로 죽은 딸의 모습이 담긴 가족사진 등 소중한 물건들을 잃었다. 그들은 같은 자리에 집을 새로 지을 때까지 빌린 집에서 살았다. 이번에는 화재 전문가의 도움을 받아서 집을 지었다.

조사관들은 닐의 도움을 받아 화재 원인을 찾아냈다. 건축업자가 벽의 널빤지를 꽉 맞추지 않아 습기가 들어가는 바람에 널빤지가 뒤틀렸다. 그 널빤지를 수리하던 사람이 실수로 전선에 못을 박고도 알아채지 못했다. 그 과정에서 합선이 일어나 몇 달 동안 조금씩 전기가 샜고, 기온이 점점 올라가자 불이 붙으면서 화재가 났다.

1964년 크리스마스가 되어서야 새 집이 완성되었다. 닐은 화재로 직접 만든 비행기 모형, 직접 그린 비행기 그림과 비행기 설계도가 가득 들어 있는 공책, 오래된 항공 잡지들로 꽉 찬 상자처럼 소년 시절의 추억이 깃든 소중한 물건들을 대부분 잃어버렸다.

재닛은 "우리 모두 연기에 휩싸이기 쉬웠어요. 정말 메스꺼웠거든요."라고 긴박했던 상황을 전했다. 닐조차 "끔찍한 사고가 될 수도 있었어요. 잠이 깨기 전에 질식하기 시작했다면 살아남지 못했을 거예요."라고 얼마나 위험했는지 강조했다. 하지만 더 끔찍한 비극은 그다음에 벌어졌다. 1967년 1월 27일, 암스트롱 가족을 구해주었던 에드워드 화이트가 동료인 거스 그리섬, 로저 채피와 아폴로 1호 발사대에서 화재로 사망했다.

재닛은 1966년부터 1969년까지 『라이프』 잡지와 인터뷰하면서 "사람들은 항상 내게 우주비행사와 결혼하니 어떠냐고 물어요. 그보다는 닐 암스트롱의 아내로 사는 게 어떠냐는 질문이 더 적절할 것 같아요. 나는 닐 암스트롱과 결혼했고, 어쩌다 그가 우주비행사라는 직업을 가지게 된 거니까요. 나나 아이들, 가족들, 가까운 친구들에게 그는 언제나 그저 닐 암스트롱이에요. 누구나 그렇듯 도시에서 사는 문제, 내 집 마련, 가족 문제 등을 해결해야 하는 남편이자 두 아들의 아버지죠"라고 말했다.

재닛은 닐을 떠받들지는 않았지만, 그의 옷을 세탁하고 가족들의 식사를 정성껏 준비했다. "닐은 그날 하루를 힘들게 보냈다는 기색을 드러낸 적이 정말 한 번도 없었어요. 걱정거리를 집까지 가져오지 않죠. 나도 남편이 하는 일에 대해 묻지 않아요. 이미 일에 너무 파묻혀 사니까요. 하지만 누군가 다른 사람이 그에게 일과 관련된 질문을 할 때 옆에 앉아서 듣는 게 좋아요. 남편이 무슨 일을 하는지 가능한 한 미리 충분히 파악하면서 라디오와 텔레비전, 통신 등을 통해 확인하는 게 우주비행사 아내들이 유일하게 할 수 있는 일이고, 실제로 그렇게 합니다"라고 재닛은 설명했다.

재닛이나 닐은 아이들이 으스대지 않도록 노력했다. "아이들이 '내가 우주비행사의 아들이야'라면서 우쭐거리지 않으면 좋겠어요. 그래서 매일매일 정말 평범하게 살아가려고 노력합니다. 우리 아이들이 반 친구들로부터 특별 대우를 받지 않는 게 정말 중요하다고 생각합니다. 우리는 아이들이 일상적인 생활을 하면서 평범하게 성장하기를 바랍니다. 아이는 그저 아이일 뿐이고, 우리도 그들이 아이로 남아 있기를 바랍니다. 하지만 우주비행사의 아들이라는 이유로 지나친 관심을 받을 때가 많아요.

대중은 우리 아이들이 굉장히 고상하고 성숙한 아이로 보이기를 바랍니다."

"현재에 충실한 게 가장 중요합니다"라고 재닛은 삶의 기준을 밝혔다. "우리는 하루하루 살아갑니다. 미래를 계획하고 준비하기란 매우 어렵습니다. 남편의 일정이 매일매일, 때로는 분 단위로 바뀌니까요. 그가 오는지 가는지 알 수가 없습니다. 비행 준비를 할 때는 더하죠."

모든 우주비행사 아내들의 부담감은 어마어마했다. 대중 앞에서 우주비행사의 아내이자 미국인 모두의 어머니 모습으로 나타나기 위해 각자 무거운 부담을 짊어져야 했다. 그들은 NASA와 백악관의 기대까지 짊어졌다. 우주비행사 아내는 무엇을 입을지도 신중하게 결정했다. 자신의 패션 감각이나 허영심을 채우기 위한 옷을 입을 수는 없었다. 미국의 우주 계획과 미국이라는 나라 자체의 건전하고 신성한 이미지를 전해야 했다.

"1969년 말까지 인간을 달에 보낸다는 목표, 대의명분에 헌신해야 하는 삶이었습니다. 그 목표를 이루기 위해 모두 총력을 기울였어요. 우리 우주비행사 가족뿐만 아니라 우주 계획과 관련된 많은 가족이 같은 태도로 전심전력했습니다." 달에 간 우주비행사 21명 중 13명이 결국 이혼이나 별거를 했던 사실을 생각하면, NASA는 지나친 부담감을 느꼈을 우주비행사 가족들을 위해 상담 프로그램을 정식으로 마련해야 했다.

재닛도 닐처럼 혼자 지내기를 좋아해서 우주비행사 아내들의 모임에 적극적으로 참여하지 않았다. 얼마 후 재닛은 자신의 정체성을 유지하기 위해 더욱더 안간힘을 썼다. 그저 우주비행사의 아내가 아니라, 달을 처음 밟은 남자의 아내로서 엄청나게 무거운 짐을 져야 했기 때문이다.

16

또 다른 임무, 친선여행

　1966년 3월 말, 제미니 8호에 대한 보고를 끝내기도 전에 암스트롱은 제미니 11호 예비 선장이 되었다. 새로운 역할을 위해 신속하고 철저하게 훈련받아야 했기 때문에 고향의 환영 행사에 참석한 날에도 가족들과 하룻밤도 함께 지내지 못하고 돌아왔다.

　1966년 6월과 7월, 7주간에 걸쳐 제미니 9호와 제미니 10호가 우주비행을 했다. 두 우주선 모두 랑데부는 비교적 쉽게 해냈지만, 도킹에서 어려움을 겪었다. 제미니 9호의 비행 목적은 도킹과 선외활동이었다. 하지만 도킹에 실패하는 바람에 랑데부와 선외활동만 하고 돌아왔다.

　7월 18일부터 21일까지, 제미니 10호가 우주비행을 할 때 암스트롱은 우주비행관제센터에서 교신 담당자로 일했다. 존 영이 우주선을 아제나 표적기와 연결하면서 이번에는 도킹에 성공했다. 유인우주선과 표적기가 완전히 연결된 것은 암스트롱의 제미니 8호 비행 이후 두 번째였다. 연결 상태를 계속 유지한 것은 처음이었다. 도킹 후 마이클 콜린스가 1시간 반 동안이나 선외활동을 해서 사람들을 놀라게 했다.

암스트롱은 제미니 5호와 제미니 8호가 우주비행을 떠나기 전 연습해봤기 때문에 제미니 11호 예비 선장으로 훈련받을 때는 배우기보다 가르치는 쪽에 가까웠다. 그는 제미니 11호의 우주비행 중 처음 시도하는 조종술에 대해 특별히 관심과 흥미를 느꼈다.

제미니 11호는 발사된 지 1시간 34분 만에 지상 297킬로미터에서 랑데부하고, 도킹하는 기록을 세웠다. 우주선이 달에 착륙했다가 지구로 돌아오려면 달에서 이륙한 달착륙선과 달궤도를 돌던 사령선이 재빨리 도킹해야 했는데, 그때 필요한 조종 기술을 시험하는 비행이었다. 제미니 11호의 우주비행을 계획한 사람들 중에는 그 조종 기술을 '야수 같은 힘'이라고 부른 사람도 있었다. 이전 우주비행에서 우주선들이 랑데부할 때는 네 번째 궤도를 돌기 시작할 때까지 기다렸다가 천천히 다가갔는데, 그 우주선이 굉장히 빠른 속도로 표적기에 접근했기 때문이다.

제미니 11호의 새로운 시도 중에는 30.5미터에 이르는 줄로 제미니 우주선과 아제나 표적기를 서로 묶는 실험도 있었다. 연료를 공급하거나 제어 장치를 작동하지 않아도 두 우주선이 나란히 비행할 수 있는지 확인하는 게 실험의 목적이었다고 암스트롱은 설명했다. 그렇게 묶어놓으면 두 우주선의 안정성이 높아지면서 서로 부딪칠 위험이 줄어들 수 있는지도 확인하려고 했다.

1966년 여름, 닐 암스트롱과 윌리엄 앤더스는 찰스 콘래드와 리처드 고든이 제미니 11호의 다양한 임무를 수행하는 데 필요한 기술을 익히도록 도왔다. 네 사람은 케이프케네디 옆 해변에 있는 집에서 대부분의 시간을 함께 보냈다. "해변으로 나가 모래에 우주선 설계도를 그리고, 그 주위를 돌면서 궤도비행과 랑데부비행에 대해 연구했습니다. 비행하는 흉내를 내면서 이해가 잘 안

되는 부분을 연구했죠. 굉장히 편안하면서도 유용한 시간이었습니다. 요리사가 준비해준 소풍 도시락을 가지고 간 적도 있었습니다. 우리를 방해하는 전화도 없이 몇 시간을 보내면서 뭔가에 정말 집중할 수 있었습니다"라고 암스트롱은 그때를 떠올렸다.

제미니 11호는 1966년 9월 12일에 발사되었다. 어려운 도킹도 잘해냈다. 제미니 11호는 고도 1380킬로미터의 궤도까지 올라가, 바로 두 달 전 제미니 10호를 탄 존 영과 마이클 콜린스가 고도 760킬로미터까지 올라가면서 세웠던 최고 기록을 깼다.

두 우주선을 줄로 묶는 실험을 하느라 진땀 빼는 순간도 있었다. 처음으로 선외활동을 하면서 제미니와 아제나를 줄로 연결하던 리처드 고든은 육상 경기에라도 참가한 듯 헉헉거렸다. 고든은 땀으로 범벅이 된 채 우주선 앞부분에 걸터앉아 도킹된 표적기를 줄로 연결하려고 애를 썼다. 계획된 107분 중 30분이 지나자 콘래드는 고든에게 돌아오라고 했다.

기진맥진한 고든이 나타났다. 감아놓은 30.5미터 길이의 줄을 짐칸에서 꺼내는 일도 만만치 않았다. 두 우주선을 연결한 줄이 이상하게 빙빙 돌면서 때때로 진동을 일으켜 콘래드가 제어장치로 우주선을 안정시키기도 했다. 콘래드와 고든은 제미니와 아제나를 서로 묶은 지 3시간 만에 줄을 풀면서 알쏭달쏭한 실험을 끝냈다. 제미니 12호의 버즈 올드린과 제임스 러벌이 그 실험을 성공적으로 마무리하면서 고도가 다른 두 우주선의 중력 차이 때문에 연료 없이도 위치를 유지할 수 있다는 사실을 증명했다.

닐 암스트롱은 휴스턴의 우주비행관제센터에서 교신을 담당하면서 제미니 11호의 우주비행을 추적했다. 9월 15일, 그 우주비행이 성공적으로 끝나자 몇몇 보고회에 함께 참가하면서 제미니 계획 중 암스트롱의 임무가 마무리됐다. 제미니 계획 중 마지막으로 제미니 12호가 1966년 11월 11일부터 15일까지 우주비행을 했다. 제미니 12호의 선장 제임스 러벌과 조종사 버즈 올드린은 인상적인 랑데부와 도킹을 보여주었다. 무엇보다 올드린이 5시간 이상 선외활동을 한 것이 큰 성과였다.

대부분의 우주 계획 전문가들은 제미니 계획이 머큐리 계획과 아폴로 계획을 잇는 꼭 필요한 다리 역할을 했다고 평했다. 제미니 계획의 구체적인 목표들은 모두 이루어졌고, 계획보다 더 많은 성과를 내었다. 우주에서 우주비행사들의 역할, 표적기와 랑데부하고 도킹할 수 있는 능력, 유인우주선이 과학 기술 실험에 얼마나 유용한지를 보여주었다. 또한 도킹한 우주선으로 비행한 점, 긴 시간 우주에서 비행해도 건강에 치명적인 문제가 생기지 않는다는 사실을 확인한 점, 우주비행에서 돌아와 정확하게 착륙하기 등 많은 발전을 이루어냈다.

제미니 계획 중 유인 우주비행 최장 시간(330시간 35분), 최고 고도(1380킬로미터), 선외활동 최장 시간 등의 기록도 세웠다. 올드린이 제미니 12호 우주비행 중 3회에 걸쳐 선외활동을 한 시간을 모두 합하면 5시간 28분이다. 제임스 러벌과 버즈 올드린이 대기권으로 재진입하면서 제미니 12호와 제미니 계획 전체가 막을 내렸다. 그때까지 미국 우주비행사들이 우주에서 보낸 시간은 총 1993시간이었다. 암스트롱은 제미니 8호의 우주비행이 단축되면서, 그 시간 중 10시간밖에 차지하지 못했다는 사실이 아쉬웠다. 닐과 재닛이 계속해서 가까운 사람들을 잃었던 비극에 비하면 이런 실망감은 아무것도 아니었다.

1966년 6월 8일, 에드워즈 시절부터 암스트롱의 상관이자 절친한 친구였던 조 워커가 모하비 사막 위에서 이해하기 힘든 공중 충돌로 사망했다. 워커가 조종하던 F-104N 스타파이터 비행기가 알 수 없는 이유로 옆에서 날아가던 비행기에 너무 가까이 다가갔다. 노스아메리칸이 마하 3 이상의 속도를 내도록 제조한 5억 달러짜리 실험적인 폭격기 XB-70A 발키리였다. 조 워커가 탄 비행기는 그 거대한 비행기의 어마어마하게 강력한 날개 끝 소용돌이에 휘말렸다.

워커는 그 자리에서 사망했다. 발키리의 조종사들 중 한 명이었던 칼 크로스 공군 소령은 폭격기의 파편에 맞아 사망했다. 발키리의 또 다른 조종사로 노스아메리칸의 시험비행 조종사였던 앨 화이트는 그 비행기의 사출 캡슐로 탈출했지만, 심각한 부상을 입었다. 제너럴 일렉트릭⁽ᵉ⁾의 홍보사진을 촬영하는 과정에서 생긴 사망 사고라 더 비극적이었다.

휴스턴에 있던 암스트롱은 사고 직후 에드워즈에서 온 전화를 받았다. 좋은 친구였던 엘리엇 시가 끔찍한 충돌로 찰스 배싯과 함께 사망한 지 석 달도 지나지 않은 때였다. 엘리엇 시의 죽음과 조 워커의 죽음 사이, 암스트롱은 제미니 8호로 우주비행을 하다 구사일생으로 살아났다. 닐과 재닛은 700명의 조문객들과 함께 끓어오르는 감정을 억누르며 조 워커의 장례식에 참석했다. 닐은 성인이 된 후 계속해서 친구들을 잃었다고 침울하게 말했다.

1966년 10월 초, 닐 암스트롱은 남미로 24일 동안의 친선 여행을 떠났다. 방금 제미니 11호의 우주비행을 마치고 돌아온 리처드 고든과 유인우주선센터 부소장을 지내다 몇 달 전 아폴로 계획의 책임자가 된 조지 로 박사가 동행했다. 그들의 아내와 NASA 직원, 국무부와 같은 다른 정부 조직 사람들도 함께한 여행이었다. 그들은 11개국 2만 4140킬로미터를 여행했다. 가는 곳마다 사람들이 우주비행사들을 보기 위해 거리로 모여들었다. 우주인들은 남미 사람들 모두가 친근하고 굉장히 따뜻하다고 느꼈다.

암스트롱은 훗날 달에 다녀온 후 우상이 되었을 때의 느낌을 그 여행에서 처음 맛보았다. 조지 로 박사는 두 번째 방문한 콜롬비아에서 '사람들이 열광적으로 환영했다'고 일기장에 기록했다. 에콰도르의 수도인 키토에서는 자동차 행렬이 겨우 지나갈 만한 틈만 내주고 사람들이 인도를 벗어나 차도까지 점령했다.

브라질 상파울루에 갔을 때는 거의 모든 창문에서 사람들이 몸을 내밀고 손을 흔들었다. 칠레 산티아고를 방문했을 때는 몸집이 작은 할머니들이 머리 위로 손을 올려 박수를 치면서 "비바!"라고 외쳤다. 리우데자네이루의 공식 환영 만찬에는 2500명이 넘는 사람들이 참석했는데, 모든 사람이 우주비행사들과 악수하려고 했다. 브라질리아대학에서는 우주비행사들의 강의를 들으려고 500석 강당에 1500명이 몰려왔다. 수백만 명이 자신의 나라를 방문한 미국 우주비행사들을 지켜보았다. 로 박사는 자신의 일기장에 '암스트롱과 고든은 가능할 때마다 차 밖으로 나가 악수하고, 사인해주고, 사람들을 굉장히 친근하게 대했다'라고 썼다.

카라카스 근교에 있는 대통령궁에서 라울 레오니 베네수엘라 대통령과 자녀들의 환영을 받을 때처럼, 우주비행사들의 움직임 하나하나가 남미 전역에서 1면 머리기사를 장식하고 전국적으로 텔레비전에 방영되었다. 베네수엘라, 콜롬비아, 에콰도르, 페루와 볼리비아는 우주비행사들을 빈틈없이 경호했다. 볼리비아 라파스에서는 공항부터 도심까지 400미터마다 무장한 군인들이 서 있었다. 브라질, 파라과이와 우루과이에서는 군인들이 경호를 담당하지 않았지만, 경찰이 호위하면서 군중을 통제했다. 부에노스아이레스 같은 몇몇 장소에서 우주비행사들은 군중에 휩싸였다. 미국 국무부와 해외공보처, NASA의 직원들이 경호에 나서야 할 때도 있었다. 그러나 미국의 베트남전쟁 참전을 반대하는 시위나 사람들이 사인을 받으려고 갑자기 몰려드는 일 외에는 큰 사건이 벌어지지 않았다.

암스트롱은 이 여행 계획에 대해 듣자마자 스페인어 회화 수업을 받기 시작했다. 자신이 여행하게 될 11개국이 서로 어떻게 다른지 알려고 밤마다 백과사전을 펼쳤다. 암스트롱과 고든은 사람들에게 우주비행에 관한 슬라이드를 보여주기도 했고, 우주비행의 기술적인 문제부터 우주비행을 하면서 하나님에 대한 생각이 어떻게 바뀌었는지 등 다양한 질문에 답하기도 했다.

조지 로는 암스트롱이 강연을 잘했기 때문에 깊은 인상을 받은 것이 아니었다. "건배할 때나 훈장을 받을 때나 어떤 질문을 받아도, 닐은 짧고 간단하게 말하는 재주가 있었어요. 그는 언제나 딱 맞는 말만 했어요"라고 로는 회고했다. 로는 '나도 닐에게 감명을 받았다고 말할 수 있다. 닐은 사람들의 마음을 강렬하게 사로잡았다'라고 여행일기장에 적었다.

훗날 아폴로 계획의 조종사를 어떻게 배치할지, 누가 처음으로 달에 착륙할지에 대해 의논할 때 조지 로 박사가 중요한 역할을 했다. 그가 암스트롱에 대해 굉장히 긍정적으로 평가했다는 사실은 우주비행사로서 암스트롱의 미래에 영향을 줄 수 있었다. 미국 국무부, 해외공보처와 NASA의 관리들은 남미 친선여행이 '미국적인 방식'을 선전했다고 느꼈다.

우주비행사 암스트롱이 1966년 2월,
케네디우주센터에 있는 건물에서
무게와 균형 시험을 하고 있다.

닐 암스트롱과 데이비드 스콧은
제미니 8호 우주비행의 로고를 직접 디자인했다.
신화에 등장하는 쌍둥이 카스토르와 폴룩스가
빛을 내뿜는 그림이다.

1966년 3월 16일,
제미니 8호의 발사를 앞두고
선장 닐 암스트롱과 조종사 데이비드 스콧이
발사대에서 우주선을 향해 올라가고 있다.

사상 최초의 우주 도킹 전, 제미니 8호에서 바라본 표적기 아제나.

데이비드 스콧<왼쪽>과
닐 암스트롱이 우주비행을 끝내고
지구로 귀환한 후 구축함
레너드 메이슨의 갑판에 서 있다.

와파코네타에서 열린 제미니 8호 우주비행 기념 행사에 참석한
닐 암스트롱이 자신의 기사가 실린 신문 뭉치를 들고 있다.

아폴로 11호의 '상냥한 타인들' <왼쪽부터 암스트롱, 콜린스, 올드린>

FIRST MAN

달 착륙 팀의 선장

FIVE

"하루하루 발사 날이 다가오면서 매일 밤 조용히 밖으로 나가 달을 바라보지는 않았나요? '세상에, 내가 저 달에 가다니'라고 생각하지는 않았나요?"
"아니요, 한 번도 그런 적이 없습니다."

텍사스주 휴스턴에서 역사학자 더글러스 브링클리와의 인터뷰, 2001년 9월

PART FIVE

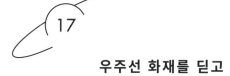

17

우주선 화재를 딛고

1967년 1월 1일, 많은 사람들은 1960년대가 끝나기 전까지 사람을 달에 보내겠다는 케네디 대통령의 약속이 몇 년 앞당겨질 수 있다고 믿었다. 제미니 계획은 순조롭게 끝났다. 아폴로 우주선의 장비도 잘 만들어지고 있었다. 달에 갈 아폴로 우주선을 발사할 강력한 새턴 로켓을 가동할 날도 가까워지고 있다. 몇 명의 우주비행사들이 비행기 사고로 사망하긴 했지만, 우주 계획 자체에는 문제가 없었다. 아폴로 계획과 관련된 모든 일이 잘 진행되는 듯했다. 틀림없이 소련보다 먼저 달에 갈 수 있었다. 그런데 1967년 1월 27일, 플로리다의 케네디우주센터에서 충격적인 사고가 일어났다.

미국 동부 표준시로 저녁 6시 31분과 32분 사이, 34번 발사대의 새턴 IB 로켓 위에 올려져 있던 아폴로 사령선에 불꽃이 붙었다. 그 조종석에는 아폴로 1호의 우주비행사 거스 그리섬, 로저 채피, 에드워드 화이트가 타고 있었다. 조종사들이 발사 준비를 위해 최종 연습을 하고 있을 때 불똥이 튀어 화재가 일어났다. 몇 초 후 세 명 모두 사망했다. 그날은 암스트롱의 열한 번째 결혼기

넘일이자 딸이 사망한 지 5주년이 되는 날이었다.

우주선을 들락거리던 기술자들 때문에 우주선 바닥에 설치한 전선이 닳았다. 닳아 떨어진 전선에서 불똥이 튀어 발포고무 충전재나 천 조각 같은 가연성 소재에 불이 붙었다. 밀폐된 공간에 산소가 가득 차면 순간적인 불꽃도 화염폭탄이 된다. 세 명의 우주비행사들은 몇 초 만에 질식사했다.

그 짧고 소름 끼치는 순간, 우주비행사들은 그들에게 무슨 일이 닥쳤는지 금방 깨달았다. 로저 채피가 맨 먼저 무전으로 "우주선에 불이 났어!"라고 소리쳤고, 그다음 화이트가 "조종석에 불이 붙었어!"라고 외쳤다. 채피도 "우리 몸에 불이 붙었어! 여기에서 빼내줘!"라고 울부짖었다.

세 사람이 불길에 휩싸였을 때 암스트롱은 고든 쿠퍼, 리처드 고든, 제임스 러벌, 스콧 카펜터와 함께 우주비행사 대표로 백악관에 있었다. '우주 공간의 탐사와 이용에 관한 국가 활동의 관리원칙 조약'이라는 복잡한 제목의 국제협약에 서명하는 장면을 지켜보기 위해서였다. 달, 화성과 다른 천체에 대해 영토권을 주장할 수 없다는 내용이어서 우주비행사들은 '권리 주장을 포기하는 조약'이라고 불렀다. 우주의 군사적인 이용을 금지한 조약으로 워싱턴, 런던, 모스크바에서 동시에 서명했고, 오늘날도 유효하다. 우주비행사들이 어느 나라에 불시착해도 고국으로 안전하게 돌아올 수 있도록 보장했다.

서명이 끝나자 백악관 그린룸에서 존슨 대통령 부부가 주최하는 연회가 열렸다. 그 연회에는 세계 곳곳에서 온 유명 인사들이 많이 참석했다. 우주비행사들은 NASA의 지시에 따라 사람들과 어울리면서 우주비행 경험에 대해 이야기했다. 연회가 끝나자 암스트롱은 다른 우주비행사들과 함께 호텔로 돌아갔다.

저녁 7시 15분쯤 호텔방에 들어갔을 때 전화에 긴급 메시지 불빛이 켜져 있었다. 안내 데스크에 연락했더니 유인우주선센터에 급히 전화해보라고 했다. 암스트롱은 아폴로 계획 사무실에 전화했다. 휴스턴에서 전화를 받은 사람은 암스트롱에게 "자세한 내용은 모르지만 오늘 밤 34번 발사대에서 불이 났어요. 심각한 화재였어요. 조종사들은 아마 무사하지 못할 거예요"라고 소리쳤다. NASA 직원들은 우주비행사들에게 언론 접촉을 피해야 하니 호텔에서 나오지 말라고 했다.

우주비행사들은 복도로 뛰쳐나와 서로 들은 소식을 이야기했다. 호텔은 우주비행사들의 객실 근처에 커다란 스위트룸을 제공하면서 배려했다. 스위트룸에 모이기 전, 우주비행사들은 각자 집으로 전화했다. 재닛은 전화를 받지 않았다. 우주비행사 앨런 빈이 사고가 나자마자 재닛에게 전화해서 화이트의 집으로 가보라고 했다. 재닛이 그 집에 가보니 아내 팻 화이트는 집에 없었다. 발레 수업을 마친 딸 보니를 데리러 갔을 때였다. 팻이 딸과 아들 에디를 데리고 집으로 돌아왔을 때, 재닛은 화이트의 집 차고 근처에서 기다리고 있었다. 재닛은 "그때까지는 그저 뭔가 문제가 생겼다는 사실 말고는 아무것도 몰랐어요. 팻과 아이들이 도착했을 때 '문제가 생겼어요. 하지만 무슨 문제인지는 몰라요'라는 말밖에 할 수 없었습니다"라고 했다.

NASA는 우주비행사 윌리엄 앤더스를 보내 팻에게 참혹한 소식을 전했다. 몇몇 다른 친구들이 찾아와 새벽 3시까지 함께 있으면서 제정신이 아닌 가족들을 위로했다고 재닛은 회고했다. 암스트롱과 동료 우주비행사들은 호텔 스위트룸에서 스카치위스키를 들이켰다. 그들은 밤늦게까지 무엇 때문에 그런 참사가 벌어졌는지에 대해 이야기했다.

노스아메리칸이 NASA의 의뢰로 제작한 우주선은 어느 우주비행사도 좋아하지 않았다. 그 우주선은 달로 향하는 우주비행을 시작하기 전, 지구궤도에서 시험비행할 예정이던 초기 형태의 아폴로 사령선이었다. 우주비행사들은 그날 밤늦게까지 조지타운 인 호텔에서 "아폴로 계획의 미래에 대한 걱정부터 1960년대 말까지 정말 달에 갈 수 있을지에 대한 예측, 무리한 시한에 맞추려고 아폴로 계획을 너무 심하게 밀어붙인 NASA에 대한 분노, 처음부터 형편없는 우주선을 만들어놓고 돈을 더 써서 우주선을 다시 제대로 제작해야 한다고 상관에게 이야기해도 들으려고 하지 않았던 NASA에 대해 이런저런 대화를 나누었다"고 제임스 러벌은 기억했다.

하지만 암스트롱은 "나는 무슨 일이든 사람을 비난하지는 않아요. 이런 일들은 우리가 사는 세상에서 언제든 벌어지고 있고, 벌어질 수 있다고 예상해야 합니다. 그저 그런 일을 당하지 않으려고 최선을 다할 뿐입니다. 사고가 나도 생존할 수 있도록 제대로 된 장비와 지식, 기술과 방법을 갖추어야 한다고 생각했지, 누구를 비난한 적은 없어요."라고 말했다.

암스트롱에게 특별히 좋은 친구이자 이웃이었던 에드워드 화이트, 거스 그리섬과 로저 채피의 죽음에 관해 그는 "하늘에서 비행 사고가 났을 때보다 지상에서 시험하던 친구를 잃었을 때 훨씬 받아들이기가 힘들고 정말 가슴이 아픕니다. 지상 시험을 하다 생긴 사고는 우리 모두의 책임입니다. 우리가 뭔가 제대로 대비하지 않아서 생긴 일이니까요. 몇 배 더 충격이 크죠. 비행 중 무슨 일이 벌어지면 대처하기가 어렵습니다. 그저 그 순간에 최선을 다할 수밖에 없어서 부상이든 죽음이든 받아들일 수밖에 없습니다. 하지만 지상에서 시험할 때는 어떤 사고가 나도 탈출할 수 있도록 방법이 마련되어 있어야 합니다. NASA와 항공우주산업의 두뇌 집단 모두가 산소로 가득 찬 우주선을 지상에서 시험할 때 얼마나 위험한지에 대해 경각심을 가지고 있지 않았다니, 심각한 문제였습니다. 제미니 계획 내내 그런 식으로 시험하면서도 사고를 당하지 않았기 때문에 너무 안이해졌다고 생각합니다"라고 했다.

화재가 발생한 지 나흘 만에 우주비행사 세 명을 추도하는 장례식이 두 곳에서 열렸다. 닐과 재닛은 당연히 두 장례식에 모두 참석했다. 먼저 거스 그리섬과 로저 채피의 장례식이 알링턴 국립묘지에서 엄숙하게 진행되었다. 그다음 에드워드 화이트의 장례식이 웨스트포인트의 예배당에서 열렸다. 암스트롱은 우주비행사로 함께 선발되었던 보먼, 콘래드, 러벌, 스태퍼드와 함께 에드워드 화이트의 관을 들었다. 버즈 올드린도 함께 관을 들었다.

동료 비행사들도 그들의 죽음에 참혹한 심정이었지만, 아내들의 마음은 더욱더 참혹했다. 팻 화이트는 양쪽 장례식에 모두 참석했다. NASA가 에드워드 화이트를 거스 그리섬, 로저 채피와 함께 알링턴 국립묘지에 안장하자고 설득하는 바람에 팻은 더욱더 힘들었다. 에드워드 화이트가 웨스트포인트에 묻히고 싶어 했다는 사실을 가족 모두가 알고 있었기 때문이다. 남편 장례식 후 여러 달 동안 팻은 꼼짝도 하지 않았다. 옆집 이웃이자 절친한 친구였던 재닛은 팻이 헌신적인 아내였다고 기억했다. 정성껏 음식을 준비해놓고 남편을 기다렸고, 남편을 대신해서 외부와의 연락을 모두 챙겼다. 팻은 완벽한 아내였고, 매 순간 남편을 사랑했다.

1968년 말, 팻이 운동교실에 나타나지 않고 전화 연락도 되지 않자 재닛과 잰 에번스(훗날 아폴로 17호의 사령선 조종사가 된 우주비행사 로널드 에번스의 아내)는 최악의 상황이 걱정되었다. 팻이 만성 우울증이라는 사실을 알고 있었기 때문이다. 그들은 팻의 집에 몰래 들어가 약병을 움켜쥐고 있는 팻을 발견했다. 몸싸움 끝에 겨우 그 약병을 빼앗았다. 다른 우주비행사 아내들도 팻과 두 아이를 돌보았다. 재닛은 팻이 1983년 사망할 때까지 친구로 지냈다. 팻은 암을 앓은 후 자살했다.

끔찍한 화재 사고가 일어난 다음 날, NASA의 부국장 로버트 시먼스 박사는 사고조사위원회의 위원들을 발표했다. 우주비행사 중에서는 프랭크 보먼 혼자 위원이 되었다. 존슨 행정부는 NASA가 순전히 내부 조사만 하도록 허락했다. 위원회는 사고 원인을 금방 찾아냈다. 4월 5일, 사고조사위원회는 사령선 바닥의 전선에서 불이 시작되었다고 화재 원인을 밝히는 공식 보고서를 제출했다. 우주비행사들은 화재가 발생하자마자 유독가스를 마시고 질식사했다. 그 공식 보고서는 우주선의 장비와 관리를 어떻게 개선해야 하는지 10가지 권고 사항으로 결론을 내렸다.

NASA가 아폴로 우주선의 모든 문제를 해결하려면 2년이 걸려야 했다. 조지 로가 위원장을 맡은 아폴로 계획 특별대책위원회는 우주선의 1341가지 설계 변화를 감독했다. 지상에 있는 우주선 선실의 산소 농도가 100퍼센트라 폭발 위험이 높았던 문제도 해결했다. 발사대에 있는 우주선 선실의 공기를 산소 60퍼센트와 질소 40퍼센트로 채우는 대신, 우주비행사들은 각자 우주복에 달린 흡입 장치로 100퍼센트 산소를 마셨다. 우주선이 상승할 때 선실의 질소는 빠져나갔다. 몇 달 동안 아폴로 우주선만 수리한 것이 아니라 이전에 했던 결정들을 되짚어보면서 개선해나갔다.

　사고조사위원회가 보고서를 제출한 다음, 디크 슬레이턴은 유인우주선센터에 우주비행사들을 소집했다. 전체 우주비행사는 이제 50명 정도였는데, 슬레이턴은 그중 18명만 불렀다. 머큐리 계획의 우주비행사로는 월터 시라가 유일하게 참석해서 회의실 탁자 앞에 앉았다. 윌리엄 앤더스, 월터 커닝햄, 돈 아이셀, 클리프턴 윌리엄스 등 4명은 아직 비행기로 날아오는 중이었다. (클리프턴 윌리엄스는 몇 달 후 T-38 비행기가 추락하면서 사망했다.) 나머지 13명은 제미니 계획 중 최소한 한 번 이상 우주비행을 한 사람들이었다. 존 영, 제임스 맥디빗, 찰스 콘래드, 월터 시라, 토머스 스태퍼드, 프랭크 보먼, 제임스 러벌, 유진 서넌, 닐 암스트롱, 데이비드 스콧, 마이클 콜린스, 리처드 고든, 버즈 올드린이었다.

　슬레이턴은 그들에게 솔직하게 이야기했다. "이 방에 모인 사람들 중 누군가가 인류 최초로 달에 가는 임무를 맡을 거야." 탁자에 둘러앉아 있던 우주비행사들은 처음으로 달에 착륙할 사람을 선발하는 경쟁에서 최종 후보가 되었다는 사실을 깨달았다. 이미 제미니 계획에서 선장으로 활약했던 일곱 명이 가장 가능성이 높았다. 맥디빗, 보먼, 스태퍼드, 영, 콘래드, 러벌과 암스트롱이었다.

　월터 시라는 1966년 아폴로 2호의 조종사로 배치된 후 그 우주비행의 성격에 대해 불평하다 슬레이턴의 화를 돋우었다. 슬레이턴은 결국 시라와 아폴로 2호의 다른 조종사를 그 우주비행에서 제외하고, 아폴로 1호의 예비 조종사로 배치했다.

　슬레이턴은 아폴로 계획의 전체 일정을 설명했다. 주요 장비들을 시험한 후 1년 반 안에 끔찍한 화재로 연기되었던 아폴로 계획의 첫 번째 유인우주선을 발사할 예정이었다. NASA는 이제 그 우주비행을 아폴로 7호라고 불렀다. 그리섬, 화이트, 채피를 추모하는 의미에서 다른 우주선에는 아폴로 1호라는 이름을 붙이지 않기로 했다. 아폴로 2호와 3호도 없었다.

아폴로 계획은 A에서 J까지 진행된다고 슬레이턴은 우주비행사들에게 설명했다. 아폴로 4호와 아폴로 6호가 무인 우주비행을 하면서, 3단의 새턴 5호 발사로켓과 사령선의 재진입 능력을 시험하는 게 A 임무였다. B 임무는 아폴로 5호가 무인 우주비행으로 달착륙선을 시험하는 것이었다. C 임무는 아폴로 7호가 첫 번째 유인 우주비행을 하면서 아폴로 사령선과 기계선, 조종석을 시험하고, 지구궤도에서 아폴로의 장치들을 시험하는 것이었다.

그리고 지구궤도에서 사령선과 기계선, 달착륙선의 결합을 시험하는 것이 D 임무다. E 임무에서도 사령선과 기계선, 달착륙선의 결합을 시험하되, 조금 더 위로 올라가서 시험할 계획이었다. F 임무에서는 달 착륙을 위한 최종 연습을 하고, G 임무에서 드디어 달에 착륙한다는 구상이었다.

달 착륙 후인 H 임무에서는 가능한 한 많은 도구를 싣고 가서 달 표면을 좀 더 자세히 탐사할 계획이었다. 그리고 I 임무는 달착륙선 없이 원격 탐사 장치를 갖춘 사령선-기계선으로 달 궤도만 돌다가 온다는 것이었다. H 임무를 되풀이하되 달 표면에 좀 더 오래 머물다가 돌아온다는 것이 J 임무였다. 그때까지 NASA는 그 이상의 우주비행은 계획하지 않았다.

그다음 슬레이턴은 처음으로 아폴로 우주선을 탈 세 명의 우주비행사를 발표했다. 놀랍게도 슬레이턴은 월터 시라에게 아폴로 7호의 지휘를 맡기면서 돈 아이셀, 월터 커닝햄과 함께 비행하라고 했다. 토머스 스태퍼드, 존 영과 유진 서넌이 아폴로 7호의 예비 조종사였다. 1966년에는 시라와 조종사들이 아폴로 2호에서 아폴로 1호로 옮겨 예비 조종사가 되고, 스태퍼드와 조종사들은 제임스 맥디빗이 이끄는 아폴로 2호의 예비 조종사가 될 예정이었다.

그런데 맥디빗이 아폴로 8호의 선장이 되어 달착륙선을 처음 시험하라는 제안을 받았다. 맥디빗이 지휘하는 아폴로 8호의 조종사는 데이비드 스콧과 러셀 슈바이카르트, 예비 조종사는 찰스 콘래드, 리처드 고든, 클리프턴 윌리엄스가 될 예정이었다. (1967년 12월 윌리엄스가 사망한 후 앨런 빈으로 교체되었다.) 지구궤도에서 유인 우주비행을 하면서 사령선과 기계선, 달착륙선을 시험할 아폴로 9호의 조종사는 프랭크 보먼, 마이클 콜린스, 윌리엄 앤더스였고, '닐 암스트롱'과 제임스 러벌, 버즈 올드린이 '아폴로 9호의 예비 조종사'를 맡을 계획이었다.

이렇게 D 임무까지 아폴로 계획 조종사들이 정해졌다. 예비 조종사였다가 '바로 다음' 우주비행의 선장이 된 사례가 '없었기' 때문에 암스트롱의 경우 아폴로 11호부터 우주비행을 책임지는 선장이 될 수 있었다. 실제로 달에 착륙하는 G 임무로 넘어가기 전, E 임무와 F 임무를 해내야 한다는 점을 고려할 때 최소한 아폴로 12호가 되어야 인류 최초로 달에 착륙할 수 있었다. 그 계획에 따라 암스트롱이 아폴로 11호의 선장이 된다면, 달 착륙을 위한 최종 연습은 하더라도, 막상 달에 가지는 못할 것으로 보였다.

18

달에 갈 우주선 개발

암스트롱은 아폴로 11호의 선장이 되기 7년 반 전부터 우주선이 어떻게 달에 착륙할 수 있는지 연구하기 시작했다. 1961년 5월, 케네디 대통령이 달 착륙 계획을 선언한 때부터 에드워즈 비행연구센터에서 달착륙선에 대한 공학적인 연구가 시작되었다고 암스트롱은 회고했다. "달의 중력은 지구와 상당히 다릅니다(대략 지구의 6분의 1). 우리가 알고 있던 공기역학에 대한 지식을 진공 상태에서는 적용할 수 없죠. 그래서 우주선으로 비행하는 게 비행기로 비행하는 것과는 완전히 다르다는 사실을 알았습니다."

완전히 다른 중력장에서 공기 없이 비행하는 우주선을 안정시키고 제어해야 한다는 독특한 문제를 해결해야 했다. "에드워즈에서 모의비행을 많이 했기 때문에 우주비행도 자연스럽게 느껴졌습니다. 모의비행으로 각종 비행기를 타고 궤도비행도 해보았거든요."

비행연구센터의 연구 부책임자인 휴버트 드레이크는 달에 착륙할 우주선의 개념을 만들기 위해 작은 팀을 조직했다. 드레이크는 1950년대 초, 마하 3의 속도로 고도 30.5킬로미터 이상 올라가는 비행기의 개념을 만드는 데 촉매 역할을 했다. 그 개념에서 극초음속 X-15 계획이 나왔다. 달착륙선의 개념을 생각해내기 위해 드레이크는 진 매트랜거, 도널드 벨먼 등 연구 엔지니어들과 암스트롱을 불러 작은 팀을 만들었다. 시험비행 조종사 중에서는 암스트롱 혼자 참여했다.

드레이크 팀이 맨 처음 생각해낸 달착륙선 아이디어는 헬리콥터와 같은 형태였다. 헬리콥터는 수직으로 이착륙을 할 수 있어서였다. 하지만 헬리콥터로는 달의 중력 때문에 생기는 영향을 고려하면서 비행할 수 없었다. 그래서 작은 연구용 비행기를 거대한 구조물 밑에 매단 후 날린다는 아이디어도 나왔다. 전자 모의비행 장치를 이용하는 좀 더 안전한 방법도 있었다. NASA는 달 착륙 문제를 연구하면서 아폴로 우주비행사들을 훈련하기 위해 결국 헬리콥터, 버지니아주 NASA 랭글리연구소의 시설에 연구용 비행기를 매달아서 날리는 방법, 다양한 전자 모의비행 장치, 이렇게 세 가지 방법을 모두 활용했다. 드레이크 팀은 세 가지 중 헬리콥터처럼 수직으로 이착륙하는 비행기를 선택했다.

드레이크 팀은 시험용 비행기 밑의 수평 유지 장치에 제트엔진을 장착했다. 그 엔진이 만들어내는 추진력으로 비행기가 항상 위를 향하도록 만들었다. 제트엔진은 시험용 비행기를 원하는 고도에 올려놓고, 조종사는 속도를 낮춰 그 비행기 무게의 6분의 5를 지탱하면서 달의 중력을 재현했다.

추진력을 바꿀 수 있는 두 대의 과산화수소 상승로켓을 연소시키면서 비행기가 내려가는 속도와 수평운동을 조절할 수 있었다. 좀 더 작은 과산화수소 로켓들로 비행기의 자세를 제어할 수 있었다. 주요 제트엔진이 작동하지 않으면 보조로켓이 비행기를 들어 올리면서 그때그때 비행기를 안정시켰다. 지구에서는 공기역학이 모든 비행기에 작용하지만, 달에서는 아무 역할도 하지 않는다는 개념이었다. 1961년, 암스트롱이 참여한 드레이크 팀은 지구가 아닌 달에 착륙할 비행기에 대한 개념을 처음 만들었다.

"달에 착륙할 우주선을 만든다는 계획은 너무 거창하고 복잡했기 때문에 드레이크 팀은 달이라는 환경에서 비행하고 착륙하려면 어떤 조건과 특징이 필요한지 연구해서 먼저 한 사람이 탈 수 있는 작은 비행기를 만들자고 결정했습니다. 그것을 바탕으로 자료를 모은 다음 실제 우주선의 실물 크기 모형을 만들 수 있으니까요"라고 암스트롱은 전했다.

1961년 여름부터 가을까지 드레이크 팀은 달에 착륙할 비행기를 연구했다. 암스트롱은 거대한 캠벨수프 깡통에 다리가 달려 있는 듯한 형태였다고 설명했다.

그때 버펄로와 뉴욕의 벨항공 엔지니어들도 달에 착륙할 수 있는 비행기를 연구하고 있었다. 초음속 비행기 X-1과 X 시리즈 초반의 비행기들을 만들어낸 곳이었다. 벨은 미국 항공기 제작 회사 중 유일하게 제트엔진을 이용해 수직 이착륙하는 비행기를 설계하고 제작해본 경험이 있었다. 드레이크는 NASA 관리에게 벨의 계획을 들었고, 벨먼과 매트랜거는 버펄로에 가서 달 착륙을 실험하기 위해 만든 그 회사의 모델 46 헬리콥터를 타보았다. 두 사람은 헬리콥터로는 달 착륙에 필요한 궤도나 속도로 비행할 수 없다는 사실을 확인했다.

달 착륙 비행기의 형태를 아직 결정하기 전이어서 NASA는 비교적 비용이 적게 들어가는 달 착륙 시험용 비행기를 설계해 달라고 벨에 의뢰했다. 그들이 설계한 비행기는 실제 아폴로 우주선의 달착륙선과는 달랐다. 달에 착륙할 때 고도 610미터에서 초당 61미터의 수직속도로 내려와야 하는 문제를 NASA가 연구할 수 있도록 비행기를 설계하는 게 벨의 역할이었다.

1962년 7월이 되어서야 NASA는 달에 착륙하는 방법을 결정했다. 뛰어난 엔지니어와 과학자들은 처음에 엠파이어스테이트 빌딩만 한 강력한 로켓우주선으로 지구와 달을 오가는 상상을 했다. 우주선이 달로 날아간 다음 후진해서 착륙하고, 지구를 향해 발사해서 돌아온다는 계획이었다. 우주비행을 위해 제안한 5443톤 추진력의 노바 로켓은 이제까지의 어떤 로켓과도 비교할 수 없을 정도로 어마어마하게 강력한 로켓이었다. 그다음에는 앨라배마주 마셜우주비행센터의 베른헤르 폰 브라운 박사 팀이 만든 새턴 규모의 로켓으로 사령선과 달착륙선 등 우주선들을 각각 발사하고, 그 우주선들이 지구궤도에서 결합해서 달에 갔다 돌아오게 한다는 구상이 나왔다. 이미 준비되어 있는 로켓을 활용할 수 있기 때문에 훨씬 간단한 방법이었다. 많은 우주비행 전문가들도 찬성했다.

그러나 놀랍게도 NASA는 두 방법 모두 선택하지 않았다. 1962년 7월 11일, NASA 관리들은 '달궤도' 랑데부라는 개념을 활용할 계획이라고 발표했다. 달에 착륙한 우주선이 달궤도로 올라와 사령선과 랑데부한 후, 지구로 무사히 돌아온다는 계획이었다.

케네디 대통령의 과학고문 제롬 위즈너 박사는 달궤도에서 랑데부한다는 결정에 끈질기게 반대했다. 위즈너 박사는 다른 반대자들처럼 달 착륙을 위해 꼭 랑데부를 해야 한다면 지구궤도에서 해야 한다고 생각했다. 지구궤도에서는 랑데부에 실패해도 우주비행사들이 안전하게 지구로 돌아올 수 있었다.

하지만 NASA의 아폴로 계획 담당자들은 우주선들이 달궤도에서 랑데부하는 게 오히려 덜 위험하고, 몇 가지 중요한 이점까지 누릴 수 있다는 결론을 내렸다. 달궤도 랑데부는 지구궤도 랑데부에 비해 연료가 덜 필요하고, 탑재 장비가 절반밖에 되지 않으며 새로운 기술도 많이 필요하지 않았기 때문이다. 어마어마한 규모의 노바 로켓도 필요 없고, 지구에서 한 번만 발사하면 되었다.

노바 로켓으로 발사한 거대한 우주선이 분화구투성이인 달 표면에 착륙하기란 거의 불가능에 가까웠다. 지구궤도에서 랑데부해서 달로 가는 게 조금 나았지만, 그러려면 우주선을 두 번 이상 발사해야 했다. NASA는 몇 달의 연구를 거치면서 달궤도 랑데부로 달에 갈 수밖에 없다는 결론을 내렸다.

달에 착륙할 우주선을 모듈 규모로 줄였다는 게 달궤도 랑데부의 가장 큰 기술적인 진보였다. 아폴로 우주선 전체가 아니라 작고 가벼운 모듈인 달착륙선으로 착륙한다는 계획이었다. NASA는 달에서만 사용할 달착륙선을 맞춤형으로 설계할 수 있었다. 달착륙선은 사용 후 달궤도에 버려두고 올 수 있었다. 달궤도 랑데부로 방법을 결정한 후 NASA는 사령선, 기계선, 달착륙선으로 구성된 아폴로 우주선을 따로따로 맞춤형으로 만들기 시작했다. 달착륙선은 추진력을 바꿀 수 있는 로켓엔진을 활용해서 달 표면으로 내려가는 두 단의 우주선으로 만들 계획이었다. 달착륙선의 윗부분에는 로켓엔진과 연료탱크, 자세제어로켓, 조종석을 설치하고, 아랫부분에는 착륙용 다리, 하강엔진, 연료탱크를 설치한다는 구상이었다. 발사대 역할을 할 아랫부분은 달에 남겨두고 올 계획이었다.

무엇보다 케네디 대통령이 약속한 달 착륙 시한을 지키려면 달궤도에서 랑데부를 할 수밖에 없었다. NASA 입장에서 그것은 결정적인 요소였다. 달궤도 랑데부가 2년, 그리고 20억 달러를 아낄 수 있다는 이야기도 있었다. 결국 달착륙선이 아폴로 계획에서 가장 중요한 요소가 되었다. 사령선에 탄 우주비행사들을 달궤도로 쏘아 올릴 커다란 새턴 5호 로켓도 중요하지만, 달착륙선으로 달에 내려가는 게 아폴로 계획의 본래 목적이었기 때문이다.

곧장 달착륙선에 대한 집중 연구가 시작되었다. 1962년 11월, 뉴욕주 롱아일랜드에 있는 그러먼이 달착륙선을 제작하는 계약을 따냈다. 달착륙선은 여러 번 수정을 거쳐 완성되었다. 시행착오를 거듭하면서 거의 7년의 시간 동안, 예사롭지 않은 우주선을 만들어냈다. 1969년 3월이 되어서야 첫 달착륙선의 시험비행 준비를 끝낼 수 있었다. 아폴로 9호가 지구궤도에서 달착륙선을 시험했다.

달궤도에서 랑데부하기로 결정하면서 비행연구센터에서 사용할 달 착륙 연구용 비행기의 조건이 명확해졌다. 비행연구센터의 의뢰로 만들어진 첫 번째 달 착륙 연구용 비행기의 특징은 정말 우연히도 그러먼이 제작하는 달착륙선과 상당히 비슷했다.

1963년 2월, 벨항공은 달 착륙 연구용 비행기 두 대를 제작하기 시작했다. 1964년 4월 15일, 비행기의 부품들이 커다란 상자에 담긴 채 에드워즈 비행연구센터에 도착했다. 비행연구센터의 기술자들이 그 비행기를 직접 조립하겠다고 했기 때문이었다. 길이 3미터, 무게 1678킬로그램의 달 착륙 연구용 비행기에는 4미터 길이로 펼쳐지는 네 개의 알루미늄 다리가 달려 있었다. 조종사는 웨버항공이 제작한 로켓 사출좌석에 앉아 있었다. 웨버의 사출좌석은 정말 성능이 좋아서 아주 낮은 고도에서도 성공적으로 작동했다. 초당 9.1미터의 속도로 내려갈 때도 안전하게 작동할 수 있었다. 이보다 더 좋은 사출좌석은 없었다. 우주비행에서 한 번 이상 사용해야 한다는 점을 고려할 때도 적당했다.

비행연구센터에서 암스트롱의 상관이었던 조 워커가 달 착륙 '연구용' 비행기를 가장 먼저 조종했다. 1964년 10월 30일, 워커가 첫 비행을 했다. 1분이 채 되지 않는 시간에 세 번 이착륙했다. 비행연구센터는 그때부터 1966년 말까지, 그 비행기로 200차례 정도 연구비행을 했다. 조종사들은 그 비행기를 둘 중 한 가지 방식으로 조종할 수 있었다. 우선 제트엔진으로 기존의 수직 이착륙 비행기처럼 '지구 방식'으로 비행할 수 있었다. 아니면 엔진을 조절해서 비행기의 무게를 달에서처럼 줄여 '달 방식'으로 비행할 수도 있었다. '달 방식'에서는 227킬로그램 추진력의 로켓엔진 두 개를 조절해서 비행기를 들어 올렸다. 조종사는 비행기 각도와 엔진의 추진력을 조절하면서 모든 축의 공기 저항을 보완할 수 있었다. 조종사들은 보통 '지구 방식'으로 비행하고 싶어 했다.

최고 고도가 244미터도 되지 않고 최장 비행시간이 9분 30초도 되지 않았지만, 달 착륙 연구용 비행기는 달의 상공에서 비행하는 느낌을 거의 그대로 재현했다. 놀랍게도 이 비행기로 비행하는 동안 심각한 사고가 한 번도 일어나지 않았다.

암스트롱은 우주비행사로 선발된 후 1962년 9월에 에드워즈에서 휴스턴으로 갔기 때문에 연구용 비행기에 대한 소식을 계속 전해 들을 수는 없었다. 하지만 휴스턴에 간 다음에도 우주비행사들이 연구용 비행기로 훈련하는 것이 필요한지 점검하는 역할을 맡았다. NASA는 어떤 우주비행사도 위험한 비행기를 조종하게 하고 싶지 않았다. 모의비행 장치에서 안전하게 훈련시키고 싶었다. "달에서 필요한 제어 특성은 지구와 전혀 다를 것이라고 예상했습니다"라고 암스트롱은 설명했다. 우주비행사들은 자세제어로켓으로 제어를 할 수 있다는 사실은 알았지만, 정확하게 착륙할 수 있을지는 걱정했다. 낮은 고도에서 비행기의 자세를 급격히 바꾸어야 한다는 게 꺼림칙해서였다.

랭글리연구소의 달 착륙 연구 시설은 높이 76.2미터, 길이 122미터의 인상적인 구조물이었는데, 400만 달러 가까운 비용을 들여 1965년 6월부터 가동하기 시작했다. 연구 시설은 놀라울 정도로 잘 작동했다. 조종사들이 달에서 비행할 때의 특성을 제대로 익힐 수 있는 시설이었다.

구조물 바닥에 흙을 깔고 실제 달과 같은 환경을 만들었다. 달빛을 재현하기 위해 적절한 각도로 조명기구를 세워두고 주로 밤에 시험비행을 했다. 공기가 없는 달의 하늘처럼 보이려고 검은색 장막도 설치했다. 기술자들은 흙을 검은색으로 칠해 분화구처럼 보이게 하면서 우주비행사들이 달에 착륙하면서 보게 될 그림자를 경험할 수 있게 했다. 랭글리연구소 달 착륙 연구 시설을 만든 엔지니어들은 도르래로 움직이는 장치로 진짜 우주선을 탄 것처럼 느끼게 하려고 했다. "달 착륙 연구 시설은 기발한 장치였습니다. 위험한 비행기를 타고 싶지 않을 때 이 시설을 이용할 수 있었으니까요"라고 암스트롱은 전했다.

1964년, 우주비행사 사무실은 어떤 수직 이착륙 비행기로 달 착륙을 재현할 수 있을지 조사했다. 디크 슬레이턴은 암스트롱에게 NASA 에임스연구센터의 엔지니어들이 사용하고 있던 작은 다목적 항공기인 벨 X-14A로 달 착륙 모의비행을 할 수 있을지 점검하라고 했다. 열 번에 걸쳐 시험비행을 하면서 항공기를 점검한 암스트롱은 1964년 2월, 달 착륙 훈련을 위해 다른 비행기가 필요하다는 결론을 내렸다.

"달에서 비행하는 특성을 재현할 비행기가 하나도 없어서 좌절감을 느꼈습니다"라고 암스트롱은 회고했다. 비행연구센터의 달 착륙 연구용 비행기가 유일한 대안이었지만 그 비행기가 위험하다고 여기는 이들도 있었다. 휴스턴에서 달 착륙 연구용 비행기 계획을 책임졌던 딕 데이는 비행연구센터 출신의 모의 비행 전문가로, 1962년에 암스트롱이 우주비행사가 되도록 도왔다.

암스트롱이 제미니 8호로 우주비행을 하기 직전인 1966년 초, 결국 우주비행사들이 비행연구센터의 달 착륙 '연구용' 비행기로 훈련하기로 결정되었다. 그러먼이 오랜 시행착오 끝에 달 착륙선의 설계를 마무리한 때였다. 비행연구센터의 달 착륙 연구용 비행기가 그러먼의 달착륙선보다 5년 일찍 나왔지만, 크기나 제어용 로켓 구조가 서로 크게 다르지 않았다. NASA는 저렴한 비용으로 신속하게 달 착륙 '연구용' 비행기를 '훈련용' 비행기로 바꿔 제작해달라고 벨항공에 의뢰했다. 1968년 1월, 아폴로 5호가 처음 시험비행하기로 한 실제 달착륙선과 비슷한 비행기가 필요했기 때문이다.

달 착륙 훈련용 비행기를 제작하기로 결정하면서 암스트롱은 다시 달 착륙 연구를 시작했다. 암스트롱이 제미니 11호의 예비 선장 역할을 준비하고 있던 1966년 여름, 휴스턴의 유인우주선센터는 벨항공에 달 착륙 훈련용 비행기 세 대를 주문했다. 비행기 한 대당 250만 달러 정도였다. 비행연구센터에도 준비되는 대로 달 착륙 연구용 비행기 두 대를 휴스턴으로 보내달라고 요청했다. 암스트롱은 유인우주선센터가 벨항공과 훈련용 비행기 설계에 대해 협의할 때 참여했다. 1966년 12월 12일, 비행연구센

터의 달 착륙 연구용 비행기가 처음으로 휴스턴에 도착했을 때
도 현장에 있었다.

비행연구센터의 시험비행 조종사 잭 클래버가 그 비행기가
잘 작동한다는 사실을 증명하기 위해 에드워즈에서 휴스턴까지
조종해서 왔을 때, 암스트롱이 지켜보고 있었다. 암스트롱은 휴
스턴의 엘링턴 공군기지에서 비행하는 그 비행기를 보면서 기본
원리들을 연구했다.

또한 1967년 1월 5일부터 7일까지 벨항공에서 달 착륙 훈련
용 비행기의 설계를 점검했다. 며칠 후, 마지막으로 제작한 달 착
륙 연구용 비행기 검사를 도왔다. 암스트롱은 우주비행사가 되
기 전에 캘리포니아에서 벨항공의 H-13 헬리콥터를 타고 달착륙
선 궤도로 비행한 적이 있었다. 달 착륙 연구용 비행기의 비행을
지켜본 경험도 있었다.

1967년 1월 말, 암스트롱과 버즈 올드린은 아폴로 1호에 탔
던 조종사들의 장례식에 참석한 후 곧바로 T-38을 타고 랭글리
의 달 착륙 연구 시설에 찾아가 훈련했다.

1967년 2월 7일, 암스트롱과 올드린은 T-38을 타고 로스앤젤
레스의 웨버항공에 찾아갔다. 달 착륙 훈련용 비행기의 사출좌
석을 자신들의 몸에 맞춰 의뢰하기 위해서였다. 같은 달 닐 암스
트롱은 윌리엄 앤더스와 다시 로스앤젤레스를 찾았다. 이번에는
노스아메리칸을 찾아가 아폴로의 사령선-기계선과 달착륙선 사
이 통로를 검사했다.

1967년 3월, 암스트롱은 로스앤젤레스와 샌디에이고의 라이
언항공에서 달착륙선의 레이더 장치를 검사했다. 상당 시간 동
안 헬리콥터를 타고 수직 이착륙을 연습하기도 했다. 연구용 비
행기를 훈련용 비행기로 바꾸는 일을 돕는 작업은 엔지니어, 시

험비행 조종사, 우주비행사를 모두 경험한 암스트롱에게 안성맞춤이었다. 1961년, 에드워즈 비행연구센터에 있을 때 그는 맨 처음 그 연구용 비행기의 개념을 만드는 작업에 참여했다. 벨항공은 기본적으로 달 착륙 연구용 비행기와 같은 구조로 달 착륙 훈련용 비행기를 제작했지만, 이번에는 가능한 한 달착륙선의 궤도나 제어 장치와 가깝게 만드는 것이 주요 목표였다. 그러나 달착륙선 비행의 특성을 반영할 수 없는 부분도 있었다.

달착륙선 설계의 중요한 특성들을 달 착륙 훈련용 비행기에서 최대한 재현해내는 것이 목표였다. 예를 들어, 새로 제작한 달착륙 훈련용 비행기의 조종석에 앉으면 달착륙선에 탈 때와 같은 시야로 볼 수 있었다. 달착륙선과 비슷하게 배치하기 위해 제어반을 조종석의 중심에서 오른쪽으로 옮겼다. 영상 화면도 달착륙선과 똑같이 배열했다. 조종간을 달착륙선처럼 설치하고, 속도와 자세 제어 장치의 조작도 거의 비슷하게 만들었다. 달 착륙 훈련용 비행기는 공기역학적 힘°과 모멘트°°를 감지해서 엔진과 자세제어로켓을 통해 자동 교정하는 장치도 갖추고 있었다. 이런 식으로 달 착륙 훈련용 비행기는 공기가 없는 상태처럼 움직일 수 있었다. 달착륙선에서 사용하는 작고 가벼운 부품들을 활용하기 위해 장치를 바꾸고 사출좌석을 개선했다. 지속 시간을 늘리기 위해 로켓의 과산화수소를 증가시키고, 제트엔진을 일부 개량했다. 자세 제어 장치도 달착륙선에 맞추어 수정했다.

먼저 만들어진 A1과 A2라는 이름이 붙은 달 착륙 연구용 비행기들도 우주비행사 훈련용으로 쓰이고 있었다. 1967년 12월, 벨항공이 제작해서 보낸 달 착륙 훈련용 비행기 세 대에는 B1, B2, B3이라는 이름이 붙었다. 우주비행사들은 2개월 정도 비행수업을 거친 다음에야 달 착륙 연구용이나 훈련용 비행기를 탈

° 공기 흐름 속에 물체가 받는 힘.
°° 물체를 회전시키려는 힘의 작용.

수 있었다. 암스트롱을 포함해서 슬레이턴이 달착륙선을 탈 수도 있다고 지명한 우주비행사들은 3주 동안 헬리콥터 수업을 받았다. 랭글리의 달 착륙 연구 시설에서도 1주 동안 훈련했다. 마지막으로 총 15시간 동안 전자 장치로 모의비행을 한 다음에야 처음으로 달 착륙 훈련용 비행기를 탈 수 있었다. 언제나 엘링턴 근처에서 그 비행기를 탔다. 암스트롱은 이미 1963년부터 4년에 걸쳐 해군 헬리콥터 학교에서 조종을 해봤기 때문에 헬리콥터 기술은 복습만 하면 되었다. 달에서의 비행을 준비하는 데 헬리콥터 비행이 가장 좋은 훈련 방법은 아니었지만, 달착륙선의 궤도와 비행경로를 이해하는 데는 도움이 되었다.

엔지니어이자 시험비행 조종사로서 경험이 많은 암스트롱은 달이라는 독특한 환경에서 비행하려면 무엇이 필요한지 심사숙고해서 찾아내는 데 탁월했다. 결국 아폴로 달착륙선의 선장과 예비 선장으로 지명된 우주비행사들은 모두 달 착륙 훈련용 비행기로 연습했다. 암스트롱과 보먼, 앤더스, 콘래드, 스콧, 러벌, 영, 셰퍼드, 서넌, 고든과 헤이즈였다.

1967년 3월 27일, 달 착륙 연구용 비행기 A1이 맨 처음 엘링턴 기지에 왔을 때 암스트롱이 처음으로 그 비행기를 탔다. 그날 그 비행기로 두 번 비행했다. 몇 번 비행한 후 기술적인 문제 때문에 더 이상 사용하지 않았다. (새로운 달 착륙 훈련용 비행기인 B1, B2, B3은 1968년 봄까지 준비되지 않아 비행시험을 할 수가 없었다.) 암스트롱은 개조한 A1 비행기가 도착했을 때도 맨 먼저 조종하면서 점검했다. 암스트롱은 1968년 3월 27일부터 4월 25일까지 열 번에 걸쳐 그 비행기를 조종했다.

그다음 도착한 달 착륙 훈련용 비행기의 조종은 위험했다. "날개가 없기 때문에 고장 나면 곧장 추락했습니다. 날개 때문에 생기는 부력을 이용해 안전하게 착륙할 수가 없었으니까요. 하지만 제대로 훈련하려면 고도 152.4미터까지는 올라가서 비행해야 했습니다. 그 높이에서 작은 문제라도 생기면 치명적일 수 있죠." 아폴로 11호로 달에 착륙하기 불과 14개월 전인 1968년 5월 6일, 암스트롱도 그 비행기가 얼마나 위험한지 실감했다.

"달 착륙 훈련용 비행기를 조종하는 일은 언제나 위험하기 때문에 일상적인 비행이었다고 말할 수는 없어요. 하지만 그날 오후에는 전형적인 궤도를 그리면서 내려왔어요. 마지막 단계가 되자 고도 30.5미터에서 착륙하려고 내려왔죠. 그런데 비행기를 제어하기가 점점 힘들어지더니 전혀 제어가 되지 않았습니다. 비행기는 회전하기 시작했습니다. 다시 동력을 공급할 보조 제어 장치도, 다시 제어할 수 있는 비상 장치도 없었습니다. 30도로 기울어진 비행기를 되돌릴 수 없다는 사실이 명백해졌습니다. 정말 순식간에 그 비행기에서 빠져나와야 했기 때문에 로켓 동력의 사출좌석을 이용해서 탈출했습니다. 상당히 낮은 고도 15.2미터에서 튕겨 나왔죠. 비행기가 먼저 추락해 폭발했고, 나는 낙하산을 타고 엘링턴 공군기지 한복판에 있는 풀밭으로 무사히 떨어져 그 불길을 피할 수 있었습니다."

7년 전 한국전쟁에서 날개가 떨어진 팬서 비행기에서 탈출한 후 처음으로 사출좌석을 이용해 탈출하면서 암스트롱은 실수로 혀를 세게 깨물었다. 위기일발이었지만 그 외의 부상은 없었다. 그 사고를 지켜보았거나 사고 소식을 들은 사람들은 암스트롱이 정말 운이 좋아서 살아남을 수 있었다고 느꼈다. 잘못 설계된 엔진 장치 때문에 추진제가 새어 나오는 바람에 일어난 사고라는 사실이 후에 밝혀졌다. 추진제 탱크 속의 헬륨 압력이 떨어지면서 자세제어로켓의 작동이 멈추었고, 비행기가 제어되지 않았다. NASA가 그렇게 바람이 많이 부는 날씨에도 비행하게 한 게 주요 원인이었다. 에드워즈 비행연구센터 엔지니어들은 달 착륙 훈련용 비행기를 풍속 15노트 이하에서 비행하도록 제한했지만, 휴스턴의 유인우주선센터는 그 비행기를 정기적으로 사용하기 위해 풍속 기준을 30노트로 올렸다.

암스트롱은 그런 사고를 당하고도 아무 일도 없었던 것처럼 너무나 태연하게 행동했다. 우주비행사 앨런 빈은 늦은 점심을 먹고 사무실에 돌아온 후 암스트롱이 옆자리에서 일하는 모습을 보았다. 잠시 후 복도로 나갔더니 동료들이 수군거리고 있었다. 누군가가 탔던 훈련용 비행기가 방금 추락했다는 이야기를 하고 있었다.

"무슨 일이 있었는지 물었더니 그들이 '글쎄, 바람이 너무 심하게 불어서 닐이 탄 비행기의 연료가 떨어졌대. 다행히 사출좌석이 작동해서 마지막 순간에 낙하산으로 탈출해 구사일생으로 살았어'라고 대답했어요. 내가 언제 그런 일이 벌어졌느냐고 물었더니 그들은 '바로 1시간 전 일이야'라고 했어요. 나는 '헛소리 하지 마. 방금 사무실에 있다가 나왔는데, 닐이 자기 책상에 앉아 있다고. 비행복을 입고 있기는 했지만, 서류 정리를 하고 있었다니까'라고 말했죠. 그들은 다시 닐이 사고를 당한 게 맞다고 우겼죠. 나는 잠시 기다리라고 말하고 사무실로 돌아갔어요. 그리고 닐에게 '방금 터무니없는 소리를 들었어!'라고 했습니다.

닐이 '무슨 소리야?'라며 물었고, 나는 '네가 1시간 전에 달 착륙 훈련용 비행기에서 탈출했다는 거야'라고 대답했죠. 닐은 잠시 생각하더니 '맞아, 그랬어'라고 했어요.

내가 무슨 일이 있었는지 다시 물었더니 '비행기가 제어되지 않아서 그 형편없는 비행기에서 탈출해야 했어'라고 말했습니다"라고 앨런 빈은 당시 상황을 설명했다.

"죽을 고비를 넘기자마자 곧장 사무실로 돌아올 수 있는 사람도 있는지 상상조차 할 수가 없었어요. 그는 우주비행사 회의에 참석할 때도 그 사고에 대해 한 번도 말하지 않았어요. 그 사건으로 닐을 완전히 다시 보게 되었어요. 그는 보통 사람들과 정말 달랐어요."

암스트롱은 제미니 8호의 우주비행에 이어 그 사고로 위기 상황에 잘 대처한다는 사실을 사람들에게 확실히 보여주었다. 휴스턴 유인우주선센터는 사고 조사 팀뿐 아니라 심의위원회의 조사 결과가 나올 때까지 우주비행사들이 훈련용 비행기를 타지 못하게 했다. 1968년 10월 중순, 달 착륙 훈련용 비행기의 설계와 관리를 개선해야 한다고 주장하는 보고서 두 개가 나왔다.

1968년 12월 8일, 유인우주선센터의 수석 시험비행 조종사 조 앨그랜티가 달 착륙 훈련용 비행기를 타고 최고 고도 167.6미터에서 내려올 때도 비행기가 옆으로 심하게 흔들려 탈출해야 했다. 6분으로 계획된 비행 중 4분이 지났을 때였다. 달 착륙 훈련용 비행기로 30여 차례 비행했던 앨그랜티는 고도 61미터에서 낙하산으로 탈출해 무사했다. 하지만 180만 달러짜리 비행기는 추락한 후 폭발했다. 휴스턴은 다시 한 번 사고조사위원회를 소집했다. 이번에는 우주비행사 월터 시라가 위원회를 이끌었다.

로버트 길루스 유인우주선센터 소장과 크리스토퍼 크래프트 유인우주선센터 비행 관리 책임자 모두 우주비행사가 훈련용 비행기를 타다 사망하는 것은 시간문제라고 느꼈다. "길루스와 나는 그 비행기를 아예 사용하지 않을 생각이었어요. 하지만 우주비행사들은 완강했어요. 그 비행기로 훈련하고 싶어 했죠"라고 크래프트는 말했다.

우주비행사들은 1969년 4월부터 훈련용 비행기로 다시 비행하기 시작했다. 유인우주선센터 시험비행 조종사들이 몇 번 먼저 비행해보아도 문제가 없자, 우주비행사들이 다시 정기적으로 훈련비행을 시작했다. 달 착륙이 시작된 이후에도 크래프트나 길루스는 "달 착륙 훈련용 비행기를 영원히 퇴출시키고 싶어서 비행에서 돌아오는 우주비행사마다 붙잡고 설득했다"고 전했다. 하지만 우주비행사들이 고집을 꺾지 않아서 시간 낭비만 했을 뿐이었다.

아폴로 11호의 발사를 한 달도 남겨놓지 않은 1969년 6월 중순. 암스트롱이 사흘 연이어 달 착륙 훈련용 비행기로 비행하면서 크래프트와 다른 NASA 관리들을 진땀 나게 했다. 암스트롱은 사흘 동안 여덟 차례에 걸쳐 그 비행기를 타고 달 착륙 훈련을 했다. 암스트롱은 개조된 달 착륙 연구용 비행기로 열아홉 차례, 새로운 달 착륙 훈련용 비행기로 여덟 차례 비행했다. 암스트롱보다 그 비행기를 더 많이 조종한 우주비행사는 없었다.

19

아폴로 11호와 세 명의 조종사들

프랭크 보먼, 제임스 러벌과 윌리엄 앤더스는 역사상 지구에서 가장 멀어진 인간이 되었다. 아폴로 8호를 탄 그들은 시속 4만 234킬로미터의 최고 속도에서 점점 속도를 늦추면서 지구와 달의 중력이 균형을 이루는 지점을 넘어섰다. 이제 아폴로 8호는 달을 향해 '내려가고' 있었다.

1968년 12월 23일 오후, 32만 1869킬로미터 정도 떨어진 곳에서 본 지구의 모습을 생방송으로 전달하고 난 다음이었다. 생방송된 지구의 모습은 선명하지는 않지만 충분히 알아볼 수는 있었다. 휴스턴의 우주비행관제센터는 우주선이 인류 최초로 달 궤도에 들어설 수 있는 지점에 도달하도록 준비하고 있었다. 머룬 팀의 항공관제사들이 비행 책임자 밀턴 윈들러의 지휘로 움직이고 있었다.

암스트롱은 그들 뒤에 서서 곧 있을 달궤도 진입에 대해 곰곰이 생각하고 있었다. 아폴로 8호의 예비 선장이었던 암스트롱은 마지막 2~3일 동안 꼬박 달궤도 비행의 세부적인 내용을 챙기면서 깊숙이 관여했다. 아폴로 8호가 발사되던 12월 21일, 케이프케네디에 있던 암스트롱은 새벽 3시에 일어나 아폴로 8호의 선장과 아침을 같이 먹었다. 보먼, 러벌, 앤더스가 낑낑거리면서 우주복을 입고 있을 때 암스트롱은 서둘러 39A 발사대로 갔다. 한두 명의 예비 조종사가 조종석에 들어가 발사 전에 준비하는 과정을 지켜보면서 스위치를 모두 켜고 점검하는 게 관례였다.

아침 7시 51분, 계획보다 약간 늦게 우주선을 발사했다. 새턴 5호 '달로켓'의 첫 번째 유인비행은 볼 만했다. 닐 암스트롱은 예비 조종사인 버즈 올드린, 프레드 헤이즈와 발사 관제센터의 커다란 유리창을 통해 그 거대한 로켓이 맹렬하게 상승하는 모습을 지켜보았다.

암스트롱은 아폴로 8호가 지구궤도를 두 바퀴 돌고, 달을 향해 가는 비행 과정을 이른 아침까지 지켜보았다. 그다음 올드린, 헤이즈와 함께 NASA의 걸프스트림 비행기를 타고 휴스턴으로 향했다. 그들은 저녁 7시 정도에 도착했다. 그 비행기에는 세 사람의 아내인 재닛 암스트롱, 조앤 올드린과 메리 헤이즈도 타고 있었다. 그들은 귀빈 관람석에서 아폴로 8호 우주비행사의 아내들 옆에 앉아 발사 장면을 함께 지켜보았다. 불안해하는 아내들을 다독이기 위해서였다.

암스트롱은 휴스턴에 도착하자 엘라고 집에 잠시 들러 샤워를 하고 옷을 갈아입은 후, 차를 몰고 우주비행관제센터로 갔다. 그곳에서 아폴로 8호의 비행 과정을 지켜보다 밤늦게 퇴근하고, 다음 날 아침 일찍 출근했다. 그때 디크 슬레이턴이 닐 암스트롱을 찾아와 다음 임무에 대해 이야기했다.

물론 그때까지는 아폴로 11호의 비행 목적이 무엇일지 아무도 확실히 몰랐다. 아폴로 11호가 세계 최초로 달에 착륙하려면 아폴로 8호가 대담한 달궤도 비행을 성공적으로 끝마쳐야 할 뿐 아니라, 아폴로 9호와 아폴로 10호의 비행도 아무 탈 없이 진행되어야 했다. 조금이라도 문제가 생기면 처음으로 달에 착륙한다는 G 임무가 아폴로 12호나 아폴로 13호로 넘어가기 쉬웠다.

시한에 쫓긴 NASA가 달 착륙 계획을 아폴로 10호로 앞당길 수도 있었다. 아폴로 8호가 달궤도를 돌면서 무모해 보이던 도전도 이제 가능해졌다. 그래도 암스트롱이 아폴로 11호의 선장이 된 일은 행운으로 보였다. 슬레이턴과 잠시 이야기를 나눈 암스트롱은 자신이 처음으로 달 착륙을 시도하는 우주선의 선장이 될 수도 있다는 사실을 알게 되었다.

몇몇 이유 때문에 아폴로 임무의 진행이 대대적으로 바뀌었다. 1967년 4월, 슬레이턴이 아폴로 우주비행사들에게 처음 일정을 이야기할 때는 달 주위를 도는 비행은 포함되지 않았다. 1968년 10월 시라와 아이셀, 커닝햄이 아폴로 7호를 타고 첫 유인 우주비행을 하면서 C 임무를 마치면, D 임무에서는 달착륙선이 결합된 우주선이 지구궤도를 돌면서 시험비행을 할 예정이었다. 하지만 그러면이 제작 중이던 달착륙선이 그때까지 준비되지 않았다. 아폴로 계획의 책임자인 조지 로 박사 등 몇몇 사람들은 아폴로 계획의 속도를 늦추고 싶지 않아서 위험을 무릅쓰고 급진적인 대안을 제시했다. 달착륙선이 준비되지 않았다면 사령선-기계선으로 달 주위를 비행하면 된다는 생각이었다.

너무 대담한 생각이어서 NASA 지도부는 처음에 강하게 반대했다. 하지만 1968년 10월에 아폴로 7호가 임무를 성공적으로 완수하면서 NASA는 그 급진적인 방법을 선택하기로 결정했다. 소련은 1968년 9월에 거북이 같은 생명체를 실은 존드 5호로 달 주위를 비행했다. 소련은 11월에도 존드 6호로 비슷한 우주비행을 할 예정이어서 미국은 머뭇거릴 여유가 없었다. 존드는 인간도 태울 만한 크기였고, 소련은 우주에서 미국을 앞지르기 위해서라면 무슨 일이든 할 것이라는 게 스푸트니크 이후 미국인들의 생각이었다. 암스트롱도 새턴 5호의 문제들이 확실히 해결된다면 다른 우주비행사들처럼 아폴로 8호의 임무가 급격하게 바뀌어도 된다고 생각했다.

1968년 12월 23일, 아폴로 8호의 텔레비전 송출이 끝나고 상황이 정리되자 암스트롱과 슬레이턴은 우주비행관제센터 안쪽 사무실로 가서 역사적인 대화를 나누었다.

"디크 슬레이턴은 아폴로 11호에 대한 자신의 생각을 이야기하면서 마이클 콜린스, 버즈 올드린과 함께 비행하는 게 어떠냐고 내게 물었습니다. 나는 아무 문제가 없다고 대답했습니다. 그런데 슬레이턴은 올드린과 함께 일하는 게 쉽지만은 않을 거라고 이야기했고, 나는 '글쎄요, 지난 몇 달 동안 함께 일하면서 별문제가 없었는데요'라고 말했죠. 디크가 무슨 뜻으로 그런 이야기를 하는지는 알았습니다. 그는 버즈 올드린 대신 제임스 러벌과 함께 비행하는 게 어떠냐고 물었습니다. 순서가 좀 어긋나긴하지만, 내가 동의하면 그렇게 할 작정이라고 했죠. 저도 러벌과함께 일하면 좋을 것 같았어요. 제임스 러벌은 굉장히 믿을 만하고 안정감 있는 친구였거든요. 그를 상당히 신뢰했어요. 매우 이례적이기는 하지만, 디크는 내가 제임스 러벌, 마이클 콜린스와함께 비행할 수도 있다고 말했습니다."

암스트롱은 다음 날이 되어서야 슬레이턴에게 대답했다. 제임스 러벌은 그때 달 주위를 돌고 있는 아폴로 8호의 사령선을 조종하고 있었다. 암스트롱의 대답에 따라 올드린 대신 러벌이 아폴로 11호에 탈 수도 있었다. 하지만 러벌은 한참 동안 그 사실을 몰랐다. "러벌은 제미니 12호의 선장을 해본 경험이 있어요. 그는 선장이 될 자격이 있다고 생각했어요. 선장을 해야 할 그에게 아폴로 11호의 조종사를 맡긴다는 게 옳지 않다고 생각했고, 그는 결국 아폴로 13호의 선장이 되었습니다. 지금까지도 그는 그 사실을 전혀 몰라요. 슬레이턴과 나누었던 이야기를 아무에게도 하지 않았거든요. 내가 알기로는 올드린도 그 사실을 몰라요"라고 암스트롱은 말했다. 러벌이 암스트롱과 함께 아폴로 11호를 탔다면 올드린은 뒤로 밀려나 운이 좋지 않았던 아폴로 13호를 탔을 가능성이 높았다. 그때까지는 올드린과 일하는 데 아무 문제가 없었고, 러벌은 선장을 맡아야 한다고 생각했기 때문에 암스트롱은 슬레이턴에게 그렇게 대답했다.

그 결정에 관해 프레드 헤이즈가 어떻게 느꼈을지 궁금할 수 있다. 헤이즈가 암스트롱과 함께 아폴로 8호의 예비 조종사로 일했기 때문이다. 그는 아폴로 8호의 달착륙선 예비 조종사였다. "슬레이턴은 헤이즈가 중요한 역할을 맡을 준비가 되어 있지 않다고 생각했습니다. 슬레이턴은 아폴로 11호가 달에 착륙할 수 있기 때문에 달착륙선 조종사가 중요하다고 말했습니다. 하지만 나는 그때 아폴로 11호가 달에 착륙할 가능성이 높다고 생각하지 않았어요"라고 암스트롱은 회고했다.

헤이즈가 아폴로 11호의 조종사가 되었다면 올드린은 사령선 조종사가 되었을 것이다. 슬레이턴은 목 수술 때문에 비행을 하지 못하던 마이클 콜린스에게 다시 임무를 맡기고 싶어 아폴로 11호의 조종사에 포함시켰다. 암스트롱은 아폴로 8호의 예비 조종사로 함께 일하게 된 올드린이나 헤이즈와 별로 교류가 없던 사이였다. 아폴로 8호 이전에는 한 번도 함께 비행 준비를 한 적이 없었다. 암스트롱이 제미니 11호 비행을 준비하던 시기에 러벌과 올드린은 제미니 12호 비행을 준비하고 있어서 케이프케네디에서 함께 생활했다.

하지만 프레드 헤이즈를 볼 기회는 훨씬 적었다. 헤이즈는 달착륙선 예비 조종사로서 많은 일을 했고, 분명히 그 부분에 대해 아는 게 많았다. 헤이즈는 아폴로 11호의 달착륙선 예비 조종사가 되었다. 그리고 제임스 러벌이 아폴로 11호의 예비 선장, 윌리엄 앤더스가 사령선 예비 조종사가 되었다. 프랭크 보먼은 이미 은퇴한 후였다.

암스트롱은 아폴로 11호를 타고 마이클 콜린스, 버즈 올드린과 함께 비행하는 데 대해 불만이 없었다. 그해 크리스마스는 특별했다. 모든 사람이 텔레비전 앞에 모여 앉아 아폴로 8호가 달 궤도에서 보내는 생방송을 지켜보았다. 사람들은 일생 동안 그날을 기억했다.

그날 밤 생방송 중 보먼, 러벌과 앤더스는 돌아가면서 창세기를 10장까지 읽었다. 시청자들은 자전하는 달의 표면을 놀라울 정도로 가까이에서 지켜볼 수 있었다. 우주비행사들은 그다음 텔레비전 카메라의 방향을 지구 쪽으로 돌려 달 표면 위로 멋지게 떠오르고 있는 지구의 놀랍고도 섬세한 아름다움을 보여주었다. 우주비행사들은 "성탄을 축하합니다. 그리고 멋진 지구에서 살고 있는 여러분 모두를 하나님이 축복하시기를 기도합니다"라는 희망적인 메시지로 달에서의 크리스마스이브 행사를 마무리했다.

몇 시간 후인 성탄절 아침, 아폴로 8호는 사령선-기계선의 주요 로켓엔진을 점화해 달궤도에서 벗어났다. 지구로 향하면서 기분이 좋아진 러벌은 우주선이 달의 뒤쪽에서 돌고 있을 때 "지구에 돌아가면 산타클로스가 있다고 말하자"고 했다.

아폴로 8호는 지구궤도를 두 바퀴, 달궤도를 열 바퀴 돈 후 12월 27일 아침, 발사된 지 6일 3시간 만에 무사히 돌아왔다. 정말 역사적인 비행이었다. 보먼, 러벌과 앤더스는 인류 최초로 지구의 중력권에서 벗어났을 뿐 아니라 우주비행사들이 지구에서 달까지 40만 킬로미터 정도의 거리를 여행할 수 있다는 사실을 증명했다. 지구와 교신하지 않고도 궤도 수정 조작을 할 수 있고, 달궤도를 돈 후 돌아올 수 있다는 사실을 보여줘야 했다. 그렇게 먼 거리에서도 우주선을 추적할 수 있다는 사실을 증명하는 게 그들의 임무였다.

1968년은 미국에 충격적인 사건이 많이 일어났던 해였다. 1968년 1월, 북한은 미국 해군의 푸에블로호를 납치한 후 미국이 첩보 활동을 하면서 북한 영해를 침범했다고 주장했다. 베트콩은 음력설에 대공세를 시작했고, 베트남전쟁 중 미군이 베트남의 민간인을 대량 학살한 밀라이 학살이 전 세계에 알려졌다. 같은 달 린든 존슨 대통령은 재선에 도전하지 않겠다고 선언했다. 4월 4일에는 마틴 루서 킹 목사, 6월 6일에는 로버트 F. 케네디 상원의원이 암살되었다. 그해 8월, 시카고의 민주당 전당대회에서 경찰과 성난 시위대가 충돌했다.

국제적으로는 이스라엘과 요르단이 국경 분쟁으로 충돌했고, 북아일랜드에서 개신교와 가톨릭 사이 유혈 분쟁이 일어났다. 프랑스에서는 68혁명으로 시위대가 거리를 뒤덮었고, 소련이 탱크를 앞세워 체코슬로바키아를 침공했다.

이렇게 어지러운 때에 달에 가려고 수십억 달러를 쓴다면서 우선순위가 잘못되었다고 비판하는 사람들이 많았다. "우리가 달에도 갈 수 있다면 왜 불평등을 끝내지 못하며, 가난을 뿌리뽑지 못하며, 암을 치료하지 못하며, 전쟁을 없애지 못하며, 환경 문제를 해결하지 못하느냐"처럼 온갖 목표를 집어넣은 불평이 유행어처럼 돌기 시작했다. 우주 계획에 대한 지지도가 떨어지면서 온갖 비판과 반대 의견이 쏟아져도 우주비행사들은 여전히 대중의 칭찬을 받았다.

1969년 1월 4일, 디크 슬레이턴은 버즈 올드린과 마이클 콜린스를 자신의 사무실로 불렀다. 암스트롱은 이미 와 있었다. 슬레이턴은 그들에게 아폴로 11호의 조종사로 지명되었다고 알렸다. 슬레이턴은 아폴로 11호가 "처음으로 달에 착륙할 수도 있다"고 말했다. 그러면서 달에 착륙한다고 생각하면서 비행 준비를 해달라고 덧붙였다. 진짜 달에 착륙한다면 완벽하게 준비되어 있어야 하기 때문이었다.

닷새 후인 1월 9일, NASA는 아폴로 11호의 조종사들을 발표했다. 아폴로 8호 조종사들이 백악관에서 존슨 대통령에게 훈장을 받고, 국무위원과 대법원 판사, 외교 사절단이 참석한 의회합동회의에서 기립 박수를 받은 후였다. 수많은 신문이 '달 착륙팀이 발표되었다'고 보도할 때 암스트롱과 콜린스, 올드린은 워싱턴에 있지 않았다. 그들은 다음 날 휴스턴의 아폴로 11호 기자회견에 나타났다. 마이클 콜린스는 훗날 자신과 암스트롱, 올드린의 독특한 관계를 설명하면서 '상냥한 타인들'이라고 불렀다.

마이클 콜린스는 셋 중 가장 쾌활한 인물이었다. 그의 아버지 제임스 콜린스James Collins는 제1차 세계대전에 참전해 미국 대통령이 수여하는 훈장을 받은 장군이었다. 그의 형 제임스(아버지이름으로 명명) 콜린스는 야전포병대대 대대장으로 제2차 세계대전에 참전했고, 그 후 준장이 되었다. 마이클은 군인의 아들이어서 어린 시절에 여기저기 옮겨 다니면서 살았다. 이사를 자주 했지만 마이클은 언제나 다른 아이들이나 선생님들에게 인기가 좋았다. 그는 통솔력이 있어서 사람들과 잘 지냈고, 자기 생각이 분명했다. 1952년 웨스트포인트를 졸업했는데, 에드워드 화이트와 같은 반 친구였다. 마이클 콜린스는 프랭크 보먼보다 두 살 어렸고, 버즈 올드린과는 동갑이었다.

마이클 콜린스는 1956년에 공군에 들어갔고, 전투비행대대 중위가 되어 프랑스에서 F-86 전투기를 타고 비행했다. 1957년, 보스턴 출신인 퍼트리샤*Patricia*와 결혼했다. 콜린스는 유럽에서 지내는 동안 에드워즈의 공군 시험비행조종사학교에 지원했는데, 1961년이 되어서야 합격했다. 시험비행조종사학교는 미국 공군 항공우주연구조종사학교로 이름을 바꾸었고, 미군 시험비행 조종사들에게 우주비행을 교육하는 프로그램을 만들기 시작했다. 콜린스는 항공우주연구조종사학교 3반에 들어갔다. 1966년 사고로 엘리엇 시와 함께 사망한 찰스 배싯, 유일하게 X-15와 우주 왕복선을 모두 탔던 조 엥글과 같은 반이었다. 항공우주연구조종사학교 졸업생 중 26명이 제미니 계획이나 아폴로 계획, 우주 왕복선 계획의 우주비행을 했다.

1963년 NASA의 우주비행사로 선발된 콜린스의 전문 분야는 우주복 검토와 선외활동이었다. 그는 1965년 12월에 발사된 제미니 7호의 예비 조종사였다. 1966년 7월에 제미니 10호를 타고 처음으로 우주비행을 했다. 제미니 10호는 아제나 표적기와 성공적으로 도킹하고, 콜린스는 선외활동을 하면서 제미니 8호의 데이비드 스콧이 가져오지 못한 아주 작은 운석을 손에 넣는 정말 흥미진진한 우주비행을 했다.

콜린스는 원래 아폴로 2호의 예비 조종사였지만 아폴로 1호가 발사대에서 화재를 당한 후 계획이 바뀌면서 아폴로 8호의 사령선 조종사가 될 예정이었다. 하지만 목 수술을 하는 바람에 제임스 러벌로 교체되었으나 빠른 회복 덕분에 암스트롱, 올드린과 아폴로 11호를 타게 되었다.

시험비행조종사학교도 들어가기 어려웠던 전투기 조종사였던 콜린스는 8년도 되지 않아 처음 달에 착륙하는 우주선의 '사령선' 조종사가 되었다. 암스트롱은 사근사근하고 농담을 좋아하면서도 자기표현이 분명하고, 박식한 콜린스를 좋아했다. 콜린스는 세월이 한참 지난 후 "꼭 필요한 조건은 아니지만 '아폴로 11호의 우주비행사들끼리 좀 더 친밀하게 지내는 게 행복하고 성공적인 우주비행을 위해서도 좋지 않았을까' 하고 생각했습니다. 나도 혼자 지내기를 좋아하지만 꼭 필요한 정보만 전달하면서 생각이나 감정은 나누지 않는 우리가 좀 이상하다고 생각했습니다"라고 했다.

1930년 1월 30일, 뉴저지주 글렌리지Glen Ridge에서 태어난 버즈 올드린은 제1차 세계대전에 육군항공단으로 참전했던 조종사의 1남 2녀 중 외아들이었다. 그의 아버지 진 올드린은 군대에 들어가기 전 MIT에서 이학 박사 학위를 받은 고학력자였다. 1928년 육군항공단에서 퇴역한 후 증권 중개인이 되었다가 증권 시장이 붕괴하기 직전에 그만두었다.

진 올드린은 필리핀에서 복무할 때 군대 목사의 딸인 매리언을 아내로 만났다. 1973년에 펴낸 버즈 올드린의 자서전『지구로의 귀환Return to Earth』은 아폴로 11호 우주비행 후에 몇 년 동안 알코올 중독, 우울증과 싸운 이야기를 솔직하게 털어놓아 유명해졌다. 자서전을 보면 그가 어릴 때부터 강한 아버지한테 인정받으려고 필사적으로 애를 썼다는 사실을 알 수 있다. 그의 아버지는 가족들을 뉴저지주 몬트클레어에 정착시킨 후 스탠더드오일의 임원을 지내면서 집에 거의 오지 않았다. 1938년 스탠더드오일에서 퇴직한 다음에는 항공 컨설턴트로 일했다. 미국의 전설적인 비행사 찰스 린드버그, 억만장자 비행사 하워드 휴스, 군인이자 비행사였던 제임스 둘리틀이 그가 컨설팅해준 사람들이었다.

집에서 항공 관련 이야기를 너무 많이 듣다 보니 올드린은 자연스럽게 비행에 관심을 가지게 되었다. 미국이 제2차 세계대전에 참전할 때 올드린은 열한 살이었다. 아버지는 대령으로 군대에 복귀해 남태평양과 유럽에서 대잠수함 작전을 연구했다. 아버지는 전쟁이 끝나자 오하이오주 라이트 공군기지에 있는 전천후 비행센터의 소장으로 일했다. 올드린은 고등학교 졸업 후 웨스트포인트에 입학해 3등으로 졸업했다. 하지만 아버지는 아들이 1등이나 2등으로 졸업하지 않은 게 못마땅했다.

버즈 올드린은 제51전투비행대대로 한국전쟁에 참전했다. F-86 요격기를 조종하는 그의 부대는 1951년 크리스마스 다음 날 서울에 도착했다. 동해에 시속 161킬로미터 정도의 차가운 바람이 몰아치던 그날, 닐 암스트롱도 에식스 항공모함을 타고 요코스카를 출발했다. 세 번째 전투 기간을 앞두고 있을 때였다. 올드린은 1951년 12월부터 1953년 정전 협정 때까지 총 66차례 임무를 수행하면서 소련 미그기와 세 차례 맞닥뜨렸다.

버즈 올드린은 미국으로 돌아온 후 네바다주 넬리스 공군기지에서 사격 교관으로 일했다. 결혼한 다음 해인 1955년, 그는 앨라배마주 비행대대장교학교에 지원해 석 달 동안 수업을 받았다. 그리고 장교학교를 마친 후 콜로라도스프링스에서 공군사관학교 교장인 돈 지머먼 장군의 부관으로 일했다.

1956년 8월, 버즈 올드린은 독일 비트부르크에 주둔하는 제

36전투비행단에 합류해 3년 동안 그곳에서 지냈다. 올드린은 공군에서 가장 정교한 전투기인 F-100을 타고 철의 장막을 넘어 핵공격을 하는 훈련을 했다. 그즈음에 세 아이의 아버지가 되었다.

올드린이 비트부르크에서 사귄 친구 중 한 명이 에드워드 화이트였다. 1958년, 비트부르크 근무를 끝낸 화이트는 미시간대학 항공학 석사 과정에 등록했다. 에드워즈에 있는 공군 시험비행조종사학교에 가는 게 목표였던 올드린은 화이트처럼 공부를 더 하고 싶었다. MIT로 진학했고, 3년 만에 이학 박사 학위를 받았다. 1962년 봄, 박사 학위 논문 준비를 시작했을 무렵에 올드린은 두 번째 우주비행사 선발에 지원했다. 에드워드 화이트와 닐 암스트롱이 우주비행사로 선발된 때였다. NASA가 세 번째로 우주비행사를 선발한다고 발표했을 때 올드린은 제미니 우주선을 타고 시험비행을 하라는 국방부의 명령을 받았지만, 다른 이유로 휴스턴을 찾았다. 올드린 소령은 수많은 신체검사와 심리검사를 통과한 후 우주비행사로 선발되었다.

1963년 10월 17일, NASA는 새로 뽑은 우주비행사 14명을 발표했다. 버즈 올드린과 마이클 콜린스는 이때 선발되었다. 버즈 올드린은 랑데부와 재진입을 연구하는 유인우주선센터 위원회의 위원이 되었다.

올드린은 우주비행사로서 명성을 얻겠다는 야심이 강하면서 천진난만한 면도 있어서 전략적이면서도 굉장히 직선적으로 보였다. 올드린은 슬레이턴이 우주비행사를 어떻게 배치하는지 궁금해서 직접 질문했다. 그런 용기는 슬레이턴의 반감만 사서 결국 제미니 10호의 예비 조종사로 밀려났다. 배치 순서로 보자면 제미니 13호를 탈 수 있었다. 하지만 제미니 12호로 제미니 계획은 끝나게 되었다.

1966년 2월, 제미니 8호의 조종사였던 엘리엇 시와 찰스 배싯이 사망하면서 계획이 변경되었다. 제임스 러벌과 버즈 올드린은 제미니 10호의 예비 조종사에서 제미니 9호의 예비 조종사로 바뀌었다. 조종사 배치가 모두 바뀌면서 러벌과 올드린이 제미니 계획의 마지막 우주비행인 제미니 12호의 조종사가 되었다.

나소베이에 있는 버즈 올드린 집의 뒷마당과 찰스 배싯 집의 뒷마당은 붙어 있었다. 그래서 두 가족과 아이들은 좋은 친구가 되었다. 찰스 배싯이 사망한 후 어느 날 그의 아내 지니 배싯이 버즈 올드린을 한쪽으로 데리고 가더니 "찰스는 당신이 제미니를 조종해야 한다고 내내 생각했어요. 당신이 그 일을 하게 되어서 찰스도 좋아할 거예요"라면서 그를 다독였다. 버즈 올드린이 놀랍게도 5시간 이상 선외활동을 하면서 제미니 12호는 제미니 계획에서 가장 성공적으로 우주비행을 마쳤다.

암스트롱은 버즈 올드린, 제임스 러벌과 함께 아폴로 9호의 예비 조종사가 될 때까지 올드린에 대해서 잘 알지 못했다. NASA가 아폴로 8호의 임무를 바꾸면서 아폴로 9호가 아폴로 8호가 되고, 처음으로 달착륙선과 함께 비행할 계획이었던 아폴로 8호는 아폴로 9호가 되었다. 하지만 마이클 콜린스가 목 수술을 받으면서 조종사 배치가 바뀌었다. 러벌이 콜린스 대신 아폴로 8호에 타고, 프레드 헤이즈가 러벌 대신 암스트롱, 올드린과 함께 아폴로 8호의 예비 조종사가 되었다. 올드린은 순서로 볼 때 자신이 암스트롱과 함께 아폴로 11호를 탈 것이라고 예상했다. 하지만 슬레이턴은 올드린을 러벌로 교체할 수도 있다면서 암스트롱에게 선택권을 주었다.

슬레이턴은 올드린과 함께 일하면서 마찰을 일으키지 않을 사람은 암스트롱밖에 없다고 생각했다. 그래서 암스트롱과 올드린이 한 팀이 되었을 수도 있다. 사실 올드린의 성격 때문에 불편해하는 우주비행사들이 많았다. "사람들이 올드린을 왜 거북하게 느끼는지에 대해 그 당시에도 알고 있었는지는 생각나지 않아요. 나와 올드린은 한국전쟁에 참전했다는 공통점이 있었고, 그의 비행 기술이 훌륭하다고 확신했거든요. 그는 머리가 좋았어요. 독창적인 생각을 잘했고, 거리낌 없이 제안했어요. 같이 일하기 좋은 사람으로 보였어요. 그 당시에는 그에 대해 전혀 꺼림칙하지 않았어요"라고 암스트롱은 이야기했다.

발사 준비 책임자 겐터 웬트는 아폴로 팀의 한 사람 한 사람을 모두 잘 알았다. "아폴로 11호 팀은 손발이 척척 맞는 팀으로 보이지 않았어요. 보통 우주비행 팀의 팀원이 정해지고 나면 접착제처럼 하나로 뭉칩니다. 세 사람이 하나로 보입니다. 하지만 아폴로 11호 팀은 따로따로였어요. 점심을 먹을 때도 언제나 따로따로 운전해서 갔어요. 세 사람 사이에서 동지애가 별로 느껴지지 않았어요. 그들은 진짜 팀이 아니었어요."

20

달을 처음 밟을 우주비행사는?

1969년 1월 9일, 아폴로 11호 팀을 소개하는 휴스턴의 기자 회견장에서 한 기자가 단도직입으로 물었다. "누가 처음으로 달 표면을 밟나요?" 디크 슬레이턴은 우주비행사들을 대신해서 "사실 아직 그 문제를 결정하지는 못했습니다. 수없이 시뮬레이션을 해왔지만, 이 팀을 운영하면서 좀 더 시뮬레이션을 해봐야 결정할 수 있을 것 같아요"라고 대답했다.

닐 암스트롱의 삶을 계속 따라다녔던 중요한 문제가 이때 떠올랐다. 1969년부터 지금까지 계속 의문과 추측, 논란을 일으킨 문제다. 달착륙선에 탄 두 명의 우주비행사 중 누가 처음으로 달을 밟을지 NASA는 어떻게 결정했을까?

1969년의 첫 몇 달 동안 버즈 올드린은 분명 자신이 처음으로 달 표면을 밟을 것이라고 믿었다. "보통 선장은 우주선에 남아 있고 다른 우주비행사가 나가서 선외활동을 했어요. 그래서 내가 암스트롱보다 먼저 달착륙선에서 나가 달을 밟을 것이라고 추측했습니다"라고 올드린은 설명했다. 주요 신문들은 '올드린이 인류 최초로 달을 밟는다'는 기사를 실었다.

몇 주 후 아폴로 9호가 우주비행을 하는 동안 NASA 유인 우주비행의 부책임자인 조지 밀러 박사는 기자를 포함해 여러 사람에게 올드린이 달착륙선에서 먼저 나갈 것이라고 말했다. 다른 소문을 듣기 전까지 올드린은 자신의 추측이 확실하다고 느꼈다.

올드린은 유인우주선센터의 유언비어를 통해 암스트롱이 자신보다 먼저 우주선 밖으로 나가기로 결정되었다는 소문을 들었다. 처음 그 소문을 들었을 때는 어리둥절했다. NASA가 군인이 아니라 민간인인 닐 암스트롱에게 그 일을 맡기고 싶어 한다는 소문을 듣자 올드린은 화가 났다. 올드린은 억울했지만, 며칠 동안 그 상황에 대해 혼자 고민하면서 아내하고만 의논했다. 너무 민감한 문제라서 섣불리 다루기가 어렵다고 느낀 올드린은 직접적인 방법을 선택하기로 결심했다. 그는 닐 암스트롱을 찾아갔다.

암스트롱이 뭔가 확실한 해결책을 말해주길 바랐다면 올드린의 착각이었다. "암스트롱은 자신이 먼저 달을 밟고 싶은지 아닌지 툭 터놓고 이야기할 사람이 아니었고, 실제로도 그랬어요. 분명히 암스트롱도 그 문제에 대해 압박감을 느끼고 있었겠지만, 그 당시에는 우리가 그 이야기를 허심탄회하게 나눌 수 있을 정도로 서로 친하다고 생각했습니다."

1973년 자서전에서 올드린은 '암스트롱은 1분 정도 얼버무리더니 달 착륙은 너무 역사적인 일이라서 자신이 인류 최초로 달을 밟는 사람이 될 수도 있다는 가능성을 잃고 싶지 않다고 냉정하게 말했다. 그가 그렇게 냉정한 사람인지 처음 알았다'라고 썼다. 올드린은 자서전의 그 부분에 대해 공저자가 과장했다고 주장했다. "암스트롱은 단정적으로 이야기하는 사람이 아니었어요. 자신이 스스로 결정할 수 없는 일에 대해서는 특히 더 그랬죠. 최초로 달을 밟는다는 역사적인 중요성에 대한 그의 의견은 전적으로 옳았고, 나도 그렇게 생각했어요. 그 문제에 대해 더 이상 이야기하기 싫어한다는 의사가 분명하게 느껴졌습니다. '그래, 네 말이 맞아. 빨리 결정하라고 압력을 넣어야 한다고 생각해'라는 말은 전혀 들을 수가 없었죠. 그런 말은 전혀 하지 않았어요."

올드린은 '암스트롱에게 화를 내지 않으려고 내내 애쓰면서' 치솟는 좌절감을 억누르려고 했지만, 소용이 없었다. 언제나 그랬듯 아버지가 아들인 버즈 올드린을 심하게 압박했다. 버즈 올드린은 아버지와 전화하면서 자신이 아니라 닐 암스트롱이 달착륙선에서 먼저 나간다는 결정이 내려질 가능성이 높다고 이야기했다. 올드린의 아버지는 곧바로 화를 내면서 "네가 먼저 나가기 위해서 무슨 일이든 해야 한다"고 말했다. 올드린은 "한참 설득해서 결국 관여하지 않겠다는 아버지의 약속을 받아냈다"고 말했다. 하지만 그 약속은 지켜지지 않았다. 올드린의 아버지는 NASA와 국방부를 움직이기 위해 영향력 있는 친구들에게 부탁했다.

아버지와 경쟁하듯 버즈 올드린 역시 앨런 빈과 유진 서넌 같은 몇몇 동료 우주비행사들에게 접근했다. 아폴로 10호와 아폴로 12호의 달착륙선 조종사로 자신과 입장이 비슷해서 공감해주리라고 생각했다. 하지만 그들은 올드린 입장에 공감하기보다 그가 뒤에서 로비를 하고 다닌다는 생각부터 들었다. "버즈 올드린은 누가 달을 처음 밟을지에 대한 문제를 가지고 광분했어요. 어느 날에는 도표와 그래프, 통계를 잔뜩 들고 성난 황새처럼 퍼덕거리면서 유인우주선센터의 내 사무실로 들어와 닐 암스트롱이 아니라 달착륙선 조종사인 자신이 아폴로 11호의 사다리에서 먼저 내려와야 한다고 주장했어요. 그는 그게 당연하다고 생각했어요. 옆자리에서 일하던 암스트롱이 훈련을 받느라고 사무실을 비운 날이었죠. 나는 올드린의 주장이 터무니없고 무례하다고 느꼈어요. 아폴로 11호가 처음으로 달에 착륙할 수도 있다는 사실을 알고 난 다음부터 올드린은 역사에 자신의 이름을 남기려고 이렇게 이상한 노력을 했어요. 그럴 때마다 동료 우주비행사들은 화가 나서 올드린을 바라보며 욕을 중얼거렸지요. 암스트롱은 어떻게 그런 터무니없는 행동을 그렇게 오랫동안 견딜 수 있었는지 나로서는 상상도 할 수 없어요."라고 유진 서넌은 이야기했다.

아폴로 11호의 팀원이었던 마이클 콜린스도 비슷한 사건을 떠올렸다. "어느 날 올드린이 머뭇거리면서 우리 상황이 부당하다고 이야기하려고 했어요. 하지만 내가 이야기를 금방 중단시켰어요. 그런 일에 끼어들지 않아도 처리해야 할 문제가 너무 많았거든요. 올드린은 본론을 꺼내지 않고 이말 저말 했지만, 닐 암스트롱이 처음으로 달을 밟는 것에 대한 불만 때문이라고 생각했어요." 올드린은 동료 우주비행사들이 자신의 행동을 오해했다고 주장했다. "내가 정말 인류 최초로 달을 밟은 사람이 되고 싶었던 게 아니라 빨리 결정을 내려야 한다고 주장했을 뿐이에요."라고 변명했다.

올드린이 로비하고 다닌다는 이야기가 유인우주선센터에 퍼지자, 슬레이턴은 그 논란을 끝내야겠다고 생각했다. 디크 슬레이턴은 버즈 올드린의 사무실에 들러 아마도 닐 암스트롱이 달을 먼저 밟을 것 같다고 이야기했다. 슬레이턴은 달착륙선에서 내리는 순서를 어떻게 정하는지에 대해 그럴듯한 이유를 댔다. "닐은 나보다 먼저 우주비행사로 선발되었고, 아폴로 11호의 선장이었습니다. 콜럼버스나 역사상 다른 탐험대장이 그랬듯 그가 달을 처음 밟는 게 당연했습니다. 팀원이 미지의 땅으로 나가는 모습을 선장은 그저 앉아서 지켜보다가 뒤이어 나가 달의 표본을 줍고 역사에 남을 말을 한다면 많은 사람이 비난할 거라고 했습니다. 맞는 말이었습니다."

올드린은 슬레이턴의 설명을 충분히 이해할 수 있었지만, 그 사실을 모르는 사람들의 지나친 관심 때문에 내내 좌절감을 느꼈다고 이야기했다. "내가 처음 달을 밟을지 말지는 개인적으로 그렇게 큰 관심사가 아니었어요. 기술적인 관점에서 보자면 최초의 달 착륙 자체가 위대한 업적이고, 우리가 함께 해내는 일이니까요. 우리 중에서 첫발을 디디는 사람이 더 많은 관심과 환호를 받겠지만, 닐이 그런 존재가 되어도 괜찮다고 생각했습니다. 하지만 계속 결정을 미루는 바람에 소문과 추측이 무성해지고, 어색한 상황이 생겨서 화가 났습니다." 친구와 가족, 기자들은 계속 그에게 "누가 첫 사람이 되나요?"라고 물었다. 암스트롱은 인내심이 강해서 그렇게 애매모호하고 불확실한 상황을 잘 견뎠지만, 올드린은 그렇지 않았다.

올드린은 명확히 밝혀달라고 마지막으로 호소해야겠다고 느꼈다. "결국 아폴로 계획의 책임자인 조지 로를 찾아가서 내가 들은 이야기를 했어요. 누가 달을 처음 밟을지 신중하게 결정해야 한다는 사실은 이해한다면서 어떻게 결정되든 기쁘게 받아들이겠다고 덧붙였습니다. 개인적으로는 내게 큰 문제가 아니지만, 가능한 한 빨리 결정하는 게 우주비행사들의 의욕이나 훈련에 모두 도움이 될 거라고 이야기했습니다." 로는 그렇게 하겠다고 올드린에게 약속했다.

4월 4일 유인우주선센터 기자회견장에서 조지 로는 "달에 착륙한 후 암스트롱 씨가 먼저 우주선에서 나오고, 몇 분 후 올드린

대령이 뒤따라서 사다리를 내려올 계획"이라고 밝혔다. NASA가 결국 달착륙선의 내부 설계와 달착륙선 조종석에서 두 우주비행사의 위치를 바탕으로 우주선에서 나갈 순서를 정했다고 올드린은 이해했다. 그것은 공학적인 근거로서 충분히 이치에 맞았고, 그 이유라면 마음을 달랠 수 있었다.

올드린은 암스트롱과 그 문제에 대해 이야기하면서 어떻게 그런 결정이 내려졌는지 함께 추측했다고 말했다. "달 표면에서 각자 해야 할 과제, 그리고 달착륙선 안의 우리 위치에 따라 누가 먼저 내릴지가 결정되었다는 게 우리의 결론이었습니다. 달착륙선 조종사인 나는 오른쪽에 앉고, 닐은 입구 옆 왼쪽에 앉게 됩니다. 닐이 먼저 나가는 게 자연스럽지요. 내가 아는 한 결국 그게 나갈 순서를 정하는 데 결정적인 요인이었습니다."

올드린은 발표되자마자 그 상황을 받아들였다고 했다. 하지만 마이클 콜린스의 기억은 달랐다. "누가 첫 사람이 될지 발표된 다음 올드린의 태도가 눈에 띄게 달라지더니 조용하고 침울해졌어요." 몇몇 NASA 임원들도 올드린이 심하게 낙담했다고 기억했다. 케이프케네디의 발사 준비 책임자였던 겐터 웬트는 "올드린은 자신이 처음으로 우주선에서 나가 달에 역사적인 발자국을 찍어야 한다고 마음먹고 있었어요. 그래서 우주비행사들뿐 아니라 경영진이나 수많은 사람들과 그 문제를 가지고 논쟁하면서 사이가 멀어졌습니다. 반면 닐은 자신이 맡은 일에만 계속 집중하면서 그저 열심히 일했습니다"라고 말했다.

암스트롱은 그 문제를 가지고 올드린과 자세한 이야기를 나눈 적이 없다고 항상 이야기했다. '우주선에서 처음 나올 사람'이 결정되기 전 몇 주 동안에도 그는 다른 사람은 물론 아내에게조차 그런 이야기를 하지 않았다. 그 결정에 관한 암스트롱의 이야기는 몇몇 면에서 올드린의 설명과 완전히 다르다. 먼저 암스트롱은 올드린의 생각과 달리 그 문제에 대해 그렇게 관심을 가진 적이 없었다. 올드린이 말하거나 자서전에 쓴 대화 내용에 대해 암스트롱은 "정확한 대화가 기억나지는 않아요. 어떻게 생각하느냐고 물어서 '그 문제에 관해서라면 내 입장을 따로 가질 수가 없어. 시뮬레이션 결과와 다른 사람들의 의견에 따라 결정될 일이니까'라고 대답했던 때는 기억납니다. 사실 엄청나게 중요하다고 생각한 문제가 아니었거든요. 누가 먼저 달을 밟느냐를 가지고 사람들이 왜 그렇게 열광적인 관심을 보이는지 언제나 이상하게 생각했습니다. 우리가 우주선에서 나오기 전, 우주선의 알루미늄 다리 네 개로 달 표면에 안전하게 착륙할 수 있을지가 내게는 훨씬 더 중요한 문제였습니다. 길이 3미터의 알루미늄 다리를 사이에 두고 달 표면에 서 있는 일과 높이 2.54센티미터의 부츠 바닥이 달 표면에 닿는 일이 뭐 그렇게 다른지 알 수가 없었거든요"라고 말했다.

"제미니 계획에서는 부조종사가 항상 선외활동을 했습니다. 할 일이 너무 많은 선장이 그 모든 일을 준비하는 게 비현실적이었거든요. 부조종사는 훨씬 시간 여유가 많아서 그에게 선외활동을 맡기는 게 훨씬 합리적이었습니다. 아폴로의 달 착륙을 계획할 때도 처음에는 그렇게 시뮬레이션을 했습니다. 아마도 제미니 계획 때의 경험 때문에 그렇게 했을 거예요. 올드린은 제미니 계획 때부터 해왔던 방식이기 때문에 그대로 해야 한다고 생각하면서 자신이 선외활동을 책임지게 된다고 느꼈을 것입니다. 그 일이 자신에게 중요하다고 생각했을 거예요. 하지만 시뮬레이션을 할수록 선장이 먼저 우주선에서 나가는 게 더 쉽고 안전하다는 사실이 점점 더 분명해졌습니다. 오른쪽에 있는 조종사 올드린이 먼저 나가는 게 상당히 비효율적이라는 시뮬레이션 결과가 나왔습니다. 관련자 대부분이 달착륙선 조종사가 선장 주위를 돌아서 출입구로 나가는 게 위험할 수도 있다고 느꼈다고 생각합니다. 유인우주선센터 엔지니어인 조지 프랭클린이나 레이먼드 즈데카같이 시뮬레이션을 담당한 핵심 인물들은 선장이 먼저 나가는 게 훨씬 덜 위험하다는 결론을 내렸습니다. 아폴로 11호의 우주비행을 계획하던 사람들은 제미니 계획의 방식을 버리고 새로운 방식으로 바꾸었습니다. 그리고 실제로 그 방식대로 되었습니다. 이후의 아폴로 우주비행은 역사적으로나 상징적으로나 어느 우주비행사가 먼저 나오는지가 중요하지 않았지만, 모두 똑같은 방식으로 했습니다. 선장이 먼저 나와서 달을 밟았죠"라고 암스트롱은 설명했다.

사실 유인우주선 계획 책임자들이 누가 먼저 우주선에서 나올지 정할 때 출입구 디자인과 달착륙선 내부 배치 같은 세부 사항을 가장 중요하게 생각하지는 않았다. 아폴로 12호의 달착륙선 조종사 앨런 빈은 그런 자잘한 내용을 가지고 결정할 필요는 없었다고 명확하게 설명했다. "이렇게 할 수도 있었어요. 우주선 밖에서 사용할 커다란 배낭을 메기 전, 올드린은 마음대로 움직일 수 있었습니다. 올드린이 오른쪽에서 왼쪽으로 자리를 옮긴 후 그곳에서 배낭을 꺼내고, 암스트롱은 왼쪽에서 오른쪽으로 옮긴 후 올드린이 있었던 자리에서 배낭을 꺼냅니다. 그다음 서로 배낭을 바꾸면 됩니다. 올드린이 선반에서 암스트롱의 배낭을 꺼내 넘겨주고, 암스트롱은 올드린의 배낭을 꺼내 건네주면 됩니다. '문밖으로 나갈게. 바꾸자' 하면 되지요. 전혀 어렵지 않은 일입니다. 당시 NASA가 뭐라고 말했든 올드린은 별 어려움 없이 우주선에서 먼저 나갈 수 있었어요. 어디에서 배낭을 메느냐의 문제일 뿐이었습니다."

빈은 NASA가 '누가 처음 나올지'에 대한 논란에 종지부를 찍고, 논란 과정에서 속이 상했던 올드린을 다독이려고 출입구 디자인이나 달착륙선의 내부 배치 같은 세부 사항을 끄집어냈다고 생각했다. "올드린이나 다른 사람들에게 '그냥 암스트롱이 먼저 우주선에서 나갔으면 좋겠어'라고 직접적으로 말하고 싶지 않아서 기술적인 이유를 찾았다는 게 내 의견입니다. 보세요. NASA는 버즈 올드린과 닐 암스트롱에 대해 잘 알았어요. 아마 슬레이턴이 일찍이 암스트롱을 찾아가 '이봐, 우리는 당신을 이 우주비행의 선장으로 뽑았고, 선장이 먼저 우주선 밖으로 나갔으면 좋겠어'라고 말했을 거예요. 그런 말을 들었다 해도 암스트롱은 아무에게도 이야기하지 않았을 거예요. 하지만 디크는 '이런 말은 아무에게도 하지 않으면 좋겠지만, 나는 당신이 먼저 나갔으면 좋겠어. 그리고 다시는 이 이야기를 꺼내지 않으면 좋겠어'라고 당부했을 가능성이 높아요. 디크 슬레이턴과 암스트롱에 대해 알지만, 내가 아는 한 두 사람 모두 그런 이야기를 다른 곳에 가서 할 사람들이 아니에요."

역사에 남을 사람을 정해야 한다는 정치적인 측면도 암스트롱에게 유리하게 작용했다. 아폴로 9호가 성공적으로 우주비행을 마쳐서 모두 자신감이 치솟았던 1969년 3월 중순 어느 날, 비행 팀의 관리 책임자 디크 슬레이턴, 유인우주선센터 소장 로버트 길루스, 아폴로 계획 책임자 조지 로(그는 1966년 암스트롱과 함께 남미 이곳저곳을 다녔다)와 비행 관리 책임자 크리스토퍼 크래프트가 모여서 비공식 회의를 했다.

"아폴로 9호가 우주비행을 할 즈음, 조지 로와 나는 올드린이 처음으로 달을 밟을 수도 있겠다는 생각을 똑같이 했어요. 올드린은 달착륙선 조종사였고, 달에 가져갈 실험 장비를 어떻게 사용할지에 대한 훈련을 모두 받았습니다. 올드린은 모든 내용을 자세히 파악하고 있었습니다. 그 문제를 의논하기 위해 특별히 회의를 소집했습니다. 당시에는 그런 문제를 나와 길루스, 슬레이턴, 로 네 명만 모여서 의논했습니다. 보세요, 달을 처음 밟은 사람이 린드버그 같은 영웅이 된다는 사실을 누구나 다 알잖아요? 인류 최초로 달을 밟은 사람으로 영원히 기억되지요. 그렇다면 누가 되는 게 좋겠어요? 달을 처음 밟은 사람은 전설이 되는 거예요. 찰스 린드버그나 어떤 군인, 정치인, 발명가도 뛰어넘는 미국의 영웅이 되는 거죠. 그렇다면 닐 암스트롱이어야 했어요. 닐 같은 사람은 없었어요. 닐은 침착하고, 조용하고, 절대적으로 신뢰할 수 있는 친구였죠. 그가 린드버그 같은 인물이라는 사실을 우리 모두 알았어요. 그는 잘난 척하지 않았어요. '이봐, 내가 달을 처음 밟은 사람이 될 거야!'라면서 떠들썩하게 자랑할 사람이 아니었죠. 닐은 그런 생각조차 하지 않았어요. '너는 남은 일생 동안 지구에서 가장 유명한 사람으로 지낼 거야'라고 말하면 '그렇다면 달을 처음 밟고 싶지 않아요'라고 할 사람이죠. 반면 올드린은 필사적으로 명성을 좇는 사람이에요. 입 다물고 있을 사람이 아니죠. 닐은 아무 말도 하지 않았어요. 천성적으로 주목받고 싶어 하지 않았어요. 우리는 과묵하고 온화하면서 영웅적인 닐 암스트롱을 선택할 수밖에 없었습니다"라고 크래프트는 말했다.

"우리는 만장일치로 버즈 올드린이 먼저 나가게 하지 말자고 이야기했습니다. 로버트 길루스는 우리 결정을 NASA 본부의 조지 밀러와 샘 필립스에게 전달했고, 디크 슬레이턴이 아폴로 11호 팀에 이야기했습니다. 디크에게 이야기하라고 했더니 안 하겠다고 버티지 않았습니다. 그래서 그가 우주비행사들에게 이야기하는 역할을 맡았죠. 상당히 외교적으로 이야기했을 거라고 확신해요."

"버즈 올드린은 낙담했지만, 냉정하게 받아들이는 것 같았습니다. 닐 암스트롱은 자신의 역할에 대해 흡족해하지도 놀라지도 않고 그 결정을 담담하게 받아들였습니다. 그는 선장이었고, 달을 처음 밟는 게 선장의 임무라고 생각했어요. 올드린은 아마 자신이 선외활동 훈련을 더 잘 받았고, 달 표면에서 암스트롱보다 더 많은 일을 할 수 있다고 생각했을 거예요. 솔직히 그의 생각이 옳을 수도 있어요. 결국 암스트롱은 올드린에게 달 표면에서 할 일을 많이 맡겼습니다. 암스트롱은 올드린이 그 일들을 잘 해내길 바랐고, 올드린이 자신보다 잘할 수 있다는 사실을 알았습니다. 하지만 우리는 달 표면에서 무슨 일을 하는지를 가지고 누가 먼저 달을 밟을지를 결정하지 않았습니다."

슬레이턴, 길루스, 로와 크래프트가 그 문제를 의논할 때는 달착륙선의 내부 배치나 출입구 위치에 대한 이야기가 한마디도 나오지 않았다. "우리끼리 의논할 때는 공학적인 측면을 고려하지 않았어요. 그것은 우연히 생각해낸 변명거리였어요. 특히 슬레이턴이 기술적인 용어로 설명하고 싶어 했어요. 그래서 그렇게 이야기했죠."

사실 1969년 회의에 참석했던 네 명 중 아무도 그 자리에서 무슨 이야기가 오갔는지 솔직하게 이야기하고 싶지 않았다. 예를 들어 1972년 9월, 자신의 사무실에서 올드린을 개인적으로 만난 후 조지 로는 '누가 먼저 달을 밟을지를 NASA 유인우주선센터가 결정했는지, NASA 본부가 결정했는지, 아니면 외부의 입김이 작용했는지 올드린이 내게 물었다. 나는 디크 슬레이턴의 추천으로 로버트 길루스가 결정했다고 말했다'라고 메모했다. 로가 올드린에게 해명한 내용은 크리스 크래프트가 2001년에 발간한 자서전『비행 : 우주비행관제센터에서 나의 삶』에서 밝힌 내용과 확실히 달랐다.

버즈 올드린은 오랫동안 그 문제에 얽매여 있었다. 아폴로 11호의 우주비행이 끝난 지 한참 후인 1972년까지도 '누가 먼저 나갈지'에 대한 결정이 어떻게 이루어졌는지를 물을 정도로 계속 신경을 썼다. 1969년에 기술적인 이유로 그렇게 결정했다는 이야기를 들었고 다른 사람들도 보통 그렇게 믿었지만, 완전히 확신하지는 못했다는 사실을 알 수 있다.

크리스 크래프트가 자서전을 펴내기 전까지는 길루스, 슬레이턴, 로와 크래프트가 회의를 했다는 사실을 올드린도 암스트롱도 몰랐다. 의사 결정 이면에 정치적인 요인들이 작용했다는 사실이 밝혀진 다음에도 암스트롱은 누가 먼저 나가야 하는지 결정할 때 달착륙선의 내부 배치 같은 공학적인 고려가 중요한 역할을 했다고 계속 확신했다. "여섯 번이나 똑같은 방식으로 달에 착륙했다는 게 그 방법이 가장 적절했다는 사실을 보여주는 상당히 강력한 증거입니다. 그렇지 않았다면 바뀌었을 거예요. 그게 옳은 방법이 아니었다면 다른 선장들, 특히 아폴로 13호의 선장 앨런 셰퍼드 같은 사람이 동의하지 않았을 겁니다. 그들 성격으로 볼 때 더 좋은 방법이 있다고 생각했다면, 분명 다른 방법으로 하려고 했을 거예요. 나도 똑같이 느꼈을 테고요."

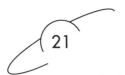

21

우리가 달에 가야 할 이유

달착륙선에서 누가 먼저 나갈지에 대해 버즈 올드린이 지나친 관심을 보이는 바람에 아폴로 11호 팀의 팀워크는 좋아질 수 없었다. 하지만 올드린이 아무리 뚱해 있어도 역사적인 임무를 앞둔 팀의 훈련에 심각한 차질이 생기지는 않았다. 인내심 강한 닐 암스트롱 덕분이었다. 암스트롱이 프랭크 보먼이나 앨런 셰퍼드처럼 발끈하는 성격이었다면 올드린과의 불화로 문제가 생겼을 가능성이 높았다.

"닐은 그런 식의 분쟁을 수치스럽게 생각했을 거예요. 그가 올드린에 대해 나쁘게 말하는 것을 들어본 적이 없어요. 내가 보기에 그들은 함께 일할 때 언제나 서로 굉장히 조심했어요. 실제로는 암스트롱이 올드린을 어떻게 생각했는지 아무도 모르죠"라고 콜린스는 말했다.

첫 번째 달 착륙을 위한 훈련은 너무 혹독해서 아폴로 11호 팀뿐 아니라 NASA 팀 전체에 인내심이 필요했다. 우주비행사들뿐 아니라 새턴 5호 로켓, 107번 사령선, 5번 달착륙선에서부터 우주비행관제센터, 전 세계의 추적 관제소, 달에서 세균을 가지고 왔을지도 모를 우주비행사들을 수용할 격리실 등 NASA의 지상 시설도 모두 준비되어 있어야 했다. 암스트롱, 콜린스와 올드린은 6개월 내내 1주일에 6일, 하루에 14시간씩 훈련했다. 일요일에도 8시간씩 훈련한 때가 많았다.

1969년 1월 15일부터 발사 전날인 7월 15일까지 아폴로 11호 팀이 실제로 훈련한 시간은 총 3521시간을 기록했다. 1주일에 126시간, 한 사람이 42시간씩 특별 훈련과 연습을 했다는 이야기다. 그 외 1주일에 20시간 정도는 우주비행 계획과 절차를 자세히 살피면서 동료들과 의논하고, 훈련 시설들로 이동하면서 일상적인 일들을 했다. 암스트롱과 올드린의 훈련 시간이 각각 1298시간, 1297시간이었던 데 비해 콜린스의 훈련 시간은 370시간 정도 적었다. 콜린스의 훈련 시간 중 절반은 혼자 사령선-기계선 모의비행 장치에서 훈련한 시간이었다. 반면 암스트롱과 올드린은 거의 내내 함께 훈련했다. 훈련 시간의 거의 3분의 1을 달착륙선 모의비행 장치의 비좁은 공간에서 함께 보냈다.

달에 무사히 착륙하는 게 아폴로 11호의 최우선 목표였다. 달 표면에서 실시할 활동을 위한 훈련은 전체 훈련 시간의 14퍼센트도 되지 않았다. 닐 암스트롱과 버즈 올드린은 달 표면에서 실시할 여러 실험과 지질 표본 수집 연습을 했다. 그리고 선외활동용 우주복과 장비를 잘 다룰 수 있도록 훈련했다. 선외활동 훈련을 하는 동안 그들은 장비를 하나하나 점검했다.

"계획대로 해낼 수 있다고 충분히 확신할 수 있을 때까지 계속 훈련했습니다. 달에 착륙하기까지의 난이도가 10점 만점에 9점이라면 달 표면에서의 활동은 2점 정도라고 할 수 있어요. 그렇다고 별로 위험하지 않았다는 뜻은 아니에요. 우리가 입는 우주복이 완벽해야 우리가 안전할 수 있었습니다. 달 표면은 뜨거워서 섭씨 90도 이상 올라가기 때문에 우주복이 과열되지 않을까 걱정되었습니다. 우리는 온도를 높인 저압 실험실에서 달에서 할 활동들을 몇 번 모의로 실험해보았는데, 별문제가 없었습니다. 그래서 실제로도 문제가 없을 거라고 확신을 가지게 되었습니다. 몰라서 모의실험을 할 수 없었던 요소들만이 유일한 걱정거리였습니다. 지구에서 했던 모의실험은 달의 중력 조건을 정확하게 재현할 수 없었지만 상당히 효과가 있었습니다"라고 암스트롱이 설명했다.

"1962년에 우주비행사로 선발된 후 우리 모두 몇 년간 지질학 입문 수업을 들었습니다. 천체지질학, 달 관련 지질학, 달 관련 천문학에 대한 지식이 풍부한 굉장히 좋은 강사들이 우리를 가르쳤습니다. 하와이나 아이슬란드처럼 화산암을 집중적으로 볼 수 있는 곳도 찾아다녔습니다. 달에 가면 지각 변동이나 용암으로 형성된 지형을 보게 된다고 추측했으니까요. 달에 있는 커다란 암석 표본을 채집해서 아폴로 11호에 싣고 오고 싶은 유혹을 심하게 느꼈습니다. 하지만 그것은 계획에서 많이 어긋나는 일이었어요! 그렇게 하지 않았죠."

닐 암스트롱과 버즈 올드린이 달 표면에서 많은 시간을 보내지 못한다는 것도 아폴로 11호의 또 다른 현실이었다. "우리 우주복을 식힐 물이 얼마나 오랫동안 공급될지 몰랐으니까요. 달의 중력에서 우리의 신진대사가 어떻게 달라질지 지구에서는 실험해볼 수가 없었습니다. 예상보다 조금 더 오래 견딜 수 있었다는 사실이 나중에 밝혀졌죠. 우주선에 돌아온 후 물을 빼내면서 얼마나 남았는지 확인했습니다. 우리가 우주선 밖에서 보낸 시간과 사용한 물의 양을 비교해서 유용한 기준 자료를 얻을 수 있었죠"라고 암스트롱은 설명했다.

닐 암스트롱은 지질학을 좋아했지만 연구하는 방법이 좀 독특했다. "특정 암석층을 발견하면 지질학자들은 그 암석층이 어떻게 생겼을지 가능한 시나리오를 몽땅 나열합니다. 그다음 그중 가장 믿을 만한 시나리오를 바탕으로 심층 분석에 들어갑니다. 나는 그런 방법이 매력적이었어요. 공학에서는 경험해보지 않았던 논리적 접근법이었으니까요." 하버드에서 공부한 지질학자로 훗날 아폴로 17호 달착륙선 조종사가 되었던 해리슨 슈미트는 닐 암스트롱과 버즈 올드린의 달 표면 돌 수집을 지도했다. 그는 암스트롱이 수집한 월석(月石) 표본이 "달에 다녀온 어떤 우주인이 가져온 표본보다 훌륭했다"고 말하면서 암스트롱의 지질학적인 능력을 높이 평가했다.

아폴로 계획의 모든 훈련이 중요했지만, 성공적인 달 착륙을 위해서는 모의비행이 어떤 훈련보다 중요했다. 노스아메리칸이 제작한 사령선 모의비행 장치, 그러먼의 달착륙선 설계자가 만든 달착륙선 모의비행 장치가 있었다. 콜린스는 사령선 모의비행 장치에서, 암스트롱과 올드린은 달착륙선 모의비행 장치에서 가장 많은 시간을 보냈다. 사령선-기계선 모의비행 장치의 모든 제어 장치와 계기들은 다른 방의 컴퓨터들과 우주비행관제센터의 계기판과 연결되어 있어서 역동적으로 상호작용을 했다. 모의비행 장치로 비행하면서 창문 밖을 내다보면 지구, 하늘, 달과 별이 펼쳐졌다. 모의비행이 실제와 정확하게 일치하지는 않았지만 "여러 제약 조건을 감안할 때 모의비행 장치는 상당히 좋았습니다. 우리가 신뢰할 수 있을 만큼 역할을 잘해냈습니다"라고 암스트롱은 기억했다.

아폴로 11호 훈련 중 암스트롱은 사령선-기계선 모의비행 장치에서 164시간을 보냈다. 사령선 조종사인 콜린스가 훈련한 시간의 3분의 1 정도다. 자신의 주요 임무인 달 착륙 훈련을 더 많이 해서 달착륙선 모의비행 장치에서 383시간, 달 착륙 훈련용 비행기나 달 착륙 연구 시설에서 34시간을 보내면서 총 417시간 동안 달 착륙 모의실험을 했다. 모의실험을 하면서 보낸 총 581시간은 72일 동안 매일 8시간씩 훈련해야 쌓을 수 있는 기록이었다. 올드린은 암스트롱보다 사령선 모의비행 장치에서 18시간, 달착륙선 모의비행 장치에서 28시간 더 훈련했다. 암스트롱과 달리 올드린은 아폴로 11호의 6개월 준비 기간 동안 달 착륙 훈련용 비행기나 연구 시설을 이용하지 않았다.

"모의비행 장치를 실제처럼 만들려고 하지만, 진짜 비행기처럼 유연하게 날아가는 느낌을 줄 수는 없습니다. 모의비행 장치 기능의 한계가 어디까지인지 시험해본 적이 없는 사람들은 보통 그냥 잘해내려고 합니다. 그들은 언제나 모의비행 장치로 완벽하게 비행하면서 문제를 일으키지 않으려고 하죠. 나는 반대로 했습니다. 일부러 문제를 만들어 모의비행 장치를 시험하면서 새로운 사실을 알아내려고 했습니다. 내가 왜 그런 식으로 했는지 잘 이해하는 사람들도 있을 거예요." 암스트롱이 달착륙선 모의비행을 하면서 악명 높은 사건을 일으킨 것도 그 때문이었다.

마이클 콜린스가 그 이야기를 들려주었다. "암스트롱과 올드린이 달착륙선 모의비행 장치에서 하강하고 있을 때 문제가 생겨서 우주비행관제센터는 착륙을 중단하라고 명령했어요. 하지만 암스트롱은 어떤 이유에서인지 그 충고에 즉각 응하지 않고 미적거렸습니다. 달착륙선이 결국 달 표면의 고도보다 아래로 내려갔다는 게 컴퓨터 출력의 결과였어요. 실제 비행이었다면 달착륙선이 추락해 우주선이 망가지고 암스트롱과 올드린은 사망했다는 뜻이에요."

"화가 난 올드린이 그날 밤 우주비행사 합숙소에서 나를 붙잡고 불평하는 바람에 잠잘 시간을 훌쩍 넘겼어요. 암스트롱이 그런 실수를 되풀이해서 실제 우주비행에서 위험해질까 봐 걱정해서인지, 아니면 우주비행관제센터의 수많은 전문가들 앞에서 추락했다는 사실이 그냥 창피해서 화가 났는지 알 수가 없었습니다. 어쨌든 올드린은 스카치위스키 한 병을 비우면서 점점 큰 목소리로 더 구체적으로 불평하기 시작했습니다. 그런데 암스트롱이 갑자기 헝클어진 머리에 잠옷 차림으로 나타나 차갑게 화를 내면서 말싸움이 벌어졌습니다. 기술적인 혹은 성격적인 차이로 다툼을 벌이는 두 사람 사이에 끼고 싶지 않아서 정중하게 양해를 구하고 잠자러 들어갔습니다."

"암스트롱과 올드린은 밤늦게까지 토론을 벌였지만, 다음 날 아침식사 때 보니 둘 중 누구도 화가 나 있거나 어색해하거나 당황해하는 기색이 보이지 않았습니다. 그래서 솔직하게 생산적으로 토론을 벌였나 보다 생각했지요. 우리가 함께 훈련하는 동안 그런 식으로 충돌한 일은 그때가 유일했어요."

당시 상황에 대한 올드린의 설명은 조금 다르다. "우리 세 명은 합숙소에서 늦은 시간에 저녁을 먹을 때가 많았어요. 저녁식사 후 마이클과 나는 술 한잔 마시면서 이야기를 나누고, 닐은 잠자러 갈 때가 많았죠. 마이클이 '오늘은 어땠어? 오늘 두 사람은 모의비행 장치에서 무엇을 했어?'라고 물었고, 나는 '글쎄, 착륙 중지를 하려다가 우주선이 제어되지 않았어'라고 대답했습니다. 그때 내가 얼마나 큰 소리로 이야기했는지는 모르겠어요. 나는 그냥 마이클과 둘이서만 이야기한다고 생각했어요. 내가 화났다는 사실을 닐에게 알려야 한다고 느끼지는 않았어요. 일할 때 나는 보통 암스트롱을 비난하지 않았어요. 마이클이 모의비행 장치에 대해 물어서 무슨 일이 있었는지 이야기했을 뿐이에요. 닐이 침실에서 나와 '너희가 너무 시끄럽게 떠들어대 잠을 잘 수가 없잖아'라고 말해서 우리 두 사람 모두 놀랐어요. 모의비행 장치에서 왜 비행을 중단하지 않고 우주선을 추락시켰는지 닐은 한마디도 변명하지 않았어요. 그랬다면 닐이 아니죠"라고 올드린은 설명했다.

암스트롱이 조용히 하라고 나왔을 때 올드린은 콜린스에게 "우리는 일종의 게임을 하고 있고, 그 게임에서 이기기 위해서는 뭐든 해야 한다고 생각해. 상황이 잘못되었다는 사실을 알아차리자마자 신속하게 대응해야 실제로 그런 상황이 생겼을 때도 잘 대처할 수 있잖아"라고 설명하고 있었다고 한다. 어떤 상황에서도 추락하지 않는 게 가장 중요하다고 올드린은 콜린스에게 이야기했다. "이것저것 점검하면서 뭐가 제대로 작동하지 않는지 파악하는 일은 모의비행 장치 담당자들의 일이라고 생각했습니다. 그들의 지시대로 했는데도 달착륙선을 제어하지 못한다면, 실제 우주비행에서 제대로 착륙할 수 있겠어요? 무슨 문제가 생긴다면 우리는 착륙하려고 애쓰지 말고, 우주비행관제센터의 지시대로 착륙을 중단하고 돌아가야 합니다. 암스트롱과 나는 분명 모의비행 장치에 대한 생각이 달랐습니다. 암스트롱도 그렇게 한 이유가 있을 거예요. 위기 상황이 생겼을 때 어떻게 대처할지는 그와 모의비행 장치 담당자들이 결정할 일이었습니다. 나는 거의 관찰자 입장으로 훈련에 참여하면서 보조하는 역할을 했습니다. 무슨 일이 일어났는지 마이클이 물었을 때 그래서 그렇게 대답했습니다."

암스트롱은 "모의비행을 하는 동안 심각한 문제가 생기자 우주비행관제센터의 능력을 시험해보기 좋은 기회라고 생각했습니다. '좋아, 당신들이 이 상황에 어떻게 대처할 수 있는지 보자'라고 마음먹었죠. 모의비행 장치에서는 언제든 비행을 중단할 수 있고, 성공적으로 중단했을 거예요. 하지만 그러고 나면 남은 비행을 할 수가 없습니다. 우주비행관제센터를 시험할 기회도 놓치고요. 모의비행 장치에서 내가 우주선을 추락시킨 데 대해 올드린은 우리의 오점이라고 생각했습니다. 그의 능력과 우리 두 사람의 능력, 우리 팀의 능력에 대해 흠집을 냈다고 받아들였습니다. 나는 전혀 그런 식으로 보지 않았어요. 서로 의견이 완전히 달랐죠. 올드린은 그날 밤늦게까지 자신이 무엇을 걱정하는지에 대해 이야기했습니다"라고 했다.

그날 밤늦게 올드린과 대화를 나누면서 정확히 무슨 일이 있었는지에 대해 "자세히 기억나지는 않지만 올드린이 불쾌해했던 기억이 나요. 모의비행 장치에 대한 생각이 나와 달랐어요. 그는 모의비행 장치에서 추락하는 게 정말 싫었지만, 나는 우리 모두가 학습할 수 있는 경험이라고 판단했습니다. 우리 팀뿐 아니라 우주비행관제센터의 사람들에게도 배울 수 있는 기회가 된다고 생각했습니다. 우리 모두 함께하는 일이었으니까요."라고 암스트롱은 말했다.

모의비행 장치에서 추락한 사건은 흥미롭게도 1962년 4월, 닐 암스트롱의 X-15 비행을 떠올리게 한다. 그때도 비행기의 성능을 시험해보기 위해 너무 높이 올라갔다. 그래서 그가 조종하던 비행기가 제어되지 않아 위태롭게 착륙했다. 두 번 다 암스트롱은 실험을 통해 기술적인 부분을 배우려고 했다. "나나 관제사가 해결책을 찾아내지 못한 부분을 좀 더 알아보고 싶었습니다"라고 설명했다.

모의비행으로 달에 추락한 덕분에 암스트롱은 "이제까지 경험해보지 못했던 지역에서 고도에 따라 내려가는 속도를 어떻게 조절해야 하는지 전략을 세울 수 있었습니다. 잘 모르는 지역으로 들어갔을 때 어떻게 해야 할지 알게 되었습니다. 모두의 요구대로 중간에 정지했다면 엄두도 내지 못했을 일이죠"라고 말했다. 모의비행 장치에서 추락했기 때문에 비행 책임자와 우주비행사들은 그 상황을 새롭게 분석해야 했다. "그들이 그 상황에 대해 더 잘 이해하고, 위험한 지역으로 들어갔을 때 어떻게 해야 할지 더 잘 파악하게 되었다고 확신합니다. 문제가 생기자마자 금방 파악하지 못해서 조금 속상하긴 했지만, 과정을 통해서 배울 수 있었습니다. 달 착륙을 위한 모의비행은 내가 이제까지 해왔던 모의비행 중 가장 복잡하고 광범위했습니다. 달 착륙은 우리 모두 처음 경험하는 대규모 계획이었으니까요"라고 말했다.

아폴로 11호 팀이 훈련을 시작한 지 4개월이 되었을 때 아폴로 10호가 달로 날아갔다. 1969년 5월 18일에 발사된 아폴로 10호에는 제미니 계획 때 랑데부 임무를 해냈던 세 명의 조종사들이 타고 있었다. 선장 토머스 스태퍼드, 사령선 조종사 존 영과 달착륙선 조종사 유진 서넌이었다.

이들은 8일간 우주비행을 하면서 달 착륙을 앞두고 정말 성공적으로 총연습을 했다. 달로 향하는 궤도에서 처음으로 사령선-기계선과 달착륙선이 도킹했고, 결합된 사령선-기계선과 달착륙선이 지구와 달 사이, 그리고 달궤도에서 처음으로 함께 비행했다. 달궤도에서 처음으로 달착륙선 도킹을 풀고, 달착륙선만 달궤도를 돌기도 했다.

그다음 달궤도에서 처음으로 유인달착륙선과 사령선-기계선이 도킹했다. 아폴로 10호는 달 착륙만 빼면 모든 과정을 완벽하게 해냈다. 스누피라는 별명이 붙은 달착륙선은 아폴로 11호가 착륙할 지점의 15.24킬로미터 상공까지 내려갔다가 달궤도로 돌아와, 찰리 브라운이라는 사령선과 도킹했다.

아폴로 10호는 여러 가지 면에서 아폴로 11호의 준비를 도왔다. 암스트롱은 "먼저 달착륙선의 비행 특성과 반응성, 엔진 작동을 확인해야 했습니다. 모의비행 장치나 훈련용 비행기로 비행할 때와 실제 달착륙선으로 비행하는 게 얼마나 비슷한지 혹은 다른지 알고 싶었습니다"라고 설명했다.

특히 매스콘이 비행경로에 영향을 줄 수도 있었다. 매스콘은 지하에 밀도가 높은 물질이 있어서 달에서 중력이 유난히 큰 지점이다. 달궤도 탐사 무인우주선이 1966년과 1967년에 다섯 차례 비행하면서 달의 중력이 균일하지 않다는 원격 측정 자료를 보여주었다. 매스콘 때문에 달궤도 탐사 우주선의 경로가 조금 밑으로 내려왔다. 아폴로 10호는 아폴로 11호가 지나갈 비행경로에 매스콘이 끼칠 영향에 대한 자료를 제공했다.

"아폴로 10호가 촬영한 사진들 덕분에 올드린과 나는 달에 착륙하기까지 비행경로와 주요 지형지물을 확인할 수 있었습니다. 아폴로 11호가 발사될 때쯤에는 모든 지형지물을 머릿속으로 그릴 수 있었고, 하강엔진을 점화하는 지점에서 그 지형지물을 확인할 수 있었습니다. 우리의 비행 계획대로 제시간에 정확한 착륙 지점에 와 있는지 알려면 지형지물을 보면서 확인하는 게 중요했습니다."

아폴로 10호가 성공적으로 우주비행을 마치면서 아폴로 11호가 처음으로 달 착륙 우주비행을 떠날 수 있다는 사실이 확실해졌다. 발사 날짜만 정해지지 않았다. 아폴로 10호가 발사되기 몇 주 전, 디크 슬레이턴은 닐 암스트롱에게 준비가 되었느냐고 물었다. "글쎄요, 디크. 훈련 기간이 더 있으면 좋겠지만, 괜찮아요. 7월 발사를 위해서 준비할 수 있다고 생각해요"라고 대답했다.

1969년 6월 11일, NASA는 아폴로 11호의 우주비행사들이 달 착륙을 시도한다고 발표했다. 아폴로 11호는 7월 16일에 발사되어 7월 20일 일요일 오후에 역사적인 달 착륙을 시도할 계획이었다.

암스트롱, 콜린스, 올드린이 6개월 과정의 모든 훈련에서 굉장히 전문적이고 적극적인 태도를 보여 NASA는 이 팀을 상당히 신뢰하게 되었다. 하지만 아폴로 11호의 우주비행에는 기술적인 문제든 인간적인 문제든 불확실하고 알려지지 않은 위험 요소들이 가득했다. 위험이 닥치면 우주비행사들은 어떻게 행동해야 할까? 닐 암스트롱은 달 착륙을 완수하기 위해 선장으로서 자신의 능력과 운, 한계가 어디까지인지도 시험해야 했다.

NASA는 우주비행 중 닥칠 위기에 대처하기 위해 '우주비행 수칙'을 만들었다. 머큐리 계획 초기에 NASA 우주 계획 팀의 베테랑 엔지니어들이 생각해낸 개념이었다. 그들은 일찍이 머큐리 우주선, 머큐리를 발사하는 로켓, 각 우주선의 제어 장치와 모든 비행 상황에 대해 그들이 관찰한 내용과 중요한 생각들을 하나하나 공식적으로 기록하는 게 좋겠다고 결정했다. "우리가 어떻게 대처했는지에 대한 내용과 함께 '만약…… 이러면 어떻게 되었을까?'라는 가정도 수없이 기록했습니다. 그 많은 내용을 소책자로 인쇄해서 비행 수칙이라고 불렀죠"라고 크리스 크래프트는 이야기했다.

아폴로 11호를 준비하면서 우주비행 계획자들, 비행 책임자들, 모의비행 전문가들, 엔지니어들과 우주비행사들은 여러 달에 걸쳐 이야기하고, 토론하고, 검토하고, 고쳐 쓰면서 첫 번째 달 착륙을 위한 수칙을 정했다. 아폴로 11호를 위한 수칙은 1969년 5월 16일에 처음 완성되었고, 계속 모의비행을 하면서 필요한 내용을 덧붙이거나 바꾸었다. 발사 5일 전에 330쪽짜리 세 번째 수정판이 나왔지만, 그것으로 끝이 아니었다. 발사하는 날 아침에도 일곱 가지 변경 사항을 집어넣었다. 마지막 순간에 바뀐 수칙 중에는 달착륙선 안의 컴퓨터가 경고 신호를 보내도 착륙을 중단할 필요가 없다는 내용도 있었다.

우주비행 수칙에는 우주비행 활동에 대한 전체적인 지침부터 위험이 닥치거나 문제가 생겼을 때 어떻게 대처할지에 대한 '비행 관리 수칙'이 길게 나열되어 있었다. 발사와 비행 궤적, 통신, 엔진 연소, 도킹, 선외활동, 전자 장치, 몸에 이상이 생겼을 때 등에 대한 수칙도 포함되어 있었다. 상상할 수 있는 모든 문제와 만약의 사태에 대비하는 수칙들이었다. 각 구간마다 '할지 말지'를 결정해야 할 모든 상황이 정리되어 있었다. 달 표면에 착륙하자마자 머무를지 말지 결정해야 하는 상황도 포함되어 있었다. 그 수칙에 따라 우주비행의 다음 단계로 넘어가도 되는지 확인할 수 있었다.

달착륙선이 하강할 때 연료가 얼마 남아 있지 않다는 경보 등이 들어오면 우주비행사들은 1분 안에 착륙할지 말지를 결정해야 한다는 굉장히 중요한 수칙도 들어 있었다. 암스트롱과 올드린이 달 표면으로 내려갈 때 실제로 그런 위기 상황이 생겼다.

아폴로 11호와 그 뒤의 아폴로 우주선을 위한 우주비행 수칙이 너무 많아서 숫자 코드에 따라 정리해야 할 정도였다. 사전을 외우는 일과 맞먹기 때문에 한 사람이 그 많은 수칙을 모두 기억할 수는 없었다. 우주비행 관제사들은 수칙을 정리해놓은 책자를 바로 옆에 두고 언제든 확인해야 했다. 다른 조건이 충족되었을 때 비행 책임자의 생각과 판단에 따라 재량껏 결정할 수 있는 규칙도 많았다. 마지막으로 우주비행사들이 해석하면서 최종 결정을 할 수 있는 규칙도 있었지만, NASA 관리자들은 그런 식으로 현장에서 독립적으로 판단하는 상황이 생기는 걸 원하지 않았다.

우주비행관제센터 비행 책임자 중 한 명인 진 크란츠는 "버즈 올드린은 우주비행 수칙을 만들기 위한 토론에 참여해 다양한 주제와 관련된 풍부한 지식을 드러내면서 우주비행사의 입장을 대변했습니다. 암스트롱은 말을 많이 하기보다는 조용히 듣고 있을 때가 많았지만, 그의 눈빛을 보면 주도적으로 참여하면서 머릿속으로 전체 그림을 그리고 있다는 사실을 알 수 있었습니다. 그는 목소리를 높인 적이 없었어요. 꼭 필요할 때를 위해 에너지를 아끼고 있는 듯 보였습니다. 우리가 토론 중 의견 충돌을 하는 것을 보면 올드린과 함께 모의비행 장치에서 그 아이디어들을 시험해본 후, 찰스 듀크를 통해 관제사들에게 시험 결과를 전달했습니다. (우주비행사인 듀크는 아폴로 11호가 달에 착륙할 때 우주선과의 교신 담당자로 일했다.) 마이클 콜린스의 전략은 달랐습니다. 그는 우주비행관제센터의 비행역학 팀이나 관제사들과 직접 소통하는 것을 좋아했습니다"라고 했다.

암스트롱은 자신의 성격에 대한 크란츠의 평가를 대체로 받아들였다. "올드린은 대화에 굉장히 활발히 참여하면서 말을 많이 했고, 나는 아마 훨씬 더 과묵했을 거예요. 그것은 성격 차이일 뿐이라고 생각합니다."

거의 모든 우주비행 수칙이 공식적으로 합의되고 기록되었다. 몇 가지 문서화하지 않은 수칙도 있었는데, 그중 가장 중요한 게 아폴로 11호의 착륙과 관련된 수칙이었다. 크란츠는 "착륙에 대한 불문율을 합의하기 위해 닐 암스트롱, 버즈 올드린, 마이클 콜린스, 찰스 듀크와 마지막으로 전략회의를 열었습니다. 달착륙선은 달궤도를 두 번 연이어서 돌다가 달에 착륙할 계획이었습니다. 첫 번째 궤도에서 문제가 생기면 두 번째 궤도에 들어가지 말아야 합니다. 대신 달을 향해 곧장 내려가기 시작해야 합니다. 문제 해결을 위한 시간을 벌기 위해서죠. 그래도 해답을 찾지 못하면 착륙을 포기하고 달궤도로 올라와 사령선과 도킹합니다. 그다음 달착륙선을 달궤도에 버리고 지구로 돌아옵니다. 5분이 지난 후에 문제가 드러나면 달에 잠시 머무른 후 이륙합니다. 달궤도를 돌고 있는 사령선-기계선이 2시간 후 나타나 랑데부하기 좋은 조건이 될 때까지만 머무르다 이륙하더라도 일단 착륙하기로 했습니다"라고 회고했다.

"암스트롱이 말을 별로 하지 않는다는 사실을 알았습니다. 그가 비행 수칙 전략에 관해 의견을 이야기했으면 하고 바랐습니다. 하지만 그때도 그는 침묵을 지켰습니다. 그의 침묵에 익숙해지려면 시간이 필요했어요. 수칙들을 살펴보면서 닐은 보통 웃음을 짓거나 고개를 끄덕였어요. 그가 착륙에 대한 자신만의 규칙을 세웠다고 짐작했고, 그게 무엇인지 알고 싶었습니다. 착륙할 수 있다는 가능성이 조금이라도 보이면 그는 어떤 위험이라도 감수하면서 강행하리라는 게 나의 직감이었습니다. 우리가 비슷한 생각을 가지고 있다고 믿었죠. 나도 가능성이 보이면 계속 시도하게 할 작정이었으니까요"라고 크란츠는 계속 회고했다.

암스트롱은 "우주비행 수칙이나 그 수칙을 만드는 절차에 대해 높이 평가했습니다. 하지만 모든 게 제대로 돌아가는데도 이렇게 저렇게 하라고 방해하는 수칙이 있다면 무시할 생각이었어요. 선장으로서 내 지휘권을 발휘해 현장에서 가장 안전하다고 생각하는 방법대로 대처할 계획이었습니다. 사실 착륙 중지는 아무도 해본 적이 없어서 잘 알려지지 않은 부분입니다. 한밤중에 엔진을 끄고 다른 엔진을 점화해야 하죠. 달 표면 아주 가까이에서 그런 일을 하는 데 대해 확신을 가질 수가 없었습니다. 착륙 가능성이 보이면 그대로 진행할 생각이었습니다"라고 말했다.

크리스 크래프트는 암스트롱이 우주비행 수칙을 무시하고 달 착륙을 강행하기 위해 무슨 일을 할지 몰라 불안했다. "달을 향해 내려가기, 착륙, 달 표면에서의 활동, 이륙에 대한 수칙을 검토하기 위해 아폴로 11호 발사를 앞둔 마지막 달에 우주비행 관제센터에서 암스트롱을 만났습니다. 우주비행 수칙에 따르면 우주비행사가 마지막 결정을 할 수 있지만, 우리는 그게 마땅치 않았습니다. 그 당시 나는 우리가 합의한 내용을 제대로 이해하고 있는지 확인하고 싶었어요. 우리는 하강엔진 성능, 컴퓨터 오류 문제, 달 표면의 주요 지형지물 등 세부적인 내용을 논의하고, 가능성이 희박하더라도 착륙 중 생길 수 있는 갖가지 문제에 대해 이야기를 나누었습니다. 특히 컴퓨터와 착륙 레이더에 관심이 많았습니다. 달착륙선의 궤도와 엔진 성능, 위치에 대한 최신 정보는 컴퓨터로 전달됩니다. 고도 3킬로미터까지는 지구 레이더를 바탕으로 고도를 측정하지만, 레이더의 유도 장치는 고도가 낮아지면서 꺼질 수 있었습니다. 그다음에는 달착륙선의 자체 착륙 레이더가 작동하면서 정확한 정보를 제공합니다. 그 문제로 열띤 토론이 벌어졌습니다. 암스트롱은 지나치게 열성적인 항공관제사가 불완전한 정보를 바탕으로 잘 내려가고 있는 달착륙선의 착륙을 중지시킬까 봐 걱정했습니다. '휴스턴의 우주비행관제센터에 있는 사람보다 내가 무슨 일이 벌어지고 있는지 더 잘 파악할 수 있을 거예요'라고 암스트롱은 반복해서 말했습니다"라고 크래프트는 설명했다. "나는 불필요한 위험을 받아들이지 않으려고 했습니다. 그게 우리가 우주비행 수칙을 만든 이유니까요"라고 크래프트는 항변했다.

착륙 레이더의 세부 사항에 대해 언쟁을 벌이면서 크래프트는 착륙 레이더가 작동하지 않으면 무조건 착륙을 중지해야 한다고 주장했다. "암스트롱처럼 경험이 풍부해도 분화구가 많은 달 표면 위에서 고도를 정확하게 측정하기란 어렵다고 생각했습니다. 낯선 지형이어서 고도 측정을 위해 활용할 주요 지형지물의 크기를 아무도 정확하게 알 수 없으니까요."

결국 크래프트와 암스트롱은 합의에 이르렀다. "그 우주비행 수칙은 그대로 유지되었습니다. 하지만 암스트롱의 표정을 보고 그가 납득하지 않는다는 사실을 알 수 있었습니다. 그가 달궤도에서 우리 의견을 무시하고 레이더 장치의 도움 없이 착륙을 강행하지 않을까 걱정되었습니다."

"발사 며칠 전 닐을 보자 그때 대화가 생각났습니다. 닐에게 '우리가 놓친 게 없을까?'라고 묻자 '아니, 크리스. 우리는 준비되었어. 카운트다운만 기다리고 있어'라고 대답했습니다. 그의 말이 옳았습니다. 준비되지 않은 게 있었다 해도 그게 무엇인지는 누구도 알 수 없었어요. 우리는 이제 마지막 순간에 이르렀고, 잠시 다리가 떨렸죠."

NASA 관리자인 토머스 페인 박사는 암스트롱 팀이 착륙을 강행하려고 불필요한 모험을 할까 봐 걱정되어 발사 전 암스트롱에게 뭔가 말을 해야겠다고 마음먹었다. "페인 박사는 우리가 착륙할 기회를 얻지 못하고 돌아온다면, 바로 다음 비행으로 다시 갈 기회를 주겠다고 약속했습니다. 그 당시에는 그가 진심으로 하는 말이라고 믿었어요"라고 암스트롱은 전했다.

사실 페인 박사는 모든 아폴로 팀에 똑같은 이야기를 되풀이했다. 우주비행사들이 기회가 한 번밖에 없다는 생각으로 무리한 시도를 할까 봐 걱정해서였다. 아폴로 11호가 달에 착륙하지 못했다면 암스트롱은 아마 페인 박사에게 그 제안대로 하겠다고 주장했을 것이다.

6월 26일, 아폴로 11호 팀은 케이프케네디의 우주비행사 합숙소로 이동했다. 자정을 알리는 소리와 함께 그들은 1주일간의 실전 연습에 들어갔다. 7월 3일 오전 9시 32분, 실제 발사 시간과 똑같은 시간에 모의발사를 했다. 비행 전 2주 동안, 실전 연습에 들어가기 전부터 세 사람은 신체적으로 엄격하게 격리되었다. 전염성 병균과 접촉하지 않기 위해서였다. 모의 카운트다운을 하는 날, 우주비행사 주치의인 찰스 베리 박사가 머리부터 발끝까지 그들을 검사했다.

7월 5일, 아폴로 11호 팀은 언론 홍보를 위해 플로리다주 케이프케네디에서 휴스턴으로 돌아왔다. 세 명의 우주비행사는 통신사와 잡지기자들, 그날 밤 방송될 세 개의 텔레비전 방송국과 인터뷰를 하고, 14시간 동안 세계 각지에서 온 수백 명 기자들의 질문에 대답해야 했다. 암스트롱, 콜린스와 올드린은 그날 아침, 세균 감염을 막기 위한 방독면을 쓴 채 기자회견에 등장했다. 자신들이 얼마나 우습게 보일지 알았기 때문에 그들은 씩 웃으면서 무대 위로 올라갔다. 그들은 너비 3.7미터 정도의 투명한 플라스틱 상자 안에 앉았다. 상자 뒤에 설치한 송풍기가 아폴로 팀에서 기자들 쪽으로 바람을 보내 우주비행사들이 공기를 통해 감염되지 않게 했다. 안전한 상자 속으로 들어가자 우주비행사들은 방독면을 벗고 NASA의 로고와 아폴로 11호의 독수리 문장(紋章)으로 장식된 책상 앞 의자에 편안히 앉았다. 미국의 상징인 독수리가 평화의 상징인 올리브 가지를 발톱에 움켜쥐고 달에 착륙하는 모습을 묘사한 문장이었다. 기자회견장의 분위기는 확실히 야릇했다. 달에 가는 여행에 관해 이야기한다는 게 아직은 조금 비현실적으로 느껴졌다. 우주비행사들도 조금 초조해졌다.

그 우주비행의 선장으로서 암스트롱이 맨 먼저 이야기했다. 당시 『라이프』 잡지의 특파원으로 그 자리에 있었던 작가 노먼 메일러는 암스트롱이 '불편해한다'고 느꼈다. 암스트롱이 공식적인 대화를 할 때마다 적당한 단어를 찾으려고 머뭇거린다는 사실을 메일러는 몰랐을 수도 있다.

"우리는 오늘 아폴로 계획의 국가적인 목표에서 정점을 이루기를 기대하는 아폴로 11호의 우주비행을 앞두고 여기 모였습니다. 아폴로 계획에서 네 차례에 걸친 유인 우주비행과 여러 차례의 무인 우주비행이 성공했기 때문에 달 착륙 시도에 대해 이야기할 수 있게 되었습니다. 각각의 비행이 모두 제 역할을 해준 덕분에 이번 우주비행이 가능해졌습니다. 각 비행마다 커다란 장애를 뛰어넘으면서 새로운 목표들을 수없이 이루어냈고, 우리는 이제 마지막 목표를 이루기만 하면 됩니다. 달에 착륙하는 일이죠. 사상 최초의 달 착륙을 목표로 우주비행을 잘 준비할 수 있도록 이끌어주시고 오늘 이곳에서 여러분과 함께 아폴로 11호에 관해 이야기할 수 있도록 노력을 아끼지 않았던 여기 유인우주선센터의 분들과 미국 전역에 계신 분들에게 무한한 감사를 드립니다. 비행 중 사령선의 역할이 무엇인지에 대해 마이클 콜린스에게 먼저 물어보겠습니다."

암스트롱은 평상시처럼 간단명료하게 이야기했다. 콜린스는 좀 더 길게 이야기하면서 자신이 이전의 사령선 조종사들보다 훨씬 더 오랫동안 혼자 사령선에 있어야 하고, 달 주위를 빠르게 회전하면서 처음으로 달 표면에 정지해 있는 달착륙선과 만나게 된다고 강조했다.

마지막으로 이야기한 올드린의 말은 더 길었다. 버즈 올드린은 달을 향해 내려가고 착륙하는 일 등 아폴로 11호의 중요한 요소들에 대해 설명했다. 새로운 내용이 너무 많아 설명 시간이 좀 오래 걸렸다.

기자들은 총 서른일곱 가지 질문을 했다. 암스트롱은 그중 스물일곱 가지 질문에 직접 대답했다. 기자 아홉 명은 특별히 닐 암스트롱에게 대답해달라고 요구했다. 암스트롱은 자신이 받은 질문을 두 번이나 올드린에게 대신 대답해달라고 했다. 올드린은 부탁받지 않은 다른 두 가지 질문에 대해서도 암스트롱의 대답에 자신의 설명을 덧붙였다. 콜린스도 올드린처럼 직접 받은 질문은 세 가지밖에 되지 않았다. 몇몇 질문에 대해서는 우주비행사 세 명이 각각 대답해야 했다. 사람들은 선장이자 처음 달을 밟을 암스트롱이 하는 말을 듣고 싶어 했다. 내내 그랬다.

기자회견 중 암스트롱은 아폴로 사령선과 달착륙선의 별명을 처음으로 발표했다. "네, 모의비행 때와 달리 호출 신호를 사용하려고 합니다. 달착륙선의 호출 신호는 '이글(독수리)', 사령선의 호출 신호는 '컬럼비아'°입니다. 컬럼비아는 국가의 상징입니다. 여러분 모두 알다시피 국회의사당 꼭대기에 컬럼비아가 서 있고, 쥘 베른이 100년 전에 쓴 소설에서 달에 간 우주선 이름이 컬럼비아였습니다."

언론은 닐 암스트롱이 인류 최초로 달을 밟은 후 무슨 말을 할지 궁금했다. 한 기자가 암스트롱에게 그 질문을 했다. 암스트롱을 개인적으로 아는 사람이나 유인우주선 계획을 책임지고 있

° 미국과 자유를 상징하는 여신상.

는 사람들조차 그가 달 표면을 밟은 후 처음으로 무슨 말을 할지에 대한 생각을 듣지 못했다. 달에 착륙하자마자 무슨 말을 할 생각이냐는 기자의 질문에 암스트롱은 "아직 생각해보지 않았습니다"라고 간단하게 대답했다. 믿기 어렵지만 그 말이 맞았다. "비행에서 가장 중요하게 생각하는 부분이 착륙이었습니다. 정말 중요하게 해야 할 말이 있다면, 착륙 직후 엔진이 정지하면 어떻게 될지에 관한 이야기라고 생각했습니다. 착륙 지점을 무엇이라고 불러야 할지도 생각해보았습니다. 착륙 직후 무슨 말을 할지에 대해서도 잠시 생각했습니다. 역사에 기록될 말이니까요. 하지만 그렇게 오래 생각하지는 않았습니다"라고 암스트롱은 훗날 설명했다.

사실 암스트롱은 그와 올드린이 착륙할 지점에 '고요의 기지'라는 이름을 붙이기로 마음먹고 있었다. 달에 있는 '고요의 바다'에 착륙할 계획이었기 때문이다. 그는 찰스 듀크에게 은밀히 그 이름을 이야기했다. 달에 착륙할 때 교신을 담당할 듀크가 암스트롱이 착륙하자마자 하는 말을 알아들어야 했기 때문이다. 달 착륙선 이글이 착륙하기 전까지 암스트롱과 듀크 말고는 '고요의 기지'라는 이름을 몰랐다.

고위급의 특별 정부위원회는 암스트롱과 올드린이 인간의 달 착륙을 상징하는 세 가지 물건을 달 표면에 두고 와야 한다고 결정했다. 첫 번째 물건은 달착륙선의 다리에 붙은 명판이었다. 이 명판에는 동반구와 서반구를 묘사한 그림과 함께 '서기 1969년 7월, 지구라는 행성에서 온 사람들이 달에 첫발을 내디뎠다. 우리는 모든 인류를 위해 평화롭게 왔다'라는 글귀가 적혀 있었다.

두 번째 물건은 지름이 3.8센티미터도 되지 않는 작은 디스크였다. 전 세계의 여러 지도자들에게 받은 친선 메시지를 초소형으로 축소 복사해서 기록한 전자 디스크였다. 세 번째 물건은 미국 국기였다. "미국 국기를 두고 와야 한다고 생각한 사람들도 있었고, 여러 나라의 국기를 두고 와야 한다고 생각하는 사람들도 있었습니다. 결국 의회가 달 착륙은 미국의 계획이니 미국 국기를 두고 와야 한다고 결정했습니다. 우리 영토라고 주장하지는 않겠지만, 우리가 여기에 왔다는 사실을 사람들에게 알리기 위해 미국의 깃발을 세우기로 했습니다"라고 암스트롱은 몇 년 후 설명했다.

기자들은 달 착륙의 역사적인 중요성에 대해 암스트롱에게 철학적인 해석을 들으려고 노력했지만 소용없었다. "달에 가는 일이 인간으로서 당신 자신, 당신의 나라, 그리고 인류 전체에 특별히 어떤 이익이 있다고 생각하나요?" "한때는 동떨어져 있어서 이해할 수 없는 장소였지만, 이제는 문명 세계의 일부가 된 남극처럼 달도 결국 그렇게 되리라고 생각하나요?"

"여러분 모두 많이 들어보셨을 말이지만, 되풀이해서 대답하겠습니다. 인간이 달에 착륙했다가 돌아오는 게 이 우주비행의 명확한 목적입니다. 그게 목표입니다. 상당히 깊고 수준 높은 희망을 담고 있는 여러분의 질문처럼 이차적인 목적들도 많이 있죠. 하지만 인간이 이런 일을 해낼 수 있다는 사실을 보여주는 게 가장 중요한 목적입니다. 달 착륙으로 얻은 정보들을 앞으로 수세기 동안 어떻게 활용할지는 역사만이 이야기해줄 수 있습니다. 우리가 현명해서 그 정보들을 최대한 활용할 수 있으면 좋겠습니다. 지난 10년간의 우리 경험에 비추어볼 때 그런 결과를 기대할 수 있다고 생각합니다"라고 암스트롱은 대답했다.

기자들은 비행에 내재되어 있는 심각한 위험에 대해 암스트롱으로부터 냉철하고 공학적인 대답밖에 듣지 못했다. "아폴로 11호의 비행에서 당신에게 가장 위험한 단계는 언제일까요?"

"글쎄요, 어떤 비행에서든 이전에 해보지 않았던 측면들, 새로운 측면들에 가장 관심이 많이 갑니다. 최소한 이 비행에서 새로운 측면은 무엇이었는지에 대해 이야기하게 되기를 바랍니다. 그런데 이번에는 대안이 없이 오직 한 가지 방법밖에 없는 상황 때문에 계속 신경이 많이 쓰입니다. 여객기를 타고 대서양을 횡단하고 있다면 그 비행기 날개에 의지해야 합니다. 비행기 날개가 없다면 여행을 할 수 없습니다. 그렇지 않나요? 아폴로 계획의 최근 비행이 그런 상황이었습니다. 달에 갔다 오는 우주비행에서 기계선의 로켓엔진이 작동해야 달에서 돌아올 수 있었습니다. 대안이 없었습니다. 이번 비행도 그것과 비슷한 상황입니다. 우리가 달 표면에서 달궤도로 올라오려면 달착륙선 엔진이 작동해야 하고, 지구로 돌아오려면 기계선의 엔진이 작동해야 합니다. 지구에서 멀어질수록 하나의 장치에 의지하게 됩니다."

"만약에 달착륙선이 달 표면에서 이륙하지 못하면 어떻게 할 계획인가요?" 암스트롱은 "글쎄요, 생각하기도 싫고 지금까지는 생각해본 적이 없습니다. 그런 상황이 생길 거라고 생각하지 않아요. 그런 일이 생긴다면 지금으로서는 의지할 데 없이 달에 남아 있을 수밖에 없습니다"라고 대답했다.

"달착륙선의 엔진이 점화되지 않으면 마이클 콜린스가 얼마나 기다렸다가 지구로 돌아가야 하나요? 달착륙선을 고치기 위해 얼마 동안이나 노력해야 할까요?"라고 기자가 묻자 암스트롱은 "몇 시간이라고 정해놓지는 않았습니다. 아마 이틀 정도가 될 것 같습니다"라고 말했다.

인류 최초 달 착륙의 역사적이고 실존적인 의미를 묻는 질문에 암스트롱이 그렇게 무덤덤하게 대답하자 노먼 메일러는 맥이 빠졌다. 베트남전쟁에 관한 논픽션 소설로 퓰리처상을 수상한 노먼 메일러는 다른 기자들처럼 닐 암스트롱이 많은 이야기를 해주기 바랐지만, 그 기대는 어긋났다.

노먼 메일러는 '암스트롱은 겸손과 기술적인 자부심, 자신을 낮추는 태도와 우월감 등 상반된 요소들이 뒤섞인 대답을 했다', '암스트롱은 자신만의 세계에 빠져 있어 무슨 생각을 하는지 읽을 수 없는 남자다', '암스트롱은 자신의 정신을 갉아먹는 사람들, 그리고 수백 번은 들었던 질문에 대답해야 한다는 의무에 얽매인 이곳에서 빠져나갈 궁리만 하고 있는 듯 보였다', 그러면서도 암스트롱이 '언제나 자신을 보호할 만한 말을 잘 찾아내서 자기주장을 할 줄 아는 전문가였다'라고 썼다.

메일러는 1970년에 발간한 아폴로 11호에 관한 책에서 '닐 암스트롱은 이상할 정도로 초연했다. 거의 신비해 보이기까지 하는 초연함 때문에 보통 사람들과는 달라 보였다'고 했다. '그는 인간 정신으로 그곳에 앉아 있었다. 열띤 정신인지 아니면 관료주의적인 상황을 뛰어넘는 초연한 정신인지 아니면 둘 다인지 알 수가 없었다. 사실 그에게는 모순적인 요소들이 뒤섞여 있었다. 가을 낙엽과 이른 봄의 녹색 잎사귀가 뒤섞인 알쏭달쏭한 새 둥지를 보는 것과 같았다'라고 썼다.

암스트롱은 모든 우주비행사 중 가장 성인에 가까웠다. 맥 빠진 대답을 했지만 메일러는 닐 암스트롱에 대해 전체적으로 깊은 인상을 받았다. "우주비행사라는 사실을 알았기 때문에 그의 위상이 다르게 느껴진 건 확실합니다. 하지만 그가 그저 낮은 직급의 공무원이었다 해도 사람들을 사로잡는 자질을 보여주었을 거예요. 그가 그저 서툴고 어눌하게 주저하면서 이야기하는 판매원이었다면 어떻게 그 직업을 얻었는지, 물건을 하나라도 팔 수 있었는지 궁금할 겁니다. 조심스럽고 편안한 분위기를 풍기며 순진하면서도 약간 정체를 알 수 없는 느낌도 있었으니까요. 그가 어린 소년의 모습으로 누구 집의 문 앞에 나타나 모금을 했다면, 그 집 할머니가 손녀에게 '집에 들이지 마라'고 충고했을 거예요. 어떤 사람은 '저 소년은 크게 성공할 거야'라고 말할 수도 있겠죠."

메일러는 잡지기자들만을 위한 기자회견뿐 아니라 NBC가 우주비행사들의 인터뷰를 촬영하는 스튜디오까지 쫓아다니면서 암스트롱을 끈질기게 추적했다. 기자들이 아폴로 11호 우주비행사들의 개인적인 느낌과 감정을 말하라고 압박할 때마다 암스트롱이 엔지니어의 보호 망토인 '기술이라는 반짝이는 기사 갑옷' 속으로 더 깊이 몸을 숨기는 모습을 메일러는 지켜보았다. 비행에서 직관이 어떤 역할을 하느냐는 질문에 암스트롱은 부드럽고 정직한 목소리로 "직관이 나의 강점이었던 적은 없습니다"라고 대답했다. 닐 암스트롱은 논리적인 실증주의자처럼 "어떤 문제든 제대로 해석해서 해결하는 게 가장 좋은 방법"이라고 주장했다고 메일러는 책에 썼다.

암스트롱은 어려운 말을 잘 구사했다. 그는 "우리가 했다"라는 말 대신 "연합 활동을 보여주었다"라고 말했다. "다른 선택들"이라는 말 대신 "주변적이고 부차적인 목표들"이라고 말했다. "최선을 다한다" 대신 "최대 이득을 거둘 수 있도록 한다"라고 표현했다. "켜다"와 "끄다"를 "작동하다"와 "무력하게 만들다"란 말로 바꾸었다.

암스트롱은 아폴로 11호의 선장으로서 자신의 우주비행을 1492년 크리스토퍼 콜럼버스의 신대륙 발견과 비교하는 언론 보도에 대해 "지나친 반응이자 지나친 생각"이라고 부인하면서 "내가 아니라 다른 사람도 할 수 있는 일"이라고 말했다. 암스트롱은 자신이 하는 일을 다른 우주비행사들도 할 수 있는 일이라고 여겼다. 휴스턴과 케이프케네디, 그리고 NASA의 수백 명 사람들이 그의 팀을 지원하고 있고, 미국 전역에 있는 산업체의 수만 명이 아폴로 11호를 발사하기 위해 함께 노력해왔다고 생각했다. "달에 착륙하면 우리의 성공이 아니라 그들의 성공입니다"라고 암스트롱은 겸손한 태도로 언론에 이야기했다. 암스트롱은 일반적인 영웅이 아니었다고 메일러는 파악했다. '누군가 그를 영웅으로 만들어주겠다고 우긴다면, 자신을 과대 포장하지 않는다는 조건으로 영웅이 되었을 것'이라고 메일러는 기록했다.

콜린스와 올드린은 기자들에게 가족이나 개인적인 이야기를 어느 정도 했다. (버즈 올드린은 가족의 보물을 달에 가져가겠다고 말했다.) 하지만 암스트롱은 그런 이야기를 한마디도 하지 않았다. 개인적으로 의미 있는 물건을 달에 가져갈 것인지 묻자, 암스트롱은 "선택할 수 있다면 연료를 좀 더 가져갈 거예요"라고 말했다. "달에서 흙이나 돌을 가져와 개인적으로 간직할 생각이 있나요?"라는 질문에는 "지금은 아무 계획이 없습니다"라고 딱딱하게 대답했다. 기자는 "이 일을 이룬 다음에 당신은 사생활을 잃을까요?"라고 질문했다. 암스트롱은 그런 상황에서도 사생활은 유지할 수 있다고 단호히 대답했다.

암스트롱이 우주 계획의 경제적인 이익에 관해 이야기하자 한 기자는 "그렇다면 우리는 경제적인 이유만으로 달에 가나요? 경기 침체에서 벗어나려고 이렇게 큰돈을 들이는 거예요? 우리가 달에 가야 할 다른 철학적인 이유는 없나요?"라고 물었다. 암스트롱은 주저하면서 "도전에 직면하려는 게 인간의 본성이기 때문입니다. 내면 깊은 마음의 본질이죠. 연어가 강을 거슬러 올라가듯 우리는 이런 일들을 할 수밖에 없습니다"라고 대답했다.

하지만 달 착륙에 대한 암스트롱 자신의 내면 깊은 마음이 정확히 무엇인지는 거의 말한 적이 없었다. 자신의 아버지, 종교적인 신념, 딸의 죽음에 대한 그의 진짜 마음도 입 밖으로 꺼낸 적이 없었다. 그는 감정 표현을 거의 하지 않았다. 지나칠 정도로 표현을 자제하고 신중한 그의 태도는 아마도 어릴 때부터 형성된 성격 때문일 수도 있다. 그의 아내 재닛은 아마도 오하이오주 시골의 평범한 가정에서 성장했다는 사회적 열등감 때문일지도 모른다고 조심스럽게 진단했다.

암스트롱이 달을 처음 밟을 자신에 대해 의미를 부여하거나 설명하려고 하지 않자, 발사를 앞두고 다른 사람들이 그에 대해 설명하거나 의미 부여를 하려고 거의 필사적으로 노력했다. 암스트롱 자신은 거부했던 인간적이고 우주적인 의미를 그에게 부여해야 한다고 느꼈다. 암스트롱은 다른 천체에 처음으로 발을 들여놓는 인류의 위대한 모험을 앞두고 행운과 불행을 이야기하고, 신들과 상의하면서 기도를 들어주는 현명하고 신비에 싸인 고대와 중세의 예언자 같은 존재가 되었다.

노먼 메일러도 암스트롱에 대한 신화를 창의적으로 만들어 내고 난 다음에야 만족했다. 메일러가 암스트롱을 일대일로 만나 직접 대화를 나누어본 적이 한 번도 없고, 질문 한 번 해본 적이 없다는 사실은 문제가 되지 않았다. 메일러 역시 '우주비행사들 중 가장 성인에 가깝고' '다른 사람들과는 완전히 다르며' '우주와 어떤 줄로 연결되어 교감을 나누는 것같이 보이는' 예언자 앞에 앉아 있었다. 메일러 자신이 암스트롱을 이런 식으로 해석했다. 메일러처럼 우리 모두 달 착륙에 대해 나름대로 의미를 부여할 수 있다.

7월 5일 자정 무렵, 암스트롱이 NBC 특파원 맥기와 인터뷰하는 장소에 앉아 있던 메일러는 암스트롱을 어떻게 묘사할지 떠올랐다. 맥기는 인터뷰 중 『라이프』 잡지의 기자 도디 햄블린이 기사에 쓴 이야기를 언급했다.

암스트롱이 소년 시절에 반복해서 꾸었던 꿈, 공중에 떠서 맴돌았다는 꿈 이야기였다. 메일러도 잡지가 나왔을 때 햄블린의 기사를 읽긴 했지만, 암스트롱의 무미건조하고 엔지니어다운 이야기를 종일 듣다 보니 암스트롱이 소년 시절에 그런 꿈을 꾸었다는 게 얼마나 중요한 암시가 되는지 잊고 있었다.

메일러는 그 꿈의 아름다움에 사로잡혔다. "그 꿈이 심오하게도 암스트롱의 앞날을 예언했기 때문에 아름다웠고, 달에 착륙할 사람에게 너무 적합한 꿈이라서 신비하고 아름다웠습니다." 메일러는 그 꿈을 일종의 신의 계시로 여겼다. 그 꿈을 바탕으로 '우주비행사들의 심리학'을 만들어내고, 우주 시대 전체를 해석할 수 있었다. "어떤 이론으로도 인류 최초로 달을 밟는 이 사람을 적절히 설명할 수가 없어서 결국 그 꿈을 바탕으로 새로운 이론을 찾아낼 수 있었습니다"라고 했다.

메일러는 암스트롱처럼 지극히 이성적인 사람이 어릴 적 둥둥 떠다니는 꿈을 꾸었다는 사실은 암스트롱이라는 인물 속에 뒤섞여 있는 상반되는 요소들을 극적으로 보여준다고 판단했다. 의식 차원에서 암스트롱은 '관습을 잘 따르고' '현실적이고' '전문적이고' '열심히 일하는' 전형적인 우주비행사-엔지니어였다. 그는 '평범한 중산층'을 대표하는 인물이었다. 반면 암스트롱과 다른 우주비행사들이 우주에서 하는 일은 '상상의 한계를 뛰어넘는 모험'이었다. 그들의 진취성이나 야망에는 분명 무의식적인 요소가 있었다.

'이렇게 의식과 무의식, 상반되는 요소들의 결합에서 기술 시대인 현대에 사는 인간의 새로운 심리학적인 특징을 발견할 수 있다. 암스트롱의 개성은 미국의 신교도 정신, 앵글로·색슨계 백인의 신교도 정신에서 비롯되었다. 그는 침묵하는 대다수 사람들을 위한 원탁의 기사였다. 우리를 별들로 데려가기 위해 인류 역사에 등장한 인물이다'라고 메일러는 기록했다.

메일러는 암스트롱의 가족사나 개인사, 결혼생활, 종교적인 신념이나 실제 심리 상태에 대해 거의 아는 게 없었지만 상관하지 않았다. 독창적인 생각을 좋아하는 물병자리인 메일러의 목적은 암스트롱을 이해하는 게 아니었다. 다가오는 21세기의 인류를 이해하려는 게 그의 목적이었다. 그가 생각하기에 21세기는 '한 번도 지배하지 않았던 자연을 지배하고' '전에 없는 죽음과 참화, 공해를 만들어내며' 그러면서도 '전에 없이 전쟁과 가난, 자연재해의 해결 방법을 생각해내는' 세기였다. 이제 인간이 다른 별에 가서 살 수도 있다는 생각을 해야 할 세기이기도 했다.

메일러의 뛰어난 통찰력을 부인할 생각은 없다. 하지만 메일러는 암스트롱에 대해 한 인간으로서 관심을 가진 게 아니라 자신의 심오한 정신적인 에너지를 부어 넣을 수 있는 수단으로만 보았다. 메일러가 자신의 책에서 한 장을 할애한 '우주비행사들의 심리학'은 사회 비평으로는 상당히 인상적이고 통찰력이 있을 수도 있지만, 역사·전기나 심리학으로서는 제 역할을 못 했다.

닐 암스트롱에 대한 신화화나 우상화는 이제 시작되었다. 기자회견을 한 지 15일 만에 암스트롱은 인류 최초로 달을 밟았다. 누가 보아도 그는 더 이상 보통의 인간이 아니었다. 달을 밟은 '첫 번째 인간'이 되었다.

아폴로 11호의 공식 사진.
사진의 주인공들이 각자 서명했다.

아폴로 11호가 발사되기
한 달 전인 1969년 6월 16일,
달 착륙 훈련용 비행기를
조종하는 암스트롱.

암스트롱은 1968년 5월 6일,
달 착륙 훈련용 비행기가 고장 났을 때 로켓 동력의 사출좌석으로 안전하게 탈출했다.

암스트롱이 1969년 4월 18일,
휴스턴의 유인우주선센터에서
선외활동용 우주복을 입고
달에서 표본 수집하는 연습을 하고 있다.

암스트롱이 1969년 2월,
텍사스주 시에라블랭카에서
지질 표본을 검사하고 있다.

'감정을 드러내지 않는 타인들'인 닐<왼쪽>과 버즈가
1969년 4월 22일 휴스턴에서 함께 훈련하고 있다.

FIRST MAN

달을 밟은 첫 번째 인간

SIX

'인도의 부(富)를 가져오려는 사람은 그만한 부를 가지고 있어야 한다.'

워싱턴 DC 유니언역 정면에 새겨진 글귀

"'달의 암석부터 구해. 암석은 얼마 되지 않지만 우주비행사들은 많아'라는
말을 들었어요."

태평양으로 내려온 아폴로 11호의 우주비행사들을 구조한 해군 잠수부 마이크 맬러리

PART SIX

22
달을 향해 발사

발사 3시간 30분 전인 1969년 7월 16일 아침 6시 직후, 팀의 합숙소에서부터 암스트롱, 콜린스, 올드린이 우주로 가기 위한 작업이 시작되었다. 기술자들은 그때 우주비행사들의 목까지 헬멧을 씌워서 꽉 잠갔다. 인류 최초로 달에 착륙할 팀은 그 순간부터 바깥 공기를 마실 수 없었다. 입고 있는 우주복을 통해 전자로 전달되는 소리 이외에는 인간의 목소리도 들을 수 없었다. 헬멧의 투명한 창을 통해서만 세상을 볼 수 있고, 현대 기술이 그들을 위해 만든 보호막 안에서만 듣고 냄새를 맡고 느끼고 맛볼 수 있었다.

암스트롱은 동료들보다 이런 격리에 좀 더 익숙했다. 에드워즈에서 시험비행 조종사로 일하던 때부터 완전히 밀폐된 비행복에 갇혀 지내는 데 익숙해졌다. F-104나 X-15를 타고 비행할 때 입었던 부분여압복이나 헬멧에 비하면 아폴로 우주복은 넉넉하고 움직이기 쉬웠다.

아침 6시 27분, 아폴로 11호 팀은 유인우주선 관리 건물에서 나와 노란색 보호용 장화를 신고, 공기 조절 장치가 장착된 이동용 승합차로 걸어갔다. 그 차를 타고 13킬로미터 정도 떨어져 있는 39A 발사대로 향했다. 어느 면으로 보나 그들이 우주 공간에서도 보호받을 수 있는 완전히 인공적인 환경으로 들어갔음을 알 수 있었다.

우주비행을 준비하면서 암스트롱, 콜린스와 올드린은 새턴 로켓에 대해 상당히 확신을 가지게 되었지만, 어떤 로켓도 성능을 장담할 수는 없었다. 닐 암스트롱은 새턴 로켓에 대해 "완벽하지는 않지만 정말 고성능 로켓"이라고 주장했다. 새턴 5호는 굉장히 신속하게 만들어졌다. NASA의 새로운 연구 개발 전략에 따라 유인 우주비행의 부책임자인 조지 밀러 박사가 주도해 놀라울 정도로 신속하게 개발되었다. 밀러 박사는 3단의 새턴 5호 로켓을 개발하면서 각 단을 하나하나 시험해서 검증한 후 합친 게 아니라, 처음부터 한꺼번에 3단을 그때그때 시험하면서 시간을 아꼈다. 그런 방법이 아니면 케네디 대통령이 약속했던 시한을 맞출 수가 없었다. 하지만 복잡하고 엄청난 규모의 로켓을 개발하는 일이라 그 방법이 가장 믿을 만하다고 말할 수는 없었다.

아폴로 11호 팀은 엄청나게 강력한 로켓 위로 올라가 자리 잡은 채 발사를 기다리면서 그 로켓이 얼마나 위험할지에 대해 생각했다. 로켓, 우주선, 발사대의 수백 가지 장치 중 조그만 문제가 발견되어도 언제든 발사가 취소될 수 있었다.

아폴로 11호의 사령선인 '컬럼비아'에 제일 먼저 들어간 우주비행사는 암스트롱이나 콜린스, 올드린이 아니라 프레드 헤이즈였다. 그는 아폴로 11호 팀보다 90분 정도 먼저 우주선에 들어가 417단계의 검사 항목을 가지고 모든 스위치가 제 기능을 하는지 확인했다. 아침 6시 54분, 헤이즈와 '마지막 점검' 팀은 우주선에 아무 문제가 없다는 사실을 확인했다. 100미터 정도 높이에 자리 잡은 우주선 앞으로 올라온 암스트롱은 머리 위 손잡이를 잡고 출입구를 통과해 우주선 안으로 들어갔다.

암스트롱은 우주선으로 올라오기 전, 발사 책임자인 겐터 웬트로부터 작은 선물을 받았다. 웬트가 직접 스티로폼을 깎고 은박지로 감싸서 만든 초승달이었다. 웬트는 "이게 달의 열쇠야"라고 말하면서 건넸고, 암스트롱은 웃으면서 자신이 돌아올 때까지 간직해달라고 부탁했다. 암스트롱은 보답으로 웬트에게 작은 카드를 건넸다. '어디든 두 행성 사이를 오갈 수 있다'라는 글귀가 적힌 '우주 택시' 탑승권이었다.

사령선에 들어가 닐 암스트롱은 왼쪽 끝 선장 자리에 앉았다. 5분 후, 기술자들이 암스트롱의 장비를 모두 연결하자 사령선 조종사 콜린스가 올라와 오른쪽에 앉았다. 그다음 달착륙선 조종사 올드린이 중앙에 앉았다. (올드린은 아폴로 8호 때 그 자리에서 훈련받았기 때문에 중앙에 앉았다.)

암스트롱의 왼손 옆에는 손잡이가 있었다. 그 손잡이를 돌리면 사령선 위에 붙어 있는 탈출용 로켓이 작동하면서 아폴로 11호가 새턴 5호에서 분리될 수 있었다. 제미니 계획 우주선에는 사출좌석이 장착되어 있었다. 하지만 새턴 로켓의 폭발력 규모가 제미니의 타이탄 로켓보다 훨씬 크기 때문에 새턴 로켓이 폭발할 경우 현장에서 멀리 피하려면 탈출용 로켓이 필요했다.

암스트롱은 조종석에서 새턴 5호를 조종할 수 있어서 마음에 들었다. "새턴 로켓의 초기 모델은 우주선에서 조종할 수 없었습니다. 예를 들어 아폴로 9호 새턴 로켓의 관성유도 장치에 문제가 생겼다면 그 우주선에 타고 있던 맥디빗, 스콧과 슈바이카르트는 대서양이나 아프리카 같은 곳에 떨어져 부상을 당했을 거예요. 우리 사령선에는 대체 유도 장치가 있어서 새턴에 문제가 생기면 사령선 안에서 조종할 수 있었습니다." 자동 조종이 중지되면 조종사가 그 로켓을 수동으로 조종할 수 있었다.

아폴로 11호가 궤도로 올라가려면 몇 단계를 거쳐야 했고, 단계마다 새로운 기술이 필요했다. "각 단계로 넘어갈 때마다 완전히 집중하면서 뭔가 문제가 생기면 제대로 대처하기 위해 준비했습니다. 비행계기를 보고, 컴퓨터의 비행 자료를 확인하고, 무선으로 지시를 받으면서 어느 단계에 있고 어느 단계로 들어가야 하는지 알 수 있었죠"라고 암스트롱은 설명했다.

엄청난 차량 행렬이 케이프케네디 부근을 빠져나가는 동안 아폴로 11호는 지구를 한 바퀴 반 돈 후 달을 향해 갔다. 암스트롱의 부모는 이미 오하이오 집 앞마당에서 일부 언론과 인터뷰를 한 후였다. "암스트롱 씨, 발사에 대해 어떻게 생각하세요?" "암스트롱 부인, 로켓이 하늘로 사라지는 모습을 보면서 어떤 기분이 들었나요?" 비올라 암스트롱은 늘 그렇듯 자신의 종교적인 신념을 드러내며 "말로 표현할 수 없을 정도로 감사해요. 하나님이 그곳에서도 그들과 함께 계신다는 사실을 닐은 믿어요. 나도 믿고 닐도 믿습니다"라고 확고하게 이야기했다.

스티븐 암스트롱은 "정말 굉장히 행복합니다. 우리는 이번 비행 내내 텔레비전에 붙어 있을 거예요"라고 말했다. 닐의 외할머니인 82세의 캐럴라인 코스퍼터는 텔레비전 카메라 앞에서 이렇게 말했다. "손자가 위험한 일을 한다고 생각해요. 달에 착륙한 후 주위를 둘러보고 안전해 보이지 않으면 나가지 말라고 닐에게 이야기했습니다. 닐도 그러겠다고 했어요."

재닛 암스트롱과 두 아들은 사람들이 모두 흩어질 때까지 플로리다 바나나강의 요트에 남아 NASA가 우주선과 주고받는 말을 스피커로 들었다. 재닛은 우주선이 순조롭게 발사돼 무척 안심이 되었지만, 요트에서 샴페인을 터뜨리지 말자고 했다. 우주비행사들이 안전하게 집으로 돌아왔을 때 축하하고 싶어서였다. 재닛과 아이들은 집으로 돌아가기 전 기자들과 잠시 만났다.

닐 암스트롱의 장남 릭은 "로켓이 금방 보이지 않아서 처음에는 좀 걱정했어요. 그러다 갑자기 로켓이 보였고, 멋진 장면이었습니다"라고 수줍어하며 이야기했다. 재닛은 그저 로켓이 안전하게 발사되어 안심이 될 뿐이었지만 "엄청난 광경이었어요. 정말 황홀했어요."라고 언론에 이야기했다. 사실은 '이 또한 지나가리라'고 생각하고 있었다.

재닛은 전날 밤에 잠을 거의 이루지 못했다. 그날 오후 늦게 휴스턴 집에 도착했더니 기자들이 마당에서 기다리고 있었다. 재닛은 아이들을 데리고 집으로 들어가면서 "나는 역사적이라고 느끼지 않아요"라고 간단하게 말했다.

아폴로 11호를 위한 기도가 시작되었다. 이틀 반 정도 후에는 우주비행사들이 달궤도로 들어가고, 그 후 하루 정도가 지나면 암스트롱과 올드린이 달에 착륙할 예정이었다. 그들이 모든 임무를 마치고 지구로 돌아오려면 다시 나흘이 더 걸린다. 넘어야 할 산이 여전히 너무 많았다.

휴스턴 시간으로 아침 10시 58분, 발사 2시간 26분 후 우주비행관제센터는 아폴로 11호에 지구궤도에서 벗어나 달로 향하는 궤도에 들어가라고 지시했다. 우주비행사들은 새턴 5호의 세 번째 단계 엔진을 점화했다. 사령선-기계선에 붙어 있는 마지막 단계 엔진이었다. 5분 30초 정도 걸린 그 연소로 아폴로 11호는 시속 3만 8946킬로미터 정도의 속도를 내면서 지구의 중력에서 벗어났다. 암스트롱은 "멋진 비행이었다"라고 이야기했지만, 사실은 좀 거친 비행이었다고 생각했다. "첫 단계에서 새턴 5호의 소음은 어마어마했어요. 고도가 낮을 때는 3447톤의 추진력에 땅에서 반사된 소음까지 보태져 엄청났죠. 반사 소음에서 벗어나자 소음이 상당히 줄어들었습니다. 첫 단계에서는 타이탄보다 훨씬 거칠게 날아갔어요. 세 개의 축이 동시에 떨리는 듯했습니다."

첫 단계가 지나자 훨씬 부드럽고 조용하게 비행했다. 진동도 느껴지지 않고 엔진 소리도 들리지 않았다. 두 번째, 세 번째 단계로 진행하면서 새턴 로켓이 타이탄 로켓보다 훨씬 뛰어나다는 사실이 증명됐다. 마이클 콜린스는 하늘로 처음 올라갈 때 불안정했던 새턴 5호의 상태에 대해 훗날 이렇게 묘사했다. "초보 운전자가 좁은 골목에서 큰 차를 몰면서 바퀴를 이리저리 불안하게 움직이는 것과 같았습니다." 새턴 5호는 차츰 '온순한 거인'으로 바뀌어 유리 위에서처럼 매끄럽게, 그리고 조용하고 고요하게 비행했다.

고도 97킬로미터로 올라갈 때까지 우주비행사들은 창문 밖을 내다볼 수 없었다. 아폴로 11호 팀은 그 고도에 이르자 사용하지 않던 탈출용 로켓을 버리고 사령선을 덮고 있던 보호막을 벗겼다. 상승한 지 3분 정도 지났을 때라 우주선이 완전 일직선은 아니지만 위를 향하고 있을 때였다. 콜린스의 말에 따르면 창문 너머로 푸른색 하늘의 일부분밖에 볼 수 없었다. 새까만 우주 속으로 들어가면서 하늘은 점점 어두워졌다.

비행 20분 만에 그들은 지구궤도로 들어갔다. 새턴의 세 번째 단계 엔진이 점화되면서 우주선의 속도는 시속 2만 8164킬로미터로 빨라졌다. 우주선은 지구궤도를 한 바퀴 반 돌면서 모든 장치가 제대로 작동하는지 확인한 후 세 번째 단계 엔진을 다시 점화해 지구의 중력장을 벗어나려고 했다.

"지구궤도를 한 바퀴 반 회전하는 데는 두 가지 목적이 있었습니다. 첫 번째는 발사가 늦어질 경우를 대비해 시간 여유를 확보하기 위해서였습니다. 두 번째는 지구궤도를 벗어나 달로 향하기 전 사령선의 중요한 장치들을 모두 확인하기 위해서였죠. 지구궤도를 도는 동안 우주선 팀과 지구 팀이 함께 점검할 수 있으니까요. 지상에 있는 팀이 확인하기 쉬운 거리였고, 한 바퀴 반이면 시간도 충분했습니다. 그때 우주선에서 뭔가 문제가 발견되면 비행을 중단하고 돌아가야 할지 말지 결정할 수 있었으니까요"라고 암스트롱은 설명했다.

아폴로 11호 팀은 지구의 멋진 풍경을 처음에는 잠시밖에 볼 수 없었다. 비행 시작 1시간 19분 후 첫 번째 일출을 보면서 콜린스는 핫셀블라드° 카메라를 급히 찾았다. 15초 후 그는 우주선 뒤쪽 칸막이벽에서 둥둥 떠다니는 카메라를 찾아냈다.

암스트롱, 콜린스, 올드린은 제미니 계획 이후 처음으로 이런 신기한 무중력 상태를 다시 경험했다. 무중력 상태에서는 귓속 액체가 출렁거렸다. 제미니 우주선보다 아폴로 우주선의 내부가 조금 더 넓어서 멀미가 생기기 쉬웠다. 아폴로 우주비행 계획자들은 무중력 상태에 익숙해질 때까지 가능한 한 조심조심 천천히 움직이면서 머리를 앞뒤로 움직이지 말라고 우주비행사들에게 충고했다. 암스트롱은 어떤 문제가 생길지 잘 알고 있었다.

비행 시작 1시간 17분 후, 암스트롱은 콜린스와 올드린에게 "무중력 상태가 어때? 머리가 이상하게 느껴지는 사람은 없어?"라고 물었다. 마이클은 몸이 뒤집힌 것처럼 어질어질하다고 대답했다.

암스트롱은 "우리는 정말 운이 좋게도 비행 중 아무도 병에

° Hasselblad, 스웨덴 카메라.

걸리지 않았어요. 위가 튼튼한 사람도 우주멀미로 고생할 수 있거든요. 당시에는 우주멀미의 정확한 원인이 무엇인지 아무리 연구해도 밝혀낼 수 없었어요."라고 말했다. 암스트롱은 곡예비행을 할 때 외에는 메스꺼움을 별로 느끼지 않았다. 하지만 흥미롭게도 지상에서의 멀미와 우주멀미는 관련이 없었다.

점검을 통해 아폴로 11호가 지구궤도를 떠나도 된다고 확신한 우주비행관제센터는 달로 향하라고 지시했다. 비행 절차에 따라 우주비행사들은 헬멧을 쓰고 장갑을 꼈다. S-IVB라는 세 번째 단계의 새턴 로켓이 폭발하면 밀폐된 우주복 안에서 보호받기 위해서였다. "어차피 우주선이 부서질 정도로 대규모 폭발이 발생하면 여러 장치도 고장이 나서 방법이 없을 거예요. 하지만 규칙은 규칙이니까 헬멧을 쓰고 장갑을 끼면서 준비했죠."

지구궤도를 한 바퀴 반 돌았을 때쯤 미리 계획한 순서대로 새턴 로켓의 세 번째 단계 엔진이 점화되었고, 아폴로 11호는 중력장에서 벗어날 수 있을 정도로 속도를 높였다. 6분 정도의 연소였다. 우주선이 태평양 위를 날면서 로켓엔진을 점화할 때 145킬로미터 정도 아래에 있던 공군 KC-135 항공기는 우주선의 원격 측정 자료를 휴스턴 우주비행관제센터로 전달하고 있었다. 새턴 5호가 마지막 역할을 잘해내 우주선의 속도가 초속 9.66킬로미터로 빨라졌음을 그 자료로 확인할 수 있었다.

이제 마이클 콜린스가 암스트롱이나 올드린보다 훨씬 바빠졌다. 사령선 조종사인 콜린스는 암스트롱과 올드린의 도움을 받으면서 사령선인 컬럼비아를 S-IVB에서 분리하고, 사령선과 기계선의 방향을 돌렸다. 그다음 사령선-기계선을 조종해 달착륙선인 이글과 도킹했다. 달착륙선의 길쭉한 다리와 엔진, 그리고 이상한 각도로 튀어나온 안테나 등은 튼튼한 상자 안에 들어 있었다. 발사 충격을 견뎌내기 위해서였다. 새턴 로켓을 분리하고 달착륙선과 도킹하기는 아폴로 11호의 우주비행에서 매우 중요한 순간 중 하나였다. "분리와 도킹이 순조롭게 이루어지지 않으면 지구로 돌아가야 했습니다. 우주선끼리 서로 충돌할 수도 있으니까요. 마이클이 그 일을 하는 동안 우리는 계속 우주복을 입고 있었습니다."

하지만 올드린도 암스트롱도 심하게 걱정하지는 않았다. "아폴로 9호와 10호도 했던 작업이라서 자신이 있었습니다"라고 암스트롱은 말했다. 콜린스는 그 일을 완벽하게 해냈다. 폭발장치가 커다란 상자 윗부분을 산산조각 내자 새턴 로켓 위에 있던 달착륙선이 모습을 드러냈다. 콜린스는 사령선이 달착륙선과 30.5미터 정도 거리를 두도록 조종했다. 그다음 우주선을 회전한 후 천천히 다가가 성공적으로 도킹했다.

사령선 컬럼비아와 달착륙선 이글은 이제 하나가 되었다. 시간이 되면 암스트롱과 올드린이 내부 통로와 출입구를 통해 달착륙선으로 들어갈 수 있었다. 그다음에는 새턴 로켓을 가능한 한 멀리 보내야 했다. 아폴로 11호의 조종에 따라 새턴 로켓은 남은 연료를 모두 버리고, 아폴로 11호의 궤도에서 멀어졌다.

휴스턴 시간으로 오후 1시 43분, 우주비행을 시작한 지 5시간 11분 후였다. 아폴로 11호는 초당 3.94킬로미터로 비행하면서 지구에서 4만 744킬로미터 멀어졌다. 우주비행사들은 이제 거추장스러운 우주복을 벗고 좀 더 편안한 테플론 천의 흰색 점프슈트로 갈아입었다. 무중력 상태에서 움직이는 게 중력장에서보다 쉬울 수도 있지만, 스테이션왜건 자동차의 내부 정도 되는 공간에서 우주복을 갈아입기란 쉽지 않았다. 무겁고 뻣뻣한 우주복을 벗어서 긴 의자 밑의 보관 가방에 집어넣는 과정도 고역이었다. 올드린은 "정리하는 동안 이것저것 우주복에 딸린 물건들이 떠다녀서 엄청나게 어지러웠다"고 전했다. 콜린스는 그 장면을 "아무리 천천히 움직이려고 해도 작은 수조(水槽)에 들어간 흰색 고래처럼 계기판에 계속 부딪혔다. 우주선 벽을 밀칠 때마다 원하지 않는 방향으로 몸이 튕겨 나가 억지로 제자리에 돌아가야 했다"고 묘사했다.

드디어 우주복을 벗으면서 우주비행사들은 각자의 몸에 붙어 있던 장치들에서 해방되었다. 우주복을 입은 채 소변과 대변을 볼 수 있도록 배설 장치가 연결되어 있었다. 올드린은 자세한 내용을 기억했다. "특별 연고로 엉덩이를 문지르고, 점잖게 배설 처리 옷이라고 부르는 것을 끌어당겼어요." 일종의 기저귀가 배설물의 냄새를 최소한으로 줄이고, 연고는 엉덩이가 심하게 쓸리지 않도록 보호했다. 비키니처럼 엉덩이를 둘러싸고 있는 봉지와 연결된 장치를 통해 소변을 해결했다. 소변이 새지 않도록 고무 콘돔 같은 도뇨관을 딱 맞게 끼워야 해서 우주비행사들은 그 불편함에 대해 우스갯소리를 하곤 했다. 배설물을 처리한 후 새 속옷을 입고 점프슈트로 갈아입자 대소변을 해결하기가 훨씬 편해졌다. 대변은 특별 용기에 보관되었고, 소변은 우주선 밖으로 배출되었다.

달을 향해 안정적으로 비행하면서 우주비행사들은 처음으로 휴식을 취했다. 콜린스는 소설책을 가져갈 수 없어서 지구와 달 사이의 우주 공간을 보면서 즐겼다고 했다. "롤러코스터를 타듯 지구궤도를 돌 때와 달리 천천히 비행하는 것같이 느껴지는 구간으로 들어갔습니다. 길가의 전봇대 같은 풍경이 휙휙 지나가고 다른 비행기와 마주치면 빠르게 비행하고 있다는 느낌이 듭니다. 하지만 지구와 멀리 떨어져 있는 우주에서는 휙휙 지나가는 느낌이 들지 않아요. 창문 밖을 내다보아도 속도를 느낄 수는 없었지만, 거리는 확실히 가늠할 수 있었습니다. 지구가 점점 작아졌으니까요. 드디어 동그란 지구가 한눈에 들어왔습니다."

달 탐사를 했던 우주비행사들은 모두 우주에서 본 지구의 모습에 깊은 감명을 받았다고 했다. "지평선만 보이던 지구가 점점 더 큰 아치 모양으로 바뀌더니 드디어 완전한 동그라미로 보였습니다. 우주선의 자세에 따라 그 장면을 하나하나 지켜보지 못할 수도 있습니다. 우리는 지구가 동그랗게 전체 모습을 드러내는 순간을 똑똑히 지켜볼 수 있었지요. 지구에서 그렇게 멀리 떠나왔는데도 계속 우주에서 비행하고 있다는 사실이 놀랍게 느껴졌습니다. 엄청난 일을 해내고 지구로 돌아가야 했지요"라고 암스트롱은 말했다.

지구를 한눈에 보면서 암스트롱은 자신의 지리학 지식을 만끽했다. 비행을 시작한 지 3시간 53분 후, 무선통신을 하면서 "지금 우리 왼쪽 창문 너머로 북미 대륙 전체와 알래스카, 북극에서부터 유카탄반도, 쿠바, 남미 북쪽까지 한눈에 보인다"라고 전했다.

우주선의 한쪽은 얼어붙고 한쪽은 너무 뜨거워져 연료탱크의 압력이 상승하는 것을 막으려고 아폴로 11호는 천천히 몸을 돌리면서 태양광선을 가능한 한 골고루 받았다. "우리는 쇠꼬챙이에 끼워 돌리는 통닭 같았어요. 한자리에 멈추어 있으면 큰 문제가 생길 수 있죠"라고 콜린스는 설명했다. 통닭처럼 회전하면서 바라보는 태양과 달, 지구의 모습은 2분마다 바뀌었다. 단안(單眼) 망원경으로 놀라운 풍경을 더 똑똑하게 관찰할 수 있었다. 우주비행사들은 망원경을 통해 교대로 지구를 관찰했다.

우주에서 볼 수 있는 지구의 인공 구조물은 만리장성과 미국

몬태나주의 거대한 포트펙Fort Peck 댐밖에 없다는 이야기가 우주비행과 관련된 전설 중 하나였다. 암스트롱은 "두 가지 모두를 찾아보려고 했어요. 지구와 달 사이의 우주에서 우리는 대륙들을 알아볼 수 있었어요. 그린란드는 지구본에서처럼 온통 하얀색이어서 금방 눈에 들어왔어요. 남극 대륙은 구름에 덮여 있어서 볼 수가 없었습니다. 아프리카는 잘 보였어요. 호수에 반짝이는 햇살까지 보였죠. 하지만 인간이 만든 구조물은 하나도 보이지 않았어요"라고 말했다.

맨눈으로 보나 망원경을 통해 보나 암스트롱은 지구가 얼마나 연약한지에 대해 생각할 수밖에 없었다. "왜 그런 인상을 갖게 되는지는 모르겠어요. 하지만 지구는 정말 작아요. 정말 형형색색이고요. 대양이 보이고, 얇은 공기층이 감싸고 있습니다. 훨씬 거대하고 무시무시한 다른 천체에 대항해 방어할 힘이 없어 보였어요." 버즈 올드린과 마이클 콜린스도 비슷하게 느꼈다. 올드린은 지구가 정치적, 문화적으로 그렇게 나누어져 있다는 게 정말 말도 되지 않는다고 생각했다. "우주에서는 지구가 다른 시각으로 보입니다. 지구에서 전쟁이 벌어지고 있다는 사실을 머리로는 이해하지만, 마음으로는 이해가 되지 않아요. 보통 영토를 차지하려고 전쟁을 일으키고, 국경을 가지고 분쟁을 벌이지 않나요? 하지만 우주에서 지구의 국경 따위는 보이지도 않아요."

그다음 우주비행사들은 무언가 먹어야 했다. 그들은 매일 충분한 물과 1700~2500칼로리의 음식을 섭취해야 했다. 첫 식사 전 우주비행사들은 간식으로 샌드위치를 먹었다. 간식 칸에는 땅콩과 캐러멜, 베이컨과 말린 과일 등이 들어 있었다. 주스와 물뿐만 아니라 커피도 넉넉히 준비되어 있었다. 꼭지가 달린 1.82미터 길이의 튜브 두 개에서 뜨거운 물과 찬물이 나왔다. 각 튜브의 끝에 있는 버튼을 누르면 물이 나왔다. 찬물을 마시고 싶으면 꼭지를 입에 넣고 버튼을 누르면 물 한 모금이 나왔다.

음식을 준비할 때는 비닐봉지에 뜨거운 물을 세 번 쏘아 넣은 다음에, 건조된 음식을 먹을 수 있는 형태로 만들어서 튜브를 통해 먹었다. 하지만 튜브로 빨아 먹기가 쉽지 않았다. 음식에 가스가 들어가면서 우주비행사들의 배에 가스가 찼다. 올드린은 그런 식으로는 음식을 먹을 수 없었다면서 "자세 제어 엔진을 끄고 수동으로 조종해야 했다"고 농담을 했다.

건조한 상태에서는 음식 맛이 괜찮았다. 그들은 그레이비소스와 드레싱을 얹은 칠면조 요리를 뜨거운 물과 섞은 후 숟가락으로 떠먹었다. 햄과 감자도 축축한 상태로 먹었다. 우주비행사들은 핫도그와 애플소스, 초콜릿 푸딩과 감귤 음료처럼 모두 같은 음식을 먹을 때도 있었지만, 각자 다른 음식을 먹을 때도 많았다. 암스트롱은 미트소스 스파게티, 감자 요리, 파인애플 케이크와 포도 펀치를 좋아했다.

비행 시작 11시간 후, 우주비행사들은 처음으로 잘 준비를 했다. 사실 미국 중부 표준시로 저녁 7시 52분이어서 정해진 시간보다 2시간 일렀지만, 휴스턴의 우주비행관제센터는 피곤한 우주비행사들이 푹 잘 수 있도록 통신을 중단했다. 우주비행사들은 훨씬 전부터 잠이 왔다. 비행한 지 2시간 만에 암스트롱은 하품을 하면서 "이런, 너무 잠이 와"라고 말했고, 콜린스는 "나도 그래서 좀 쉬고 있어"라고 대답했다. 그들은 취침 시간을 기다리면서 9시간 동안 이따금 쏟아지는 졸음과 싸워야 했다. 암스트롱과 올드린은 침낭 같은 형태의 가벼운 그물망 해먹에서 잠을 잤다. 왼쪽과 오른쪽의 긴 의자 밑에 펼쳐서 고정한 해먹이었다. 중앙의 의자 밑에는 우주복이 놓여 있었다. "해먹 덕분에 공중에 떠다니던 팔이 무심코 스위치를 누르는 일을 막을 수 있었다"고 암스트롱은 설명했다.

첫날 밤 보초를 맡은 콜린스는 해먹에서 자지 않고 왼쪽 긴 의자 위에 떠 있었다. 몸이 떠다니지 않도록 무릎을 벨트로 고정하고 귀에는 작은 헤드폰을 붙인 채 휴스턴의 '밤' 호출에 대비하고 있었다. "몸의 어느 곳도 압력을 받지 않아 야릇하면서 기분이 좋았습니다. 가벼운 거미줄에 들어간 느낌이었죠"라고 콜린스는 회고했다. 올드린도 그런 느낌을 경험했지만, 암스트롱은 계속 해먹에서 잤기 때문에 그럴 기회가 없었다.

지구에서 발사된 후 새턴 로켓을 분리하는 등 긴장되는 순간이 많아 아드레날린 수치가 상당히 높았기 때문에 우주비행사들은 첫날 밤 5시간 30분밖에 자지 못했다. 교신 담당자인 브루스 매캔들리스가 미국 중부 표준시로 아침 7시 48분에 우주비행사들을 깨웠을 때 그들은 이미 일어나 있었다. 우주비행사들이 비행 계획에 따라 '취침 후 점검'을 하는 동안 매캔들리스는 아침 뉴스를 간단하게 전해주었다. 대부분 아폴로 11호 발사에 세계가 열광적으로 반응했다는 내용이었다.

매캔들리스는 소련의 루나Luna 15호에 관한 뉴스를 우주비행사들에게 읽어주었다. 소련의 무인우주선이 방금 달에 도착해 주위를 돌기 시작했다. 소련은 미국의 달 착륙을 앞지르기 위해 아폴로 11호가 발사되기 사흘 전인 7월 13일, 작은 무인우주선을 발사했다. 달에 착륙할 뿐 아니라 달의 토양 표본을 채취해서 아폴로 11호보다 먼저 지구로 돌아오는 게 그 우주선의 목적이었다. 미국 신문들은 소련이 의도적으로 '비밀에 싸인 달 탐사'를 추진해 미국의 달 착륙에 쏟아지는 관심을 가로채려 한다고 보도하면서, 미국의 우주비행을 기술적으로 방해하려고 할지도 모른다고 추측했다. 미국의 우주 계획 관련 책임자들도 소련과 루나 15호의 통신이 미국과 아폴로 11호의 통신을 방해할지 모른다고 걱정했다. NASA의 무선주파수 근처에서 소련이 방해하는 일이 수년 동안 때때로 일어났기 때문이다.

유인우주선센터의 크리스 크래프트는 아폴로 8호의 선장이었던 프랭크 보먼 대령에게 전화를 했다. 보먼 대령이 미국 우주비행사 중 처음으로 9일 동안 소련을 여행하고 막 돌아왔을 때였다. "그들에게 그냥 물어보는 게 제일 좋아요"라고 보먼은 크래프트에게 조언했다. 닉슨 대통령의 허락을 받은 후 보먼이 소련 과학아카데미의 므스티슬라프 켈디시 원장에게 메시지를 보내 소련 우주선의 정확한 궤도를 물었다.

1962년 쿠바 미사일 위기 이후 핵 재앙을 피하기 위해 두 강대국이 설치한 모스크바와 워싱턴 사이 핫라인을 통해서였다. 보먼은 루나 15호의 궤도와 아폴로 11호의 궤도가 만나지 않는다는 사실을 확인했다. 사실 루나 15호는 아폴로 11호를 전혀 방해할 수 없었다. 소련의 계획이 무참하게 실패했기 때문이다. 아폴로 11호가 달에 성공적으로 착륙한 다음 날인 7월 21일, 루나 15호는 달에 충돌했다.

루나 15호가 발사되기 불과 열흘 전인 1969년 7월 3일, 카자흐스탄의 바이코누르 우주기지의 발사대에서 역사상 가장 큰 규모로 로켓이 폭발했다는 사실이 몇 년이 지난 다음에야 확인됐다. 소련은 그날 N-1이라고 이름 붙인 거대한 달 탐사 로켓의 발사를 실험하고 있었다. 무인로켓인 N-1의 발사가 성공했다면, 소련은 은밀하게 유인 달 탐사 계획을 추진하려고 했다. 발사 몇 초 후 N-1 로켓은 발사대로 추락했고, 250톤의 고성능 폭탄에 맞먹는 화력으로 폭발했다. 하지만 사망자는 발생하지 않았다. 1969

년 11월이 되어서야 소련의 이 사고에 대한 소문이 서구 언론에 등장하기 시작했다. 그때쯤 미국중앙정보국도 첩보 위성사진들을 통해 그 사실을 알게 되었다. N-1의 재앙으로 소련의 달 착륙 계획은 끝이 났다. 1991년 8월 소련이 붕괴될 때까지 소련의 달 착륙 계획에 참여한 사람들은 N-1의 재앙은 물론이고, 그런 계획이 존재했다는 사실조차 인정하지 않았다.

미국 중부 표준시로 아침 10시 17분, 3초 동안 연료를 연소시키면서 아폴로 11호의 경로를 조정하고, 사령선-기계선-달착륙선의 엔진을 시험했다. 둘째 날 비행에서 가장 큰 일이자, 우주선이 달궤도에 들어갔다 나오기 위해 필요한 과정이었다. 그 순간 궤도가 약간 바뀌었다. 암스트롱과 동료들은 지구에서 17만 4765킬로미터 정도 멀어졌고, 달까지 가는 경로의 5분의 2 이상을 지나왔다. 그들은 초당 1.54킬로미터로 비행하고 있었다. 달과의 거리가 6만 4374킬로미터 이하가 될 때까지는 계속 지구 중력의 영향을 받아 속도가 점점 떨어졌다. 그 지점에 이를 때까지 우주선의 속도는 최고 시속 4만 233.6킬로미터에서 3218.7킬로미터까지 떨어졌다. 그다음에는 달의 중력이 증가하면서 우주선의 속도가 다시 빨라졌다.

우주비행사들은 비행 중 잡다한 일을 처리하느라 시간을 많이 보냈다. 연료전지를 청소하고, 배터리를 충전하고, 폐수를 버리고, 이산화탄소 통을 교체하고, 음식을 준비하고, 마실 물을 소독하는 일을 했다. 콜린스가 이런 잡다한 일의 대부분을 해결해주었기 때문에 암스트롱과 올드린은 달 착륙 과정을 하나하나 점검하고 검토하면서 준비에 집중할 수 있었다. "비행 계획 중 특별히 정해진 일이 없이 비어 있는 시간도 좀 있었어요. 하지만 빈둥거린 기억은 전혀 없어요. 물건들은 모두 밀봉해 여기저기 붙여놓았습니다. 우리는 각자 천주머니 안에 펜이나 선글라스, 계산자 등 자주 쓰는 물건들을 넣어 가지고 다녔어요. 하지만 한두 명은 잃어버린 선글라스나 망원경, 필름 통, 칫솔을 찾아다니곤 했습니다"라고 올드린은 기억했다.

휴식 시간에는 음악을 들으면서 쉬었다. 그들이 한 말과 관찰한 내용을 녹음하기 위해 가지고 온 작은 휴대용 카세트로 음악을 들었다. 암스트롱과 마이클은 특정 음악을 카세트테이프에 담아달라고 요청했다. 대부분 듣기 쉬운 음악이었다. 암스트롱은 특별히 두 곡을 요청했다. 하나는 안토닌 드보르자크의 「신세계」 교향악이었다. 암스트롱이 퍼듀대학 합주단에서 연주했던 곡으로, 달나라 여행에 적합했다. 다른 곡은 새뮤얼 호프먼 박사가 작곡한 「달에서 온 음악Music out of the Moon」이었다. 테레민이라는 독특한 전자악기로 연주하는 곡이었다.

둘째 날의 정점은 미국 동부 표준시로 저녁 7시 30분부터 방영하기로 예정된 텔레비전 생방송이었다. 사실 아폴로 11호는 이미 우주선에서 두 번 텔레비전 화면을 전송해보았다. 카메라의 기능, 우주선 안이나 밖을 촬영했을 때의 화면 질, 캘리포니아의 골드스톤 추적 관제소가 신호를 제대로 주고받을 수 있는지 점검하기 위한 과정이었다. 목요일 저녁에 전 세계 수백만 시청자들에게 방영하기 전, 그런 식으로 문제들을 보완할 수 있었다.

모두가 보는 텔레비전 화면에 등장한 첫 번째 흐릿한 영상은 우주선에서 바라본 지구의 모습이었다. 암스트롱은 "지구의 절반 이상이 보입니다"라고 말했다. 그는 꾸밈없지만 경탄하는 말투로 푸른색으로 또렷하게 보이는 대양, 태평양 위에 떠 있는 구름의 하얀 띠, 갈색으로 보이는 지형, 미국 북서 해변과 캐나다 북서 해변의 녹색 띠를 가리켰다. 암스트롱은 우주선이 현재 지구에서 25만 7428킬로미터 떨어져 있다면서, 지구궤도에 있을 때나 지구에서 8만 467킬로미터 정도 떨어져 있을 때까지만 해도 지구의 색을 훨씬 더 분명하게 즐길 수 있었다고 설명했다. 올드린은 무중력 상태에서 몇 번 팔굽혀펴기를 했고, 암스트롱은 물구나무서기까지 보여주었다. 요리 담당인 콜린스는 초속 1.34킬로미터로 비행하면서 어떻게 치킨스튜를 만드는지 보여주었다.

방송을 마친 후 우주비행사들은 3시간 정도 잡다한 일을 하고 망원경으로 바깥을 보면서 시간을 보냈다. 엘패소^{El Paso} 근처의 맥도널드 관제소에서 우주선을 향해 쏘는 청록색 레이저 광선을 찾아보려고 했지만 허사였다. 밤 11시 30분이 되어서 그들은 잠들었고, 이번에는 올드린이 보초를 섰다. 잠자는 시간은 10시간으로 길게 잡았다. 비행 전문 의사들의 자료에 따르면 아폴로 11호 팀은 밤새 푹 잘 잤다. 그들이 너무 깊이 자는 바람에 우주비행관제센터는 1시간을 기다렸다가 그들을 깨워 배터리를 충전하고, 폐수를 버리고, 비축되어 있는 연료량이나 산소량을 점검하게 했다.

아폴로 11호가 달궤도에 도착하기 전, 암스트롱과 올드린이 달착륙선 이글에 들어가 점검한다는 일정은 맨 처음 비행 계획에는 없었다. 하지만 올드린은 달착륙선이 발사 과정과 긴 비행 시간 동안 아무 피해도 입지 않았는지 하루 일찍 들어가서 확인해봐야 한다고 비행 계획 담당자들을 설득했다.

미국 중부 표준시로 오후 4시 30분, 두 사람은 달착륙선 안으로 들어가기 시작했다. NASA가 우주선에서 가장 선명하게 텔레비전 화면을 전송할 수 있다고 판단하는 시간이었다. 콜린스가 출입구를 열자 암스트롱이 폭 76.2센티미터의 통로를 간신히 통과해서 달착륙선의 꼭대기에 다다랐고, 올드린이 뒤따라갔다. 암스트롱과 올드린은 아래에서 위로, 또 위에서 아래로 가면서 달착륙선에 들어간 일이 달 여행 전체에서 가장 특이한 경험이었다고 기억했다. 사령선의 바닥에서 천장으로 기어오른 다음, 사령선과 결합되어 있는 달착륙선의 천장에서 곤두박질로 내려와야 했다.

암스트롱이 달착륙선 내부를 먼저 둘러보았지만, 달착륙선 조종사인 올드린은 45시간 후 사령선 컬럼비아에서 달착륙선을 분리하기 위한 준비를 시작했다. 암스트롱과 올드린은 들고 간 동영상 카메라와 텔레비전 카메라로 달착륙선 내부를 촬영해 지구에 전송했다. 우주비행관제센터는 이미 알고 있던 일정이었지만, 텔레비전 방송국들은 깜짝 놀랐다. 전날 저녁과 같은 시간인 미국 동부 표준시로 저녁 7시 30분까지는 다음 화면을 전송받을 수 있다고 기대하지 않았기 때문이다. 서둘러서 기술적인 문제를 해결한 후 CBS는 오후 5시 50분에 앵커 크롱카이트가 우주비행사 월터 시라의 도움을 받으면서 방송을 시작했다. 미국, 일본, 서유럽과 남미 많은 지역에 방영된 첫 영상은 올드린이 달착륙선에서 장비를 점검하는 모습이었다. 그다음 올드린은 세계의 시청자들에게 우주복과 함께 그들이 달에서 착용할 생명 유지 장치를 보여주었다.

아폴로 11호를 거론할 때 우주비행사들이 UFO 같은 물체를 보았다는 이야기가 늘 나온다. 그 이야기에 따르면 우주비행사들이 우주선인지 아닌지 분간하기 어려운 빛 같은 무언가를 보았다고 한다. 아폴로 11호의 우주비행사들은 비행 첫날부터 유리창 밖으로 뭔가 번쩍이는 빛을 보았다고 했다. 그 빛에 대해 지구에 보고하지는 않았지만, 올드린은 적어도 두 번이나 세 번 섬광을 보았으나 비행기 불빛은 아니었다고 회고했다.

섬광이 나타나는 현상은 정말 특이해서 NASA가 달 탐사를 떠나는 다음 팀에게 이야기해주었을 정도였다. 아폴로 12호가 우주에 갔을 때도 우주비행사들은 그 빛을 보았다. 그들은 우주비행에서 돌아와 "그게 뭔지 아세요? 눈을 감고도 그 빛이 보였어요!"라고 보고했다. 그 섬광은 깜깜한 우주에 있을 때 인간의 안구 안쪽에서 발생하는 현상으로 밝혀졌다. 시각적인 자극으로 반응이 나타나는 지점이 심리적인 자극으로 반응이 나타나는 지점과 연결되어 있어서 섬광을 보고 싶어 하는 사람은 그 빛을 보았다. 그러나 의식하지 않는 사람에게는 보이지 않았다. 자극에 예민하게 반응하는 우주비행사들은 밴앨런대° 아래에서 비행할 때도 그런 섬광을 본다고 전문가들은 설명했다.

셋째 날 저녁 9시 직후, 우주비행사들은 두 번째로 그 섬광을 보았다. 올드린은 그때 처음 보았다. "무심코 사령선의 창문 너머를 바라보다가 뭔가 이상한 물체를 보았어요. 어떤 별보다 밝은 빛을 냈지만, 어떤 별에서 나오는 빛인지 알 수 없었어요. 그 물체는 다른 별들에 비해 빨리 움직이고 있었어요. 콜린스와 암스트롱에게도 보라고 했고, 우리 세 사람은 호기심에 휩싸였습니다. 망원경으로 보면서 우리는 도대체 그게 무엇인지 알아맞혀보려 했습니다. 불과 161킬로미터 정도 떨어진 위치에서 보였어요. 육분의°°를 통해서 보니 원기둥 형태로 보이기도 했지만, 초점을 맞추니 빛나는 L 자로 보였습니다. 직선과 약간 튀어나온 부분, 그리고 옆으로 떨어진 부분도 있었습니다. 우리 모두 뭔가 형태가 있다고 생각했지만, 무슨 형태인지는 꼭 집어낼 수가 없었습니다."

° Van Allen Belt. 지구를 둘러싸고 있는 높은 에너지 입자의 무리.
°° 六分儀. 두 점 사이의 각도를 정밀하게 재는 광학 기계. 태양·달·별의 고도를 측정하여 현재 위치를 구하는 데 사용한다.

"우리가 이것에 대해 뭐라고 말하겠어?"라며 그들은 고민했다. 올드린은 "지구에 있는 사람들에게는 그 일에 대해 이야기하지 않겠다고 단단히 마음먹었습니다. 괜히 호기심만 키우고, 밖으로 새어 나가면 우리가 외계인을 불러들인다면서 NASA가 우주비행을 중단해야 한다고 말하는 사람도 생길 테니까요! 우리는 신중했기 때문에 그런 논란이 벌어지는 동안 침묵을 지켰습니다. 우주비행사들이 이상한 물체를 보았다는 황당무계한 이야기들이 수년 동안 워낙 넘쳐나고 있어서 UFO에 열광하는 사람들에게 어떤 빌미도 주고 싶지 않았어요"라고 말했다. 우주비행사들은 처음에는 그들이 보고 있는 물체가 이틀 전에 분리한 3단 로켓의 껍데기라고 생각했다. 암스트롱이 무선으로 휴스턴에 로켓 껍데기를 보았다고 이야기하자 휴스턴은 로켓은 1만 1112킬로미터 떨어진 곳에 있다고 대답했다.

우주비행사들은 머리를 긁적였다. 훨씬 가깝게 보이는 물체가 그 로켓일 리는 없지만, 달착륙선을 감싸고 있던 네 개의 널빤지 중 하나일 수는 있었다. 달착륙선이 사령선과 도킹할 때 달착륙선을 감싸고 있던 널빤지들이 각기 다른 방향으로 튕겨 나갔다. 우주비행관제센터도 튕겨 나간 후 우주에서 돌고 있는 널빤지라고 결론을 내렸다. 널빤지가 햇빛에 반사되어 반짝일 때의 빛과 비슷했다.

셋째 날 밤, 아폴로 11호 우주비행사들은 잠을 좀 더 설쳤다. 달궤도 진입을 앞두고 있어서였다. 우주선이 속도를 제대로 늦추지 못하면 거대한 원호를 그리면서 지구 쪽으로 되돌아갈 수도 있었다. 우주비행관제센터는 미국 중부 표준시로 아침 7시 32분에 우주비행사들을 깨우면서 아침 뉴스를 읽어주었다. 교신 담당자인 브루스 매캔들리스는 "우선 너희들이 이곳 지구의 뉴스를 독차지하고 있다는 사실을 빼놓고는 소식을 전할 수가 없어. 소련 공산당 기관지인 『프라우다』조차 이번 우주비행을 머리기사로 다루면서 닐 암스트롱을 '우주선의 차르'라고 불렀어. 그들은 달 착륙에 실패한 것 같아"라고 전했다.

태양은 그때 달 바로 뒤에 있어서 테두리만 밝게 빛나고 있었다. 이제 2만 94킬로미터밖에 떨어져 있지 않은 달은 커다랗고 어두운 물체로 보이면서 창문을 모두 채우고 있었다. 그들 뒤에서 지구의 반사광이 환하게 비치고 있어서 달 표면이 입체적으로 보였다. 콜린스는 훗날 '맨 처음 떠오른 생각은 지구와 달의 선명한 대조였다. 달을 가까이에서 관찰하면 지구가 얼마나 아름다운지 실감하게 된다. 지질학자에게는 달이 매혹적인 장소이겠지만, 창밖으로 보이는 이 단조로운 바위 더미, 햇볕에 그을린 메마른 땅은 보석 같은 지구와 비교도 되지 않았다. 아, 파릇파릇한 계곡, 물안개가 자욱한 폭포를 가지고 있는 지구는 얼마나 아름다운지. 일을 끝내고 빨리 지구로 돌아가고 싶었다'라고 기록했다.

달에 착륙하려면 먼저 굉장히 정확하게 엔진을 연소시켜서 'LOI-1'이라고 불리는 달궤도 진입을 해야 했다. 기계선의 엔진을 6분 이내로 연소시켜 아폴로 11호의 속도를 줄인 후, 우주선이 달의 중력에 의해 궤도를 돌게 해야 했다. 마이클 콜린스는 "우리는 기계선의 엔진을 6분간 연소시키면서 시속 8047킬로미터에서 시속 3219킬로미터로 속도를 줄여야 했어요. 한 단계 한 단계 굉장히 세심하게 점검하면서 진행했습니다"라고 말했다. 우주선 컴퓨터와 우주비행관제센터의 도움도 많이 받지만, 결국 우주비행사들이 제대로 해내야 했다. "컴퓨터의 숫자 하나만 틀

려도 치명적이 될 수 있었어요. 태양으로 향하는 궤도로 빨려 들어갈 수도 있었으니까요."

LOI 연소는 잘 진행된 듯했지만, 우주비행관제센터는 우주선이 달의 뒤쪽을 돌아 나오기 전까지 그 사실을 정확하게 파악할 수 없었다. 23분 후 휴스턴의 우주비행관제센터는 우주선과 다시 통신할 수 있었다. 월터 크롱카이트 앵커는 CBS의 생중계에서 "아폴로 11호의 모든 게 잘 진행되고 있는지 지금은 알 수가 없습니다. 우주선이 달 뒤에 있어서 처음으로 지구와의 통신이 끊겼습니다. 아폴로 11호는 8분 전, 기계선의 엔진을 점화해 달궤도로 들어갔습니다. 15분쯤 지나면 어떻게 되었는지 알 수 있을 거예요. 달 주위를 돈 후 지구와 다시 연락이 되면 우주비행사들이 설명해줄 거예요. 그들이 성공적으로 달궤도를 돌고 난 후 역사적인 우주비행의 나머지 부분도 지난 사흘처럼 잘해내기를 기대합니다"라고 말했다.

우주비행관제센터에서는 대화를 나누는 사람이 몇몇 있기는 했지만, 대부분은 조용히 우주선과 다시 통신할 수 있는 때를 기다렸다. 크롱카이트는 방송에서 "전 세계가 침묵한 채 아폴로 11호가 성공적으로 달궤도를 돌고 있는지 확인하기 위해 기다리고 있습니다"라면서 극적인 분위기를 강조했다. 정확하게 예정된 시간에 우주선이 휴스턴에 보내는 신호가 흐릿하게 잡히면서 초조한 기다림은 끝이 났다.

암스트롱은 휴스턴에 곧장 엔진 연소 상황°을 보고했다. 암스트롱이 연소 시간과 잔류물을 길게 나열하자 휴스턴은 "전체 상황을 이야기해달라"고 했고, 암스트롱은 "완벽한 것 같아요!"라고 외쳤다.

우주선이 달 주위를 돌아 휴스턴과 다시 연락하기 20분 전,

° 아폴로 11호 기계선의 로켓엔진을 연소시킬 때 연소 시간을 정확하게 지키지 않으면 우주선 속도가 너무 빨라지거나 느려질 수 있었다. 그래서 속도나 잔류물의 차이를 알아내 바로잡는 게 정말 중요했다. 주요 엔진을 다시 점화하면 문제가 악화될 수 있기 때문에 그때는 소규모 엔진들을 점화해서 바로잡아야 했다.

우주비행사들은 계획했던 대로 정확하게 달궤도에 들어가면서 흥분했다.

03:03:58:10 암스트롱 : 연소가 정말 잘되었어.

03:03:58:12 콜린스 : 끝내주네. 그럴 줄 알았어!

03:03:58:37 암스트롱 : 좋아, 아직 할 일이 좀 있어.

03:03:58:48 올드린 : 좋아, 그렇게 하자.

03:03:59:08 콜린스 : 글쎄, 111.12킬로미터인지는 알 수 없지만 적어도 큰 문제는 없는 것 같아.

03:03:59:11 올드린 : 저것 봐. 저것 봐. 314킬로미터와 112.8킬로미터야.

03:03:59:15 콜린스 : 정말 정말 정말 좋아! 받아 적고 싶지 않아? 한번 받아 적어봐. 314.8킬로와 111.12킬로에서 큰 차이가 나지 않아. 대단해.

03:03:59:28 올드린 : 얼마 차이가 나지 않아.

03:03:59:36 콜린스 : 안녕하세요, 달님!

(두 사람의 대화는 우주선의 녹음기에 녹음된 내용을 발췌한 기록으로, 지구에 전송된 내용은 아니다. 그들이 하는 말이 집으로도 전송된다는 사실을 알았기 때문에 우주비행사들은 우주비행관제센터와 대화할 때 비속어를 쓰지 않았다.)

지구에서는 볼 수 없는, 46억 년 동안 유성체가 쏟아져 마맛자국처럼 움푹 팬 부분이 가득하고 바위투성이인 달의 뒷면을 도는 동안 올드린과 콜린스는 눈에 보이는 풍경에 감탄해서 하나하나 가리켰지만, 암스트롱은 들뜬 감정을 자제하려고 애썼다.

03:04:05:32 올드린 : 오, 세상에, 카메라를 돌려볼게. 여기 거대하고 멋

진 분화구가 있어. 다른 렌즈가 있으면 좋겠어.

하나님 맙소사. 정말 아름다워. 보고 싶지 않아?

03:04:05:43 암스트롱 : 응, 볼게. 다른 렌즈로 바꾸고 싶어?

03:04:06:07 콜린스 : 지구가 떠오르는 장면을 보고 싶지 않아?

9분 남았어.

03:04:06:11 올드린 : 맞아. 우선 여기 사진부터 먼저 찍자.

03:04:06:15 콜린스 : 그래, 첫 번째 분화구를 놓치지 마.

03:04:06:27 암스트롱 : 분화구를 많이 보게 될 거야.

03:04:06:30 올드린 : 그래, 맞아.

03:04:06:33 콜린스 : 지구가 떠오르는 장면도 많이 보게 될 거야.

03:04:06:37 암스트롱 : 그래. 맙소사, 저…… 분화구를 봐. 바로 거기에
서 볼 수 있을 거야……. 정말 장관이야!

03:04:08:48 콜린스 : 환상적이야. 우리 뒤를 돌아봐. 분명 거대한 분화구
처럼 보여. 분화구를 둘러싸고 있는 산들을 봐. 하
나님 맙소사. 어마어마하다.

03:04:09:58 암스트롱 : 정말 큰 저 산을 봐.

03:04:10:01 콜린스 : 그래. 믿지 않겠지만, 여기 아래에 있는 산은 커다
란 사슴 같아. 여기 제일 큰 산이 있어. 어머나, 정
말 커! 거대해! 너무 커서 창문에 다 담기지도 않
아. 그 산 보고 싶지 않아? 이렇게 큰 산은 일생에
처음 보았을 거야. 그렇지 않아, 닐? 맙소사, 중앙
에 있는 이 산등성이를 봐! 크지 않아?

03:04:11:01 올드린 : 여기에도 큰엄마 같은 산이 있어.

03:04:11:07 콜린스 : 자 이제, 올드린. 그 산을 큰엄마라고 부르지 말자.
뭔가 과학적인 이름을 붙이자. 세상에, 지질학자가
여기에 왔다면 흥분해 미칠 거야.

아폴로 11호 팀은 달궤도를 돌면서 달에 대한 비공식적인 논쟁을 해결하려고 했다. 달궤도를 회전했던 팀 중 아폴로 8호 팀은 달의 표면이 회색으로 보인다고 했고, 아폴로 10호 팀은 거의 갈색으로 보인다고 했다. 기회가 생기자마자 닐 암스트롱, 마이클 콜린스와 버즈 올드린은 달을 보면서 그 문제의 해답을 찾으려고 했다. 달궤도에 들어가기도 전부터 콜린스는 "내게는 회백색으로 보여"라고 말했다. 올드린은 달궤도에 들어서자마자 "글쎄, 아폴로 10호 팀의 말이 맞는 것 같아"라고 했다. 암스트롱은 "내가 보기에는 황갈색이야. 하지만 다른 태양 각도에서 보았을 때는 회색이었어"라고 덧붙였다. 세 사람은 계속 이야기를 나누었다. 달궤도를 몇 번 도는 동안 달의 색깔에 대해 올드린의 설명에 동료들도 동의했다. 결국 빛이 비치는 조건에 따라 색깔이 계속 달라지기 때문에 누구 이야기도 맞지 않는다는 결론을 내렸다. 달 표면은 새벽이나 해 질 녘의 암회색에서 한낮의 장밋빛 황갈색까지 거의 1시간마다 색깔이 바뀌었다.

휴스턴 시간으로 아침 11시 55분, 암스트롱은 처음으로 착륙경로를 살펴볼 수 있었다. 그는 "아폴로 11호는 처음으로 착륙경로를 살피고 있다. 우리는 타룬티우스 분화구 위를 날고 있고, 아폴로 8호와 10호가 가져온 사진이나 지도와 같은 모습이 보인다. 사진과 정말 비슷하지만, 축구장을 실제로 보는 것과 텔레비전으로 보는 정도의 차이는 있다. 사진과 비슷한 곳을 다른 데서는 찾을 수가 없다"라고 보고했다. 휴스턴은 "우리도 동의한다. 우리가 직접 볼 수 있기를 바란다"라고 답했다.

아폴로 11호는 미국 동부 표준시로 오후 3시 56분에 달궤도에서 처음으로 텔레비전 화면을 전송했다. 7월의 토요일 오후여서 많은 미국인이 볼티모어 오리올스와 보스턴 레드삭스의 야구 중계를 보고 나서 텔레비전 앞에 그대로 앉아 있었다. 미국 동부 표준시로 그날 오후 5시 44분, 남은 궤도를 돌기 위해 엔진을 연소시켜야 했기 때문에 우주비행사들은 텔레비전에 출연할 기분이 아니었다. 선택할 수만 있다면 텔레비전 출연을 하고 싶지 않았다.

방송은 35분간 지속되었다. 우주선이 달 표면의 161킬로미터 상공을 왼쪽에서 오른쪽으로 돌고 있는 동안 텔레비전 카메라가 처음에는 옆 창문 너머의 풍경, 그다음은 출입구 창문 너머의 풍경을 보여주었다. 우주비행사들은 달의 모습을 보여주면서 전 세계 TV 시청자들에게 달나라 여행을 시켜주었다. 그들은 24시간 안에 암스트롱과 올드린이 달착륙선을 타고 착륙할 경로도 이야기했다. 암스트롱은 동력하강을 시작할 지점을 보여주었고, 콜린스와 올드린은 달착륙선의 착륙을 안내할 주요 지형지물을 교대로 하나하나 가리켰다. 아폴로 8호의 우주비행 중 제임스 러벌이 아내 이름을 따서 붙인 메릴린 산봉우리, 커다란 매스켈라인 분화구, 공동묘지라는 별명이 붙은 작은 언덕들, 하강한 지 20초 만에 지나가게 될 듀크섬, 사막의 뱀처럼 구부러져 방울뱀이라는 이름이 붙은 실개천들, 바위틈과 마지막 산등성이, 그리고 드디어 착륙 지점인 고요의 바다였다.

우주비행사들도 그때 처음으로 착륙 지점을 언뜻 보았다. 그 전에 궤도를 돌 때는 그 지점이 명암경계선 너머에 있어서 보이지 않았다. 이번에는 지구의 반사광을 받아 밝아져 겨우 보였다.

집에서 텔레비전을 보는 사람들이나 우주선에 있는 사람들이나 착륙 지점을 자세히 보려고 애썼다. 내색을 하지는 않았지만 콜린스는 착륙 지점이 마음에 들지 않았다. "막 새벽이 지난 때라 태양광선이 굉장히 낮은 각도로 고요의 바다 착륙 지점을 가로지르고 있었어요. 이런 조건에서 달 표면의 분화구들은 길고 들쭉날쭉한 그림자를 드리우고 있어서 내게는 그 지역 전체가 완전히 으스스해 보였습니다. 달착륙선은커녕 유모차라도 세울 만한 평탄한 곳이 보이지 않았어요."

명암경계선을 지날 때 우주비행사들은 텔레비전 카메라의 방향을 다시 돌려 유리창을 통해 마지막으로 착륙장소를 보여주었다. "달이 서쪽으로 서서히 지고 있을 때 아폴로 11호는 작별을 고합니다"라고 콜린스는 인사를 했다.

1시간 13분 후, 아폴로 11호는 그날 오후 중 두 번째로 기계선 엔진을 점화했다. 첫 번째보다 좀 더 길게 연소시켜야 했고, 정확하게 시간을 지키는 것이 매우 중요했다. "2초만 더 연소시켜도 우리는 달 반대편으로 가서 충돌하는 경로로 들어서게 됩니다"라고 올드린은 설명했다. 휴스턴과 협의하면서 우주비행사들은 최대한 집중해서 별을 점검하고, 관성항법 장치°를 조정했다. 콜린스는 정확히 17초 동안 연소시키기 위해 스톱워치를 사용했다.

연소는 완벽하게 끝났다. 아폴로 11호의 궤도는 312.6킬로미터와 113.5킬로미터에서 122.4킬로미터와 100.7킬로미터로 줄어들면서 안정되었다. 완벽한 타원형에 가까워졌다. 닐 암스트롱조차 흥분할 정도로 정확했다.

03:08:13:47 암스트롱 : 이제 122.4킬로미터와 100.7킬로미터야.

이보다 더 정확할 수가 없어.

03:08:13:52 콜린스 : 맞아. 바로 그래.

03:08:14:00 올드린 : 우린 이제 타원형에 더 가까워졌지, 그렇지 않아?

03:08:14:05 콜린스 : 우리가 원했던 대로 되었어.

° 위치를 파악해 목적지까지 유도하기 위해 우주선에 장착하는 장치.

아폴로 11호가 제 궤도에 들어서면서 이제 계획대로 달착륙선을 준비해야 할 때가 되었다. 암스트롱과 올드린이 달착륙선의 전원을 켜고, 긴 목록의 통신 점검을 끝냈다. 수많은 스위치를 미리 조정하려면 3시간이 걸리는 일이지만, 올드린이 전날 준비해준 덕에 30분이 덜 걸렸다.

휴스턴 시간으로 저녁 8시 30분, 달착륙선 이글은 준비를 끝냈다. 그다음 암스트롱과 올드린은 잠을 청하려고 사령선인 컬럼비아로 돌아갔다. 우주선에서 맞는 네 번째 밤이지만, 달 주위를 도는 궤도에서는 첫날 밤이었다. 암스트롱과 올드린은 다음 날 아침에 쓸 장비와 우주복을 조심스럽게 정리했다. 그들은 태양의 직사광선뿐 아니라 달빛도 막으려고 창문을 가렸다. 달빛은 지구에서 볼 때보다 훨씬 밝았다.

이제 취침 자세를 취하기 시작했다. 암스트롱은 달 착륙을 시도하기 전 자두고 싶었고, 올드린도 암스트롱처럼 해먹에 몸을 맡겼다. 조종실의 불을 끄면서 콜린스는 그날을 이렇게 마감했다. "좋아, 오늘은 정말 잘해냈다고 생각해. 내일과 모레도 오늘 같다면, 우리는 무사할 거야."

자정에서 3분이 지난 후 우주비행관제센터에서 당번을 맡고 있던 교신 담당자는 "아폴로 11호의 우주비행사들은 지금 휴식을 취하고 있다"고 언론에 전했다. 그날 밤 올드린은 잠을 설쳤다고 회고했다. 암스트롱은 깊이 잠들었다고 기억했다. 두 사람은 그리 길게 자지 못했다. 아침 6시, 휴스턴이 무선통신으로 깨웠다. 올드린과 암스트롱은 그날 아침 달착륙선으로 들어가 달착륙선을 사령선에서 분리하고, 달을 향해 가기 위해 준비했다.

아폴로 11호의 발사를 준비하던 시기에 모처럼 한가로운 시간을 보내는 암스트롱 가족. 재닛과 닐, 두 아들 마크와 릭.

아폴로 11호 발사 5일 전,
닐과 버즈가 케이프케네디의 달착륙선 모의비행 장치에서 훈련하고 있다.

아폴로 11호가 발사되던 날,
디크 슬레이턴이 우주비행사들과 함께 아침식사를 하면서 구조선의 위치를 보여주고 있다.

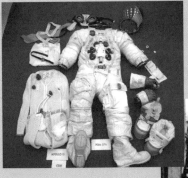

달에서 착용했던 닐의 우주복.
액체냉각 복장<왼쪽>과 선외활동용
장갑과 부츠<오른쪽>.

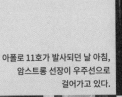

아폴로 11호가 발사되던 날 아침,
암스트롱 선장이 우주선으로
걸어가고 있다.

스티븐과 비올라 암스트롱이
새턴 5호 달로켓의 모형을 자랑스럽게
바라보고 있다.

케네디우주센터 소장인
커트 디버스 박사는
1969년 7월 16일 발사를 앞두고
아폴로 11호 우주비행의 상징과 달,
그리고 헬멧을 쓴 세 명의 우주비행사
실루엣이 들어가 있는 기자증을 발행했다.

23

달 착륙을 위한 카운트다운

    달착륙선을 조종해서 착륙하는 순간은 아폴로 11호의 우주 비행뿐 아니라 암스트롱의 삶 전체에서도 중요한 전환점이었다. 암스트롱이 인류 최초로 달에 착륙했을 때 미국, 유럽, 아프리카 와 몇몇 아시아 국가는 일요일이었다. 모든 달 착륙 중 아폴로 11호의 달 착륙은 기독교 안식일에 이루어졌다. 그날 아침 5시 30분, 아들보다도 일찍 일어난 비올라 암스트롱은 기자들이 찾아 오기 전 서둘러 마당으로 나가 꽃에 물을 주었다. 7시 30분에는 예배에 참석하러 가기 위해 옷을 갈아입었다. 그는 아들이 달착 륙선을 사령선에서 분리하는 모습을 집에서 오랫동안 텔레비전 으로 지켜보고 싶었다.

    전 세계의 독실한 신자들이 아폴로 11호를 위해 기도드렸다. 백악관에서도 그 우주비행을 위한 예배를 드렸고, 프랭크 보먼이 다시 한 번 창세기를 읽었다. 아폴로 11호가 발사되기 며칠 전, 닉슨 대통령의 비서실장인 H. R. 홀드먼은 우주비행 중 큰 문제 가 생길 때를 대비해 수석 연설문 작성자인 윌리엄 새파이어에게 성명서를 준비하라고 했다. 우주비행사들이 어렵게 달에 착륙했지만, 지구로 돌아오지 못할 때를 가정해서 쓴 성명서였다. 새파이어는 그런 일이 생기면 대통령이 성명서 발표 전, "우주비행사들의 아내에게 따로따로 전화해야 한다"고 제안했다.

미국 동부 표준시로 아침 10시 5분, 월터 크롱카이트가 아폴로 11호의 우주비행에 대해 5분 동안 중간보고를 한 후 CBS는 아폴로 11호의 종교적인 의미에 대해 특집 방송을 했다. 11시부터는 찰스 쿠럴트 기자가 「달 위의 인간 : 아폴로 11호의 서사시 같은 우주여행Man on the Moon : The Epic Journey of Apollo 11」이라는 이름으로 실황 방송을 시작했다. 쿠럴트 역시 아폴로의 영적인 의미를 창세기로 해석하면서도 우주적인 의미를 현대 과학으로 설명했다. 쿠럴트 보도 후 아폴로 11호와 우주 계획에 관한 열 권의 공책을 들고 다시 나타난 크롱카이트는 곧 이루어질 달 착륙을 '큰 걸음'이라고 표현했다. 물론 그때는 11시간 정도 후에 달을 처음 밟은 암스트롱이 전 세계 사람들이 영원히 잊지 못할 비슷한 발언을 할 줄 전혀 몰랐다.

CBS가 실황 방송을 시작한 11시쯤은 암스트롱과 올드린이 달착륙선에 들어간 지 30분 가까이 지난 때였다. 달에 착륙할 순간을 초조하게 기다리던 우주비행사들은 그날 아침, 평범한 일도 쉽게 해내기 어려웠다. 올드린은 "우주에서는 거의 모든 일을 세 사람이 힘을 합해서 해내야 했습니다. 규칙적으로 여러 가지 일을 함께하면서 익숙해졌을 때지만, 특별한 아침이라 모두 흥분해 있었기 때문에 작은 일도 해내기 어려웠어요"라고 기억했다.

음식을 먹을 때 한 사람은 음식 꾸러미를 꺼내고, 한 사람은 꾸러미를 풀고, 한 사람은 뜨거운 물을 쏘아서 음식을 녹였다. 하지만 우주복을 입기 전 대소변 배설 장치를 부착한 상태에서는 모든 과정이 불편했다. 우주선 조종실에서 세 명이 우주복을 갈아입으려니 신경이 곤두섰다. 한 사람밖에 갈아입을 수 없는 공간이어서 옆 사람이 단추 잠그기와 지퍼 올리기를 도와주어야 했다. 콜린스 역시 사령선과 달착륙선을 분리할 때 문제가 생길까 봐 우주복으로 갈아입었다.

우주복을 입을 때는 항상 꼼꼼히 챙겨야 하지만, 달에 착륙하는 그날 아침에는 특별히 신경이 더 쓰였다. 암스트롱과 올드린은 30시간 이상 우주복을 입고 지내야 했다. 그들은 먼저 물을 이용해 몸을 식혀줄 속옷을 꽉 끼게 입었다. 내복처럼 생긴 그물망 옷에는 가느다란 플라스틱 관이 수백 개나 달려 있었다. 뜨거운 달에서 활동할 때 우주비행사들의 배낭 안에 들어 있는 물이 그 플라스틱 관을 통해 순환하면서 체온을 낮춰줄 수 있었다. 하지만 우주선에서 꽉 조이는 속옷을 입고 있으면 불편할 따름이었다. 속옷만 입은 올드린이 먼저 달착륙선으로 들어갔다. 먼저 점검해보고 싶어서였다. 30분 후 암스트롱이 완전히 갖추어 입고 달착륙선에 기어서 들어갔다. 암스트롱이 들어오자 올드린은 조종실로 가서 제대로 갖춰 입은 후 곧장 달착륙선으로 돌아왔다. 올드린과 암스트롱이 달착륙선의 출입구를 닫고, 마이클은 사령선의 출입구를 닫았다.

달착륙선 안에서 암스트롱과 올드린은 몇몇 장치의 전원을 켠 후 거미 다리 같은 착륙 장치를 폈다. 미국 동부 표준시로 정오 직전, 착륙 장치가 성공적으로 펴졌다. 아직 장비와 통신 점검 등 해야 할 일이 많이 남아 있어서 1시간 40분이 지나서야, 사령선과 달착륙선을 분리할 준비를 시작할 수 있었다. 콜린스와 올드린은 무선으로 이야기를 나눴다.

"그곳에 있는 차르는 어때?"라고 사령선에서 콜린스는 올드린에게 물었다. "정말 조용해."

암스트롱은 달착륙선 컴퓨터에 입력하고 있는 내용을 말하면서 "잠시 기다렸다가 눌러"라고 대답했다. 콜린스는 달착륙선을 분리하려고 스위치를 누르기 직전 "너희들, 달에서 쉬엄쉬엄 해. 헉헉거리는 소리가 들리면 욕해줄 거야"라고 말했다.

04:04:10:44 콜린스 : 이제 1분 남았어. 너희들 준비 다 되었어?

04:04:10:48 암스트롱 : 그래, 우리는 준비된 것 같아. 너만 준비되면 끝나.

04:04:11:51 콜린스 : 5초 전…… 좋아, 잘됐어. 멋져!

04:04:12:10 올드린 : 잘된 것 같아.

04:04:12:10 콜린스 : 내가 봐도 잘된 것 같아.

콜린스는 창문에 얼굴을 대고 달착륙선이 멀어지는 모습을 지켜보면서, 사령선과 달착륙선 모두 제대로 움직이고 있다고 암스트롱이 말해주기를 기다렸다. 두 우주선이 너무 멀어지기 전, 콜린스가 달착륙선을 가까이에서 살펴보기로 한 것은 좋은 생각이었다. 달착륙선 착륙 장치의 네 다리가 모두 잘 펴졌는지 확인해야 했기 때문이다. 특히 달착륙선 왼쪽과 오른쪽, 뒤쪽 다리에서 뻗어 나온 길이 1.83미터의 감지기를 점검하는 일이 중요했다. 감지기가 달려 있지 않은 앞쪽 다리가 제자리에 있는지도 확인해야 했다. 앞쪽 다리는 우주비행사들이 달 표면으로 내려갈 사다리를 지탱했다. 원래 그 다리에도 착륙 감지기가 달려 있었지만, 암스트롱과 올드린의 발이 걸려 넘어질 수 있어서 없앴다.

04:04:12:59 암스트롱 : 좋아. 나는 속도를 낮췄어. 마이클. 너도 원하는 만큼 가서 멈춰……. 나는 회전하기 시작했어. 확실히 모의비행할 때가 더 잘 보였어.

04:04:13:38 콜린스 : 좋아. 나는 조금 회전하다가 멈출 거야.

04:04:14:22 암스트롱 : 좋아. 충분히 거리를 확보하려면 내가 조금 회전해야 한다고 생각해, 마이클?

04:04:14:31 콜린스 : 네가 몇 초만 가만히 있으면 좋겠어, 닐.

04:04:14:34 암스트롱 : 좋아. 네가 완전히 준비되고, 속도를 완전히 줄였다고 생각할 때까지 기다릴게.

04:04:14:39 콜린스 : 좋아. 나는 그대로야.

04:04:15:26 콜린스 : 좋아. 이제는 상당히 괜찮은 것 같아.

04:04:15:30 암스트롱 : 좋아.

04:04:16:34 콜린스 : 모의비행 때와 똑같아. 너는 한쪽으로 좀 기울어졌어.

04:04:16:39 암스트롱 : 맞아.

04:04:17:06 콜린스 : 착륙 감지 장치는 좋아 보여. 세 개를 모두 확인했어.

04:04:17:11 암스트롱 : MESA(Modular Equipment Storage Assembly, 장비 보관함)는 내려오지 않았어, 그렇지 않아?

04:04:17:14 콜린스 : 다시 말해봐.

04:04:17:15 암스트롱 : MESA가 아직 내려오지 않았지? (감지기가 달리지 않은 다리 가까이에 접혀 있던 MESA에는 텔레비전 카메라와 채집한 돌을 넣을 상자, 그리고 다양한 도구들이 들어 있었다. 달에 착륙하면 닐은 MESA를 펼쳐서 적당한 위치에 내려놓을 예정이었다. 암스트롱은 콜린스와 통신하면서 달착륙선이 분리되는 과정에서 MESA가 내려왔을까 봐 걱정했다.)

04:04:17:19 콜린스 : 괜찮아.

04:04:17:20 암스트롱 : 좋아.

04:04:17:49 콜린스 : 지금 좋아 보여.

04:04:17:59 암스트롱 : 알았어, 달착륙선 이글은 분리되었어. 이글은 날 수 있어.

콜린스는 달착륙선의 독특한 모양에 대해 "이글은 뒤집혀 있어도 멋진 비행기로 보이는데"라면서 짓궂게 놀렸다. "누군가 물구나무서기를 하나 봐"라면서 암스트롱도 농담으로 맞받았다. 이제 시속 1116.6킬로미터보다 낮은 속도로 비행하고 있는 달착륙선 안에서 암스트롱과 올드린은 똑바로 섰다. 의자가 없기 때문에 조종실에서 활용할 수 있는 공간 여유가 좀 더 있었다. 우주 비행사들의 발은 조종실 바닥에 벨크로 끈으로 고정됐고, 그들의 벨트에는 용수철 케이블과 도르래 장치가 달려 있었다. 암스트롱과 올드린이 몸을 좀 더 지탱해야 하면 손잡이나 팔걸이를 잡을 수도 있었다. 똑바로 서니 착륙 장소를 바라보기 좋았지만, 삼각형 창문은 좀 작았다.

달착륙선 이글이 달 착륙을 시작하기 전, 암스트롱과 올드린은 궤도의 고도를 15.24킬로미터 정도로 낮춰야 했다. 그들은 달착륙선 하강엔진을 처음으로 점화하면서 순조롭게 해냈다. 미국 동부 표준시로 오후 3시 8분, 사령선에서 분리된 지 56분 후에 엔진을 점화하면서 하강 궤도로 들어섰다. 사령선과 달착륙선이 모두 달의 뒤편에 있어서 지구와 연락이 끊겼을 때 이루어진 일이었다. 28.5초 동안 엔진을 연소시킨 후 이글은 달의 앞쪽에 있는 착륙 지점으로 내려가는 궤도에 진입했다. 하강하면서 암스트롱과 올드린은 속도를 점검했다. 달착륙선에 문제가 생기면 착륙을 중단하고 사령선으로 돌아가기 위해서였다. 달착륙선은 이제 사령선보다 낮은 궤도를 더 빠른 속도로 돌고 있었다. 달착륙선이 사령선보다 1분 정도 궤도를 빨리 돌았다. 사령선 컬럼비아는 더 높은 궤도에서 도는 데다 지구와 일직선을 이루는 위치에 있어서 달착륙선보다 3분 정도 일찍 휴스턴에 신호를 보낼 수 있었다.

04:06:15:02 교신 담당 : 컬럼비아, 휴스턴이다. (당시 교신 담당은 찰스 듀크였다.) 우리는 대기하고 있다, 오버.

04:06:15:41 콜린스 : 휴스턴, 컬럼비아다. 네 소리가 크고 똑똑하게 들린다. 내 소리는 어떤가?

04:06:15:43 교신 담당 : 알았다, 잘 들린다. 하강 궤도에 들어가기 위한 진입 연소는 어떻게 되었나? 오버.

04:06:15:49 콜린스 : 잘 들어, 자기. 모든 게 순조롭고 멋지게 진행되고 있어.

04:06:15:52 교신 담당 : 훌륭해. 우리는 달착륙선 이글의 소식을 기다리고 있어.

04:06:15:57 콜린스 : 좋아. 금방 연락할 거야.

1분 30초 후, 올드린은 하강 궤도로 잘 진입했다. 이제 마지막으로 엔진을 연소시켜 내려갈 지점에 거의 정확하게 와 있다고 보고했다. 모든 게 순조롭게 진행되면 30분 이내에 달에 착륙할 예정이었다. 암스트롱과 올드린이 마지막 하강을 시작하기 전에 장치들을 점검하는 게 중요했다. 첫 번째로 중요한 장치는 운항유도 조정 장치였다. 우주비행사들 사이 앞쪽 판에 자리한 이 작은 디지털 컴퓨터는 관성항법 장치에서 받은 자료를 처리했다. 이 장치는 멀리 있는 별들의 위치를 측정하면서 디지털 화면에 달착륙선의 위치를 연두색 숫자로 나타냈다.

두 번째, 중단유도 장치는 우주선에 있는 가속도계에서 비행 자료를 받았다. 운항유도 조정 장치와 중단유도 장치 모두 우주선의 속도를 추산했지만, 보통 운항유도 조정 장치의 자료가 좀 더 정확했다. 이상적으로는 우주선이 어디에 있으며 어디로 향하느냐에 대해 두 장치가 같은 답을 내놓아야 했다. 그러나 측정

오류가 생길 수밖에 없었다. 작은 오류들이 쌓이면 달착륙선의 경로와 위치 계산에 큰 문제가 생길 수도 있었다.

하강 궤도에 들어간 후 엔진을 연소시켜 밑으로 내려가기 전, 암스트롱과 올드린은 두 장치를 여러 번 교차 점검했다. 원하지 않는 경로로 내려가지 않으려면 둘의 결과가 일치해야 했다. 관성항법 장치가 흔들리면서 오류가 생기기 때문에 장치를 계속 확인했다. 컴퓨터를 이용한 천문항법으로 관성항법 장치의 오류를 바로잡았다.

아폴로 11호는 비행 중에 여러 번 관성항법 장치를 조정했지만, 이번에는 시간이 더 걸렸다. 하강 궤도에 진입하기 전, 다른 일들로 바쁜 가운데도 암스트롱과 올드린은 관성항법 장치를 확인했다.

"육분의로 태양을 똑바로 바라보았습니다. 육분의의 십자선이 태양의 중앙에 있으면 관성항법 장치를 바로잡아야 했으니까요. 십자선이 태양의 중심에서 8분의 1에서 4분의 1 정도 벗어나 있으면 아직 괜찮다는 뜻이었어요"라고 암스트롱은 설명했다. 닐은 동력하강을 시작하기 직전에도 육분의로 점검했다. 마지막 조정 후 몇 시간이 지났지만 관성항법 장치는 아직 제자리를 잡고 있었다. "30분에서 45분 안에 착륙할 예정이라 문제없을 거라고 생각했습니다."

달에 착륙하기 위해 내려가는 동안 운항유도 조정 장치와 중단유도 장치가 모두 켜져 있어야 했다. 우주비행사들은 두 장치가 똑바로 작동하는지 지켜보았다. 운항유도 조정 장치는 우주선이 달 표면으로 제대로 내려가도록 돕는 역할을 하고, 중단유도 장치는 착륙 직전까지 대기하면서 비상시 사령선으로 돌아가기 위해 준비하고 있어야 했다. 운항유도 조정 장치가 제대로 작동하지 않으면 중단유도 장치가 역할을 대신할 수도 있었다. 운항유도 조정 장치에서 중단유도 장치로 곧장 바꿀 수 있어야 했기 때문에 두 장치 모두 작동되어야 했다. "두 장치는 각각 독립적으로 작동했고, 실제로는 그중 한 장치만 우주선을 조정하고 있었죠. 하지만 두 장치가 각각 제공하는 자료를 보고 비교하는 것이 중요했어요."

그다음으로는 연료 공급이 중요한 관심거리였다. 어느 지점에서 엔진을 연소시켜 내려가야 하는지 파악하는 게 굉장히 중요했다. 암스트롱과 올드린이 너무 높은 곳에서 엔진을 연소시켜 내려가기 시작하면 안전하게 착륙할 수 있는 지점으로 가기 전, 달착륙선의 연료가 떨어질 수도 있었다. 고도에 대한 오차가 1.22 킬로미터 안팎을 넘지 않아야 했다. 어느 고도에서 엔진을 연소시켜 내려가야 할지 계산하는 일은 과학이라기보다 예술에 가까웠다. 일반적인 고도계로는 언제 하강할지 알 수가 없었다. 고도계는 기압 변화를 바탕으로 고도를 측정하는데, 달에는 공기가 없어서 기압을 잴 수 없기 때문이었다.

달착륙선에는 레이더 고도계가 있었지만 제 역할을 하지 못했다. 하강 초반에는 달착륙선의 자세 때문에 레이더 고도계가 달 표면이 아니라 하늘을 가리키고 있어서, 착륙에 관한 정보를 전혀 제공해주지 못했다. 달에 있는 산들의 높이를 가지고 하강 지점을 추정하기도 불가능했다. 달의 가장자리에 있는 산의 높이는 어림짐작할 수 있었지만, 중앙에 있는 산의 높이는 추정하기 어려웠다.

암스트롱과 유인우주선센터 엔지니어 플로이드 베닛이 하강 지점을 결정하기 위해 고안한 기술은 비교적 간단했다. 달 표면을 눈으로 점검하면서 암스트롱의 '길거리 수학'을 적용하는 방식이었다. "우리는 v=rΩ라는 방정식을 활용했어요. r은 알고 싶은 고도, Ω는 달착륙선의 각도, v는 달착륙선의 속도였죠. 지구의 레이더 추적과 우주선 자체의 운항유도 조정 장치로 속도는 잘 알고 있었어요. 각도만 알아내면 고도를 파악할 수 있었죠."

하강 초기에는 달착륙선이 얼굴을 숙이고 날아갔기 때문에 암스트롱이 창문을 통해 주요 지형지물을 확인하기가 쉬웠다. 우주선의 이런 자세는 고도를 계산하는 데도 도움이 되었다. 달착륙선의 이중유리 창문에는 수직선과 수평선이 그려져 있었다. 암스트롱은 스톱워치를 활용해 창문에 그려진 선의 한 지점에서 다른 지점으로 가기까지 몇 초나 걸리는지 시간을 쟀다. 그것을 바탕으로 우주선의 각도를 측정했다. 궤도를 도는 동안 다양한 위치에서 기댓값으로 추적하는 속도를 비교하기 위해 사용했던 도표도 있었다. 눈으로 관찰한 내용과 기댓값을 비교하면서 달착륙선의 하강 지점 고도와 그 지점에 이를 시간을 추정할 수 있었다.

04:06:26:29 암스트롱 : 레이더 점검으로는 15.24킬로미터 고도라고 나와. 눈으로 점검해보니 16.15킬로미터 정도야.

1분 30초 후, 휴스턴의 우주비행관제센터는 달착륙선에 하강을 시작하라고 지시했다. 우주비행관제센터는 착륙하라고 지시하기 전 압력, 온도, 밸브를 모두 점검했는지 확인했다. 우주비행 수칙에 따르면 중요하지 않은 기계들은 100퍼센트 효율적으로 작동하지 않아도 하강할 수 있었다. 그러나 비행 담당자들은 보통 하강을 시작하기 전에 모든 것이 잘 작동하는지 확인했다. 지구에 있는 관제센터는 달착륙선의 고도를 정확하게 알 수가 없었다. "스스로 생각해낸 '길거리 수학'을 활용했어요. 다른 우주비행사도 활용했는지는 모르겠어요"라고 암스트롱은 말했다.

달착륙선 이글은 그때까지 지구와 통신이 되지 않았기 때문에 콜린스가 하강을 시작하라는 지시를 전달했다. 웬일인지 이글은 달의 뒤쪽을 돌아서 앞쪽으로 나온 다음에도 한동안 지구와 통신할 수가 없었다. "달착륙선 위에 조그만 접시안테나가 달려 있었어요. 성능이 좋은 안테나였습니다. 조종할 수 있는 안테나였지만, 신호를 잘 잡으려면 정확히 지구를 바라보고 있어야 했어요. 어느 방향에서나 신호를 잡을 수 있는 안테나도 있었어요. 달리는 자동차에 달린 안테나 같았지요. 그리 정확하지는 않았지만, 굉장히 강력했어요. 접시안테나로 신호를 잡으려면 우주선의 방향이 중요했지만, 우주선이 수평으로 날아가고 있을 때는 방향을 잡기가 쉽지 않았습니다. 조금만 각도가 틀어져도 신호를 놓치기가 쉬웠죠"라고 암스트롱은 설명했다.

암스트롱과 올드린이 마지막으로 동력하강을 준비하는 데 거의 5분이 걸렸다. "컴퓨터가 제대로 작동하도록 해야 했어요. 그리고 동력하강 장치와 엔진을 작동하기 위해 모든 스위치와 회로 차단기, 다른 모든 것들이 준비되었는지 확인해야 했어요"라고 암스트롱은 설명했다. 올드린은 항법컴퓨터의 자료를 판독하는 데 집중했고, 암스트롱은 엔진 성능부터 자세 제어까지 모든 게 계획대로 작동하고 있는지 하나하나 확인했다. 이글이 하강하기 시작하자 두 사람은 올드린 옆 오른쪽 창문 위에 올려져 있던 16밀리미터 필름 카메라를 작동하기 시작했다. 카메라는 앞뒤로 움직이면서 역사적인 착륙의 모든 순간을 촬영하도록 되어 있었다.

텔레비전 방송국이 동력하강 보도와 달 착륙 카운트다운을 준비하면서 지구에는 긴장감이 고조되기 시작했다. CBS 방송에서 크롱카이트는 월터 시라에게 "엔진 점화까지 1분, 착륙까지 13분이 남았습니다. 우주비행사들이 지구에 돌아오기로 결정한다면, 이런 팽팽한 긴장감이 누그러질지 모르겠네요"라고 말했다. 와파코네타에서는 비올라 암스트롱이 소파 쿠션을 꽉 움켜쥐고 텔레비전 화면을 지켜보고 있었다.

미국 동부 표준시로 오후 4시 5분에 동력하강이 시작되었다. 몸이 흔들리지 않도록 벨트와 케이블로 고정한 암스트롱과 올드린은 진동을 거의 느낄 수 없어서, 엔진이 실제로 점화됐는지 확인하기 위해 재빨리 컴퓨터를 쳐다보았다. 두 우주비행사는 처음 26초 동안 엔진 점화를 최대 추진력의 10퍼센트로 유지했다. 덕분에 달착륙선이 적절한 위치에 있을 때 유도컴퓨터가 감지할 수 있는 여유가 생겼다. "보통은 연료의 효율을 높이기 위해 추진력을 높이고 싶어 합니다. 하지만 오랫동안 추진력을 높게 유지하는 상태에서 뭔가 문제가 생기면 목표물에 다가가기 어렵습니다. 그래서 엔진을 전략적으로 조절해 마지막에 최대 효율을 내야 합니다"라고 암스트롱은 설명했다.

엔진의 추진력이 점점 높아지면서 암스트롱과 올드린도 진동을 느낄 수 있었다. 달착륙선은 초속 9.14미터로 내려가고 있었지만, 조용한 호텔 엘리베이터로 몇 층 내려가는 일처럼 순조로웠다. 달 표면으로 내려가는 동안 암스트롱은 계기판을 계속 지켜보면서 읽었고, 올드린은 운항유도 조정 장치와 중단유도 장치의 숫자가 미리 메모해둔 숫자와 일치하는지 확인했다. 암스트롱은 거의 아무 소리도 내지 않았지만, 올드린은 착륙하는 내내 큰 소리로 계속 컴퓨터의 숫자를 읽으면서 재잘거렸다.

암스트롱은 올드린과 달에 착륙하는 동안 조용히 집중하고 싫었다. 지구에서 훈련하던 막바지에는 착륙하는 마지막 몇 분에 완전히 집중하기 위해, 달착륙선의 무선을 끌 수 있느냐고 물었다. 하지만 우주비행관제센터는 그 제안을 바로 거절했다. 비행 책임자들은 자신의 팀이 정보를 충분히 확보하기를 바랐다. 문제가 발생하면 마지막 순간에라도 지구에 있는 전문가들 중 한 명이라도 우주비행사들을 도울 수 있다고 생각했다. "바깥세상과 이야기하고 싶을 때마다 보통 통화 스위치를 눌렀어요. 음성인식 장치도 있었는데, 올드린은 착륙하는 동안 그것을 이용했다고 생각해요"라고 암스트롱은 말했다.

엔진을 연소시켜 하강을 시작하고 첫 몇 분 동안에는 창문이 아래를 향하고 있어서 암스트롱은 달 표면의 지형지물을 찾으면서 이글의 경로를 확인했다. 하강 3분 후, 그는 몇 초 전부터 매스켈라인이라 불리는 분화구 위를 통과하고 있다는 사실을 알아차렸다.

04:06:36:03 암스트롱 : 그런데 우리가 3분 일찍 지나왔어. 조금 차이가 나.

04:06:36:11 올드린 : 하강속도는 좋은 것 같아. 고도도 맞아.

04:06:36:36 암스트롱 : 위치를 확인해보니 경로가 좀 길어.

암스트롱이나 올드린 둘 다 왜 좀 더 일찍 그 분화구 위를 지나갔는지 알 수 없었다. 그들은 동력하강이 조금 늦게 시작되었다고 추측했다. "점화 3분 전과 1분 전, 비행경로에서 우리 위치는 괜찮았습니다"라고 암스트롱은 아폴로 11호 비행 후 보고했다. 어디에서 동력하강을 시작할지 장소를 미리 표시해두긴 했지만, 막상 동력하강이 시작되자 너무 정신이 없어서 정확한 장소인지 세심하게 신경을 쓸 수 없었다. "엔진 성능을 지켜보느라 점화 순간을 정확히 포착하지 못했습니다. 통신을 유지하기 위해 달착륙선이 기우뚱한 자세로 있었기 때문에 우리 위치를 정확히 알기가 어려웠습니다. 하지만 점화 후 창문에 있는 비행경로로 위치 표시를 보니 좀 길었습니다."

한 표시에서 다음 표시까지는 비행경로로 2~3초 정도 내려가는 것을 뜻하는데, 초당 1.6킬로미터 정도 거리에 해당했다. "비행경로에서 우리 위치에 대해 컴퓨터가 조금 혼동했던 것 같아요. 컴퓨터가 위치를 제대로 파악했다면, 조금 늦게 추진력을 낮추어 속도를 줄였을 겁니다. 지형지물은 정말 잘 보였습니다. 머리를 숙이고 동력하강을 하는 내내 어렵지 않게 우리 위치를 알 수 있었습니다."

암스트롱은 지형지물 확인에 대해 이야기할 때마다 자신과 올드린이 함께한 일인 것처럼 말했다. 그러나 사실이 아니었다. 올드린은 "나는 '우리'라는 말이 좋았어요. 하지만 나는 창문 밖을 내다보지 않았기 때문에 닐 혼자 추적했습니다. 나는 지형지물에 대해 신경을 많이 쓸 수가 없었어요. 컴퓨터 화면에 나오지 않으면 보지 않았습니다"라고 말했다. (에릭 존스가 편집한 『Apollo Lunar Surface Journal』 중 13쪽의 올드린 발언 인용)

NASA는 그 우주비행이 끝난 다음에야 동력하강을 조금 늦게 시작한 이유를 알아냈다. 달착륙선과 사령선이 분리되는 순간, 달착륙선의 움직임에 약간의 혼란이 있었다. 두 우주선 사이 통로의 잔류 압력 때문에 달착륙선이 조금 더 튕겨 나갈 수 있었고, 80분 정도 후에는 달착륙선이 예상 지점에서 상당히 멀어졌다. 아폴로 11호 이전에는 통로의 잔류 압력을 큰 문제로 여기지 않았지만, 그 이후에는 달라졌다. 이후 아폴로 우주비행에서 우주비행관제센터는 달착륙선의 분리를 지시하기 전, 통로의 압력 상태를 다시 한 번 확인하게 되었다.

암스트롱은 우주선이 내려가는 경로가 좀 길어지는 데 대해 걱정할 여유가 없었다. "유리창의 표시가 얼마나 정확할지 몰랐기 때문에 우리 경로가 길어질지 확실하지 않았습니다. 어쨌든 우리가 정확히 어디에 착륙할지는 큰 문제가 아니었습니다. 어디에든 우리를 환영하려고 기다리는 사람들은 없을 테니까요."

달착륙선이 자세를 바꾸려고 회전하기 시작했을 때, 암스트롱은 예상 착륙 지점을 지나쳐 왔다는 사실을 처음으로 깨달았다. 달착륙선이 방향을 바꾸어 레이더 안테나가 달을 바라보게 되었을 때였다. "지구의 우주비행관제센터는 우주선과 달의 거리를 파악할 수 없기 때문에 달 표면에 너무 가까워지기 전에 그 레이더를 사용해야겠다고 생각했습니다. 우리 위치가 원래 계획과 너무 다르면 사령선이 있는 달궤도로 돌아가기 위해 무리한 조작을 해야 할 수도 있었는데, 그런 상황은 피하고 싶었습니다. 그래서 착륙 레이더가 작동하도록 우주선의 방향을 돌렸습니다. 속도와 고도 등에 대한 정보를 제공하는 도플러 레이더로, 상당히 독특한 장치였습니다."

착륙 레이더가 보여준 고도는 10.2킬로미터로, 운항유도 조정 장치가 가리키는 고도보다 0.88킬로미터 낮았다. 운항유도 조정 장치는 특정 장소의 고도가 아니라 평균 고도를 측정하도록 설계되어 있어서 그런 차이가 생겼다.

달착륙선이 완전히 회전하자 아름답고 신비로운 지구의 모습이 보였다. 올드린이 암스트롱에게 "우리 앞 창문으로 지구가 똑바로 보여"라고 말했다. 암스트롱은 컴퓨터에서 시선을 올리며 "정말 그래"라고 대답했다.

믿을 만한 레이더 정보를 확보한 후, 암스트롱은 달착륙선을 거의 똑바로 세우기 위해 우주선 안의 컴퓨터를 조정했다. 그러자 아래에 있는 지형지물의 멋진 풍경이 펼쳐졌다. 우주비행사들이 '미국 1번 고속도로'라고 부르는 고요의 바다에 있는 착륙 지점으로 이르는 길이 보였다.

바로 그때 노란색 경보등이 들어왔다. 달착륙선 안에서 처음으로 몇몇 컴퓨터 프로그램 경고 신호도 들렸다. 암스트롱은 통화 스위치를 눌러 휴스턴에 "프로그램 경고 신호야"라고 보고했다. 3초 후에 "1202다"라고 덧붙였다. 수십 가지 경고 신호 중 1202가 무슨 의미인지 몰랐던 암스트롱은 "1202 프로그램 경고 신호에 관해 읽어줘"라고 급히 요청했다. 우주비행관제센터는 15초 만에 대답했다. "그 경고 신호는 무시해도 돼." 컴퓨터에 생긴 문제는 심각하지 않았다. 이글은 계속 하강할 수 있었다.

"그리 큰 문제는 아니어서 그대로 착륙하고 싶었습니다. 우리는 착륙을 중단하고 싶지 않았습니다. 그래서 착륙 과정을 마무리하려고 최대한 집중했죠"라고 암스트롱은 회고했다. 착륙 레이더 자료가 잔뜩 유입되면서 우주선 컴퓨터가 과부하 상태에 빠져 1202 경고 신호가 나타났다. 다행히 비행 책임자 진 크란츠 팀에 있던 컴퓨터 전문가 스티브 베일스가 착륙이 위험해지지는 않을 것이라고 신속하게 결론을 내렸다. 더 중요한 계산을 해야 하면 착륙 레이더 자료를 무시하도록 컴퓨터가 설계되어 있었기 때문이다. 그 후 4분 동안 1202 경보등이 두 번 더 깜빡였다. 이글과 달의 거리는 이제 0.91킬로미터밖에 되지 않았다. 세 번째로 1202 경고 신호가 나타난 지 7초 후, 새로운 1201 경고 신호가 나타나면서 상황은 더욱 급박했다.

04:06:42:15 올드린 : 프로그램 경고 1201이야.

04:06:42:22 암스트롱 : 1201!(잠시 정적) 좋아, 2000에 50이야. (달착륙선 이 이제 고도 2000피트(0.6킬로미터)에서 초속 15.24미터 로 내려가고 있다는 뜻이다. 이전보다 상당히 속도가 떨 어졌다.)

우주비행관제센터는 1201 경고 신호 역시 위험한 문제가 아니라는 사실을 금방 파악했다.

04:06:42:25 교신 담당 : 알았다. 1201 경고야. 비슷한 유형이야.
그냥 진행한다. 그냥 진행해.

아폴로 11호의 실황 중계를 보고 있던 세계의 수많은 시청자들은 그 경보음이 무슨 뜻인지 전혀 알 수가 없었다. CBS의 크롱카이트는 그 경보음에 대해 우주비행사들의 설명을 들은 후, 시청자들에게 "그저 무선송신을 하라는 소리예요"라고 말했다. 시라 역시 크롱카이트의 말에 한마디도 이의를 제기하지 않았다. 생중계 해설자가 그 경보음의 심각성에 대해 언급하면 얼마나 충격적일지 짐작되었기 때문이다.

암스트롱에게는 경고 신호가 지형지물에 대한 집중을 분산시켜 착륙을 더 위험하게 만드는 요소일 뿐이었다. "우리 우주선의 속도와 고도는 모두 좋았어요. 항법 장치도 잘 작동하고 있었기 때문에 경고 신호가 나타난다고 해서 마음이 흔들리지는 않았습니다. 컴퓨터가 '이봐, 나한테 문제가 좀 있어'라고 알리고 있다는 사실 외에는 아무 이상이 없었습니다. 모든 게 제대로 돌아가고 있었고, 계산도 잘되고 있는 것 같았어요. 다른 이상이 없다면 그대로 밀고 나가고 싶었어요. 이런 상황에서 비행을 중단한 적이 없었고, 비교적 낮은 고도로 내려온 그 시점에서는 중단하는 게 더 위험할 수도 있었습니다. 대안이 전혀 없다면 어쩔 수 없겠지만, 그때는 그런 정도가 아니었어요. 그대로 착륙하는 게 내게는 최선으로 보였어요. 하지만 지구에서 하는 말에도 귀 기울이고 있었습니다. 그들이 주는 정보와 도움이 정말 중요했으니까요. 그렇게 달에 가까워졌는데 문제가 생겼을 수도 있다는 경고 신호 하나 때문에 왜 위험을 무릅쓰고 착륙을 중단하겠어요?"

당시 암스트롱은 올드린이 그 경고 신호에 대해 얼마나 걱정할지에 대해서는 생각하지 않았다. "올드린도 나처럼 밀고 나가야 한다고 확신했는지는 모르겠어요." 암스트롱이 발사 며칠 전 우주비행관제센터에서 했던 모의비행에 대해 알고 있었더라면, 컴퓨터 경고 때문에 주의가 분산되지 않았을 것이다.

그때 유인우주선센터의 모의비행 관리자는 리처드 쿠스였다. 그는 미국 육군 미사일 사령부에서 일하다가 1959년 우주 계획 팀에 합류했다. 쿠스는 유도미사일, 머큐리 계획과 제미니 계획의 유도컴퓨터 전문가로 활동하면서 우주비행의 컴퓨터 모의비행에서 최고 권위자가 되었다. 아폴로 계획에서는 가장 강력한 훈련 프로그램을 만들어내면서 우주비행사와 우주비행관제센터 팀을 긴밀하게 연결하는 게 그의 역할이었다.

발사 11일 전인 7월 5일 늦은 오후, 쿠스는 모의비행 장치에 '26번 경우'를 입력하라고 기술자들에게 말했다. 그날 오후 달착륙선 모의비행 장치에는 아폴로 12호의 예비 팀인 데이비드 스콧과 짐 어윈이 앉아 있었다. 암스트롱과 올드린을 교육하기 위한 훈련이 아니었다. 진 크란츠의 화이트 팀에게 어려운 과제를 안기는 것이 그 모의비행의 목적이었다. 화이트 팀은 아폴로 11

호가 달에 착륙할 때 우주비행관제센터의 제어 장치를 책임질 조직이었고, 쿠스는 그들을 훈련하기 위해 까다로운 과제를 주어야 한다고 생각했다. 쿠스는 장난기 있게 웃으면서 그 팀에게 "좋아, 다들 단단히 준비해. 이런 모의비행을 해본 적이 없어서 정말 정확하게 시간을 지켜야 할 거야. 망치면 나한테 맥주를 사야 할 테니 애써봐!"라고 말했다.

착륙 단계에 들어간 지 3분 후, 지독한 쿠스는 그 팀을 더욱 혼란에 빠뜨렸다. "좋아, 친구들. 컴퓨터 프로그램 경고에 대해 그들이 얼마나 파악하는지 한번 시험해보자고." 크란츠 팀이 처음 접한 경고는 코드 1201로, 아폴로 11호가 결국 똑같은 경고에 직면했다. 달착륙선 컴퓨터 시스템 전문가인 스티브 베일스는 그게 무슨 뜻인지 몰랐다. 베일스는 달착륙선 소프트웨어의 용어 해설집을 급히 뒤져 "1201-오버플로overflow-빈 용량이 없다"라고 소리 내서 읽었다. 우주선 컴퓨터에 자료를 너무 많이 입력한 게 문제지만, 무슨 일이 생길지는 알 수 없다는 뜻이었다.

그 후 우주비행관제센터가 모의착륙을 중단하기까지의 과정을 진 크란츠는 생생하게 기억했다. "베일스에게는 프로그램 경고 신호에 대한 우주비행 수칙이 없었어요. 모든 게 잘 작동하고 있는 것 같은데, 경고 신호라니 터무니없었습니다. 지켜보고 있으니 다른 경고들도 나타났습니다. 베일스는 소프트웨어 전문가 잭 가먼에게 전화해서 '잭, 도대체 왜 프로그램 경고 신호가 나타난 거지? 뭐가 잘못되었는지 알겠어?'라고 물었어요. 베일스는 초조하게 가먼의 대답을 기다렸지만, 가먼의 대답은 별로 도움이 되지 않았습니다. 어떤 이유에서인지 컴퓨터가 너무 바빠 작업을 모두 해낼 시간이 없다는 뜻이었죠. 베일스는 모든 컴퓨터 관련 수칙을 기록해놓았지만, 컴퓨터 프로그램 경고 신호가 나타날 때 어떻게 할지에 관한 수칙은 없었습니다.

'도대체 무엇 때문에 경고 신호가 나타나지?' 베일스는 맨몸으로 무력하게 갑자기 낯선 땅으로 들어간 느낌이었습니다. 달 착륙선 컴퓨터는 명확한 한계 안에서 작동하도록 설계되어 있기 때문에 시간이나 능력을 벗어나는 일들을 밀어붙이면 문제가 생길 수도 있었어요.

베일스는 컴퓨터 화면에 나타나는 정보를 바라보면서 그 어려운 문제에서 어떻게 하면 벗어날 수 있을지 필사적으로 방법을 찾았습니다. 컴퓨터는 뭔가 제대로 되지 않는다 말하고 있었고, 그는 도대체 그게 무엇인지 궁금했어요. 다시 한 번 경고 신호가 나타나자 베일스는 잭 가먼에게 전화해서 '뭔가 좋지 않은 일이 벌어지고 있어. 문제를 찾을 수는 없지만, 컴퓨터는 계속 소프트웨어를 새로 시작하면서 경고 신호를 보내고 있어. 착륙을 중단해야 한다고 생각해!'라고 말했어요."

몇 초 후 크란츠는 착륙 중단을 명령했다. 모의착륙과 실제 달 착륙 모두 교신을 담당한 찰스 듀크는 모의 달착륙선 안에 있던 우주비행사 스콧과 어윈에게 착륙을 중단하라고 지시했다. 그들은 성공적으로 착륙을 중단했다. 훈련이 끝난 후 모의비행 관리자 리처드 쿠스는 보고서에서 그 결과에 대한 불만을 강하게 드러냈다. '착륙을 중단하지 말아야 했다. 계속 착륙을 강행해야 했다. 1201 경고 신호는 컴퓨터가 우선순위에 따라 작동하고 있음을 보여주었다. 유도 장치가 작동하고 있고, 제어엔진이 연소하고 있고, 컴퓨터 화면에 표시되는 정보가 업데이트되고 있다면 중요한 기능이 잘 돌아가고 있다는 뜻이다.'

쿠스는 스티브 베일스를 돌아보면서 아버지 같은 말투로 "스티브, 네가 통화하는 소리를 듣고 있었어. 네가 계속 착륙하려는 줄 알았는데, 무슨 이유에서인지 갑자기 생각을 바꾸어 착륙 중단을 결정하더라. 나를 정말 깜짝 놀라게 했어!"라고 말했다.

그다음 쿠스는 크란츠에게 마지막으로 따끔하게 충고했다. "당신은 우주비행관제센터의 가장 기본적인 수칙을 어겼습니다. 착륙을 중단하려면 적어도 두 가지 경고 신호가 나타나야 했어요. 당신은 한 가지 신호만 보고 착륙 중단을 명령했습니다!" 베일스는 무슨 문제가 있는지 파악하기 위해 곧장 자신의 팀을 소집했다. 그날 저녁 베일스는 크란츠 집에 전화를 걸어 "쿠스가 옳았어요"라고 말했다.

그다음 날인 7월 6일, 쿠스는 프로그램 경고 신호만 가지고 4시간 동안 추가 훈련을 실시했다. 여러 가지 경고 조건에서 컴퓨터 성능과 반응 시간을 철저히 분석한 끝에 베일스는 7월 11일, 착륙 중지 조건에 대한 긴 목록에 새로운 수칙을 추가했다. '5-90 11항목'이라는 번호가 매겨진 수칙은 '뒤에 나오는 주요 유도 장치 프로그램의 경고 신호가 나타나면 동력하강을 중단한다.-105, 214, 402, (계속) 430, 607, 1103, 1107, 1204, 1206, 1302, 1501과 1502'라는 내용이었다. 프로그램 경고 신호 1201과 1202는 목록에 없었다. 덕분에 중요한 순간에 문제가 생기자 그때의 교훈을 떠올릴 수 있었다.

미국 동부 표준시로 오후 4시 10분, 암스트롱과 올드린이 처음 프로그램 경고 신호를 보고했을 때 달착륙선 컴퓨터 전문가들인 베일스 팀은 착륙 레이더에서 방금 보낸 자료를 분석하느라 바빴다. 몇 초 후 경고 신호에 대해 알게 된 베일스는 비행 책임자 크란츠에게 "계속 비행해야 한다"고 보고했다. 찰스 듀크는 그 경고 신호가 모의훈련 때와 똑같아서 놀랐다. 듀크는 그다음 믿을 수 없다는 듯 "우리가 훈련했던 내용과 똑같아"라고 혼 잣말을 했다. 크란츠도 동시에 그 사실을 깨달았다. "우리가 바로 그 경고 신호 때문에 잘못된 결론을 내리고 착륙 중단을 지시 했지. 이번에는 속지 않을 거야."

우주비행관제센터는 경고 신호가 나타날 때마다 적절히 대 응해야 한다는 사실을 알고 있었다. 경고 신호가 계속 남아 있으 면 우주선 컴퓨터가 서서히 멈추면서 저절로 착륙이 중단될 수 도 있기 때문이었다. 하지만 1202나 그 뒤에 나타난 1201 모두 다 른 문제를 일으키지 않기 때문에 착륙을 중단할 필요가 없었다. 처음 경고 신호가 나타나자마자 베일스는 최대한 신속하고 명확 하게 "그 경고 신호에서는 계속 착륙해야 합니다"라고 크란츠에 게 보고했다.

1202 신호가 다시 나타났을 때 베일스는 조금 더 빠르게 대 응했다. "계속 착륙해야 합니다. 달착륙선의 고도 자료를 계속 살펴보겠다고 암스트롱에게 이야기해주세요. 그 때문에 경고 신 호가 나타난 것 같아요." 1201 경고 신호가 새로 나타났을 때도 베일스는 "우리 훈련 때와 같은 유형입니다. 계속 진행해야 합니 다"라면서 신속하게 대응했다.

우주비행관제센터가 흔들리지 않고 착륙을 밀어붙이긴 했지 만, 암스트롱과 올드린이 프로그램 경고 신호 모의훈련을 해보 았다면 도움이 되었을 것이다. "우리도 모의비행 중 프로그램 경 고 신호를 경험한 적이 있지만 이런 유형은 아니었어요. 경고 신 호는 정말 많아요. 아마 100가지는 될 거예요. 그 프로그램 경고 신호를 모두 기억하지는 못했고, 그게 문제가 된다고 생각하지 는 않았습니다"라고 암스트롱은 언급했다.

그렇게 많은 경고 신호는 머리만 어지럽힐 뿐 그가 꼭 알아야 할 정보는 아니었다. 수많은 프로그램 경고 신호 중 하나가 나타날 때 어떻게 대처할지에 대해 우주비행관제센터 사람들이 파악할 수 있기 때문이었다. 하지만 누가 아폴로 11호 팀에게 그 모의비행의 중요한 결과에 대해 설명해주거나 최소한 비공식적으로라도 암스트롱과 올드린에게 이야기해주었으리라고 짐작할 수도 있다. 하지만 아폴로 11호 팀의 기억으로는 그런 적이 없었다.

"발사 며칠 전 휴스턴에서 모의비행을 하다 달착륙선 컴퓨터의 과부하로 착륙 직전에 문제가 생겼다는 이야기를 찰스 듀크나 누군가에게 듣지 않았나요?"라고 내가 물었더니 암스트롱은 "모의비행 장치에서 무슨 문제가 생겼다는 이야기는 들은 것 같아요."라고 대답했다.

"그렇다면 우주비행관제센터가 모의착륙을 불필요하게 중단시켰고, 모의비행이 끝난 후 그런 컴퓨터 프로그램 경고 신호가 나타나더라도 다른 문제가 없다면 착륙을 중지할 필요가 없었다는 사실을 알게 되었다는 이야기를 들은 적이 있나요? 그런 이야기를 들은 기억이 없나요?"라고 물었다. 암스트롱은 "없는데요."라고 말했다.

"만약 그 사실을 알고 있었다면 아폴로 11호에서 실제로 그런 상황이 벌어졌을 때 그 경고 신호에 대해 달리 반응했을까요?"라는 질문에는 "글쎄요, 그 사실을 알았다면 도움이 되었겠지요."라고 대답했다.

암스트롱은 발사 직전의 모의비행에 대해 들었던 기억이 전혀 없다고 단언했다. "달에 다녀온 지 1~2년 후까지는 그런 일이 있었다는 사실도 전혀 몰랐어요. 훈련 중 누군가가 그런 상황을 경험했다는 사실을 그때에야 처음 알았습니다."

반면 올드린은 암스트롱이 발사 전에 그런 이야기를 들었을 수도 있다고 짐작했다. "누군가가 닐에게 그 상황을 설명했고, 닐이 그런 일이 생길 수도 있다는 사실을 미리 알았다고 생각해요"라고 올드린은 주장했다.

"그렇다면 착륙 중 두 번이나 프로그램 경고 신호가 나타났을 때 닐은 모의비행 중에도 벌어졌던 일이라는 사실을 어느 정도 알고 있었고, 당신은 전혀 몰랐다는 뜻인가요?"라는 물음에 올드린은 "맞아요. 나는 전혀 몰랐어요. 그것은 바람직한 상황이 아니었죠. 나도 알고 있어야 했어요. 닐과 나는 소통을 잘 하지 않았고, 어떻게 개선해야 할지 몰랐죠"라고 대답했다.

"그렇다면 당신과 암스트롱 모두 그 모의비행의 결과에 대해 알고 있어서 그런 프로그램 경고 신호가 실제로 나타났을 때 두 사람 모두 가장 합리적으로 반응할 수 있었다면 좋지 않았을까요?"라고 말하자 "동의해요. 하지만 달에서 돌아온 후에도 오랫동안 그 모의비행에 대해 전혀 몰랐어요. 한참 뒤에 알았지만, 문제를 제기하기에는 너무 늦었죠. 누군가의 방식을 문제 삼아야 했는데, 그러기는 싫었어요"라고 올드린은 설명했다.

경고 신호가 나타나는 바람에 암스트롱은 정신을 집중하기가 어려웠다. "무슨 일이 벌어지고 있는지, 뭔가 중요한 요소를 놓치고 있는 게 아닌지 확인하는 게 내 의무였으니까요. 그런 의미에서 그 경고 신호 때문에 주의가 분산되고 시간이 조금 소모되었습니다. 지형지물에 집중하기가 어려웠습니다. 좀 시간을 들여 창밖을 내다보면서 지형지물을 확인할 수 있었다면 정확한 착륙 지점에서 더 좋은 위치를 찾아냈을 거예요."

하지만 경고 신호 때문에 착륙을 중단해야 한다고 고민한 적은 없었다. 모든 게 제대로 돌아가고 있다면 그런 경고 신호 때문에 착륙을 중지할 필요가 없다는 사실을 본능적으로 파악했기 때문이다. "우주선이 어떻게 비행하고 있는지, 그리고 계기판에 나타난 정보가 더 중요하다고 생각했습니다. 모든 것이 순조롭게 계획대로 진행되고 있다면 노란색 경보등 하나 가지고 그렇게 겁먹을 필요가 없었죠."

암스트롱이 다시 달 표면을 집중적으로 관찰할 때 달착륙선은 달을 향해 빠르게 다가가고 있었지만, 분화구나 분화구의 무늬를 식별할 수가 없었다. 그러나 큰 문제는 아니었다. 암스트롱은 훈련 기간 중 오랜 시간을 들여 달의 다양한 지도를 연구했다. 달궤도에서 촬영한 달 표면 사진 수십 장을 들여다보고, 아폴로 10호가 고요의 바다로 가는 길에 있는 지형지물을 일일이 촬영한 고해상도 사진들을 세심하게 살펴보았다. "내가 연구했거나 기억하고 있어서 금방 위치를 파악할 수 있는 지형지물이 보이지는 않았어요. 하지만 긍정적으로 생각했어요. 어딘가 모르는 곳에 착륙하더라도 놀라거나 걱정하지 않겠다고 마음먹었어요. 어쨌든 처음으로 달 착륙을 시도해서 원했던 장소 근처에 착륙한다는 자체가 놀라운 일일 테니까요. 객관적으로 생각할 때 위험하지 않은 지역이라면 어디에 착륙하든 크게 문제가 되지 않았어요. 어디에 착륙하든 큰 차이가 없었으니까요."

암스트롱은 달착륙선이 고도 610미터 아래로 내려간 다음에야 그 프로그램 경고 신호 문제에서 벗어나 다시 착륙에 집중할 수 있었다. 방해받지 않고 착륙 지역을 내다볼 수 있었다. 다시 고도 457미터까지 내려가 아래를 보니 상황이 좋지 않았다.

04:06:43:08 암스트롱 : 바위가 꽤 많은 지역이야.

우주선 컴퓨터는 축구장 크기 분화구의 비탈 근처로 그들을 안내하고 있었다. 훗날 서쪽 분화구라는 이름이 붙은, 커다란 바위들에 둘러싸여 있는 분화구였다. 어떤 바위들은 폴크스바겐 자동차만큼이나 컸다.

"커다란 분화구 가까이에 가는 게 과학적으로 더 의미가 있기 때문에 처음에는 그 분화구 바로 가까이 착륙하는 게 좋겠다고 느꼈습니다. 큰 분화구의 옆면이 너무 가팔랐지만, 그 비탈에 착륙해야 한다고 생각하지는 않았습니다. 바위들이 있는 곳에 커다란 바위를 피해 착륙할 수 있겠다고 생각했지만 이런 분화구에 착륙해본 적이 없어서 잘할 수 있을지 몰랐습니다. 상당히 좁은 틈바구니로 들어가는 게 쉽지 않았죠. 게다가 금방 나타난 지역이라 신속하게 안전한 착륙 장소를 찾아낼 수가 없었습니다. 착륙하고 싶은 곳이 없었죠. 좀 더 탁 트여 있어서 사방에 위험 요소가 없는 곳에 착륙하고 싶었습니다."

04:06:43:10 올드린 : 182.88미터 고도에서 초속 5.79미터로 내려가고 있다. 고도 164.59미터와 초속 4.57미터로 떨어졌다.
04:06:43:15 암스트롱 : 간다⋯⋯.

고도가 152.4미터로 낮아지면서 암스트롱은 수동으로 조종하기 시작했다. 암스트롱은 먼저 하강속도를 늦추었다. 그는 헬리콥터 조종사처럼 우주선을 거의 똑바로 세워 조종했다. 전진속도는 초속 15.24미터에서 18.29미터 정도로 유지하면서 분화구 너머로 날아갈 수 있었다. 암스트롱은 분화구를 넘어간 후 착륙할 만한 장소를 찾아내야 했지만, 달 표면의 빛 반사가 지구에서와는 달리 굉장히 독특해서 쉬운 일이 아니었다. "달에 가까워질수록 달 표면의 빛 반사가 너무 강렬해서 어떤 각도에서도 제대로 볼 수가 없었고, 거리 감각도 느끼기가 어려웠습니다."

다행히 NASA의 우주비행 계획자들은 반사광선에 대해 미리 생각해두었다. 그들은 거리감을 최대한 확보하기 위해 그림자가 가장 길게 드리워지는 '낮'에 이글이 착륙해야 한다고 결론을 내렸다. 그림자가 없으면 달이 평평해 보이지만 그림자가 길면 달이 3차원적으로 보일 수 있었다. 그러면 우주비행사들이 달 표면의 깊이를 잘 파악할 수 있었다. 봉우리, 계곡, 분화구와 능선의 형태를 쉽게 분간하면서 높이 차이를 확인할 수 있었다. 태양이 지평선을 12.5도 각도로 비출 때가 이상적인 조건이었다. 빛이 적절히 있으면서 깊이를 충분히 느낄 수 있을 때였다.

분화구 너머에 있는 지역은 상당히 잘 보였고, 이제 암스트롱의 조종 능력만이 문제였다. 닐 암스트롱이 달 착륙 훈련용 비행기로 단련한 기술이 빛을 발할 때였다. 그저 상공에서 맴돌다가 수직으로 내려오는 게 아니라 비교적 빠른 속도로 457.2미터 정도 이동해서 착륙해야 했다. "달 착륙 훈련용 비행기를 타고 그런 식으로 조종해본 적이 있습니다. 곧바로 밑으로 내려가는 게 아니라 옆으로 이동해서 내려가야 하기 때문에 쉽지 않은 조종이었습니다. 내가 달착륙선에 좀 더 익숙했더라면 적극적으로 분화구를 빠른 속도로 지나갔겠지만, 그렇게 대담한 태도를 취할 수 없었습니다. 그런 조건에서 비행한 경험이 많지 않았으니까요. 다행히 달착륙선은 예상보다 잘 날아갔습니다. 그래서 좀 더 적극적으로 착륙하기 나쁜 지역에서 벗어나 괜찮은 조건의 지역으로 재빨리 날아갈 수 있었고, 연료를 조금 아낄 수 있었습니다."

긴 활주로에 착륙할 때는 착륙 거리가 길어도 문제가 되지 않았다. 하지만 바위투성이인 데다 여기저기 패어 있는 달 표면에서는 착륙 거리가 길면 조종사가 위험 요소를 제대로 확인하지 못하고 착륙하게 된다. "눈에 보이는 장소가 마음에 들지 않으면 네 가지 대안이 있습니다. 왼쪽이나 오른쪽, 혹은 아래로 바로 착륙하거나 지나가야 합니다. '여기는 어떤 곳인지 알지만 이곳을 지나가면 어떤 곳이 나올지 모르잖아' 같은 의문이 들기도 하지만, 지나가는 게 나을 것 같은 느낌이 강하게 들었습니다. 그 당시를 다시 떠올리자면 오른쪽으로 가기도 위험하고 왼쪽으로 가기도 위험하고 바로 내려가기도 나빴습니다. 그래서 자연스럽게 그곳을 넘어갔습니다"라고 올드린은 설명했다. "우리는 착륙 장소를 찾아내야 했어요. 달 표면에 가까워지면 제대로 볼 수 있을지 몰랐으니까요. 고도 45.72미터 정도에서 꽤 괜찮은 착륙 지점을 찾아내고 싶었습니다"라고 암스트롱이 덧붙였다.

04:06:43:46 올드린 : 91.44미터(고도), 하강속도 1.07미터(초속), 전진속도 14.33미터(초속). 속도를 늦춰서 천천히 착륙해.

04:06:43:57 암스트롱 : 좋아, 연료는 어때?

04:06:44:00 올드린 : 괜찮아.

04:06:44:02 암스트롱 : 좋아. 여기가······ 여기가 착륙하기 좋아 보여.

04:06:44:04 올드린 : 밖에 그림자가 보여.

달착륙선의 그림자를 보면 고도를 느낄 수 있어서 도움이 되었다. 올드린은 고도 79.25미터 정도에서 처음 그림자를 보았다고 추측했다. "그 정도 높이에서는 그림자가 굉장히 멀리 보일 것이라고 생각했지만 그렇지 않았습니다. 좀 더 일찍 내다보았다면 고도 121.92미터나 더 높은 곳에서도 그림자를 알아볼 수 있었을 거예요. 어쨌든 낮은 고도에서는 그림자가 유용했어요. 물론 창문 밖을 내다보아야 알 수 있었죠." 암스트롱은 달착륙선의 구조 때문에 그림자를 볼 수 없었다. 고도가 60.96미터에서 48.77미터로 내려가는 사이 암스트롱은 착륙하고 싶은 장소를 발견했다. 서쪽 분화구 바로 너머에 있는 조금 더 작은 분화구로, 평탄한 곳이 보였다.

> 04:06:44:18 올드린 : 전진속도 3.35미터. 잘 내려가고 있다. 고도 60.96미터. 하강속도 1.37미터.
>
> 04:06:44:23 암스트롱 : 저 분화구 바로 위로 갈 거야.
>
> 04:06:44:25 올드린 : 하강속도 1.68미터.
>
> 04:06:44:27 암스트롱 : 좋은 착륙 지점을 찾았어.
>
> 04:06:44:31 올드린 : 고도 48.77미터, 하강속도 1.98미터. 하강속도 1.68미터. 잘하고 있어.

암스트롱이 아래를 내려다보니 흥미롭게도 달착륙선의 하강엔진이 일으킨 달의 흙먼지층이 보였다. 올드린이 보았던 달착륙선의 그림자는 달 표면이 아니라 이 흙먼지층에 드리운 그림자였다.

암스트롱은 당시 상황을 자세히 설명했다. "고도 30.48미터 아래로 내려가니 잘 보이지 않기 시작했어요. 흙먼지가 보이기 시작했는데, 지구의 일반적인 흙먼지와는 달랐어요. 달 표면에서 일어난 흙먼지는 담요 같은 형태로, 이리저리 움직여 다녔어요. 이렇게 움직이는 흙먼지층이 달 표면을 대부분 덮었고, 몇몇 큰 바위들이 그 사이를 뚫고 올라와 있었죠. 굉장히 빠르게 거의 수평으로만 움직이는 이 흙먼지층은 절대 위로 치솟아 오르지 않았어요.

아래로 내려갈수록 시야가 더욱 흐려졌어요. 흙먼지 때문에 눈으로 고도를 판단하기가 어렵다고 생각했지만, 옆으로 아래로 움직이는 속도를 가늠하기 어려워 더 혼란스러웠습니다. 이리저리 움직이는 흙먼지층 위로 불쑥 튀어나온 몇몇 큰 바위들이 있어서 움직이지 않는 그 바위들을 기준으로 속도를 가늠해야 했습니다. 그런데 그게 굉장히 어려웠습니다. 속도를 가늠하는 데 생각보다 시간이 많이 들었습니다.

착륙 장소를 찾아낸 다음에는 달착륙선이 비교적 천천히 내려가면서 앞으로든 옆으로든 이동하지 않아야 했습니다. 고도 15.24미터 아래로 내려가고 나면 연료가 떨어져도 문제 될 게 없다고 생각했습니다. 착륙용 다리에 들어 있는 발포고무 때문에 달착륙선이 충격을 견뎌낼 수 있을 테니까요. 그 높이에서도 추락하고 싶지는 않았지만, 일단 고도 15.24미터로 내려가고 나니 안도감을 느꼈습니다."

한편 휴스턴은 연료 공급에 대해 조마조마해하고 있었다. 고도 82.23미터에서 올드린이 달착륙선의 그림자를 보기 직전, 암스트롱이 "연료는 어때?"라고 물었다. 달착륙선이 고도 48.77미터로 내려왔을 때 화이트 팀의 제어 장치 엔지니어인 밥 칼턴은 달착륙선의 연료 공급이 '낮은 수준'이라고 비행 책임자에게 보고했다. 달착륙선 탱크 안에 있는 추진 연료가 측정할 수 없는 수준으로 남았다는 뜻이었다. 자동차의 연료 계기판을 보면 0이지만 아직 조금 더 달릴 수 있는 상황과 비슷했다. 크란츠는 훗날 "연료가 바닥날 정도로 비행을 하리라고는 꿈에도 생각하지 않았어요"라고 강조해서 전했다.

고도 30.48미터로 내려오자마자 올드린은 원래 연료량의 5퍼센트밖에 남아 있지 않다고 보고했다. 우주비행관제센터는 94

초 카운트다운까지 시작했다. 94초 후 빙고를 외치면 암스트롱은 20초 안에 착륙해야 했다. 만약 그 시간 안에 착륙할 수 없다고 느끼면 곧장 착륙을 중지해야 했다. 하지만 암스트롱은 고도 30.48미터까지 내려온 후에는 착륙 중지를 할 생각이 전혀 없었다.

고도 22.86미터에서 밥 칼턴은 빙고를 외치기까지 60초밖에 남지 않았다고 알렸다. 찰스 듀크가 밥 칼턴의 통화 내용을 되풀이해서 말했고, 암스트롱과 올드린도 그 내용을 들을 수 있었다. 크란츠는 "우주비행사들은 아무 반응도 보이지 않았어요. 그들은 너무 바빴어요. 그들이 이판사판 해보려고 한다는 느낌이 들었습니다. 그들이 수동제어로 바꾼 다음부터 이런 느낌이 들었어요. '이 일에 딱 맞는 사람들이야'라고 생각했습니다. 가슴에 십자가를 그으면서 '하나님 도와주세요' 기도했죠"라고 기억했다.

암스트롱은 "우리가 고도 30.48미터나 그 위에 있었다면 당연히 착륙을 중단해야 했죠. 하지만 그보다 더 내려온 다음에는 착륙하려고 노력하는 게 더 안전했습니다. 우리도 연료 상황을 아주 잘 파악하고 있었어요. 찰스가 이야기하는 소리를 들었고, 조종실에 연료 계기판도 있었으니까요. 그렇지만 상당히 낮은 고도로 내려왔다는 사실을 알았고, 고도 30.48미터 아래로 내려오면 착륙을 중단하고 싶지 않죠"라고 회고했다.

우주비행을 시작한 지 4일 6시간 45분 7초 후에 올드린은 "고도 18.29미터, 하강속도 0.76미터, 전진속도 0.6미터, 좋다"라고 말했다. 암스트롱은 앞으로 움직이면서 착륙하고 싶었다. 그가 알아차리지 못한 구멍으로 빠지고 싶지 않아서였다. "착륙 마지막에는 계속 조금씩 앞으로 움직이고 싶었어요. 똑바로 내려가면 바로 밑에 무엇이 있는지 볼 수가 없으니까요. 땅에 가까워질 때 착륙 지점이 괜찮은지 확인하고 싶었습니다. 착륙 지점을 확인한 다음에는 앞으로 나아가지 않고 밑으로 내려가기만 하면 되니까요."

"30초 남았어"라고 칼턴이 다시 외쳤다. 우주비행관제센터에서는 모두가 침묵했다. 이글이 착륙했다는 소식이 들릴지, 칼턴의 다음 외침이 들릴지 모두 침을 삼키면서 초조하게 기다렸다. 암스트롱은 연료 문제를 그렇게 심각하게 걱정하지 않았다. "달 착륙 훈련용 비행기를 탈 때는 보통 연료가 14초밖에 남지 않은 상태에서 착륙할 때가 많았어요. 언제나 그렇게 했죠. 모든 상황이 감당할 만한 정도로 보였어요. 연료를 쓸 수 있는 시간이 몇 분만 더 있었으면 좋았겠죠. 나도 연료가 떨어져간다는 사실을 알고 있었습니다. 착륙할 때까지는, 고도 15.24미터 아래로 내려갈 때까지는 연료가 있어야 한다는 사실도 알았죠. 하지만 연료 문제로 공포에 휩싸이지는 않았어요."

04:06:45:26 올드린 : 고도 6.1미터. 하강속도 0.15미터. 조금 앞으로 움직이고 있다. 좋다. 접촉등이 켜졌다.

달착륙선의 다리 네 개 가운데 세 개의 다리에 달린 감지기 중 하나라도 달 표면에 닿는 순간 접촉등이 켜졌다. 암스트롱은 착륙하는 일에 너무 집중하느라 올드린이 "접촉등이 켜졌다"고 외치는 소리도 듣지 못했고, 불이 들어온 파란색 접촉등도 보지 못했다. 접촉등이 켜지자마자 하강엔진을 끌 계획이었지만 그렇게 하지 못했다. "올드린이 뭔가 이야기하는 소리를 들었어요. 하지만 그가 이야기할 때 우리는 여전히 움직이는 흙먼지층 위에 있어서 실제로 그 시점에 달착륙선의 다리가 달 표면에 닿았다고 완전히 확신하지 못했어요. 접촉등이 잘못 켜질 수도 있어서 나는 내 방식대로 조금 더 확실하게 느끼고 싶었습니다. 실제로 내가 엔진을 끄기 전에 달 표면에 닿았을 수도 있지만, 어쨌든 큰 차이는 없었어요. 엔진이 작동하고 있을 때 엔진 벨이 달 표면에 너무 가까이 가면 엔진을 망칠 수도 있다는 게 유일한 위험이었습니다. 폭발 사고에 대해서는 걱정하지 않았어요. 돌이켜보니 뭔가 좋지 않은 일이 생길 수도 있었어요. 엔진 벨이 튀어나와 있는데 바위 위에 곧바로 착륙했다면 문제가 될 수도 있었습니다."

04:06:45:41 암스트롱 : 엔진을 껐다.

04:06:45:42 올드린 : 좋아. 엔진이 멈췄다.

달착륙선은 굉장히 부드럽게 착륙했다. 너무 부드럽게 내려앉아 실제로 언제 완전히 착륙했는지 느낄 수도 없었다. "내가 느끼기에는 기울어진 데가 하나도 없어. 헬리콥터처럼 착륙했어"라고 암스트롱은 자신 있게 말했다. 실제로는 조금 거칠게 착륙하는 게 도움이 되어서 아폴로 12호부터는 일부러 그렇게 착륙했다. "보통은 부드럽게 착륙하려고 하지요. 하지만 조금 거칠게 착륙하면 착륙용 다리의 발포고무가 압축되면서 달착륙선의 바닥과 땅 사이가 좀 더 가까워집니다. 사다리로 오르내릴 필요가 없죠. 조금 더 세게 착륙했다면 좋았을 거예요."

04:06:45:58 암스트롱 : 휴스턴, 여기는 고요의 기지다. 이글은 착륙했다.

올드린은 암스트롱의 입에서 언제 그 이름이 나올지 몰랐다. 찰스 듀크 역시 몰랐다. 암스트롱은 발사 전 찰스 듀크에게 착륙 지점의 이름을 말해주었지만, 언제 그 말을 할지는 알려주지 않았다. 사우스캐롤라이나 출신으로 평상시에는 유창하게 말하던 듀크가 '고요의 기지'라는 이름을 듣고 흥분해서 혀가 꼬였다.

> 04:06:46:06 교신 담당 : 알았다. 고얀⋯⋯ 아니 고요. 우리는 지구에서 너희 말을 기록하고 있어. 너희는 많은 사람들을 새파랗게 질리게 했어. 이제야 숨을 돌렸다. 정말 고맙다.
> 04:06:46:16 올드린 : 고맙다.
> 04:06:46:18 교신 담당 : 여기에서는 괜찮아 보인다.

이글의 연료 공급 문제는 사실 우주비행관제센터의 걱정만큼 심각하지 않았다. 비행 후에 분석해보니 암스트롱과 올드린은 연료가 350킬로그램 가까이 남아 있는 상태에서 착륙했다. 남은 연료량으로 볼 때 50초 정도 더 비행할 시간이 있었다. 이후 다섯 번 이어진 아폴로 우주선들의 착륙 때보다 연료가 226.8킬로그램 정도 적게 남은 것이다. 암스트롱은 훗날 "연료가 얼마 남았든 문제가 되지 않을 정도로 우리가 달 표면 가까이로 내려왔다는 게 중요했습니다. 연료가 떨어졌어도 태도가 달라지지는 않았을 거예요. 엔진이 꺼져도 그 거리에서는 충분히 안전하게 착륙할 수 있었으니까요"라고 말했다.

1969년 7월 20일 일요일, 미국 동부 표준시로 오후 4시 17분 39초에 달착륙선이 달 표면에 닿았다(그리니치 표준시로 20시 17분 39초). 텔레비전을 지켜보던 사람들은 안전하게 착륙했다는 사실을 즉각 알아차렸고, 크롱카이트는 "휴우, 굉장해요! 인간이 달에 갔어요!"라고 외치면서 환호했다. 크롱카이트가 환호하는 동안 전 세계 사람들도 감정의 파도에 휩쓸렸다. 아무 말도 못 하고 멍하니 앉아 있는 사람들도 있었고, 요란하게 박수갈채를 보내는 사람들도 있었다. 웃으면서 눈물을 흘리고, 소리를 지르고, 함성을 지르고, 환호했다. 서로 악수하고 껴안고, 잔을 부딪치며 건배했다. 독실한 신자들은 기도를 드렸다. "그래, 드디어 해냈어"라고 말하는 사람들도 있었다. 미국인들은 특별히 자부심과 성취감을 느꼈다. 베트남전쟁 참전 때문에 국가에 대해 불만이 많았던 사람들조차 달 착륙은 놀라운 일이라고 느꼈다.

38만 킬로미터 이상 떨어진 달착륙선 안에 있던 암스트롱과 올드린의 반응은 지구촌의 환호와는 달랐다. 그들은 어떤 감정이든 최대한 억누르려고 애썼다. 두 우주비행사는 그저 서로 악수하고 어깨를 두드릴 여유밖에 없었다. 두 사람의 삶뿐 아니라 20세기 인류 전체에게도 결정적인 순간이었지만 그 순간을 즐길 시간이 없었다.

"지금까지는 아주 좋았어"라고 한 게 암스트롱이 기억하는 유일한 반응이었다. 다시 점검을 시작하면서 그가 올드린에게 한 말은 "좋아, 계속하자" 한마디였다.

24

인간에게는 작은 발걸음

    암스트롱의 어머니와 아버지는 달 착륙 장면을 지켜본 후 감사 기도를 드렸다. "내 말이 믿기지 않겠지만 수백만 명이 함께 기도하고 있다는 힘을 느낄 수 있었어요. 그 기도의 물결이 나에게 다가오고, 하나님의 보이지 않는 손이 나를 부드럽고 단단하게 떠받치고 있었어요"라고 암스트롱의 어머니는 이야기했다. 착륙 직후 텔레비전 방송기자들은 와파코네타의 암스트롱 부모님 집 앞에서 그들을 인터뷰했다.

비올라 : 그들이 착륙하는 장소가 안전하지 않을까 봐 걱정했어요. 너무 깊은 곳으로 빠질까 봐 걱정했어요. 하지만 그렇게 되지 않았어요. 놀라운 일이에요.

기자 : 암스트롱 씨. 어떤 기분이에요?

스티븐 : 닐이 우주선을 다른 곳으로 조종해서 갔기 때문에 정말 걱정했어요. 원래 계획과 다른 곳에 착륙했으니까요.

기자 : 암스트롱의 목소리는 어떠했나요? 평소와 다르게 들렸나요? 아니면 평상시처럼 침착하던가요?

비올라 : 기분 좋고, 흥분한 것 같았어요. 하지만 정말 평상시와 비슷해요.

스티븐 : 나도 비슷하게 느꼈어요. 전과 똑같아요.

두 아들과 함께 엘라고의 집에 있던 재닛 암스트롱의 마음은 시부모님과 달랐다. 재닛은 텔레비전 방송을 보고 싶지 않았다. 대신 NASA가 제공한 두 개의 스피커 주변을 서성였다. 스피커 중 하나는 손님들이 모두 들을 수 있도록 거실에 두고, 다른 하나는 혼자 들을 수 있도록 자신의 침실에 두었다. "비행 중에는 텔레비전을 보지 않았어요. 텔레비전에 출연한 사람들이 도중에 무슨 일이 생기면 어떻게 될지 이리저리 추측하는 내용을 모두 들을 필요는 없었죠. 그런 추측들이 나를 괴롭혔으니까요. 하지만 우주선이 달에 착륙하고, 인간이 달 표면을 걷고 있는 장면을 방송할 때는 텔레비전으로 지켜보았습니다. 카메라로 촬영한 장면을 보고 들을 수 있었으니까요."

재닛의 집에는 초대받지 않은 손님들을 포함해 손님과 이웃들이 잔뜩 와 있었다. 재닛의 자매들도 왔고, 그중 한 명은 남편과 아이들까지 데리고 왔다. 집 안에는 손님들이, 집 밖에는 기자들이 잔뜩 모여 있었다. 닐의 남동생 딘도 아내와 아들과 함께 찾아왔다. 재닛의 초대로 그 지역 신부님도 왔다. 재닛의 어머니는 아폴로 11호를 발사할 때 휴스턴에 왔다가 남부 캘리포니아에 있는 집으로 돌아갔다.

재닛은 현관에 이름을 써넣을 수 있는 종이를 끼운 판을 붙이고, 볼펜을 매달아놓았다. 너무 경황이 없어서 누가 왔는지 제대로 파악할 수 없어서였다. "나는 비행에만 온통 신경을 쓰고 있었어요. 그게 제일 중요했으니까요. 달 착륙은 사교 행사가 아니었어요. "

　다른 우주비행사 아내들도 위험 요소가 많은 우주비행 때문에 불안해할 재닛의 마음을 편안하게 해주려고 왔다. 재닛은 그 우주비행에 대해 상당히 잘 파악하고 있었다. 침실에는 달 사진과 닐이 준 자료들이 있었다. 재닛은 동력하강 단계를 보여주는 그래프를 살펴보고, 무선통신을 들으면서 달착륙선이 지나가고 있는 곳의 지형지물에 연필로 표시했다. NASA가 아폴로 11호 팀을 발표한 후 재닛은 남편한테 비행기 조종을 조금 배웠다. 닐 암스트롱이 공동 소유로 구매한 소형비행기로 가족이 함께 비행하면서 조종술을 배웠기 때문에 비상시 비행기를 어떻게 착륙시키는지 더 잘 이해할 수 있었다. 그는 언론이나 아이들과 소통하기 위해 남편이 하는 일을 제대로 파악하려고 노력했다.

　"릭은 열두 살, 마크는 일곱 살이었어요. 릭은 아버지 일에 관심이 많았지만, 마크는 너무 어렸죠. 마크는 그때 일을 별로 기억하지 못해요." 그 당시 마크는 "아빠는 달에 갈 거예요. 달에 가는 데 3일이 걸려요. 나도 언젠가 아빠와 같이 달에 갈 거예요"라는 말을 되풀이했다. 재닛은 "달 착륙을 위한 우주비행을 앞두고 집을 나서는 남편에게 그 일에 대해 아이들에게 설명해주라고 했어요. 당신이 돌아오지 못할 수도 있지 않으냐고 말했죠"라고 기억했다.

　암스트롱이 달에 착륙한 날, 집이 사람들로 붐벼서 아이들이 보기에는 큰 파티라도 열린 것 같았다. 재닛의 자매들과 암스트롱의 여동생이 손님 접대를 도와주었다. "집에 사람이 많아서 아이들에 대해 크게 걱정하지 않았어요. 수영하러 갔다 오면 사람들이 돌봐줄 테니까요. 아이들의 친구들도 찾아왔어요. 아이들이 되도록 평범한 생활을 유지할 수 있도록 노력해왔지만, 그날은 그리 평범할 수가 없었습니다."

아폴로 11호 팀이 우주비행 중 텔레비전 화면을 전송할 때마다 재닛은 "마크, 서둘러. 아빠를 볼 수 있어"라며 재촉해서 텔레비전 앞으로 갔다. 그리고 닐 암스트롱의 가슴이 화면에 나오면 재빨리 가리켰다. "저기 있는 저 사람이 분명 아빠야. 아빠가 저기 있어!" 릭은 집중해서 보았지만, 어린 마크는 금방 산만해졌다.

착륙 전날 밤 재닛은 손님맞이 준비를 하느라 거의 잠을 이루지 못했다. 착륙하는 날은 착륙 소식을 초조하게 기다리면서 심한 압박감을 느껴 긴장을 해소하려고 연이어 담배를 피웠다. 그날 오후, 사령선의 신호를 받았다는 우주비행관제센터의 보고가 늦어지자 재닛은 커피탁자 위를 주먹으로 쾅 내리쳤다.

동력하강이 시작될 즈음 재닛은 벌써 긴 하루를 보낸 다음이었다. 착륙에 대한 두려움에 휩싸인 재닛은 또다시 혼자 있고 싶어 침실로 들어갔다. 빌 앤더스는 재닛 옆에 있겠다고 했다. 1967년 에드워드 화이트가 아폴로호의 화재로 사망했던 그 끔찍한 밤, 빌과 재닛은 에드워드 화이트의 아내인 팻 화이트에게 비극적인 소식을 전한 경험이 있어 빌은 우주선이 달에 착륙하는 동안 재닛 옆에 있어야 한다고 느꼈다. 굉장히 똑똑하고 예민한 소년인 릭도 엄마 옆에 있고 싶다고 했다. 재닛과 릭은 NASA의 비행지도를 하나하나 짚어나갔다. 이제 빌 앤더스도 합류했다. 릭은 스피커 근처 바닥에 자리를 잡았고, 재닛은 릭 옆에서 무릎을 꿇은 채 웅크리고 있었다. 달착륙선의 고도가 76.2미터까지 떨어졌을 때 재닛은 아들을 꼭 끌어안았다.

재닛은 달착륙선 이글이 착륙하는 순간, 크게 안도의 한숨을 쉬었다고 기억했다. 사람들이 침실로 들어와 재닛을 포옹하고, 입을 맞추면서 축하했다. 재닛은 거실로 돌아가 그곳에 모인 모든 사람들과 함께 축하주를 마셨다. 하지만 걱정거리가 사라진 것은 아니었다. "사실 착륙에 대해서는 심각하게 걱정하지 않았어요. 가능한 상황이면 닐이 해낼 수 있다고 느꼈으니까요. 그렇지만 하나님 맙소사. 다음 날 상승엔진이 제대로 점화될지 알 수 없잖아요. 그날 밤 텔레비전 방송들은 '글쎄, 착륙이 문제가 아니에요! 그들은 그곳을 벗어날 수 있을까요?!'라고 떠들어대고 있었으니까요."

돌이켜보면 착륙 직후 아폴로 11호의 상황에 대해 두 가지 궁금증이 있었다. 첫 번째는 NASA에서 아무도 이글이 어디에 착륙했는지 정확히 몰랐다는 사실이다. "누군가 레이더로 우리를 더 빨리 찾아낼 수 있다고 생각했을 거예요"라고 닐 암스트롱은 말했다. 우주선이 궤도에 있을 때는 우주비행사나 지구의 관제센터가 우주선의 위치를 잘 파악할 수 있지만, 우주선이 한 지점에 머무르면서 같은 측정을 되풀이해서 얻는 정보밖에 없다면 문제가 달라졌다. "내 추측보다 불확실성이 더 컸습니다."

고도 18.29미터에서 고요의 기지 위를 지나가던 콜린스는 육분의를 들여다보면서 달착륙선을 찾으려고 애썼다. 그는 무선을 통해 달 착륙의 전체적인 상황을 파악하면서 자신도 그 일에 참여했다고 느꼈다. "고요의 기지, 여기 위에서 들어도 멋지다. 너희들, 환상적으로 해냈어"라고 마이클 콜린스는 무선으로 동료들에게 말했다.

암스트롱은 "고마워"라고 따뜻하게 대답하면서 "우리를 위해 거기 위에서 계속 궤도를 돌고 있어"라고 말했다. 콜린스가 "그럴게"라고 대답했다. 콜린스는 달착륙선이 작은 점이 되어 시야에서 사라질 때까지 최대한 오랫동안 오른쪽 눈을 가늘게 뜨고 눈으로 뒤쫓았다. 그 후 달착륙선을 찾을 수가 없어 좌절감을 느꼈다.

> 04:07:07:13 콜린스 : (휴스턴에) 그들이 중앙선에서 왼쪽으로 착륙했는지 오른쪽으로 착륙했는지 아나? 착륙이 조금 길어졌다는 것밖에 모르나?
> 04:07:07:19 교신 담당 : 그것밖에 말해줄 수 없을 것 같다. 오버.

휴스턴은 제한된 정보밖에 주지 못해 콜린스에게 전혀 도움이 되지 않았다. "분화구들 말고는 보이는 게 없었어요. 큰 분화구, 작은 분화구, 둥근 분화구, 뾰족한 분화구. 하지만 그것들 사이 어디에도 달착륙선은 보이지 않았습니다. 육분의는 강력한 광학기기여서 모든 물체를 28배로 확대하기 때문에 굉장히 좁은 범위밖에 볼 수 없습니다. 달착륙선이 가까이에 있을 수도 있어서 육분의를 앞뒤로 움직이면서 미친 듯이 찾았지만 시간이 매우 제한되어 있었습니다."

콜린스는 달착륙선을 찾지 못해 어느 누구보다 걱정했다. 그러나 우주비행관제센터의 지질학자들에게는 달착륙선의 정확한 위치가 그리 중요하지 않았다. 그들은 아폴로 11호가 고요의 바다 중 어디에 착륙해도 괜찮았다. "그들은 그저 우리가 거기에서 돌을 좀 채집해서 나오기만을 바랐어요!" 그렇지만 달착륙선이 정확히 어디에 착륙했는지에 대한 문제는 여전히 우주비행관제센터의 걱정거리였다.

암스트롱은 "우리가 어디에 착륙했는지에 대해 많은 사람들이 관심을 가졌습니다. 앞으로 계속 이어질 아폴로의 우주비행에서는 정확하게 목표 지점으로 내려가고 싶었기 때문에 정확한 착륙에 도움이 될 만한 정보를 모두 수집해야 했으니까요. 달착륙선이 어디에 있는지 정확한 위치를 몰랐기 때문에 가능하다면 알고 싶어 했죠. 하지만 지구에 있는 사람들 중 누구도 계획과 다른 곳에 착륙한 게 큰 문제라고 생각하지는 않았어요"라고 설명했다.

그들의 착륙 위치를 둘러싼 문제는 달 표면 아래 모여 있는 고밀도 물질인 매스콘이 달착륙선의 경로에 어떤 영향을 미칠 수 있는지에 대한 미스터리와 관련이 있었다. NASA는 달의 적도 부근에 있는 매스콘이 우주선에 영향을 미칠 수 있다는 사실을 파악하고 있었지만 "이런 불확실성에서 벗어나 달 표면의 목표 지점으로 정확하게 갈 수 있는 방법을 찾기 위해 노력하고 있었습니다"라고 암스트롱은 지적했다.

무엇보다 긴박한 문제는 암스트롱과 올드린이 달 표면에 그대로 머무를지 말지를 결정하는 일이었다. 언제든 우주선의 장치가 제대로 작동하지 않을 수 있었고, 그런 경우에는 재빨리 이륙해야 했다. "문제가 있어서 우리가 달 표면에 계속 머무르는 게 안전하지 않다는 사실이 드러나면 곧장 이륙해야 했습니다"라고 암스트롱은 회고했다.

달착륙선이 이륙해서 성공적으로 궤도에 들어간 다음, 사령선과 랑데부할 수 있는 기회가 세 번 있었다. T-1이라는 이름이 붙은 첫 번째 기회는 착륙 2분 만에 이륙해야 했다. T-2는 8분 후, T-3은 사령선이 궤도를 한 바퀴 돈 후인 2시간 후 이륙이었다. 이 세 번의 기회가 아닌데도 당장 떠나야 하는 비상사태가 발생하면 달착륙선의 암스트롱과 올드린, 사령선의 콜린스가 어쨌든 적당한 위치에서 랑데부할 수 있는 방법을 찾아야 했다.

달착륙선의 장치들을 재빨리 점검해보니 모든 게 괜찮아 보였다. 진 크란츠의 화이트 팀은 신속하게 '머무를지/말지' 결정을 내렸고, 찰스 듀크가 암스트롱과 올드린에게 그 결정을 전달했다.

04:06:47:06 교신 담당 : 이글, T-1에는 이륙하지 마라.

04:06:47:12 암스트롱 : 알았다. T-1에 이륙하지 않겠다.

5분 후 우주선의 장치들을 좀 더 점검한 후 듀크는 이글에 "T-2에도 이륙하지 마라."고 연락했다. 우주비행사들은 적어도 마지막 '머무를지/말지' 결정이 내려질 때까지 달에 남아 있을 수 있었다.

착륙 직후 몇 분 동안 기술적으로 가장 큰 걱정거리는 햇볕으로 뜨거워진 달 표면의 온도 때문에 달착륙선 연료관의 압력이 지나치게 상승하지 않았을까 하는 문제였다. "연료관 문제는 새로운 주제가 아니었어요"라고 암스트롱은 기억했다. 발사를 얼마 남겨두지 않았던 때, 유압 전문가들은 연료탱크가 너무 뜨거워지면 연료관의 압력이 지나치게 상승할 수도 있다면서 아폴로 11호 팀과 의논했다. "햇볕의 반사열로 섭씨 90도 이상으로 올라간 달 표면에 내린 달착륙선에서 모든 밸브를 잠그고 연료를 가두어둔다면 연료관이 뜨거워집니다. 그러면 연료관 안에 있는 연료의 압력이 지나치게 높아지면서 문제가 생길 수도 있죠. 우리는 어떻게 하는 게 제일 좋을지 발사 전에 의논했고, 착륙 후 그 문제에 관심을 가져야 한다는 사실을 알았습니다. 통제하지 못할 상황은 아니었죠. 그 상황에 어떻게 대처할지 한두 가지 방법을 알고 있었고, 지구에서도 도와줄 것이라는 사실을 알았기 때문에 그렇게 많이 걱정하지는 않았습니다"라고 암스트롱은 설명했다.

예상했던 대로 엔진을 끄자마자 달착륙선 하강엔진 연료관 안의 압력이 갑자기 치솟았다. "착륙 후 2분 안에 계획대로 연료 탱크와 산화제 탱크를 모두 열었습니다. 하지만 그 후에도 압력이 계속 올라갔습니다. 아마도 달 표면의 온도가 너무 높아 탱크에 남아 있던 추진제가 증발하면서 압력이 높아졌을 거예요. 그래서 다시 탱크를 비웠지요. 연료나 산화제 탱크가 부풀어서 터질 수 있다는 게 내가 생각하는 최악의 상황이었습니다. 그러나 더 이상 하강할 일이 없어서 심각한 문제가 아니라고 생각했어요. 그 문제에 대해 크게 걱정하지 않았습니다"라고 암스트롱은 말했다. 그렇지만 휴스턴은 위험한 상황이라고 여겼다. 달에는 공기가 없어서 발생 가능성이 높지는 않지만, 뜨거운 하강엔진에 연료가 닿으면서 불이 날 수도 있었다. 다행히 연료관 안의 압력이 낮아지면서 문제가 해결되었다.

암스트롱과 올드린은 착륙의 기쁨을 누릴 시간이 없었다. 머무르라는 지시를 받은 후 달의 풍경을 한번 자세히 둘러보기도 전에 다음 날 달 표면에서 이륙하기 위한 총연습을 끝내야 했다. "정상적으로 이륙하기 위한 과정을 모두 살펴본 후 모든 게 잘 작동하는지 확인해야 했습니다. 그러려면 달착륙선 플랫폼을 조절해야 했죠. 아무도 달 표면에서 플랫폼을 조절한 적이 없기 때문에 그때가 처음이었습니다. 연습이긴 했지만, 우리는 진짜 이륙하듯 모든 장치를 하나하나 철저히 점검했습니다"라고 암스트롱은 전했다.

암스트롱이 장치를 점검하는 동안 우주비행관제센터는 이륙 연습에 걸리는 시간을 보고 우주비행의 진행 과정을 빈틈없이 점검할 수 있었다. "우리는 달 표면에 대해 아는 게 별로 없었습니다. 우리가 이곳에서 무슨 문제를 발견하면 우주비행관제센터에 있는 사람들이 그 문제를 파악하면서 우리가 어떻게 대처해야 할지 방법을 찾아낼 시간이 필요했습니다. 맨 먼저 이륙 연습부터 한 게 좋은 전략이었다고 생각해요."

콜린스가 조종하는 사령선이 달궤도를 돌면서 머리 위를 두 번 지나간 다음에야 암스트롱과 올드린은 모의 카운트다운을 끝낼 수 있었고, 훨씬 마음이 편해졌다. 달에 착륙한 후 올드린이 2시간 동안 운항에 필요한 다양한 자료들을 지구에 전달하고 있을 때 암스트롱은 창문 밖 풍경에 대해 처음으로 이야기할 수 있었다.

04:07:03:55 암스트롱 : 왼쪽 창문으로 보이는 지역은 비교적 평탄하다. 지름 1.5미터에서 15미터까지 다양한 크기의 수많은 분화구들로 구멍이 뻥뻥 뚫려 있다. 가장자리의 산맥은 6미터, 9미터 정도 높이로 솟아 있다. 이 지역 주변에 지름 30.6센티미터에서 70센티미터 정도의 작은 분화구들이 말 그대로 수천 개는 있는 것 같다. 우리 앞에 60센티미터 정도 크기의 네모난 바위들이 보인다. 언덕도 보인다. 추산하기 어렵지만 1킬로미터나 1.6킬로미터 앞에 있는 것 같다.

04:07:04:54 교신 담당 : 알았다, 고요. 기록할게, 오버.

04:07:05:02 콜린스 : 어제 보았던 곳보다 훨씬 좋은 것 같은데. 그때는 옥수숫대처럼 거칠어 보였어.

04:07:05:11 암스트롱 : 정말 거친 지역이었지. 목표했던 착륙 지점을 지나가면서 보니까 정말 거칠고 분화구투성이인 데

다 바위가 많았어. 1.5미터나 3미터가 넘는 큰 바위들도 많았어.

04:07:05:32 콜린스 : 의심이 될 때는 좀 더 가서 착륙해야 해.

암스트롱은 다시 달의 색깔에 대해 보고했다. "현장에서 보는 달 표면 색깔은 지금과 같이 10도 정도 태양 각도로 궤도에서 관찰했던 색깔과 정말 비슷하다. 색깔이 거의 없다. 회색인데 굉장히 하얀 회백색이다. 로켓엔진이 내뿜는 열기에 부서지고 금이 간 바위들의 겉은 밝은 회색이지만, 갈라진 틈으로 보이는 안쪽은 굉장히 어두운 회색이다. 지구의 현무암처럼 보인다."

이륙 연습을 한 다음에는 식사를 하고 4시간 정도 공식적으로 휴식 시간을 갖는 게 비행 계획이었다. "휴식 시간이라고 부르긴 했지만, 달궤도를 더 돌다가 착륙해야 하거나 어떤 문제로든 착륙이 늦추어질 경우에 대비해 만들어놓은 여유 시간이기도 했습니다. 우리는 제시간에 착륙했고, 크게 피곤하지 않기 때문에 4시간의 휴식 시간을 건너뛰기로 결정했습니다. 너무 흥분해서 잠을 잘 수도 없었으니까요"라고 올드린이 그때를 떠올렸다.

휴식 시간을 건너뛴다는 생각은 사실 발사 전에 충분히 의논하면서 세운 전략이었다. "달에서 어떤 순서로 활동할지 시간표를 짜면서 모든 게 순조롭게 돌아간다면, 잠을 자지 않고 가능한 한 빨리 밖으로 나가서 달 표면에서 작업을 시작하는 게 좋겠다고 결론을 내렸습니다. 하지만 언론에는 한숨 잔 다음에 우주선 바깥으로 나가서 활동할 계획이라고 말해두었습니다. 우리가 이륙 연습을 한 후 곧바로 달 표면에서 작업을 시작하겠다고 해놓고 제시간에 그대로 하지 않는다면, 언론이나 대중이 우리를 가만두지 않을 테니까요. 그게 세상의 현실이니까요. 아무 문제 없이 안전하게 착륙할지 알 수 없는 상황이었기 때문에 여유 있게 이야기해두는 게 좋겠다고 판단했습니다. 그래서 언론에 이야기한 내용과 우리 계획은 전혀 달랐죠. 슬레이턴, 크래프트, 그리고 다른 몇몇 사람들과도 그 문제를 의논했습니다. 내 기억에는 그들 모두 가능하면 우리 계획대로 하는 게 좋겠다고 동의했어요. 사람들의 예상을 깨고 일찍 우주선 밖으로 나간다는 게 우리의 계획이었고, 그게 더 낫다고 생각했죠"라고 암스트롱은 들려주었다.

모든 게 제대로 준비되자 암스트롱은 미국 동부 표준시로 오후 5시에 무선통신을 하면서 예상보다 이른 저녁 8시 정도에 선외활동을 시작하면 어떻겠냐고 제안했다. 사전 협의 내용을 알고 있던 찰스 듀크는 시간을 바꿔도 된다고 찬성했다. 그들은 예정대로 식사를 했다. 올드린은 식사 전에 주머니에서 두 개의 작은 봉지를 꺼냈다. 한 봉지에는 포도주 병, 한 봉지에는 성찬식용 빵이 들어 있었다. 휴스턴의 장로교 목사가 준 성찬식용 음식이었다. 올드린은 주머니에서 꺼낸 성찬식용 잔에 포도주를 따르면서 성찬식을 준비했다.

우주비행을 시작한 지 4일 9시간 25분 38초 만에 올드린은 무선을 통해 "휴스턴, 달착륙선 조종사다. 잠시 묵념을 했으면 좋겠다. 어디에 있는 누구든 지난 몇 시간 동안 벌어진 일들에 대해 곰곰 생각하면서 각자의 방식대로 감사드리자고 말하고 싶다"라고 말했다. 그다음 올드린은 마이크를 꺼놓고 작은 카드에 적어온 요한복음 15장 5절을 읽었다. 개신교 성찬식 때 전통적으로 읽는 성경 구절이었다.

올드린은 지구의 시청자들에게 그 구절을 읽어주고 싶었지만, 슬레이턴이 그렇게 하지 말자고 충고했다. 올드린도 동의했다. 아폴로 8호의 우주비행사들이 크리스마스이브에 창세기를 읽었던 일이 상당한 논쟁을 불러일으켰기 때문이다. 그 후 NASA 는 종교적인 메시지를 공공연히 드러내지 않으려고 했다. 미국의 유명한 무신론자인 매덜린 오헤어는 보먼, 러벌과 앤더스가 성경을 읽은 일을 가지고 연방정부에 소송을 제기했다.

아폴로 11호가 발사될 즈음 오헤어는 암스트롱이 무신론자라는 사실을 NASA가 의도적으로 밝히지 않는다고 불평했다. 미국 대법원이 결국 오헤어의 소송을 기각했지만, NASA는 이런 식의 싸움에 다시는 휘말리고 쉽지 않았다. NASA로서는 유감스럽게도 올드린의 성찬식에 관한 이야기는 언론에 즉각 알려졌다. CBS의 크롱카이트는 시청자들에게 "버즈 올드린이 오늘 굉장히 특별한 음식을 먹었다고 그가 다니는 휴스턴 근교의 교회 목사가 밝혔습니다. 올드린은 오늘 밤 저녁을 먹으면서 성찬식에 참여했습니다. 그는 하늘 위 달에 있지만, 자신의 교회 사람들과 같은 빵을 먹으면서 그들과 함께 성찬식을 했다고도 할 수 있습니다. 달에서 열린 첫 번째 성찬식이었습니다"라고 말했다. 암스트롱은 자신의 성격대로 올드린의 종교 의식에 대해 반기면서 정중하게 침묵을 지켜줬다. "올드린이 작은 성찬식을 계획했다고 말했어요. 그는 나에게 괜찮으냐고 물었고, 나는 '괜찮아. 어서 계획대로 해'라고 말했죠. 나는 해야 할 일이 많아서 바빴어요. 그저 그가 원하는 대로 하게 했죠."

저녁을 먹고 몇몇 잡다한 일들을 처리한 후 우주비행사들은 우주선 밖에서 할 활동을 준비하느라 정신이 없었다. 달착륙선 모형 안에서 연습을 많이 했지만, 실제로 하려고 하니 훨씬 어렵고 시간도 많이 걸렸다.

닐 암스트롱은 우주비행 후 NASA에서 기술 보고를 하면서

"모의실험을 할 때 달착륙선 모형 안 조종실은 잘 정돈되어 있습니다. 꼭 사용할 물건들만 갖추어져 있고, 다른 물건들은 없죠. 하지만 실제 달착륙선에는 수많은 점검표, 자료, 음식 꾸러미, 잡동사니로 가득한 짐칸, 단안경, 스톱워치, 갖가지 물건들이 이리저리 어지럽게 흩어져 있습니다. 우주선 밖으로 가지고 나갈 물건들을 원래 위치에서 보관할지 계획을 바꿔야 하지 않을지 다시 살펴보아야 하겠다는 생각이 듭니다. 우리는 훈련했던 그대로 점검표를 확인하면서 선외활동을 준비했어요. 장비를 어디에 두고 어떻게 연결할지 점검표 그대로 검사했죠. 모두 괜찮았습니다. 그 외에 미처 생각하지 못했던 사소한 문제들이 있었죠. 준비하는 데 생각보다 시간이 더 많이 걸렸습니다"라고 설명했다.

선외활동의 준비 절차에 들어가기까지 1시간 30분이 걸렸다. 2시간으로 예상했던 준비 시간은 3시간으로 늘어났다. 배낭을 메고, 헬멧을 쓰고 장갑을 끼고, 바깥에 나갈 수 있도록 모든 준비를 마치는 데 그만큼 시간이 걸렸다. 그렇게 시간이 많이 걸린 주요 이유 중 하나는 달착륙선 안이 너무 비좁아서였다. 올드린은 "미식축구 선수 두 명이 보이스카우트의 소형 텐트 안에서 위치를 바꾸려는 것과 같았죠. 굉장히 조심해서 움직여야 했습니다"라고 회고했다.

암스트롱은 "부풀어 오른 우주복을 입고 있기에는 우리 둘 사이에 간격이 너무 없었어요. 분명 제미니보다는 큰 조종실이었고, 이전보다 공간이 넉넉했죠. 그래도 굉장히 조심해서 천천히 움직여야 했어요. 물건들에 부딪히기 쉬웠으니까요. 등 뒤로 거의 30.5센티미터 정도 튀어나와 있는 배낭은 표면이 딱딱했어요. 급하게 움직이면 뭔가에 부딪히기 십상이었죠"라고 설명했다. 실제로 부딪히기도 했다. 부딪히면서 상승엔진 회로 차단기의 바깥 손잡이가 망가져 올드린이 이륙 전 임시 조치를 해야 했다.

아주 조심스럽게 준비하면서 두 사람이 복장을 갖추고 나니 예상했던 시간이 모두 지나갔다. 그다음 배낭의 냉각 장치를 작동하고, 나가기 위해 달착륙선의 기압을 낮추는 데도 예상보다 많은 시간이 걸렸다. "환기를 해서 우주선 안의 압력을 낮춰야 했지만, 지구의 세균이 달 표면을 오염하지 않도록 모든 환기구에 필터를 설치했습니다. 그 필터로 시험해본 적이 없어 기압을 낮추는 데도 예상보다 많은 시간이 걸렸습니다"라고 암스트롱은 설명했다.

예상 시간보다 1시간 늦게, 암스트롱이 출입구를 열고 달 표면으로 나갈 준비를 마쳤다. 그래도 맨 처음 계획보다는 5시간이나 빨랐다. 출입구를 여는 일도 쉽지 않았다. "출입구를 열기 위해 끈질기게 노력해야 했어요. 꽤 큰 출입구였고, 우주선 안의 기압을 상당히 낮추었지만 출입구를 열려면 90.7킬로그램 정도의 압력을 견뎌내야 했습니다. 크고 무거운 우주복을 입고 있지 않아도 90.7킬로그램 압력의 손잡이를 당기는 게 쉽지 않아요. 그래서 우리는 출입구 안쪽과 바깥쪽의 기압 차이가 줄어들 때까지 기다려야 했습니다. 잘못하면 출입구가 휘어지거나 망가질 수도 있었으니까요. 올드린이 있는 방향으로 출입구가 열리기 때문에 주로 올드린이 당겼습니다. 내가 미는 것보다 올드린이 당기는 게 쉬웠으니까요"라고 암스트롱은 말했다.

드디어 출입구가 열리자 암스트롱은 몸을 뒤로 돌려 꽤 작은 구멍을 통해 나오기 시작했다. 올드린은 아래와 주위를 둘러보면서 암스트롱이 방향을 잘 찾을 수 있도록 도왔다. "뒤로 돌아서 발을 먼저 내밀고 출입구로 나가야 했습니다. 출입구를 활짝 열고 꿇어앉은 다음 뒤로 미끄러져 나오는 게 기술이었습니다. 발이 먼저 출입구 밖으로 나가게 해야 하지요. 그다음 배낭을 앞으로 돌려야 했습니다. 배낭이 등 뒤로 상당히 길게 튀어나와 있었으니까요. 물건을 망가뜨리지 않기 위해 최대한 조심하려고 그런 불편한 절차를 거쳐야 했죠"라고 암스트롱은 설명했다.

암스트롱은 달착륙선에서 나오는 데 너무 집중하느라, 사다리 북쪽에 있는 손잡이를 잡아당겨 장비 보관함을 펼쳐야 한다는 사실을 잊었다. 손잡이를 당기면 텔레비전 카메라가 작동해 암스트롱이 사다리를 내려와 달 표면에 처음 발을 디디는 모습을 지구로 전송할 수 있었다. 휴스턴의 우주비행관제센터가 금방 알아채 암스트롱에게 알려주었고, 암스트롱은 약간 뒤로 돌아가 손잡이를 당겼다.

흑백텔레비전 카메라였다. "사령선에는 컬러텔레비전 카메라가 있었어요. 하지만 너무 덩치가 컸어요. 달착륙선에 그렇게 무거운 카메라를 들고 들어갈 수가 없었지요. 주로 무게와 전력 문제 때문에 훨씬 작은 흑백텔레비전 카메라가 필요했습니다. 달착륙선에서 나와 장비 보관함을 펼치기 위해 손잡이를 당겼을 때, 내 기억으로는 올드린이 카메라를 켰습니다. 나는 휴스턴에 화면이 잘 보이느냐고 물었고, 그들은 그렇다고 대답했습니다. 처음에는 뒤집힌 화면이 나왔죠. 화면이 잘 보인다는 대답을 듣고 내가 제일 놀랐을 거예요. 화면이 나오리라고 기대하지 않았거든요(비행 전 모의실험을 할 때는 한 번도 화면이 나온 적이 없었다)."

이때 우주비행사 브루스 매캔들리스가 교대해서 교신 담당 자리에 앉았다.

04:13:22:48 교신 담당 : 좋아, 닐. 이제 네가 사다리에서 내려오는 모습을 볼 수 있어.

04:13:22:59 암스트롱 : 좋아. 달에 첫발을 내딛기 위해 가는 길을 방금 점 검했어. 사다리가 그렇게 멀리 뻗어 있지는 않지 만. 내려가기는 적당해.

04:13:23:10 교신 담당 : 알았다. 기록할게.

04:13:23:25 암스트롱 : 첫걸음을 시작하려면 상당히 점프해야 해.

04:13:23:38 암스트롱 : 사다리 아랫부분까지 내려왔다. 달착륙선의 다 리는 달 표면에서 3~5센티 정도 들어가 있다. 가 까이에서 보니 달 표면의 흙이 정말 부드럽다. 거 의 가루 같다.

04:13:24:13 암스트롱 : 이제 사다리에서 내려가려고 해.

전 세계의 시청자들은 닐 암스트롱이 달 표면에 처음 발을 내딛는, 영원히 잊지 못할 순간을 지켜보았다. 지구에서 40만 킬 로미터 정도 떨어져 있는 암스트롱이 오른손으로 사다리를 붙잡 고, 부츠를 신은 왼발로 드디어 달을 밟았다. 그 장면을 어둑어둑 한 흑백텔레비전 화면으로 지켜보기까지 어마어마한 시간이 흐 른 것 같았다. 미국 동부 표준시로 밤 10시 56분 15초, 그리니치 표준시로 02시 56분 15초에 암스트롱은 역사적인 첫걸음을 떼었 다. NASA의 공식적인 언론 보도로는 우주비행을 한 지 4일 13시 간 24분 20초 만에 달을 밟았다.

전 세계 텔레비전 시청자 중 가장 많은 수를 차지하는 미국, 특히 와파코네타의 암스트롱 부모님 집과 엘라고의 암스트롱 집 에 모인 사람들은 모두 CBS를 지켜보면서 크롱카이트의 이야기 를 듣고 있었다. 크롱카이트는 자신의 방송 경력에서 정말 드물 게 잠시 아무 말도 하지 못했다. 그는 안경을 벗고 눈물을 닦으 면서 "암스트롱이 달에 섰습니다! 서른여덟 살의 미국인인 닐 암스트롱이 달 표면 위에 섰습니다! 1969년 7월 20일에"라고 선언했다.

크롱카이트 역시 다른 사람들처럼 이제까지 인간의 발이 닿지 않았던 머나먼 곳에서 벌어지고 있는 일을 텔레비전 생방송을 통해 지켜보고 있다는 사실에 감명을 받았다. 그 노련한 방송인은 "세상에! 저 화면을 보세요"라고 외쳤다. "약간 그늘이 있네요. 닐이 달착륙선 그림자가 있을 거라고 말했습니다."

텔레비전 화면 덕분에 시청자들은 암스트롱이 달을 밟을 때 그곳에 함께 있는 것 같은 기분을 느낄 수 있었다. 텔레비전을 보지 못했어도 인간이 처음으로 달을 밟았다는 사실은 충분히 큰 의미를 가지지만, 분명 똑같은 기분은 아니었을 것이다. 암스트롱은 훗날 "텔레비전 화면은 비현실적으로 보였습니다. 상황 자체가 비현실적이기도 했지만, 텔레비전 기술과 화면의 질 때문에 더 비현실적으로 보였어요"라고 말했다. 달 착륙에 대해 사막 어딘가 멀리 떨어진 영화 스튜디오에서 가짜로 촬영한 화면을 텔레비전으로 방영했다는 터무니없는 음모론이 40여 년간 끊임없이 제기되었다. 그 음모론에 대해 암스트롱은 "화면이 부자연스럽게 보였다고 할 수밖에 없어요. 일부러 그렇게 보여주려고 하지는 않았습니다. 조금 더 선명한 화면을 보여줄 수 있었다면 분명 그렇게 했을 거예요. 그렇다 해도 NASA 내부나 NASA 주변의 사람들은 텔레비전 생방송을 할 수 있었던 데 대해 기술적인 진보였다고 생각했어요"라고 고백했다.

닐 암스트롱이 달에 처음 발을 디디면서 무슨 말을 할지에 대해서는 완전히 비밀이었다. 아폴로 11호 팀을 포함해 아무도 몰랐다. "달을 향해 가면서 나와 콜린스는 암스트롱에게 달을 밟으면서 무슨 말을 할 생각이냐고 물었어요. 그는 아직 생각 중이라고 대답했어요"라고 올드린이 전했다.

암스트롱은 달에 성공적으로 착륙하기 전까지는 무슨 말을 할지에 대해 생각할 겨를이 별로 없었다고 언제나 똑같이 이야기했다. 우주비행을 시작한 지 4일 13시간 24분 49초 후, 미국 동부 표준시로 밤 10시 57분 몇 초 전, 닐은 영원히 남을 명언을 했다.

"이것은 인간에게는 작은 발걸음이지만, 인류에게는 위대한 도약이다."

엘라고의 재닛은 암스트롱이 사다리를 내려오는 모습을 보면서 "진짜 이런 일이 벌어지다니 믿을 수가 없어"라고 말했다고 한다. 그다음 암스트롱이 달을 밟자 "큰 발걸음이야!"라고 소리쳤다. 암스트롱이 달에서 걷기 시작하자 "이제 괜찮아, 닐"이라고 마음을 진정했다. 와파코네타의 비올라는 의자 팔걸이를 꽉 붙잡고 아들이 달의 흙먼지 속으로 사라지지 않은 데 대해 하나님께 감사 기도를 드렸다. 달착륙선이 달에 착륙한 다음에도 많은 사람들이 그 일을 걱정했다. 재닛은 남편이 달을 밟으면서 무슨 말을 할지 전혀 아는 바가 없다고 주변 사람들에게 계속 이야기해왔다. 1시간 전, 닐 암스트롱과 버즈 올드린이 우주선 바깥으로 나오기를 모두 초조하게 기다릴 때 재닛은 "닐이 달을 밟으면서 무슨 말을 할지 결정하느라고 저렇게 시간이 오래 걸리는 거야. 결정해, 결정해, 결정!"이라고 농담을 했다.

재닛의 농담은 진실에 가까웠다. "이글이 달에 착륙하자 첫 발을 떼면서 무슨 말이든 해야 할 순간이 다가온다는 사실을 깨달았어요. 다행히 착륙 후 몇 시간 동안 생각할 여유가 있었습니다. 굉장히 간단하게 말해야 한다고 생각했어요. 어디에서 내려갈 때 무슨 이야기를 할 수 있을까요? 글쎄, 걸음에 관한 이야기겠죠. 이륙 연습 다음에 선외활동을 준비하고, 비행 계획대로 온갖 일들을 하면서 생각을 발전시켰어요. 나는 그 말이 특별히 중요하다고 생각하지 않았지만, 다른 사람들은 확실히 중요하게 여겼어요. 그렇다 해도 특별히 깨우침을 주는 말을 골랐다고 생각해본 적은 없어요. 그저 굉장히 간단한 말이었죠"라고 암스트롱은 설명했다.

닐 암스트롱이 왜 '한 인간에게는 작은 발걸음'이라 말하지 않고, 의도적으로 "인간에게는 작은 발걸음"이라고 말했는지 화제가 되기도 했다. 하지만 정신없는 순간이어서 '한'이라고 말하는 것을 잊어버렸거나 그냥 말하지 않았을 수도 있다. 아니면 말했지만 들리지 않았을 수도 있다.

"왜 그렇게 말했는지 기억나지는 않아요. 무선통신 내용을 몇 시간 정도 들으면 내가 음절을 빼먹을 때가 많다는 사실을 알 거예요. 음절을 빼먹는 게 나에게는 특별한 일이 아니에요. 특별히 또렷하게 발음하는 편이 아니거든요. 소리를 삼켜서 마이크가 잡아내지 못했을 수도 있어요. 하지만 녹음을 들어보니 그 음절이 들어갔을 만한 공백이 없네요. 한편 합리적인 사람이라면 내가 일부러 뜻이 통하지 않는 말을 하지는 않았을 테니, 분명 무슨 의도를 가지고 '한'이라는 음절을 빼놓았다고 생각할 거예요. 그게 이치에 맞으니까요. 그래서 내가 그 음절을 의도적으로 빼고 말했다고 역사에 기록되기를 바랍니다."

역사가들이 그의 발언을 어떻게 인용하기 바라느냐는 질문을 받을 때마다 "'한'이라는 음절을 괄호 안에 넣으면 되잖아요"라고 암스트롱은 조금 장난스럽게 대답했다.

"실제로 내가 작은 발걸음을 내디뎠기 때문에 '이것은 인간에게는 작은 발걸음'이라는 생각을 금방 해낼 수 있었어요. 그다음 그 말과 대비될 수 있는 '인류에게는 위대한 도약'이라는 말을 찾아내기도 어렵지 않았죠."

암스트롱이 톨킨의 『호빗The Hobbit』을 읽었기 때문에 그 말을 떠올렸다고 생각할 수도 있다. 그 책에서 주인공인 빌보 배긴스는 악당을 물리치면서 "한 인간에게 위대한 도약이 아니라 어둠 속에서 도약이다"라고 말했다. 하지만 닐 암스트롱은 아폴로 11호를 타기 전까지 그 책을 읽은 적이 없었다. (그러나 톨킨 팬이었던 두 아들 때문에 닐과 재닛 암스트롱은 1971년 오하이오주 레버넌에 있는 집을 『반지의 제왕』에 나오는 '리벤델'이라고 이름 붙였다.)

NASA의 고위 관리가 그에게 아이디어를 주었다는 주장은 훨씬 설득력이 있다. NASA 본부의 윌리스 섀플리 국장보가 1969년 4월 19일에 유인 우주비행 부책임자 조지 밀러 박사에게 준 메모 때문에 이런 가설이 나왔다. 섀플리는 세계에 어떤 달 착륙 메시지를 전해야 할지에 대해 일찍이 그 메모에 이렇게 썼다. '달에 남길 글귀나 지구를 향한 발언에서 착륙이 '인류 모두를 위한 진보'라는 측면을 상징적으로 말해야 한다.' 밀러 박사는 그 메모를 디크 슬레이턴에게 전했고, 슬레이턴이 암스트롱에게 알렸다는 가설이다. 하지만 암스트롱은 그 메모를 전혀 기억하지 못했고, 그런 이야기를 들은 적도 없다고 말했다.

"그렇다면 암스트롱, 특별한 배경 없이 그 구절을 마음속에서 떠올렸나요? 어디에서 인용했거나 어떤 경험과 관련이 있지는 않았나요?"

"몰라요. 기억할 수가 없어요. 무의식적으로 어디에서 영향을 받았는지는 알 수 없잖아요? 적어도 의식적으로 인용하지는 않았어요. 처음 아이디어가 떠오를 때 독창적인 생각으로 느껴졌으니까요"라고 암스트롱은 대답했다.

　암스트롱은 달착륙선에서 내려온 후, 처음 몇 분 동안 사다리 근처에서만 탐사를 했다. 달의 흙먼지는 특이하고 흥미로웠다. 그는 우주비행관제센터에 "달 표면은 가루 같은 고운 흙으로 덮여 있다. 발로 쉽게 차올릴 수도 있다. 흙은 숯가루처럼 부츠 바닥과 옆에 달라붙는다. 아주 조금 걸음을 뗐는데도 내 부츠가 고운 모래 같은 입자를 밟아 생긴 발자국을 볼 수 있다"라고 말했다. 예상대로 움직이기는 어렵지 않았다. "지구에서 6분의 1 중력으로 다양하게 모의실험을 했던 때보다 훨씬 움직이기가 쉽다. 걸어 다니기에 아무 문제가 없다." 암스트롱은 계속 달착륙선 근처를 서성이면서 살펴보았지만 하강엔진 때문에 심하게 움푹 파인 곳은 보이지 않았다. "이곳은 기본적으로 굉장히 평탄하다. 하강엔진이 배출한 배기가스로 파인 흔적이 보이긴 하지만 별로 심하지는 않다."

　암스트롱은 17밀리미터 핫셀블라드 사진기를 꼭 가지고 나오고 싶었다. 그러려면 올드린이 장비 운반 장치에 그 카메라를 걸어야 했다. 뉴욕 아파트의 빨랫줄과 같은 방식이어서 우주비행사들은 그 장치에 '브루클린 빨랫줄'이라는 별명을 붙였다. 카메라나 다른 물건들을 달착륙선에서 가지고 내려오는 문제를 해결할 뿐 아니라 선외활동을 끝낸 후 달착륙선으로 올려놓기에도 좋은 아이디어였다. "바위로 가득한 상자와 카메라, 다양한 장비들을 달착륙선으로 가지고 들어가는 모의실험을 해보았더니 굉장히 거추장스러웠습니다. 모든 물건들을 적절한 위치에 놓고 밀어 올리기는 너무 힘들어서 위에 있는 사람이 끌어당겨야 했습니다. 빨랫줄 아이디어는 내가 제안했다고 생각합니다. 그렇게 해보니 잘 되었어요"라고 암스트롱은 설명했다.

암스트롱은 무거운 카메라를 장비 운반 장치에서 풀어낸 후, 자신이 직접 디자인한 우주복 앞쪽의 틀 안에 넣었다. 카메라를 장착하자마자 암스트롱은 사진 몇 장을 촬영하느라 너무 열중해서 달의 토양 표본을 채취해야 한다는 사실을 잊고 있었다. 뭔가 문제가 생기면 급히 달착륙선으로 돌아가야 했기 때문에 맨 먼저 표본 채취부터 해야 했다. NASA는 달까지 가서 과학 연구를 위한 토양 표본을 가져오지 못하면 큰일이라고 생각했다. 우주비행관제센터는 전혀 서두르지 않는 암스트롱에게 두 번이나 토양 표본을 채취하라고 했다. "사진 촬영은 손쉽게 할 수 있지만, 토양 표본을 채취하려면 장비와 용기를 꺼내야 했습니다. 달착륙선 주위의 전경을 담은 사진 몇 장을 재빨리 촬영한 다음 표본을 채취한다는 게 내 생각이었습니다."

우주비행이 끝난 후 기술 보고를 하면서 암스트롱은 두 일의 순서를 바꾼 이유를 설명했다. 먼저 달착륙선의 그림자 안에서 사진을 잘 촬영할 수 있었기 때문이라고 말했다. 토양 표본을 채취하려면 3미터 정도 그림자가 없는 쪽으로 가야 해서 두 일의 순서를 바꾸었다고 말했다. 표본을 채취하려면 떼어낼 수 있는 봉지가 달려 있는 채취 도구를 조립해야 했다. 그는 토양 표본을 조금 떠내 봉지에 넣은 후, 왼쪽 허벅지에 묶어놓은 주머니 안에 그 봉지를 집어넣었다. 위쪽 흙은 부드럽게 떠낼 수 있었다. 어느 깊이에서 어떤 흙을 떠내야 한다는 기준은 없었지만 그는 2~3센티미터 정도 밑에 있는 토양 표본을 채취하려고 애썼다. 하지만 조금만 파 내려가도 무척 단단한 흙이 나왔다. 그는 또 작은 돌멩이 몇 개를 가방에 집어넣었다. 마지막으로 표본 채취 도구의 손잡이 끝으로 흙을 누르면서 약간의 토양 역학 실험을 했다.

토양 표본 채취가 끝나자 암스트롱은 잠시 짬을 내서 달의 풍경을 둘러보았다. 그는 "이곳에는 그 나름대로 황량한 아름다움이 있다. 미국의 고지대 사막과 비슷하다. 우주선의 바깥 풍경은 상당히 아름답다"라고 보고했다. 그다음 무슨 실험을 할 수 있을까 생각하다 수집 봉지를 묶어놓았던 고리를 풀어 얼마나 멀리 가는지 보려고 옆으로 던졌다. "네가 그렇게 멀리 던질 수 있을지 몰랐어." 올드린은 창밖으로 내다보면서 놀렸다. 암스트롱은 "너도 여기까지 멀리 던질 수 있어!"라고 킬킬거리면서 대답했다.

암스트롱이 선외활동을 시작한 지 16분 후, 올드린이 나갈 시간이 되었다. 올드린은 그동안 나가고 싶어서 몸이 근질거렸다. 암스트롱은 사다리 남서쪽에 서서 핫셀블라드 사진기로 올드린이 천천히 출입구에서 나와 신중하게 사다리를 내려오고 달 표면으로 뛰어내리는 과정을 차례로 멋지게 촬영했다. 인간이 처음으로 달을 밟는 장면이라는 점에서 사람들이 영원히 기억할 사진이었다. 암스트롱이 먼저 우주선 밖으로 나와 있었기 때문에 올드린의 이런 모습을 촬영하는 게 가능했다. 사실 올드린은 사다리를 두 번 내려왔다.

04:13:41:28 올드린 : 좋아. 이제 다시 올라가서 출입구를 조금 열어두어야겠어. (한동안 침묵) 나갈 때 완전히 잠그지 않도록 조심해야 해!
04:13:41:53 암스트롱 : (웃음) 정말 좋은 생각이야.

필요하면 출입구를 밖에서 열 수 있었기 때문에 실제로 출입구가 잠길까 봐 걱정하지는 않았다. 달착륙선 선실의 온도가 너무 내려가지 않도록 출입구를 어느 정도 열어둔 것으로 보인다.

그 당시 올드린과 암스트롱은 생각하지 못했지만, 사실 출입구 압력밸브에 문제가 생기고 다시 압력이 높아지기 시작하면 출입구가 잠길 수도 있었다. "우리가 정말 그 문제를 연구해본 적이 있는지 모르겠네요. 벽돌이나 카메라를 이용해 닫히지 않게 했으면 좋았을 거예요. 누군가는 그 문제를 깊이 생각해야 했어요. 밖에서 열 수 있는 손잡이가 있었지만 우주선의 압력이 너무 높으면 열기 힘들어요. 열었다 해도 휘어진 출입구를 다시 닫을 수 없게 되지요!"라고 올드린은 말했다.

버즈 올드린은 달 표면으로 내려오면서 달의 독특한 아름다움에 대해 '장엄한 적막함'이라고 표현했다. 암스트롱은 두 사람의 헬멧이 서로 맞닿을 정도로 올드린 쪽으로 몸을 기울이면서 장갑을 낀 손으로 그의 어깨를 두드렸다. 올드린은 자서전에서 암스트롱이 그다음에 "재미있지 않아?"라고 말했다고 전했다. 하지만 암스트롱은 살펴보고 있던 고운 흙에 대해 "곱지 않아?"라고 말했다고 주장했다.

그다음 그들은 각자 움직이면서 자신의 움직임을 시험하기 시작했다. 중력이 6분의 1인 환경에서 그렇게 멀리 가거나 빨리 가는 훈련을 많이 하지는 않았지만, 달착륙선 안에서 기대거나 서 있고, 몸을 숙여보았기 때문에 "우주선 밖으로 나가기 전에 중력이 6분의 1인 환경이 어떤 느낌인지 상당히 잘 느낄 수 있었습니다"라고 암스트롱은 말했다. 그들은 큰 몸짓으로 빠르게 움직이는 데는 익숙하지 않았다. 중력을 낮춘 비행기 안이나 모의실험으로 달에서 걷는 연습을 몇 번 하기는 했다. 지구에서 모의실험을 할 때는 줄에 매달린 채 경사면에서 게걸음으로 걸었다. 개조한 KC-135 비행기가 포물선을 그리면서 비행할 때는 달의 중력을 좀 더 실감나게 느낄 수 있었지만, 한 번 비행에 몇 초밖에 훈련할 수 없었다. 달에서 다양한 걸음걸이를 시험하는 게 올드린의 역할이었다. 발을 바꾸어가며 '성큼성큼 걷기'(암스트롱이 좋아했다), 한 발씩 앞으로 내밀면서 '줄넘기하듯 걷기', 너무 어색해서 재미로나 할 수 있는 '캥거루처럼 깡충깡충 뛰기' 등 갖가지 걸음을 시험해보았다.

커다란 배낭을 메고 무거운 우주복을 입고 있어서 지구에서라면 각자 무게가 163.3킬로그램 정도에 달했을 것이다. 하지만 중력이 6분의 1인 달에서 그들의 무게는 각자 27.2킬로그램 정도밖에 되지 않았다. 너무 가볍게 느껴져서 움직일 때마다 특히 조심해야 했다. 배낭 때문에 걸을 때마다 몸이 조금 앞으로 쏠렸다. 어느 방향에서 지평선을 바라보아도 두 사람 모두 방향 감각을 제대로 느끼기가 어려웠다. 달이 지구보다 훨씬 작았기 때문에 훨씬 더 휘어 보였다. 지형이 변화무쌍해서 몸을 움직이려면 계속 정신을 바짝 차려야 했다. "지구에서는 한두 걸음 앞만 걱정하면 됩니다. 하지만 달에서는 네댓 걸음 앞까지 잘 보면서 걸어야 합니다"라고 올드린은 회고했다. 굉장히 조심해서 선외활동을 하도록 훈련받은 두 우주비행사는 한 발 한 발 조심스럽게 걸었다.

암스트롱은 몇 번 높이 뛰어오르려고 시도했다. 그러자 땅으로 내려오면서 몸이 뒤로 넘어가려고 했다. "한 번은 거의 넘어질 뻔했고, 그만하면 되었다고 생각했습니다." 암스트롱과 올드린은 텔레비전 케이블을 당겨 텔레비전 카메라를 달착륙선에서 15미터 정도 떨어진 곳으로 옮겨놓을 수 있었지만, 올드린이 케이블에 발이 걸려 넘어졌다. "둥글게 감아서 보관하던 텔레비전 케이블을 당기자 구불구불한 부분이 공중에 떴습니다. 중력이 작아서 더 그랬죠. 그 케이블에 걸려 몇 번 넘어졌습니다." 우주비행사들이 발밑을 잘 볼 수가 없어서 더욱 케이블에 발이 걸리기 쉬웠다. "우주복 때문에 바로 발밑에 무엇이 있는지 확인하기가 어려웠습니다. 발이 보이지 않았으니까요."

케이블이 금방 먼지투성이가 되어서 더 보이지 않았다. 두 사람의 왼쪽 장갑에는 우주선 밖에서 활동할 과제들이 순서대로 새겨져 있었다. 암스트롱과 올드린은 지구에서 모의실험을 반복할 때 활동 순서를 외웠지만, 계속 그것을 보면서 점검했다. 비행기 조종사가 비행 절차를 잘 알면서도 계속 점검하는 것과 같았다. 달착륙선 사다리에 달려 있는 기념 명판의 덮개를 벗기는 게 우주비행사들이 그다음 해야 할 일이었다(나중에 추가된 일이었다).

우주를 비행한 지 4일 13시간 52분 40초 만에 암스트롱은 세계의 시청자를 향해 "이 달착륙선의 앞다리에 있는 명판을 읽겠습니다. 명판에는 먼저 세계 지도가 그려진 두 개의 동그라미가 있습니다. 그리고 그 밑에 '서기 1969년 7월, 지구라는 행성에서 온 사람들이 달에 첫발을 내디뎠다. 우리는 모든 인류를 위해 평화롭게 왔다'라는 글귀가 적혀 있고, 아폴로 11호 팀의 서명과 미국 대통령의 서명이 있습니다"라고 설명했다.

나중에 추가된 일이지만, NASA가 선외활동 중 빨리 해주기를 바랐던 일이 성조기 게양이었다. 앞에서도 이야기했지만, 미국 국기를 꽂자고 결정하기까지 논란이 많았다. "어떤 깃발을 꽂아야 하는지에 대해 상당한 논쟁이 있었습니다. 미국 국기를 꽂아야 할지, 국제연합의 깃발을 꽂아야 할지 의문이었죠"라고 암스트롱은 기억했다. 성조기를 꽂기로 결정된 다음 이글스카우트 출신인 암스트롱은 깃발이 어떻게 보여야 할지 조금 고민했다. "지구에서처럼 깃발이 자연스럽게 밑으로 떨어져야 한다고 생각했습니다. 굳이 펼쳐 보이려고 애쓰지 않아도 된다고 생각했지만, 결국 내 뜻과 다르게 결정되었죠. 결정이 내려진 다음에는 내 영역이나 생각에서 벗어나는 일이라고 생각했고, 걱정조차 하지 않았습니다. 다른 사람들이 결정할 문제이고, 어떤 결정이든 크게 문제가 되지 않았으니까요."

암스트롱과 올드린은 선외활동으로 계획한 일들을 하나하나 세밀하게 훈련했지만, 명판의 덮개를 벗기는 일이나 성조기 게양은 나중에 추가된 일이라 훈련하지 못했다. 달착륙선에서 9미터 정도 앞에 깃발을 꽂는 일은 생각보다 훨씬 힘들었다. 너무 까다로워서 수많은 시청자들 앞에서 거의 엉망인 모습을 보였다.

맨 먼저 깃대 끝에 붙어 있는 가느다란 가로대를 작동하는 게 어려웠다. 가로세로 1.5미터와 0.9미터인 깃발이 계속 직각으로 펼쳐져 있도록 하는 것이 가로대의 역할이었다. 암스트롱과 올드린은 가로대를 금방 90도로 고정할 수 있었지만, 아무리 애를 써도 가로대의 길이를 충분히 늘일 수가 없었다. 그래서 깃발이 충분히 판판하게 펼쳐지지 못하고, 올드린 표현대로 '영원하고 특이한 물결'이 생기게 되었다. 텔레비전 카메라를 통해 전 세계가 지켜보고 있다는 사실을 의식했기 때문에 당황한 두 사람은 깃대를 흙 속으로 깊이 집어넣어 똑바로 세울 수가 없었다. "흙을 뚫고 깃대를 집어넣는 게 어려웠습니다. 지표 밑의 딱딱한 부분과 부딪쳤거든요"라고 암스트롱은 회고했다. 15센티미터 정도밖에 뚫고 들어가지 못했기 때문에 두 사람 모두 전 세계 시청자들 앞에서 성조기가 바닥으로 푹 고꾸라질까 봐 두려웠다.

다행히도 이상한 물결의 깃발을 단 그 깃대는 계속 서 있었다. 닐 암스트롱은 버즈 올드린이 성조기에 경례하는 인상적인 장면을 사진으로 촬영했다. 암스트롱이 올드린과 위치를 바꾸면서 자신의 모습을 촬영할 수 있도록 올드린에게 카메라를 건네려고 할 때, 우주비행관제센터가 무선으로 닉슨 대통령이 통화하고 싶어 한다는 사실을 알렸다고 버즈 올드린이 주장했다. 이 소식을 듣고 경황이 없어 암스트롱의 사진을 찍어주지 못했다고 했다. 하지만 NASA의 통신 기록을 보면 암스트롱이 국기에 경례하는 올드린의 모습을 촬영하고 상당히 지난 다음에야 대통령과 통화한다는 소식이 전달됐다.

우주비행 시작 4일 14시간 10분 33초 후 통신이 중단되었을 때 사진을 촬영했고, 4일 14시간 15분 47초 후에 닉슨 대통령이 통화하고 싶다는 소식이 전달되었다. 그사이 5분 14초 동안 두 사람은 함께 있지도 않았다. 성조기 게양 후 암스트롱은 카메라를 지닌 채 달착륙선 쪽으로 갔다. 처음으로 암석 표본을 수집하기 위해 장비를 챙기기 위해서였다. 올드린은 달착륙선에서 왼쪽으로 15미터 정도 움직였다가 암스트롱이 있는 곳으로 왔다. 그다음 우주비행관제센터가 닉슨 대통령이 집무실에서 전화를 걸었다고 그들에게 전했다. 닉슨 대통령은 암스트롱과 올드린에게 축하 인사를 하면서 미국과 전 세계가 그들에 대해 자랑스러워한다고 말했다.

버즈 올드린이 닉슨 대통령의 전화를 받고 놀랐다는 데는 의심의 여지가 없다. 올드린은 자서전에서 '비행 내내 차분했던 심장박동이 갑자기 심하게 요동쳤다. 암스트롱은 훗날 우리가 달에 있는 동안 대통령이 전화를 할지 모른다는 사실을 알고 있었다고 말했지만, 내게 그런 이야기를 해준 사람은 아무도 없었다. 나는 그런 일이 생길 수도 있다는 생각조차 하지 않았다. 대통령과의 대화는 짧고 어색했다. 뭔가 심오한 말을 해야 한다고 느꼈지만, 정말이지 아무 준비도 되어 있지 않았다. 그래서 가장 쉬운 길로 도망쳤다. 암스트롱이 아폴로 11호의 선장이니 그가 대답하게 했다. 내가 어떤 의견을 말해도 끼어드는 것처럼 보일 수 있다고 쉽게 결론을 내리고 침묵을 지켰다'라고 썼다.

암스트롱은 훗날 "비행 직전 디크 슬레이턴이 좀 특별한 통화를 할 수도 있다고 이야기했습니다. 대통령일 수도 있다고 이야기하지는 않고, 그저 교신 담당을 통해 특별한 통화를 할 수도 있다는 말만 했어요. 그냥 뭔가 특별한 통화를 할 수도 있으니 주의하라는 내용이었지 그게 정확히 무슨 통화인지는 말하지 않았습니다. 대통령과 통화할지는 몰랐고, 슬레이턴도 누가 무슨 통화를 할지 정확히 알지는 못했다고 생각해요"라고 설명했다.

버즈 올드린은 몇 년 후 자신은 주의하라는 말을 듣지 못했다는 사실을 문제 삼았다. 대통령이 전화할 수 있다는 사실을 암스트롱 혼자 알고 있었다고 생각했기 때문이다. 인류 최초로 달에 착륙해 탐험에 나서기 위해 서로 정말 긴밀하게 협조해야 했던 두 사람의 관계는 분명 굉장히 이상했다. 암스트롱은 올드린의 사진을 수십 장씩 멋지게 촬영했지만, 올드린은 암스트롱의 사진을 한 장도 찍지 않은 사실만 보아도 그렇다. 달에서 찍힌 암스트롱의 사진이라고는 올드린이 쓰고 있는 헬멧의 투명한 얼굴 가리개에 비친 암스트롱의 모습이나 달착륙선의 그늘 아래에서 카메라를 등지고 서 있거나 몸의 일부만 보이는 모습밖에 없다.

암스트롱이 사다리를 내려와 달에 처음 발을 디디고, 미국 국기에 경례하는 모습을 담은 사진도 한 장 없다. 어느 곳에서도 그를 직접 촬영한 사진은 없다. 물론 어둑어둑하고 흐릿한 흑백 텔레비전 화면에 등장하는 모습은 남아 있다. 16밀리미터 동영상 카메라가 촬영한 영상도 있다. 하지만 정말 유감스럽게도 핫셀블라드 카메라로 멋지게 촬영한 고해상도 사진은 한 장도 없다. 왜 그럴까? 올드린은 그저 암스트롱의 사진을 촬영해야겠다는 생각을 하지 못했다고 대답했다. 성조기를 게양할 때는 그런 생각을 했지만, 닉슨 대통령의 전화 때문에 잊어버렸다고 했다.

올드린은 자서전에서 암스트롱의 사진을 촬영하지 못한 이유를 이렇게 변명했다. '달에서 활동하는 동안 대부분 암스트롱이 카메라를 가지고 있었다. 그래서 우주비행사인 내 사진을 포함해 달에서의 사진 대부분을(올드린은 이 부분을 강조했다) 암스트롱이 촬영했다. 지구로 돌아와 사진을 훑어본 다음에야 암스트롱을 촬영한 사진이 거의 없다는 사실을 깨달았다. 훈련 기간 중 그런 모의실험을 해본 적이 없어서 내가 아마 실수를 한 것 같다.'

"누가 무슨 사진을 찍을지에 관해서는 한 번도 걱정해본 적이 없었어요. 사진 상태만 좋으면 아무 문제 될 게 없었죠. 올드린이 일부러 내 사진을 안 찍을 이유가 없었고, 내 사진을 찍어야 한다고 생각해본 적도 없어요. 나는 올드린이 훨씬 사진발을 잘 받는다고 항상 이야기해왔어요"라고 암스트롱은 너그럽게 회고했다.

암스트롱은 또 아폴로 11호의 달 표면 활동에서 카메라와 사진 촬영에 관련된 상황을 명확하게 밝혔다. "카메라를 언제 건네줄지에 관한 계획이 따로 있었어요. 올드린이 좀 촬영하고, 내가 촬영할 계획이었습니다. 그리고 거의 계획대로 카메라를 주고받았다고 생각해요. 내가 오랫동안 카메라를 가지고 있으면서 사진 촬영 책임을 더 많이 맡았지만, 올드린도 카메라를 가지고 촬영했습니다. 계획대로였습니다."

닐 암스트롱이 가지고 있던 핫셀블라드 카메라 외에도 달착륙선에 핫셀블라드 한 대가 더 있었지만, 가지고 나오지 않았다. 달 표면에서 사용한 다른 스틸사진 카메라로는 아폴로 달 표면 클로즈업 카메라가 있었다. 코넬대학의 유명한 천문학자인 토머스 골드 박사의 이름을 따라 '골드 카메라'로 불리기도 하는 입체 카메라였다. 달 표면의 근접 촬영을 위해 특별히 설계한 골드 카메라로 촬영하는 일은 오로지 암스트롱의 책임이었다. 하지만 올드린도 핫셀블라드로 많은 사진을 촬영했다. 암스트롱이 카메라를 힘들게 끄집어내 올드린에게 조심스럽게 넘겨주었다는 뜻이다. 카메라를 건네받은 올드린은 멀리 보이는 지구와 달착륙선의 사진을 360도 파노라마로 촬영하기도 했다. 그가 달 표면에 찍힌 자신의 발자국을 촬영한 사진은 유명해졌다. 그러나 암스트롱을 촬영하려고 한 적은 없었다. 공정하게 말하자면 올드린은 자신이 맡은 역할에 따라 계획대로 사진 촬영을 했다. 아폴로 11호의 마이클 콜린스조차 그 우주비행이 끝나고 한참 뒤에야 닐 암스트롱의 사진이 한 장도 없다는 사실을 깨달았다. "지구로 돌아온 후 사진을 현상했습니다. NASA 현상소에서 가지고 왔죠. 나는 사진들이 좋았어요. 정말 멋지다고 생각했죠. 사진 속 인물을 보면서 '둘 중 누구일까?'라는 생각은 하지 않았어요. 우주복을 입고 있어서 누구인지 금방 알아볼 수 없었죠. 나중에야 비로소 사람들이 '저 사람은 올드린이야', '저 사람도 올드린이야', '저 사람도 올드린이야'라고 했고, 암스트롱의 사진은 올드린의 얼굴 가리개에 비친 모습밖에 없었죠. 하지만 그때도 기술적인 문제 때문이었다고 생각했습니다. 누가 어떤 장비를 가지고 다닐지, 정해진 시간에 무슨 일을 할지, 무슨 실험을 할지 등 시간표에 따라 할 일이 정해져 있었으니까요."

비행 책임자인 진 크란츠는 대답할 말을 찾으려고 애쓰면서 안타깝게 고개를 저었다. "설명할 수가 없어요. 최근 몇 년 동안 매년 10만 명 정도에게 달 착륙에 관해 이야기해왔어요. 매년 60~70차례 사람들 앞에 나서죠. 그때마다 사람들에게 보여줄 수 있는 암스트롱의 사진은 올드린의 얼굴 가리개에 비친 모습밖에 없어요. 충격적이죠. 나로서는 받아들일 수 없어요." 크리스 크래프트나 아폴로 11호의 우주비행을 계획한 사람들은 "과학적인 이유로 사진 촬영을 해야 할 일이 많았고, 달 풍경을 촬영한다는 계획도 많았어요. 하지만 해변에서처럼 서로 사진을 촬영해주는 계획이 있었다고는 생각하지 않아요. 그런 의논을 했다는 기억은 없어요"라고 말했다.

유진 서넌도 비슷하게 이해했다. "암스트롱은 분명 중대한 순간이라는 사실을 깨달았지만, '이봐 올드린, 내 사진 좀 찍어줘'라고 당당하게 말하지 않았을 거예요. 암스트롱은 '오 그래. 내 사진을 촬영할 시간은 없어. 그러니 우리가 여기에 있었다는 사실을 모두에게 보여주기 위해 올드린의 사진을 좀 찍어야겠어'라고 생각했을 거예요. 만약 내가 암스트롱의 입장이었다면 '올드린, 내 사진 좀 찍어줘. 빨리'라고 말했을 거예요."

닉슨 대통령과 전화 통화를 끝낸 후 암스트롱은 곧장 지질학 연구를 위한 준비를 시작했다. 그때까지 수집한 달의 광물은 만일의 사태에 대비해 채취한 토양 표본밖에 없었다. 이제 전 세계 과학자들이 나누어 쓸 만한 많은 양의 표본과 다양한 암석을 수집해야 했다. 암스트롱은 14분 동안 스물세 번에 걸쳐 흙을 떠냈다. 진공포장 용기로 밀봉하는 게 어려워 예상보다 시간이 더 많이 걸렸다. 게다가 암스트롱이 작업하고 있는 지역이 그늘져서 제대로 확인하기가 어려웠다. 중력이 6분의 1이라서 지구에서 훈련했던 정도로 힘을 줄 수 없다는 게 더 문제였다.

아폴로 11호는 총 21.7킬로그램에 가까운 암석과 토양 표본을 지구에 가지고 왔고, 그중 대부분은 암스트롱이 채취했다. 아폴로 계획 전체로 보자면 총 381.69킬로그램의 월석을 가져왔다. 처음 달에 착륙했을 때는 상황을 잘 파악할 수 없었기 때문에 당연히 아폴로 11호가 가져온 표본의 양이 제일 적었다.

암스트롱이 수집한 암석 대부분은 현무암이었다. 주로 칼슘이 풍부한 사장석과 휘석으로 이루어진 밀도 높은 암회색의 화성암이었다. 지구에도 용암이 굳으면서 형성된 현무암이 많다. 아폴로 11호가 가져온 현무암 중 가장 오래된 암석은 37억 년 전쯤에 형성된 것으로 밝혀졌다. 그 후 달에 간 우주비행사들도 갖가지 표본을 가지고 왔는데, 그중에는 반려암과 사장암이라고 불리는 더 오래된 밝은 색의 화성암도 있었다.

아폴로 11호 후 몇 년 동안 월석이 우주의 비밀을 풀어주지 못해서 실망했다는 비판도 있었지만, 암스트롱은 그렇게 생각하지 않았다. "놀랍게도 달의 맨틀 위에 있는 암석층을 입증했다고 믿습니다. 다양한 암석 종류를 보여주면서 화성암이나 마그마의 기원도 확인해주었습니다. 많은 종류의 암석들 또한 귀금속이 함유된 광석의 흔적을 드러냈습니다." 아폴로가 1972년까지 여섯 차례에 걸쳐 달에 착륙하면서 수집한 2200가지의 표본은 다시 3만 5600가지로 나누어졌다.

2015년 현재, 아폴로가 가지고 온 달 물질의 17퍼센트만 전 세계 연구자들에게 연구용으로 제공됐다. 남은 83퍼센트 중 대부분은 휴스턴에 있는 NASA의 존슨우주센터와 텍사스주 샌안토니오에 있는 브룩스 공군기지에 보관되어 있다. 5퍼센트 이내는 박물관이나 교육기관에 빌려주거나 친선 선물로 외국과 미국의 여러 주에 전달했다.

우주비행사들은 암석 표본 수집 말고도 여러 실험을 해야 했지만 시간이 별로 없었다. 아폴로 11호의 달 표면 활동이 2시간 40분으로 제한되어 있었기 때문이다. NASA 과학위원회가 엄격한 평가를 거쳐 선정한 총 여섯 가지 실험이 있었다. 주로 올드린이 땅을 깊이 파서 채취한 흙으로 밀도, 알갱이 크기, 강도와 압축률 등을 측정하는 토양의 역학 조사가 가장 포괄적인 실험이었다.

선외활동이 끝나갈 때쯤 버즈 올드린은 표본 채취용 관을 땅에 깊이 박았고, 15센티미터 정도 아래까지 꽉 뭉쳐 있던 달의 흙을 채취했다. 달에 대한 지질학적 정보뿐 아니라 달에서 이용할 자동차 개발에 필요한 자료를 얻기 위해서였다. 달 표면에서 사용하기 위해 개발한 월면차는 1971년 7월 말, 아폴로 15호와 함께 달에 갔다.

태양이 내뿜는 전하(電荷) 입자들의 흐름을 확인하기 위해 '태양풍 수집 실험'도 했다. 암스트롱과 올드린이 달착륙선 사다리에 붙은 명판의 덮개를 벗긴 직후, 올드린이 암스트롱의 도움을 받아 5분 만에 태양풍 도구를 펼쳤다. 가로 30센티미터 세로 140센티미터의 얇은 알루미늄포일을 태양을 향해 펼쳤다. 77분 동안 달 표면에 놓아둔 알루미늄포일은 헬륨, 네온과 아르곤의 이온들을 모아 태양계의 기원, 행성 대기의 역사, 태양계 역학에 대한 과학 지식을 확장하는 데 도움을 주었다.

올드린은 달의 구조를 분석하고 달의 지진을 찾아내기 위해 고안한 실험을 했다. 그 실험 도구 뒤에는 달의 먼지가 실험에 끼치는 영향을 점검하는 달 먼지 탐지기가 붙어 있었다. 암스트롱은 비행 시작 4일 15시간 53분 0초 후부터 4일 16시간 9분 50초까지 거의 17분 동안 달과 지구 사이 거리를 측정하는 달 레이저 거리 측정 장치를 조립했다. 정육면체 반사경을 모아놓은 그 장치는 빛줄기를 들어온 방향대로 반사하는 일종의 특수 거울이었다. 캘리포니아대학 릭천문대에서 고요의 바다를 겨냥해 레이저 광선을 쏘았고, 그 광선이 암스트롱이 설치한 반사경인 달 레이저 거리 측정 장치에 반사되어 돌아오는 시간을 재면 지구와 달 사이 거리를 정확하게 측정할 수 있었다. 그 레이저 광선은 굉장히 먼 거리에서도 초점을 잘 맞추고 있었지만, 지구에서 40만 킬로미터 가까이 멀어지면서 지름이 3킬로미터 정도로 넓게 퍼졌다. 암스트롱은 광선을 최대한 집중적으로 받아들이기 위해 반사경을 굉장히 정확하게 조정해야 했다. 반사경이 모두 지구를 향하도록 조정하면서 움직이지 않도록 평평한 곳에 잘 자리 잡게 해야 했다.

달 레이저 거리 측정 장치는 아폴로 계획의 모든 실험 중 과학적으로 가장 중요한 실험이었다. 아폴로 11호와 14호, 15호가 설치한 달 레이저 거리 측정 장치는 중요한 측정을 많이 했다. 그 장치를 통해 달의 공전과 자전, 달이 지구에서 조금씩 멀어진다는 사실(매년 3.8센티미터 정도), 지구의 자전과 자전축에 대해 더 많은 사실을 알게 되었다. 과학자들은 그 장치를 활용해 아인슈타인의 상대성 이론을 실험하기도 했다.

암스트롱은 사다리 오른쪽에 접어놓았던 S주파대 접시안테나를 사용하지 않기로 결정했던 과정을 회고했다. "달착륙선 안테나의 신호가 지구에 텔레비전 화면을 전송할 수 있을 정도로 강했기 때문에 접시안테나를 세울 필요가 없었습니다." 효율적으로 임무를 마쳐야 한다는 측면에서 암스트롱은 폭이 2.4미터나 되는 S주파대 안테나를 펼치지 않아도 되어서 안심했다. 원래 시간 계획보다 벌써 30분이나 늦어졌는데, 그 안테나를 조립하려면 20분 정도가 걸렸다. 한편 "그 안테나 조립은 정말 재미있었어요. 지구에서 여러 번 해보았는데, 할 때마다 안테나가 꽃처럼 펼쳐지는 장면을 보면서 감탄했거든요. 안테나를 조립해 제대로 작동되는 것을 확인했다면 좋았을 거에요"라고 암스트롱은 아쉬움을 드러냈다.

암스트롱은 선외활동이 대체로 계획대로 진행되었다고 평가했다. "우리에게는 계획이 있었어요. 적당한 순서에 따라 해내야 할 일들이 많았어요. 우리는 어떤 일들이 중요한지, 어떤 순서로 하는 게 편리하고 실용적인지를 판단하면서 계획을 세웠어요. 여러 번 모의실험을 하면서 일정 기간 동안 계획을 발전시켰습니다. 우리는 계획을 잘 파악하고 있었어요. 아무 문제도 없었죠. 하지만 상황만 괜찮으면 계획을 어기거나 계획에서 벗어나는 데 대해서도 아무 제한을 느끼지 않았어요."

계획에 없었던 일 중 가장 큰 일은 선외활동 막바지에 암스트롱이 달착륙선에서 동쪽으로 60미터 가까이 떨어진 상당히 큰 분화구(오늘날은 동쪽 분화구로 알려져 있다)를 보러 가겠다고 결심한 것이었다.

"처음에는 그 분화구를 보러 간다는 계획이 없었어요. 분화구가 거기 있는 줄도 몰랐으니까요. 하지만 표본을 채취할 시간을 조금 포기하더라도 그 분화구를 둘러보고 사진을 촬영하는 게 더 의미 있겠다고 생각했어요. 사람들이 흥미를 가질 만한 하나의 증거가 될 수 있을 거라 생각했죠." 달에서 어떻게 행동할지에 대한 지침은 있었지만, 우주비행사들이 달착륙선에서 얼마나 먼 거리까지 갈 수 있는지에 대한 구체적인 수칙은 없었다. 암스트롱이나 올드린이 달착륙선에서 너무 멀어지면 우주비행관제센터가 분명 제재를 가했을 것이다. "사실 언제 그 분화구를 보러 가서 사진 촬영을 할지 혼자 시간을 정해두고 있었어요. 그럴 만큼 상당히 흥미로운 곳이라고 생각했습니다."

선외활동 시간이 얼마 남지 않자 암스트롱은 서둘러 그 분화구에 갔다가 돌아왔다. 나중에 텔레비전 화면을 분석해보니 성큼성큼 뛰어서 다녀왔다. 시속 3.2킬로미터 정도의 속도였다. 그곳을 탐사하고 오는 데 총 3분 15초가 걸렸다. 그는 그곳에서 분화구의 다양한 특징들을 보여주는 사진을 여덟 장 촬영했다. 지질학자들이 흥미를 느낄 듯해서 옆으로 튀어나와 있는 암석들도 촬영했다.

암스트롱이 분화구를 향해서 가려고 할 때 휴스턴의 우주비행관제센터는 올드린에게 달착륙선으로 돌아가기 위해 준비해야 할 시간이라고 알렸다. 10분 후, 암스트롱은 올드린 뒤에서 사다리를 올라가야 했다. 사다리로 올라가기 전 두 사람은 표본 채취를 끝내고 채취관의 뚜껑을 닫았고, 암스트롱은 암석 표본 채취를 마무리했다. 그리고 태양풍 실험 도구, 채취한 암석이 들어 있는 상자 등 모든 물건을 사다리 쪽으로 가지고 갔다.

우주비행 후 기자회견에서 암스트롱은 "하고 싶었던 일들을 다양하게 할 수 있을 만한 시간이 너무 부족했어요. 우주선 밖으로 나가기 전 올드린 쪽 창문에서 사진 촬영을 했던 벌판의 바위들은 크기가 1미터 안팎이었습니다. 달의 암반 조각일 가능성이 높았죠. 그쪽으로 가서 표본을 채취했다면 굉장히 흥미로웠을 거예요. 흥미로운 일들이 너무 많았어요"라고 말했다.

"새로운 환경에 가면 여러분을 둘러싼 모든 것들이 색다르기 때문에 '이게 뭐지?', '이게 중요할까?' 혹은 '다른 시각에서 봐야겠어'라면서 조금 더 주의 깊게 보게 됩니다. 모의실험에서는 절대 하지 않는 행동이지요. 모의실험에서는 그저 암석을 집어 보관 용기에 던져 넣기만 합니다. 그래서 달에서 일을 끝내는 데 시간이 더 걸려도 놀랍지 않았어요. 모의실험을 할 때는 대통령 전화도 받지 않았죠. 지구에서 여러 가지 질문을 했기 때문에 그 질문들에 대답하느라 시간이 조금 더 걸렸습니다. 훈련 기간에는 아무도 질문하지 않았기 때문에 그 시간을 고려하지 않았죠. 우리 입장에서는 달에 있을 때 좀 더 여유 있게 주위를 둘러보았다면 좋았을 거예요. 하지만 많은 사람들이 오랜 시간 준비해왔던 실험을 해야 했고, 이런저런 요구들이 많았죠. 여러 요구들을 가장 적절한 방법으로 최대한 충족시키기 위해 노력해야 할 의무가 있다고 느꼈습니다. 하지만 옳다고 생각하는 방향이면 규칙을 좀 어겨도 거리끼지 않았어요. '이런, 보고 싶고 하고 싶은 일들이 너무 많아서 조금 더 오래 있으면 좋겠어'라고 생각했던 기억이 나요. 강렬한 충동은 아니었어요. 그저 조금 더 우주선 밖에서 머무르고 싶다는 느낌이었어요. 그러나 우주선으로 돌아가야 한다는 사실을 알고 있었죠."

미국 동부 표준시로 새벽 1시가 다가올 때 그들은 사다리로 올라가라는 이야기를 들었다. 올드린이 달착륙선 안으로 들어가기 전 암스트롱이 올드린 우주복에 묻은 먼지를 떨어주기로 되어 있었지만 잊어버렸다. 아마 소용없어 보였기 때문일 수도 있다. "흙먼지가 너무 고와서 완전히 떨어낼 수가 없었어요"라고 암스트롱은 설명했다.

암스트롱이 달 표면에서 마지막으로 안간힘을 써야 할 일이 있었다. NASA가 완전히 밀폐하기 위해 만든 암석 보관 상자의 뚜껑을 닫으려면 14.5킬로그램 정도의 힘을 줘야 했다. 육중한 표본 상자의 뚜껑을 겨우 닫은 후 '마지막 남은 힘을 모두 쏟아' 두 번째 표본 상자의 뚜껑을 닫았다. 낮은 중력 때문에 상자들이 미끄러져서 더욱 힘들었다. 암스트롱은 장비 보관함 위에 상자를 올려놓고 뚜껑을 닫으려고 했다. 상자들이 움직이지 않도록 단단히 붙잡고 힘주어 뚜껑을 닫는 게 쉽지 않았다. 뚜껑을 닫은 다음에는 암석 상자를 하나씩 장비 운반 장치로 옮겨 '브루클린 빨랫줄'에 걸어야 했다. 그 빨랫줄로 달착륙선 출입구까지 옮기면 올드린이 올려놓을 수 있었다.

휴스턴 우주비행관제센터의 심장 모니터는 선외활동을 마무리하는 동안 암스트롱의 심장박동 수가 분당 160회로 치솟았음을 보여주었다.° 인디애나폴리스 500 자동차 경주를 시작할 때 자동차 경주 선수의 심장박동 수와 같았다. 암스트롱이 사다리를 오르기 5분 전, 우주비행관제센터는 연료탱크의 압력과 우주복의 산소량에 대해 보고하라고 하면서 일부러 암스트롱을 잠시 진정시키려고 했다.

달착륙선 안으로 물건들을 모두 옮겨놓는 데 온통 정신이 팔려 암스트롱과 올드린은 달 표면에 작은 기념품을 남겨놓는 일을 거의 잊을 뻔했다. 올드린은 그 일을 거의 잊어버렸다고 회고했다. "사다리를 절반쯤 서둘러 올라갔을 때 암스트롱이 우리가 가져온 기념품을 남겨두어야 한다는 사실을 기억하느냐고 물었습니다. 완전히 잊고 있었죠. 시간이 있다면 간단한 기념식을 하고 싶었지만, 그런 일은 뒷전이 되었습니다. 어깨에 달린 주머니에 손을 집어넣어 꾸러미를 끄집어낸 후 달 표면으로 던졌어요."

그 꾸러미 안에는 인류 최초로 지구궤도를 돈 우주비행사로 1968년 3월에 미그-15의 추락 사고로 사망한 유리 가가린, 소유스 1호에 탑승했다가 귀환 도중 우주선의 낙하산이 펼쳐지지 않아 1967년 4월에 사망한 블라디미르 코마로프, 두 우주비행사에게 경의를 표하기 위해 소련이 제작한 두 개의 메달이 들어 있었다. 거스 그리섬, 에드워드 화이트와 로저 채피를 기념하는 아폴로 1호 패치도 들어 있었다. 미국 달 착륙 계획의 평화적인 성격

° 윌리엄 로(William Rowe) 의사는 최근 몇 년간 '닐 암스트롱 신드롬'이라고 부르는 일련의 논문을 발표했다. 그는 우주비행이 인간의 생리, 특히 철관에 미치는 영향을 20년간 연구했다. 로 박사는 아폴로 11호의 의료 정보를 바탕으로 "닐 암스트롱은 달에서 선외활동 중 마지막 20분 동안 심각한 호흡 곤란으로 고생했다. 심장박동 수가 분당 160회로 올라가는 심박급속증(心拍急速症)을 겪었다"라고 주장했다.

을 상징하는 황금색 올리브 나뭇가지 배지도 있었다. 아폴로 11호 우주비행사들이 아내를 위한 선물로 가지고 있던 배지와 같은 기념품이었다. 올드린이 던진 꾸러미는 암스트롱의 발 오른쪽에 떨어졌다. 암스트롱은 발로 밀어 그 꾸러미의 위치를 조금 바로잡았다.

미국 동부 표준시로 새벽 1시 9분(우주비행 4일 15시간 37분 32초후), 암스트롱은 달착륙선으로 올라가기 시작했다. 팔로 사다리를 잡고 다리를 밀어 올려 세 번째 단으로 뛰어올랐다.

"두 무릎을 굽히고 몸을 가능한 한 사다리 쪽으로 바짝 붙이는 게 비결이었습니다. 그다음 수직으로 뛰어오르면서 손으로 사다리를 붙잡아 지탱했죠. 그런 식으로 세 번째 단까지 한 번에 올라갈 수 있었습니다."

암스트롱의 성격상 멋지게 보이려고 한 행동이 아니라 엔지니어로서 실험해보려고 한 행동이었다.

"그냥 호기심이었습니다. 우주복을 입지 않았다면 높이 뛰어오를 수 있습니다. 하지만 우주복 무게가 어떨지……. 우주복 안쪽의 압력이 높아서 대부분의 무게를 지탱하고 있었기 때문에 우주복의 무게를 느낄 수 없었습니다. 그러나 위로 뛰어오를 때는 달에서의 무게인 28킬로그램 정도를 지탱해야 합니다. 몸무게 28킬로그램인 남자라면 얼마나 높이 뛰어오를 수 있을까요? 뻣뻣한 우주복 때문에 방해받지 않는다면, 아마도 상당히 높이 뛰어오를 수 있을 거예요. 그저 얼마나 높이 뛰어오를 수 있는지 알고 싶었어요."

암스트롱만큼 사다리를 높이 뛰어오른 우주비행사는 그 이후에도 없었다. 보통 손이나 팔에 무언가를 들고 올라가야 했기 때문이다. 달의 흙먼지가 묻어서 사다리가 미끄러웠기 때문에 암스트롱이 뛰어오르다 사다리에서 미끄러질 수도 있었지만 다칠 가능성은 많지 않았다. 사다리를 붙잡고 부드럽게 떨어질 수 있었기 때문이다. 유인우주선센터 물탱크에서 일어나는 연습을 했기 때문에 떨어졌다고 해도 아무 문제 없이 일어날 수 있었다.

생명 유지 장치의 부피가 커서 몸을 숙여야 했지만 올드린은 비교적 수월하게 우주선 안으로 들어갔다. 올드린은 무릎을 꿇은 채 조종실로 들어간 다음 똑바로 섰다. 몸을 돌리기 전에 등 뒤에 있는 스위치나 장비들을 확인해야 했다. 올드린이 하나하나 이끌어준 덕에 암스트롱은 사다리를 올라가 달착륙선으로 들어가기까지 1분 26초밖에 걸리지 않았다.

04:15:38:08 올드린 : 고개를 계속 숙여. 이제 몸을 숙이기 시작해. 좋아. 여유가 있어. 이제 좋아. 몸을 조금 숙이고 고개를 숙여. 조금 오른쪽으로 돌아. 고개를 숙여. 잘 도착했어.

우주선 출입구를 열고 나간 지 2시간 31분 40초 만에 돌아와 출입구를 닫았다. 미국 동부 표준시로는 새벽 1시 11분에 출입구를 닫았다. 인류 최초로 달 표면에서 지낸 시간은 미식축구 한 경기를 보는 시간보다 짧았다.

CBS에서는 에릭 세버라이드와 월터 크롱카이트가 중요한 순간들을 요약해서 전했다. "인간이 달에 착륙해서 첫걸음을 뗐었습니다. 여기에 더 붙일 말이 있나요?"라고 크롱카이트가 물었다. 세버라이드는 "이제 무슨 말을 덧붙일 수 있을지 모르겠어요. 우리는 여기에서 일종의 '새로운 시작'을 지켜보았습니다. …… 그들이 움직일 때 그들이 그곳에서 얼마나 기뻐하는지 느낄 수 있었습니다. 그들이 껑충껑충 달리리라고는 상상도 하지 않았어요. 그렇지 않나요? 그들이 굉장히 조심해서 움직일 것 이라는 말밖에는 듣지 않았으니까요. 한 발 한 발 조심해서 걸 을 것이라고 했었죠. 그들이 추락할지 모른다는 이야기도 들었 습니다. 그런데 그들은 사방치기 놀이를 하는 아이들 같았어요" 라고 대답했다.

크롱카이트는 "거의 망아지 같았죠. 하지만 달 표면에서 '예 쁘다'는 말을 할 줄은 정말 몰랐어요. 그들은 '예쁘다'고 말했어 요. 우리는 춥고 황량하고 <u>으스스</u>하다고 생각하는 곳에서 그들 은 어떤 묘한 아름다움을 발견했어요. 그 아름다움을 우리에게 제대로 묘사할 수는 없을 거예요. 나중에 달을 밟을 사람도 그 아 름다움을 느낄 수는 없을 거예요. 달에 처음 간 사람들만 느낄 수 있는 아름다움이니까요"라고 덧붙였다.

세버라이드는 "우리는 이 사람들에 대해 어딘가 이방인 같 다고 계속 느낄 거예요. 사실 그들의 아내나 아이들조차 조금 낯 설게 느끼겠죠. 우리는 따라갈 수 없는 새로운 세상으로 사라졌 다가 돌아온 사람들이니까요. 이제 그들의 삶이 어떻게 달라질 지 궁금해요. 달은 이제까지 그들을 잘 대해주었습니다. 지구에 있는 사람들이 그들을 어떻게 대할지가 다른 무엇보다 걱정이 됩 니다"라고 말했다.

아폴로 11호의 우주비행사들이 달에 어떤 개인 물품과 기념 품을 가지고 갔는지에 대해서는 기록마다 차이가 있다. 세 우주 비행사 모두 개인 물품 주머니를 가지고 우주선에 들어갔다. 점 심 도시락을 넣는 큼직한 갈색 봉투 크기의 유리섬유 직물 주머 니였다. 내화성 테플론으로 코팅이 되어 있고 끈으로 여닫을 수 있었다.

아폴로 11호의 우주비행사들이 각자 얼마나 많은 개인 물품 주머니를 가지고 갔는지는 알려지지 않았다. 적어도 하나씩은 사령선의 짐칸에 보관하고 있었다. 사령선의 개인 물품은 1인당 2.27킬로그램을 넘지 않아야 했다. 달착륙선 안에는 암스트롱과 올드린이 가지고 온, 적어도 두 개의 개인 물품 주머니가 있었다. 달착륙선의 개인 물품은 1인당 226.8그램을 넘지 않아야 했다. 암스트롱과 올드린, 콜린스는 달 표면으로 가지고 갔든 사령선에 두었든 아폴로 11호의 물건들은 모두 '달에 가져갔다'고 보아야 한다고 주장했다. 마이클 콜린스가 달궤도에서 가지고 있었던 물건들도 상징적인 가치가 떨어지지 않는다는 뜻이다.

세 우주비행사는 아무도 달에 가지고 갔던 기념품 목록을 밝히지 않았다. (우주비행사들은 펜이나 선글라스같이 자주 쓰는 개인 물품을 보관하는 주머니도 가지고 있었다.) 달에 무엇을 가져갔는지 우주비행사들이 몇 년 동안 이야기하거나 글로 기록한 내용, 달에 가져갔었다면서 판매하거나 전시한 물건들을 통해서만 어떤 물건들인지 조금씩 알려졌을 뿐이다.

그러나 올드린, 콜린스와 달리 암스트롱은 달에 무엇을 가져갔는지 말한 적도 없고, 경매에 물건을 내놓은 적도 없었다. 개인 물품 주머니 안에 무엇이 들어 있었는지 아무리 알아내려고 해도 알 수가 없었다. 아폴로 11호의 발사 전부터 소문이 있었지만 NASA는 그 주제에 대해 어떤 해명도 하지 않았다. 재닛 암스트롱은 닐이 자신을 위해 달에 무엇인가를 가져갔다고 인정했지만, 그게 무엇인지는 밝히지 않겠다고 말했다.

우주비행사들의 개인 물품에 대해 철저히 비밀을 지키는 게 NASA의 정책이었다. 우주비행사들이 어떤 기념품을 가지고 갔는지에 대해 NASA가 밝히려 하지 않았기 때문에 오늘날까지도 아폴로 11호가 공식적인 기념품으로 무엇을 가져갔는지 알려지지 않았다. 아폴로 11호의 공식적인 기념품 목록은 한 번도 공개되지 않았다.

아폴로 11호는 공식적인 기념품을 따로 보관하지 않고 사령선 짐칸에 넣어두었을 수도 있다. 1972년 NASA 서류를 보면 '우주를 비행할 때 공식 기념품의 무게는 총 24.2킬로그램을 넘지 않아야 한다'고 되어 있다. 분명 우주비행사들의 개인 물품보다 공식 기념품의 양이 많았다. 우주비행사들이나 NASA의 고위 관리들이 중요한 인물들이나 기관들에 NASA의 공식적인 기념품으로 나눠주어야 했기 때문이다. 암스트롱과 올드린은 이 물건들을 달착륙선에 가져가지 않았다. 그렇다면 달착륙선에 있었던 개인 물품 주머니만 달 표면에 가져갔고, 주머니 안에 정확히 어떤 물건이 들어 있었는지는 알 수가 없다. 추측하자면 다음과 같은 물품들이다.

• 매사추세츠의 로빈스 회사가 주조한 450개의 은메달
세 명의 우주비행사가 똑같이 나누어 개인 물품 주머니 안에 보관했다. 얼마나 많은 은메달을 달 표면에 가지고 갔는지는 알려지지 않았다.

• 역시 로빈스 회사가 주조한 3개의 금메달
우주비행사들이 하나씩 보관했다. 이 메달 중 한 개는 달착륙선으로 가져갔을 수 있다.

• 몇 개인지 밝혀지지는 않았지만 10.2×15.2센티미터 크기의 미니어처로 만든 국제연합기와 성조기, 세계 여러 나라의 국기, 미국의 50개 주, 컬럼비아 특별구와 미

국 영토의 깃발들

NASA는 1969년 7월 3일, "이 깃발들을 달착륙선에 가지고 갔다가 지구로 가져올 계획입니다. 달에서 펼치지는 않을 예정입니다"라고 공식 발표했다.

사령선 안에는 공식 기념품인 미니어처 성조기가 훨씬 더 많이 있었다. 지구로 돌아온 후 상원과 하원에 선물할 실물 크기(1.52×2.44미터)의 성조기 두 개도 있었다. 이 성조기는 아폴로 11호가 우주비행을 떠나기 전 워싱턴 국회의사당에서 비행기에 실려 날아왔고, 우주비행이 끝나면 다시 국회의사당으로 날아갈 예정이었다. 올드린은 자신이 보관했던 미니어처 성조기들을 나중에 판매했다. 고요의 기지까지 간 성조기인지, 사령선에 남아 있었던 성조기인지는 알 수 없다.

● **미국 우정국에서 발행한 아폴로 11호 기념 편지봉투**

편지봉투 위에는 역시 그 당시 발행한 10센트짜리 우표가 붙어 있었다. 이 편지봉투를 암스트롱과 올드린 중 누가 달착륙선에서 가지고 있었는지는 알려지지 않았다. 그들은 달 표면에서 편지봉투에 도장을 찍기로 되어 있었지만 잊어버렸다. (그들은 7월 24일, 지구로 돌아와 격리실에 있을 때 소인을 찍었다. 하지만 날짜는 7월 20일로 찍혔다.) 콜린스가 도장을 찍을 인주를 가지고 갔다. 올드린은 유인우주선센터 우표 수집 모임의 부탁을 받고 우표 수집용 봉투 101개를 개인 물품으로 사령선에 가져갔다. 아마도 113개나 그 이상의 봉투가 사령선에 더 실렸을 것으로 보인다. 우주비행사들은 가져간 편지봉투에 서명했다. 한참 후 올드린과 콜린스는 그들이 가지고 있던 편지봉투의 왼쪽 위 모서리에 자신들 이름의 머리글자를 써넣었고, 그중 일부를 경매에 내놓았다. 하지만 암스트롱은 한 번도 내놓지 않았다.

• **몇 개인지 밝혀지지 않은 아폴로 11호의 유리섬유 직물 패치들**
내화성 유리섬유로 촘촘하게 직조한 직물로 만든 패치였다. 우
주비행사들은 각자 이 패치들을 개인 물품으로 가지고 있었다.
그중 얼마나 달 표면으로 가져갔는지, 가지고 가긴 했는지는 알
려지지 않았다.

• **몇 개인지 밝혀지지 않은 아폴로 11호의 자수 패치들**
자수 패치들은 대부분 공식 기념품으로 가져갔을 가능성이 많지
만, 우주비행사들이 개인 물품으로 소량 가져갔을 수도 있다. 하
지만 달 표면에는 거의 가지고 가지 않았다.

• **금색 올리브 나뭇가지 배지 3개**
올드린이 선외활동 중 마지막 순간에 달 표면으로 던진 금색 올
리브 나뭇가지 배지의 복제품들. 우주비행사들은 우주비행 후 아
내들에게 그 배지를 선물로 주었다. 아마도 콜린스가 아내 퍼트
리샤에게 주려던 배지까지 암스트롱이나 올드린이 달착륙선으
로 가지고 갔던 것으로 보인다.

• **올드린이 달착륙선에 가지고 간 포도주 병과 성찬식용 잔, 아내와 가족의 장신구**

암스트롱은 개인 물품으로 무엇을 가지고 갔는지 밝힌 적이
없다. 책 출간을 위해 밝히겠다고 했지만, 얼마 후 서류 더미에
서 그 목록을 찾을 수 없다고 알렸다. 달에 무엇을 가지고 갔는지
에 대해 그는 "아폴로 11호의 내 개인 물품에는 아폴로 11호 메

달들과 아내와 어머니를 위한 장신구(금색 올리브 나뭇가지 배지), 다른 사람들을 위한 물건들이 좀 있었어요"라고밖에 말하지 않았다. 그는 세계 최초의 항공기인 라이트 플라이어^{Wright Flyer}의 조각들을 달에 가져간 사실은 분명히 밝히면서 가장 자랑스러워했다. 그는 데이턴에 있는 미국공군박물관과 특별히 협의해서 라이트 형제가 1903년에 인류 최초로 비행한 비행기의 왼쪽 프로펠러 조각과 왼쪽 날개의 모슬린 천 조각(20.3×33센티미터)을 달착륙선에 가지고 갔다.

암스트롱은 퍼듀대학 남학생 클럽의 배지를 아폴로 11호에 가져갔다가 돌아온 후 오하이오주 옥스퍼드에 있는 그 클럽 본부에 기증했다. 알려진 이야기와 달리 재닛의 여학생 클럽 배지는 가지고 가지 않았다.

"내가 기억하는 한 내 물건은 아무것도 가져가지 않았어요"라고 암스트롱은 확실하게 말했다. 아내를 위해 달에 가지고 간 물건은 올리브 나뭇가지 배지밖에 없었다. "뭔가 가져가기를 바라느냐고 내게 묻지도 않았어요"라고 재닛은 말했다.

놀랍게도 암스트롱은 두 아들을 위해서조차 아무것도 가져가지 않아 재닛은 속이 상했다. "아이들에게 주려고 달에 뭔가 가져갔으리라고 짐작했지만, 달에 다녀온 후 아이들에게 아무것도 주지 않았죠. 아이들의 마음을 헤아려줄 수도 있었을 텐데, 생각할 여유가 없거나 마음을 표현할 여유가 없었겠죠."

사랑하는 딸 캐런의 물건도 달에 가져가지 않은 것으로 보인다. 사망한 지 7년이 넘은 (살아 있었다면 열 살이었을) 사랑하는 딸에 대한 소중한 추억을 달에 가지고 가서 기념하는 아버지보다 인류 최초의 달 착륙을 더 의미 있게 만드는 게 있을까? 딸의 장난감 한 점이나 옷 한 벌, 머리카락 한 올, 아기 팔찌를 가지고 갈 수도 있지 않았을까? 아폴로 17호의 우주비행사 유진 서넌은 달의 흙바닥에 아홉 살 딸의 이름을 머리글자로 썼다. 버즈 올드린은 아이들 사진을 달에 가지고 갔다. 찰스 듀크는 가족사진을 달 표면에 남겨두고 왔다.

닐 암스트롱이 죽은 딸을 위해 뭔가 기념했지만 너무 개인적인 일이라서 재닛을 포함해 아무에게도 이야기하지 않았다면? 후대 사람들이 얼마나 더 그를 존경할까? 그랬다면 인류 최초의 달 착륙이 훨씬 더 의미심장해졌을 것이다. 닐 암스트롱을 누구보다 잘 아는 여동생 준도 그렇게 느꼈다.

"오빠가 캐런의 물건을 달에 가지고 갔을까요? 오, 정말 그랬으면 좋겠어요"라고 준은 자신의 심정을 이야기했다.

그 미스터리는 아마 인류가 고요의 기지로 다시 돌아갈 때 풀릴 것이다.

25
지구로 돌아갈 수 있을까

암스트롱은 언제나 달에 착륙하는 마지막 단계를 가장 걱정했다. "알 수 없는 요인들이 너무 많았어요. 착륙 장치들을 지구에서만 시험해봤지, 실제 상황에서는 한 번도 작동해보지 않았으니까요. 그래서 걱정되는 점이 어마어마하게 많았습니다. 그게 가장 어려운 일이어서 가장 걱정을 많이 했죠. 달 표면에서 걸어 다니는 일의 어려움이 10점 만점에 1점이라면 달 착륙은 아마 10점 만점에 13점 정도 될 거예요."

달착륙선이 마이클 콜린스의 사령선과 다시 만나기 위해 이륙할 때의 어려움은 달에 착륙하는 일과 달 표면에서 걷는 일 사이 중간 정도의 어려움이었다. 이륙의 어려움은 10점 만점에 5점이나 6점밖에 되지 않았지만, 중요성은 10점 이상이었다. 성공적으로 이륙해야 우주여행도 성공적으로 마무리될 수 있기 때문이었다. 어떤 이유에서든 달착륙선이 이륙하지 못하면 아폴로 11호가 이제까지 이루어낸 눈부신 성과, 아폴로 11호를 달에 보내기 위한 수십만 인재들의 헌신적인 노력이 그저 비극으로 끝나버릴 수 있었다. 인류 최초로 달에 착륙했지만 우주비행사들은 영원히 집으로 돌아오지 못하는 비극이 벌어질 수도 있었다.

달착륙선 이글 안으로 들어와 출입구를 닫은 암스트롱과 올드린은 달착륙선의 압력을 다시 높이고, 생명 유지 장치를 벗었다. 그리고 달착륙선이 안전한지 확인하기 위해 계기판을 읽었다. 그들은 필요 없어진 장비를 쓰레기 봉지에 집어넣기 시작했다. 쓰레기 봉지를 달에 버리고 가면 달착륙선의 무게를 줄일 수 있기 때문이다. 우주비행사들은 그다음 헬멧과 얼굴 가리개를 벗었다. 지치고 배가 고팠던 두 사람은 이제 뭔가 먹을 수 있었다.

두 사람은 식사하기 전 남은 필름을 모두 사용했다. 선외활동에서 사용했던 핫셀블라드 카메라는 필름을 꺼낸 후 밖에 버리고 왔다. 그들은 우주선에 남아 있던 핫셀블라드 카메라로 미국 국기, 텔레비전 지지대, 멀리 떨어진 지구의 모습을 촬영했다. 올드린은 드디어 암스트롱의 사진 두 장을 촬영했다. 지쳤지만 편안해하는 닐의 모습을 보여주는 그 사진을 보고 다른 우주비행사들은 '스누피 모자'라고 불렀다. '스누피 모자'는 만화 「피너츠Peanuts」에 등장하는 스누피와 닮은 모자다. 암스트롱은 올드린의 사진 다섯 장을 촬영했다. 그들이 식사를 하는 동안 슬레이턴이 기뻐하면서 축하했다.

04:18:00:02 슬레이턴 : 너희는 예정보다 1시간 30분이나 늦었고, 내일은 우리 모두 한동안 쉬니까 이제 연락하지 않을 거라는 사실을 알려주고 싶어. 나중에 봐.

04:18:00:13 암스트롱 : 네 말이 맞아.

04:18:00:16 슬레이턴 : 너희들, 정말 대단한 하루였어. 정말 좋았어.

04:18:00:23 암스트롱 : 고마워. 그래도 우리만큼 좋지는 않을걸.

04:18:00:26 슬레이턴 : 알았다.

쓰레기를 버리려고 암스트롱과 올드린은 헬멧을 다시 쓰고 출입구를 열면서 달착륙선의 압력을 다시 한 번 낮췄다. 선외활동을 다시 한 번 준비하는 일과 같았지만, 휴대용 생명 유지 장치를 입거나 호스를 교체하지 않아도 되어서 이번에는 20분도 걸리지 않았다.

달을 오염시키는 행동으로 여기는 사람들도 있겠지만, 그들은 쓰레기를 모두 밖으로 버렸다. 먼저 비닐봉지에 빼내두었던 냉각수를 버렸다. "우리는 배낭을 집어 던졌습니다. 그 뒤의 우주비행사들은 배낭을 발로 차서 버렸죠"라고 암스트롱은 전했다. 텔레비전 화면에서도 두 개의 배낭이 굴러떨어지는 모습이 보였다. 올드린이 선외활동을 하면서 설치한 지진 실험 장치 덕분에 지구에서도 배낭이 땅에 닿는 순간을 감지할 수 있었다. 암스트롱은 흙투성이 부츠 두 켤레, 빈 도시락, 필름을 빼낸 핫셀블라드 카메라 등을 밖으로 던졌다. 교체한 수산화리튬 통도 버렸다.

어수선한 것이 조금 정리되었지만, 조종석은 여전히 깨끗하지 않았다. 두 사람이 달 표면에서 믿을 수 없을 만큼 많은 흙먼지를 묻히고 들어왔기 때문이다. 그들이 무중력 공간으로 돌아오자 흙먼지가 달착륙선 안에서 떠다니기 시작했다. 떠다니는 흙먼지 입자를 들이마시는 바람에 목소리까지 달라졌다. "달착륙선 안에서 이상한 냄새가 났어요. 분명히 우리 옷에 묻은 달의 온갖 물질 때문이었죠. 젖은 재 냄새 같다고 말했던 기억이 나요."

우주비행관제센터의 몇 가지 질문에 대답한 후 암스트롱은 휴식을 취하려고 했다. 그들이 관찰한 지질에 대해 좀 더 길고 자세하게 설명해달라는 질문을 받은 후 암스트롱은 "그 질문에 대한 대답은 내일 해줄게. 괜찮지?"라고 말했다.

미국 중부 표준시로 7월 21일 오전 2시 50분, 우주비행관제센터는 드디어 통신을 중단하면서 두 사람에게 잘 자라고 인사했다. 마이클 콜린스는 동료들이 달착륙선으로 무사히 돌아왔다는 소식을 들은 직후, 하늘 위 사령선에서 깊이 잠들었다. 암스트롱과 올드린은 거의 22시간 동안 깨어 있었다. 그들은 긴장이 풀렸다. "원하는 만큼 해내지 못했다는 후회는 항상 있기 마련이지만, 우리는 꽤 많은 일들을 했어요. 해낸 일들에 대해서는 상당히 만족했습니다. 언제나 후회보다는 만족감이 크죠. 우리는 또 '수백 쪽에 달하는 점검 항목들을 이제 더 이상 되새기면서 걱정하지 않아도 돼'라고 생각하고 있었습니다."

처음으로 달착륙선에서 잠을 자려고 하니 전혀 편안하지 않았다. 바닥에서는 한 사람밖에 잘 수가 없었다. 그것도 몸을 쭉 뻗지는 못하고 조금 웅크리고 자야 했다. 올드린이 바닥에서 잤다. "그다음으로 잘 만한 곳을 찾자면 지름이 76센티미터 정도인 엔진 뚜껑이 있었습니다. 무거운 물건을 들어 올리는 장치를 파이프 구조물에 매달았습니다. 나는 그 장치 안에 다리를 집어넣고 몸의 중심은 엔진 뚜껑에 올려놓았습니다. 그런 식으로 다리를 매달아놓을 수 있었죠. 엔진 뚜껑 뒤에는 평평한 선반이 있어서 머리를 기댈 수 있었습니다. 임시방편이었지만, 별로 편안하지는 않았습니다"라고 암스트롱은 말했다.

두 사람 모두 제대로 자지 못했다. 불편한 자세로 자야 했을 뿐 아니라 흙먼지를 들이마시지 않으려고 헬멧을 쓰고 장갑까지 끼고 있었기 때문에 더 불편했다. 온도도 문제였다. 바깥은 섭씨 93도가 넘었지만, 달착륙선 안은 16도 정도여서 쌀쌀했다. "창문 가리개를 달으면 우주선 안이 굉장히 어두워졌습니다. 공기 온도도 내려갔죠"라고 암스트롱은 설명했다. 계기판의 불빛, 냉각

수 펌프의 소음도 잠자는 데 방해가 되었다.

　7시간은 잘 계획이었지만, 암스트롱은 마지막 2시간밖에 잠을 제대로 이루지 못했다. 그는 잠을 자려고 애쓰면서 대답해주기로 약속한 지질학적인 질문에 대해 계속 생각했다. 잠이 부족해서 다음 날 달착륙선의 비행에 지장을 줄까 봐 크게 걱정하지는 않았다. "어쩔 수 없는 일이었어요. 시간 계획에 맞추어서 해야 할 일이 있었고, 나는 그 일을 해야 했습니다. '그래 봤자 하룻밤이잖아. 사실 누구든 며칠씩 제대로 자지 못하고 견뎌야 할 때가 있잖아'라고 혼잣말을 했죠. 사령선에 있을 때는 대체로 잘 쉬고 잘 잤어요. 사령선에 있을 때 콜린스는 '달에 착륙하기 전까지는 어렵지 않아. 우리보다 먼저 비행했던 친구들이 이미 아무 문제 없이 해냈잖아. 그러니 그냥 편안하게 즐기면서 정신을 바짝 차려야 할 때를 위해 힘을 아껴둬'라고 말했어요. 그 말을 마음에 새겼죠."

　미국 중부 표준시로 아침 9시 32분, 야간 근무를 하던 교신 담당자 론 에번스가 그들을 깨우기 위해 연락했다. 달에서 총 21시간을 보낸 후 낮 12시 직후에 이륙할 예정이었다.

　상승 준비를 위해 점검 항목을 훑어보고, 별을 관찰하고, 비행에 필요한 자료를 설정하고, 컴퓨터 코드를 입력하고, 사령선을 추적하느라 중간 시간이 다 지나갔다. 우주비행관제센터는 달착륙선이 이륙할 때 랑데부 레이더를 꺼두라고 했다. 에번스는 두 사람에게 "그렇게 하면 착륙할 때 나타났던 경고 신호를 예방할 수 있을 것 같아"라고 설명했다.

　과학자들도 암스트롱과 올드린이 달 표면에서 관찰한 내용에 대해 더 듣고 싶어서 애가 탔다. 암스트롱은 이제 이야기할 준비가 되어 있었다. "정말 흥미진진한 경험이었고, 사람들에게 그 경험에 대해 이야기해주는 게 즐거울 뿐 아니라 영광으로 느껴졌습니다. 내가 알기로 과학자들은 달에서 관찰한 내용에 대해 정말 관심이 많았습니다. 그날은 그들에게도 굉장히 흥미진진한 날이었죠. 그들은 달 탐사를 위해 여러 해 동안 노력해왔습니다. 그러다 갑자기 진짜 정보를 얻을 수 있게 된 거지요. 그들에게도 중요한 날이었습니다."

암스트롱은 그날 아침, 달에서 관찰한 내용을 예리하고 명확하게 설명했다. 그 이야기를 들은 사람들은 모두 깊은 인상을 받았다. "달에서 관찰한 장면들이 기억에 정말 생생하게 남아 있어서 내가 본 내용을 되살리는 게 어렵지 않았던 것 같아요"라고 암스트롱은 그때를 떠올렸다.

"우리는 둥근 분화구들이 모여 있는 비교적 평평한 곳에 착륙했다. 크고 작은 분화구들은 대부분 움푹 파여 있었다. 하지만 모두 그렇지는 않았다. 파인 부분이 별로 보이지 않는 작은 분화구들도 있었다. 그 지역의 땅바닥은 보통 모래보다 훨씬 고운 가는 모래로 되어 있었다. 지구의 흑연 가루와 가장 비슷하다고 말할 수 있다. 달의 표면 위에는 정말 다양한 모양과 크기, 질감의 암석들이 튀어나와 있었다. 앞에서도 말했지만 아무 무늬가 없는 현무암과 구멍이 숭숭 뚫린 현무암 같은 암석도 보았다. 결정체가 들어 있지 않은 암석도 있지만, 하얀색의 작은 반점 모양 결정체가 들어 있는 암식도 있었다.

바위들의 높이는 보통 61센티미터 정도였지만, 이보다 높은 바위도 조금 있었다. 땅 위에 올라와 있는 바위도 있었고, 일부가 땅에 묻혀 있는 바위도 있었다. 땅에 묻혀서 거의 보이지 않는 바위도 있었다. 달 표면 위를 걷거나 혹은 표본 채취를 위해 흙을 파다 보면 흙 밑에 있는 바위와 부딪치기도 했다. 땅 밑에 파묻혀 있는 바위들 때문이었다.

　달에 착륙하면서 마지막으로 통과한 큰 분화구에서 생겨난 바위들이라고 생각했다. 어제는 그 분화구가 축구장만 한 크기라고 했지만, 가늠하기가 조금 어려웠다는 사실을 인정해야겠다. 그 분화구 근처의 바위들은 우리가 착륙한 지역의 바위들보다 훨씬 컸다. 그곳에서는 크기가 3미터 이상인 바위도 보였다. 분화구 너머에 그런 바위들이 빽빽하게 모여 있었다. 바위들은 점점 줄어들더니 달착륙선 주위까지 띄엄띄엄 불규칙적으로 놓여 있었다. 바위가 거의 없어서 길이 난 것처럼 보이는 곳도 있었다. 오버."

　달에서 이륙하기 위한 카운트다운을 앞두고 암스트롱은 전형적인 시험비행 조종사와 같은 태도를 취했다. 현실적이고 냉철했다. "달착륙선 상승엔진의 연소실은 하나였습니다. 그리고 연료와 산화제를 저장하는 추진제 탱크가 있었죠. 엔진에 추진제를 공급하는 데는 여러 방법이 있습니다. 나는 수동으로 추진제 밸브를 열자고 제안했습니다. 우주비행관제센터는 그 방법이 NASA의 기준에 맞지 않는다고 생각했지만, 그 방법으로 엔진이 점화되지 않아도 다시 시도할 시간이 있었기 때문에 별로 걱정하지 않았습니다. 문제를 분석하면서 다른 방법을 찾아낼 수 있는 시간이 충분히 있었습니다. 시험비행 조종사들은 다른 방법이나 시간이 없을 때 정말 걱정을 많이 합니다.

　상승 궤도는 굉장히 간단합니다. 우리는 운항유도 조정 장치를 사용했어요. 운항유도 조정 장치가 작동하지 않아도 중단유도 장치로 전환해서 안전하게 궤도에 들어갈 수 있었습니다. 적어도 그 시점에는 시간에 맞출 수 있다고 생각했어요. 휴스턴의 우주비행관제센터가 어떻게 도와줄 수 있을까요? 운항유도 조정 장치가 말썽을 부리거나 궁금한 점이 있으면 분명 우리보다 그 문제를 더 잘 분석할 수 있을 거예요. 우리 위치는 상당히 좋았어요. 우리는 달에서 동쪽에 있었고, 서쪽으로 움직이고 있었어요. 상승하는 동안 달의 중심을 지나기 때문에 지구 레이더에서 자료를 받기가 쉬웠습니다. 우리가 중단유도 장치로 바꿔야 하면 지구에서 알려줄 수 있었어요. 하지만 그 외에는 그들이 할 수 있는 게 많지 않았어요. 그들은 다른 장치들에 문제가 없는지도 지켜볼 거예요. 그들이 뭔가 이상한 점을 발견하면 우리가 어떻게 해야 할지 알아내야 했습니다. 상승 궤도는 상당히 단순했어요. 반면 랑데부할 때는 계속 달라지는 궤도 변화를 계산하면서 엔진을 연소시켜야 합니다. 우주비행관제센터도 지구에서 얻을 수 있는 정보를 이용해서 도와주죠."

비행 시작 5일 4시간 4분 51초 후, 론 에번스는 그들에게 이륙하라고 했다. "알았다. 활주로에 우리밖에 없다"라고 올드린은 대답했다. 17분 정도 후인 미국 중부 표준시로 오후 12시 37분, 상승엔진을 처음으로 점화했다. 아폴로 11호의 우주비행, 아니 미국 유인우주선 계획 전체에서 달 착륙 다음으로 긴장되는 순간이었다. CBS에서 크롱카이트는 시라에게 "머큐리 계획 초기부터 지금까지 이렇게 불안한 적이 없었던 것 같아요"라고 말했다. 암스트롱의 어머니와 아내도 똑같은 두려움에 휩싸였다.

05:04:21:54 올드린 : 9, 8, 7, 6, 5, 중단 단계, 엔진 점화, 상승, 진행.

05:04:22:00　　　　발사.

05:04:22:07 올드린 : (잡음) (알아들을 수 없음) 그림자, 멋지다.

올드린은 자서전에서 이륙에 대해 멋지게 묘사했다. '달착륙선의 윗부분이 땅딸막한 몸과 막대기 같은 다리를 가진 아랫부분에서 분리되었다. 하늘로 치솟는 상승엔진에서 떨어져 나온 빛나는 절연체 입자들이 비처럼 쏟아졌다.'

> 05:04:22:09 올드린 : 초속 9.2미터, 11미터로 올라간다. 우주선의 앞머리를 들어 올려야 해.
>
> 05:04:22:14 암스트롱 : 앞머리를 들어 올린다.

"풍경을 둘러볼 시간이 없었습니다. 나는 컴퓨터에 온 정신을 집중하고 있었고, 암스트롱은 자세 지시기를 분석하고 있었습니다. 하지만 고개를 들어 성조기가 넘어지는 장면을 볼 수 있었어요. 발사 몇 초 후 달착륙선은 45도 정도 앞으로 기울어졌고, 우리는 우주선이 무서울 정도로 급격하게 움직일 수도 있다고 예상했습니다. 그러나 끈과 스프링으로 우리 몸이 단단히 고정되어 있어서 충격을 거의 느낄 수 없었습니다."

> 05:04:22:15 올드린 : 정말 부드럽다. 정말 조용하게 날아가고 있다. 저기 아래에 그 분화구가 보인다.
>
> 05:04:23:04 교신 담당 : 잠깐만, 너희는 좋아 보여.
>
> 05:04:23:10 올드린 : 알았다.(일시 정지) 앞뒤로 조금 흔들리긴 하지만 정말 조용하게 날아가고 있다. 엔진에 의한 진동이 그리 크지 않다.
>
> 05:04:23:31 교신 담당 : 알았다. 정말 좋다.
>
> 05:04:23:37 올드린 : 초당 수평속도 213.4미터, 초당 수직속도 45.7미터로 올라가고 있다. 멋지다. 2743킬로미터(고도). 중

단유도 장치와 운항유도 조정 장치의 차이는 초당 30.5센티미터 이내다.

05:04:23:59 교신 담당 : 이글, 휴스턴이다. 지금 너희는 좋아 보인다.

05:04:24:06 올드린 : 이제 304.8미터, 51.8미터로 올라가고 있다. 멋지다.

"오, 세상에! 그들은 '멋지다. 정말 부드럽다. 정말 조용하게 날아가고 있다'라고 말합니다. 달 표면에서 24시간도 채 보내지 않은 암스트롱과 올드린은 달 주위를 돌고 있는 콜린스와 만나기 위해 지금 돌아오고 있습니다"라는 크롱카이트의 외침을 듣고 눈물을 흘린 사람은 암스트롱의 어머니만이 아니었다.

'동료들을 달에 놓아두고 혼자 지구로 돌아가야 하면 어떻게 할까'라는 게 지난 6개월간 마이클 콜린스의 '남모를 공포'였다. "사령선에는 착륙 장치가 없습니다. 그들이 달에서 이륙하지 못하거나 추락해도 그들을 도와줄 수가 없습니다." 그런 비극이 일어나서 혼자 지구로 돌아가면 평생 사람들의 따가운 시선에서 벗어나지 못하리라는 사실을 콜린스는 알았다. 어떤 때는 '그런 상황이 벌어지면 혼자 지구로 돌아갈 수 없는 게 차라리 낫겠다'는 생각까지 들었다.

달궤도로 들어가기 위한 고도와 속도를 확보하려면 상승엔진을 7분 조금 넘게 연소시켜야 했다. 마이클 콜린스는 사령선에서 달착륙선의 비행 과정을 굉장히 조심스럽게 확인했다. 그는 랑데부가 얼마나 아슬아슬한 과정인지 누구보다 잘 알고 있었다. 그날 아침에 일어나자마자 거의 850번에 가깝게 컴퓨터 키를 누르는 등 수많은 일들로 바빴다. 850번의 실패 가능성이 있었다. "모든 일을 해낸 사령선은 궤도를 계속 돌면서 든든한 베이스캠프 역할을 하고, 달착륙선이 그 사령선을 찾아내야 했습니다. 하지만 수천 가지 일들 중 하나라도 잘못되면 달착륙선이 나를 찾는 게 아니라 내가 달착륙선을 찾아 나서야 했습니다." 달착륙선이 이륙하는 순간 콜린스의 마음은 '초조하게 신랑을 기다리는 신부' 같았다. 콜린스는 17년 동안 비행 경력을 쌓았고, 제미니 10호를 타고 지구 주위를 44회나 돌았다. 하지만 달착륙선을 기다리는 그때만큼 진땀이 난 적은 없었다.

콜린스는 "잠시 딸꾹질할 시간 차이로도 그들은 죽은 사람이 될 수 있었어요. 달착륙선의 엔진이 연소되는 7분 동안 긴장이 되어 숨을 죽일 수밖에 없었죠"라고 말했다. 제미니호로 우주 비행을 했던 그는 "랑데부가 얼마나 쉽게 잘못될 수 있는지 지나칠 정도로 잘 알고 있었어요. 회전나침반이 기울어지거나 컴퓨터가 말을 듣지 않거나 조종사가 실수를 하면? 아, 그런 걱정이 저를 제일 괴롭혔습니다. '암스트롱과 올드린이 한쪽으로 치우친 궤도로 올라온다면 그들을 따라잡을 만한 연료와 용기가 내게 있을까?' 같은 온갖 걱정을 했죠"라고 말했다. 달착륙선이 제 힘으로 그에게 오지 못하면 달착륙선과 만나기 위해 어떻게 해야 하는지 18가지 방법을 설명해놓은 공책이 사령선 안 콜린스 바로 옆에 놓여 있었다.

암스트롱은 아폴로 훈련뿐 아니라 제미니 비행 때 경험을 바탕으로 랑데부하기 좋은 지점으로 날아갔다. 사령선 컬럼비아와 랑데부하기 위해 달착륙선을 조종하는 일이나 엔진 연소는 제미니 8호 때와 비슷했다. 전략이나 기술, 속도 변화 정도가 같았다. "그랬기 때문에 그렇게 긴장되는 상황에서도 편안했습니다."

상승은 착륙을 위해 하강하는 과정과 굉장히 달랐다. 하강할 때는 대부분 달착륙선의 조종석이 위를 향하고 있어서 우주 비행사들이 달 표면을 볼 수 없었다. 그들은 이제 이륙하면서 달 표면을 보고 있었다. "맞아요. 우리는 고개를 숙이고 비행하면서 달 표면을 굉장히 가깝게 볼 수 있었습니다. 상승할 때는 다른 비행과 전혀 다른 특징이 있습니다. 자세제어로켓은 달착륙선의 자세를 적절하게 조종합니다. 보통 우주선의 앞머리를 위로 올리려고 할 때 앞쪽 로켓을 위로 연소시키고, 아래쪽 로켓을 아래로 연소시키면 둘 다 우주선을 위로 회전시킵니다. 하지만 상승 단계에서는 위쪽으로 연소하는 로켓이 상승엔진의 활동을 방해하면서 속도를 떨어뜨립니다. 상승엔진을 위해 위쪽으로 연소하는 로켓을 작동할 수 없죠. 그래서 이륙할 때는 로켓의 절반만 사용했습니다. 아래를 향해 연소하는 로켓밖에 쓸 수가 없었으니까요. 로켓엔진이 연소하면서 우주선을 중력과 반대 방향으로 밀어내 이륙하게 됩니다. 그리고 다시 중력이 작용하죠. 전체적으로 의자가 상승 궤도를 그리면서 날아갈 때 위아래로 움직이는 이치와 같습니다.

제미니 비행에서는 느끼지 못했던 점이죠. 달착륙선 모의비행 장치에 그런 움직임을 반영하려고 했지만, 모의비행 장치는 고정되어 있어서 흔들림을 느낄 수가 없었습니다. 그런 흔들림은 굉장히 특이한 특징이죠. 상승엔진을 점화했던 아폴로 9호나 10호의 우주비행사들한테도 그런 이야기를 들었던 기억이 없어요. 그들이 이야기해주었어도 그렇게 주의 깊게 듣지 않았을 거예요."

조종할 때면 언제나 그렇듯 암스트롱은 이륙하면서 거의 말을 하지 않았다. 달에 내려오면서 확인했던 지형지물 위를 지나 서쪽으로 향했다. 달에 착륙할 때는 지형지물을 확인하며 내려오면서 "우리는 미국 1번 고속도로로 내려간다"고 말했다. 이제 이륙하면서 그는 "가는 길이 정말 장관이다"라는 한마디밖에 하지 않았다.

휴스턴 시간으로 7월 21일 오후 1시, NASA 홍보 담당자는 달착륙선 이글이 달궤도로 올라왔다고 발표했다. 궤도에서 달과 가장 먼 지점은 87.4킬로미터, 가장 가까운 지점은 16.9킬로미터였다. 사령선보다 아래쪽에 있는 이 궤도에서 사령선과 도킹하려면 거의 3시간이 더 걸렸다. 암스트롱과 올드린, 콜린스 모두 길고 복잡한 랑데부 과정을 확인하고, 조종하고, 점검하느라 바빴다. "3시간이 길게 느껴질 수도 있지만, 우리는 너무 바빠서 시간을 의식할 겨를도 없었어요"라고 올드린은 말했다. 콜린스는 랑데부 과정이 잔뜩 적혀 있는 공책 내용에 따라 "거의 마술을 부리듯이 조종했습니다"라고 회고했다.

달착륙선 이글이 사령선 컬럼비아를 따라잡으려면 세 번의 조작을 거쳐야 했다. 첫 번째 조작은 미국 중부 표준시로 오후 1시 53분, 달의 뒷부분에서 시작됐다. 반작용 제어 장치 엔진들을 점화하면서 암스트롱은 달착륙선을 조금 더 높은 궤도로 올려놓았다. 사령선보다 24킬로미터 아래에 있는 궤도였다. 달착륙선은 1시간 후 1초 연소로 사령선보다 빠른 속도를 내면서 고도 차이를 줄였다.

콜린스는 도킹하기까지의 과정을 이렇게 떠올렸다. "달착륙선은 나보다 24킬로미터 아래, 64킬로미터 정도 뒤에 있었어요. 초속 36.6미터로 나를 따라오고 있었습니다. 그들은 그들 레이더로 나를 추적하고, 나는 내 기기로 그들을 추적했습니다. 내가 27도 각도로 그들 위에 있을 때 그들이 내게 돌진했어요. '엔진을 연소시키고 있어'라고 암스트롱이 내게 알렸고, 나는 '잘했어!'라면서 축하해주었습니다. 우리 궤도는 얼마 후 130도 각도로 교차할 예정이었습니다. 지구가 다시 시야에 들어오면 달착륙선 옆으로 가야 했어요. 뒤에서 햇빛을 받자 깜빡이는 빛으로 보였던 달착륙선이 분화구 위를 가로지르면서 날아가는 곤충처럼 보였습니다."

아직 상당히 떨어져 있던 그들은 재결합 방식에 대해 무선으로 농담을 주고받았다.

05:07:22:11 콜린스 : 좋아. 그 우주선에 착륙 장치가 없는 게 보인다.

05:07:22:15 암스트롱 : 좋은 일이야. 어느 쪽으로 도킹해야 할지 네가 헷갈리지 않을 거야. 그렇지 않아?

두 우주선이 점점 더 가까워지는 동안 암스트롱과 올드린은 더욱 가벼운 농담을 했다.

05:07:25:31 암스트롱 : 저 밝은 점 두 개 중 하나가 콜린스일 거야.

05:07:25:36 올드린 : 둘 중 가까운 점을 선택하는 게 어때?

05:07:25:44 암스트롱 : 좋은 생각이야.

머리 바로 위를 지나가는 사령선의 모습을 보면서 암스트롱은 전투기 조종사 때의 기억을 떠올렸다.

05:07:28:23 암스트롱 : 네가 위에서 우리를 겨냥하는 것 같아, 마이클.

올드린도 사령선 컬럼비아를 처음으로 잘 볼 수 있었다.

05:07:32:25 올드린 : 좋아. 이제 네 우주선의 형체가 잘 보여, 마이클.

05:07:32:42 암스트롱 : 오, 그래. 네 안테나가 보여. 네 추적용 불빛……

우주선 전체가 보여. 네가 우리를 겨냥하는 게 보여. 이제, 조금 회전하고 있네. 훌륭해.

05:07:33:49 콜린스 : 아직도 연소하고 있어?

05:07:33:50 암스트롱 : 계속 연소하고 있어.

"이제 달착륙선은 계획대로 정확하게 속도를 줄이면서 멈춰야 했습니다. 그러면서 정해진 경로를 벗어나지 말아야 했죠. 왼쪽이나 오른쪽, 위나 아래로 벗어나지 않아야 했습니다. 나는 필요 없어진 장비를 치우고 사령선의 방향을 돌려 달착륙선과 마주 보게 했습니다."

마이클 콜린스는 도킹 십자선을 통해 달착륙선이 꾸준히 중심으로 다가오는 모습을 지켜보았다.

05:07:43:43 콜린스 : 좋아. 1.13킬로미터 남았고, 초속 9.45미터로 너희 한테 왔어. 잘될 것 같아.

05:07:44:15 올드린 : 맞아, 맞아. 우리는 좋은 상태야, 마이클. 우리는 속도를 줄이고 있어.

05:07:46:13 암스트롱 : 좋아. 우리는 초속 3.35미터 정도로 너한테 다가가고 있어.

05:07:46:43 콜린스 : 잘하고 있어.

달착륙선의 모습이 사령선의 창문을 점점 더 크게 채우자 콜린스는 기쁨을 억누를 수가 없었다. "6개월 전에 아폴로 11호의 팀원이 되어 이 놀라운 비행을 시작한 이래 그렇게 기뻤던 순간은 처음이었습니다." 달착륙선에 있던 암스트롱과 올드린 역시 기쁘긴 했지만, 앞으로 해야 할 일들을 생각하면서 여전히 초조한 마음이었다. 잘못될 수도 있었기 때문이다.

05:07:47:05 올드린 : 우리가 곤두박질치지 않으면 좋겠어.

05:07:47:16 암스트롱 : 밑으로 내려가다 균형을 잡았어. 잘 날아가고 있어, 좋아. 우주선 앞머리를 위로 올리면 태양을 똑바로 보게 될 거야.

05:07:50:09 올드린 : 회전시키는 방법은 알지?

05:07:50:11 암스트롱 : 응, 알아.

05:07:50:23 올드린 : 저 창문이 사령선의 오른쪽 창문과 마주 보게 하려고 하지? 그래서 오른쪽으로 회전하고 싶지 않지?

05:07:50:32 암스트롱 : 그래.

05:07:50:34 올드린 : 유일한 어려움이……. 90도 방향으로, 그렇지 않아? 네가 할 수…… 네가…….

05:07:50:58 암스트롱 : 내가 120도 회전하면…… 왼쪽으로 돌 거야.

05:07:51:06 올드린 : 90도, 그렇지?…… 60도?

05:07:51:21 암스트롱 : 좋아, 회전을 시작해야겠어.

05:07:51:24 올드린 : 그래. 내 생각에 네가 60도 올려서 회전하면…….

05:07:51:29 암스트롱 : 앞머리를 들면 사령선의 왼쪽 창문이 보일 거야.

05:07:51:32 올드린 : 내 생각은 달라. 지금 당장 그렇게 하면…….

달착륙선과 사령선의 거리가 15미터로 줄어들면서 기술적인 면에서는 랑데부가 끝났다. 암스트롱이 달착륙선을 돌려 사령선의 도킹 부분과 마주 보게 했다. 콜린스는 지구가 떠오르는 장관을 보면서 마음이 벅찼다.

05:07:51:36 콜린스 : 지구가 떠오르는 모습이 벌써 보여. 환상적이야.

이 결정적인 순간에 우주비행관제센터가 어떻게 되는지 궁금해서 끼어들었다.

05:07:52:00 교신 담당 : 이글과 컬럼비아, 휴스턴이다. 대기하고 있다.
05:07:52:05 암스트롱 : 알았다. 위치를 유지하고 있다.

암스트롱은 반갑지 않은 간섭을 겨우 참고 있다는 기분이 느껴지도록 날카로운 어조로 대답했다.

05:07:52:24 올드린 : 앞머리를 들어…… 조금 오른쪽 위로 들어 올려.
더 잘 보일 거야. 아래쪽. 뒤로 물러나.
05:07:52:45 콜린스 : 잘했어.
05:07:53:08 암스트롱 : 좋아. 자세를 바로잡고 있어. 내 생각에는…….
05:07:53:18 올드린 : 그래.
05:07:53:21 암스트롱 : 상당히 많이 흔들려. 얼마나 심한지 모르겠어…….
그래서 오, 짐벌 록이 되고 있어.

달착륙선과 사령선의 위치는 좋아 보였지만, 두 우주선이 합쳐지면서 '짐벌 록'이라고 알려진 끔찍한 현상을 겪었다. 간단히 말하면 수평 유지 장치인 짐벌 세 개 중 두 개가 일시적으로 움직이지 않으면서 관성 플랫폼이 불안정해지고, 자세 제어 엔진이 점화되었다.

암스트롱은 어떻게 그런 일이 일어났는지 회고했다. "사령선 가까이에서 달착륙선을 안정시키면서 사령선이 도킹하기 편한 위치로 조종하는 게 중요한 도킹 기술이었습니다. 제미니 우주선이 무인표적기 우주선 아제나와 도킹했던 방식과 비슷했죠.

사령선에서 콜린스의 역할은 제미니 우주선에서 선장의 역할과 같았습니다. 콜린스는 앞창으로 내다보고 도킹 십자선을 이용하면서 두 우주선의 위치가 제대로 되어 있는지 확인할 수 있었습니다. 한편 우리는 위를 올려다보고 있었죠. 달착륙선 천장에 도킹 출입구가 있었기 때문에 천장에 있는 작은 창문을 올려다보고 있었습니다.

나는 천장 창문을 올려다보면서 콜린스가 최대한 쉽게 도킹할 수 있도록 달착륙선의 자세를 바로잡았습니다. 그러느라 불행히도 짐벌 록에 가까워지고 있다고 경고하는 자세 지시기를 보지 못했습니다. 그러다 곧장 짐벌 록이 되었죠.

하지만 달착륙선 비행을 마칠 때라 큰 문제는 아니었습니다. 다시 달착륙선으로 비행할 일이 없는 데다 우주 공간에 버리고 지구로 돌아갈 계획이었으니까요. 그 장치를 안정시킬 방법들도 있었지만, 도킹을 끝마치기에 좋은 위치에 있었기 때문에 그냥 도킹을 진행하기로 했습니다."

실질적으로 도킹을 책임지고 있었던 콜린스는 혼자서 너무 오랫동안 그 순간을 기다렸기 때문인지 짐벌 록 현상이 벌어지자 깜짝 놀랐다. 두 우주선이 작은 걸쇠들로 서로 맞물리자마자 그는 둘을 결합하기 위한 스위치를 눌렀다. 스위치를 누르자마자 그는 경악했다. "작고 유순할 줄 알았던 달착륙선이 탈출하려고 몸부림치는 야생동물 같았습니다." 달착륙선은 오른쪽으로 기울면서 15도 정도 틀어지기 시작했다. "장비만은 망가뜨리고 싶지 않았기 때문에 제어되지 않으면 달착륙선을 분리했다가 다시 도킹을 시도하려고 했습니다."

제어 장치를 가지고 씨름한 끝에 두 우주선은 제자리를 찾았고, 도킹은 마무리되었다. 암스트롱과 올드린이 사령선으로 들어왔을 때 콜린스는 "이상한 일이었어. 너희도 알다시피 나는 충격을 느끼지 않아서 모든 게 상당히 안정적이라고 생각했어. 그런데 결합하려고 하자 순식간에 아수라장이 되었어"라고 말했다.

암스트롱과 올드린이 달착륙선 장치들을 끄고, 떠다니는 물건들을 붙잡아서 정리했다. 달착륙선을 폐기할 수 있는 상태로 만드는 데 1시간 이상이 걸렸다. 미국 중부 표준시로 오후 5시 20분, 콜린스는 반대쪽에서 출입구를 열었고, 여전히 먼지투성이인 암스트롱과 올드린은 위로 올라갔다 내려왔다 하면서 사령선 조종석으로 들어왔다. "다시 만난 올드린의 얼굴을 보니 활짝 웃고 있었습니다. 부모가 심부름 다녀온 아이를 반기듯 그의 머리를 부여잡았다가 양쪽 관자놀이에 손을 대고 이마에 키스하려고 했어요. 그러다 쑥스러워져서 그의 손을 움켜잡았다가 암스트롱의 손을 움켜잡았습니다. 우리는 신이 나서 조금 떠들어 댔어요. 무사히 다시 만난 게 기뻐서 낄낄거렸죠. 그다음 평상시로 돌아갔고, 암스트롱과 올드린은 달착륙선을 보내기 위해 준비했습니다."

CBS 크롱카이트는 역사적인 순간을 이렇게 정리했다.

인류의 오랜 염원 끝에 인간이 드디어 달을 방문했습니다. 암스트롱과 올드린이라는 이름의 두 미국인은 달에서 24시간이 채 되지 않는 시간을 보냈습니다. 그들은 달의 토양을 채취하고, 표본 조사를 하고, 달에 실험 장치를 설치했습니다. 그들은 지구로 가져오기 위해 달에서 채취한 것들을 챙겼습니다.

아폴로 팀의 세 번째 우주비행사인 마이클 콜린스는 그들 위에서 궤도를 돌았습니다. 추진력과 유도 장치를 갖추고 있어 지구로 돌아올 수 있는 유일한 수단을 제공하는 사령선을 지키는 게 그의 씁쓸하면서도 달콤한 사명이었습니다.

　이번 비행으로 인간의 활동 영역은 드디어 지구에서 벗어나기 시작했습니다. 하지만 이번 비행으로 인류는 새로운 도전에 직면하기도 했습니다. 달을 어떻게 대해야 할지 결정해야 하는 도전입니다. 하늘에 있는 오랜 친구였던 달을 침략하고 정복하고 착취하면서 원수로 만든 후, 언젠가는 또 다른 지구처럼 황폐해지도록 내버려두어야 할까요? 아니면 다른 별들로 가기 위한 중간 역으로 최대한 활용할 수 있을까요? 아폴로11호는 아직 가야 할 길이 많이 남아 있습니다. 그리고 우리 역시 가야 할 길이 멉니다.

　크롱카이트는 그 말로 텔레비전 역사상 가장 길게 이어졌던 방송의 결론을 내렸다. 달궤도에서는 콜린스가 암스트롱과 올드린을 도와 장비와 필름, 암석 상자 등을 달착륙선에서 사령선으로 옮겨놓고 있었다.

　2012년 8월, 닐 암스트롱이 사망하고, 2년 반 후인 2015년 1월에 암스트롱의 두 번째 부인인 캐럴 암스트롱은 "우주선에서 가져온 것으로 보이는 작은 물건들이 가득 들어 있는 흰색 자루를 암스트롱의 유품에서 발견했다"고 국립항공우주박물관의 학예연구사들에게 알렸다. 그 자루 안에는 닐의 허리를 묶었던 줄, 다목적 조명기구와 장비를 넣었던 그물망, 비상용 스패너, 달착륙선 창문 위에 올려놓았던 광학 조준기와 자료 수집용 16밀리미터 필름 카메라(이제는 신화가 된 달착륙선이 착륙하는 장면과 닐이 사다리를 내려와서 달에 '작은 발걸음'을 내딛는 모습을 녹화했다) 등이 들어 있었다.

　국립항공우주박물관의 우주역사가인 앨런 니델 박사는 "암스트롱과 관련이 있다는 점에서 그 자루에 들어 있는 물건들이 모두 의미가 있지만, 역사적인 장면을 포착했다는 점을 고려할 때 그 16밀리미터 카메라의 가치는 굉장히 크다고 평가할 수 있다"라고 논평했다.

우주 수집품 전문가인 로버트 펄먼은 "우주비행 후 암스트롱이 어떻게 그 자루를 소유하게 되었는지는 밝혀지지 않았지만, 우주비행사들이 우주선에서 사용했던 물건 일부를 기념품으로 간직하는 일은 드물지 않았습니다. 암스트롱이 사망한 지 한 달 후인 2012년 9월, 버락 오바마 대통령은 머큐리, 제미니, 아폴로 우주비행사들이 그들의 우주비행 기념품에 대해 법적인 소유권을 가진다는 법안에 서명했습니다. 암스트롱의 유품인 그 자루와 내용물은 현재 스미스소니언박물관에 장기 대여 중입니다. 그중에서도 자료 수집용 카메라와 허리에 매었던 줄은 국립항공우주박물관 '우주선 밖 : 선외활동 50년'에서 계속 전시되고 있습니다"라고 말했다.

암스트롱과 올드린, 콜린스는 달착륙선에서 사령선으로 물건을 모두 옮겨놓은 다음, 달의 흙먼지로 가득한 사령선을 청소하려고 했다. 그들은 작은 진공청소기를 꺼냈다. "진공청소기로는 흙먼지를 많이 제거하지 못했어요. 서로 흙먼지를 떨어주기도 했지만, 효과가 크지는 않았죠"라고 올드린은 말했다. 암스트롱과 올드린은 출입구를 닫으면서 달착륙선에 작별 인사를 하는 게 굉장히 힘들었다. 달착륙선 이글은 해야 할 일을 모두 완벽하게 해냈을 뿐 아니라 그 이상의 일까지 했다.

미국 중부 표준시로 오후 6시 42분, 달착륙선을 분리했다. 달착륙선 이글은 이후 몇 년 동안 우주에서 떠돌다가 달 표면과 충돌했다. 이글을 보내기 위해 스위치를 누른 사람은 콜린스였다. 올드린과 암스트롱은 모두 자신이 누르지 않아 다행이라고 생각했다. 그다음 함께 식사하면서 콜린스는 동료들에게 계속 질문을 퍼부었다. "이륙할 때 어떤 느낌이었어? 바위들은 모두 똑같아 보여? 서로 달라? 좋아, 멋지다. 그 이야기를 들어서 기뻐. 다행히 너희는 모든 것을 조금씩 채취할 수 있었어."

휴스턴 시간으로 7월 21일 월요일 밤 11시 10분, 우주비행관제센터는 지구로 향하는 궤도로 들어가라고 사령선에 지시했다. 달궤도에서 벗어나 지구로 향하는 궤도로 들어가는 일에 대해 콜린스는 훗날 '우리를 여기에서 탈출시켜주세요. 영원히 달 주위를 돌고 싶지 않아요' 조종이라고 불렀다. 기계선 추진엔진을 2분 30초 동안 연소시켜 시속 9958.6킬로미터로 속도를 높였다. 달궤도에서 벗어나 지구를 향해 가기 위해서 필요한 속도였다. "지구로 향하는 궤도 진입에 실패하면 우리는 오랫동안 홀로 궤도를 돌아야 했습니다"라고 암스트롱은 설명했다.

그들은 달의 뒤쪽에 있어서 지구와 통신이 끊겼을 때 지구로 향하는 궤도로 진입했다. 남은 비행 중 대기권 재진입을 빼면 가장 긴장되는 순간이었다. 우주비행 전체가 그렇듯 복잡한 과정이어서 우주비행사들은 달궤도에서 벗어나면서 제대로 된 방향으로 가고 있는지 확실하게 확인해야 했다. 그들은 농담을 하면서 긴장을 누그러뜨렸다.

05:15:14:12 콜린스 : 지평선이 보여. 우리가 앞으로 나아가고 있는 것 같아. (웃음)

05:15:14:26 암스트롱 : 제미니 때가 생각나.

05:15:14:29 콜린스 : 우리가 앞으로 나아가고 있다는 게 제일 중요해.

(더 많이 웃음) 네가 거기에서 할 수 있는 최악의 실수가 정말 딱 한 가지 있어.

05:15:14:50 올드린 : 제미니를 점화할 때가 생각나. 우리가 잘하고 있는 게 확실해?(웃음)…… 아니, 어디 한번 보자. 모터는 이쪽으로 향하고 가스는 저쪽으로 빠져나가니, 저쪽으로 추진력이 생기지.

05:15:15:03 콜린스 : 맞아, 지평선이 잘 보여.

사실 우주비행사들이 잘못된 방향으로 갈 가능성은 거의 없었다. "전혀 없다고 할 수는 없습니다. 특히 어둡고, 참고할 만한 다른 자료가 없어 계기판에만 의존해야 할 때 잘못될 수도 있습니다. 비행 자세가 잘못될 수도 있을까요? 그럴 수 있다고 생각해요. 우주비행관제센터는 멀리 있어서 보지 못하고 어떤 자료도 확보하지 못해 항상 그 점을 걱정했습니다."

30분 후 우주선이 달을 돌아서 나와 통신이 다시 연결되자마자 우주비행관제센터는 어떻게 되고 있는지 물었다.

05:15:35:14 교신 담당 : 안녕, 아폴로 11호. 어떻게 되었어? 오버.

05:15:35:22 콜린스 : 우리를 위해 수용 시설 문을 열어놓아야 할 때다.

05:15:35:25 교신 담당 : 알았다. 준비는 잘되어 있다. 너희를 지구로 데리고 오겠다. 우리가 보기에 너희 장치는 모두 정말 잘 작동하고 있다. 계속 알려주겠다.

05:15:36:27 암스트롱 : 여기는 아무 문제 없는 것 같다. 멋진 연소였다. 더 이상 좋을 수가 없다.

콜린스의 회고에 따르면 세 사람 모두 차례로 카메라를 들고 달과 지구를 번갈아 촬영했다.

'햇빛을 받아 황금갈색으로 빛나는 보름달이 이쪽 방향에서 보인다. 환하고 아름다운 풍경이다. 창문 너머로 내다보니 자그마하고 수줍어하는 지구가 점점 커지고 있다.' 그 거리에서 보아서만이 아니라 집으로 돌아가고 있다는 사실 때문에 '잊을 수 없는' 풍경이 되었다.

지구로 돌아가는 이틀 반의 남은 여정은 비교적 평범했다. 사령선으로 돌아온 후 첫 밤은 전체 우주비행 중에서 가장 깊이 푹 잤다. 휴스턴 시간으로 7월 22일 화요일 정오까지 8시간 30분 동안 잠을 잤다. 그들이 잠에서 깨자마자 우주선은 지구의 중력이 커지는 지점(달에서 7만 1858킬로미터, 지구에서 32만 2248킬로미터)을 지났고, 지구 중력이 우주비행사들을 점점 더 지구 쪽으로 끌어당기기 시작했다.

다음 날 오후, 사령선 컬럼비아는 지구에서 18만 7052킬로미터 떨어진 중간 지점에 이르렀다. 우주비행사들은 하는 일이 너무 단조롭고 느긋해져서 그들이 가지고 간 음향효과 녹음테이프를 무선으로 휴스턴에 들려주면서 장난을 쳤다. 개 짖는 소리와 질주하는 디젤 기관차 소리가 녹음되어 있는 테이프였다.

지구로 돌아가는 동안 우주비행사들은 모든 사람의 기억에 내내 남을 만한 컬러텔레비전 방송을 저녁 황금시간대에 두 번 전송했다. 우주비행 중 마지막 텔레비전 방송에서 아폴로 11호의 우주비행사들은 달 착륙이 그들에게 어떤 의미인지 각각 설명했다. 미국 동부 표준시로 오후 7시 3분, 암스트롱이 방송을 시작했다.

안녕하세요. 아폴로 11호의 선장입니다. 수백 년 전 쥘 베른이 달로 가는 여행에 관한 책을 썼습니다. 그의 우주선 컬럼비아는 플로리다에서 이륙해 달 여행을 마친 후 태평양에 착륙했습니다. 우리 역시 오늘날의 컬럼비아를 타고 플로리다에서 이륙해 내일 똑같은 태평양으로 내려가려고 합니다. 이 시점에 우주비행사들이 어떤 생각을 하고 있는지 여러분에게 전해도 좋을 것 같습니다. 먼저 마이클 콜린스입니다.

우주비행관제센터 영상실에서 그 영상을 보고 있던 암스트롱의 아내와 두 아들, 콜린스의 아내와 아이들, 올드린의 자녀 모습도 텔레비전에 나왔다.
마이클 콜린스는 이렇게 말했다.

달에 가는 우리의 이번 여행이 여러분 눈에는 쉽고 간단하게 보였을 수도 있습니다. 그렇지 않다고 확실하게 말씀드리고 싶습니다. 우리를 궤도로 올려놓은 새턴 5호 로켓은 믿을 수 없을 만큼 복잡한 기계인데, 하나하나 빈틈없이 작동했습니다. 내 머리 위에 있는 이 컴퓨터에는 3만 8000가지 언어가 있습니다. 굉장히 공들여서 선택한, 하나하나 우리 팀에 꼭 필요한 컴퓨터 언어들입니다. 지금 내가 만지고 있는 이런 스위치는 사령선에만 300개 넘게 있습니다. 우리는 이 모든 장비들이 제대로 작동하리라고 언제나 믿었고, 남은 비행에서도 잘 작동하리라고 계속 확신합니다. 이 모든 일들이 수많은 사람들의 피와 땀, 눈물을 통해 이루어졌습니다. 첫 번째, 공장에서 기계의 부품들을 조립한 미국 근로자들이 있습니다. 두 번째, 다양한 시험 팀들이 조립할 때나 조립한 후에 기계를 시험하면서 힘들게 노력했습니다. 마지막으로 유인우주선센터 사람들이 있습니다. 여러분은 잠수함 위로 올라와 있는 잠망경 정도밖에 보지 못합니다. 여러분은 우리 세 사람밖에 보지 못하지만 그 뒤에는 보이지 않는 곳에서 노력한 수천 명이 있습니다. 그들 모두에게 정말 감사하다고 말하고 싶습니다.

그다음 카메라 앞에 선 버즈 올드린은 탐험 정신에 대한 미래 지향적인 이야기를 많이 했다.

안녕하세요. 우리 아폴로11호 우주비행의 상징적인 의미에 대해 좀 더 많은 이야기를 하고 싶습니다. 우리는 지난 2~3일 동안 일어난 일들에 대해 여기 우주선에서 이야기를 나누었고, 이 일들에는 그저 세 사람이 달로 여행을 떠났다는 사실보다, 정부와 산업계의 노력보다, 심지어 미국 전체의 노력보다 훨씬 더 큰 의미가 있다는 결론에 이르렀습니다. 우리는 이 일들이 미지의 세계를 탐험하려는 인류 모두의 끝없는 호기심을 상징한다고 느낍니다. 암스트롱이 달 표면을 처음 밟으면서 "이것은 인간에게는 작은 발걸음이지만, 인류에게는 위대한 도약이다"라고 했던 말이 이런 느낌을 정말 멋지게 요약했다고 믿습니다. 우리는 달을 향해 떠나는 도전을 했습니다. 그 도전은 필연적이었습니다. 이제 우리는 우주 탐사에서 더욱 큰 역할을 충분히 해낼 수 있다고 느낍니다. 개인적으로는 지난 며칠간의 일들을 생각하면서 시편 구절이 떠올랐습니다. '주님의 손가락으로 지으신 하늘을 생각해봅니다. 주님께서 하늘에 자리를 정해준 달과 별들을 생각해봅니다. 사람이 무엇이기에 주님께서는 그를 기억하십니까.'

그다음 가장 과묵한 암스트롱이 방송을 유창하게 마무리했다. 그는 사람들 앞에서 여느 때보다 사색적인 모습을 보였다.

오래전부터 노력을 기울여온 천재 과학자들과 과학의 역사, 달 여행에 대한 의지와 야망을 드러낸 미국 국민들, 그 의지를 실천에 옮긴 미국 행정부와 의회, 새턴 로켓과 사령선 컬럼비아, 달착륙선 이글 등 우리 우주선과 달 표면에서 작은 우주선 역할을 했던 우주복과 배낭, 휴대용 생명 유지 장치를 만든 기관과 산업계 덕분에 이번 우주비행이 가능했습니다. 그 우주선을 설계하고, 제작하고, 시험하면서 정성과 노력을 쏟은 모든 미국인에게 특별히 감사드리고 싶습니다. 그리고 오늘 밤 이 방송을 보고 듣는 모든 분들을 하나님이 축복하시기를 기도합니다. 아폴로 11호에서 인사드립니다.

한여름 밤, 집에서 텔레비전을 통해 이 장면을 지켜보던 사람들 모두에게 자랑스러운 순간이었다. CBS 방송을 마무리하면서 크롱카이트는 우주비행사들의 마지막 발언을 '달에 가서 걷는다는 믿기지 않는 과업을 성공해낸 세 우주비행사가 보낸 가슴 따뜻한 감사 인사'라고 표현했다. 이제 대기권에 재진입해서 지구로 내려온 후 무사히 집으로 돌아오면 아폴로 11호의 우주비행은 성공이었다.

지구에서는 보이지 않는 위험이 아폴로 11호의 마지막 순간을 위협하고 있었다. 심한 폭풍이 태평양으로 몰려오고 있었는데, 판단력이 빠른 몇몇 기상학자들은 우주선이 내려올 지점으로 폭풍이 지나간다고 예측했다. 그래서 NASA는 우주선이 내려올 지점을 바꾸었다. 우주비행사들을 태울 항공모함 USS 호닛 Hornet은 7월 24일 목요일 아침 일찍, 북서쪽으로 402킬로미터 정도 떨어진 파도가 좀 잔잔한 지역으로 이동하라는 명령을 받았다. 그 항공모함에는 닉슨 대통령도 타고 있었다. 사령선 컬럼비아도 지구로 돌아오는 궤도를 바꾸었다. 전체적으로 무난한 비행이었다.

휴스턴 시간으로 7월 24일 아침 11시 35분, 아폴로 11호는 지구 대기권을 뚫고 내려오기 시작했다. 우주선이 고도 122킬로미터 정도에서 오스트레일리아 북동쪽에 있을 때 처음 공기층과 부딪쳤다. 사령선을 조종하던 콜린스가 재진입 과정을 생생하게 묘사했다. "우리는 초속 11킬로미터, 시속 4만 킬로미터 정도에서 대기권과 6.5도 각도로 부딪쳤어요. 하와이에서 남서쪽으로 13킬로미터 정도 떨어진 지점으로 향하고 있었죠. 아직 산소를 절반 정도 채우고 있던 기계선을 버리고 사령선을 돌려서 방열판이 앞쪽으로 향하게 했습니다. 점점 속도를 줄이자 화려한 불빛 쇼가 펼쳐지기 시작했습니다. 우리는 이온화된 기체로 되어 있는 혜성의 꼬리를 뒤따라가고 있었습니다. 깜깜했던 우주에서 색색의 터널로 들어갔죠. 치자색을 중심으로 신비한 연보라색, 밝은 청록색, 희미한 보라색이 둘러싸고 있었습니다." 빠른 속도로 떨어지고 있었지만 꿈꾸고 있는 듯했다.

세 우주비행사는 처음으로 지구에 떠 있는 구름을 보았다. 층층이 쌓여서 장관을 이루고 있는 구름의 모습이었다. 그리고 우주선에 달려 있던 커다란 낙하산이 펼쳐졌다. 오렌지색과 흰색이 섞인 낙하산이 꽃처럼 펴졌다. 그들 발밑으로 금방 넓은 바다가 보였다. 비행 시작 8일 3시간 9분 45초 후, 구조 팀 책임자가 캡슐 우주선이 내려오고 있는 모습이 보인다고 무선으로 알렸다. 남서태평양에 막 동이 틀 때였다.

8분 33초 후인 미국 중부 표준시로 아침 11시 51분, 우주선은 1톤짜리 벽돌처럼 물에 떨어졌고, 우주비행사들은 그 충격으로 앓는 소리를 냈다. 암스트롱은 "우주선 안에 있는 사람들은 모두 무사하다. 점검을 끝냈다. 구조를 기다리고 있다"라고 무선으로 구조 책임자에게 알렸다.

구조 책임자는 우주선이 호놀룰루에서 남서쪽으로 1741킬로미터, 존스턴섬에서 남쪽으로 426킬로미터 떨어진 곳에 정확하게 내려왔다는 사실을 확인했다. 해군 헬리콥터들이 그곳에서 기다리고 있었다. 암스트롱과 동료들은 대기권에 재진입하기 전에 멀미약을 한 알씩 먹었지만 파도가 높은 데다 사령선이 뒤집어지면서 떨어져 별로 소용이 없었다. 두 알을 먹었어야 했다는 생각이 들었다. 사령선이 뒤집어진다고 장담한 암스트롱이 내기에서 이겨 콜린스가 암스트롱에게 맥주 한잔을 사야 했다. 사령선의 출입구가 물속에 잠기고 우주비행사들은 줄에 매달려 있었다. "거꾸로 뒤집힌 채 줄에 매달려 물속을 바라보고 있으니 이상했어요. 오랫동안 무중력 상태에서 지내다 갑자기 중력이 작용하니 모든 게 완전히 다르게 보였습니다. 중력권에 들어왔다는 사실을 느낄 수 있었지만, 이전과는 달라 보였죠! 모든 게 엉뚱한 자리에 있는 것처럼 보였어요"라고 암스트롱은 기억했다.

우주비행사들은 펌프를 이용해 재빨리 공기주머니 세 개를 부풀렸고, 무게중심이 바뀌면서 우주선이 다시 뒤집혀 제자리로 돌아왔다. 공기주머니를 부풀리는 데 10분 가까이 걸렸다. 세 명의 해군 잠수부가 구조하러 오기를 기다리는 동안 그들은 멀미를 하지 않으려고 애쓰면서 조용히 앉아 있었다. 올드린은 특히 더 그랬다. "우주선이 뒤집히면서 떨어진 것도 문제였지만, 우주선에서 기어 나온 후 텔레비전 카메라 앞에서 여기저기 토하는 모습을 보여주게 될까 봐 걱정됐습니다."

미국 중부 표준시로 오후 12시 20분, 하와이 시간으로 아침 6시 20분에 잠수부들이 우주선이 떠 있을 수 있도록 주위에 둥근 장치를 붙인 후 출입구를 열었다. 우주비행사들은 오랫동안 물속에 있었다고 느꼈지만 20분밖에 지나지 않은 시간이었다. 잠수부들은 사령선 안으로 생물학적 격리 복장을 던져 넣었다. '달의 미생물'로부터 지구를 보호하기 위해 제작한 회녹색 복장으로, 고무로 코팅되어 있고 지퍼와 모자, 얼굴 가리개가 달려 있었다. 우주비행사들은 비좁은 우주선 안에서 힘들게 그 복장으로 갈아입었다. 8일 만에 처음으로 중력을 느끼는 데다 바람이 거세게 불고 있어서 똑바로 서 있기도 힘들었다.

드디어 그 복장을 다 입은 후 우주비행사들은 작은 출입구를 통해 빠져나왔다. 암스트롱이 마지막으로 나왔다. 잠수부들은 달의 미생물들을 막기 위해 우주비행사들에게 살균제를 뿌린 다음, 한 사람씩 고무보트로 안내했다. 우주비행사들이 소형보트 안으로 들어가자 수건과 두 가지 화학 세제를 주면서 계속 씻어내게 했다. 그동안 우주비행사들은 아무 말도 하지 않았다. 격리 복장의 얼굴 가리개와 머리 덮개 때문에 머리 위에서 회전하고 있는 헬리콥터 네 대의 소리조차 들리지 않았기 때문이기도 했다.

헬리콥터가 명령을 받고 내려와서 그들을 실을 때까지 15분 동안 그들은 소형보트에 앉아 있었다. 이제 400미터도 되지 않는 가까운 거리에 있던 항공모함 호닛의 모습이 보였다. 그들의 구조 장면은 헬리콥터에 실린 텔레비전 카메라로 시시각각 전 세계에 방영되었다. 유인우주선센터 군의관인 윌리엄 카펜티어 박사가 헬리콥터 안에서 그들을 기다리고 있었다. 우주비행사들은 카펜티어 박사를 보자 엄지손가락을 들어 올렸다.

미국 중부 표준시로 낮 12시 57분, 우주비행사들을 태운 헬리콥터가 호닛의 갑판에 착륙했고, 관악대가 연주를 시작했다. 갑판에 모인 해군들이 환호했다. 윌리엄 로저스 국무장관, NASA 국장인 토머스 페인 박사와 함께 서 있던 닉슨 대통령은 활짝 웃으면서 난간 위에 손을 올려놓았다. 페인 박사는 12일 동안 세계 순방을 하는 닉슨 대통령을 수행하고 있었다. 순방 일정 중에는 베트남 방문도 포함되었다. 사람들이 열광하는 장면을 우주비행사들은 거의 볼 수 없었다. 계속 헬리콥터 안에서 격리 복장을 입고 있던 그들은 항공모함의 승강기로 격납고 갑판까지 내려갔다. 그곳에 와서야 헬리콥터에서 내린 다음, 환호하는 해군과 귀빈들 사이에 나 있는 길을 따라 이동 격리실로 걸어갔다. 7월 27일, 휴스턴의 수용 시설에 도착할 때까지 그들은 이동주택과 같은 격리실에서 지냈다.

닐은 헬리콥터에서 내릴 때 어떤 기분이었는지 회고했다. "우리 모두 상당히 기분이 좋았어요. 멀미를 전혀 느끼지 않았습니다." 그들은 격리실에 들어가자마자 안락의자에 앉았고, 카펜티어 박사가 미생물 표본 추출과 간단한 건강진단을 했다.

그들은 대통령을 만나기 전에 이동 격리실 안에서 간단히 샤워할 수 있는 시간밖에 없었다. "닉슨 대통령이 주최하는 축하 행사에 참석해야 했습니다. 샤워를 재빨리 해치우고 참석할 수 있었죠"라고 암스트롱이 떠올렸다.

미국 국가가 연주된 후 미국 중부 표준시로 오후 2시, 닉슨 대통령은 기뻐서 어쩔 줄 모르면서 구내방송으로 우주비행사들에게 이야기했다. 격리실 뒤쪽 커다란 창문 뒤에 쪼그리고 앉아 있던 우주비행사들은 지쳤지만 신이 난 표정으로 사진 촬영 준비를 했다. 암스트롱은 대통령 왼쪽, 올드린은 대통령 오른쪽, 콜린스는 중앙에 자리 잡았다. 닉슨 대통령은 우주비행사들이 지구로 무사히 돌아온 데 대해 전 세계 사람들을 대신해 환영 인사를 하면서 전날에 우주비행사들의 아내에게 각각 전화해서 축하 인사를 했다고 말했다.

대통령은 우주비행사와 아내들을 로스앤젤레스에서 열리는 공식 만찬에 초대했다. 대통령은 아폴로 11호가 우주를 비행한 8일에 대해 "천지 창조 이래 세계 역사에서 가장 위대한 한 주였다"라고 말하면서 발언을 마무리했다. 특히 수많은 기독교인들에게 논란을 일으킬 수 있는 말이었다. 암스트롱은 닉슨 대통령의 발언을 과장법으로 받아들였다. "굉장히 흥분했던 순간이었습니다. 너무 신이 나면 조금 과장할 때가 있잖아요."

재닛 암스트롱은 집 앞마당에서 우주비행이 성공하도록 도와준 모든 사람들에게 감사 표현을 했다. "모든 면에서 여러분에게 감사드려요. 여러분의 기도, 여러분의 걱정, 모두 감사드려요. 누가 이번 우주비행에 대해 묻는다면 너무 훌륭했다고 말할 수밖에 없어요!" 와파코네타에서 암스트롱의 부모님도 굉장히 기뻐했다.

항공모함을 타고 호놀룰루로 향할 때 우주비행사들은 한동안 쉬지 못했다. 계속 건강검진을 받아야 했기 때문이다. 대기권 재진입 때 충격으로 암스트롱의 귀에 물이 차 있어서 빼내야 했다. 다른 의사들도 무중력 상태로 지낸 8일이 신체에 어떤 영향을 끼쳤는지 알고 싶었지만, 우주비행사들이 계속 격리 중이어서 그들을 쉽게 만날 수가 없었다.

건강검진이 끝나자 이동 격리실의 작은 거실에서 즉석 칵테일파티가 벌어졌다. 암스트롱은 스카치위스키를 마셨다. 그다음 스테이크와 구운 감자로 저녁을 먹었다. 그날 밤 우주비행사들은 푹신한 침대에서 진짜 베개를 베고 거의 9시간을 정신없이 잤다. 정상적인 수면 리듬으로 돌아가기 위해 시간을 정해놓고 잠을 잤지만, 하와이에서 휴스턴으로 이동하면서 시차 때문에 수면 리듬은 다시 깨졌다.

다음 날 아침에는 푸짐하게 식사를 한 다음에 해야 할 일이 있었다. 항공모함에는 그들이 지구로 돌아올 때 타고 온 사령선도 실려 있었다. 사령선 안에 있는 암석 상자와 다른 귀중한 물건들을 정리해야 했다. 세 사람은 플라스틱 통로를 통해 사령선 안으로 들어갔다. 재진입의 열기 때문에 상처를 입으면서 희끗희끗해진 우주선이었다. 그들은 기술자의 도움을 받아 사령선에서 상자들을 끄집어내 살균 장치에 실었다. 몇 시간 후 그 상자들은 휴스턴으로 날아갔다.

그날 오후 항공모함 위에서 또 다른 축하 행사가 열렸다. 항공모함 선장이 우주비행사들에게 기념패와 기념 문구가 새겨진 머그잔, 모자를 각각 선물했다. 암스트롱은 거의 모든 공식 행사에서 우주비행사들을 대표해 연설했다. 그때 격리실에 있던 누군가가 별 악의 없이 "또 시작이군"이라고 말했다. 그 후 몇 주 동안은 그런 상황이 계속 이어졌다.

아폴로 11호의 우주비행사들은 항공모함 호닛에서 이틀 밤을 보냈다. 해군 경력이 있는 암스트롱은 항공모함에서 지내는 생활에 익숙했다. 암스트롱은 콜린스와 카드 게임을 하면서 시간을 보냈고, 올드린은 책을 읽거나 혼자 트럼프를 했다. 그들은 NASA와 백악관의 중요 인물들에게 줄 사진들에 사인하기 시작했다.

7월 26일 토요일 아침, 진주만에 도착했을 때 벌어진 광경은 굉장했다. (18년 전에 암스트롱은 장교 후보생으로 항공모함 에식스를 타고 진주만을 처음 찾았었다.) 사람들이 환호하고, 관악대가 연주하고, 깃발이 나부꼈다. 우주비행의 성공을 상징하기 위해 항공모함 호닛의 돛대에는 마녀가 탈 듯한 빗자루가 매달려 바람에 날리고 있었다. 하지만 암스트롱은 "그 모든 장면을 둘러보기에는 우리 위치가 별로 좋지 않았어요"라고 이야기했다. 태평양 사령관 존 매케인 제독(훗날 미국 상원의원과 공화당 대통령 후보가 되었던 존 시드니 매케인 3세의 아버지)은 닉슨 대통령이 그랬듯 격리실의 뒤쪽 창문을 통해 우주비행사들을 만나 환영 인사를 건넸다. 비행기로 갈아타고 휴스턴으로 가야 했기 때문에 그들이 진주만에서 머문 시간은 얼마 되지 않았다. 격리실을 항공모함에서 플랫폼 트럭으로 옮긴 후 시속 16킬로미터로 천천히 달려 히컴 공군기지에 도착했다. 거리에는 수많은 사람들이 줄지어 서 있었다. 드디어 히컴에 도착하자 격리실을 C-141 스타리프터 수송기에 실었다. 휴스턴으로 가는 비행기 안에서도 그들은 계속 격리실에 갇힌 상태였다. "굉장히 작은 장소에 갇혀 있어야 한다는 점에서는 우주비행을 할 때와 달라진 게 없었어요. 모든 게 거의 비슷했죠. 하지만 그때보다는 공간이 넓어져서 여유가 좀 생겼습니다. 뜨거운 음식을 먹을 수 있고, 칵테일파티까지 했죠. 할 게 많았어요. 남는 시간이 생기면 기록하거나 이야기하고 싶은 것들이 많았습니다"라고 암스트롱은 설명했다.

자정쯤 휴스턴의 엘링턴 공군기지에 도착해 격리실을 다시 플랫폼 트럭으로 옮겼다. 진주만에서 플랫폼 트럭으로 옮기고, 히컴에서 비행기에 실을 때는 문제가 없었지만, 엘링턴에서 다시 트럭으로 옮길 때는 세 번 만에 성공했다. 우주비행사들과 함께 창문 앞에 있던 카펜티어 박사는 "안전하게 달에 갔다가 돌아올 수는 있었지만, 비행기에서 내릴 수가 없네"라고 농담했다.

그들을 실은 트럭은 활주로를 가로질러 수천 명의 사람들과 수많은 카메라가 기다리고 있는 곳으로 갔다. 휴스턴 시장과 로버트 길루스 유인우주선센터 소장이 축하 연설을 했다. "모든 사람들이 우리를 환영하려고 모여 있었어요"라고 암스트롱은 기억했다. 우주비행사들의 아내와 아이들도 와 있었다. 우주비행사들은 특별 전화 접속을 통해 사랑하는 가족과 이야기를 나누었다. 암스트롱은 자신이 그들에게 무슨 말을 했는지, 그들이 자신에게 무슨 말을 했는지 정확하게 기억하지 못했다. "당신이 돌아와서 기뻐요"라는 말밖에 기억나지 않는다고 했다.

새벽 1시 30분에야 비로소 그 트럭은 엘링턴을 빠져나와 천천히 유인우주선센터로 향했다. 한밤중인데도 거리에는 여전히 사람들로 떠들썩했다. 새벽 2시 30분이 되어서야 그들은 수용 시설에 도착했다. 남은 격리 기간 동안 지낼 곳이었다. 그 시설에는 특별한 공기 조절 장치가 설치되어 있어서 그곳의 공기는 수많은 필터와 펌프를 통해서만 외부로 빠져나갔다.

수용 시설은 안전하고 편안하고 조용했다. 우주비행사들을 위한 1인용 침실과 부엌, 식당이 있었다. 커다란 거실과 휴게실도 있었다. 텔레비전 외에도 커다란 화면으로 최신 할리우드 영화까지 볼 수 있었다. 두 명의 요리사와 NASA의 홍보 담당자, 전문의, 수위도 함께 생활했다. 모두가 비좁지 않게 생활할 정도로 넓찍한 공간이었다. NASA는 기자인 존 매클리시까지 이곳에 들어오도록 허용했다. 암스트롱은 수용 시설에서 처음으로 어머니를 비롯해 가족들에게 전화했다.

수용 시설에 있는 동안 콜린스와 올드린은 한가하게 지낼 수 있었지만, 암스트롱은 여전히 바빴다. 암스트롱은 야단법석에서 벗어나 일에 집중할 수 있어서 좋았다. "갖가지 보고를 준비하면서 다양한 분야의 사람들에게 도움을 주려면 혼자 보낼 시간이 정말 필요했습니다. 우리 뒤를 이어 달 탐사를 떠날 아폴로 우주비행사들은 그들의 우주비행 계획과 관련이 있는 이런저런 질문들에 무척 관심이 많았습니다. 어떻게 하면 더 나은 우주비행을 할 수 있는지 우리에게 묻고 싶어 했죠. 달 표면에서 무슨 일을 할 수 있었는지에 대한 이야기를 많이 나누었습니다. 달 탐사 계획을 세울 때 정말 중요한 정보였기 때문이죠. 다른 사람들뿐 아니라 우리 각자에게도 그런 시간이 굉장히 소중했습니다."

그곳에서 그들은 유인우주선센터의 특별 현상소에서 현상하고 인화한 사진들을 하나하나 살펴볼 수 있었다. "한 번에 조금씩 현상 인화된 사진들을 받았습니다. 그들은 필름을 한 통씩 현상한 다음 여러 장 인화해서 우리에게 나눠주었습니다. 사진들을 들여다보면서 다른 우주비행사들도 관심을 가질 만한 수많은 질문들이 떠올랐습니다. 그 사진들을 보면서 다른 우주비행사들이 여러 가지 질문을 하고 우리가 대답할 수 있었죠"라고 암스트롱은 회고했다. 우주비행사들이 우주비행 중 어떤 일들을 했는지 길고 상세하게 보고서를 써야 했다. 텔레비전 조정실 같은 방에서 유리벽 뒤에 앉은 우주비행사들이 맞은편 질문자들에게 대답하는 장면을 동영상으로 촬영하기도 했다. 우주비행 과정을 정말 상세하게 기록하다 보니 행간 없는 원고로 527쪽에 이르렀다.

8월 5일, 수용 시설 책임자는 닐 암스트롱의 39세 생일을 축하하는 케이크를 준비해 암스트롱을 놀라게 했다. 그곳에서 지내는 기간이 끝나갈 때쯤 우주비행사들은 연방정부 공무원으로서 우주비행과 관련된 개인 경비 보고서를 작성하라는 이야기를 들었다. '텍사스주 휴스턴에서 플로리다주 케이프케네디까지⋯⋯ 달까지, 태평양까지, 하와이까지, 그리고 텍사스주 휴스턴으로 돌아오기까지.' 그들이 돌려받을 경비는 총 33.31달러였다.

수용 시설에서 지내는 동안 세 우주비행사 사이에 팽팽한 긴장감이 감돌던 때가 딱 한 번 있었다. 보고를 하던 올드린이 우주비행 중에 세 사람 모두 보았던 번쩍이는 불빛에 대해 길고 상세하게 이야기하고 있을 때였다. 올드린은 암스트롱이 점점 더 불편해한다는 사실을 느끼고 이야기를 중단했다.

보고 때문에 바쁘긴 했지만 계속 격리생활을 했기 때문에 암스트롱과 동료들은 자신의 미래에 대해 생각할 수 있었다. 유인

우주선센터의 디크 슬레이턴은 다시 비행하고 싶은지 아닌지 생각해보라고 어느 날 그들에게 권하기까지 했다. 닐 암스트롱은 다시 비행하고 싶기는 했지만, 어떤 결론을 내리기에도 너무 이르다고 느꼈다.

우주비행사들은 언론의 떠들썩한 관심과 갖가지 요란한 행사들이 그들의 개인적인 삶과 가족들의 삶에 어떤 영향을 미칠지에 대해서도 생각해보았다. 제임스 러벌은 대기권 재진입을 앞두고 있는 아폴로 11호 우주비행사들에게 "지구로 돌아온 후가 우주비행에서 가장 어려운 부분이 될 거라는 사실을 다시 한 번 알려주고 싶어"라고 경고했다.

암스트롱은 러벌이 무슨 뜻으로 하는 말인지 이해했다. 몇 년 후 그 말에 대해 다시 생각했다. "우리가 천진난만한 사람들은 아니지만, 대중의 관심이 얼마나 크고 강렬할지 짐작할 수가 없었습니다. 분명 이전 비행에서는 한 번도 경험해보지 못한 관심을 받을 거라고 생각했고, 그렇게 되었습니다."

8월 10일 일요일 저녁 9시, 그들의 격리생활이 끝났다. 그 때쯤에는 암스트롱도 그런 생활에서 벗어나고 싶었다. 그들은 한 달 넘게 신체적으로 격리되어 있었다. 수용 시설에서 나오니 NASA 직원과 운전사들이 그들을 각자 집으로 데려다주기 위해 기다리고 있었다. 아폴로 11호의 우주비행사들은 따로따로 집으로 돌아갔다.

그날 밤 그들이 집으로 돌아가는 짧은 길은 앞으로 몇 년 동안 그들의 생활이 어떻게 바뀔지를 보여주는 예고편이었다. 우주비행사들을 태운 자동차가 NASA의 문을 통과하는 순간부터 텔레비전 카메라가 따라다녔다. 집 앞에는 기자와 사진기자들이 기다리고 있었다.

닐 암스트롱은 그런 상황이 마음에 들지 않았다. 특히 그때는 더욱 그랬다. NASA의 차가 집에 도착하자마자 그는 앞문으로 뛰어 들어갔다. 재닛은 재빨리 문을 닫으려고 기다리고 있었다. 달 여행이 암스트롱의 삶에 드리운 그림자는 이렇게 시작되었다.

26

달 여행으로 얻은 것과 잃은 것

닐 암스트롱과 버즈 올드린, 마이클 콜린스는 지구로 돌아온 후 몇 달 동안 달 착륙이 역사와 지구 공동체에 어떤 의미가 있는지 이야기해달라는 질문을 거의 끊임없이 받았다. 어느 면으로 보나 주목받는 위치에 있었던 암스트롱은 자신의 역할을 멋들어지게 해냈다. 아폴로 11호의 우주비행 직후 친선여행에 모두 따라다녔던 암스트롱의 첫 아내 재닛은 "닐은 연설하는 것을 편안하게 여긴 적이 한 번도 없지만 정말 잘해냈어요"라면서 지금까지도 자랑스럽게 이야기한다.

격리생활에서 풀려나자 암스트롱은 기자들을 피해 하루 꼬박 집에서만 보냈다. 합법적인 언론들은 예의상 세 명의 우주비행사를 수요일까지 내버려두기로 합의했지만, 구경꾼들과 파파라치들이 그들의 집을 계속 엿보았다. 올드린과 아내가 달 착륙 기념 전국 순방에서 입을 옷을 사러 가다가 포기하고 올드린만 엘링턴 공군기지로 갈 때까지 수많은 파파라치들이 뒤쫓았다.

그날 암스트롱은 종일 집에 있으면서 편지를 읽으며 가족들과 시간을 보냈다. 아내 재닛이 아이들과 함께 전국 순방에 합류하기 위해 준비하는 모습을 지켜보았다. 다음 날 유인우주선센터 사무실로 출근하니 엄청나게 많은 편지들이 그를 기다리고 있었다. 몇 주 동안 1주일에 5만 통 정도씩 온 편지가 쌓여 있었다.

그날 오후에 유인우주선센터 강당에서 달 착륙 후 첫 기자회견이 열렸다. 기자들은 컴퓨터 프로그램 경고 신호, 연료 상황 등 달 착륙과 관련된 문제들에 대해 주로 질문했고, 그다음 달을 처음 밟은 닐 암스트롱의 독특한 경험에 대해 물었다. "달에서 넋을 잃은 적이 있느냐"는 질문을 받자 암스트롱은 웃으면서 "거의 2시간 30분 동안 내내 그랬습니다"라고 대답했다. 선외활동을 하는 동안 가장 어려웠던 점이 무엇이냐는 질문에 그는 "사탕가게에 간 다섯 살짜리 소년이 겪는 어려움과 같았습니다. 할 게 너무 많았어요"라고 말했다. 곧 있을 뉴욕과 시카고, 로스앤젤레스 세 도시 순방에 대해 어떻게 생각하느냐는 질문에 천천히 고개를 저으면서 "전혀 준비가 되어 있지 않습니다"라고 말했다.

다음 날인 8월 13일 수요일 아침 5시, 암스트롱 가족 네 명, 콜린스 가족 다섯 명, 올드린 가족 다섯 명은 에어포스 2에 올랐다. 닉슨 대통령이 그 순방을 위해 워싱턴에서 휴스턴으로 보내준 비행기였다. 콜린스와 암스트롱은 비행기에서 연설을 준비했다. (즉흥 연설에 부담을 느낀 올드린은 며칠 전부터 준비했다.)

뉴욕 라과디아 공항에 내린 그들은 린지 시장과 아내의 환영을 받았다. 그다음 헬리콥터를 타고 월스트리트 근처 부두로 날아갔다. 소방선(消防船)들이 예포를 쏘는 장면이 한눈에 보이고, 뚜껑이 없는 컨버터블 자동차가 줄지어 기다리고 있었다. 제일 앞차에 세 명의 우주비행사가 타고, 경호차가 뒤따랐다. 그다음에 우주비행사 아내들과 경호차가 뒤따랐다. 그다음 우주비행사의 아이들 여덟 명이 한꺼번에 타고, 경호차가 뒤따랐다. "위험하다면서 손을 뻗어 악수하지 말라는 충고를 들었습니다"라고 올드린은 기억했다.

제2차 세계대전이 끝나 사람들이 거리로 쏟아져 나왔을 때나 1927년 린드버그가 최초로 대서양 횡단 무착륙 단독비행에 성공한 후 가두행진을 했을 때도 이 뉴욕시 축하 행사처럼 열광적이지는 않았다. 우주비행사들이 탄 자동차가 브로드웨이와 파크 애비뉴를 따라 고층 건물들 사이를 지나갈 때 환영용 색종이 테이프가 하늘에서 쏟아져 거리를 뒤덮었다. 그날 맨해튼에는 400만 명이 모인 것으로 추산되었다.

"내 일생에 그렇게 많은 사람들을 본 적이 없어요. 사람들은 환호하고 손을 흔들고 색종이 조각을 던졌어요. 건물이나 하늘이나 여기저기에서 색종이가 떨어졌죠"라고 재닛은 기억했다. 닐은 "그들은 IBM의 펀치카드도 던졌어요. 고층 건물에서 펀치카드 뭉치를 통째로 던지는 사람들도 있었습니다. 그 카드가 흩어지지 않으면 벽돌처럼 무겁습니다. 카드 때문에 우리 차의 몇 군데가 움푹 들어갔어요"라고 말했다.

뉴욕 시청에서 잘생긴 린지 시장이 그들에게 뉴욕시 열쇠를 선물했고, 세 명의 우주비행사 모두 간단한 연설을 했다. 그다음 그들은 국제연합으로 가서 우 탄트 사무총장과 악수를 했다. 우주비행사들은 국제연합 회원국들의 우표를 모두 모아놓은 기념 우표첩을 선물로 받았다. 국제연합에서는 닐 암스트롱 혼자 연설했다.

뉴욕도 요란했지만, 시카고는 더 요란했다. 뚜껑이 없는 리무진을 타고 엄청나게 많은 사람들이 모여 있는 도심을 지나갈 때 "우리는 색종이 조각과 색 테이프, 땀으로 뒤덮였습니다. 워낙 많이 쏟아져 우리 몸에 붙을 정도였죠. 함성 소리에 귀가 먹먹했고, 하도 웃어서 턱이 아팠습니다"라고 올드린은 회고했다.
시청에서 공개 행사를 한 후 오헤어 국제공항으로 가기 전, 우주
비행사들은 놀랍게도 1만 5000명 정도의 젊은이들이 모인 그랜
트 공원에서 연설을 했다.

'인간이 달에 갔다는 사실에 대해 사람들이 열광적으로 기뻐
하는 도시들에 있으니까 신났다'라고 재닛은 메모했다. 닐 암스
트롱은 "그전에는 사람들이 그렇게 많이 모여 있는 광경을 본 적
이 없었어요. 진짜 사람이 많았어요. 행사가 계속 이어지고, 대규
모 가두행진을 하고, 결국 베벌리힐스에서 닉슨 대통령이 주최하
는 공식 만찬으로 끝이 났죠"라고 설명했다.

로스앤젤레스 국제공항에 도착하자 샘 요티 로스앤젤레스
시장이 그들을 맞이했다. 그다음 헬리콥터를 타고 센추리 플라
자 호텔로 갔다. 세 우주비행사의 아이들은 정장 차림 행사에 참
석하지 않을 예정이었다. 대신 컬러텔레비전 앞에 모여 앉아 위
성 중계 생방송을 보면서 햄버거와 프렌치프라이, 초콜릿이 든
맥아분유를 먹었다.

닉슨 대통령과 아내인 퍼트리샤, 성인이 된 두 딸 줄리와 트
리샤가 귀빈실에서 우주비행사와 아내들을 먼저 맞이했다. 사망
한 아이젠하워 전직 대통령의 부인 메이미 아이젠하워, 사망한
로켓 개발 선구자 로버트 고더드의 부인 에스터 고더드, 연방대
법원장 워런 버거와 아내, 전직 부통령 휴버트 험프리(초대받은
손님 중 얼마 되지 않는 민주당원)와 아내, 애리조나주 상원의원이자
1964년 공화당 대통령 후보였던 배리 골드워터, 현직 부통령인
스피로 애그뉴와 아내, 연방정부의 주요 인사들이 높은 반구형
천장에 우아한 샹들리에가 달린 연회장을 채웠다.

우주 계획과 관련이 있는 NASA와 다른 기관의 관리들, 44개

주의 주지사들(캘리포니아 주지사 로널드 레이건도 있었다), 합동참모 본부의 장군들, 83개국을 대표하는 외교 사절, 수많은 의회 지도자들이 만찬에 참석했다.

국무회의 때보다 더 많은 국무위원들이 모였다. 1955년 암스트롱이 공무원생활을 시작했을 때 미국항공자문위원회 위원장이었던 지미 둘리틀, 로켓 과학자 베른헤르 폰 브라운, 독일의 비행기 설계자이자 제작자인 빌리 메서슈미트 등이 미국과 세계의 항공 분야 선구자들을 대표해서 참석했다. 그리고 스무 명 가까운 연예인들이 할리우드와 연예계를 대표해서 참석했다. 복음주의 설교자인 빌리 그레이엄 목사도 그곳에 있었다. 미국의 전설적인 비행기 조종사 찰스 린드버그와 억만장자 비행기 조종사 하워드 휴스도 초대받았지만, 폐쇄적인 성격 때문에 참석하지 않았다.

존 F. 케네디 전 대통령이 시작한 달 탐사였지만 아이러니하게도 케네디 가문 사람들은 한 명도 참석하지 않았다. 아폴로 11호가 달궤도로 다가간 7월 18일, 존 F. 케네디 전 대통령의 동생인 매사추세츠주 상원의원 에드워드 케네디가 파티 후에 차를 운전하다 채퍼퀴딕섬의 다리에서 추락했고, 함께 타고 있던 28세의 선거 운동원인 메리 조 코페크니가 사망하는 사고가 벌어졌기 때문이다.

번쩍이는 캐딜락, 임피리얼, 콘티넨털, 롤스로이스 등 검은색 리무진이 즐비하게 주차되어 있는 호텔 밖에는 평화와 가난 퇴치를 주장하는 시위대가 질서 정연하게 시위를 벌이고 있었다. 시위자들이 보기에 아폴로 11호의 영광은 일시적이거나 얄팍했고, 혹은 둘 다였다. 베트남전쟁 중이어서 미국 사회가 계속 동요하고 있었다. 이 시위자들은 닉슨 대통령이 1440명을 초

청해서 4만 3000달러 이상을 들여 벌이는 그 축하 파티를 위해 세금을 지불할 생각이 전혀 없었다. 대통령은 작은 성조기를 꽂은 청자색 공 모양의 아이스크림 디저트까지 메뉴를 직접 하나하나 확인했다.

만찬 후 애그뉴 부통령과 연방정부 국가항공우주위원회 위원장은 세 명의 우주비행사에게 미국 최고의 시민상인 자유훈장을 수여했다. '그들이 대단히 중요하고 유일무이한 탐험을 하면서 인간이 지구와 별들에 대해 궁금해하고, 꿈을 꾸고, 진리를 찾으려고 노력하는 한 계속 기억될 만한 일을 했기 때문'이다. 스티브 베일스는 달착륙선이 고요의 바다에 착륙하기 직전, 컴퓨터에 문제가 생겼을 때 착륙해도 된다는 결정을 내렸다는 이유로 자유훈장을 받았다. 베일스의 자유훈장은 수십만 명으로 추산되는 아폴로 계획에 기여한 무명의 사람들을 대표해서 받는다는 상징적인 의미가 있었다.

연설을 하는 암스트롱의 모습은 누가 보아도 감격스러워 보였다. '닐 암스트롱은 아폴로 11호 우주비행사들이 조국, 그리고 그들이 받은 영광에 대해 어떻게 느끼는지 말하려고 하면서 눈물을 삼켰다'는 구절로 UPI통신 기사는 시작됐다. 주간지 『타임』은 '지난주 로스앤젤레스에서 닐 암스트롱이 닉슨 대통령에게 한 말은 꾸밈이 없어서 더욱더 호소력 있게 들렸다. 보통 때는 침착하게 이야기하는 그의 목소리가 이번만은 벅차오르는 감정으로 떨렸다'라고 보도했다.

"'모든 인류에게'라고 대통령께서 써넣은 명판을 달에 두고 올 수 있어서 무한한 영광으로 생각합니다. 아마 서기 3000년대의 낯모를 사람들이 고요의 기지에 있는 그 명판을 읽을 거예요. 역사는 우리 시대가 그 일을 이루어냈다는 사실을 기록할 겁니다. 오늘 아침 뉴욕에서 급히 휘갈겨 쓴 글씨를 들고 자랑스럽게 손을 흔드는 사람을 보고 깊은 감명을 받았습니다. '당신을 통해 우리도 달에 닿았어요'라는 글이 적혀 있었죠. 오늘 미국을 감동 시킬 수 있어서 영광이었습니다. 미국 시민들의 환호와 함성, 무 엇보다 웃음을 통해 우리 모두 가장 따뜻하고 진정한 마음을 전 달받았다고 생각합니다. 이 일이 새로운 시대의 시작, 인간이 우 리 주위의 우주를 이해하는 시대의 시작이자 인간 자신을 이해 하는 시대의 시작이라는 우리의 믿음이 그 사람들에게도 전달되 리라고 생각하고 기대합니다."

누구보다 가족들이 닐 암스트롱을 자랑스러워했다. "부모 님도 초대받아 그곳에 오셨어요. 할머니와 여동생, 남동생 가족 들도 왔죠. 그들과 만날 시간은 거의 없었지만, 가족이 와 있어 서 좋았습니다. 가족 모두에게 뜻깊은 행사였죠"라고 암스트롱 은 회고했다.

토요일에는 '미국의 우주도시' 휴스턴(1969년 인구가 120만 명 밖에 되지 않았던 도시)에 25만 명 정도의 인파가 모였다. 그들이 던 진 색종이 테이프와 색종이 조각, 가짜 '달 면허증'이 거리에 쌓 였다. 애스트로돔 야구장에서 열린 바비큐파티에는 초대받은 5 만 5000명만 들어올 수 있었다. 야구장 관람석에 걸린 현수막에 는 '먼 길을 왔어요, 집으로 돌아온 것을 환영해요'나 '여러분 모 두가 자랑스러워요'라는 글귀가 적혀 있었다. 프랭크 시나트라 가 행사를 진행하고, 가수 디온 워릭과 희극배우 빌 데이나, 필립 윌슨 등 1969년의 인기 연예인들이 총출동했다.

가두행진 전날, 암스트롱과 콜린스, 올드린은 일요일 아침 에 방송할 NBC의 시사 대담 프로그램 「Meet the Press」를 녹화했다. 일요일 아침 그들은 CBS의 인터뷰 프로그램 「Face the Nation」에도 출연할 예정이었다. 미국 우주 계획의 미래에 대한 질문을 받고 닐 암스트롱은 앞으로 몇십 년 동안 훨씬 더 흥미진진한 일들이 벌어질 것이라고 대답했다. "지난 10년 동안 우리 기대보다 훨씬 더 많은 일들을 해낼 수 있었습니다. 그럴 수 있다면 10년 안에 행성들을 볼 수도 있다고 생각합니다." AP통신의 하워드 베니딕트가 인간이 우주에서 몇 달 동안 생존할 수 있느냐고 묻자 닐 암스트롱은 "(2년 동안 계속) 비행하면 좋겠어요. 아마 훨씬 더 큰 우주선으로 가족도 데리고 갈 수 있을 거예요" 라고 대답했다.

CBS 뉴스의 데이비드 슈마허 기자는 그 프로그램을 마무리하면서 다시 우주비행을 하고 싶은지, 그리고 언제 하고 싶은지 세 명의 우주비행사 모두에게 물었다. 콜린스는 아폴로 11호가 마지막 비행이라고 밝혔다. 올드린은 아폴로 우주비행에 다시 참여하고 싶다고 이야기했다. 암스트롱은 "제가 제일 잘 기여할 수 있는 일이 있다면 어떤 자격으로든 봉사할 수 있습니다" 라고 대답했다.

휴스턴으로 돌아온 후 암스트롱은 1주일 동안 휴가를 떠날 장소를 찾았다. 그때 콜로라도 주지사 존 러브가 작가이자 항공기 판매 회사 대표인 해리 콤스의 농촌 주택에서 지내라고 제안했다. 해리 콤스는 존 러브 주지사와 함께 아폴로 11호 발사 행사에 참가했었다. 닐과 재닛, 두 아이들은 곰과 큰 사슴이 사는 아름다운 풍경의 산골에 자리 잡은 소박한 농가에서 휴가를 보냈다.

콜로라도 산골에서 1주일 동안 거의 완벽하게 휴식을 취하면서 재충전한 덕분에 닐과 재닛 암스트롱은 그다음의 바쁜 일정을 견뎌낼 수 있었다. 1969년 9월 6일, 암스트롱의 고향인 와파코네타에서 일정이 다시 시작되었다. 500명이 넘는 경찰이 동원되고, 주유소에 기름이 떨어질 정도로 사람들이 몰렸다. 극장들은 밤새 문을 열어두고 그 지역을 찾은 사람들을 공짜로 재워주었다.

가두행진 때는 그 도시의 평상시 인구 7000명의 열 배가 넘는 인파가 몰렸다. 기자도 350명 정도 찾아왔다. 닐 암스트롱이 졸업한 퍼듀대학의 음악대가 음악을 연주했다. 그 작은 도시는 붉은색과 흰색, 푸른색의 장식용 깃발로 거의 빈틈없이 뒤덮였다. 가두행진을 벌였던 거리는 '발사길', '아폴로 드라이브', '이글대로'로 이름이 바뀌었다.

암스트롱의 부모님이 사는 곳에는 '닐 암스트롱 드라이브'라는 이름이 붙었다. 닐 암스트롱의 어린 시절 친구였던 프레드 피셔가 닐 암스트롱 귀향 환영위원회를 이끌었다. 제임스 로즈 주지사는 암스트롱과 의논하지도 않고 오하이오주가 와파코네타에 닐 암스트롱 박물관을 세울 계획이라고 발표했다.

암스트롱은 그 말을 굉장히 멋진 농담으로 받아들이면서 1966년 고향 방문 때 했던 말을 되풀이했다. "와파코네타 출신으로 오늘 여러분 앞에 서 있을 수 있어서 자랑스럽게 생각합니다." 그다음 그는 "이제 여러분도 잘 아시겠지만, 달에 계수나무가 있었습니다"라고 오하이오 사람들이 좋아할 농담을 덧붙였다. 그와 올드린이 달 표면에서 어떤 생물도 발견하지 못했다는 뉴스 보도가 나온 다음이었다.

닐과 재닛 암스트롱은 아이들을 할머니·할아버지에게 맡기고 워싱턴으로 날아갔다. 9월 9일 월요일, 그들은 미국 우정국의 달 착륙 기념우표 발행 행사에 참가한 후 쇼어햄 호텔에서 열린 NASA의 아폴로 11호 귀환 파티에 참석했다. 암스트롱은 그 다음 주에도 워싱턴을 찾았다. 올드린, 콜린스와 미국 의회의 양원 합동회의에서 연설할 예정이었다. 정확히 낮 12시가 되자 우주비행사들은 양당 대표의 안내로 연단에 올라가 앉았다. 길고 힘찬 기립 박수를 받은 후 암스트롱이 맨 먼저 마이크 앞으로 나가 의회 연설을 했다. 그는 1958년 의회에서 승인된 우주항공법으로 그 모든 탐험이 시작되었다고 말했다. 암스트롱은 그다음 올드린과 콜린스를 차례로 소개했다. 두 사람의 연설이 끝나자 다시 마이크를 잡은 암스트롱은 인류 모두를 위한 평화적인 사명을 띠고 달에 다녀왔다고 다시 한 번 이야기했다. 그는 이렇게 결론을 내렸다.

"국회의사당에 게양했던 성조기 두 개를 아폴로 11호에 싣고 달에 다녀왔습니다. 하나는 상원, 하나는 하원에 게양했던 성조기입니다. 이제 인류를 위해 봉사한다는 인간 최고의 목적을 전형적으로 보여주는 이곳에서 그 성조기들을 되돌려드릴 수 있어 영광이라고 생각합니다. 인류 모두를 위한 봉사에 참여할 수 있는 특권을 주신 데 대해 아폴로 팀 전체를 대신해 감사를 드립니다."

우레와 같은 박수를 치는 의원들은 우주 계획을 강력하게 지지할 자세가 되어 있는 듯 보였다. 이전까지는 그렇지 않았다. 연설이 끝나자마자 세 사람은 사진 촬영을 했다. 그다음 의원 아내와 가족들이 아폴로 11호에 대한 우주비행사들의 이야기를 듣기 위해 기다리고 있었다. "그 일에 대해 아무도 미리 알려주지 않았어요. 나는 의회 연설로 기분이 좋았던 때라 덜했지만, 콜린스와 암스트롱은 정말 화를 많이 냈습니다. 그 행사가 2시간 넘게 이어진 데 대해 NASA 본부에 화를 내면서 항의했습니다"라고 올드린은 회고했다.

　다음 날 아침 국무부는 45일 동안 최소 23개국을 방문하는 아폴로 11호 팀의 세계 일주 계획을 처음으로 상세하게 알려주었다. NASA의 홍보 담당자 여섯 명, 백악관 담당자 한 명, 미국 해외공보처 직원 두 명, 비서 두 명, 의사 한 명, 수하물 담당자 한 명, 상근 경호원 두 명, 사진사이자 촬영기사 한 명, 미국 정부의 국제방송 「미국의 소리」Voice of America」 직원 네 명으로 구성된 '지원팀'이 에어포스 2를 타고 다니는 여행 일정을 관리할 계획이었다.

　'세계 모든 사람들에게 호의를 보이면서 인류 모두를 위해 달 착륙을 했다는 점을 강조하는' 게 우주비행사들의 공식적인 역할이었다. 우주비행사들은 '위대한 도약'이라는 이름이 붙은 그 여행으로 세계 각국을 다니면서 우주에 대한 지식을 기꺼이 공유하겠다는 미국의 의지를 강조해야 했다.

　그들은 9월 29일에 휴스턴에서 출발해 멕시코시티, 보고타, 부에노스아이레스, 리우데자네이루, 그란카나리아섬, 마드리드, 파리, 암스테르담, 브뤼셀, 오슬로, 쾰른, 베를린, 런던, 로마, 베오그라드, 앙카라, 킨샤사(콩고), 테헤란, 뭄바이, 다카, 방콕, 다윈(오스트레일리아), 시드니, 괌, 서울, 도쿄, 호놀룰루를 방문한 후 휴스턴으로 돌아왔다. 닐 암스트롱은 여행일기는 쓰지 않았지만, 녹음기를 이용해 기록을 남겼다.

　10월 8일 프랑스 파리에서 암스트롱은 '프랑스의 항공 클럽 대표가 우리에게 금메달을 주었다. 미국인 중 그 금메달을 받은 사람은 라이트 형제와 찰스 린드버그뿐이었다. 미국 우주 계획의 우주비행사 중 그 메달을 받은 사람은 이때까지 한 명도 없었다. 나는 그들과 린드버그에 관해 몇 마디 이야기를 나누었다'라고 녹음기에 남겼다.

나라를 대표해 '멋진 여행'을 했다고 생각하는 재닛은 네덜란드와 벨기에를 연달아 방문하면서 하루에 두 명의 왕과 두 명의 왕비를 모두 만났던 일을 특히 생생하게 기억했다. "정말 특별한 경험이었습니다. 점심은 네덜란드 왕과 먹고, 저녁은 벨기에 왕과 먹었죠. 왕이나 왕비 앞에서는 절대로 등을 돌리지 말라는 이야기를 들었습니다. 그런데 글쎄, 벨기에서 마이클 콜린스가 왕과 왕비 사이에 끼게 되었습니다. 결국 옆으로 빠져나와 스물다섯이나 서른 계단쯤을 올라가야 했죠. 그는 정말 잘 올라갔어요. 그 후 우리 모두 그 일을 가지고 농담을 했습니다." 호텔로 돌아오자 콜린스는 "제기랄, 내 무릎이 부서지는 줄 알았어!"라고 말했다고 한다.

다른 기자회견처럼 10월 12일 독일의 쾰른과 본에서 열린 기자회견에도 1000여 명이 모여들었다. 다음 날 베를린에서는 '20만 명에서 30만 명이 모였을 것으로 추산했지만, 내 느낌에는 100만 명 가까이 되는 것 같았다. 우리는 성대한 환영을 받았다'라고 암스트롱은 기록했다. 10월 14일 영국 런던에서는 'BBC와 독립 방송망의 출연 계획을 취소하고 기자회견만 했다. 감기와 후두염 때문이었다. 모든 언론이 우리 건강 상태를 집중 보도했다'라고 기록했다. 콜롬비아 보고타 때부터 카펜티어 박사는 올드린에게 항불안제를 처방했다.

노르웨이를 방문했던 어느 날 밤에는 우울증이 심해진 올드린이 저녁 내내 호텔방에서 나오지 않았다. 아내를 포함해 모두 저녁을 먹으러 갔을 때였다. 그는 여행 중 그날 밤만 과음을 했다고 기록했지만, 어디에든 술이 있다는 게 문제였다. "호텔방마다 진이나 스카치위스키 병이 있었고, 매일 아침 식탁에 칵테

일이 올라왔어요." 로마에서 올드린은 아내 없이 혼자 이탈리아 배우 지나 롤로브리지다 집에서 열린 우아한 파티에 갔다가 새벽이 지나도록 호텔방으로 돌아오지 않아 부부 사이가 틀어졌다. 그 후 이란에서도 올드린 부부는 심하게 다투었다. 올드린은 "가정에 더 충실하거나 아니면 집에서 나가라는 소리를 들었습니다"라고 기억했다.

콜린스와 암스트롱은 올드린에게 뭔가 심각한 문제가 있다는 사실을 알았다. "그 여행 이후 올드린에게 불안 증세가 생겼어요. 때때로 멍하니 무표정한 얼굴로 혼자 있곤 했죠. 그 때문에 올드린의 아내도 스트레스를 많이 받았어요." 올드린이 우울증을 앓기 시작할 때 보이던 여러 징후를 떠올리면서 암스트롱은 "제가 현명하지 못해서 올드린의 문제를 제대로 파악하지 못했어요. 아무 도움도 주지 못해 그때나 지금이나 괴로워요. '내가 좀 더 주의 깊게 살펴보면서 신경을 썼다면 올드린을 도와줄 수 있지 않았을까?'라고 혼자 생각했습니다. 하지만 그러지 못했죠. 그 여행 후 어느 때부터인가 진짜 문제가 생기기 시작했습니다"라고 말했다.

암스트롱이 달을 처음 밟았다는 사실과 버즈 올드린의 우울증 사이에 무슨 관계가 있는지는 명확하지 않다. 그렇지만 버즈 올드린이나 그의 아버지가 그때 상황을 굉장히 못마땅하게 여겼다는 사실은 확실하다. 워싱턴의 미국 우정국 건물에서 10센트짜리 아폴로 11호 기념우표 발행식이 열릴 때 올드린은 그 우표를 보고 정말 화가 났다. 닐 암스트롱이 달 표면을 밟는 모습을 보여주는 그림과 함께 '달을 처음 밟은 남자First Man on the Moon'라는 글귀가 쓰여 있었다. 올드린은 자서전에서 '어떻게 그런 글귀가 새겨졌는지는 하나님만 아시겠지만, 그 글을 보고 내가 왠지 쓸모없는 사람처럼 여겨졌다. 무엇보다 아버지가 엄청나게 화를 내셨다. 남자가 아니라 '남자들men'이 조금 더 정확한 표현일 것이다. 고백하자면 마음의 상처를 받았다'라고 회고했다.

암스트롱이 어느 자리에서나 건배의 말을 거의 도맡아서 하고, 아폴로 11호 팀의 대변인 역할을 너무 잘해냈기 때문에 올드린이 더 괴로워했을 거라고 재닛은 느꼈다. "닐 암스트롱에게 열등감을 느껴서 더 힘들었을 거예요. 암스트롱은 언제나 정말 잘해냈죠. 올드린은 말할 내용을 미리 메모하면서 준비했지만 연설에 대해 어려워했습니다. 그래서 괴로워했을 거예요. 닐 암스트롱도 연설을 편하게 생각하지 않았지만 결국 해냈어요. 훌륭하게 해냈죠."

여행은 계속되었다. 우주비행사들은 테헤란에서 이란 왕을 만났고, 도쿄에서는 히로히토 천황의 영접을 받았다. 그렇게 '45일간의 위대한 도약 세계 일주'는 끝이 났다. 알래스카주 앵커리지에 들러 연료를 채운 후 에어포스 2는 곧장 워싱턴으로 날아갔다. 공항에 착륙하기 직전 우주비행사들은 각각 국가 의전을 패러디한 메모를 받았다.

다음 역은 미국 워싱턴 DC입니다. 몇 가지 도움이 될 만한 사항을 알려드리겠습니다.

1. 이 나라에서 가장 인기 있는 음료는 아니지만, 물은 마실 수 있습니다.

2. 어디에서나 학생 시위대를 볼 수 있습니다.

3. 절대 대통령에게 등을 돌리지 말아야 합니다.

4. 부통령과 함께 있는 모습을 절대로 보이지 말아야 합니다.

5. 신발을 문밖에 두면 도둑맞습니다.

6. 어두워진 거리를 걷는 일은 안전하지 않습니다.

7. 이 나라 사람들과 베트남전쟁, 예산, 외국 원조, 수입·수출같이 예민한 문제를 가지고 토론하지 마세요.

8. 환율은 1달러(미국)당 0.05센트입니다.

백악관 잔디밭에서는 해군 군악대가 연주하고 있었고, 닉슨 대통령 부부가 그들의 귀국을 환영했다. 우주비행사와 아내들은 그날 밤 백악관에서 저녁을 먹고 잠을 잤다. "대통령은 정말 다정했어요. 우리들의 여행, 우리가 만났던 다양한 세계 지도자들이 어떤 반응을 보였고 무슨 말을 했는지 모든 면에 대해 굉장히 궁금해했습니다. 니콜라에 차우셰스쿠 루마니아 대통령과 만나려고 몇 년 동안 노력해왔는데, 지구로 돌아온 우리를 항공모함 호닛에서 만난 직후에 대통령과 약속을 잡을 수 있었다고 했습니다. 닉슨 대통령은 '그 만남 하나로도 우리가 우주 계획에서 사용한 비용 전체와 맞먹는 가치가 있다'는 취지의 이야기를 했습니다."

닉슨 대통령은 저녁을 먹으면서 세 명의 우주비행사 한 사람 한 사람에게 "앞으로 무슨 일을 하면서 살고 싶으냐?"고 물었다. 콜린스는 국무부를 위해 계속 친선 관련 일을 하고 싶다 말했다. 닉슨 대통령은 그 말을 듣자마자 곧바로 윌리엄 로저스 국무장관에게 전화해 콜린스를 위한 자리를 마련하라고 말했다. 올드린은 계속 기술 관련 일을 하면서 더 기여하고 싶다고 했다. 닉슨 대통령이 아폴로 11호의 선장인 암스트롱에게 어딘가에서 친선대사로 일하고 싶지 않으냐고 묻자 암스트롱은 대사가 되면 영광이겠지만, 어떤 역할을 가장 잘해낼 수 있을지 모르겠다고 공손하게 대답했다. 닉슨 대통령은 심사숙고해보고 따로 답을 해달라고 말했다.

'위대한 도약 세계 일주' 동안 우주비행사들이 만난 사람들은 1억에서 1억 5000만 명 정도로 추산되었다. 그중에서 무려 2만 5000명에 이르는 사람들이 우주비행사들과 악수를 하거나 사인을 받았다.

암스트롱은 그 여행에서 분명 도움이 되는 일을 했다고 느꼈다. 1969년 11월 오하이오주 위텐버그대학에서 연설하면서 닐은 "전문 지식보다 우정을 통해 더 많은 것을 얻을 수도 있습니다"라고 말했다. 철저한 항공 엔지니어인 그로서는 상당히 이례적인 발언이었다.

그다음 암스트롱은 베트남에 있는 미군과 연합군을 위한 밥호프의 '1969년 크리스마스 미군위문협회 순회공연'에 합류했다. 베트남으로 가는 길에 그들은 독일, 이탈리아, 터키, 대만과 괌에 들렀다. 여배우 테리사 그레이브스, 로미 슈나이더, 코니 스티븐스와 1969년 미스월드, 쇼걸인 골드디거스, 레스 브라운과 그의 리나운 밴드로 이루어진 공연단이었다. 밥 호프의 지도로 치노 바지, 빨간색 스포츠 셔츠, 정글 모자로 치장한 암스트롱도 공연에서 종종 조연으로 등장했다.

호프 : 네가 달을 처음 밟은 게 올해 중 두 번째로 위험한 일이었어.

암스트롱 : 그러면 누가 가장 위험했어?

호프 : 타이니 팀과 결혼한 여자지 뭐야. (타이니 팀은 긴 머리에 카랑카랑한 목소리를 가진 우쿨렐레 연주자로 대중스타가 된 인물이었다.)

베트남에서 공연할 때 한 군인이 "언젠가는 인간이 달에서 살 수도 있다고 생각하나요?"라고 물었다. "맞아요. 살 수 있다고 생각해요. 달에 유인과학기지가 만들어지는 모습을 보게 될 거예요. 남극기지와 굉장히 비슷하게 국제 팀이 운영하는 과학기지가 될 겁니다. 하지만 '인간이 달에서 살 수 있을까'보다 훨씬 더 중요한 문제가 있어요. '인류가 여기 지구에서 함께 잘 살 수 있을까'에 대해 우리 스스로에게 물어보아야 합니다."

암스트롱은 병사들에게 진지한 메시지를 전하기도 했다. "나는 베트남에 있는 군인들에게 미국으로 돌아가면 공부를 계속하는 게 어떤지 생각해보라고 말하고 싶었습니다. 너무 많은 책임을 떠맡기 전에 오늘날 세상에서 필요한 내용을 공부하기 좋은 때라는 걸 강조하려고 했습니다."

"1969년 크리스마스 순회공연을 하는 동안 적의 사격이나 폭파를 겨우 피할 수 있었습니다. 때때로 전투 지역과 상당히 가까운 곳에서 공연하기도 했습니다. 하지만 어떤 안전 조치도 했던 기억이 없습니다"라고 암스트롱은 회고했다. 베트남전쟁 중 가장 치열한 전투를 치렀던 미국 제1보병사단을 위해 공연한 적도 있었다. 지긋지긋한 전투에 지친 장병들은 밥 호프가 닉슨 대통령의 평화 계획 약속을 전하자 야유를 보냈다. 제2차 세계대전 때부터 미군위문협회 공연을 했던 밥 호프는 충격을 받았다.

암스트롱은 이때 처음으로 스캔들에 휘말렸다. 닐 암스트롱과 코니 스티븐스가 연인관계고, 두 사람이 귀국한 후 암스트롱이 스티븐스의 라스베이거스 공연을 보고 있는 모습을 발견했다는 소문이 나돌았다. 사실은 가수이자 배우인 코니 스티븐스와 닐 암스트롱은 순회공연 중 남는 시간에 함께 카드 게임을 하는 사이 이상이 아니었다.

1970년 5월, 암스트롱은 소련에 갔다. 미국 우주비행사로서는 두 번째 공식 방문이었다. "우주연구국제위원회의 열세 번째 연례회의에서 논문 발표를 하도록 초청받았습니다." 5월 24일, 바르샤바에서 비행기를 타고 온 그는 레닌그라드 공항에 도착했다. 레드카펫이 깔려 있었지만 환영하는 군중은 없었다. 소련 정부가 암스트롱의 도착 소식을 알리지 않았기 때문이다. 아폴로 11호의 우주비행 두 달 후 미국을 친선 방문했던 소련 우주비행사인 게오르기 베레고보이, 콘스탄틴 페옥티스토프가 닐 암스트롱을 맞이했다.

5일 동안 레닌그라드에서 지낸 후 암스트롱은 모스크바를 방문해도 된다는 허가를 받았다. 그는 크렘린 궁전에서 알렉세이 코시긴 총리를 1시간 동안 만났다. 암스트롱은 닉슨 대통령을 대신해 달의 암석 조각, 그리고 아폴로 11호에 싣고 갔던 작은 소련 국기를 코시긴 총리에게 선물했다. 다음 날 아침, 코시긴 총리는 닐에게 보드카와 코냑 병들을 보냈다.

소련의 위대한 항공기 설계자인 안드레이 투폴레프와 그의 아들 아드리안은 그들의 초음속 여객기 TU-144를 보관하고 있는 이착륙장으로 암스트롱을 데리고 갔다. "매력적인 콩코드 여객기와 비슷했어요. 서구 사회에서 그 여객기를 본 사람은 제가 처음이었을 겁니다. 투폴레프 부자는 안드레이 투폴레프가 사인한 TU-144 모형을 나에게 선물했어요. 귀국 후 그 모형을 스미스소니언박물관에 기증했습니다."

다른 소련 우주비행사들도 몇 명 더 만났다. 그는 모스크바 근교 외딴 숲 속에 있는 우주단지의 우주비행사훈련센터에서 하루 동안 지냈다. 휴스턴의 유인우주선센터와 같은 곳이었다. 세계 최초의 여성 우주비행사인 발렌티나 테레시코바가 그를 맞이했다. 암스트롱은 그곳의 훈련 시설과 모의비행 장치, 우주선 모형을 둘러보았다. 테레시코바는 사망한 유리 가가린의 사무실에도 그를 데리고 갔다. 세계 최초의 우주비행사를 기념하기 위해 성지처럼 보존하는 곳이었다. 수많은 우주비행사들이 암스트롱의 강의를 들었다. "강의가 끝나자 그들은 두 명의 여성을 앞으로 불러냈습니다. 한 사람은 유리 가가린의 부인, 다른 한 사람은 블라디미르 코마로프의 부인이었습니다. 아폴로 11호의 우주비행사들이 그들의 남편을 기념하는 메달을 달 표면에 놓아두고 왔기 때문이죠. 작지만 감동적인 기념식이었습니다." 암스트롱은 그 부인들을 만났을 때 가장 감동을 많이 받았다고 소련 언론에 이야기했다.

"그날 밤 소련 우주비행사들이 나를 저녁식사에 초대했습니다. 끊임없이 건배를 했죠. 그들은 개머리판에 내 이름을 새긴 정말 멋진 엽총을 선물했습니다. 귀국 후 미국 정부의 허락을 받아 그 총을 내가 보관할 수 있었습니다. 저녁식사 후 자정 무렵, 게오르기 베레고보이가 커피 한잔 마시자면서 자신의 아파트로 데리고 갔습니다. 어느 순간 게오르기가 전화로 몇 마디 하니 누군가가 찾아와서 텔레비전을 점검하다가 켰습니다. 그러자 텔레비전 화면에 소유스 9호의 발사 장면이 나왔습니다. 생방송은 아니었습니다. 그날 일찍이 바이코누르 우주기지에서 발사되는 장면을 녹화한 테이프였죠. 그날 낮에는 내내 테레시코바와 있었고, 그날 저녁에는 여러 우주비행사들과 함께 시간을 보냈습니다. 그런데 그들 중 누구도 그날 우주선을 발사했다는 말을 한마디도 하지 않았습니다. 테레시코바가 기막히게 비밀을 잘 지켰든지 아니면 전혀 몰랐다고 결론을 내렸습니다."

소유스 9호의 발사는 성공적이었다. 그렇지 않다면 암스트롱에게 발사 장면을 보여주지 않았을 것이다. 그들은 다시 보드카를 가지고 와서 건배를 했다. 베레고보이는 활짝 웃으면서

"암스트롱 당신에게 경의를 표하기 위한 발사예요!"라고 말했다.

1969년 7월부터 1970년 6월까지 암스트롱은 달과 지구를 왕복하면서 80만 킬로미터에 달하는 우주비행을 한 후 지구에서 16만 1000킬로미터 가까이 비행했다. 암스트롱은 우주비행사로서 계속 비행했다면 행복해했을 것이다. 하지만 NASA 본부의 윗사람들은 그 위대한 미국의 영웅에 대해 다른 계획을 가지고 있었다. 그에게 위험한 우주비행을 계속 시키기보다 다른 일을 시키고 싶었다.

39 발사대에서 아폴로 11호와 새턴 5호가 발사되는 모습을 지켜보는 언론인들.

재닛 암스트롱이 아폴로 11호의
발사를 지켜보고 있다.

아폴로 11호가 하늘로
솟아오르고 있다.

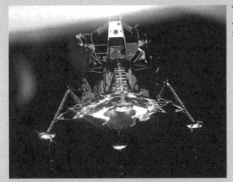

'이글에도 날개가 있다'
사령선 컬럼비아에서 분리된
직후의 달착륙선 이글.

버즈 올드린의 얼굴 가리개에
비친 닐 암스트롱의 모습.
달에서 걷는 암스트롱의 모습을
담은 스틸사진은 다섯 장밖에
되지 않는다.

버즈 앞에 있는 닐의 등과 다리.

닐이 장비 보관함 근처에 있다는
사실을 보여주는 사진.

달착륙선 밑에 서 있는
닐의 다리가 보인다.

버즈 올드린이 달 표면에서 핫셀블라드 카메라로 촬영한 닐 암스트롱의 유일한 전신사진.

아폴로 11호 우주비행사들이
달에서 걷고 있는 역사적인 순간을
우주비행관제센터에서 지켜보는 사람들.

달착륙선 창문에 올려놓은
16밀리미터 필름 카메라가
암스트롱과 올드린이
성조기를 꽂는 장면을 포착했다.

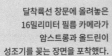

리처드 닉슨 대통령이 닐 암스트롱과 버즈 올드린에게 축하 전화를 하고 있다.

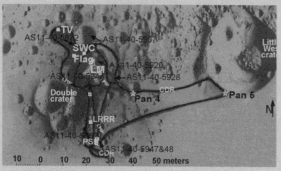

'우주비행사들이 걸었던 길' : 아폴로 11호의 선외활동을 표시한 지도.

달착륙선으로 돌아온 후
버즈는 '스누피 모자'를 쓴
닐의 모습을 촬영했다.

고요의 바다에 착륙한 달착륙선 위로 보이는 '우주선 지구'.

랑데부 비행을 하는 동안
이글이 컬럼비아에 다가가고 있다.

'임무를 완수했다……1969년 7월'
우주비행관제센터가 아폴로 11호의 무사 귀환을 축하하고 있다.

대기권에 재진입하면서 열에 그을린 컬럼비아를
항공모함 호닛의 잠수부들이 회수하고 있다.

'달의 미생물'이 지구를 오염하지 않도록
우주비행사들은 생물학적 격리 복장을 입은 채
구조되었다.

우주비행사들이 타고 있던 이동 격리실과 4단 기념 케이크에 '호닛+3'이라는 글이 붙어 있다.

1969년 8월 13일, 뉴욕에서 퍼레이드를
하는 콜린스와 올드린, 암스트롱.

1969년 9월 9일,
콜린스, 암스트롱, 올드린과
미국 우정국 총재 윈턴 블런트가
아폴로 11호 기념 11센트짜리
항공우표를 공개하고 있다.

1969년 9월 29일,
'위대한 도약 세계 일주' 중
멕시코시티에서 판초를 입고
챙이 넓은 멕시코 모자를 쓰고 있는
아폴로 11호의 우주비행사들.

FIRST MAN

우주 영웅

SEVEN

"사회 발전에 얼마나 기여했는가를 바탕으로 그 사람을 평가해야 한다고 생각합니다. 하지만 사람에 대한 평가는 과장되기 쉽습니다. 사람들과 그들이 해낸 일들을 높이 평가할 때가 많지만, 실제 업적보다 그들이 더 주목받아야 한다고 생각하지는 않습니다. 그들이 이루어낸 일들보다 명성이 앞서지 말아야 합니다."

닐 암스트롱이 저자에게 한 말, 오하이오주 신시내티, 2004년 6월 2일

PART SEVEN

새로운 일에 도전하다

암스트롱은 "달 착륙 이후 다시 우주비행을 하겠느냐는 질문을 받아본 적도 없고 분명한 이야기를 들은 적도 없지만, 이제 다시 우주비행을 할 기회가 없을 거라고 믿기 시작했습니다. 조지 로와 로버트 길루스는 내게 워싱턴의 NASA 본부에서 부국장보로 일하면 어떻겠냐고 말했습니다. 나는 그 일이 내게 맞는다고 확신할 수가 없었습니다. 언제나 현장에서 일했기 때문에 워싱턴에서 하는 일이 좀 현실과 맞지 않는다고 생각해왔거든요"라고 말했다.

벤처 사업, 호텔과 레스토랑 부동산 개발에서 시중 은행까지 민간 부문에서 일할 기회도 많았다. 사람들은 그에게 오하이오 출신 우주비행사 존 글렌처럼 정계에 진출하라고 제안하기도 했다. 하지만 암스트롱은 계속 엔지니어 일을 하고 싶었다. 오랫동안 생각한 끝에 NASA의 항공술 관련 일을 할 수 있겠다는 결론을 내렸다.

재닛은 닐이 그 일을 달가워하지 않는다고 느꼈다. "그는 조종사였어요. 언제나 비행할 때 제일 행복해했어요." 재닛은 닐이 책상 앞에서 일하는 게 맞지 않을까 봐 걱정했다.

디지털 전자식 비행조종 장치라는 새로운 기술을 도입한 게 암스트롱이 워싱턴에 있으면서 NASA 항공술에 가장 크게 기여한 일이었다. 암스트롱이 항공술 담당 부국장보가 되기 전까지는 컴퓨터로 비행기를 조종한다는 급진적인 개념을 지지하는 사람이 NASA 본부에 아무도 없었다. 1970년, 비행연구센터 엔지니어들이 암스트롱의 사무실에 찾아와 아날로그 컴퓨터를 이용하는 전자식 비행조종 장치에 대해 연구할 수 있도록 자금 지원을 해달라고 요청했다. NASA 역사연구가인 마이클 곤은 "암스트롱이 '왜 아날로그 컴퓨터를 이용하려고 하느냐?'고 반대하면서 디지털 컴퓨터를 이용하는 전자식 비행조종 장치를 도입하자고 제안해 엔지니어들이 깜짝 놀랐습니다. 비행에 적합한 디지털 컴퓨터에 대해 아는 바가 없었으니까요. 암스트롱이 '내가 바로 얼마 전 그 컴퓨터를 이용해서 달에 갔다 왔어'라고 말했고, 비행연구센터 엔지니어들은 당황해하며 생각하지도 못했던 제안을 받아들였죠"라며 당시 상황을 전했다.

드라이든 비행연구센터가 1972년부터 1976년까지 개발한 NASA의 혁신적인 F-8C 크루세이더 디지털 전자식 비행조종 장치 시험 프로그램이 이 계획에서 나왔다. 디지털 전자식 비행조종 장치가 믿을 만하다는 사실이 밝혀지면서 고속비행기를 설계하는 전문가들은 과감하게 새롭고 급진적인 시도를 할 수 있었다. 디지털 전자식 비행조종 장치의 도입은 닐 암스트롱이 항공술의 발전에 크게 기여한 일 중 하나로 평가받아야 한다.

암스트롱은 워싱턴에서 일하는 동안, 일 자체보다 여기저기 참석해달라는 NASA와 의회, 백악관의 끊임없는 요구 때문에 지쳤다. 정말 부담스러웠다. 하지만 선택의 여지가 없었다. 거의 매일 저녁 워싱턴에서 열리는 만찬에 돌아가면서 참석했다. "우리는 워싱턴 사람들을 정말 많이 만났어요. 암스트롱을 개인적으로 만나고 싶어 하는 사람들이 많았고, 만나는 사람마다 아폴로 11호가 미국과 전 세계를 위해 한 일에 대해 축하해주었습니다. 암스트롱은 계속 공무원 수준의 연봉(3만 6000달러)을 받고 있었기 때문에 돈이 넉넉하지 않았어요. 대법관인 해리 블랙먼의 아내 도티 블랙먼은 옷을 잘 만드는 데다 워싱턴으로 오기 전 미네소타에서 옷 가게를 했어요. 좋은 친구여서 우리가 만찬에 입고 갈 옷을 만들어주었어요"라고 재닛은 회고했다.

암스트롱은 기회가 있을 때마다 비행기를 계속 조종했다. 에임스, 루이스, 랭글리나 드라이든 연구소에 갈 일이 생기면 그가 직접 조종해서 갔다. "그런 식으로 비행을 계속할 수 있었습니다. 내가 원하는 만큼은 아니지만 아예 못 하는 것보다는 낫죠. 현장과 관련된 연구 계획들을 살피고 있었기 때문에 다른 항공기를 조종할 수 있는 기회도 생겼습니다." 콩코드 초음속 여객기의 날개 모양을 시험하기 위해 제작한 작은 항공기인 영국 핸들리 페이지 115, 독일의 고성능 활공기인 아카플리그 브라운슈바이크 SB-8도 조종해보았다.

1971년 3월 24일, 상원의원 51명이 미국 초음속 여객기 개발 계획에 더 이상 재정 지원을 하지 않겠다고 투표하면서 NASA가 그동안 초음속 여객기 개발에 기울여온 노력이 무산되었다. 암스트롱이 NASA에서 맡은 일은 초음속 여객기 개발과 관련이 없었지만, 그는 그 계획이 계속되기를 바랐다.

1971년 8월, 암스트롱은 NASA를 사직하고 신시내티대학에서 학생들을 가르치기로 결정했다. 미국의 초음속 여객기 개발 중단과 그의 결정은 아무 관련이 없었다. "언제나 사람들에게 대

학으로 돌아가고 싶다고 말해왔어요. 대학교수가 된다는 게 내게
는 새로운 생각이 아니었습니다. NASA를 정말 떠나고 싶지 않았
지만, 그런 관료적인 일은 오래 하고 싶지 않았습니다. 신시내티
대학 총장을 몇 번 만났어요. 이름이 월터 랭섬으로, 20세기 초
유럽 역사를 전공한 역사학자였습니다. 그는 내가 그 대학에 와
주기를 얼마나 바라는지 이야기했고, 짤막하지만 멋진 편지도 몇
번 보냈습니다. 랭섬 총장은 '우리 대학에 오시면 정교수가 되어
뭐든 원하는 대로 하실 수 있게 하겠습니다'라고 말했어요. 나는
그 제안을 받아들이기로 결정했습니다. 그때까지 나를 초빙하겠
다는 대학이 많았지만, 대부분 대학 총장으로 와달라는 제안이
었습니다. 나는 그냥 교수가 되고 싶었습니다."

이상하게도 NASA는 암스트롱의 사직을 심하게 말리지 않
았다. 암스트롱은 NASA를 떠나면서 총 16년 6개월의 공직생활
을 마감했다.

NASA 안팎에는 암스트롱이 그 대학에 정착한 데 대해 제정
신이 아니라고 생각하는 사람들도 있었다. 친구와 동료들은 그
가 수년 동안 공학 교과서를 쓰고 싶어 했던 사실을 떠올렸다.
대부분 사람들은 고향과 가까워서 그곳으로 갔다고 짐작했지만,
암스트롱은 딱 잘라서 부인했다. "오하이오로 돌아간다는 점은
고려하지 않았습니다. 그저 신시내티대학의 항공우주공학과가
상당히 마음에 들었습니다. 교수진이 10여 명밖에 되지 않는 작
은 학과였죠."

그들은 그가 1년의 유예 기간 없이 곧바로 정교수가 되어도
반대하지 않을 것 같았다. 학과장인 톰 데이비스 박사는 각광받
기 시작하는 컴퓨터 유체역학 분야에서 잘 알려진 전문가였다.
그러나 암스트롱은 10년 넘게 띄엄띄엄 대학원을 다닌 끝에 서

던캘리포니아대학에서 받은 석사 학위밖에 없었다. 암스트롱의 직책은 항공우주공학과 대학교수였다. 학생들은 그를 '암스트롱 교수님', '암스트롱 박사님'이라고 불렀다. 하지만 그가 그때까지 받은 박사 학위라고는 명예박사 학위 하나밖에 없었다. (그는 결국 명예박사 학위를 19개까지 받았다.) 교수들 대부분은 좋은 친구가 되어 그를 닐이라고 불렀다.

닐 암스트롱은 얼마 가르치지 않아도 되었지만, 그러고 싶지 않았다. 그는 핵심 과목들을 맡아서 여름 학기만 빼고 1년에 세 학기씩 가르쳤다. "나는 보통 매일 학교에 갔습니다. 여행을 갈 때도 있었지만, 학교 일에 지장이 되지 않도록 조정했습니다."

암스트롱이 첫날 수업을 끝낼 때 기자들이 잔뜩 복도에서 기다리고 있었다. 아수라장이 된 광경을 보고 그는 문을 쾅 닫고 들어가더니 나오려고 하지 않았다. 1974년에는 이탈리아 여배우 지나 롤로브리지다가 예고도 없이 교실 문 앞에 나타났다. "자신이 만들고 있는 책 때문에 사진 촬영을 하려고 찾아왔다고 했어요. 그런데 책이 아니라 잡지 기사(「Ladies' Home Journal」 1974년 8월호) 때문이라는 사실이 밝혀졌죠. (1969년 '위대한 도약 세계 일주' 중) 멕시코와 이탈리아를 함께 방문했을 때는 지나를 좋아했어요. 하지만 방문 목적을 다르게 말해서 정말 실망했습니다."

암스트롱은 항공우주공학과에 두 과목을 새로 만들었다. 첫 번째는 항공기 설계, 두 번째는 시험비행 역학이었다. 두 과목 모두 대학원 과정에 개설되었다. 학생들은 유명 인사 교수가 너무 잘 가르쳐서 놀랐다. 암스트롱 교수는 진지하게 가르치고 깐깐하게 학점을 매겼지만, 학기가 끝나갈 즈음 재미있는 비행 이야기를 들려주는 것으로 유명했다.

암스트롱은 결국 대학 정치에 적응하지 못하고 갈 길을 잃었다. "대학에서 필요한 역할을 제대로 하지 못했어요. NASA에서 일거리를 갖고 오지 않겠다고 마음먹었습니다. 과거 인연을 이용하는 것으로 보일까 봐 아무 제안도 하지 않겠다고 생각했죠. 그래서 하지 않았습니다. 돌이켜보니 내 생각이 틀렸을 수도 있어요. NASA에서 연구 프로젝트를 따내려면 어떻게 해야 하는지 정확하게 알 수 있었기 때문에 적극적으로 행동해야 했어요. 그렇게 했다면 대학 기금을 마련하기가 좀 더 쉬웠을 거예요."

신시내티대학에 두 가지 큰 변화가 생기면서 암스트롱은 결국 학교를 떠났다. "신시내티대학이 시립대학에서 주립대학으로 바뀌면서 새로운 규칙들이 너무 많이 생겨 부담을 느꼈습니다. 그 규칙에 얽매이지 않으려면 상근을 하지 말아야 했습니다. 그래서 우리 몇몇은 절반만 가르치고 절반은 연구소에서 일하기로 전략을 세웠습니다."

1975년 7월, 암스트롱과 세 명의 뛰어난 연구자들(첫 번째 항히스타민제인 베나드릴을 발명한 신시내티대학의 유명 화학자 조지 리브실, 전기공학 교수 에드워드 패트릭, 응급처치 방법인 하임리히요법을 개발한 헨리 하임리히 박사)은 대학 승인을 받아 공학과 의학연구소를 함께 세웠다.

"정말 좋아서 연구소를 설립한 게 아니었어요. 일종의 필요악이었죠. 하지만 일단 시작하고 나니 상당히 재미있는 일들이 보였고, 적극적으로 참여하려고 했습니다. 그러나 대학의 새로운 규칙들 때문에 어려움이 많았습니다. 사실 이름만 절반 근무이지 실제로는 연봉을 절반만 받았으니까요.° 근본적으로는 랭섬 총장이 나에게 주었던 자리와 새로운 규칙의 기준이 서로 맞지 않았어요. 게다가 여기저기에서 같이 일하자는 요청이 넘치도록 많았습니다. 좋은 기관이나 좋은 사람들과 함께 일할 수 있

° 1979년 암스트롱의 납세 신고서를 보면 신시내티대학에서 받은 소득이 1만 8196달러, 그의 개인 서비스 회사가 그해 벌어들인 수입은 16만 8000달러였다. 그 외에도 여러 회사의 사외이사로 참여하면서 받은 수입이 5만 달러였다.

는 기회도 많았죠. 내 입장을 생각하면 그 자리에 계속 있을 수가 없겠다는 사실을 깨달았습니다. 기업 사외이사를 맡으면 내 시간을 몽땅 투자하지 않아도 생계를 유지할 수 있었으니까요."

대학에서 보낸 마지막 몇 년간은 암스트롱에게 특별히 스트레스를 주었다기보다 그저 짜증스러울 뿐이었다. 1979년 가을, 암스트롱은 짤막한 사직서를 제출했다. 사실은 1979년 초에 이미 사직한 셈이었다.

1979년 1월, 암스트롱은 거액을 제시하는 수많은 홍보 요청을 거절하고 크라이슬러 회사의 대변인이 되었다. 암스트롱이 등장하는 크라이슬러 TV 광고는 미식축구 챔피언 결정전 TV 중계 중 처음 나왔다. 닐은 그때 크라이슬러 경영진과 함께 마이애미에서 열린 그 경기를 관람하고 있었다. 다음 날에는 미국의 50개 신문에 그 광고가 실리면서 TV 광고도 더 많이 나왔다. 오하이오주 레버넌 북서쪽에 있는 암스트롱의 워런 카운티 농장에는 크라이슬러 자동차가 여러 대 서 있었다. 암스트롱은 뉴요커, 피프스 이디션, 코르도바, 사륜구동 소형 트럭인 W200과 같은 자동차들을 며칠씩 세워두고 시운전했다. 닐 암스트롱은 크라이슬러에 "당신 회사 자동차를 내가 제일 먼저 타봐야 해요"라고 말했다고 재닛이 전했다.

'암스트롱은 왜 이제야 광고에 나오기 시작했을까요? 그리고 왜 수많은 회사 중 크라이슬러 광고에 나왔을까요?'라고 언론은 의문을 던졌다. 암스트롱은 나중에 "크라이슬러의 경우 심한 공격을 받고 재정적인 어려움도 겪었습니다. 하지만 크라이슬러는 미국 자동차를 기술적으로 선도하는 위치에 있었던 자동차 회사입니다. 그 점 때문에 정말 관심이 많았습니다. 크라이슬러에 대해 걱정하고 있는데, 마케팅 책임자가 찾아와 대변인뿐 아니라 기술적인 의사 결정 과정에도 참여하는 역할을 맡아달라고 했습니다. 그 말에 끌렸습니다. 디트로이트를 방문해 크라이슬러의 리 아이어코카 회장과 여러 임원들을 만나 이야기를 나누었습니다. 그들이 공들이고 있는 프로젝트들도 보았습니다. 그들 중 몇몇 사람들을 잘 알게 되었고, 그들을 도와주어야겠다는 결론을 내렸습니다. 그런 일을 해본 적이 없었기 때문에 쉬운 결정은 아니었습니다. 하지만 3년 계약을 하고 해보기로 결정했습니다. 그 일의 기술적인 측면은 좋아했지만 대변인 역할은 별로 잘했다고 생각하지 않습니다. 최선을 다했지만, 잘하지는 못했습니다. 항상 제대로 하려고 애를 썼죠"라고 설명했다.

그다음 몇 달 동안 암스트롱은 제너럴 타임(텔리 인더스트리스의 자회사), 미국은행협회와 계약했다. 그는 하나하나 개별적으로 홍보 활동을 했다. 제너럴 타임의 경우 그 회사의 손목시계를 홍보하는 게 아니라 기술적인 혁신만 홍보하는 식이었다. "그 시계 회사는 달착륙선의 타이머를 제작했기 때문에 나와 관련이 있었습니다. 기술이 좋았죠. 그런데 나중에 밝혀졌지만 제품의 질은 내 생각만큼 훌륭하지 않았습니다. 미국은행협회의 경우, 영리를 추구하는 곳이 아니어서 일종의 단체 홍보를 했습니다. 우리는 광고 몇 개를 만들었지만 계속 같이 일하지는 않았습니다." 몇몇 미국 제품들을 위한 대변인 역할은 잠시 하다가 그만두었지만, 기업과 관련된 일들은 이후에도 계속했다.

닐 암스트롱은 신시내티대학을 떠난 후 캔자스주 엘도라도에서 남동생 딘과 육촌 리처드 테이크그래버가 운영하는 석유 공급 회사 '국제석유서비스'의 동업자가 되었다. 딘은 인디애나주 앤더슨에 있는 제너럴 모터스의 공장 책임자로 일하다 국제석유서비스 사장이 되었다. 닐 암스트롱은 국제석유서비스의 동업자이자 카드웰 인터내셔널 유한책임회사의 회장이 되었다. 카드웰 인터내셔널은 이동용 굴착 장치를 만드는 회사로, 생산량의 절반 이상을 해외로 판매했다. 닐과 딘 암스트롱 형제는 2년 동안 국제석유서비스와 카드웰을 운영하다 회사를 매각했다. 그다음 딘 암스트롱은 캔자스은행을 매입했다.

1982년쯤 닐 암스트롱은 여러 회사를 위해 일했다. "내가 사업 경험은 많지 않지만 기술 분야에서 경험이 많아 사람들이 나를 이사로 초빙했다고 생각합니다. 그래서 상당히 많은 회사의 이사직을 맡았습니다. 사실은 거절한 회사가 더 많았죠."

그는 1972년에 처음으로 제트기 제조 회사 게이츠 리어젯의 이사가 되었다. 암스트롱은 리어젯의 기술위원회 위원장을 맡아 회사가 새로 개발하는 실험적인 상용 제트기 대부분을 조종해보았다. 1979년 2월, 그는 노스캐롤라이나주 킬데블힐스 근처의 활주로에서 새로운 리어젯 제트기를 타고 이륙해 고도 15.54킬로미터의 대서양 상공에서 12분 이상 머무르면서 상용 제트기로는 최고 고도 기록을 세웠다.

1973년 봄, 닐 암스트롱은 에너지 회사인 신시내티 가스&전기의 이사가 되었다. 신시내티에 본사가 있는 태프트 방송사의 열정적인 최고경영자 찰스 메켐과 잘 알아서 태프트 방송사의 이사회에도 참여했다. 암스트롱은 메켐에 대해 "1972년 12월, 아폴로 17호 우주비행 때 내가 초대했던 7~8명의 신시내티 인사 중 한 명이었습니다"라고 말했다. 메켐은 암스트롱이 그 방송사 이사회에 불어넣었던 활기를 굉장히 생생하게 기억했다. "보통 누군가에게 이사로 초빙하겠다고 말하면 '정말 좋아요. 첫 회의는 언제죠?'라는 반응을 보여요. 그런데 암스트롱은 달랐어요. 내가 왜 그를 초빙하려고 하는지, 그의 우주비행사 경력과 아무 관련이 없는 이사회에서 그가 무슨 일을 할 수 있는지를 확실히 확인한 다음에야 이사회에 들어오겠다고 했습니다."

암스트롱은 1978년에 유나이티드항공, 1980년에는 클리블랜드의 자동차 부품 제조 회사인 이턴, 전자전(電子戰) 장비를 만드는 AIL 시스템스 자회사의 이사회에 들어갔다. 닐은 2002년 은퇴할 때까지 그 회사 이사회의 이사장을 맡았다.

우주왕복선 챌린저호가 폭발한 지 3년 후인 1989년 3월, 암스트롱은 그 우주왕복선의 고체연료로켓을 만들었던 싸이오콜 이사회에 들어갔다. 존폐 위기를 겪었던 싸이오콜은 암스트롱의 도움으로 살아남았을 뿐 아니라 성장하기까지 했다. 사업을 확장하면서 미국과 유럽, 아시아 등 전 세계 공장에서 고체로켓 엔진, 제트기 엔진 부품, 항공기의 고성능 잠금장치 등을 제조하는 회사가 되었고, 코던트 테크놀로지로 이름이 바뀌었다. 2000년 알코아에 매각될 때까지 암스트롱은 11년 동안 그 회사 이사를 지냈다.

암스트롱은 30년 넘게 여러 회사의 이사로 참여하면서 어떤 도움을 주었는지 제대로 밝히려 하지 않았지만 "대부분 그 회사의 문제가 무엇인지 파악하고 있었고, 그 문제를 어떻게 해결해야 하는지에 대한 생각도 가지고 있었습니다. 이사회에 참여하는 게 별로 불편하지 않았죠"라고만 말했다.

암스트롱은 일생에서 처음으로 많은 돈도 벌었다. 이사로 활동하면서 꽤 많은 보수 외에도 스톡옵션을 상당히 많이 받았다. 1994년, 재닛과 이혼할 때 두 사람의 재산은 200만 달러를 훌쩍 넘었다.

한 번도 자신의 자선 활동을 자랑한 적은 없었지만, 암스트롱은 특히 오하이오와 그 주변에서 열리는 자선 단체의 홍보 활동에 적극적으로 참여했다. 1973년, 그는 장애인을 돕기 위한 오하이오주의 부활절 실Easter Seal 행사를 주최했다. 1978년부터 1985년까지는 오하이오주 레버넌의 YMCA 이사로 봉사했다. 1976년부터 1985년은 신시내티자연사박물관 이사회에 참여하면서 5년간 의장을 지냈다. 1988년부터 1991년까지는 신시내티대학에서 총장의 운영위원회에 참여했다.

1992년부터 1993년까지 그는 오하이오 공익사업위원회에도 참여했다. 1982년에는 신시내티 팝스 오케스트라가 에런 코플런드의 「링컨의 초상화」를 연주할 때 연주에 포함되어 있는 링컨 연설문을 읽는 역할을 맡았다. 2012년 사망 직전까지 비영리 단체인 신시내티의 코먼웰스 클럽과 커머셜 클럽에서 적극적으로 활동했다.

신시내티자연사박물관 관장인 드비어 버트는 "그의 이름만으로도 신뢰를 얻을 수 있었습니다. 기금 마련을 하려고 어디에 찾아가든 맨 앞에 '이사회 의장 닐 암스트롱'이라고 적혀 있는 편지를 내밀어야 했죠"라고 말했다.

닐 암스트롱은 자신이 졸업한 대학을 위해 가장 적극적으로 활동했다. 1979년부터 1982년까지 퍼듀대학법인 이사회, 1990년부터 1995년까지 공대 학생들과 전문가들의 만남을 주선하는 학교방문위원회를 위해 봉사했다. 1990년부터 1994년까지는 유진 서넌과 함께 대학 최대의 기금 조성 행사인 '비전 21'의 의장을 맡았다. 기금의 목표 금액은 2억 5000만 달러라는 어마어마한 돈이었는데, 목표액보다도 8500만 달러를 더 모아 미국 공립대학 역사상 최대 기금 모금 기록을 세웠다.

1983년부터 2000년까지 퍼듀대학 총장을 지낸 스티븐 비어링은 암스트롱이 '비전 21'에서 얼마나 핵심적인 역할을 했는지 회고했다. "암스트롱은 사람들을 정말 호소력 있게 설득했어요. 졸업생들에게 이렇게 이야기했죠"라면서 암스트롱의 연설을 들려주었다. "여러분도 알다시피 나는 퍼듀대학에서 공부한 덕분에 달에 착륙할 수 있었습니다. 퍼듀대학에 입학한 후 첫 학기에 우리 교과서를 집필한 교수님이 물리학을 가르치셨어요. 한 주가 끝날 때 복습해 오라는 숙제를 내주실 줄 알았는데, '여러분이 이 내용에 대해 어떻게 생각하는지 궁금해요'라고 말씀하셨습니다. 바로 그 순간 퍼듀대학이 어떤 곳인지 깨달았습니다. 문제 해결 능력, 비판적인 사고 능력, 상황을 분석하는 능력, 독창적이면서도 구체적인 결론을 내리는 능력을 가르치는 곳이었습니다. 달착륙선으로 비행해서 달에 내릴 때 바로 그런 능력이 필요했습니다. 문제를 해결하고, 상황을 분석하고, 스스로 실질적인 해결 방안을 찾아야 했습니다. 퍼듀대학에서 공부하지 않았다면 그렇게 할 수 없었을 거예요."

스티븐 비어링은 암스트롱에 대해 계속 이야기했다. "대학 캠퍼스에 찾아올 때마다 그의 눈은 즐거움으로 가득했어요. 그냥 미식축구 경기를 보면서 밴드 멤버에게 팔을 두르고 서 있을 때도 정말 기뻐했어요. 학생들이 커다란 드럼을 쳐보라고 하자 '한 번도 쳐본 적이 없어!'라면서 아이처럼 흥분했죠. 한 번도 유명인사처럼 행동한 적이 없어요."

암스트롱은 전국적인 기금 모금 행사에도 몇 번 참여했다. 그는 1977년 5월, 찰스 린드버그의 역사적인 대서양 횡단 비행 50주년을 앞두고 찰스 린드버그 기념 기금 모금 행사를 제임스 둘리틀과 공동 주관했다. 그들은 젊은 과학자와 탐험가, 환경보호 운동가를 지원할 기금을 500만 달러 넘게 모금했다. 1977년부터 1978년까지 닐 암스트롱은 지미 카터Jimmy Carter 대통령의 백악관 펠로십위원회 위원을 지냈다. 1979년에는 PBS 방송의 7부작 다큐멘터리 「찰스 다윈의 여행The Voyage of Carles Darwin」의 진행을 맡았다.

암스트롱에게는 정치적인 기질이 없다고 말하는 사람들도 있었다. "정치적인 신념이 있고, 정치적인 과정에 참여하고, 내 양심에 따라 투표한다는 점에서 그 말에 동의할 수 없습니다. 하지만 정계에 진출할 생각이 전혀 없다는 점에서는 맞는 말일 수도 있습니다"라고 암스트롱은 말했다. 그는 1972년에 닉슨 재선운동 오하이오 지역위원장을 맡아달라는 제안도, 1980년에 존 글렌 민주당 상원의원에 맞설 공화당 후보로 출마하라는 제안도 거절했다. 암스트롱의 정치적인 성향은 온건한 토머스 제퍼슨 방식의 공화주의자에 가장 가까웠다. "모두의 이익을 위해 연방정부만 할 수 있는 일이 아니라면 주정부가 권한을 가져야 한다고 생각하는 편입니다. 교육 문제에 있어서는 현재 어느 정당도 잘하고 있다고 생각하지 않습니다. 하지만 누구에게도 그런 의견을 말하는 게 현명하지 않다고 생각했습니다. 그래서 하지 않습니다."

1974년
신시내티대학에서 공학을
가르치고 있는 암스트롱 교수.

암스트롱은 1979년, 자동차 회사 크라이슬러의 대변인이 되었다.

1999년 달 착륙 30주년 행사에서 아폴로 11호의 우주비행사들이 다시 만났다.

1987년 4월 4일,
닐이 아내 캐럴과 함께
컬럼비아 우주왕복선의 발사를
지켜보기 위해 발사대 39A를 다시 찾았다.

2003년 10월, 닐이 캐럴과 함께 경비행기 세스나 421을 타고 비행하고 있다.

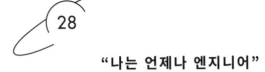

"나는 언제나 엔지니어"

"나는 흰 양말을 신고 실험가운을 입는 꺼벙한 엔지니어고, 앞으로도 그럴 것입니다. 내가 몸담고 있는 분야가 이제까지 이루어낸 일들에 대해 엄청난 자부심을 느낍니다."

2000년 2월, 암스트롱은 국립공학아카데미의 '20세기를 발전시킨 위대한 공학 기술 20가지' 선정을 기념하는 연설에서 그렇게 말했다. 암스트롱은 1978년에 그 아카데미 회원으로 선출되었다. 암스트롱은 이어서 "과학이 '무엇일까?'를 묻는 학문이라면 공학 기술은 '무엇이 될 수 있는가?'를 묻는 학문입니다"라고 말했다.

국립공학아카데미가 선정한 순위에서 우주비행은 열두 번째에 올랐다. 암스트롱은 우주비행이 첫 번째에 꼽히지는 않았지만 위대한 공학 기술 중 하나라고 믿었다.

암스트롱은 미국 우주 계획과 계속 관련을 맺고 있었다. 1970년 4월, 그가 워싱턴에서 부국장보로 일하기 시작하자마자 아폴로 13호 사고가 일어났다. 달을 향해 가던 아폴로 13호 기계선의 산소탱크가 폭발했고, 다른 탱크의 산소도 새어 나왔다. 선장 제임스 러벌은 팀원인 프레드 헤이즈, 잭 스위거트에게 달착륙선으로 피신하라고 명령했다. 두 명이 타야 할 달착륙선에 세 명의 우주비행사가 탔기 때문에 산소도 전력도 부족했다. 우여곡절 끝에 그들은 무사히 지구로 돌아왔다.

하지만 NASA가 사고 원인을 찾아내지 못하면 아폴로 계획을 계속 진행할 수가 없었다. NASA는 암스트롱에게 내부조사위원회에 참여해달라고 요청했다. 랭글리연구소의 소장인 에드거 코트라이트 박사가 조사위원회의 위원장을 맡았다. 암스트롱은 원격 측정 자료, 우주선과 지구의 통신 기록, 우주비행사와 우주비행관제센터의 관찰 기록, 비행 계획과 우주비행사의 점검 목록을 하나하나 검토하면서 관련 사건들을 시간 순서대로 자세하고 정확하게 정리하는 일을 도왔다.

두 달 가까운 조사가 끝난 1970년 6월 15일, 코트라이트 박사는 아폴로 13호 조사위원회의 보고서를 발표하였다. 수많은 기술 관련 사고가 그렇듯 아폴로 13호의 사고도 계산 착오로 인한 오작동이 아니라 불완전한 장치와 어처구니없는 실수가 겹치면서 생긴 결과였다. 크리스토퍼 크래프트는 그 사고에 '막을 수 있었던 멍청한 사고'라는 이름을 붙였다. 산소탱크 제작업체인 비치 에어크래프트는 액체산소를 가열하는 28볼트 온도 조절 장치를 65볼트로 바꾸어야 했지만, 그러지 않았다. 게다가 아폴로 계획 담당자들이 교차 점검을 제대로 하지 않아 누락된 사실을 못 보고 넘어갔다.

코트라이트 위원회의 조사 결과 중 가장 미심쩍은 부분은 4000만 달러의 비용을 들여 기계선의 산소탱크 전체를 다시 설계해야 한다는 권고였다. 아폴로 13호의 문제는 탱크가 아니라 온도 조절 장치와 관련이 있었기 때문에 그렇게 큰 비용을 들여 탱크 전체를 바꿀 필요가 없다고 생각하는 NASA 관리자들이 많았다. 크래프트와 코트라이트는 서로 의견이 달라 그 후 몇 주 동안 그 문제를 가지고 계속 싸웠다. 암스트롱은 "내 자리로 돌아간 다음에는 아폴로 13호의 조사에 적극 관여할 수가 없었어요"라고 회고했다. 그렇지 않았다면 그는 아마 크래프트의 입장을 적극적으로 지지했을 것이다.

미국의 우주 탐사, 미국의 현재와 미래에 대해 암스트롱이 어떻게 생각하는지 귀 기울이는 사람들이 많았기 때문에 그 주제에 관한 암스트롱의 발언이 인용될 때가 많았다. 환경 문제가 점점 시급해지는 시대에 암스트롱은 그 문제에 대해 진지한 이야기를 했다. 달 탐사 경험을 담아 말할 때가 많았다. "달 표면에 서서 머리 위에 높이 떠 있는 지구를 보았던 인상은 쉽게 잊히지 않습니다. 우리가 살고 있는 행성은 푸른빛이 감돌고 굉장히 아름답지만, 정말 멀고 정말 작게 보입니다. 지구가 너무 작아서 별로 중요하지 않게 보일 수도 있겠다고 생각할 수 있습니다. 하지만 그 자리에서 지구를 볼 기회가 있었던 사람이라면 모두 완전히 반대 결론에 이르게 됩니다. 지구가 오아시스나 섬과 비슷해 보인다는 사실에 우리 모두 깊은 인상을 받습니다. 더 중요하게는 그 섬이 인간이 생존할 수 있는 유일한 곳이라는 사실입니다. 오랫동안 이어져온 인류의 발전이 이제 인류의 생존을 위협하고 있습니다. 이제는 인류를 발전시켜온 추진력을 억제하면서 방향을 바꾸어야 할 때입니다. 끝없는 팽창에서 벗어나 새로운 생태계를 만들어야 할 때입니다."

암스트롱을 인터뷰하지 못해 언짢았던 기자들은 그의 내성적이고 과묵한 성격을 가지고 '달의 린드버그'라는 별명을 붙였다. 1972년 12월, 유인 달 탐사 계획 중 마지막 우주비행인 아폴로 17호 발사를 앞두고 한 기자는 "암스트롱은 마지막 발사에 대해 아무 말도 하지 않는다"라고 불평했다. 신시내티대학의 암스트롱 비서였던 루타 밴코비키스는 "암스트롱 선생님은 기자들과 이야기하려고 하지 않았어요. 인터뷰도 하지 않고, 특종도 주려고 하지 않았죠. 그래서 그가 케이프케네디에 머물면서 아폴로 17호의 발사를 지켜본다는 말을 할 수가 없었어요"라고 말했다.

스스로 선택한 일 외에는 절대 사람들 앞에 나서지 않으려는 암스트롱의 태도에 대해 동료 우주비행사들을 포함해서 미국 우주 계획 지지자들은 불만이었다. 제임스 러벌은 "암스트롱에게 '너무 린드버그 같다'고 나무라곤 했어요. '암스트롱, 찰스 린드버그는 비행기나 모든 것을 스스로 마련해서 개인 돈으로 대서양을 횡단했잖아. 그러니 그는 자신이 원하는 대로 은둔생활을 할 권리가 있어. 하지만 너는 국가의 돈으로 달에 갔어. 국민 세금으로 달을 여행하고 그 모든 기회와 명성을 얻었으니 그만큼 갚아야 할 몫이 있어'라고 말했죠. 그러면 암스트롱은 '은둔생활을 하지 않았다면 너무 시달렸을 거야'라고 대답했어요. 그의 말이 맞을지도 모르죠"라고 전했다.

암스트롱은 정기적으로 자신의 의견을 밝혔다고 변명했다. "수많은 기자회견을 했어요. 다른 나라를 방문하면 보통 기자회견을 했죠. 또 달 착륙 기념일이 돌아올 때마다 기자회견을 했습니다. 하지만 뉴스 가치가 없는 특집 기사를 위해 인터뷰를 할 의무는 없다고 생각했습니다. 그게 필요하다고 느끼지 않았고, 그래서 그런 상황을 피하려고 했습니다.

기자가 기사의 목적을 숨기고 나를 인터뷰해서 내 의도와 다르게 보도했던 적이 몇 번 있었습니다. 일단 잘못된 보도가 나가고 나면 바로잡을 방법이 별로 없었습니다. 그래서 오래전, 기자들과 개인 인터뷰는 하지 않겠다는 결론을 내렸습니다. 인터뷰 대신 기자회견만 하면 수많은 기자들이 같은 이야기를 듣기 때문에 엉뚱한 내용을 보도할 가능성이 줄어듭니다."

암스트롱이 자선 공연이나 시민 행사에 참석한 모습을 촬영한 스냅사진은 신시내티신문 사회면에 자주 등장했다. 인터뷰를 거절했는데도 그의 개인적인 이야기 혹은 그와 올드린이 달을 밟은 이야기가 언론에 종종 등장했다.

1978년 11월, 레버넌 농장의 집에 도착한 암스트롱이 트럭에서 뛰어내리다가 결혼반지가 트럭 문에 끼여서 왼손의 넷째 손가락이 절단되는 사고가 벌어졌다. 그는 헬리콥터로 켄터키주 루이빌의 유대인병원으로 이송되어 특별 의료진의 응급 미세 수술을 받고 회복했다. 언론은 그 사고와 수술 소식을 연일 머리기사로 쏟아냈다. 수술 후 맨 위쪽 관절만 빼고 손가락 기능은 완전히 정상으로 돌아왔다.

1985년 4월, 북극 탐험을 할 때도 암스트롱은 언론을 피했다. 탐험대장인 마이클 던의 지휘 아래 세계 최초로 에베레스트 정상에 오른 에드먼드 힐러리 경, 힐러리의 아들인 피터, 캐나다인 최초로 에베레스트 정상에 오른 팻 마로가 함께 북극에 갔다. "북극 여행은 엄청나게 흥미진진했습니다. 우리가 일상생활을 하면서 보는 것들과는 모든 면에서 정말 달랐으니까요. 그곳은 정말 다릅니다. 여행의 불편함을 감수할 만한 가치가 충분히 있었습니다"라고 암스트롱은 회고했다.

북극 탐험을 떠나기 한 달 전, 그는 '21세기 미국을 위한 적극적인 민간 우주 계획 방안을 연구하기 위해' 로널드 레이건 대통령이 만든 위원회의 열네 명 위원 중 한 명이 되었다. NASA 국장을 지낸 토머스 페인 박사가 위원장을 맡고, UN 대사 진 커크 패트릭, 우주비행사 캐서린 설리번 박사, 우주미래학자 제럴드 오닐 박사 등이 위원으로 참여했다. 암스트롱은 "우리는 몇 달 동안 띄엄띄엄 만나서 일했습니다. 다양한 자료를 모으고, 회의 와 발표를 하고, 미국의 장기적인 우주 계획을 개발하려고 노력 했습니다"라고 전했다.

하지만 1986년 1월 28일, 우주왕복선 챌린저의 비극적인 사 고로 그 위원회의 권고 사항들은 거의 주목받지 못했다. 챌린저 가 발사 직후 공중 폭발하면서 선장 딕 스코비, 조종사 마이크 스미스, 비행시험 엔지니어 엘리슨 오니즈카(아시아계 미국인 최초 로 우주비행), 물리학자 론 맥네어(미국 흑인 중 두 번째 우주비행), 전 기 엔지니어 주디스 레스닉(미국 여성 중 두 번째 우주비행), 인공위 성 전문가 그레고리 자비스, 뉴햄프셔주 콩코드의 고등학교 교 사 크리스타 매콜리프 등 탑승자 일곱 명 전원이 사망했다. 1만 1000명이 넘는 지원자 중 선발된 매콜리프는 사상 최초로 우주 에서 원격 수업을 할 예정이었다. 미국 사회의 축소판을 보여주 는 사람들이 챌린저호 사고로 모두 사망하면서 미국의 우주 계 획은 큰 위기에 빠져 오랫동안 침체기를 겪었다.

레이건 대통령의 요청으로 암스트롱은 우주왕복선 챌린저의 사고에 대한 대통령조사위원회에 들어갔다. 레이건 대통령, 그 리고 조사위원회 위원장을 맡은 국무장관 출신의 정치인 윌리엄 로저스가 암스트롱에게 부위원장을 맡아달라고 했다. "사고 직 후 백악관에서 나를 찾았습니다. 교환대를 통해 대통령 보좌관과 이야기한 후 레이건 대통령과 직접 통화했습니다. 대통령의 부탁 을 거절하기가 정말 어려웠습니다. 그로부터 넉 달 후, 120일 만 에 대통령에게 보고서를 제출해야 했습니다."

2월 6일, 워싱턴에서 열네 명의 조사위원회 위원들이 선서하면서 본격적인 조사가 시작되었다. 암스트롱은 아폴로 1호 화재나 아폴로 13호 사고 때와 달리, NASA가 아닌 외부 위원회가 챌린저 사고를 조사하는 데 대해 남몰래 걱정했다. "어쨌든 외부의 깐깐한 조사관들이 자신의 역할을 잘해냈습니다. 그들은 공청회나 위원들을 얽어매는 여러 가지 일들에 크게 방해받지 않았어요. 그래서 조사 과정을 공개해도 일정에 큰 지장을 받지 않았습니다."

로저스 위원장은 조목조목 이유를 들면서 조사위원회를 공개적으로 운영해야 한다고 주장했고, 암스트롱조차 맞는 이야기라고 생각했다. "로저스는 자신이 무엇을 기대하며, 무엇을 정말 중요하게 여기는지 처음부터 모든 위원들에게 밝혔습니다. 예를 들어 언론을 통해 드러나는 여론을 파악하는 게 굉장히 중요하다고 생각했죠. 그래서 그는 모두가 매일 아침 『워싱턴 포스트』나 『뉴욕 타임스』를 읽어야 한다고 권했어요. 나는 전혀 그렇게 생각하지 않았지만, 그는 그런 상황을 잘 파악하고 있었습니다.

조사 결과를 하나라도 먼저 내놓아야 한다는 게 로저스의 확고한 생각이었고, 나도 동의했습니다. 그러면서 유권자들의 마음을 누그러뜨려 우리 일을 계속하거나 적어도 관심을 모을 방법을 찾아야 한다고 했죠. 그래서 로저스 위원장은 일찍이 대통령을 만나고 상원에 찾아가 설득하느라 바빴습니다. 조사위원회가 주기적으로 의회에 보고한다는 게 우리가 내놓은 타협안이었습니다. 우리는 의회에 가서 조사 진행 과정과 어려운 점, 현재 조사하고 있는 항목, 그 시점에서의 전망 등을 증언했습니다. 그러면 의원들이 무슨 생각을 하면서 의회에서 무슨 활동을 하는지 어느 정도 언론에 보도됩니다. 그렇지 않았다면 조사에 방해를 받았을 거예요.

이전에 제가 관여했던 어떤 사고 조사 때보다 훨씬 더 많은 공청회가 열렸습니다. 그것도 성가셨죠. 공적인 성격의 조사위원회에는 장점과 단점이 있습니다. 일반 대중에게 현재 상황을 알릴 수 있다는 게 장점이라면, 카메라 앞에서 연기를 할 수도 있다는 게 단점이지요."

암스트롱은 부위원장으로서 직무상 모든 소위원회에 참석했다. "나는 사고 조사 자체에 가장 많은 시간을 투자했습니다. 사고 원인을 명확하게 밝히지 않으면 나머지는 아무 소용이 없다고 느꼈습니다." 각 소위원회는 어떤 문제들을 조사할지, 언제 공청회를 열고 발표를 할지, 상황 파악에 필요한 장비 점검을 위해 어느 현장을 방문할지 스스로 결정했다.

"재판부처럼 모든 자료와 문서를 확보한 다음, 아무 때나 원하는 자료를 찾아낼 수 있도록 순서대로 정리했습니다. 자료를 모두 기록하면서 컴퓨터에도 저장했습니다. 총 12만 2000쪽이 넘는 6300개에 달하는 문서, 거의 1만 2000쪽에 이르는 조사 보고서, 2800쪽의 청문회 기록을 만들어낸 조사였기 때문에 그게 적절한 방식이었습니다." 암스트롱은 NASA와 항공우주산업에서 30년 넘게 쌓아온 인맥을 바탕으로 사람들을 따로 만나 정보를 얻거나 의견을 물으면서 개인적인 조사 활동도 벌였다.

"가끔 사람들과 은밀하게 이야기를 나누곤 했습니다. 위원장이 그런 일을 금지하지 않았기 때문에 주저 없이 만났습니다. 공청회를 하지 않아도 거의 같은 결론을 내렸으리라고 생각합니다. '공청회가 없었다면 조사 결과가 좀 더 빨리 나오지 않았을까?'라는 의문이 들 수도 있습니다. 하지만 '잘못된 설계로 낮은 온도 등 여러 요인에 민감해져서 오른쪽 고체연료엔진 이음

매 부분의 압력 밀폐가 제대로 되지 않았던 게 사고 원인'이라는 가설을 증명하는 게 '모래사장에서 바늘 찾기'처럼 길고 복잡한 과정이어서 서둘러 결론을 낼 수가 없었습니다."

암스트롱은 조사위원회의 최종 결과와 권고 사항에 대해 만족했다. "우리가 원인을 잘 찾아내서 결론을 잘 내렸다고 생각합니다. 사고 원인에 대한 설명이 굉장히 정확했다고 생각해요. 반대 의견이나 가설도 있었지만, 시간이 지나면서 힘을 잃었지요."

암스트롱은 조사위원회가 최종 보고서를 어떻게 쓸지 기본 틀을 구상할 때 핵심적인 역할을 했다. "권고 사항은 적을수록 효과적이라고 동료 위원들에게 강조했습니다. 적으면 적을수록 좋다고 했죠. 두 번째로는 NASA가 할 수 없는 일을 요구하지 않아야 한다고 했습니다." 조사위원회는 60여 가지의 권고 사항을 생각했다가 아홉 가지로 줄였다. 챌린저 사고조사위원회에서 소수 의견을 냈던 물리학자 리처드 파인먼에 대해 NASA에 반대한다는 이유로 위원회가 그의 의견을 보고서에 포함시키지 않았다는 이야기가 나돌았다. 하지만 암스트롱은 로저스 위원장이 허용하는 한 그 괴짜 물리학자의 독특한 견해를 받아들였고, 그의 의견을 위원회의 최종 보고서에 부록으로 첨부했다.

2003년 2월 1일 토요일 아침, 암스트롱은 친구의 전화를 받고 급히 서재에 있는 텔레비전을 켰다. 또 다른 우주왕복선이 사라졌다. 16일간의 우주비행 후 착륙을 몇 분 앞두고 있던 우주왕복선 컬럼비아 STS-107은 텍사스 상공의 대기권 높이에서 산산조각이 났다.

닐 암스트롱이 소식을 듣자마자 사라졌던 우주왕복선의 잔해가 발견되었다. "우주왕복선이 사라진 순간 가망이 없다는 사실을 알았습니다." 또다시 탑승자 전원이 사망하는 비극이 벌어졌다. 선장 릭 허즈번드, 조종사 윌리엄 매쿨과 칼파나 차울라, 로럴 클라크, 마이클 앤더슨, 데이비드 브라운과 일란 라몬 등 일곱 명이 사망했다.

컬럼비아는 고도 63킬로미터 정도에서 공중분해가 되었다. 암스트롱은 자신이 X-15를 타고 제일 높이 올라갔을 때와 거의 똑같은 고도에서 그 우주왕복선이 분해되었다는 아이러니에 대해 생각하지 않을 수가 없었다. 이번에는 거의 NASA 내부에서 조사가 진행되었다. 부시 대통령의 백악관은 닐 암스트롱과 그의 두 번째 아내 캐럴에게 2월 3일 휴스턴 존슨우주센터에서 열리는 컬럼비아 탑승자들을 위한 추도식에 참석할 수 있느냐고 물었다. 그들은 곧바로 승낙했다. 암스트롱은 언론에 "컬럼비아 참사는 모두를 슬픔에 빠뜨리면서 위험이 없으면 진보도 없다는 사실을 다시 한 번 일깨워줍니다. 위험을 최소로 줄이면서 진보를 최대로 늘리는 게 우리의 의무입니다. 우리가 독립적이고, 창의적이고, 왕성한 호기심을 가진 인간이라면 계속 한계에 도전할 것입니다"라고 발언했다.

2004년 1월, 조지 W. 부시George W. Bush 대통령은 미국 우주 계획에 관해 '새로운 비전'을 발표했다. 부시 대통령은 태양계 탐사를 위해 장기적인 계획을 세우자고 제안했다. 인간과 로봇이 다시 달에 가는 것에서 시작해 '궁극적으로 화성과 다른 별들도 탐사한다'는 게 백악관의 생각이었다.

두 달 후 암스트롱은 휴스턴의 우주센터 로터리클럽에서 우주비행사로서의 공로에 대한 상을 받으면서 부시 계획을 지지했다. 부시 대통령의 우주 계획은 여기저기에서 많은 비판을 받았다. 하지만 기술을 발전시키는 일이라면 뭐든 지지한다는 게 암스트롱의 원칙이었다.

널 암스트롱은 자신을 탐험가로 여긴 적이 한 번도 없었다. "나는 언제나 비행기나 우주선의 놀라운 발전에 이바지하려고 노력해왔습니다. 그런 노력의 일환으로 탐험했을 뿐입니다. 우주비행으로 달에 갔던 일도 달까지 갈 수 있는 기계들의 개발에 이바지하기 위해서였지 그저 달에 가기 위해서가 아니었습니다."

29

달의 어두운 면

찰스 린드버그가 닐 암스트롱의 소년 시절 영웅이었다는 사실은 놀라운 일이 아니다. 암스트롱은 아폴로 8호가 발사될 때 린드버그와 그의 아내 앤을 처음 만났다. "그를 안내해 시설들을 보여주는 일을 맡았습니다. 발사 전날 밤에는 밖으로 모시고 나가 새턴 5호를 보여주었죠. 새턴 5호 전체가 불을 밝히고 있을 때였습니다. 아폴로 8호의 프랭크 보먼 선장을 도와야 했기 때문에 아쉽게도 그와 충분한 시간을 보낼 수가 없었습니다."

아폴로 11호 우주비행 이후 암스트롱은 린드버그와 몇 번 개인적으로 이야기를 나눌 수 있었다. "1969년 9월 말 로스앤젤레스에서 열린 '실험적인 시험조종사협회' 모임에 우리 둘 다 참석했습니다. 린드버그는 명예회원으로 추대되었고, 저는 그 연회에서 린드버그 옆자리에 앉았습니다."

그 후로도 닐 암스트롱이 린드버그 기념 기금의 공동 의장을 맡으면서 서로 편지를 주고받았다. 린드버그는 암스트롱에게 이런 장난스러운 질문을 던졌다. "달 표면 위에 내렸을 때 내가 1927년 파리에 착륙했을 때와 비슷한 느낌이었는지 궁금하군요.

주변을 좀 더 많이 둘러보지 못해 아쉬웠어요."

1969년 9월 그 모임에서 린드버그는 암스트롱에게 충고를 한마디 했다. "그는 나에게 절대로 사인하지 말라고 했어요. 불행히도 나는 30년 동안 그의 충고를 따르지 않았고, 나중에 생각하니 그 충고를 따랐어야 했어요."

인류 최초로 달을 밟은 닐 암스트롱에게 팬레터가 해일처럼 밀려왔다. 아폴로 11호의 비행 후 몇 달 동안 매일 1만 점 정도의 우편물을 받았다. 편지와 카드, 전보, 선물 등의 우편물이 밀려들었다. 암스트롱이 콜린스, 올드린과 함께 45일 동안 23개국을 방문했을 때도, 밥 호프와 함께 3주 동안 베트남에 갔을 때도, 열흘 동안 소련을 방문했을 때도 계속 우편물이 도착했다. 그동안에도 수많은 편지와 카드가 휴스턴으로 속속 도착하면서 그의 답장을 기다리고 있었다.

NASA는 암스트롱을 도와 산더미같이 쌓이는 우편물을 처리하도록 네 명의 사무직원을 배치하면서 최선을 다했지만, 엄청난 양을 감당할 수가 없었다. 휴스턴의 홍보 담당자 중 한 명은 암스트롱에게 선물을 보냈지만 즉각 답장을 받지 못했다면서 불평하는 사람에게 이렇게 해명했다.

'암스트롱 씨에게 선물을 보냈지만 제대로 전달되지 않은 것 같아 속상해하시는 데 대해 정말 죄송하게 생각합니다. 달 착륙 당시 우주비행사 사무실은 전 세계에서 산더미처럼 쏟아져 들어오는 편지와 선물을 관리할 준비가 되어 있지 않았습니다. 그 어마어마한 양을 보관하고 관리하는 데 어려움을 겪었습니다. 인력 충원 없이 평상시의 일을 계속하면서 편지에 답장하고 선물을 안전하게 보관하고 기록하고 관리해야 했습니다. 우주비행사들 자신도 시간이 있을 때마다 감사 카드를 쓰면서 도왔습니다. 당신이 받은 카드도 암스트롱 씨가 직접 썼을 가능성이 많습니다. 괜찮으시다면 당신 편지를 암스트롱 씨에게 보여주겠습니다. 당신이 얼마나 속상해하는지 알게 된다면 직접 편지를 쓰면서 선물에 대해 좀 더 적절하게 감사 표시를 하려고 할 것입니다. 암스트롱은 그런 분이니까요.'

암스트롱이 8년 동안 신시내티대학에 있을 때는 팬레터 대부분이 대학 캠퍼스 우체국을 통해서 왔다. 유일하게 잘 알려진 주소였기 때문이다. 두 명의 비서가 답장 쓰는 일을 도와주었던 대학을 떠난 후 암스트롱은 자신의 힘만으로 편지를 관리할 수 없다는 사실을 금방 깨달았다. 1980년 2월, 그는 오하이오주 레버넌에 작은 사무실을 빌리고 비서를 고용했다. 그의 비서 비비언 화이트는 10년 정도 상근 직원으로 일했고, 나중에는 1주일에 나흘 반만 일하면서 도왔다.

"10년 정도까지 암스트롱은 부탁을 받으면 어디에든 사인해주었어요. 그런데 1993년쯤 자신의 사인이 인터넷을 통해 팔린다는 사실을 알게 되었죠. 그중 위조한 사인도 많았어요. 암스트롱은 그때부터 사인을 하지 않았습니다. 그런데도 '암스트롱 씨가 더 이상 사인을 하지 않는다는 사실은 알아요. 하지만 나만 예외로 해달라고 부탁해주실래요?'라는 편지를 계속 받았습니다."

1993년 이후에는 대부분 같은 내용의 답장에 비비언이 사인해서 보냈다. 몇몇 예외적인 경우에만 암스트롱이 직접 편지를 쓰고 사인을 했다. "기술에 대한 문의 편지에 답장해줄 때는 암스트롱이 내용을 불러주고 내가 받아 적었습니다. 편지에 그 내용을 타자기로 친 다음 '암스트롱 씨가 이 정보를 알려드리라고 했습니다'라고 쓰고 내가 사인했죠. 우리는 개인적인 질문에는 절대 답을 하지 않았습니다. 사생활을 침해하는 질문이 너무 많았어요"라고 비비언 화이트는 말했다. 비비언은 그런 편지를 '서류철 11'로 분류해서 휴지통에 버렸다.

암스트롱은 사령선 컬럼비아를 타고 달을 향해 비행하던 중 "이번 주 아이다호 패러것 주립공원에서 열리는 전국 스카우트 대회에 참석하는 모든 스카우트 대원들에게 인사합니다. 아폴로 11호가 그들에게 안부를 전합니다"라고 인사말을 했다. 그는 그 후 몇 년 동안 스카우트 중 최고 위치인 이글스카우트 자리에 오른 소년들에게 축하 편지를 보냈다. 하지만 그의 주소가 인터넷에 공개되고 수많은 요청이 밀려들면서 더 이상 스카우트 대원들에게 개인적인 편지를 보내지 않았다. (새로 이글스카우트가 되었으니 축하해달라는 편지가 2003년 1월부터 5월까지 다섯 달 동안만 950통 정도 왔다.)

암스트롱이 뒤늦게 찰스 린드버그의 충고를 따르기로 결정하자 암스트롱의 사인으로 폭리를 취하려던 사람, 더 넓게는 우주 관련 기념품이나 사인을 취미로 수집하던 사람들이 실망하고 적대감을 보이기까지 했다. 말할 것도 없이 암스트롱의 사인은 지금까지도 우주비행사 사인 중 가장 인기가 많다. 암스트롱의 사인은 요즘도 경매나 인터넷에서 1만 달러 이상의 가격에 금방 팔려 나간다. 진짜 사인보다는 위조 사인이 훨씬 많아서 이베이 목록에 올라 있는 암스트롱 사인 중 90퍼센트는 가짜라는 추측도 나왔다.

1972년 7월, 아폴로 11호 3주년을 앞두고 와파코네타에서 닐 암스트롱 우주항공박물관이 개관했다. 제임스 로즈 오하이오 주지사는 아폴로 11호의 우주비행이 끝나기도 전에 주의회의 승인을 받아 50만 달러의 자금을 확보한 후, 박물관 건립을 시작하면서 자부심을 느꼈다. 보름달이 떠오르는 모양으로 설계한 그 박물관의 개관식에는 닉슨 대통령의 딸인 22세의 트리샤 닉슨이 참석했다. 트리샤 닉슨은 "닐 암스트롱 당신 덕분에 하늘이 우리 세계의 일부가 되었습니다"라고 말했다. 트리샤는 그다음 5000명의 사람들 앞에서 아폴로 11호가 가지고 온 달 암석 중 하나를 박물관에 기증했다. "이것은 더 나은 미국, 그리고 더 나은 세계를 건설하기 위해 위대한 일을 해낸 인류의 능력을 상징하는 암석입니다."

암스트롱은 그날 사람들 앞에서 비교적 행복한 표정을 지었다. 오랜 친구와 이웃들이 많이 참석했다. 하지만 그는 박물관이 건립되는 과정 전체가 마음에 들지 않았다. "박물관 건립을 준비할 때부터 나한테 물어보았어야 했어요. 공공건물에 내 이름을 사용하는 일에 대해서는 권하지도, 못 하게 하지도 않는다는 게 내 원칙이었습니다. 상업적이거나 사적인 시설에는 내 이름을 사용하지 못하게 했죠. 그 박물관 건립위원회가 물어보았다면 내 이름을 사용하도록 허락했을 거예요. 부모님이 사시는 곳이니까요. 그럼에도 불구하고 내 이름을 사용하지 않았으면 더 좋았을 겁니다. 내 이름을 사용하더라도 다른 방식으로 활용할 수도 있었고요. 기증이든 대여든 내가 확보할 수 있는 물건들을 주면서 어떤 식으로든 그들을 지원했습니다. 하지만 '닐 암스트롱 박물관'이라는 이름으로 건립되었기 때문에 처음부터 마음이 불편했습니다. 이름 때문에 그 박물관이 내 개인 재산이자 사업이라고 믿는 사람들이 많았죠. 콜럼버스의 오하이오역사학회가 실제로 그 박물관에 대해 조사하려 했고, 나는 박물관장에게 불편하다고 이야기했습니다. 나는 관장과 건립위원회 위원에게 그

박물관의 공적인 성격을 알릴 방법을 물으면서 어떤 계획이 있는지 대답해달라고 했어요. 그들은 그렇게 하겠다고 대답했지만 하지 않았습니다."

2012년 닐 암스트롱이 사망할 때까지 40년 동안 그와 그 박물관의 관계는 껄끄러웠다. 예를 들어 1990년대 중반, 박물관은 우주비행사 복장을 한 암스트롱의 사진을 담은 엽서를 기념품점에서 판매했다. 암스트롱이 연방정부 공무원일 때 촬영한 NASA의 공식 사진이었다. 암스트롱은 그 사진의 소유권에 문제가 있다고 생각했다. 암스트롱은 그 사진에 대한 소유권이 그 박물관을 방문하는 미국 국민 모두에게 있다고 믿었다. 그런데도 그들이 박물관을 그의 소유로 여길까 봐 걱정되었다. 결국 암스트롱은 박물관 관장 존 즈웨즈에게 그 사진을 한시적으로만 사용하도록 허락하면서 사진 사용에 동의했다.

와파코네타 공항에 닐 암스트롱 공항이라는 이름이 붙은 데 대해서는 "역시 내게 물어보지 않았어요. 공공 공항이기 때문에 나한테 물어보았다면 분명 괜찮다고 했을 거예요. 그런데 '닐 암스트롱 전자제품 매장'처럼 공항의 상업 시설에도 내 이름을 붙인다는 게 문제였죠"라고 말했다.

1990년대에 암스트롱은 축하 카드 회사인 홀마크^{Hallmark}를 상대로 소송을 벌였다.

"홀마크의 경우 문제가 명확했습니다. 그들은 1994년에 새로운 크리스마스트리 장식품을 내놓았습니다. 작은 우주비행사 모양의 장식품이었고, 내 목소리가 녹음되어 있었습니다. 포장 상자에는 '닐 암스트롱의 목소리를 들어보세요'라는 글귀까지 적혀 있었습니다. 홀마크는 '닐 암스트롱이 달을 처음 밟으면서 했던 역사적인 말이 들릴 때 달 모양의 조명에 불이 켜집니다'라고 그 제품을 광고했습니다." 유감스럽게도 홀마크 관계자들은 그 제품을 만들면서 암스트롱의 허락을 받지 않았을 뿐 아니라 묻지도 않았다. 그 유명한 카드 회사가 그런 문제에 대한 NASA의 절차조차 따르지 않았다.

그래서 암스트롱은 홀마크에 소송을 제기했다. 마크의 아내인 며느리 웬디 암스트롱이 그의 변호를 맡았다. 1995년 말, 양쪽은 재판까지 가지 않고 합의했다. '홀마크 카드는 아폴로 11호 우주비행사 닐 암스트롱이 자신의 모습과 목소리를 크리스마스 장식품으로 활용했다면서 제기한 소송에서 암스트롱과 합의했다고 오늘 발표했다. 암스트롱은 홀마크가 지난해 허락도 받지 않고 그 장식품에 자신의 이름과 모습, 목소리를 사용했다고 주장했다. 합의 금액은 밝혀지지 않았지만, 한 소식통에 따르면 상당한 금액이라고 한다. 암스트롱은 홀마크에서 합의금을 받으면 변호사 비용을 빼고 모교인 퍼듀대학에 기부할 계획이다.' 퍼듀대학은 훗날 그 돈을 받았다고 확인해주었다.

암스트롱은 "NASA도 그 문제에 대해 별로 주의하지 않았어요. 그때까지는 개인의 권리를 다루는 데 있어서 상당히 부주의했습니다. 요즘은 NASA가 내 승인을 받을 일이 있으면 편지를 보내지만, 이전에는 그러지 않았습니다. 정말 많은 요청을 받습니다. 어떤 요청은 (무료 혹은 어느 정도 비용을 받고) 허락하고 어떤 요청은 거절합니다. 비영리 단체나 정부의 공익사업과 관련이 있으면 허락할 때가 많습니다. 처음에는 이런 일들을 기록할 생각도 하지 않고 그저 '네, 좋습니다'라고만 말했어요. 하지만 소송을 하면서 모든 증거 자료를 남겨놓아야 한다는 사실을 깨달았습니다"라고 밝혔다.

암스트롱의 머리카락 판매와 관련해서 우스꽝스러운 소동이 벌어지기도 했다. 암스트롱이 20년 넘게 다니던 오하이오주 레버넌의 한 이발소는 2005년 초, 보관 중이던 암스트롱의 머리카락을 코네티컷에 사는 한 남자에게 3000달러에 팔았다. '역사적인 유명 인사들'의 머리카락을 가장 많이 모아서 기네스북 세계 기록에 오른 사람이었다. 그 사실을 알게 된 암스트롱은 머리카락을 돌려주거나 자신이 선택한 자선 단체에 그 3000달러를 기부하라고 이발사에게 말했다. 이발사가 암스트롱의 요구를 어느 쪽도 받아들이지 않자 암스트롱의 변호사가 2쪽짜리 편지를 보냈다. 유명 인사의 이름을 보호하는 오하이오의 법을 언급한 편지였다. 이발사는 문제를 조용히 해결하는 대신 지역 언론에 그 편지를 보냈다. 이 우스꽝스러운 이야기는 세계적으로 화제가 되었다.

암스트롱은 자신의 의사와 아무 상관 없이 종교적인 논쟁에 휘말리기도 했다. 수많은 종교 단체들이 우주 탐사와 자신들의 종교적인 신념을 연결하려고 했다. 아폴로 계획을 비판하는 사람들 중에는 달 같은 천체에서 걷는 게 무신론적인 행동이라고 주장하는 사람도 있었다. 버즈 올드린이 비밀스러운 종교 조직인 프리메이슨Freemason이라는 소문이 돌았고, 닐 암스트롱이 고요의 바다를 걷고 있을 때 아랍어로 부르는 노랫소리를 듣고 이슬람교로 개종했다는 소문까지 있었다. 암스트롱이 지구로 돌아온 다음에야 자신이 달 표면에서 들었던 소리가 이슬람교도가 예배 시간을 알리는 소리인 '아잔'이라는 사실을 깨달았다는 이야기였다. 그다음 암스트롱은 이슬람교로 개종해 레바논(오하이오주의 레버넌이 아니라 중동의 나라)으로 이사를 했고, 맬컴 엑스가 기도했던 터키의 이슬람교 사원을 포함해서 몇몇 이슬람교 성지를 방문했다는 소문이었다.

암스트롱의 개종에 대한 소문은 1980년대 초까지 세계적으로 너무 널리 퍼져서 암스트롱 자신뿐 아니라 미국 정부까지 나서서 해명해야 할 정도였다. 1983년 3월, 미국 국무부는 그 소문을 부인하는 다음과 같은 메시지를 이슬람 국가의 모든 대사관과 영사관에 보냈다.

1. 지금은 개인적인 생활을 하고 있는 우주비행사 출신 닐 암스트롱이 1969년 달에 착륙했을 때 이슬람교로 개종했다고 주장하는 언론 보도가 이집트, 말레이시아와 인도네시아에서(아마 다른 나라에서도) 계속 실리고 있다. 그런 보도들 때문에 암스트롱은 개인이나 종교 단체, 심지어 이슬람 국가의 정부 관계자로부터 이슬람 활동에 참여할 수 있느냐는 이야기를 들었다고 한다.

2. 암스트롱은 누구의 마음도 상하게 하고 싶지 않고 어떤 종교도 무례하게 대하고 싶지 않다는 강력한 의지를 강조하면서 이슬람교로 개종했다는 보도는 틀린 내용이라고 국무부에 설명했다.

3. 대사관이나 영사관이 이런 문제에 대한 질문을 받으면 그가 이슬람교로 개종하지 않았으며, 이슬람의 종교 활동에 참여하기 위해 해외로 나갈 계획이나 의사가 없다는 점을 예의 바르지만 단호하게 알려달라고 암스트롱은 간곡하게 부탁했다.

아무리 국무부가 나서서 암스트롱의 입장을 명확하게 밝히려고 해도 문제가 해결되지 않았다. 1980년대 중반에는 이슬람 국가를 방문하거나 이슬람 행사에 참석해달라는 요청이 너무 많아져 암스트롱은 뭔가 행동으로 보여줘야겠다고 느꼈다. "이슬람 국가뿐 아니라 이슬람 국가가 아닌 곳에서도 '그럴 리가 없어, 그렇지 않아?'라면서 갖가지 의문과 소문이 무성해졌습니다. 결국 기자들이 한꺼번에 보도할 수 있도록 뭔가 공식적인 계기를 마련해야겠다고 마음먹었습니다. 이번에도 국무부에 도움을 요청하면서 기자회견을 마련해달라고 했습니다."

결국 암스트롱은 이집트 카이로와 전화 기자회견을 했고, 중동의 수많은 기자들이 그 기자회견에 참석할 수 있었다. "나는 그들에게 그 끈질긴 소문은 사실이 아니라고 이야기했습니다. 그다음 그들이 질문하면 내가 대답할 수 있었죠. 그 기자회견이 얼마나 도움이 되었는지는 알 수 없지만, 의문을 완전히 없애지는 못했습니다." 그 위대한 미국의 영웅이 이슬람교도라는 사실이 알려지기를 바라지 않았던 미국 정부가 암스트롱으로 하여금 자신의 믿음을 공개적으로 부인하게 했다는 생각을 끝까지 고집하는 사람들도 있었다.

그다음 지구가 방사선을 내뿜는 장면을 아폴로 11호가 발견했다는 주장이 나왔다. 메카에 있는 이슬람교의 성전인 카바에서 방사선이 나와 메카가 '세계의 중심'이라는 사실을 증명했다는 이야기였다. 암스트롱이 사망하기 직전까지 비서인 비비언 화이트는 '암스트롱이 이슬람교로 개종했다는 이야기와 달이나 다른 곳에서 아잔의 목소리를 들었다는 이야기는 모두 사실이 아닙니다'라면서 잘못된 소문을 바로잡는 편지를 끊임없이 보내느라 애먹었다. 하지만 요즘도 인터넷에는 닐 암스트롱과 이슬람교의 관련설이 엄청나게 많이 떠돈다.

암스트롱은 왜 그런 현상이 벌어지는지 잘 이해했다. "잘 알지도 못하는 먼 친척까지 내게 연락하고, 나와 관련 없는 수많은 단체들이 내가 그 단체의 회원이라고 주장했어요. 정말 많은 사람들이 자신과 달 착륙이 뭔가 관련이 있다고 느끼고 싶어 했어요. 내가 이슬람교도가 되었다는 주장도 나와 동질감을 느끼려는 마음이 극단적으로 나타난 현상이라고 생각합니다."

1970년대로 돌아가서 『신들의 전차』 저자인 에리히 폰 데니켄은 '고대의 우주비행사들'에 대한 자신의 자극적인 주장에 암스트롱을 끌어들이려고 했다. 아득히 먼 옛날, 외계인이 지구를 방문해서 문명을 건설했고, 다양한 고고학적 흔적을 남겨놓았다는 주장이었다.

1976년 8월, 암스트롱은 스코틀랜드 부대인 블랙 워치, 로열 하일랜드 퓨절리어스와 함께 에콰도르의 외딴 지역에 있는 쿠에바데로스타요스(Cueva de los Tayos, 쏙독새들의 동굴)를 찾아가 과학 탐험을 했다. 암스트롱은 데니켄이 1969년 『신들의 전차』에 이어 1972년 속편인 『신들의 황금』을 펴냈다는 사실을 그 당시에는 몰랐다. 논란이 많은 이 스위스 작가는 그 책에서 쿠에바데로스타요스 탐험을 묘사하면서 외계인이 존재했다는 고고학적 증거를 많이 발견했다고 주장했다. 자연적으로 만들어졌다고 생각하기에는 너무 네모에 가까운 동굴 문들이 많다는 사실도 그 증거들 중 하나였다. "하지만 그 문들이 자연적으로 만들어졌다는 게 우리 과학탐험대의 결론이었습니다"라고 암스트롱은 단호하게 말했다.

1976년 쿠에바데로스타요스 탐험과 그 탐험에서 암스트롱의 역할을 보도한 신문들은 그 동굴에 대한 데니켄의 주장이 터무니없다는 사실을 분명히 보여주었다. 1977년 2월 18일, 스위스 취리히에 있던 데니켄은 전 세계에서 가장 유명한 우주비행사인 암스트롱에게 2쪽짜리 편지를 보내면서 '내가 갔던 동굴을 탐험했을 리가 없습니다'라고 했다. 데니켄은 '내가 지금 계획하고 있는 동굴 탐험에 참여해서 외계 문명의 유적을 함께 조사합시다'라고 암스트롱을 설득했다. 암스트롱은 예의 바르게 거절하는 답장을 보냈다. '내 조상이 스코틀랜드 출신이고, 이번 탐험대가 주로 스코틀랜드인으로 조직되어 있어서 그 탐험대의 명예대장으로 초대받았고, 나는 그 제안을 받아들였습니다. 당신 책을 읽어보지 않아서 당신이 그 동굴과 무슨 관련이 있는지는 전혀 몰랐습니다. 그래서 당신이 내놓았을 어떤 가설에 대한 언급도 하지 않았습니다. 당신이 준비하는 탐험에 친절하게도 초대해주셔서 감사하지만 받아들일 수가 없습니다.'

'고르스키 씨'가 누구지?

아폴로 11호의 선외활동을 끝낸 후 달착륙선으로 다시 들어가기 직전에 암스트롱은 "잘해보세요, 고르스키 씨"라고 수수께끼 같은 말을 했다. 우주비행관제센터에 있던 몇몇 기자들은 경쟁자인 소련의 우주비행사를 언급한 말이라고 추측했다. 하지만 소련 우주비행사 중에는 고르스키가 없었다. 여러 해 동안 많은 사람들이 암스트롱에게 고르스키 씨가 누구냐고 물었지만 암스트롱은 언제나 아무 말 없이 웃기만 했다.

1995년 플로리다주 탬파^{Tampa}에서 그 이야기가 다시 나왔고, 암스트롱은 드디어 기자의 질문에 대답했다. 고르스키 씨가 사망한 후여서 이제는 대답해도 된다고 느꼈기 때문이었다. 어린 시절 그가 뒷마당에서 친구와 야구를 할 때였다. 친구가 야구방망이로 때린 공이 하늘 높이 올라갔다가 옆집 침실 창문 바로 앞에 떨어졌다. 고르스키 씨 부부가 사는 집이었다. 그 공을 집으려고 몸을 숙이던 어린 암스트롱은 고르스키 부인이 남편에게 외치는 소리를 들었다. "구강성교를 해달라고요? 옆집 아이가 달나라에나 가야 해줄 거예요!"

언제든 사람들이 웃음을 터뜨릴 수 있는 소재여서 희극배우

버디 해킷은 1990년대 어느 때쯤 NBC의 「투나이트 쇼」에서 '고르스키 씨 이야기'로 농담을 시작했다. 사람들은 그래서 버디 해킷이 그 이야기를 지어낸 줄 알았다. 어디에서 비롯되었든 너무 재미있는 이야기여서 수많은 사람들이 계속 읽고 퍼뜨리면서 널리 알려졌다. 인터넷으로 '암스트롱'과 '고르스키'를 검색하면 수많은 이야기가 나온다. 실제 있었던 일이 아니라 근거 없이 퍼진 재미있는 이야기로 받아들이는 사람들도 많다. 그런 이들은 "전혀 사실이 아니에요. 해킷이 자선 골프 모임에서 그 이야기를 처음 했다는 소리도 들었어요"라는 식이다.

아폴로 11호가 우주비행을 하고 있을 때조차 실제로는 달에 착륙하지 않았다고 믿는 사람들도 있었다. 미국 정부가 정치적인 이유로 전 세계를 상대로 사기를 친다고 생각했다. 무엇보다 1977년 할리우드 영화 「카프리콘 원」 때문에 달 착륙이 거짓말이라고 생각하는 사람들이 많아졌다. 「카프리콘 원」은 달 착륙에 관한 영화는 아니었다. 결함이 많은 우주선 때문에 화성으로 가려던 우주비행 계획이 틀어지자 NASA가 사막의 영화 촬영소에서 촬영한 영상을 보여주면서 우주를 비행했다고 전 세계를 속인다는 내용이었다. 잘 만든 영화는 아니었지만, 우주비행에 대한 정부의 음모를 다루었다는 면에서 의심 많은 사람들의 마음을 사로잡았다.

달 착륙에 대한 음모론을 믿을 뿐 아니라 그것으로 이득을 챙기려는 사람들까지 생겼다. 1999년 폭스fox TV는 「음모론 : 우리는 달에 착륙했는가?」라는 제목의 다큐멘터리를 방영했다. 테네시주 내슈빌의 자칭 '폭로 기자'가 제작한 저예산 동영상을 바탕으로 제작한 프로그램이었다. 「달에 가는 길에 벌어진 우스꽝스러운 일」이라는 제목의 그 동영상은 달 착륙이 냉전에서 승리하면서 소련의 공산주의 체제를 붕괴시키기 위한 미국 정부의 기발한 계략이라고 추측했다. 크렘린이 달 착륙 계획에 어마어마한 돈을 쏟아붓게 해서 소련 경제를 엉망으로 만들고, 소련 정부가 내부 붕괴되도록 했다는 설명이었다.

「음모론 : 우리는 달에 착륙했는가?」다큐멘터리가 제기한 모든 '증거'는 20년 넘게 이어져온 아폴로 우주선에 관한 근거 없는 주장을 똑같이 되풀이하고 있었다. '바람이 없는 달에서 아폴로 11호가 꽂은 성조기가 흔들리는 것처럼 보인다', '달 표면에서 촬영한 사진 중 어디에도 별들이 보이지 않는다', '아폴로 우주비행사들이 촬영한 사진들의 상태가 진짜라고 하기에는 지나치게 좋다', '섭씨 90도가 넘는 달 표면에서는 카메라 필름이 타버린다', '달착륙선의 하강엔진 때문에 달착륙선 밑이 움푹 파여야 했다', '강한 방사능층인 밴앨런대를 아무도 무사히 통과하지 못한다' 같은 주장들이었다. 텔레비전을 보던 시청자들은 음모론이 맞는다고 생각하기도 하고, 터무니없는 주장이라고 생각하기도 했다.

음모론에 대한 질문을 받으면 암스트롱은 보통 비서인 비비언 화이트를 통해 답장했다. 비비언이 암스트롱의 답변을 대신 전하면서 자신의 사인을 했다. 엔지니어답게 암스트롱의 설명은 직접적이고 논리적이었다. '아폴로 우주비행에 대해 과학 기술계가 이론을 제기한 적이 한 번도 없습니다. 명망 있는 과학자들은 모두 아폴로 우주비행과 그 결과에 대해 인정합니다. 우주비행사들이 발사 전에 플로리다의 우주선 안으로 들어가는 모습과 지구로 돌아온 후 태평양에서 구조되는 모습을 많은 사람들이 지켜보았습니다. 달에 갔다가 돌아오는 우주비행 내내 여러 나라에 설치된 레이더들이 비행 과정을 추적했습니다. 우리 팀은 우주비행 중 달의 상공에서 바라본 풍경과 달의 표면에서 바라본 풍경 같이 이전에는 볼 수 없었던 풍경들을 담은 텔레비전 영상을 지구로 보냈습니다. 지구에서는 발견된 적이 없는 광물 등 달 표면에서 채취한 표본들을 가지고 돌아왔습니다.' 비비언은 '달에 착륙한 것처럼 속이기가 실제 달 착륙보다 더 어렵다고 암스트롱 씨는 믿습니다'라고 덧붙이곤 했다.

"사람들은 음모론을 좋아합니다. 음모론에 굉장히 이끌리지요. 프랭클린 루스벨트 대통령이 사망했을 때도 그가 어디에선가 계속 살아 있다고 사람들이 이야기하던 기억이 나요. 물론 전설적인 가수 엘비스 프레슬리가 살아 있다고 믿는 사람도 많죠. 어디에도 극단적인 생각을 하는 사람들이 있고, 나는 그럴 수도 있다고 받아들입니다. 그것 때문에 속상하지는 않아요. 시간이 흐르면 지나갈 일들이니까요. 누군가 책을 쓰거나 잡지에 기사를 게재하거나 텔레비전에서 뭔가 방영되어 관심이 높아질 때가 아니면 보통 눈에 띄지 않아요." 안타깝게도 이런 음모론은 아직까지 영향력을 발휘하고 있다. 2016년 한 영국 신문의 여론조사 결과에 따르면, 영국인의 52퍼센트는 아폴로 11호가 달에 진짜 착륙했다는 사실을 믿지 않았다.

암스트롱은 여러 해에 걸쳐 제정신이 아닌 사람들을 상대해야 했다. 그의 사문서(현재는 퍼듀대학 기록보관소에 있음) 중에는 암스트롱이 '꽥꽥이들'이라고 이름 붙인 카드와 편지 뭉치가 있다. 이 편지를 보낸 사람들 중 대부분은 악의 없는 사람들이지만, 정말 성가시고 무시무시하기까지 한 사람도 있었다. 암스트롱과 가족들이 위협을 느끼고 경찰을 불러야 했던 때도 가끔 있었다.

「달에 가는 길에 벌어진 우스꽝스러운 일」이란 동영상을 만든 남자가 가장 성가신 존재였다. 그 성가신 사람은 2001년 뉴욕에서 열린 EDO 회사 연례 주주총회 등 몇몇 행사에 동영상 카메라를 들고 있는 조수와 함께 나타났다. EDO의 제임스 스미스 사장은 그 장면을 기억했다. "그 사람은 성경을 들고 나타나서 '닐 암스트롱, 이 성경에 손을 얹고 당신이 정말 달에 갔다 왔다고 맹세할 수 있어?'라고 외쳤어요. 그곳에 있던 사람들이 곧장 그 침입자를 향해 굉장히 큰 소리로 야유하기 시작했습니다. 하지만 그는 계속해서 '세상 사람들 모두 당신이 달에 가지 않았다는 사실을 알고 있으니 그냥 인정하지 그래?'라고 말했어요. 그곳은 금방 아수라장이 되었고, 나와 몇몇 사람이 그 남자를 끌어내야 했죠. 그 뒤로는 총회를 할 때마다 특수 경비원을 부릅니다."

암스트롱은 "그때로 되돌아간다면 사람들에게 이끌려 급히 그곳을 빠져나오지 않을 거예요. 그곳에 있는 사람들에게 그냥 '이 사람은 미국 정부가 여러분 모두에게 사기를 친다고 믿어요. 그러면서 동시에 여러분에게 자유로이 의견을 말할 수 있는 권리를 행사하고자 합니다. 미국 정부가 보호하는 권리죠'라고 이야기할 거예요."라고 말했다.

2002년 9월 9일, EDO 주주총회 몇 달 후 바로 그 사람이 베벌리힐스 호텔 밖에서 손에 성경을 들고 버즈 올드린의 앞을 가로막았다. 로스앤젤레스 지역에 살던 올드린이 일본의 교육방송과 인터뷰하기 위해 그 호텔에 도착한 때였다. 의붓딸과 같이 있던 올드린은 그 남자의 질문에 대답하면서 그에게서 빠져나오려고 애썼다. 하지만 그 끈질긴 동영상 제작자는 올드린을 호텔에서 끌고 나오더니 조수에게 계속 동영상 촬영을 지시하면서 "당신은 겁쟁이고 거짓말쟁이야"라고 소리쳤다. 머리 꼭대기까지 화가 치민 몸무게 72.6킬로그램의 72세 올드린은 몸무게 113.4킬로그램의 37세 동영상 제작자의 턱을 재빨리 왼쪽 주먹으로 쳐서 넘어뜨렸다. 동영상 제작자는 폭행을 당했다면서 경찰에 신고했다. 하지만 LA 카운티의 지방검사는 녹화된 동영상을 본 후 기소하지 않았다. 자칭 '피해자'인 동영상 제작자는 훗날 기자들에게 "내가 달에서 걸었고, 누군가 성경 위에 손을 얹고 맹세하라고 하면 몇 번이고 맹세할 거예요"라고 말했다.

EDO와 올드린 사건이 있기 전에도 바로 그 사람이 신시내티 교외에 있는 암스트롱 집을 불쑥 찾아왔다. 암스트롱의 두 번째 아내 캐럴이 그때 이야기를 들려주었다. "암스트롱이 사무실에 가고 없을 때였어요. 큰 개와 함께 찾아온 남자가 꾸러미를 들고 문을 두드렸어요. 망으로 된 문은 닫은 채 바깥문만 열었습니다. 그 남자는 '암스트롱이 여기 있어요?'라고 물었고, 나는 '그는 집에 없어요. 무슨 일로 왔죠?'라고 대답했어요. 그는 망으로 된 문을 열더니 개를 데리고 들어왔어요. 그리고 '암스트롱의 사인을 받고 싶어요'라고 말했죠. 나는 암스트롱은 더 이상 사인하지 않는다고 대답했습니다. 그는 '암스트롱은 사인하게 될 거예요'라고 말하더니 집에서 나갔습니다. 3분쯤 지나자 갑자기 온몸이 떨렸습니다." 그 침입자는 그 후 몇 주 동안 암스트롱의 우편함에 편지와 다른 물건들을 집어넣기 시작했다. 종교적인 내용도 있었지만 대부분은 달 착륙이 거짓이라고 주장하는 편지나 동영상이었다.

지역 경찰에 신고했더니 "별일 아닐 거예요. 하지만 편지와 녹화 테이프를 가지고 오면 조사해볼게요"라고 대답했다. 내슈빌에 있는 ABC 텔레비전 방송국에 전화했더니 그는 그곳에서 일한 적이 없다고 했다. 그는 ABC 비디오라는 회사를 운영하는 독립 동영상 제작자였다. 몇 주 후 캐럴은 "캐럴, 저 차가 이곳에서 오랫동안 주차되어 있었어요."라고 알려주는 이웃의 전화를 받았다. 그 이웃이 집 밖으로 나가 살펴보니 자동차 뒷자리에 카메라 장비가 잔뜩 놓여 있었다. 그 침입자는 사흘 동안 암스트롱의 집을 감시했고, 결국 암스트롱과 침입자, 경찰이 쫓고 쫓기는 자동차 추격전을 벌였다.

암스트롱이 사망한 지 5년 후인 2017년 여름, 암스트롱이 달에서 선외활동을 할 때 사용했던 천주머니가 '이제까지 경매에서 판매된 우주 탐사 물건 중 가장 비싼 가격에 팔리면서' 암스트롱과 그의 달 여행이 얼마나 우상화되고 있는지를 보여주었다. 달의 흙먼지가 조금 묻어 있는 작고 빈 천주머니일 뿐이었다. 2017년 7월 20일 목요일, 아폴로 11호의 달 착륙 48주년을 맞아 소더비Sotheby 경매 회사는 '달 표본 주머니(30.5×21.6센티미터)'를 180만 달러에 판매했다(400만 달러까지 팔릴 수 있다고 추측했다). 처음으로 미국 우주 계획의 유물만 판매한 경매였다.

그 물건에 대해 소더비는 이렇게 설명했다. "이 아폴로 11호 달 표본 주머니는 이제까지 판매한 우주 탐사 물건 중 가장 귀하고 중요한 물건입니다. 처음 중에 처음인 물건입니다. 처음 달을 밟은 사람이 처음 달에서 활동하면서 처음 채취한 달 표본을 보호하기 위해 사용했던 물건입니다."

그전인 2015년 8월, 암스트롱이 고요의 바다에 발을 들여놓자마자 수집한 달의 흙먼지 500그램 정도와 암석 조각 12개를 보관했던 작은 주머니가 실수로 온라인 경매에 나왔다. 2003년 미국 연방법원 집행관이 캔자스주 허친슨 우주입체모형박물관 관장인 맥스 애리의 차고를 수색하다 발견한 후 압수해서 보관 중이던 물건이었다. 그 주머니의 소유권에 관한 두 가지 소송을 다루던 2016년 8월의 Space.com 기사는 '그 표본 주머니가 어떻게 맥스 애리의 집에서 발견되었는지는 정확하게 밝혀지지 않았다'라고 보도했다. (애리는 그 주머니가 자신의 개인 수집품 중 일부라면서 결백을 주장했지만 주머니를 몰수당하고 2년 동안 수감생활을 했다. 애리는 현재 오클라호마의 '스태퍼드 항공과 우주박물관' 관장이다.)

2015년 경매에서 그 주머니를 구입한 사람은 일리노이 변호사 낸시 리 칼슨이었다. 그는 경매에서 불과 995달러에 그 주머니를 구입했다. 칼슨은 자신이 입수한 물건에 대해 정확하게 알고 싶어서 NASA 존슨우주센터의 아폴로 표본 담당 학예연구사 라이언 자이글러에게 문의했다.

자이글러는 검사 후 그 주머니에 있는 달의 흙먼지가 진짜일 뿐 아니라 아폴로 11호가 사용한 주머니라는 사실을 확인했다. 인류가 달에 첫발을 내디뎠을 때 사용했던 표본 주머니라는 역사적인 중요성을 깨달은 NASA는 그 주머니를 몰수한 후 존슨우주센터에서 자물쇠로 잠가놓고 보관했다. 하지만 연방법원은 그 주머니를 법적인 소유자인 낸시 리 칼슨에게 돌려주어야 한다고 판결을 내렸고, 칼슨은 결국 달 표본 주머니를 2017년 소더비 경매에 내놓았다. 지나친 명성 때문에 작은 주머니조차 달을 처음 밟은 인간의 독특한 역사적 유물로서 무거운 짐을 져야 했다.

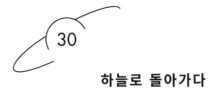

하늘로 돌아가다

1991년 2월 어느 날, 콜로라도주 애스펀의 스노매스 스키장 하늘 위에 뭉게구름이 떠 있었다. 곧 그 지역을 휩쓸 눈보라를 상상하기 어려울 정도로 온화한 하늘이었다. 60세인 닐 암스트롱은 오하이오주 어퍼샌더스키에서 온 어린 시절 친구 코초 솔라코프, 그의 아내 도리스와 함께 중급 슬로프에서 스키를 타고 있었다. 이혼한 지 얼마 되지 않은 남동생 딘은 스키를 탄 후 금방 점심식사를 마친 다음이었다. 닐 암스트롱은 점심으로 양파가 잔뜩 들어 있는 칠리 음식을 푸짐하게 먹었다.

간호사인 도리스는 스키 슬로프로 올라가는 내내 침묵을 지키는 암스트롱을 보면서 이상하다고 생각했다. 스키를 타고 내려오는 모습을 보니 다른 때보다 속도가 느렸다. "몸이 별로 좋지 않아요."라고 암스트롱은 말했다. 잿빛이 된 그의 얼굴을 보고 도리스는 도움을 청해야 한다고 우겼다. 어떤 소동이 벌어질지 알았기 때문에 암스트롱은 망설이면서 "아니에요. 잠시만 기다려주세요. 진짜 힘이 없어요. 앉아서 좀 쉬어야겠어요."라고 말했다.

도리스는 스키 구조 팀에 달려가서 "내 친구가 심장발작을 일으킨 것 같아요. 지금 당장 가봐야 해요"라고 말했다. 코초와 딘은 슬로프 밑에서 기다리면서 잔뜩 걱정했다. 마침내 도리스가 다가와 "닐 암스트롱이 심장발작을 일으켰어요. 스키 구조 팀이 그를 구조썰매에 태워 내려오고 있어요!"라고 소리쳤다.

스키장 의무실에서 근무하던 의사가 심장발작을 확인한 후 심장부정맥을 안정시키기 위해 정맥주사로 아트로핀을 투여했다. 암스트롱은 앰뷸런스에 실려 애스펀밸리병원으로 옮겨져 그곳 집중치료실에 들어갔다. 그는 그곳에서 심장박동이 비정상적으로 느려지는 느린 맥박 현상을 계속 겪었다.

암스트롱의 심장박동이 안정되자 덴버로 이송할 수도 있었지만, 눈보라 때문에 사흘 동안 애스펀을 떠날 수 없었다. 유명 인사들을 보호하는 데 능숙했던 그 작은 리조트병원은 암스트롱의 심장발작에 대해 비밀을 지켰다.

오하이오에서 의사로 일하던 코초는 암스트롱이 수송용 헬리콥터를 타고 콜로라도에서 신시내티병원으로 가도록 도와주었다. 그곳에서 심장 전문의들이 가느다란 관인 카테터를 집어넣어 막힌 혈관을 뚫었다. 다행히 그의 관상동맥은 막히지 않았다. 심장 조직 중 영구 손상을 입은 부분은 얼마 되지 않았다.

다음 날 별다른 제약 없이 퇴원한 암스트롱은 사업상 회의에 참석하기 위해 심장 전문의를 대동하고 비행기에 올랐다. 6개월 후 그는 비행을 위한 신체검사를 통과했고, 계속 비행기를 조종할 수 있었다. 그 후 몇 년 동안 그는 콜로라도 스키장을 더 자주 찾았다. 코초와 도리스, 딘과도 종종 동행했다.

1991년 심장발작을 일으켰을 때 암스트롱은 재닛과 별거 중이었다. 스트레스가 그의 질병에 어떤 영향을 미쳤는지는 알 수 없지만, 암스트롱이 여러 가지 어려움을 겪고 있을 때 심장발작을 일으킨 것은 사실이다. 1990년 2월 3일, 아버지인 스티븐 암스트롱이 사망했다. 그 후 석 달도 지나지 않아 어머니 비올라도 세상을 떠났다. 두 사람 모두 83세로, 60년 동안 함께 산 부부였다. 부모님이 사망하기 직전, 재닛은 오랫동안 서먹서먹한 관계였다면서 닐 암스트롱에게 헤어지자고 선언했다.

1971년, 닐이 NASA에서 사직하자 재닛 암스트롱은 신시내티 교외에서 새로운 삶을 시작하고 싶었다. "남편이 신시내티대학에서 일하게 되어 그곳으로 갔습니다. 남편은 좀 조용하게 살고 싶어 했습니다. 우주 계획에 참여하는 동안 자신만의 시간이 거의 없었으니까요."

레버넌은 신시내티와 데이턴 가까이에 있는 농촌이었다. "나는 농촌에서 살아본 적이 없었어요. 갈 만한 곳이라고는 아이스크림 가게 정도밖에 없는 곳이었죠. 안전하고 아이들 키우기에 좋은 동네같이 보였어요."

그들은 19세기에 지은 농촌 주택을 구입했고, 오래된 집은 황폐했다. "닐은 빚을 싫어해서 대출을 더 받으려고 하지 않았어요. 돈이 생기는 대로 집을 수리하다 보니 7년이 걸렸어요. 내가 학교로 아이들을 데리러 가느라 집에 없으면 집을 수리하는 사람이 전화를 대신 받아주기까지 했어요! 그는 그냥 우리 가족이 되었죠! 그곳 생활은 아이들에게나 나에게나 쉽지 않았습니다. 두 아이 모두 닐 암스트롱의 아들이라는 이유로 놀림을 당했어요. 마크보다 릭이 더 힘들어했습니다."

릭은 "불편하고 힘들었습니다. 하지만 아무리 아이들이 놀려도 모른 척하는 법을 배우게 되었죠"라고 말했다. 릭이 보기에

마크는 훨씬 편하게 생활하는 것 같았다. "그는 나보다 훨씬 더 사교적이었어요." 릭은 농촌에서의 삶에 대해 "주로 아버지 때문에 하게 된 고립생활이라고 생각했어요. 그 때문에 우리가 좀 더 서민적이게 되었죠"라고 회고했다. 닐은 물론 재닛도 아이들이 그렇게 힘들어하는지 몰랐다. "아이들이 내게 아무 이야기도 하지 않았기 때문에 몇 년이 지나서야 그들의 마음을 알게 되었습니다"라고 재닛은 말했다.

닐은 1.2제곱킬로미터 정도 규모의 농장에서 재닛이 만족할 정도는 아니지만 꽤 잡일을 많이 했다. "우리는 소를 70마리에서 90마리 정도 키우기 시작했습니다. 옥수수, 콩, 밀 등 농작물도 재배했죠." 농사일을 좋아했느냐고 묻자 재닛은 "그냥 해야 하니 했지요. 낮에는 소똥을 치우고 밤에는 디너파티에 참석하려니 정말 힘들었습니다"라고 대답했다.

1981년, 마크가 스탠퍼드대학에 입학하면서 집을 떠나자(릭은 오하이오주의 위텐버그대학을 졸업했다) 닐과 재닛 암스트롱은 빈둥지 부모가 되었다. "닐이 전혀 영향을 받지 않았다고 생각하지는 않지만, 나는 정말 허전했어요. 우리 둘이 함께 시간을 많이 보내야 한다고 느꼈습니다." 하지만 닐은 새로운 회사들의 이사를 맡으면서 이전보다 더 바빠졌다. "아이들이 가고, 닐도 가고, 우리 개 웬디도 도둑맞았습니다. 집에는 경비 시설도 없었죠. 나 혼자 시골에 처박혀 있었습니다. 그런 생활이 지긋지긋해서 1987년에 여행사를 시작했습니다. 하지만 1993년에 여행사를 매각했죠."

재닛은 자신의 삶에 만족하지 못하면서 남편에 대한 불만도 커졌다. 남편이 일을 잘 처리할 수 있도록 도와주려고 했지만 소용없었다. "남편은 강연이나 이런저런 요청을 너무 많이 받앉어요. 어디에서부터 시작해야 할지 몰랐죠. 결정할 일이 많았지만, 그때는 결정하는 게 너무 어려워 보였어요. 남편은 도움이 필요했어요. 하지만 나는 도와줄 수가 없었습니다. 내가 도와주기를 바라지 않았거든요. 나한테 화내고 싶지 않고, 내가 화내는 것도 싫어서였을 거예요. 그의 입장에서는 나와 함께 일하지 않는 게 현명하다고 생각했을 거예요. 그의 비서 비비언 화이트는 그렇게 정신없는 상황에 익숙해졌어요. 그냥 흐름에 맡기는 법을 터득했죠."

재닛은 두 사람만을 위한 여행 계획을 세우려고 했지만, 닐은 여행을 갈 수가 없었다. 언제나 너무 바빴다. "계속 그런 식으로 살 수는 없었어요. 그는 무슨 일이든 여러 측면을 모두 고려하면서 고심했고, 나한테 의논할 때도 있었어요. 그러면 '그냥 해버려!'라고 말하곤 했죠. 하지만 그는 그러지 못했어요. 아니면 그냥 그러지 않았죠. 1987년 11월, 나는 그에게 스키를 타러 가자고 했지만, 그는 짬을 낼 수가 없었어요."

1년 후인 1988년 말이 되어서야 그들은 유타주 파크시티 스키장으로 휴가를 떠날 수 있었다. 재닛은 그곳에 별장이 있으면 재미있겠다면서 닐을 설득했다. "지내기 편한 곳을 마련해놓으면 아이들이 찾아오기도 쉽고, 무엇보다 우리 모두 스키를 정말 좋아하거든요!"

1989년 초, 그들은 파크시티 근교에서 샬레(스위스 별장) 모양의 새로 지은 집을 매입했다. 파크시티는 2002년 동계올림픽 경기가 열린 장소 중 하나였다. 두 사람은 그때 결혼생활의 새로운 계기를 마련할 수도 있었다. 하지만 그렇게 되지 않았다. "겨우 1주일 휴가를 떠날 일정을 마련하는 데 꼬박 1년이 걸렸잖아요! 그런 상황이 정말 화가 났어요. 그 사실이 앞날을 보여주는 것 같았어요."

그 별장을 구입한 지 몇 달 후, 출장에서 돌아온 닐은 재닛이 레버넌의 집 식탁 위에 올려놓은 메모를 읽었다. 닐과 헤어지겠다는 메모였다.

'이제 당신이라는 사람을 알아요. 그런데 더 이상 그 사람과 살 수가 없어요.'

"우리에게 가족이 있고, 손자·손녀도 있어요. 그래서 오랫동안 생각하고 힘들게 결심했어요. 쉬운 결정이 아니었어요. 3년 동안 울면서 지내다 떠나는 거예요." 재닛은 결심하기까지 오랜 시간이 걸린 데 대해 "아이들이 있었고, 집안을 꾸려나가야 했어요. 계속 뭔가 해야 할 일이 있었죠. 그리고 시간이 지나면서 우리 관계가 나아지기만을 언제나 간절히 바랐어요"라고 말했다.

닐은 그 일로 몹시 괴로워했다. 친구인 해리 콤스는 "어떻게 좀 해볼 수 없어, 닐?"이라고 물었다. "아니. 어떻게 해볼 도리가 없어. 재닛은 우리 관계를 포기했어. 그런 식으로 살고 싶지 않대"라고 닐 암스트롱은 대답했다. "그전에는 그렇게 우울해하는 모습을 본 적이 없어요. 끔찍해 보였죠. 그냥 멍하게 앉아 탁자를 바라보면서 움직이려고 하지도 않았습니다. 나는 볼 때마다 '뭐 좀 나아진 게 있어?'라고 물었고, 그는 '아이들이 도와주고 있어. 하지만 재닛이 돌아올 기미는 없어'라고 대답하곤 했습니다. 그런 식으로 2~3년을 끌었습니다."

딘도 닐이 깊은 우울증에 빠졌다고 이야기했다. "형은 형수에게 돌아와달라고 오랫동안 간청했어요."

닐이 아내와 별거하면서 괴로워할 때 부모님이 차례로 돌아가셨다. 부모님의 삶은 사망하기 몇 년 전부터 행복하지 않았고 힘들었다. 아버지 스티븐은 가벼운 뇌졸중이 계속되면서 고생했고, 생활비가 부족하다고 걱정했다. 자식들은 부모님을 애리조나주 비즈비에 있는 집으로 모셨다. 여동생 준과 남편 잭 호프먼이 사는 곳이었다. 비올라는 잘 적응했지만, 스티븐은 사막 지역에서 사는 게 싫었다.

1989년 여름, 닐은 부모님을 오하이오주 와파코네타 바로 남쪽에 있는 시드니의 노인 시설로 모셨다. 스티븐은 6개월 동안 그곳에 살면서도 힘들어했고, 아내 비올라는 그 때문에 더 힘들었다.

1990년 2월 3일, 스티븐이 또다시 뇌졸중으로 쓰러졌을 때 닐이 옆에 있었다. "아버지는 침대에 똑바로 앉아 우리를 보시더니 다시 누워서 돌아가셨어요"라고 닐은 기억했다. 사망하기 며칠 전 스티븐은 아내 쪽으로 몸을 돌리더니 "사랑해"라고 속삭였다.

남편 장례식을 마친 후 비올라는 혼자 살아갈 준비를 했다. 그는 이전에 췌장암 진단을 받았지만, 사실은 심장에 문제가 있는 게 밝혀졌다. 불행히도 그의 건강은 생각보다 훨씬 나빴다. 1990년 5월 21일, 오하이오에 있던 비올라는 갑자기 사망했다. 사망하기 며칠 전 비올라는 "하나님이 정말 계신지는 잘 모르겠어. 하지만 하나님을 믿을 수 있었기 때문에 정말 행복해"라고 말해 딸을 깜짝 놀라게 했다.

그 후 1991년 2월, 재닛과 헤어지고 부모님을 모두 잃은 닐은 심장발작을 일으켰다. 심장병은 금방 회복되었지만, 마음의 고통을 치유하는 데는 좀 더 오랜 시간이 걸렸다.

운이 좋으면 잿더미에서도 새로운 삶을 시작할 수 있다. 닐 암스트롱은 캐럴 나이트를 만나면서 구원받을 수 있었다. 1945년생 캐럴은 남편과 사별한 지 몇 년 되지 않아 닐 암스트롱을 만났다. 49세였던 캐럴의 남편 랠프 나이트는 1989년 플로리다에서 경비행기 추락 사고로 사망했다. 혼자 남겨진 캐럴은 10대 자녀인 몰리, 앤드루를 키우면서 가족 회사인 작은 신시내티건설 회사를 운영했다.

1992년 여름, 닐 암스트롱과 캐럴은 신시내티 교외의 골프장에서 아침식사를 하면서 만났다. 두 사람 모두의 친구였던 폴과 샐리 크리스찬센 부부가 몰래 마련한 자리였다. 유명한 우주비행사 옆자리에 앉게 되어 당황한 캐럴은 말을 거의 하지 않았고, 병든 어머니를 돌보아야 한다면서 일찍 자리에서 일어났다. 닐 암스트롱은 캐럴이 차에 탈 때까지 배웅했다.

"몇 주 후 아들과 뒷마당에 있을 때 전화벨이 울렸어요. 전화를 받으니 누군지 모를 사람이 굉장히 조용한 목소리로 '안녕하세요'라고 인사했어요. 나는 '누구세요?'라고 물었습니다. 그 사람은 역시 조용한 목소리로 '닐입니다'라고 대답했고, 나는 '어느 닐이라고요?'라고 물었죠. 그는 '닐 암스트롱'이라 대답했고, 내가 '무슨 일이세요?'라고 물었습니다. 암스트롱은 '지금 뭐 하고 있어요?'라고 물었고, '글쎄, 사실은 아들과 함께 죽은 벚나무를 베려고 애쓰고 있어요'라고 말했습니다.

닐 암스트롱의 목소리가 활기차지더니 '오, 그 일이라면 내가 할 수 있어요'라고 말했어요. 나는 '우리 집은 찾기 쉬워요. 폴과 샐리가 사는 집 바로 맞은편이에요'라고 대답했습니다. 암스트롱은 '좋아요, 금방 갈게요'라고 했죠. 35분 후 우리 집 앞에 소형 오픈트럭 한 대가 섰어요. 아들이 문을 열었을 때 암스트롱이 손에 전기톱을 들고 서 있었어요. 깜짝 놀란 아들이 부엌으로 달려와 '엄마, 우리 집에 누가 왔는지 알아요?'라고 말했죠. 나는 '맞아, 너한테 말해야 하는데 깜빡했다'라고 했죠."

1994년, 닐과 재닛의 이혼 절차가 마무리된 후 닐과 캐럴은 결혼했다. 두 사람은 두 번 결혼식을 올렸다. 결혼식 날짜를 정하면서 캐럴은 "닐, 6월 18일은 어때요?"라고 물었다. 암스트롱은 일정이 적혀 있는 수첩을 펼치더니 굉장히 진지한 표정으로 "골프 약속이 있는데"라고 대답했다. 그다음 굉장히 멋쩍게 캐럴을 올려다보면서 "하지만 약속을 바꿀 수 있어"라고 말했다.

캘리포니아주에서는 결혼증명서를 받으려면 혈액검사를 해야 하고 5일 동안의 대기 기간이 필요하기 때문에 캐럴과 닐은 오하이오주에서 먼저 결혼했다. 1994년 6월 12일, 캐럴이 사는 지역의 시장이자 친구가 이 결혼식 주례를 했다. 그다음 로스앤젤레스 지역의 칼라바사스 협곡 근처 샌이시드로 목장에서 다시 결혼식을 올렸다. 그 결혼식에는 두 사람의 친구 네 명과 닐의 며느리 웬디, 손자 두 명만 참석했다.

부부가 된 두 사람은 캐럴이 살고 있던 오래된 집을 허물고 그 자리에 새 집을 짓기로 결정했다. 영국 전원주택 같은 단층집은 1997년에 완공되었다. "다른 곳에서 살고 싶은지에 대해서도 이야기를 나누었습니다. 하지만 우리 친구들이 모두 이곳에 있었어요. 우리 나이가 되면 친구들이 정말 소중해지거든요."

닐 암스트롱의 부인이 된다는 게 어떤 의미인지 캐럴은 충분히 생각해보았을까? "확실히 30년 전보다는 주목을 덜 받는다고 생각해요. 해외여행을 가면 그 사실을 잘 느낄 수 있죠. 이제 알아보는 사람이 그렇게 많지 않아요. 곤란한 상황이 생기면 내가 나서서 해결합니다. '닐은 더 이상 자필 사인을 하지 않아요'

라고 예의 바르게 설명하죠. 그리고 '같이 사진 촬영을 하면 어떠세요?'라고 다른 제안을 합니다. 그분들의 감정도 존중해야 하니까요.

실제로 겁이 났던 적도 몇 번 있어요. 미국에서 두 번, 다른 나라에서 몇 번 그런 일이 있었습니다. 새벽 2시쯤 외국 공항에 도착했던 때가 기억나요. 우리를 보려는 사람들로 북새통이어서 차를 타러 갈 수가 없었습니다. 대여섯 명의 경찰 도움을 받아서 겨우 차에 오를 수 있었죠.

런던 여행에서 돌아왔을 때였어요. 집에 도착한 후 침실에 여행 가방을 놓자마자 초인종이 울렸습니다. 문을 여니 영국 억양의 여성이 '런던 『타임스』에서 왔습니다. 인터뷰하고 싶습니다. 영국에서는 당신들을 놓쳤어요. 지금 인터뷰해도 될까요?'라고 했습니다. 나는 그 여성을 보면서 '농담하시는 거죠?'라고 말했죠"라고 캐럴은 전했다. 닐 암스트롱이 사망한 후 캐럴은 "닐과 나는 잘 맞았어요. 우리는 좋은 동반자였죠"라고 말했다.

닐 암스트롱의 두 번째 결혼생활에 대해 잘 아는 사람들은 암스트롱이 캐럴 덕분에 굉장히 행복했다고 생각한다. 25년 동안 유타주에서 혼자 살았던 재닛은 현재 두 아들, 그리고 여섯 명인 손자들의 집에서 가까운 신시내티 근교에서 살고 있다. 위텐버그대학에서 생물학을 전공한 릭은 1979년에 대학을 졸업한 후 미시시피주 걸프포트에서 돌고래와 바다사자 조련사로 일했다. 그다음 하와이로 넘어갔다가 오하이오로 돌아와 킹스아일랜드 놀이공원에서 돌고래 공연을 시작했다.

릭은 아내와 이혼했지만, 그의 세 아이들은 여전히 신시내티 북쪽 근교에서 살고 있다. 그는 거의 전문 연주자 수준으로 기타를 연주하고, 세계 곳곳을 다니면서 좋아하는 영국의 록 밴드 매

릴리언의 공연을 관람한다.

둘째 아들 마크는 스탠퍼드대학에서 물리학을 전공했다. 대학 시절 그는 골프 팀에서 활동하고, 대학이 처음으로 학생 컴퓨터실을 설치하도록 도왔다. 대학 졸업 후 그는 샌타모니카에 있는 보안 소프트웨어 회사 시만텍에서 일했고, 그다음 대학 시절 룸메이트가 세운 스타트업 웹^{Web}TV에 합류했다. 웹TV는 결국 마이크로소프트에 매각되었다. 마크는 2004년까지 실리콘밸리의 마이크로소프트에서 일하다 아내, 세 아이들과 함께 신시내티 지역으로 옮겼다. 아들인 마크가 애플의 매킨토시 컴퓨터를 좋아했기 때문에 암스트롱도 처음부터 컴퓨터에 관심이 많았다.

2005년 발간한 『퍼스트맨』의 초판을 위해 긴 시간 인터뷰하는 동안에도 재닛은 여전히 닐이 어떤 사람인지 파악하려고 애쓰는 것처럼 보였다.

저자 : 다른 우주비행사들과 달리 닐은 자신의 명성을 이용하지 않으려고 애썼기 때문에 모든 사람들이 엄청난 신뢰를 보냈습니다.

재닛 : 맞아요. 하지만 그의 마음속이 어떤지 보세요. 그는 수만 명이 노력한 일을 가지고 혼자 환호를 받는다면서 일종의 죄책감을 느껴요. 제임스 러벌 같은 사람과는 완전히 다른 성격이죠! 제임스는 그런 일로 괴로워하지 않을 테지만, 닐은 괴로워해요. 언제나 예의 바른 신사여서 그렇게 느낄 이유가 없는데도, 그는 언제나 사회생활에서 실수할까 봐 두려워해요.

그는 분명 흥미진진한 삶을 살았습니다. 하지만 그 삶을 너무 진지하고 심각하게 받아들여요.

그는 주목받는 일을 좋아하지 않았고, 스스로 영웅이라고 생각하지도 않았어요. 사람들이 계속 자신과 연락하거나 사인을 받고 싶어 한다고 느끼지 않으려고 했죠. 마음속 깊은 곳에서 '내 사인을 가지고 무슨 돈벌이를 하겠어?'라고 생각했기 때문에 아마도 달 착륙 후 20년 동안 계속 사인을 해주었을 거예요.

저자 : 달 착륙 후 몇 년 동안 닐이 사람들 앞에 조금 더 자주 나타났다면 그에 대한 관심이 사그라졌을까요? 닐이 은둔생활을 했기 때문에 오히려 일종의 표적이 되었다는 말인가요?

재닛 : 네, 그렇게 생각해요.

암스트롱은 생애 마지막 몇 년 동안 굉장히 행복해 보였다. 일생 중 어느 때보다 행복한 것 같았다. 엄밀히 따지면 2002년 봄에 '은퇴'했지만, 그는 여전히 바빴다. 전 세계를 여행하고, 연설하고, 행사에 참석하고, 자식과 손자들을 만나고, 책을 읽고, 글을 쓰고, 골프를 쳤다. 그는 미국철학학회 모임에 참석하고, 모로코왕립아카데미 연례회의에도 자주 참가했다. 그는 모로코 왕 하산 2세가 1980년에 그 아카데미를 설립했을 때부터 회원이었다. 또 흥미로운 항공기를 직접 조종할 기회도 종종 얻었다. 1989년 AIL 시스템스 회장이 되었을 때 그는 B-1 폭격기를 조종해보라는 제안을 받았다. 그는 1991년에 「첫 번째 비행 First Flights」이라는 텔레비전 시리즈에서 다시 B-1을 조종했다. 암스트롱은 그 시리즈에서 영국이 개발한 수직 이착륙 전투기 해리어Harrier, 헬리콥터, 글라이더(활공기), 록히드 콘스털레이션 등 다양한 항공기들을 조종했다.

1990년대 말, 닐 암스트롱은 자신의 경비행기 세스나Cessna 310을 팔았다. 하지만 특별한 항공기를 조종할 수 있는 기회가 생길 때에 대비해 조종사 면허는 유지했다. 2001년, 그는 프랑스 툴루즈에 있는 에어버스 본사에서 에어버스 320을 조종했다. 그는 친구에게 편지하면서 '감사하게도 흥미진진한 행사들에 참석하면서 좋은 추억들을 많이 남길 수 있었어. 이번 주에는 툴루즈에서 에어버스 320을 타고 피레네산맥 위를 시험비행했지. 엄청나게 짜릿하지는 않았지만, 확실히 재미있었어'라고 썼다.

2004년 여름에는 유로콥터와 A스타 헬리콥터, 그리고 다양한 경비행기들을 조종했다. 사망 1년 전인 2011년, 오스트레일리아를 방문했던 그는 에어버스 A380의 모의비행 장치로 조종해보라는 콴타스항공의 제안을 받아들이기까지 했다. A380은 2층 구조의 세계 최대 여객기였다. 사망 직전까지도 가능한 한 자주 글라이더를 타고 하늘 높이 올라갔다. 그것은 그가 1960년대 초부터 즐겨온 일종의 레저스포츠였다. "그는 글라이더를 탈 때마다 너무 편안해했어요. 하늘 높이 올라가 혼자 비행하는 게 멋진 휴식이 된다고 했죠"라고 재닛은 회고했다.

2002년, 암스트롱이 전기를 집필해도 된다고 허락해서 『퍼스트맨 : 닐 암스트롱의 생애First Man : The Life of Neil A. Armstrong』 초판이 발간되었다. 그가 왜 제임스 미치너, 허먼 우크, 스티븐 앰브로즈 등 미국의 저명한 작가들의 요청을 모두 거절한 다음 결국 자신의 전기를 쓰겠다는 제안을 받아들였는지 많은 사람들이 그 이유에 대해 궁금해했다. 닐 암스트롱이나 가족들은 "때가 되었다"는 말 이외에는 어떤 명쾌한 대답도 하지 않았다. 암스트롱이 저자인 나에게 한 칭찬은 딱 한마디였지만, 최고의 칭찬이었다. "당신이 쓰겠다고 약속한 그대로 정확하게 책을 썼네요."

암스트롱은 그 책과 관련해서 세 번의 인터뷰를 하겠다고 동의했다. 그러면서 언제나 자신은 그 책의 주인공일 뿐 결코 저자가 아니라고 분명히 밝혔다. 하지만 암스트롱과 인터뷰하려는 매체가 너무 많아져 결국 CBS 시사 프로그램인 「식스티 미니츠 60 Minutes」하고만 인터뷰하기로 했다. 그 인터뷰는 『퍼스트맨』이 서점에서 판매되기 전날 저녁인 2005년 11월 1일에 방영되었고, 높은 시청률을 기록했다. CBS는 그 인터뷰를 '달을 처음 밟은 사람이 처음 승낙한 텔레비전 인터뷰'라고 광고했다. 방송에 대한 반응은 정말 좋았다. 신시내티에서 암스트롱과 가깝게 지내던 친구 존 스메일은 '「식스티 미니츠」 인터뷰는 정말 훌륭했어. 전국의 시청자들에게 네 모습을 있는 그대로 보여주었어'라고 손으로 쓴 메모를 그에게 보냈다. 그 당시 생활용품 제조업체 프록터 앤드 갬블 Procter & Gamble, P&G의 CEO였던 스메일은 나중에 제너럴 모터스 회장이 되었다. 에드 브래들리가 인터뷰를 진행했고, 머큐리에서 아폴로까지 CBS의 모든 미국 유인우주선 발사 방송을 진행했던 전설적인 뉴스 앵커 월터 크롱카이트가 케이프커내버럴에서 암스트롱을 미리 인터뷰해서 녹화한 내용도 방송 중에 소개되었다.

닐 암스트롱의 사려 깊으면서도 간단명료하고 신속하고 재치 있는 답변은 그의 개인적인 면모를 보여주면서 시청자들에게 깊은 감명을 주었다. 시청자 중에는 1969년 7월 이글이 달에 착륙할 때 아직 세상에 태어나지 않은 사람들도 많았다.

"아폴로 계획이 한시적이라는 사실은 알고 있었습니다. 하지만 내 생각보다 더 짧게 끝났습니다. 20세기 말까지 엄청나게 많은 진전이 이루어지기를 기대했지만, 현실은 거기에 미치지 못했습니다." 암스트롱은 인류 역사의 이정표를 만들어낸 아폴로 11호의 우주비행, 그리고 '인류의 위대한 도약'이 된 달 착륙으로 왜 자신이 환호를 받는 게 온당하지 않은지 에드 브래들리에게 설명했다.

"나는 (달을 처음 밟은 인간으로) 주목받을 만하지 않아요. 나는 처음으로 달을 밟을 인간으로 선택된 게 아니었습니다. 나는 그저 그 우주비행의 선장으로 선택되었을 뿐이에요. 상황에 따라 그 특별한 역할을 맡게 되었을 뿐이에요. 누구도 계획한 일이 아닙니다." 그는 계속해서 유명 인사가 되고 난 후 실망했던 부분도 설명했다.

"불과 몇 달 전, 혹은 몇 년 전에 함께 일했던 동료나 친구들이 갑자기 우리를 조금 다르게 보거나 다르게 대했습니다. 나는 그 점을 정말 이해할 수가 없었어요." 그는 또한 아폴로의 우주비행사가 되고, 달을 처음 밟은 인간으로서 명성을 얻으면서 그의 개인적인 삶과 가족이 어떤 영향을 받았는지도 이야기했다. "엄청나게 많은 시간을 투자하고, 여행도 많이 다녀야 하는 일이어서 아이들이 성장할 때도 가족들과 시간을 많이 보내지 못한 게 후회가 됩니다."

CBS는 올랜도 근처 작은 비행장에서 닐 암스트롱이 글라이더로 비행하는 모습도 미리 녹화해서 방송에 내보냈다. 브래들리는 2018년까지 인간을 다시 달에 보낸다는 NASA의 계획을 언급하면서 이제 74세인 암스트롱에게 다시 우주비행을 할 생각이 있느냐고 물었다. 암스트롱은 웃으면서 "기회가 없을 것 같아요"라고 말한 후 "하지만 불가능하다고 이야기하고 싶지는 않네요"라고 덧붙였다.

2010년, 암스트롱은 '항공우주산업의 전설들' 투어라는 이름으로 중동 지역을 두 번 순회했다. '용감한 군인들의 사기를 높인다'는 게 그 투어의 목적이었다. 아폴로 13호와 아폴로 17호의 선장이었던 제임스 러벌과 유진 서넌을 비롯해 많은 사람들이 그와 함께 투어를 했다. 2010년 3월, 10일간의 투어에 한국전쟁 이후 최고의 미국 전투기 조종사로 꼽혀온 스티브 리치, SR-71 블랙버드를 처음 조종한 최고의 시험비행 조종사 로버트 길릴랜드 등이 참가했다. 항공우주산업의 열광적인 지지자로 여러 해 동안 ABC 방송의 「굿모닝 아메리카Good Morning America」를 진행했던 데이비드 하트먼이 그 행사의 사회를 보았다. 여러 지역을 다니는 일정이었다. 독일, 터키, 쿠웨이트, 사우디아라비아, 카타르, 오만 등 6개국에 들러 군사기지와 병원을 방문했다. 헬리콥터로 미국 해군의 초대형 항공모함 드와이트 D. 아이젠하워에 내린 후 1만 5000명이 넘는 군인들을 만났다.

2010년 10월에는 바레인에서 7일간의 투어를 시작했다. 페르시아만에서 열한 척의 미국 군함을 이끄는 항공모함 USS 해리 S. 트루먼에 갔다가 이라크 바그다드에서 북쪽으로 64.7킬로미터 떨어진 발라드 공군기지에서 끝난 여정이었다. 우주비행사들이 기지를 방문한 후 공군 상사 브래들리 벨링은 "그들의 방문으로 꿈이 이루어졌습니다. 여기에서 전투를 벌이고 있는 우리 모두에게 사람들이 우리를 잊지 않고 있다는 사실을 확인해주었습니다. 닐 암스트롱이 지구 반대편으로 날아와서 우리에게 감사하다고 직접 이야기하자 우리 임무를 끝까지 해내야겠다는 생각밖에 들지 않았죠"라고 말했다.

2010년 3월에 투어를 하는 동안 암스트롱과 러벌, 서넌은 오바마 행정부의 우주 정책에 대해 오랜 시간 토론했다. 전직 우주비행사 세 명 모두 콘스텔레이션(Constellation, 별자리) 계획을 취소한 오바마 대통령의 결정이 마음에 들지 않았다. 이 계획은 2005년부터 2009년까지 유인우주선을 개발한다는 NASA의 계획으로, 국제우주정거장 완성 후 2020년까지는 다시 달에 가고, 궁극적으로는 유인우주선으로 화성까지 간다는 게 목표였다. 그 계획에 20년 동안 2300억 달러 정도가 든다고 추산되었다. 발사로켓, 탐사우주선, 달착륙선을 개발해야 했다. 암스트롱은 미국 우주 계획에 대한 정치적인 결정에 반대하는 발언을 공개적으로 하지 않기로 여러 해 전부터 마음먹었지만, 콘스털레이션 계획의 취소는 정말 가만히 보고 있을 수가 없었다. 제임스 러벌과 유진 서넌의 권유로 그는 의회에서 증언할 위원회에 들어가겠다고 했다.

2010년 5월 12일, 미국 상원의 상업·과학 운송위원회에서 그는 러벌, 서넌과 함께 콘스털레이션 취소에 반대하는 발언을 했다. 암스트롱이 사람들에게 자신의 의견을 밝힌 이유는 정치적인 이유도 아니었고, 우주비행사들의 권익을 대변하기 위해서는 더욱 아니었다. 러벌과 서넌, NASA 국장을 지낸 마이클 그리핀이 정부의 잘못된 방향에 대한 생각을 밝히라고 그를 강하게 부추기지 않았다면 닐 암스트롱은 아마 발언하지 않았을 것이다. 하지만 일단 발언하겠다고 마음먹고 나서는 국가적인 관심사에 대한 생각을 분명하게 밝히기 위해 최선을 다했다.

5월 26일, 하원의 과학·우주 기술위원회에서 그는 "미국은 이제까지 정말 현명하고 훌륭하게 우주 탐사에 투자해왔고, 우주 탐사를 통해 얻은 지식을 세계와 공유해왔다고 생각합니다. 우주라는 새로운 대양에서 항해하는 법을 터득하기 위해 노력해온 공로로 미국은 세계의 존경을 받았습니다. 그렇게 얻어낸 지도자 자리를 포기한다면 다른 나라들이 우리 자리를 차지할 것입니다. 그것은 우리 이익에 도움이 되지 않는다고 믿습니다"라고 말했다.

암스트롱이 공식적인 자리가 아니라 개인적으로 의견을 밝힐 때는 미국의 우주 정책에 영향을 끼치는 정치적인 환경에 대해 훨씬 직설적으로 비판했다. 2010년 8월, 미국 공군 대령 출신으로 NASA에서 근무했던 친구에게 편지하면서 그는 '대통령은 우리 세계(항공우주산업)에 대해 잘 모르고, 아프가니스탄, 건강보험, 석유 유출 등 온갖 문제들에 비해 큰 문제가 아니라고 생각하는 것 같아. 대통령이 조언을 제대로 받으면 좋겠지만, 항공우주산업에 대해 조언해주는 사람이 없다는 결론을 내렸어. 대통령에게 조언하는 무리는 다른 목적이 있어. 추수감사절부터 2월까지 기간 중 NASA의 예산 제출에 대한 정상적인 검토 절차를 없애면서 그들의 목적을 이루려고 해. 상원의원, 하원의원, 우주 계획 책임자, 공군 고위층, 국립아카데미 임원들이 각자 NASA 계획에 대해 다른 생각을 가지고 있어. 그래서 2010년 2월 1일, 대통령이 그 계획을 발표했을 때 민주당과 공화당의 국회의원들이 모두 화가 났어. 국회의원들의 반응에 분명 대통령도 놀랐을 거야. 그 무리는 급히 계획을 바꾸었고, 대통령이 존슨우주센터에서 연설을 하면서 발표했어. 누가 봐도 제대로 준비하지 않은 계획이었어. 나는 대통령이 계획을 세우는 과정 때문에 더욱 신경이 쓰여. 그가 발표한 계획 대부분은 나중에 국회나 행정부에 의해 없어지거나 변경될 가능성이 너무 커. 인간의 우주비행에 대한 그 계획의 기초가 튼튼하지 않다면 그냥 몇 년에 걸쳐 서서히 사라질 수 있다는 게 어느 정도 사실이잖아. 걱정이 되지만 아직 희망은 있어. 아직 할 수 있는 일이 남아 있거든'이라고 썼다.

2011년, 암스트롱은 다시 한 번 국회에서 증언했다. 이번에는 하원 과학·우주 기술위원회에서였다. 그는 그 위원회의 위원장과 위원들에게 여러 번 편지를 보내면서 자신의 의견을 강하게 주장했다. 사람들 앞에 나서서 증언한 게 어느 정도 역효과를 낳기도 했다.

사망하기 다섯 달 전인 2012년 3월 25일, 암스트롱은 CBS의 스콧 펠리가 진행하는 「식스티 미니츠」를 보고 화가 났다. 민간 우주 개발업체 스페이스엑스 SpaceX를 만든 일론 머스크를 집중 보도한 방송이었다. 방송 중 펠리는 암스트롱이 의회에서 증언하는 영상을 보여주면서 "미국의 영웅들은 당신의 생각을 좋아하지 않네요. 닐 암스트롱과 유진 서넌 모두 당신이 개발하고 있는 상업 우주비행에 반대하는 연설을 했습니다. …… 우주의 상업화를 추진하는 오바마 행정부는 결국 국민의 안전과 생명을 위협할 수도 있다고 하는군요. …… 그 연설에 대해 당신은 어떻게 생각하는지 궁금합니다"라고 단호하게 이야기했다.

머스크는 감정을 억누르지 못하고 눈물을 글썽이면서 "너무 슬퍼요. 그들은 나의 영웅이기 때문에 너무 힘듭니다. 그들이 여기 와서 우리가 얼마나 열심히 일하고 있는지 보았으면 좋겠어요. 그러면 생각이 바뀔 거예요"라고 대답했다.

언제나 철두철미하게 진실을 밝히려는 암스트롱은 이번에도 문자 그대로 따져봐야 한다고 생각했다. 그는 「식스티 미니츠」에 방송 내용을 바로잡는 편지를 보냈다. '당신이 그 정보를 어디에서 얻었는지 궁금하군요. …… 내가 국회에서 한 연설을 모두 샅샅이 뒤져보았지만, 당신의 주장을 확인할 만한 내용을 하나도 발견하지 못했습니다. …… 나는 보통 나 자신보다 다른 사람들의 견해에 대해 말했습니다. 내 증언에서 당신의 주장과 일치하는 내용을 찾을 수가 없었습니다. 그 위원회가 우주 공간의 상업화에 대한 NASA의 계획이나 특별히 그 주제로 열린 공청회에 대해 부정적인 의견을 밝힌 것은 사실입니다. 위원회 증언에는 분명 당신의 주장을 뒷받침할 만한 내용이 있습니다. 그렇지만 내가 하지도 않은 말을 가지고 내 입장이라고 주장해서 굉장히 놀랐습니다. …… 당신이 어떻게 시청자들에게 그 잘못된 주장을 하게 되었는지 설명해주십시오.'

CBS에 보낸 암스트롱의 편지에는 상원 위원회에서 그가 증언했던 발췌문이 첨부되어 있었다. 닐 암스트롱은 그 발췌문에 대해 "내 증언 중 소위 '우주 공간의 상업화'와 관련이 있는 유일한 발언"이라고 설명했다.

CBS 뉴스를 대표해서 스콧 펠리가 암스트롱에게 답장했다. CBS에서 암스트롱의 편지를 잘못 관리하는 바람에 10주나 지난 6월 12일에야 답장을 보낼 수 있었다. 펠리는 사과하면서 왜 「식스티 미니츠」가 암스트롱이 우주 공간의 상업화에 반대한다는 결론을 내려도 된다고 느꼈는지 설명했다. '우리는 당신의 의회 증언 중 오바마 행정부의 계획에 대해 우려를 표시한 부분에 주목했습니다. 그 증언 내용은 이렇습니다.'

내가 알기로는 민간 우주 개발업체가 인간을 태워도 된다고 인정받을 정도의 우주선을 개발하기 전까지는 인간이 민간 우주선을 타고 지구 저궤도로 접근할 수 없습니다. 그래서 새로운 우주 계획에 대해 걱정이 많이 됩니다. 나는 저비용으로 우주에 가려는 목표를 가진 새로운 민간 업체의 등장을 지지합니다. 하지만 50년 넘게 항공우주산업에 몸담아온 사람으로서 확신하기가 어렵습니다. 내가 이야기해본 최고 경력의 로켓 엔지니어는 안전하고 신뢰할 수 있는 수준에 도달하려면 오랜 시간과 상당한 투자가 필요하다고 믿습니다.

암스트롱의 발언을 듣거나 읽은 사람이라면 누구나 펠리처럼 인간이 탈 우주선의 설계와 운항을 민간 업체에 넘기는 일에 대해 암스트롱이 별로 지지하지 않는다는 사실을 합리적으로 추론할 수 있다. 하지만 펠리는 방송이 조금 부정확했다는 사실을 받아들였다. '새로운 민간 업체가 가까운 장래에 안전과 비용에 대한 목표를 모두 충족시킬 수 있을지 확신하기 어렵지만, 그들의 등장을 환영한다는 당신의 발언을 명확하게 전달하지 못했습니다. 우리는 또 당신이 새로운 민간 업체에 대해 전반적으로 걱정했지, 스페이스엑스를 특별히 걱정한 게 아니라는 점을 조금 더 분명하게 밝히지 못했습니다'라면서 인정했다. 펠리는 암스트롱에게 '우리가 눈에 잘 띄도록 통째로 게시할 수 있게' 글을 써달라고 했다. 하지만 암스트롱은 그 대신 펠리가 「식스티 미니츠」를 대표해서 쓴 정정 보도를 배포하게 했다.

일생에서 마지막 몇 년 동안 암스트롱은 조용한 집, 친구들로 둘러싸인 신시내티 교외, 콜로라도주 로키산맥의 텔루라이드 스키리조트에 있는 별장에서 캐럴과 함께 지내면서 행복했다. 두 아들 릭, 마크와도 가깝게 지냈다. 가족 모두가 좋아했던 골프장을 자주 찾고, 두 아들 중 한 명 혹은 두 명 모두와 함께 거의 매년 스코틀랜드와 아일랜드로 여행을 갔다. 그는 캐럴의 아이들인 앤드루, 몰리와도 점점 더 친해졌다. 열한 명의 손자들도 돌보았다. 암스트롱은 여전히 여행을 많이 했고, 멀리 떨어진 곳을 찾기도 했다. 캐럴과 함께일 때가 많았지만, 혼자 떠날 때도 있었다.

2007년 7월, 암스트롱과 캐럴은 고대 유적인 마사다를 보기 위해 이스라엘을 방문했고, 야드 바셈 홀로코스트 세계추모센터에 들렀다. 하이파와 텔아비브에서 대중 연설을 하고, 하이파과학박물관에서 50명의 어린이들과 질의응답 시간을 가졌다.

2008년, 그들은 퍼듀대학 친구들과 함께 스칸디나비아까지 유람선 여행을 했다. 2009년에는 TV 프로그램인 「내셔널 지오그 래픽 익스플로러」 탐험대와 함께 26일 동안 남대서양, 포클랜드 섬들, 남극 대륙을 탐험했다. 주요 항공사 임원들과 탁월한 조종 사들의 지극히 사적인 클럽인 '콘키스타도르 델 시엘로'(Conquistadores del Cielo, 스페인어로 '하늘의 정복자들'이라는 뜻)가 늦여름에 여 는 '목장 모임'에도 거의 매년 참석했다. 미국 전역 중 어느 곳에 서 모임이 열리는지는 '일급비밀'로, 외부에 공개되지 않았다. 그 저 말굽 던지기나 칼 던지기, 사격, 원반 밀어 치기 같은 스포츠 오락을 하면서 휴식을 취하는 모임이었다.

2011년 8월, 암스트롱은 마지막 외국 여행으로 오스트레일 리아에 갔다. 그 여행에서 암스트롱의 행동이 조금 특이하다고 생각하는 사람들이 많았다. 그는 오스트레일리아 공인회계사협 회의 125번째 연례회의에 참석해 연설해달라는 요청을 받아들였 을 뿐 아니라, 그 협회 회장인 앨릭스 맬리와 일대일로 개인적인 인터뷰를 해달라는 요청까지 승낙했다. 오하이오로 출장을 갔던 앨릭스 맬리가 닐 암스트롱을 설득해서 불가능할 것 같았던 약 속을 받아냈다. "닐 암스트롱에 대해 많은 사람들이 모르는 사실 을 나는 알아요. …… 그의 아버지는 회계감사관이었어요." 맬 리는 협회 회원이나 호기심을 드러내는 오스트레일리아 기자들 에게 그렇게 이야기했다. 닐 암스트롱이 아버지를 기념하기 위 해 오스트레일리아 회계사들의 모임에 나타나기로 했다고 맬리 는 주장했다.

시드니에 머무는 동안 암스트롱은 대학생들과 사업가들을 만나고, 콴타스항공 조종사인 리처드 챔피언 드 크레스픽니^{Richard Champion de Crespigny}와 함께 오래된 증기선을 타고 시드니 항구를 돌 면서 즐거운 시간을 보냈다. 크레스픽니는 암스트롱이 에어버스 A380 모의비행 장치로 비행할 수 있게 해주었다. 그 후 두 사람은 유럽의 비행조종 장치와 미국의 비행조종 장치에 대해 길게 토론했다.

하지만 암스트롱의 믿음은 또다시 배신당했다. 맬리의 5분짜리 인터뷰 영상은 오스트레일리아 공인회계사협회 인터넷 사이트에 올라 그 협회 회원들만 볼 수 있을 줄 알았다. 하지만 그 인터뷰는 빠른 속도로 퍼져 나갔다. 몇 주 후 오스트레일리아 친구인 렌 핼프린이 걱정하면서 암스트롱에게 편지를 썼다.

네가 오스트레일리아 공인회계사협회 앨릭스 맬리 회장과 했던 인터뷰가 지난 48시간 동안 언론에 봇물 터지듯 쏟아져 나오면서 들불처럼 번지고 있어. 너를 어떻게 독점 인터뷰했는지 물어보려고 오스트레일리아 전역과 세계 언론 매체가 앨릭스를 추적하고 있어. 여기 멜버른의 한 지역 방송사는 그 인터뷰에 대해 끊임없이 보도하면서 베트남까지 앨릭스를 찾아갔어. 언론이 네 사생활을 침해할까 봐 걱정돼. 네가 어떤 식으로든 불편을 느끼지 않았으면 좋겠어.

그 편지에 암스트롱은 '맞아. 오스트레일리아 공인회계사협회가 내부에서만 사용하겠다고 약속하고 만든 인터뷰 영상이 밖으로 공개되어 정말 놀랐어. 세계 곳곳에서 연락을 받고 있어'라고 답장했다. 암스트롱은 마음이 언짢았고, 변호사를 통해 맬리에게 계약 위반을 따지는 편지를 보냈다. 맬리는 암스트롱 인터뷰를 본 사람이 10억 명에 달한다고 자랑했을 뿐 아니라, 여러 방송사에 그 인터뷰 영상을 판매했다고 오스트레일리아 언론 매체가 나중에 보도했다. 맬리는 그 이후에도 계속 닐 암스트롱의 이름을 팔고 다녔다.

암스트롱은 사망하기 몇 주 전, 애리조나주 플래그스태프의 로웰천문대에 모인 530명의 사람들 앞에서 기조연설을 했다. 10년 가까이 걸려 제작한 대형 디스커버리 채널 망원경의 완성을 축하하는 행사였다. 그의 연설 중 정점은 1969년 7월 20일, 달궤도에서 고요의 바다로 내려올 때 본 장면을 하나하나 설명할 때였다. (그는 2011년 8월, 오스트레일리아 공인회계사협회 연설에서 처음으로 이 장면을 보여주었다.)

2009년 7월, NASA의 달 정찰 궤도선이 아폴로의 달 착륙 장소를 촬영하기 시작했다. 아폴로 11호 우주비행 후 몇 년 동안 수많은 사람들이 암스트롱에게 달 착륙에 대해 자세히 이야기해달라고 했지만, 제대로 대답을 듣지 못했다. 이제 1969년에 촬영한 영상과 40년 후에 촬영한 영상을 비교하면서 역사적인 착륙이 어떻게 이루어졌는지 즐겁게 설명할 수 있었다. 왼쪽에는 1969년에 아폴로 11호가 달착륙선 창문을 통해 촬영한 영상을, 오른쪽에는 달 정찰 궤도선이 촬영한 고화질 동영상을 틀었다.

"실제 달착륙선 동력하강에 12분 32초가 걸렸습니다. 이 영상은 마지막 3분 동안 하강할 때의 장면입니다. 달 표면에 정말 가까이 접근하고 있어서 흥미진진합니다. 왼쪽은 43년 전에 촬영한 장면이고, 오른쪽은 지난 2년 동안 촬영한 장면입니다. 우주비행사들이 이야기하는 소리도 들을 수 있어요. 나와 함께 있던 올드린이 고도와 하강률을 불러주는 소리를 들을 수도 있네요. 지구의 우주비행관제센터가 이야기하는 소리도 들리네요. 우리는 고도 2000미터 정도로 내려오고 있어요. 이제 고도 1000미터 아래예요. 저 커다란 분화구의 오른쪽으로 착륙하라고 컴퓨터가 알려줘요. 경사가 너무 가파르고 돌들이 너무 커요. 자동차 크기만 해요. 내가 착륙하고 싶은 장소가 전혀 아니에요. 그래서 컴퓨터로 자동 조종되던 달착륙선을 수동으로 바꾸어서 조종해요. 헬리콥터처럼 비행하면서 왼쪽으로 움직여 좀 더 평평하고 울퉁불퉁하지 않은 착륙 장소를 찾아요. 때때로 컴퓨터가 경고 신호를 보내고 있네요. 1202와 1201 경보음이 들릴 거예요. 컴퓨터 작동에 뭔가 문제가 있다고 알려주는 소리예요. 하지만 아무 문제가 없어 보여요. 비행관제센터 사람들이 우리가 계속 착륙해도 된다고 말해요. 이제 고도 100미터 정도로 내려왔어요. 이 달 표면을 내려다보니 분화구의 지름이 30미터, 깊이가 8미터 정도로 보여요. 정말 지질학적인 보물로 보여요. 기회가 있다면 그곳으로 돌아가서 혼자 걸으면서 둘러보고 싶어요. 우리는 그 분화구 너머로 평평한 곳을 찾고 있어요. 바로 저기에 평탄한 곳이 보여요. 착륙하기 좋아 보입니다. 그런데 연료가 떨어져가고 있어요. 연료가 2분도 남지 않았어요. 이제 고도 70미터 아래로 내려오고 있어요. 50미터, 아직 괜찮은 것 같아요. 왼쪽 영상을 보면 로켓엔진이 달 표면에서 먼지를 일으키기 시작했어요. 32초 연료 경고를 듣습니다. 연료가 떨어지기 전에 여기에 정말 빨리 착륙해야 해요. 왼쪽 영상보다 먼지가 더 많았어요. 달 표면, 바람에 날리는 먼지 위에 우리 착륙선의 그림자가 생기는 게 보여요."

발표를 끝내면서 착륙 순간에 녹음한 버즈 올드린과 닐 암스트롱의 목소리를 들려주었다. 플래그스태프의 청중은 모두 일어나서 우레와 같은 박수를 보냈다. 그 위대한 우주비행사가 불과 몇 주 후에 사망할 줄 알았다면 그 박수는 멈추지 않았을 것이다.

2012년 8월 25일 토요일, 닐 암스트롱은 신시내티 교외의 병원에서 사망했다. 19일 전인 8월 6일에 관상동맥 우회술을 받은 후 합병증으로 인한 죽음이었다. 8월 5일 그는 82세 생일을 맞았었다. 그의 사망 직후 가족들은 다음과 같은 추도문을 발표했다.

널 암스트롱이 심장 수술로 인한 합병증으로 사망했다는 소식을 전해 드리게 되어 가슴이 아픕니다. 널은 사랑하는 남편이자 아버지, 할아버지, 형과 친구였습니다. 단지 자신의 일을 했을 뿐이라고 믿었던 널 암스트롱은 미국의 영웅으로 보이는 데 대해 언제나 꺼렸습니다. 그는 해군 전투기 조종사, 시험비행 조종사, 그리고 우주비행사로서 나라에 봉사할 수 있어서 자랑스러워했습니다.

그는 또한 고향인 오하이오로 돌아와 사업과 학문에서 성공을 거두었고, 신시내티 지역의 지도자가 되었습니다. 그는 일생 동안 항공과 탐험을 지지했고, 그 두 가지를 좇던 소년 시절의 경탄을 잃어버린 적이 없었습니다. 사생활을 소중하게 지키려고 했지만, 따뜻한 마음을 보여주는 전 세계 사람들, 그리고 살면서 만난 사람들에 대해 언제나 감사했습니다.

정말 좋은 사람을 잃어서 애통하지만 그의 놀라운 삶을 되새기면서 그의 삶이 전 세계 젊은이들에게 꿈을 이루기 위해 열심히 노력하고, 기꺼이 모험을 하면서 한계를 뛰어넘고, 자신의 이익보다는 위대한 이상을 위해 봉사한 본보기가 되기를 바랍니다.

널을 어떻게 기념하면 좋을지 묻는 사람들에게 우리는 간단하게 대답할 수 있습니다. 그의 봉사 정신과 노력, 그리고 겸손을 기억해주세요. 그리고 어느 날 밤, 바깥으로 나가 걷다가 당신을 내려다보며 웃고 있는 달을 본다면 널 암스트롱을 생각하면서 윙크해주세요.

암스트롱의 사망 소식에 전 세계는 경악했고, 지구에 있는 거의 모든 신문이 1면 머리기사로 보도했다. 우주비행사, 시험비행 조종사, 해군 조종사와 엔지니어뿐 아니라 세계적인 명사들까지 널 암스트롱의 위대함을 되새기면서 깊은 애도를 표현했다. 우주비행사 출신의 NASA 국장인 찰스 볼든은 "닐 암스트롱은 역사책에서 사라지지 않을 거예요"라고 말했다.

버락 오바마 대통령은 "닐 암스트롱은 그의 시대에서 영웅일 뿐 아니라 모든 시대를 통틀어 영웅입니다"라고 했다. 영국 천문학자인 패트릭 무어 경은 "달을 처음 밟은 인간으로서 그는 모든 기록을 경신했습니다. 그는 세상에서 가장 용기 있는 사람이었습니다"라고 말했다.

버즈 올드린은 "그의 죽음에 깊은 슬픔을 느낍니다. 수백만 명의 사람들과 함께 진정한 미국 영웅의 죽음을 애도합니다. 내가 아는 한 그는 최고의 조종사였습니다. 2019년 7월 20일, 닐과 마이클, 우리 세 사람이 달 착륙 50주년 기념 행사에 나란히 참석하고 싶었습니다. 유감스럽게도 이제는 그럴 수 없게 되었습니다"라고 했다. 마이클 콜린스는 닐 암스트롱에 대해 "그는 최고였어요. 그가 끔찍하게 그리울 거예요"라고 말했다.

하늘과 우주에서 한계를 뛰어넘기 위해 도전하는 삶을 살면서 그는 정말 죽을 고비를 많이 넘겼다. 한국전쟁에서 전투를 벌이다 비행기 날개가 부서졌을 때, 굉장히 위험하고 실험적인 비행기를 타고 시험비행을 할 때, 종종 폭발하는 강력한 로켓으로 발사될 때, 지구궤도에서 랑데부와 도킹을 한 후 우주선이 제어되지 않을 때, 폭발하기 1초 전에 달 착륙 훈련용 비행기에서 탈출할 때, 연료가 거의 남지 않은 상태에서 달 표면에 착륙할 때 모두 죽을 고비를 넘겼다. 남다른 비행 경력을 쌓으면서 수없이 죽거나 큰 부상을 당할 고비를 넘겼던 남자가 이해되지 않는 수술 합병증으로 숨졌다.

가족과 암스트롱을 치료했던 의료진 말고는 그가 정확히 어떤 이유로 죽음에 이르렀는지 아는 사람이 없었다. 그의 사망 원인에 대해 공개된 내용은 별로 없다. 조금 알려진 내용은 이렇다.

1. 닐 암스트롱은 82세 생일 다음 날일 8월 6일에 병원으로 갔다. 8월 11일 오후 3시 53분에 암스트롱이 저자에게 보낸 이메일을 보면 그가 분명히 '역류 문제'로 고생하고 있었고, 심장병 전문의가 곧장 병원으로 오라고 했으며, 그 의사가 '관상동맥이 막혔는지 검사한 후 관상동맥 우회술을 했다'는 사실을 알 수 있다. 요약하자면, 암스트롱은 8월 6일에 문제 있는 심장을 검사한 후 8월 7일 아침에 급히 혈관 네 곳에 관상동맥 우회 이식 수술을 했다.

2. 암스트롱은 신시내티 북쪽의 오하이오주 버틀러 카운티에 있는 병상 293개짜리 페어필드머시병원을 찾아갔다.

3. 8월 11일에 암스트롱이 저자에게 보낸 이메일에는 이렇게 적혀 있었다. '회복은 잘되고 있습니다. 하지만 골프는 당분간 뒷전이 될 거예요. 하루 정도 지나 퇴원할 것 같아요.' 다시 말해 암스트롱은 8월 12일이나 13일쯤 퇴원해서 집으로 갈 줄 알았다.

4. 그런데 암스트롱은 퇴원하지 않았다. 그는 8월 25일, 페어필드머시병원에서 사망했다.

5. 가족들은 모두 "그가 심장 수술로 인한 합병증으로 사망했다"고 말했다.

그 2주 동안 분명 뭔가 나쁜 일이 벌어졌다. 심장 수술은 어떤 종류이든 정말 중요하고, 잘못될 수 있는 요소가 너무 많다. 환자가 82세면 특히 더 그렇다. 하지만 암스트롱이 관상동맥 우회 이식 수술을 한 지 5일 후에 보낸 편지를 보면, 즉 하루나 이틀 후에는 집으로 갈 수 있다고 예상한 편지를 보면 그가 수술 후의 중요한 위험들에서 벗어나 회복되고 있었음을 알 수 있다.

그렇다면 그다음에 그냥 뭔가 나쁜 일이 아니라 뭔가 예상하지 못했던 일이 일어나서 암스트롱이 죽음에 이르렀을 것이다. 아마 언젠가는 그의 사망 과정이 세상에 정확하게 알려질 것이다. 지난 몇 년 동안 닐 암스트롱의 전기 작가로서 그 과정을 밝혀 세상에 알려야 하는지, 암스트롱은 우리가 그것에 대해 알기를 바라는지 두 가지 질문을 가지고 씨름했다. 지금으로서는, 어떤 이유에서든 사생활을 지키려는 가족들의 권리를 역사가 존중해주어야 한다고 생각한다.

8월 31일 금요일, 신시내티 교외 인디언힐에 있는 카마고 골프장에서 가족과 가까운 친척들이 참석한 장례식이 열렸다. 암스트롱 부부는 1994년 결혼한 때부터 신시내티 교외에서 살았고, 그 골프장은 그들이 오랫동안 다닌 곳이었다. 암스트롱의 친척과 가까운 친구 등 200명으로 추산되는 사람들이 장례식에 참석했다. 마이클 콜린스와 버즈 올드린, 존 글렌과 제임스 러벌 등 몇몇 우주비행사들과 항공우주계의 전·현직 인사들이 참석했고, 철저한 보안으로 언론과 초대받지 않은 손님은 들어오지 못했다. 해군 의장대와 백파이프 연주자가 연주했고, 오하이오 국회의원이자 가족의 친구인 랍 포트먼과 암스트롱의 오랜 친구이자 태프트 방송의 사장을 지냈던 찰스 메켐이 추도 연설을 했다.

암스트롱의 두 아들 릭과 마크는 아버지에 대한 짤막한 일화를 들려주었다. 아버지가 좋아했던 농담으로 비통한 분위기를 전환하려고 했다. 캐럴의 아들인 앤드루 나이트는 고린도전서를 읽었고, 캐럴의 외손녀 파이퍼 밴 왜그넌이 시편 23편을 읽었다. 메트로폴리탄오페라단의 메조소프라노인 제니퍼 존슨 카노가 인기 팝송 「9월의 노래」를 불렀다. 암스트롱이 좋아하는 노래이자 1년을 인간의 삶과 죽음에 이르는 과정으로 비유하는 노래였다. 장례식 마지막에는 모두 골프장 잔디밭으로 가서 F-18 전투기들의 의례비행을 보았다.

　많은 미국인들이 너무 사랑하고 존경했던 사람이어서 오하이오 국회의원 빌 존슨은 오바마 대통령에게 국장으로 치르자고 요청했다. 보통 전직 대통령만 치르는 장례식이다. 실제로 암스트롱 가족에게도 국장으로 치르자고 제안했지만, 캐럴이 거절했다.

　오바마 대통령은 8월 27일 월요일 해가 질 때까지 닐 암스트롱을 추도하기 위해 전국의 성조기를 조기(弔旗)로 게양하라고 지시했다. 대사관, 공사관, 영사관과 모든 군사 시설, 해군 함정과 기지 등 모든 해외 시설도 마찬가지였다.

　9월 13일 수요일, 워싱턴 내셔널 대성당에서 대규모 공공 추도식이 열렸다. 그 웅장한 고딕식 성당에는 아폴로 11호의 우주비행을 스테인드글라스로 묘사한 '우주 창문'이 있고, 그 스테인드글라스 판유리에 달의 암석 조각이 들어 있어 암스트롱을 기념하기에 가장 알맞은 곳이었다. 엄청나게 모여드는 사람들 앞에서 마이클 콜린스가 추도 기도를 했다.

　암스트롱의 퍼듀대학 동창이자 좋은 친구고, 아폴로 17호의 선장으로 달에서 마지막으로 걸었던 유진 서넌, NASA의 찰스 볼든 국장이 추도 연설을 했다. 해군 장관을 지낸 존 돌턴, 오하이오 친구이자 조지 W. 부시 대통령 때 재무장관, CSX 회사의 CEO를 지낸 존 스노도 연설했다. 그가 좋아했던 재즈가수 다이애나 크롤이 「플라이 미 투 더 문Fly Me to the Moon」을 불렀다. 교리적으로 보자면 닐은 이성으로 신의 존재를 알 수 있다는 이신론자(理神論者)에 가깝지만, 지나 캠벨 목사가 마태복음을 읽고, 매리언 에드거 버디 목사가 설교를 했다.

　그다음 날인 9월 14일, 플로리다주 잭슨빌 앞의 대서양에서 암스트롱의 유해가 뿌려졌다. 플로리다주 메이포트 해군기지에 주둔하고 있던 미국 해군 순양함 필리핀 시에서 수장(水葬) 의식을 했다. 닐의 아내 캐럴, 아들 릭과 손녀 캘리, 아들 마크와 며느리 웬디, 닐의 여동생 준과 매제 잭 호프먼, 닐의 남동생 딘과 제수 캐스린, 의붓딸 몰리 밴 왜그넌과 사위 브로디, 의붓아들 앤드루 나이트와 며느리 크리스티나가 그 의식에 참여했다.

해군 부대가 암스트롱을 추모하기 위해 일제히 조총(弔銃)을 쏘았고, 군악대가 연주했다. 닐 암스트롱은 죽을 때까지 자신이 해군이라고 생각했다. 그래서 많은 사람들이 그가 수장을 선택한 게 당연하다고 여겼다. 아니면 떠들썩한 것을 싫어하고 언제나 겸손했던 그가 일반 묘지에 묻히면 또다시 주목받고 소란해질까 봐 바다를 선택했을 수도 있었다. 해군 장관 레이먼드 메이버스는 수장 의식의 추도사에서 "닐 암스트롱은 살아 있는 기념비가 되고자 한 적이 한 번도 없습니다. 그런데도 그의 영웅적인 용기와 조용한 겸손은 전 세계 모든 세대 사람들에게 최고의 본보기가 됩니다"라고 강조했다.

삶의 마지막 몇 년 동안 닐 암스트롱은 국내외에서 이름난 상을 많이 받았다. 암스트롱만큼 상을 받을 자격이 충분한 사람도 드물지만 그는 언제나 자신을 낮추면서 겸손하게 상을 받았다. 아폴로 11호 우주비행 후 몇 년 동안에도 그는 수많은 상을 받았다. (1969년 대통령훈장, 1970년 국립우주클럽에서 마이클 콜린스, 버즈 올드린과 함께 받은 로버트 고더드 기념 트로피, 1970년 미국 육군사관학교에서 받은 실배너스 세이어 상, 1978년 의회 우주명예훈장, 1979년 국립항공 명예의 전당, 1993년 미국 우주비행사 명예의 전당, 1999년 스미스소니언 협회 랭글리 금상) 하지만 그동안 이루어낸 일들로 인생의 황혼에 받은 상은 더욱 특별하다.

2006년, 암스트롱은 신시내티박물관센터에서 열린 기념식에서 NASA의 탐사 대사Ambassador of Exploration 상을 받았다. 크리스털로 제작한 달 모양의 예쁜 트로피 안에는 1969년부터 1972년까지 여섯 번 달 탐사를 하면서 가져온 달의 암석과 흙 일부가 들어 있었다. 머큐리, 제미니, 아폴로 계획에 참여했던 38명의 우주비행사들과 핵심 인물들(당사자가 사망했을 경우 유족)이 그해 그 상을 받았다.

상원의원을 지낸 존 글렌은 "나는 부러워하는 사람이 많지 않아요. 그런데 암스트롱은 정말 예외죠"라고 말했다. 항상 청중들에게 뭔가 교육적인 이야기를 해주고 싶어 하던 암스트롱은 감사 인사를 뛰어넘어 곧장 '자연의 역사 한 자락'을 풀어놓기 시작했다. 그는 방금 받은 트로피 안에 들어 있는 암석을 가리키면서 달의 지질학적 발전에 대해 간단하게 설명했다. 달의 기반 암석에 복Bok이라는 별명을 붙였던 그는 "나는 복을 납치해 온 이상한 생명체"라고 농담했다. 그다음 트로피 안에 들어 있는 달의 표본을 가리키면서 "오래된 복에서 떨어져 나온 조각"이라고 말했다. 트로피에는 암스트롱이 가져온 달 암석에 대해 '평화롭고 조화로운 미래를 향한 인간의 노력과 인류의 소망이 합쳐졌다는 상징'이라고 새겨져 있었다.

2009년 7월 20일 월요일, 암스트롱과 콜린스, 올드린은 백악관에서 열린 첫 번째 달 착륙 40주년 기념식에 오바마 대통령의 초대를 받고 참석했다. 오바마는 세 우주비행사에 대해 "미국의 진정한 영웅", "아폴로 11호의 우주비행사들은 언제나 탁월한 발견과 탐험의 이정표로 기억될 것"이라고 표현했다.

암스트롱은 미국 대통령과 악수할 때 언제나 대단한 영광이라고 느꼈고, 이때도 마찬가지였다. 하지만 앞에서 말했듯 몇 달후, 그와 다른 우주비행사들은 오바마 행정부의 우주 정책에 대해 점점 더 비판적이 되었다.

백악관에 초대받기 전날인 일요일 저녁, 암스트롱과 콜린스, 올드린은 국립항공우주박물관에서 열린 연례행사에 참석했다. 현대 미국에서 우주 · 과학과 기술의 역할을 탐구하기 위해 여는 그 박물관의 가장 중요한 연례행사였다. 국립항공우주박물관 학예연구사는 그 전날인 토요일 저녁에 박물관에서 열리는 NASA 본부의 대규모 기념 행사도 준비해야 했다. NASA 본부는 아폴로 계획의 우주비행을 각각 개별적으로 기념하기보다 매년 한 차례 큰 행사를 열어 한꺼번에 기념하기로 결정했다. 주말에 연이어 열린 NASA와 국립항공우주박물관 행사에는 머큐리, 제미니, 아폴로의 우주비행사와 유족 20명이 참석했다. 2009년 5월, 허블 우주망원경을 마지막으로 수리하는 임무를 마치고 막 돌아온 STS-125 우주비행사 전원도 참석했다.

마거릿 웨이트캠프 박사는 그해 처음으로 국립항공우주박물관 연례행사의 준비를 맡았다. 그 일은 정말 만만치 않았다. 서로 성격이 굉장히 다른 암스트롱, 올드린, 콜린스를 뒷바라지해야 할 뿐 아니라 개막 리셉션부터 강연 자체, 강연자가 호텔로 돌아가기까지 그날 저녁 일정을 빈틈없이 준비해야 했다. 암스트롱에 대한 경호는 언제나 특별히 관심을 쏟아야 하지만, 그날 밤 NASA 행사도 예외가 아니었다. "NASA 행사 중 어느 순간 암스트롱 씨가 박물관 강당 근처 대기실에서 무대로 자리를 옮겨야 했어요. 강당에는 벌써 청중들로 꽉 차 있었어요. 좌석은 다 찼고, 겨우 서 있을 자리밖에 없었죠."

웨이트캠프 박사가 암스트롱과 함께 걸어가는 동안 사방에서 지지자들이 그와 인사하려고 몸을 기울였다. "팔을 뻗어 암스트롱의 어깨를 치고, 소매를 잡아당기거나 악수하려고 했어요. 우리가 지나가야 하는 통로가 점점 더 좁게 느껴졌습니다. 암스트롱을 보호할 사람은 우리 세 사람밖에 없었죠. 그의 팔을 잡고 사람들 사이를 빠져나갈 수 있도록 조심스럽게 안내했죠. 짧은 거리를 걸었지만, 호의라도 지나친 관심을 받는다는 게 어떨지 얼핏 엿볼 수 있었습니다."

암스트롱은 원래 아폴로 11호의 착륙에 대해 이야기하기를 좋아하지 않았다. 2006년 국립항공우주박물관 연례행사에서 단독으로 강연할 때는 X-15의 공학 기술에 관해 이야기했다. 2009년 달 착륙 40주년을 기념하는 강연에서는 교수 같은 말투로 말장난을 했다. 암스트롱은 자신의 강연 제목을 '고더드Goddard, 관리Governance와 지구물리학Geophysics'이라고 소개했다. 너무 학술적으로 들리는 제목이라서 청중은 킥킥거리면서 웃었다. 암스트롱은 잠시 가만히 있다가 웃으면서 엄지손가락을 올리고 "첫 번째, 고더드"라고 말했다. 그러자 청중은 그가 진지하다는 사실을 깨달았다. 그는 아폴로 11호의 달 착륙을 뒷받침한 연구 배경에 대해 재미있게 설명했다.

웨이트캠프는 "청중은 숨죽인 채 들었어요"라고 그 상황을 전했다. 암스트롱의 강연 전 콜린스는 짤막하고, 격의 없고, 재치 있고, 자기를 망가뜨리면서 웃음을 주는 발언으로 청중을 즐겁게 했다. 올드린은 미국 대통령처럼 프롬프터 기계로 대본을 보면서 강연했다. 그는 공들여 준비한 파워포인트 슬라이드를 잔뜩 보여주면서 우주에서 미국의 미래에 관한 자신의 비전을 선포했다. 아폴로 11호 우주비행사 세 명의 성격이 얼마나 판이하게 다른지 그날 밤 행사에서처럼 잘 보여주기도 어려웠다.

암스트롱은 2010년 플로리다주 펜서콜라에서 해군항공 명예의 전당에 들어간 데 대해 자신의 경력 중 최고의 영예라고 생각했다. 펜서콜라는 그가 60년 전 해군 조종사가 되기 위해 훈련받은 곳이었다. 펜서콜라 국립해군항공박물관에 자리 잡은 명예의 전당은 '해군항공의 발전에 뚜렷하게 기여하는 활동을 하거나 업적을 남긴' 사람들을 선정한다.

2011년, 암스트롱은 미국 의회가 '미국 역사와 문화의 발전에 오랫동안 남을 영향을 끼친' 사람에게 수여하는 금성훈장을 받았다. 1776년 조지 워싱턴이 처음 받은 훈장이다. 국회의사당 원형 홀에서 열린 기념식에서 마이클 콜린스, 버즈 올드린과 존 글렌도 같이 이 훈장을 받았다.

사망 후인 2013년에는 제임스 E. 힐 장군 우주공로상을 받았다. '우주와 관련된 노력을 하면서 인류에게 영감과 능력, 추진력을 준다'는 사명을 가진 비영리 우주재단이 주는 최고의 상이었다.

수많은 다양한 시설들에 그의 이름이 붙었다. 열 개가 넘는 미국 전역의 초등학교, 중학교, 고등학교, 전 세계의 거리, 건물, 학교와 여러 장소들에 그의 이름이 붙었다. 1969년, 포크가수 존 스튜어트는 암스트롱과 인류 최초로 달을 밟은 그의 걸음에 바치는 「암스트롱」이라는 노래를 녹음했다.

2004년 10월, 그의 모교인 퍼듀대학은 새로 건립하는 공학 건물에 '닐 암스트롱 공학 전당'이라는 이름을 붙인다고 발표했다. 2007년 10월 27일, 5320만 달러를 들여 건립한 그 건물 개관식에는 암스트롱과 10여 명의 퍼듀대학 출신 우주비행사들이 참석했다.

암스트롱이 죽기 몇 년 전, 국제천문연맹은 달 분화구에 암스트롱의 이름을 붙였다. '암스트롱 분화구'는 고요의 바다 남쪽에 있는 아폴로 11호의 착륙 지점에서 북동쪽으로 50킬로미터 정도 떨어진 곳에 자리 잡고 있다. 콜린스와 올드린의 이름을 딴 분화구도 있다. 사실 세 개의 분화구는 나란히 놓여 있다. 셋 다 조금 작은 편이고 암스트롱 분화구의 지름이 약간 더 크다. 천문학 책에는 공기 좋은 날 고배율 망원경으로 보면 그 분화구 세 개를 모두 찾아낼 수 있다고 적혀 있다. 그중 암스트롱의 분화구가 가장 눈에 잘 띈다. 암스트롱의 이름을 딴 소행성도 있다. 지름 3킬로미터 정도의 소행성으로, 체코의 천문학자인 안토닌 므르코스가 1982년 8월에 클렛천문대에서 발견했다.

널 암스트롱이 사망한 지 몇 주 후인 2012년 9월, 미국 해군은 처음으로 해양조사선에 암스트롱의 이름을 붙인다고 발표했다. 그 해양조사선은 2015년 8월 7일 시험운항을 통과했고, 2015년 9월 23일 해군에 인도되었다. 광범위한 해양 연구 활동을 지원할 수 있는 고도로 발달한 해양조사선이다. 암스트롱이라는 이름을 가진 그 배는 학계의 지속적인 필요를 충족시키면서 전 세계 열대와 온대 지역의 해양 연구를 지원하고 있다. 암스트롱 해양조사선은 북대서양과 북극해의 생태계가 지구의 기후 변화에 어떤 영향을 끼치는지에 대한 연구로 벌써 핵심적인 역할을 하고 있다.

암스트롱은 어디에든 자신의 이름을 붙이도록 부추긴 적이 한 번도 없었다. 대부분은 자신의 이름을 붙이는 데 대해 달가워하지 않았다. 그가 살아 있었다면 NASA 드라이든 연구센터의 이름을 2014년에 널 암스트롱 비행연구센터로 바꾸는 데 반대했을 것이다. 1956년부터 1962년까지 그곳에서 연구 조종사로 일했던 암스트롱은 휴 드라이든 박사의 삶과 그가 해낸 일들을 꾕장히 존경했다. 선구자적인 항공 연구 과학자였던 드라이든 박사는 1946년 NACA의 연구실장, 그리고 1958년 NASA가 설립된 후 첫 번째 부국장이 되었다. 암스트롱은 그 역사적인 연구 시설에서 드라이든의 이름을 없애는 데 적극적으로 반대했을 것이다.

하지만 남부 캘리포니아 의원들은 정부의 항공우주연구센터를 쇄신하는 데 닐 암스트롱이라는 이름이 상당히 도움이 될 것이라고 확신했다. 2014년 1월, 오바마 대통령은 그 시설의 이름을 '닐 A. 암스트롱 비행연구센터'로 바꾸는 의회결의안 HR 667에 서명했다. 그 새로운 법안은 드라이든에게 계속 경의를 표하기 위해서 연구센터 주변 지역에 '휴 L. 드라이든 비행시험 지역'이라는 이름을 붙이게 했다. 의회가 그 시설의 이름을 닐 암스트롱으로 바꾸려고 한 것은 2007년 이후 최소한 세 번째였다. 닐 암스트롱이 살아 있었다면 분명 개명(改名) 기념식에서 내내 드라이든 박사의 뛰어난 업적을 자세히 이야기했을 것이다.

우주재단이 실시하는 조사에서 암스트롱이 계속해서 가장 인기 있는 우주영웅 1위에 오르는 것은 놀라운 일이 아니다. 2013년 『비행Flying』 잡지도 '항공의 위대한 영웅들 51'에서 닐 암스트롱을 첫 번째로 꼽았다.

암스트롱이 아폴로 11호 우주비행 중 입었던 우주복은 그가 남긴 가장 중요한 유품이다. NASA는 그 우주복을 1971년에 국립항공우주박물관으로 양도했다. 워싱턴 DC 내셔널몰에서 그 박물관이 개관하기 5년 전이었다. 작가인 케빈 덥직은 『파퓰러 머캐닉스Popular Mechanics』 2015년 10월호에 'NASA가 우주복을 주문할 때는 달에 갔다가 돌아오는 일밖에 고려하지 않았다. 우주복을 디자인한 인터내셔널 라텍스 회사는 박물관 전시를 생각하지 않았기 때문에 자연고무와 합성고무를 혼합해 수명이 6개월인 소재를 사용했다'라고 기록했다.

아폴로 11호 우주비행을 한 지 45년이 지났기 때문에 닐 암
스트롱의 우주복 상태는 정말 좋지 않았다. 고무는 부스러졌고,
알루미늄 소재는 여기저기 부식되었다. 후대를 위해 그 우주복
을 보존하려면 뭔가 조치를 취해야 했다. 국립항공우주박물관이
2019년 아폴로 11호 우주비행 50주년을 맞아 새롭게 선보이는 영
구 전시 「도착지 달Destination Moon」을 위해서는 특별히 더 복원이 필
요했다. 국립항공우주박물관 관장은 복원에 필요한 자금 50만 달
러를 전통적인 방법으로 마련하는 대신, 인터넷을 통해 사람들
한테 기부금을 받는 킥스타터 캠페인을 처음으로 벌이기로 결정
했다. 박물관은 그 캠페인으로 5일 만에 목표했던 금액을 확보했
다. 캠페인이 끝난 한 달 후에는 9400명으로부터 총 71만 9779달
러를 모았다. 이 기부금으로 박물관 전문가들이 곧장 우주복의
복원 작업을 시작했다. 인류 최초의 달 착륙 50주년을 기념해 전
세계 사람들에게 보여주기 위해서다.

암스트롱의 어릴 적 친구인 코초 솔라코프의 외손녀 에밀리
페리는 다섯 살 때 암스트롱을 처음 만났다. 2001년 여름, 닐 암
스트롱이 71세일 때였다. 암스트롱의 작고 사랑스러운 딸 캐런
이 생후 2년 10개월 만에 뇌종양으로 세상을 떠난 지 40년 가까
이 지났을 때였다.

암스트롱과 솔라코프는 1940년대 초, 어퍼샌더스키 마을에
서 소년 시절을 함께 보냈다. 노년이 되자 두 친구는 자주 만났
다. 함께 미식축구를 보러 가고, 스키장에 가고, 골프를 치면서
좋은 시간을 보냈다. 가족 말고 솔라코프만큼 암스트롱을 잘 아
는 사람도 없었다.

솔라코프 부부가 딸 집에 머무르고 있을 때 암스트롱이 찾아오면서 암스트롱과 에밀리 페리는 우연히 만났다. 에밀리 페리는 삼남매 중 막내였고, 정말 활발한 아이였다. 암스트롱은 금방 에밀리를 좋아하게 되었고, 에밀리도 암스트롱을 따랐다. 에밀리는 곧장 암스트롱의 손을 이끌고 집을 샅샅이 탐험했다. "비밀을 보여줄게요. 하지만 아무한테도 이야기하지 말아야 해요. 이건 아무도 모르는 비밀이에요."

암스트롱을 끌고 다락으로 올라간 에밀리는 "매트리스를 들어 올리고 밑을 보세요"라고 말했다. 거기에는 커다란 벌레가 죽어 있었다. "하지만 아무한테도 이야기하지 말아야 해요"라고 에밀리는 속삭였다. 암스트롱도 "오, 그럴게"라고 속삭이며 대답했다.

그다음 에밀리는 암스트롱을 자신의 침대방으로 데리고 갔다. "이건 내 시계예요. 이건 내 램프고, 이건 내 거울이고, 이건 내 책들이에요. 이것은 『곰돌이 푸』고, 이것은 『잠자는 숲 속의 미녀』와 『신데렐라』책이에요. 오, 그리고 여기 닐 암스트롱에 관한 책도 있어요. 달을 처음 밟았던 사람이에요."

그러다 잠시 망설이더니 자신의 집을 방문한 인상 좋은 할아버지를 바라보면서 "세상에! 할아버지 이름도 닐 암스트롱이잖아요. 그렇죠? 암스트롱 책을 읽어줄까요?"라고 말했다. 에밀리의 말에 암스트롱은 인자한 미소를 띠고 침대 끝에 앉았다.

"네가 책을 읽어주면 정말 좋겠구나, 에밀리. 하지만 그게 닐 암스트롱에 관한 책일 필요는 없잖아. 『곰돌이 푸』나 『신데렐라』나 『잠자는 숲 속의 미녀』를 읽어줘도 좋아. 뭐든 좋아"라고 암스트롱은 말했다. 하지만 에밀리는 "아니에요. 닐 암스트롱 책을 읽어줄게요. 할아버지 이름이랑 똑같잖아요. 그렇게 길지도 않고 굉장히 재미있어요. 보세요"라면서 우겼다.

암스트롱의 무릎 위로 올라간 그 아이는 책을 펴서 읽기 시작했다. 에밀리는 진짜 닐 암스트롱이 자기 앞에 있는 줄도 모르고, 똑같은 이름을 가진 할아버지에게 달에 처음 간 사람에 대한 이야기를 읽어준다고 생각하면서 자랑스러워했다.

2004년, 닐은 보츠와나에 이어 남아프리카공화국 요하네스버그를 방문해 넬슨 만델라를 만났다.

2004년 6월, 전기 작가 제임스 R. 핸슨과 닐 암스트롱이 『퍼스트맨』의 원고 검토를 마친 후 암스트롱의 집 앞에 서 있다.

닐은 2005년 11월 『퍼스트맨』의 발간을 앞두고 처음에는 인터뷰를 세 번 하겠다고 합의했다. 하지만 CBS의 「식스티 미니츠」가 인터뷰 요청을 하자 책 발간 관련 인터뷰를 한 번만 하겠다는 조건으로 출연했다. 2005년 10월 중순, 플로리다의 NASA 케네디우주센터에서 에드 브래들리<왼쪽>가 인터뷰를 진행했다. 미국 우주 계획, 그리고 아폴로 11호의 우주비행을 보도했던 CBS의 전설적인 앵커 월터 크롱카이트<오른쪽>는 은퇴 후였지만 다시 방송에 출연해 암스트롱을 인터뷰했다.

NASA는 2006년 4월, 우주 개발 계획 홍보대사인 닐에게 달 암석 표본을 선물했다.
닐이 달에서 직접 채취해 온 암석이었다. 닐은 그 표본을 신시내티 자연사과학박물관에
기증해 공개 전시되도록 했다.

2007년 12월, 닐은 손녀인 파이퍼 밴 왜그넌이 다니던 코네티컷주 대리엔의 옥스 리지 초등학교
부설 유치원을 방문했다. 재혼한 부인인 캐럴의 딸 몰리가 낳은 손녀 파이퍼<'Yale'이라고 쓰인
셔츠를 입은 남자아이 뒤쪽, 스웨터를 입고 있는 금발머리 소녀>는 닐을 '팝 팝'이라고 불렀다.
닐의 손자·손녀는 11명이었다. 닐의 두 아들에게 각각 세 명의 자녀가 있었고,
캐럴의 아들 앤드루의 자녀 두 명, 딸 몰리의 자녀가 세 명이었다.

닐 암스트롱은 흥청망청 놀 줄 모른다고
생각하는 사람들은 2008년 브라질에서
열린 결혼식에 참석했던 그의 모습을
촬영한 이 사진을 보고 생각을
바꿔야 할 것이다.

버락 오바마 대통령이
2009년 7월 20일 월요일,
달 착륙 40주년을 맞아 백악관의 대통령
집무실에서 아폴로 11호 우주비행사들과
사진 촬영을 하고 있다.

워싱턴 DC 국립항공우주박물관에서 열린 아폴로 11호 달 착륙 40주년 기념 행사에서
닐 암스트롱이 '고더드, 관리와 지구물리학'이라는 제목으로 강연했다.
너무 학구적인 제목 같아서 청중은 웃음을 터뜨렸다.

2010년 8월 5일, 닐의 80번째 생일 때 열린 서프라이즈 파티.
왼쪽부터 데이비드 스콧(제미니 8호, 아폴로 9호, 아폴로 15호 우주비행사),
제임스 러벌(제미니 7호, 제미니 12호, 아폴로 8호, 아폴로 13호), 켄 매팅리(아폴로 16호),
캐럴 암스트롱, 닐 암스트롱, 윌리엄 앤더스(아폴로 8호),
유진 서넌(제미니 9A, 아폴로 10호, 아폴로 17호).

닐은 생일 파티에 온
사람들의 요청으로
피아노를 치면서
「9월의 노래」를 불렀다.

2010년, 오하이오주 신시내티
북동쪽 교외에 있는 인디언힐의
카마고 클럽에서 아들 릭<왼쪽>,
마크<오른쪽>와 함께 골프를 치던 닐.

2010년과 2011년, 닐은 아폴로 우주선 선장이었던 제임스 러벌, 유진 서넌<사진에서 닐과 의논 중>과
의회 위원회에서 미국의 우주 비행 계획에 대해 증언했다. 그는 NASA의 콘스털레이션 계획을 취소한
미국 행정부의 결정에 반대하는 발언을 했다.

노년이 되자 닐은 아내 캐럴과 함께 여행을 많이 다녔다. 남극 대륙도 여행했다.

2011년 8월, 호주 시드니를 방문했을 때 닐은 특별 초청으로 콴타스항공의 에어버스 A380
모의비행 장치를 조종했다. 그를 초청한 리처드 챔피언 드 크레스픽니는 2010년 11월
싱가포르 창이 공항에서 이륙한 에어버스 A380 비행기가 엔진 고장을 일으켰을 때 비상 착륙해서
승객들의 생명을 구한 콴타스항공의 조종사다. 사진 오른쪽은 크레스픽니의 아버지인 피터.

2012년 2월 20일, 오하이오주 콜럼버스에서 열린 '존 글렌의 미국 최초 우주궤도 비행' 50주년
기념 만찬에 참석한 존 글렌<왼쪽>과 닐 암스트롱이 하늘을 바라보고 있다.

2012년 8월 31일, 닐 암스트롱이 살던 집 근처 골프장인 카마고 클럽에서 열린 장례식에 모인 사람들이 성조기에 경례하고 있다. 왼쪽 첫 번째 줄 오른쪽에서 세 번째가 손자·손녀와 함께 있는 닐의 아내 캐럴. 통로를 사이에 두고 반대편 첫 번째 줄에는 닐의 아들 둘이 어머니인 재닛 암스트롱 (닐의 첫 번째 아내)과 함께 있다. 이 장례식에 많은 유명 인사들이 왔는데, 특히 생존한 아폴로 우주비행사들은 거의 모두 참석했다. 존 글렌과 아내 애니<왼쪽 두 번째 줄>, 제임스 러벌과 아내 메릴린<왼쪽 세 번째 줄>, 버즈 올드린<왼쪽 세 번째 줄>, 마이클 콜린스<왼쪽 네 번째 줄>, 전 NASA 국장 마이클 그리핀, 천체물리학자 닐 더그래스 타이슨<왼쪽 다섯 번째 줄>과 해리슨 슈미트<왼쪽 여섯 번째 줄>가 보인다. 닐의 전기 작가인 제임스 R. 핸슨은 타이슨 박사 바로 뒤에 서 있다.

스미스소니언 국립항공우주박물관이 보낸 화환과 추도문이 장례식장 입구에 서 있다.

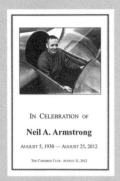

참석자들에게 모두 나누어준 '닐 암스트롱을 추모하며' 장례식 순서지.

2012년 9월 13일, 워싱턴 DC의 내셔널 대성당에서 열린 암스트롱 추도식.
첫 번째 줄 통로 왼쪽에 릭 암스트롱, 캐럴 암스트롱과 캐럴의 딸이 몰리 밴 왜그넌이 서 있다.
바로 뒷줄에는 마크 암스트롱과 아내 웬디, 가족들이 있다. 반대편 첫 번째 줄 통로 옆에 있는 사람이
당시 NASA 국장이었던 찰스 볼든이다. 그 줄 중간에 있는 백발 남자가 아폴로 17호의 선장으로
달에 갔다 왔고, 닐의 친한 친구였던 유진 서넌이다.

2012년 9월 14일 금요일, 플로리다주
잭슨빌 근처 메이포트 해군기지에서 가까운
대서양에 떠 있던 필리핀 시 순양함에서
닐 암스트롱의 유해를 바다로 뿌렸다.
그 배를 지휘하던 스티브 시네고 해군 대령이
캐럴 암스트롱에게 성조기를 건네고 있다.
캐럴 왼쪽에 닐의 아들 릭 암스트롱과
여동생 준 호프먼, 남동생 딘 암스트롱과
아들 마크 암스트롱이 앉아 있다.
캐럴 오른쪽에 앉은 사람은 폴 너지 해군 소령이다.

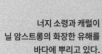

너지 소령과 캐럴이
닐 암스트롱의 화장한 유해를
바다에 뿌리고 있다.

감사의 말

역사가들도 지구에서 달까지 여행을 합니다. 2002년 6월, 닐 암스트롱이 나를 그의 공식 전기 작가로 인정하는 계약에 서명하면서 내 긴 여행은 시작되었습니다. 사실 그 여행은 1999년 10월, 내가 닐에게 그의 전기를 쓰고 싶다고 편지를 하면서 처음 시작되었습니다. 그로부터 33개월 후, 수많은 편지와 이메일을 주고받은 끝에(결정적으로 2001년 9월, 일대일로 처음 만났다) 닐은 허락했습니다. 덕분에 닐의 개인적인 기록을 보고, 그의 가족, 친구와 동료들을 만날 수 있었습니다. 그들 대부분은 닐을 배려해서 그전에는 그에 대한 이야기를 공개적으로 하지 않던 사람들이었습니다.

무엇보다 닐 암스트롱에게 감사하고 싶습니다. 그의 전폭적인 지원이 없었다면 이 책을 쓸 수 없었을 것입니다. 닐은 그의 전기가 사실에 기초해서 정확하고 진실하게 쓰이기를 바랐습니다. 독립적이고 학구적인 전기가 되기를 원했습니다. 그는 초고를 한 장 한 장 읽으면서 내용이 사실과 어긋나지 않는지, 기술적으로 잘못된 표현이 없는지만 확인했습니다. 내가 분석하거나 해석한 내용을 바꾸려거나 영향을 주려고 한 적은 한 번도 없었습니다. 어쨌든 닐이 이 책의 공동 저자가 아니라는 사실은 확실합니다. 사실 그는 이 책의 제목 First Man을 좋아하지 않았습니다. 그는 자신을 '첫 번째 인간'이라고 생각한 적이 한 번도 없었습니다. 버즈 올드린도 자신과 동시에 달에 착륙했다고 항상 주장했습니다. '첫 번째 인간'은 성경에 나오는 말 같고, 너무 어마어마하고 우상화하는 말 같아서 좋아하지 않았습니다. 하지만 닐은 일단 나를 믿고 맡기기로 한 일에 대해서는 간섭하지 않으려고 했습니다. 그 결과 굉장히 희귀한 책이 되었다고 믿습니다. 저자의 허락을 받지 않고 나온 전기들보다 훨씬 더 진솔하며 과장하지 않은 전기입니다.

직접 만났을 때 닐은 딱 한 번 이 책에 대해 칭찬했습니다. 2004년 신시내티 교외에 있는 그의 집에서 원고 검토를 끝내고 떠날 때였습니다. 닐은 악수를 하더니 "제임스, 당신이 쓰겠다고 말한 그대로 썼군요"라고 말했습니다. 닐 암스트롱에 대해 잘 아는 나로서는 그 말이 최고의 칭찬이었습니다. 1969년 달 착륙 후 정말 많은 사람들이 약속을 어기면서 닐을 속이고 이용하려고 했으니까요. 이 책에 대해 생각할 때 그 칭찬보다 자랑스러운 게 없습니다. 정부와 산업계, 학계에서 40만 명 정도에 이르는 미국인이 힘을 합해 아폴로 계획을 진행했듯이 이 책도 수많은 사람들의 노력 없이는 나올 수 없었습니다. 이 책을 위해 인터뷰한 사람들 모두에게 진정으로 감사드립니다. 다시 만나기 어려울 정도로 좋은 사람들이었습니다. 그들을 만나 닐에 대한 이야기와 그들 자신의 삶과 일에 대한 이야기를 듣고 나니, 그들을 동료나 친구로 두었던 닐이 정말 행운이었다고 생각했습니다. 미국 18개 주와 컬럼비아 특별구를 누비면서 그들의 이야기를 들었습니다.

이 새로운 2018년판 전기를 내면서 다시 한 번 닐의 가족들에게 특별히 감사드립니다. 그의 두 아들인 릭 암스트롱과 마크 암스트롱, 남동생인 딘 암스트롱, 특히 여동생 준 암스트롱 호프먼에게 감사를 드립니다. 준은 여러 해에 걸쳐 내게 정말 도움이 되는 정보들과 닐에 대한 깊은 통찰, 가족의 역사를 전해주었고, 닐의 어머니가 가지고 있던 사진 앨범과 개인적인 편지들도 보여주었습니다. 이 '비올라 자료'를 통해 어린 닐이 어떤 가족 배경에서 성장했는지 깊이 이해할 수 있었습니다. 어머니의 소중한 자료를 보여주어서 다시 한 번 준에게 감사하고 싶습니다. 준의 딸들인 제인 호프먼과 조디 호프먼 역시 암스트롱의 가계도에서 복잡한 수수께끼를 풀기 위해 자료를 분류할 때 도움을 주었습니다.

이 전기를 처음 집필할 때부터 암스트롱의 첫 부인인 재닛 시어런 암스트롱에게 가장 많은 이야기를 들었습니다. 재닛을 빼놓고 닐의 이야기를 할 수가 없었습니다. 나는 재닛이 38년 동안 함께 살았던 전남편인 닐에 대해 하는 이야기만이 아니라 재닛 자신의 삶에도 관심이 많았습니다. 아폴로 계획 동안 재닛은 우주비행사의 아내로서, 그리고 처음 달을 밟은 남자의 아내로서 자신이 유명 인사가 되었습니다. 그런 면에서 여성, 아내, 어머니와 다른 여성들의 역할모델로서 그가 어떤 경험을 했는지 알아보는 게 정말 중요했습니다. 그로서는 힘든 일이었겠지만, 재닛은 결국 몇 차례에 걸친 인터뷰에 응했습니다. 내 생각에 그의 증언은 이 책에 더할 수 없이 도움이 되었습니다.

닐의 두 번째 아내인 캐럴 헬드 나이트 암스트롱은 여러 해에 걸쳐 인터뷰에 응했을 뿐 아니라, 암스트롱의 집을 찾아갈 때마다 따뜻하게 환대하면서 우정을 보여주었습니다. 캐럴의 딸인 몰리 역시 닐의 노년이나 가족에 대한 질문에 대답해주었습니다. 몰리의 딸인 두 살짜리 파이퍼가 할아버지 닐의 무릎에 편안하게 앉아 있었던 유쾌한 장면을 잊을 수가 없습니다. 파이퍼는 이제 16세의 아름다운 소녀가 되었습니다.

수많은 역사학자, 사서, 공문서 보관 담당자, 학예연구사와 다양한 기관의 연구 전문가들이 내 연구에 엄청나게 많은 도움을 주었습니다. 2005년 판과 2012년판 책에서 그들 모두에게 감사의 말을 했습니다. 말할 것도 없이, 이 책을 쓰는 데 그들이 얼마나 많은 도움을 주었는지 다시 한 번 되새기고 있습니다.

여러 해에 걸쳐 정말 친절하게 도움이 될 만한 자료들을 모두 제공하면서 우정을 보여주었던 휴스턴 유인우주선센터의 로저 와이즈에게도 감사를 드립니다. 제51전투비행대대의 장교들이 이 책에 얼마나 기여했는지 특별히 이야기하고 싶습니다. 그들과의 인터뷰는 아폴로 우주비행사들과의 인터뷰보다 더욱 인상적이었습니다.

내 학문적인 기반인 오번대학의 지원이 없었다면 이 책을 절대 제시간에 발간할 수 없었습니다. 내가 이 주제에 빠져들어 오랜 시간 자리를 비울 수 있게 해준 모든 동료 교수들에게 감사를 드려야 합니다. 특히 '기술과 문명' 과정의 동료 교수들의 도움을 이야기하고 싶습니다.

2000년대 초로 돌아가서, 생각 깊고 재능이 뛰어난 박사 과정 학생들이 내가 암스트롱 전기 집필을 절대 포기하지 않도록 힘을 불어넣었습니다. 내가 그 일에 대한 기대를 거의 포기했을 때조차 계속 나를 격려해주었습니다. 그들 모두 항공우주 역사에 대한 박사 과정을 잘 마무리했습니다. 내가 가르쳤던 우주의 역사, 과학과 기술의 역사 수업을 들었던 수많은 학부 학생들에게도 고마움을 전하고 싶습니다. 그들 모두 나에게 너무 소중합니다. 이제 나는 31년 동안 가르쳤던 오번대학에서 은퇴했습니다.

내 가족도 거의 나만큼이나 닐 암스트롱과 살다시피 했습니다. 저녁 식탁에서까지 내가 암스트롱에 대한 생각에 사로잡혀 우주를 떠돌고 있으면 아내인 페기, 딸 제니퍼, 아들 네이던이 나를 지구로 데리고 와야 했습니다. 그러면서도 그들은 애정을 듬뿍 담아 내가 하는 일을 지지해주었습니다. 2005년 이 책의 초판이 나온 후 아이들은 모두 결혼했습니다. 이제 내게는 세 명의 사랑스러운 손자들도 생겼습니다. 그 아이들의 아이들의 아이들에게 이 2018년판을 바칩니다. 마지막으로 이 책을 읽어준 독자께 감사를 드립니다. 이 방대하고 긴 책을 처음부터 끝까지 읽어주셔서 정말 감사합니다. 여러분과 여러분의 후손들, 그리고 닐을 위해 최선을 다했습니다.

제임스 R. 핸슨 James R. Hansen

2018년 3월, 앨라배마주 오번

옮긴이의 글

2019년 7월 20일이면 아폴로 11호의 선장 닐 암스트롱이 인류 최초로 달을 밟은 지 꼭 50년이 됩니다. 닐 암스트롱의 유일한 공식 전기 『퍼스트맨』을 번역하기 전까지, 솔직히 암스트롱에 대해 아는 바가 많지 않았습니다. 그저 인간의 활동 영역을 우주까지 확장한 전설적인 인물이라는 인상밖에 없었습니다. 그런데 사료처럼 길고 세세하게 기록해놓은 전기를 번역하면서 암스트롱이라는 남자를 깊이 알아가는 느낌이었습니다.

비행기, 로켓, 우주선 등 닐 암스트롱과 밀접한 분야에 대해 평소에는 관심이 별로 없었습니다. 그런데 암스트롱이라는 인물을 통해서 보니 무척 흥미진진했습니다. 어릴 때부터 비행기에 관심이 많아 모형비행기를 만들고 경비행기를 조종하던 소년. 그 소년은 퍼듀대학에 입학해 항공공학을 전공하고 전투기 조종사로 한국전쟁에도 참전했습니다. 대학을 졸업한 후에는 연구 조종사로 최첨단 비행기 연구에 참여하다 우주비행사로 선발되었습니다. 비행기가 비약적으로 발전하면서 더 빨리 더 높이 날아오르자 우주선을 만들고, 미국과 소련이 서로 먼저 달에 착륙하기 위해 경쟁을 벌이던 시대였습니다. 조종사이자 엔지니어로서 비행기와 우주선의 발전에 적극적으로 참여한 암스트롱을 통해 그 시대를 속속들이 들여다볼 수 있었습니다. 저자가 기술적인 내용까지 자세하게 기록해놓은 바람에 1960년대 NASA 자료까지 찾아서 확인해야 했지만, 덕분에 그 시대 그 현장에 있는 듯 생생함을 느낄 수 있었습니다. 암스트롱이 새로운 비행기의 기능을 최대한 시험해보려다 위험한 고비를 넘길 때마다 덩달아 긴장이 되었습니다. 너무 하늘 높이 올라가 비행기를 통제할 수 없을 때도 있었으니까요.

사실 암스트롱의 삶 자체가 목숨을 건 도전의 연속이었습니다. 한국전쟁에 참전했을 때, 연구 조종사로 활동할 때, 우주비행사로 훈련받을 때 그와 가까웠던 동료들이 연이어 사망했고, 그 역시 구사일생으로 살아남은 때가 많았습니다. 두 살짜리 딸이 뇌종양으로 사망하고, 집에 불이 나서 아내, 두 아들과 함께 죽을 뻔한 일까지 있었습니다. 죽음을 늘 가까이에서 경험했기 때문에 오히려 죽음을 두려워하지 않고 일생 자신의 사명, 해야 할 일에만 집중할 수 있었던 걸까요? 암스트롱의 삶을 보면서 언제나 죽음을 기억하면서 살라는 '메멘토 모리Memento mori'의 교훈을 떠올릴 수 있었습니다.

초 단위로 되살려놓은 달 착륙 과정도 손에 땀을 쥐게 합니다. 달 착륙을 포기해야 하거나 목숨까지 위험한 순간이 계속 이어집니다. 결국 '달 착륙에 성공했다'는 결과를 뻔히 알면서 읽는데도 긴장이 됩니다. 그런데 암스트롱은 태연하게 자신이 해야 할 일에만 집중했습니다. 엔지니어로서 엄밀하게 계산하면서 철두철미 준비했기 때문에 어떤 상황에서도 자신감 있게 대처할 수 있지 않았을까 짐작이 됩니다. 최선을 다한 다음 담담하게 결과를 받아들이려는 진인사대천명(盡人事待天命)의 자세를 가졌기 때문일까요? 말이 많지 않은 데다 자신의 감정을 거의 드러내지 않았던 암스트롱은 이렇게 삶 자체로 우리에게 많은 가르침을 줍니다.

인류 최초의 달 착륙에 대해 '미국이 전 세계를 상대로 사기를 친 게 아니냐?'라는 음모론이 끈질기게 제기되고 있습니다. 1969년 7월에 아폴로 11호가 처음으로 달에 착륙한 후 1972년 12월까지 아폴로 12호, 14호, 15호, 16호, 17호가 연이어 달에 착륙했는데도 음모론은 사라지지 않고 있습니다. 그런데 암스트롱은 음모론에 일일이 대응하지 않았습니다. 음모론을 주장하는 편지를 받으면 과학적인 근거를 담은 답장을 비서를 통해 보낼 뿐이었습니다. "사람들은 원래 음모론을 좋아하니까"라면서 대수롭지 않게 여겼습니다. 이 책에는 아폴로 11호가 달에 착륙했다 지구로 돌아오기까지의 우주비행 전체 과정이 자세하게 설명되어 있습니다. 아마 음모론을 잠재우는 데 적잖이 도움이 될 것입니다. 암스트롱의 말마따나 달에 착륙한 것처럼 속이는 일이 실제 달 착륙보다 어려우니까요.

암스트롱과 함께 달에 갔지만, '퍼스트맨' 암스트롱의 명성에 가려진 버즈 올드린과의 관계도 흥미롭습니다. 아폴로 11호의 우주비행을 처음 준비할 때, 올드린은 자신이 암스트롱보다 먼저 달착륙선에서 나가 달을 밟을 줄 알았습니다. 그런데 암스트롱이 '퍼스트맨'이 된다는 소문이 돌기 시작합니다. 초조해진 올드린은 선장인 암스트롱이 아니라 달착륙선 조종사인 자신이 먼저 달을 밟아야 한다고 동료들을 설득하기까지 했습니다. 반면 암스트롱은 '누가 먼저 달착륙선에서 나가는지'에 대해 사람들이 왜 관심을 보이는지 이해하지 못했습니다. "길이 3미터의 달착륙선 다리가 달 표면에 닿은 후에 높이 2.54센티미터의 부츠 바닥이 달 표면에 다시 닿는 게 뭐 그렇게 중요한지 모르겠다"고 이야기했습니다. 올드린과 달리 그는 명성에는 관심이 없었습니다. 오히려 사람들의 지나친 관심을 부담스러워했습니다. 안전하게 달에 착륙하기 위해 준비하는 일에만 집중했습니다. 그런데 NASA의 책임자들은 암스트롱같이 침착하고 조용하고 신뢰할 만한 사람이 역사에 길이 남을 영웅, '퍼스트맨'이 되어야 한다고 생각했습니다.

암스트롱과 올드린의 관계를 보면서 모차르트와 살리에리의 관계가 떠올랐습니다. 올드린은 매사추세츠공과대학MIT에서 박사 학위를 받은 데다 집안도 좋았지만, 암스트롱에 대한 열등감에 계속 시달렸습니다. 달에 다녀온 후 전 세계를 순회할 때도 마찬가지였습니다. 암스트롱은 감동적인 연설로 사람들의 마음을 사로잡으면서 원치 않아도 지구촌 전체의 우상이 되었지만, 올드린은 열심히 준비해도 그에 미치지 못했습니다. 올드린은 MIT 박사인데다 제1차 세계대전과 제2차 세계대전에 참전한 조종사였고 훗날엔 항공 컨설턴트로 활약한 아버지에게 인정받기 위해 어릴 때부터 안간힘을 써야 했던 속내를 자서전에서 털어놓기도 했습니다. 아버지는 올드린이 육군사관학교를 3등으로 졸업하자 "왜 1등을 하지 못했느냐?"며 못마땅해하고, 암스트롱이 '퍼스트맨'이 된다는 이야기가 나오자 "네가 먼저 달을 밟기 위해 무슨 일이든 해야 하지 않느냐?"면서 아들을 압박했습니다. 그런 아버지 밑에서 자라서인지 올드린은 결국 알코올 중독과 우울증에 시달리게 됩니다. 암스트롱이 너무 이상적이라서 비현실적으로 보이는 인물이라면, 올드린은 평범한 인간이 가지는 약점을 그대로 노출하는 현실적인 인물이라 연민이 느껴진다는 점도 재미있었습니다.

저자는 암스트롱이 '절제력과 신중함, 침착함, 분별력, 호기심, 혁신 정신, 강인함, 단호함, 자신감, 자립심, 솔직함, 겸손, 신의, 타인에 대한 존중, 진실함 등 최고의 인격체가 갖추어야 할 자질을 모두 보여준다'고 평가했습니다. 전기를 번역하는 동안 냉철하고 예리한 엔지니어의 두뇌와 대의를 먼저 생각하는 군자의 마음을 함께 지닌 사람을 만나는 느낌이었습니다. 그런 남자와 살았던 아내는 어떠했을까요? 암스트롱과 첫 번째 아내 재닛은 퍼듀대학에서 만나 제대로 연애도 하지 못하고 결혼했습니다. 세련되고 자기주장이 강했던 재닛은 결혼 후 거의 남편에게 맞춰주면서 살았던 것 같습니다. 자기 일에 열중하느라 정신없이 바쁜 남편을 대신해 집안일을 모두 책임졌습니다. 두 살짜리 딸이 죽어갈 때도 혼자 옆에서 지켰고, 달에서 돌아온 남편이 전원생활을 원하자 시골로 이사해 농사를 짓고 소를 수십 마리나 키웠습니다. 인간이 달에 착륙한다고 전 세계가 열광할 때 아내인 그는 불안한 마음에 텔레비전도 제대로 볼 수 없었습니다. 남편의 동료들이 훈련하거나 비행하다가 너무 많이 사망했으니까요. '남편이 좀 한가해지면 둘만의 시간을 가질 수 있지 않을까?' 기대했지만, 그런 시간은 오지 않았습니다. 재닛은 '이제 당신이라는 사람을 잘 알아요. 그런데 더는 그 사람과 살 수가 없어요'라고 쓴 메모를 식탁 위에 올려놓고 집을 나간 후 영영 돌아오지 않았습니다. 존경하기는 하지만 외롭게 만드는 사람과 계속 살 수는 없었던 재닛의 마음을 이해할 수 있습니다.

그런데 반전이 있습니다. 암스트롱은 재닛과 이혼한 후 64세에 열다섯 살 어린 49세 여성 캐럴과 재혼했고, 2012년 심장 질환으로 사망하기 전까지 아내와 함께 여행을 다니고 골프를 치고 스키를 타면서 정말 행복하고 재미있게 살았습니다. 재혼한 아내와는 재닛이 그토록 원했던 결혼생활을 했지요. '암스트롱도 보통 남자와 다를 게 없네'라는 생각이 드는 대목입니다. 재닛이 떠난 후 그 어느 때보다 절망했던 암스트롱이 그때 교훈을 바탕으로 아내의 마음을 이해하고 배려하려고 노력해서일까요, 아니면 어리고 예쁜 아내를 정말 사랑했기 때문일까요? 어쨌든 첫 번째 아내인 재닛은 암스트롱을 원망하기보다 존경했던 것 같습니다. 이 책에 기록된 암스트롱의 삶 중 많은 부분이 재닛의 회고로 복원되었고, 재닛은 암스트롱에 대해 정말 진지하고 열심히, 진실하게 살았던 사람으로 기억했으니까요. 그런 사람이었으니 옆에서 도와줄 수밖에 없지 않았을까요? 그리고 재닛 역시 암스트롱의 동반자로 살았던 자신의 삶에 대해 후회가 없었던 것 같습니다.

암스트롱이 한국전쟁에 참전했던 이야기도 한국인으로서 흥미로웠습니다. 1951년 10월, 새벽에 전투기를 조종하던 암스트롱은 무장하지 않은 북한 군인들이 막사 밖에서 줄지어 아침체조를 하는 모습을 발견했습니다. 적군이니 기관총으로 공격하는 게 당연했지만, 그는 방아쇠를 당기지 않고 지나갔습니다. 아무리 적이라도 자신을 방어하지 못하는 사람들을 사살하는 것은 옳지 않다고 생각했기 때문이었습니다. 암스트롱은 그런 사람이었습니다. 암스트롱이 사망했을 때 가족들은 "그의 삶이 한계를 뛰어넘기 위해 기꺼이 모험하고, 자신의 이익보다는 위대한 이상을 위해 살았던 본보기가 되기를 바랍니다. 그의 노력과 봉사 정신, 겸손을 기억해주세요. 그리고 어느 날 밤 당신을 내려다보면서 웃는 달을 본다면 닐 암스트롱을 생각하면서 윙크해 주세요"라고 발표했습니다. 그들 말처럼 이 책을 번역하면서 과묵한 암스트롱과 친구가 된 듯한 느낌이었습니다.

저는 매주 한 차례 역사책 읽는 모임에 나가 『고려사』, 『조선왕조실록』 같은 사료를 읽습니다. 매일매일의 기록을 읽는 일은 조금 지루할 수도 있지만, 다른 사람의 필터를 거치지 않고 내 눈으로 사실 그대로를 확인한다는 묘미가 있습니다. 『퍼스트맨』 역시 포장을 많이 하지 않고 사실 그대로를 전하는 책입니다. 저자인 제임스 R. 핸슨 박사는 닐 암스트롱을 3년 동안 설득한 끝에 2002년 5월, 암스트롱이 인정하는 유일한 전기 작가가 되었습니다. 제임스 미처너 등 여러 유명 작가의 요청을 모두 거절했던 암스트롱이 왜 핸슨 박사는 자신의 전기를 쓸 수 있도록 협조했을까요? 항공우주공학과 NASA의 역사를 연구해온 역사학자인 핸슨 박사가 가장 객관적이면서도 학구적인 전기를 쓸 수 있다고 판단했기 때문이지 않을까요? 자신의 삶을 영웅 스토리로 과장하지 않을 사람을 전기 작가로 선택했다는 점도 역시 암스트롱답습니다. 『퍼스트맨』은 저자가 미국 전역을 다니면서 암스트롱의 가족과 친구, 동료들을 만나 인터뷰하고, 방대한 자료들을 수집하고 분석하면서 사료들을 충실히 복원해놓은 책입니다. 덕분에 암스트롱의 일생을 가감 없이 들여다볼 수 있습니다. 달에 처음 간 인간인 닐 암스트롱이 어떤 인물이었는지 알고 싶다면, 인류가 우주로 진출하기 위해 어떻게 노력해왔는지, 또 비행기와 우주선의 역사에 관심이 있다면 꼭 읽어야 할 책입니다.

인류 최초가 된 사람 : 닐 암스트롱의 위대한 여정

퍼스트맨

초판 1쇄 발행 2018년 10월 20일

지은이   제임스 R. 핸슨
옮긴이   이선주

발행인   박운미
편집장   류현아
편집   김진희
디자인   studio gomin
조판·수정   박종건
교열   김화선
마케팅   김찬완
홍보   이선유

펴낸곳   ㈜알피스페이스
출판등록   제2012-000067호(2012년 2월 21일)
주소   서울 강남구 영동대로 315, 비1층(대치동)
문의   02.2002.9880
블로그   the_denstory.blog.me

ISBN   979-11-85716-69-5 (03440)
값   18,000원

이 도서의 국립중앙도서관 출판예정도서목록(CIP)은 서지정보유통지원시스템 홈페이지(seoji.nl.go.kr)와
국가자료공동목록시스템(www.nl.go.kr/kolisnet)에서 이용하실 수 있습니다.
(CIP제어번호 : CIP2018030725)